SPSS 30 매뉴얼

이학식 · 임지훈

Statistical
Package for the
Social
Sciences

집현재

서문

본서의 집필 동기

저자들은 논문작성을 위한 자료분석을 하면서, 마케팅조사 실무를 수행 혹은 자문하면서, 그리고 대학원생들에게 조사방법론과 학부생들에게 마케팅조사를 강의하면서 오랫동안 SPSS를 활용해왔다. 필요에 따라 국내에서 발행된 사용지침서들과 SPSS Inc.에서 발행한 *User's Guide*와 *Applications Guide*를 참고하기도 하였다. 이러한 지침서들은 물론 저자들의 자료분석과 강의에 큰 도움이 되었지만 저자들은 사용자가 보다 쉽게 그리고 효율적으로 이용할 수 있는 사용지침서의 필요성을 절감하였으며, 이에 따라 SPSS 사용자 매뉴얼을 집필하게 되었다. 이러한 집필 동기에 따라 2005년 버전 12에 대한 매뉴얼을 시작으로 버전 14, 16. 18, 20, 22, 24, New UI, 26, 28 매뉴얼을 집필하였으며, 근년에 버전 30이 출시됨에 따라 이에 맞추어 본 매뉴얼을 집필하게 되었다. 새로운 버전에 맞추어 매뉴얼을 새로이 낼 때마다 기존의 내용을 보완하여 더욱 향상된 지침서를 만들고자 하였다.

본서의 내용

본서는 모두 18개 장으로 구성되어 있다. 첫 3개 장은 SPSS를 활용하기 위한 기초적 내용으로 데이터파일, 기술통계량, 결과물 다루기, 데이터 탐색 등을 그 내용으로 한다. 제4장은 통계학의 기초가 부족한 독자들을 위해 기초적 통계 지식을 다룬다. 제5장~제18장은 각각의 분석방법을 설명한다. 여기서는 단계별로 분석진행 방법을 설명하고 분석결과를 해설한다. 본서에서 다루는 통계분석방법의 종류는 차례요약과 차례에 나타나 있다.

본서의 차별적 특징

본서는 기존의 다른 SPSS 사용지침서와는 다음과 같은 점에서 차별성을 갖는다.

첫째, 각 분석방법에 따라 분석을 진행하는 과정에서 독자는 많은 옵션을 접하게 된다. 이때 대부분의 다른 지침서들은 각 옵션마다 간략한 해설을 제시하고 있다. 그러나 여기서 독자가 직면하는 문제는 상당한 통계적 지식을 가지고 있더라도 간략한 해설을 읽고서는 이해하기 어렵다는 것이다. 본 저자들은 이러한 문제에서 탈피하기 위하여 극히 드물게 사용되거나 거의 사용되지 않는 옵션들에 대한 해설은 생략하는 대신, 자주 혹은 가끔 사용되는 옵션들은 독자가 이해할 수 있도록 구체적으로 설명하였다.

둘째, 본서는 다른 지침서들과 마찬가지로 각 분석방법을 설명하기 위해 예제를 사용할 뿐만 아니라 독자들이 해당 장의 분석방법을 연습할 수 있도록 각 장의 끝에 연습문제를 제시하였다. 각 장의 예제와 연습문제의 데이터 파일은 다음의 사이트에서 다운로드 받을 수 있다: **도서출판 집현재(www.jhjbook.co.kr) 게시판 → 자료실**. 데이터 파일의 이름에는 그 파일이 몇 장에 관련된 것인지 숫자로 표기되어 있다(예: (2)변수.*는 2장에 관한 것). 독자는 제공된 데이터를 불러서 쉽게 이용할 수 있겠으나 데이터를 입력할 줄 아는 것은 SPSS 분석을 위해 매우 중요하므로 문제에 표본자료가 주어진 경우 스스로 입력하고 분석하여 그 결과를 제시된 분석결과와 비교해보는 것이 권장된다.

셋째, 각 예제와 관련하여 연구가설 혹은 연구문제를 기술하였다. 이에 따라 독자는 각각의 분석방법에 적절한 연구문제가 구체적으로 어떤 것인지를 알 수 있다. 각 예제의 분석결과 중 핵심적인 부분을 연구가설 혹은 연구문제에 대응시켜 해설하고 독자가 이 부분을 쉽게 식별할 수 있도록 색자로 표현하였다.

넷째, 전통적으로 통계분석 결과를 해석할 때 통계적 유의성에 초점을 맞추어 해석하는 경향이 있었다. 그러나 심리학을 비롯한 여러 사회과학에서 분석결과가 통계적으로 유의적인지뿐만 아니라 효과크기(effect size)를 보고해야 한다는 주장이 점차 받아들여지고 있다. SPSS 30은 분석결과에서 이전의 버전보다 더 다양한 효과크기 값을 도출해낸다. 이에 따라 본 30 매뉴얼에서는 효과크기와 관련하여 과거 버전보다 내용을 보강하였으며(4, 5, 7, 8, 9장), 특히 5장의 부록에서는 효과크기의 의미, 종류 등을 별도로 다룬다.

다섯째, 본서는 SPSS 사용지침서의 범위를 넘어 분석을 진행하거나 해설하는 데 필요한 통계적 내용들을 비교적 상세히 서술하고 있다. 특히 각 분석방법의 서두에 그 분석방법의 개념, 필요한 자료와 가정 등을 서술하였다. 독자들은 다른 기초 혹은 고급 통계학 책을 참조하지 않고 본서만을 이용해도 상당한 통계지식을 습득할 수 있을 것이다. 특히 ***p*-value**를 이해하는 것은 매우 중요하지만 통계학 서적에서 그 의미를 잘 다루지 않는데, 독자는 4장 4절의 내용으로부터 그 의미를 쉽게 이해할 수 있을 것으로 기대한다.

여섯째, 분산분석은 사회과학분야의 연구에서 흔히 이용되는 분석방법이다. 특히 최근의 연구들에서는 일원분산분석과 이원분산분석을 넘어 다양한 디자인에 의해 수집한 자료를 분석하는 분산분석 방법들이 많이 이용되고 있다. 본서에서는 이러한 추세에 맞추어 분산분석을 세 개의 장에서 다루는데, 제7장에서는 흔히 이용하는 분산분석을, 그리고 제 8장과 9장에서는 보다 높은 수준의 분산분석을 다룬다. 만약 본서에서 다루는 수준을 넘는 분산분석(예를 들어, 결합디자인 ANOVA, 다변량공분산분석)에 대한 방법을 알고자 하면 본 저자들의 저서 '사회과학 논문작성을 위한 연구방법론'을 참고하면 된다.

본서의 독자

SPSS는 Statistical Package for the Social Sciences의 약어로서 오랫동안 논리경험주의(logical empiricism)에 입각한 사회과학연구를 위하여 수집된 자료를 분석하는 데 널리 이용되어 왔다. 그러므로 본서의 주요 독자는 먼저 사회과학분야의 대학원생들과 교수들이 될 것이다. 대학(원)의 경영학과, 심리학과, 사회학과, 교육학과 등 사회과학분야 학과들에서는 통계분석방법과 관련된 과목이 개설되므로 본서는 이러한 과목을 수업하는 데 주교재 혹은 부교재로 사용될 수 있다. 리서치회사들이 수행하는 마케팅조사와 사회조사의 가치는 사회적으로 크게 인정받고 있다. 통계청에서 주관하는 사회조사분석사 제도는 이를 반영하는 것이라 하겠다. 본서는 리서치회사에서 자료분석을 담당하는 연구원들과 앞으로 이 분야에서 일하고자 하는 사회조사분석사 수험생들에게 유용한 지침서가 될 수 있다.

감사의 글

본서를 집필하고 출판하는 데는 많은 분들로부터 직접 혹은 간접적으로 도움을 받았다. 무엇보다도 오랫동안 조사방법론과 응용통계학을 연구해 온 분들과 SPSS를 개발하고 발전시켜온 분들이 없었으면 본서의 집필과 출판은 절대로 불가능한 것이었다. 저자들은 본서를 집필하는 데 특히 다음의 서적들을 주로 참고하였으며, 이 자리에서 해당 저자들에게 감사의 뜻을 표한다.

Jacob Cohen, *Statistical Power Analysis for the Behavioral Sciences*;

Jacob Cohen, Patricia Cohen, Stephen G. West, and Leona S. Aiken, *Applied Multiple Regression/Correlation Analysis for the Behavioral Sciences*;

Daren George and Paul Mallery, *SPSS for Windows Step by Step*;

Samuel B. Green, Neil J. Salkind, Theresa M. Akey, *Using SPSS for Windows*;

Joseph F. Hair, Jr. et al., *Multivariate Data Analysis*;

IBM Corporation, *IBM SPSS Statistics 20 Core System User's Guide*;

Paul R. Kinnear and Colin D. Gray, *IBM SPSS Statistics 19 Made Simple*;

William Mendenhall, James E. Reinmuth, Robert Beaver, and Dale Duhan, *Statistics for Management and Economics*;
John Neter and William Wasserman, *Applied Linear Statistical Models*;
Julie Pallant, *SPSS Survival Manual.*

집현재의 위호준 사장님은 본서의 출판을 수락해주시고, C&I EDITION의 최윤석 대표님과 홍익m&b의 김진숙 실장님은 각각 세련된 표지 디자인과 조판을 해주셨다. 저자들은 이 분들의 노고에 감사드린다.

독자들께 드리는 글

저자들은 본서를 저술하면서 나름대로 노력을 기울였지만 저자들 능력의 한계로 미흡한 부분이 적지 않을 것으로 생각합니다. 독자들이 그러한 부분을 지적해 주신다면 개정판에서 최대한 반영할 것이며, 그 과정을 통해 본서는 보다 충실해질 것으로 믿습니다. 감사합니다.

2025년 12월

李 學 湜
林 志 勳

차례 요약

차 례

제 1 장 SPSS 30의 이해

제 2 장 SPSS 30 분석준비단계

제 3 장 기술통계량과 결과물 다루기

SPSS 30

제 4 장 통계분석을 위한 기초지식

제 5 장 평균(차이)검증과 비율(차이)검증

제 8 장 분산분석 Ⅱ : 피실험자 내 디자인 ANOVA와 삼원 ANOVA

제 9 장 공분산분석과 다변량분산분석

제 10 장 상관분석

제11장 회귀분석 SPSS 30

제12장 로지스틱 회귀분석(Logistic Regression) SPSS 30

제13장 신뢰성분석과 요인분석

SPSS 30

제14장 판별분석

SPSS 30

제15장 군집분석

SPSS 30

제 1 장

SPSS 30의 이해

Statistical Package for the Social Sciences

1.1 SPSS는 무엇인가?

SPSS는 Statistical Package for the Social Sciences의 약자로 SAS(Statistical Analysis System)와 더불어 사회과학분야의 자료분석에 가장 많이 사용되는 통계패키지이다. SPSS는 그 이름과 같이 경영학, 경제학, 사회학, 교육학, 심리학 등 사회과학분야의 자료분석을 위해 많이 사용되지만 물리학, 의학 등 자연과학분야의 자료분석에도 사용된다. SPSS는 1969년 처음 출시된 이후 계속적으로 SPSS라는 이름을 사용하였으나 2009년 9월 출시된 17.0.3 version부터는 **PASW**(Predictive Analytic SoftWare)라는 이름을 사용하였다. 이는 SPSS의 활용분야가 사회과학분야에 한정되지 않는다는 것을 강조하기 위함이었다. 그러나 2009년 SPSS를 인수한 IBM社는 SPSS의 브랜드인지도를 활용하기 위해 19 version부터는 다시 SPSS라는 이름을 사용하기로 결정하였다.

1.2 SPSS 30의 구성

SPSS 30 version의 시작 화면은 [그림 1.1]과 같다. Version을 확인하고자 하면 Data Editor 창의 주요 메뉴에서 [도움말(H)] → [정보(A)...]를 클릭하면 된다.

그림 1.1 SPSS 30 version 확인

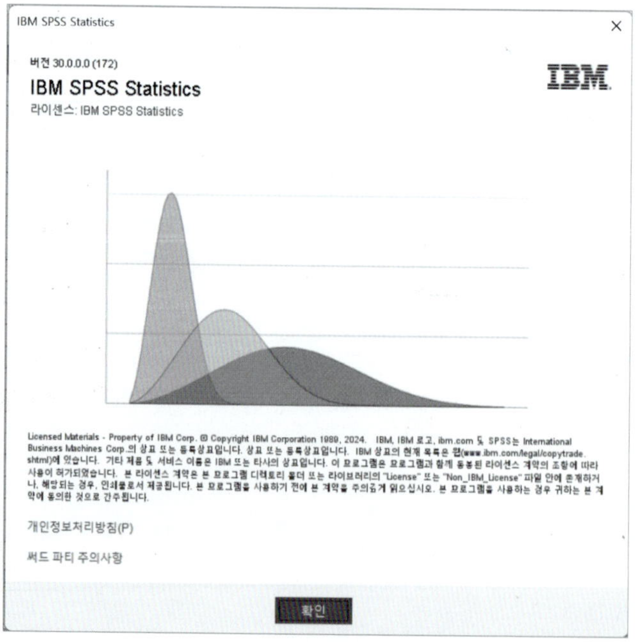

1. SPSS 30의 창 종류

SPSS 30은 Data Editor 창, Viewer 창, 피벗표 창, 도표 편집기 창, 텍스트 출력 창, Syntax Editor 창 등의 다양한 창(windows)으로 구성되어 있다. 이 중 Data Editor 창과 Viewer 창이 가장 많이 사용되는 창이다.

(1) Data Editor

[그림 1.2]와 같은 Data Editor 창은 SPSS 초기 실행시 나타나는 기본화면으로 데이터의 입력, 편집 등을 할 수 있는 창이다.

그림 1.2 Data Editor 창

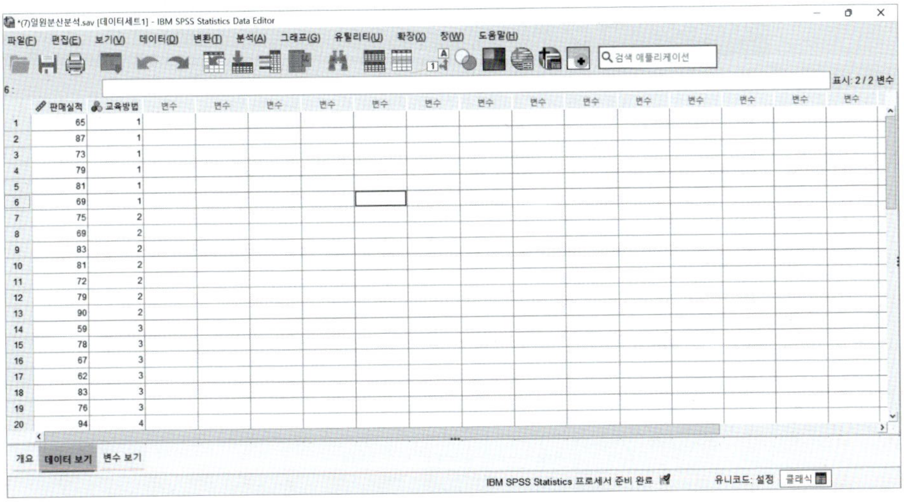

SPSS 30부터는 [그림 1.3]과 같이 사용자의 시력보호를 위해 다크모드를 제공한다. 다크모드의 설정은 [편집(E)] → [옵션(N...)] → [일반] → [모양과 느낌(K)]에서 할 수 있다.

그림 1.3 Data Editor 창의 다크모드

(2) Viewer

[그림 1.4]와 같은 Viewer 창은 SPSS 분석결과가 나타나는 창이다.

그림 1.4 Viewer 창

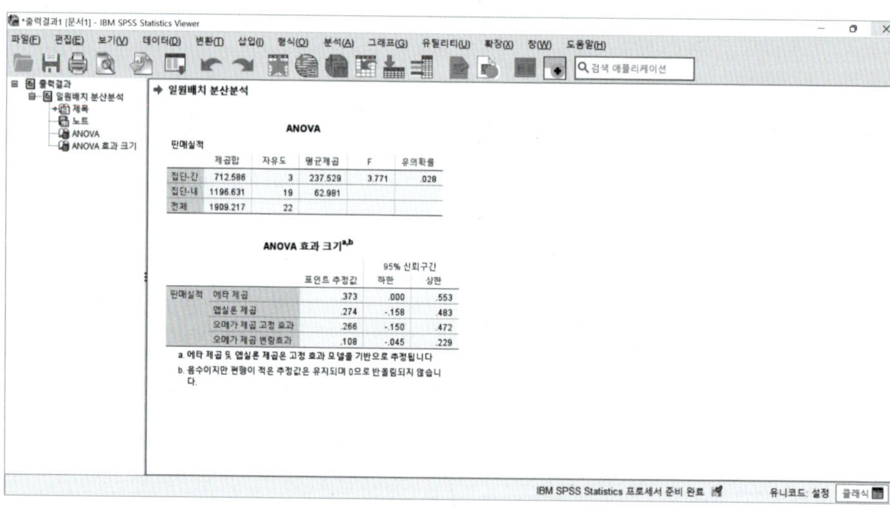

(3) 피벗표

[그림 1.5]의 피벗표 창은 분석결과 중 피벗표 형태로 제시되는 출력물을 편집, 수정할 때 사용하는 창이다.

그림 1.5 피벗표 창

피벗표 기술통계

기술통계

종속변수 판매실적

	N	평균	표준편차	표준오차	평균의 95% 신뢰구간 하한	평균의 95% 신뢰구간 상한	최소값	최대값
program A	6	75.67	8.165	3.333	67.10	84.24	65	87
program B	7	78.43	7.115	2.689	71.85	85.01	69	90
program C	6	70.83	9.579	3.911	60.78	80.89	59	83
program D	4	87.75	5.795	2.898	78.53	96.97	80	94
전체	23	77.35	9.316	1.942	73.32	81.38	59	94

(4) 도표 편집기

[그림 1.6]의 도표 편집기 창은 분석결과 중 도표 형태로 제시되는 출력물을 편집, 수정할 때 사용하는 창이다.

그림 1.6 도표 편집기 창

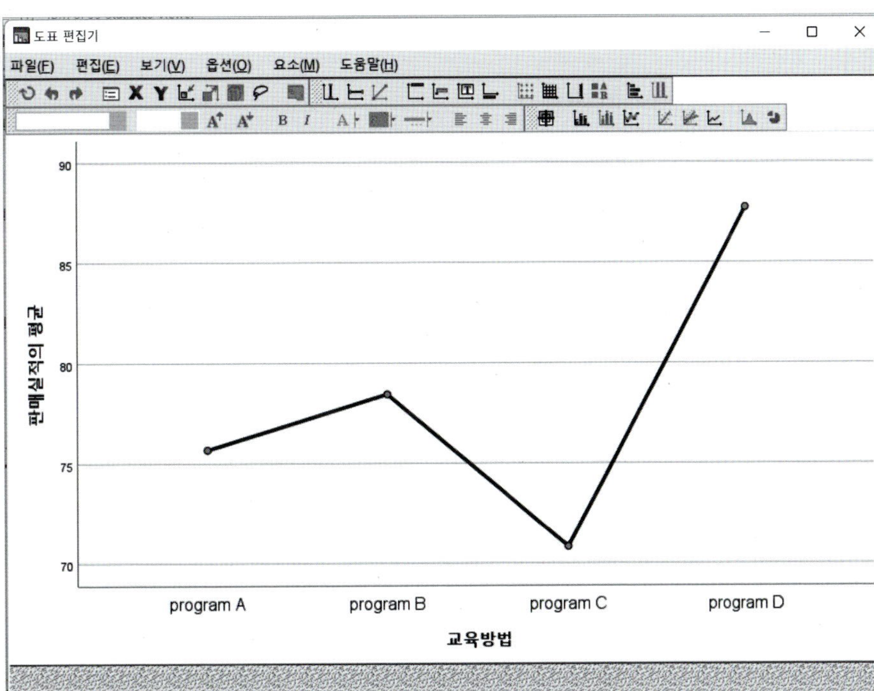

(5) 텍스트 출력

[그림 1.7]의 텍스트 출력 창은 분석결과 중 피벗표나 도표 형태로 제시되는 출력물을 제외한 텍스트 형태로 표현된 출력물을 편집, 수정할 때 사용하는 창이다.

그림 1.7 텍스트 출력 창

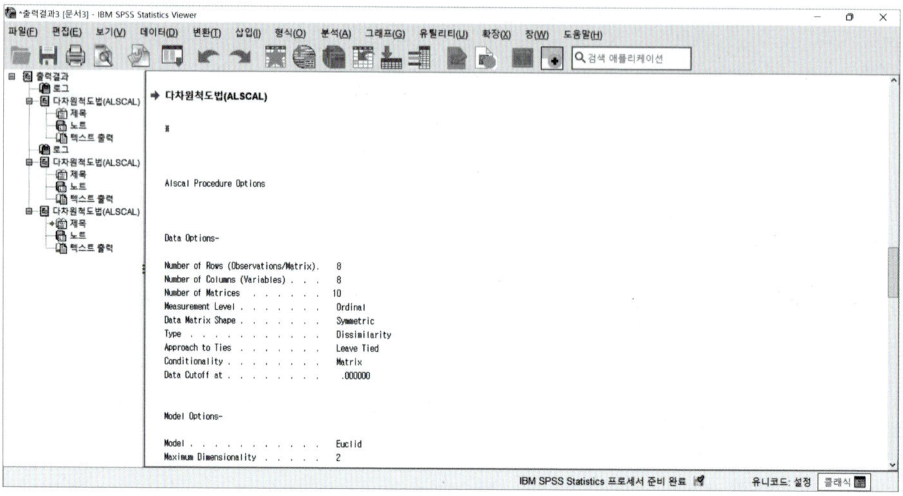

(6) Syntax Editor

[그림 1.8]의 Syntax Editor 창은 분석절차를 명령문으로 작성하여 수행하고자 할 때 사용하는 창으로, 명령문의 작성, 편집, 실행 등을 할 수 있다.

그림 1.8 Syntax Editor 창

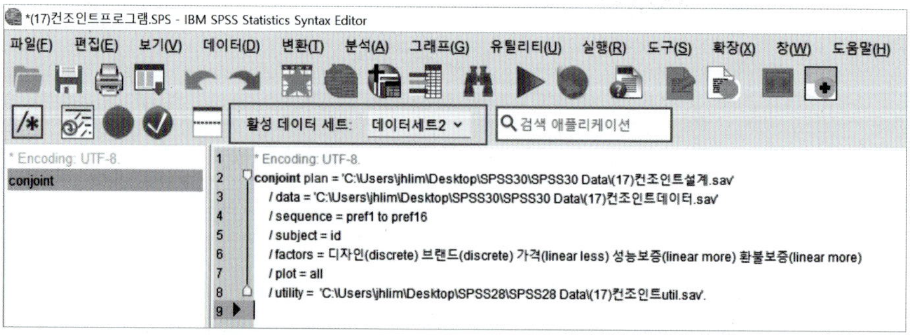

2. SPSS 파일 종류

SPSS 30에서 이용되는 파일(file)은 데이터 파일, 결과물 파일, 도표 파일, 명령문 파일 등 종류가 다양하다. 이 중 가장 많이 사용되는 파일은 데이터 파일과 결과물 파일이다.

(1) 데이터 파일

데이터 파일은 Data Editor 창에서 사용되는 파일로 확장자는 *.sav 형태이다.

(2) 결과물 파일

결과물 파일은 Viewer 창에서 사용되는 파일로 확장자는 *.spv 형태이다. 16 이전 versions에서는 결과물 파일의 확장자로 *.spo가 사용되었으나 16부터는 확장자가 *.spv로 변경되었다. 16 이후 versions에서 16 이전 versions의 결과물 파일을 불러올 때에는 Legacy Viewer라는 별도의 프로그램을 설치해야 하며, 이는 IBM 홈페이지 내 커뮤니티에서 다운로드 받을 수 있다(https://spss-viewer.software.informer.com/download).

1.3 SPSS 메뉴와 도구모음 사용하기

1. SPSS 메뉴 사용하기

SPSS의 메뉴 바(menu bar)에는 [그림 1.9]와 같은 11개의 주요 메뉴(main menu)가 제시되어 있다.

그림 1.9 SPSS 메뉴 바와 주요 메뉴

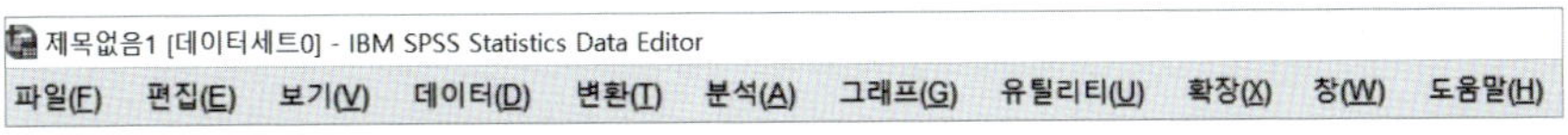

(1) 파일(F) 메뉴

SPSS에서 사용되는 다양한 유형의 파일을 불러오거나 저장할 때 사용한다. 또한 작업 중인 파일을 인쇄하거나, SPSS를 종료할 때에도 사용한다.

(2) 편집(E) 메뉴

데이터나 결과물의 내용을 편집할 때 사용한다. 또한 데이터 내에서 특정한 값을 찾는 데에도 사용할 수 있다.

(3) 보기(V) 메뉴

상태표시줄(status bar)이나 도구모음(toolbar) 등을 숨기거나 나타낼 때 사용한다. 또한 글꼴 등을 조정하거나, Data Editor의 셀에 변수값 설명이 나타나도록 할 때에도 사용할 수 있다.

(4) 데이터(D) 메뉴

변수나 케이스를 다루는 모든 작업을 할 때 사용한다.

(5) 변환(T) 메뉴

기존 변수로부터 새로운 변수를 생성하거나 코딩변경을 하는 등 데이터를 가공할 때 사용한다.

(6) 분석(A) 메뉴

분석과 관련된 모든 작업을 할 때 사용한다.

(7) 그래프(G) 메뉴

분석결과를 그래프로 표시할 때 사용한다.

(8) 유틸리티(U) 메뉴

변수나 파일의 정보를 찾거나 변수군을 정의·사용할 때 사용한다. 또한 스크립트를 실행하거나 메뉴를 편집할 때에도 사용한다.

(9) 확장(X) 메뉴

사용자가 직접 SPSS 기능을 확장시키는 프로그래밍을 실시하거나, 이를 다른 사용자와 공유할 때 사용한다.

(10) 창(W) 메뉴

창 간의 이동이나 창의 크기를 최소화/최대화할 때 사용한다.

(11) 도움말(H) 메뉴

항목, SPSS 포럼 연결, 제품정보, 커뮤니티 연결 등의 기능이 제시되어 있다.

2. SPSS 도구모음 사용하기

대부분의 Windows 기반 프로그램들과 마찬가지로 SPSS도 도구모음(toolbar)이 있다. 도구모음은 평소 SPSS를 이용할 때 자주 사용하는 기능들을 아이콘(icon)으로 만들어 놓은 것이다. 도구모음의 제어는 주요 메뉴 [보기(V)]의 [도구모음(T)]을 이용하여 할 수 있는데, [보기(V)] → [도구모음(T)] → [사용자 정의(C)...]를 클릭하면 [그림 1.10]과 같은 도구모음 표시 대화상자가 나타난다.

그림 1.10 도구모음 표시 대화상자

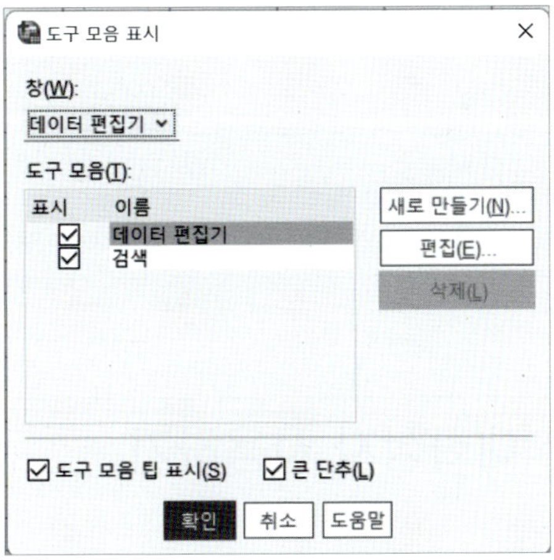

[그림 1.10]의 [창(W)]에서 데이터 편집기, 명령문, 출력결과, 혹은 모두를 콤보버튼으로 결정하고, [도구모음(T)]에서 표시에 ✔를 한다. ✔를 지우면 도구모음이 사라진다. 그 밖의 도구모음에 대한 제어는 다른 Windows用 프로그램들과 동일하다. 〈표 1.1〉은 도구모음에 있는 아이콘들과 이에 대한 설명들이다.

표 1.1 도구모음

아이콘	제목	아이콘 사용용도
	데이터 문서 열기	기존의 데이터 파일을 열 때 사용
	이 문서 저장	파일을 저장할 때 사용
	인쇄	인쇄할 때 사용
	최근 사용한 대화상자 다시 호출	가장 최근에 사용한 대화상자를 다시 불러올 때 사용

	사용자 작업 실행 취소	이전에 했던 작업을 취소할 때 사용
	사용자 작업 다시 실행	취소했던 작업을 다시 실행할 때 사용
	케이스로 이동	해당 검색 케이스로 이동할 때 사용
	변수로 이동	해당 검색 변수로 이동할 때 사용
	변수	변수와 관련된 정보를 확인할 때 사용
	기술통계량 실행	선택한 변수의 기술통계분석을 실시할 때 사용
	찾기	특정 조건의 데이터를 찾을 때 사용
	파일분할	특정 변수를 기준으로 파일을 분할할 때 사용
	케이스 선택	특정 기준을 사용하여 케이스 셋(case set)을 찾을 때 사용
	값 레이블	데이터에 변수값 설명을 나타내거나 나타내지 않을 때 사용
	변수군 사용	Data Editor 창에 숨기거나 표시할 변수를 선택할 때 사용
	도구모음 사용자 정의	자주 이용하는 기능을 도구모음에 추가할 때 사용

1.4 분석대화상자 사용하기

SPSS 30의 주요 메뉴에서 [분석(A)] 메뉴를 이용하면 다양한 종류의 분석을 실시할 수 있다. 분석을 실시하기 위해서는 분석대화상자(analysis dialogue box)를 활용해야 하는데, 일반적으로 분석대화상자는 [그림 1.11]과 같이 네 부분으로 구성되어 있다. 분석대화상자는 분석의 종류에 따라 그 모양이 달라지지만 일반적으로는 그 구성이 변수상자, 분석변수상자, 분석옵션 아이콘, 실행/취소 아이콘으로 되어 있다.

1. 변수상자

변수상자는 분석대화상자의 왼쪽에 위치하며, 분석 중인 데이터 파일의 모든 변수목록을 제시한다. Data Editor에서 각 변수에 대한 설명을 입력한 경우에는 '설명[변수명]'의 형태로 제시되며, 변수설명을 입력하지 않은 경우에는 '변수명'만 제시된다.

그림 1.11 분석대화상자의 구성요소

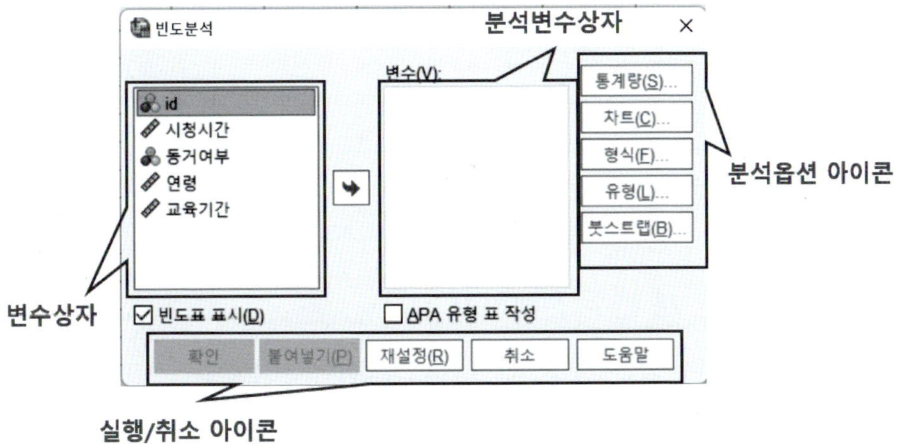

2. 분석변수상자

분석변수상자는 분석대화상자의 오른쪽에 위치하며, 분석을 실시할 변수를 제시한다. 변수상자에서 분석할 변수를 분석변수상자로 옮기기 위해서는 변수상자에서 분석하고자 하는 변수를 선택한 후 두 상자의 가운데에 위치한 [➡]를 클릭하면 된다. 반대로 분석변수상자에 있는 특정 변수의 분석을 제외하고자 할 때는 그 변수를 선택한 후 두 상자의 가운데에 있는 [⬅]를 클릭하면 된다. 변수상자에 있는 특정 변수를 선택하면 [➡]버튼이 활성화되고, 분석변수상자에 있는 특정 변수를 선택하면 [⬅]버튼이 활성화된다.

3. 분석옵션 아이콘

분석내용에 따라 다양한 옵션을 선택할 때 사용하는 아이콘이다. 보통 분석대화상자의 가장 우측에 위치한다.

4. 실행/취소 아이콘

분석대화상자의 가장 하단에 위치하며 [확인], [붙여넣기(P)], [재설정(R)], [취소], [도움말] 등의 버튼이 있다. [확인]은 분석을 실행할 때 사용하며, [붙여넣기(P)]는 분석 프로그램을 작성하거나 분석을 실행할 때 사용한다. [재설정(R)]은 이미 선택한 모든 내용을 취소하고 새로 시작할 때 사용하며, [취소]는 분석을 실시하지 않고자 할 때 사용한다. [도움말]은 분석과 관련된 도움말을 볼 때 사용한다. 이 밖에도 분석에 따라 실행/취소 아이콘에는 다양한 종류의 버튼이 추가된다.

1.5 분석대상 변수선택

1. 한 개 변수 선택하기

변수상자에서 한 개 변수를 선택하여 분석을 원하는 경우에는 해당변수를 마우스로 선택한 후 ➔를 클릭하면 분석변수상자로 이동한다. 변수상자에서 변수를 선택하면 ➔ 버튼이 활성화된다. 다른 방법으로는 변수상자에서 분석하고자 하는 변수를 빠르게 더블 클릭하면 분석변수상자로 이동한다.

2. 여러 개 변수 선택하기

(1) 연속된 여러 개의 변수 선택하기

연속된 여러 개의 변수들을 선택할 때에는 분석대상 변수의 첫 번째 변수를 클릭한 상태에서 마지막 변수까지 드래그(drag)하여 변수를 선택한 후 ➔버튼을 클릭하여 분석변수상자로 보낸다. 혹은, 선택해야 할 변수들 중 첫 번째 변수를 클릭하고 Shift key를 누른 상태에서 대상변수의 마지막 변수를 클릭하면 첫 변수와 마지막 변수 사이의 모든 변수들이 선택된다. 그 후에 ➔버튼을 클릭하여 분석변수상자로 보낸다.

(2) 연속되지 않은 여러 개의 변수 선택하기

연속되지 않은 여러 개의 변수들을 선택하는 경우에는 Ctrl key를 누른 상태에서 원하는 변수들을 클릭한 후 ➔버튼을 클릭하여 분석변수상자로 보낸다.

제 2 장

SPSS 30 분석준비단계

2.1 시작하기

SPSS 30을 시작하는 방법은 시작메뉴에 등록된 'IBM SPSS Statistics'를 클릭하는 것이다. SPSS 30을 시작하면 [그림 2.1]과 같이 초기화면으로 Data Editor 창이 활성화된다. 창은 Excel과 같은 spreadsheet의 모습이다.

그림 2.1 SPSS 30 초기화면

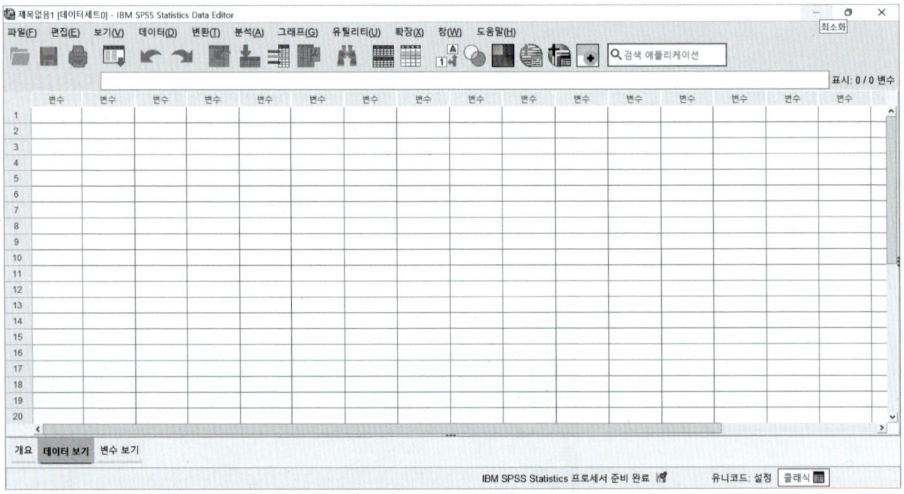

초기화면의 하단에 **'IBM SPSS Statistics 프로세서 준비 완료'**라는 표시가 있는 부분을 **상태표시줄**(status bar)이라고 한다. 상태표시줄에 이 표시가 있으면 정상적으로 SPSS를 사용할 수 있는 상태이다. 만약 정상적인 사용대기 상태가 아니라면 다른 경고 메시지들이 표시된다. Data Editor에서는 새로운 데이터 파일을 만들어서 작업을 수행하거나, 혹은 기존의 파일을 불러와서 작업을 수행할 수 있다.

2.2 파일 열기

1. 파일 불러오기

제1장에서 설명한 것과 같이 SPSS에서 이용되는 파일은 다양한 종류가 있

다. 다양한 종류 파일의 불러오기는 **메뉴 바** 혹은 **도구모음의 아이콘**을 이용해서 할 수 있다.

(1) 메뉴 바를 이용한 파일 불러오기

주요 메뉴의 [파일(F)]을 클릭하면 [열기(O)] 메뉴가 있다. 여기에 마우스를 갖다 대면 [그림 2.2]와 같이 데이터, 명령문, 출력결과의 파일종류를 선택할 수 있다. 워크북은 SPSS 27부터 지원되는 새로운 파일 형식으로, 명령문, 출력결과 등 서로 다른 파일 형식을 하나의 파일로 결합하여 관리할 수 있다. 스크립트는 Python을 이용하여 코딩한 파일을 불러오는 것으로 SPSS 자체에서 생성되는 파일 유형은 아니다. 최근 빅데이터 트렌드에 부합하여 통계청 등 여러 공공기관에서는 보유 중인 빅데이터 파일을 인터넷에 공개하고 있다. SPSS 26부터는 엑셀, SAS, Stata 등 다양한 파일 형식의 인터넷 빅데이터 파일을 불러올 수 있는 기능을 지원하고 있다.

그림 2.2 메뉴 바를 이용한 파일 불러오기

[그림 2.2]에서 원하는 종류의 파일을 선택하면 파일 열기 대화상자가 활성화된다. 여기서는 데이터 파일을 선택하도록 한다. [열기(O)]에서 [데이터(D)]를 선택하면 [그림 2.3]과 같은 데이터 열기 대화상자가 활성화된다.

그림 2.3 데이터 열기 대화상자

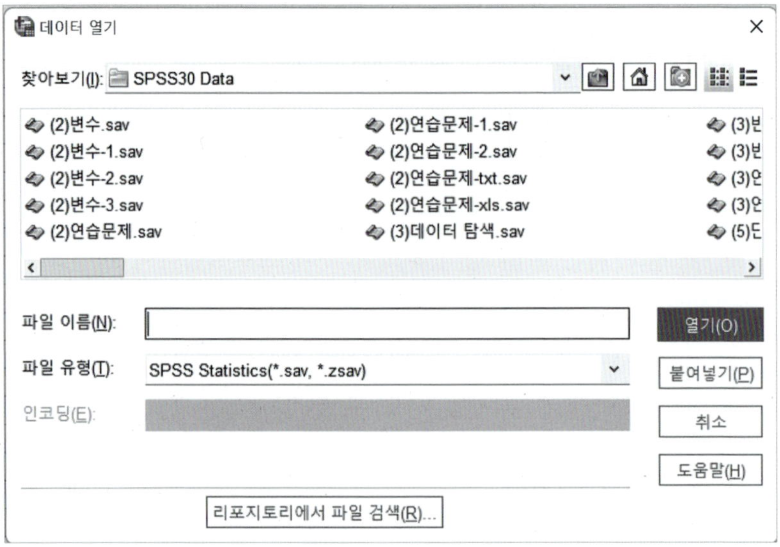

데이터 열기 대화상자에는 [파일 유형(T)]으로 *.sav나 *.zsav의 확장자를 갖는 데이터 파일이 제시되어 있다. SPSS 데이터 파일의 기본 확장자는 *.sav이지만 최근 SPSS를 이용한 빅데이터 분석이 많이 이루어지기 때문에 *.sav 파일과 동일한 포맷을 갖지만 파일크기를 압축한 *.zsav 파일도 사용된다. *.zsav 파일은 SPSS version 21 이후부터 사용가능하다. 여기서 원하는 파일을 선택한 후 [열기(O)]를 클릭하거나 선택하고자 하는 파일을 더블 클릭하면 파일을 열 수 있다. 메뉴 바를 이용하여 파일을 열고자 하는 경우에는 다른 페이지에서 활성화되는 파일을 열 수 있다는 장점이 있다. 예를 들어, 결과물 파일은 Viewer 창에서 활성화되는 파일이지만 주요 메뉴를 이용하여 파일을 열 때에는 Data Editor 창이나 Syntax Editor 창에서도 결과물 파일을 열 수 있다.

(2) 도구모음 아이콘을 이용한 파일 열기

도구모음 상자에서  모양의 아이콘을 클릭하면 파일 열기를 할 수 있다. 도구모음 상자에서 데이터 문서 열기 아이콘을 클릭하면 데이터 열기 대화상자가 나타난다. 그러나 메뉴 바를 이용한 파일 열기와는 다르게 데이터 문서 열기 아이콘을 이용하여 파일을 여는 경우에는 다른 창에서 활성화되는 파일을 열지 못한다. 예를 들어, Data Editor 창에서 데이터 문서 열기 아이콘을 클릭하면 데이터 파일만 선택할 수 있으며 결과물 파일은 선택할 수 없다.

2. 다른 프로그램에서 코딩한 파일 불러오기

SPSS 30에서는 Data Editor에서 작업한 파일을 불러올 수도 있지만 Excel과 같은 spreadsheet의 자료나 워드프로세서에서 작업한 text 자료 등도 불러올 수 있다.

(1) Excel 파일 불러오기

SPSS Data Editor에서 Excel 파일을 불러오는 방법은 다음과 같다.

① '(2)학부모학력.xlsx'에는 [그림 2.4]와 같은 내용이 저장되어 있다.

그림 2.4 '(2)학부모학력.xlsx'의 저장내용

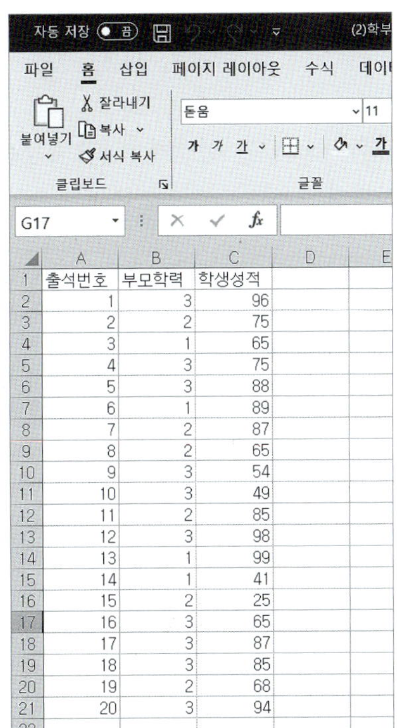

	A	B	C
1	출석번호	부모학력	학생성적
2	1	3	96
3	2	2	75
4	3	1	65
5	4	3	75
6	5	3	88
7	6	1	89
8	7	2	87
9	8	2	65
10	9	3	54
11	10	3	49
12	11	2	85
13	12	3	98
14	13	1	99
15	14	1	41
16	15	2	25
17	16	3	65
18	17	3	87
19	18	3	85
20	19	2	68
21	20	3	94
22			

② Data Editor에서 데이터 문서 열기 아이콘을 클릭하면(혹은, 메뉴 바의 파일 → 열기 → 데이터를 클릭) 데이터 열기 대화상자가 나타난다. 여기서 [그림 2.5]와 같이 [파일 유형(T)]의 콤보버튼을 이용하여 Excel(*.xls, *.xlsx, *.xlsm)을 선택하면 제공된 데이터(도서출판 집현재 게시판 자료실) 폴더에서 '(2)학부모학력.xlsx'를 확인할 수 있다.

그림 2.5 데이터 열기 대화상자

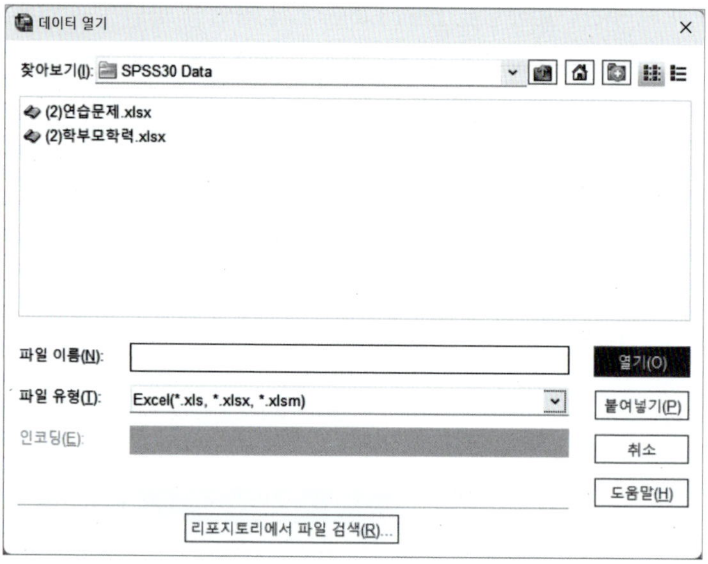

③ '(2)학부모학력.xlsx'를 선택하면 [그림 2.6]과 같은 Excel 파일 읽기 대화상자가 활성화된다.

그림 2.6 Excel 파일 읽기 대화상자

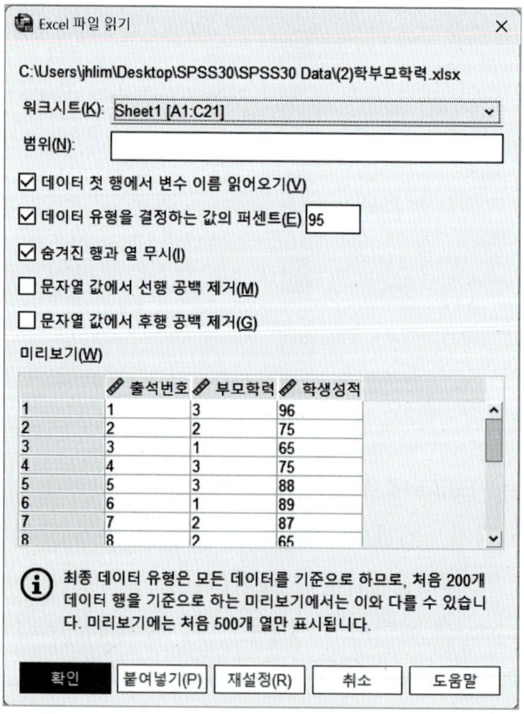

☞ Excel 파일 읽기의 선택사항들은 다음의 의미를 갖는다.

- **워크시트:** 불러올 Excel 파일에 여러 워크시트가 있는 경우 콤보버튼을 클릭하여 해당 워크시트를 선택할 수 있다. 본 예의 '(2)학부모학력.xlsx' 데이터에는 하나의 워크시트만 있으므로 자동으로 Sheet1이 선택된다.
- **범위:** 워크시트 중 일부분만 불러올 때 범위를 지정한다. 범위를 지정할 때는 콜론(:)을 사용하는데, 예를 들어 A2:D10이라고 범위를 지정하면 A2 cell과 D10 cell을 대각선으로 하는 사각형 범위의 영역을 의미한다.
- **데이터 첫 행에서 변수 이름 읽어오기:** 불러올 Excel 데이터의 첫 행이 변수 이름이면 이를 선택하고 그렇지 않으면 선택하지 않는다.
- **데이터 유형을 결정하는 값의 퍼센트(기본설정: 95):** 한 변수에 두 개 이상의 데이터 유형(예: 문자와 숫자)이 존재할 경우 그 변수를 어떤 데이터 유형으로 결정할지의 기준이다. 예를 들어, 한 변수에 100개의 케이스가 있는데 이 중 97개의 케이스는 숫자, 3개의 케이스는 문자라고 가정하자. 이 경우 숫자케이스가 기본설정인 95퍼센트 이상으로 나타났기 때문에 해당 변수는 숫자유형의 변수로 정의되고, 문자케이스는 결측값으로 처리된다. 만약 100개 케이스에서 숫자케이스가 93개, 문자케이스가 7개라면 숫자와 문자 모두 기본설정인 95퍼센트를 충족시키지 못하기 때문에 해당변수는 문자로 정의되며 결측값은 존재하지 않는다. 그러나 이 기능은 일반적으로 한 변수에는 하나의 데이터 유형을 사용하기 때문에 많이 사용되지는 않는다.
- **문자열 값에서 선행 공백 제거:** 문자열 값에 맨 앞의 빈 공간을 제거한다.
- **문자열 값에서 후행 공백 제거:** 문자열 값에 맨 뒤의 빈 공간을 제거한다. 정확한 변수너비를 결정할 때 필요하다.

④ [그림 2.6]에서 [확인]을 클릭하면 [그림 2.7]과 같이 Data Editor에 Excel 파일의 데이터가 나타난다.

그림 2.7 Data Editor에 나타난 Excel 파일의 자료

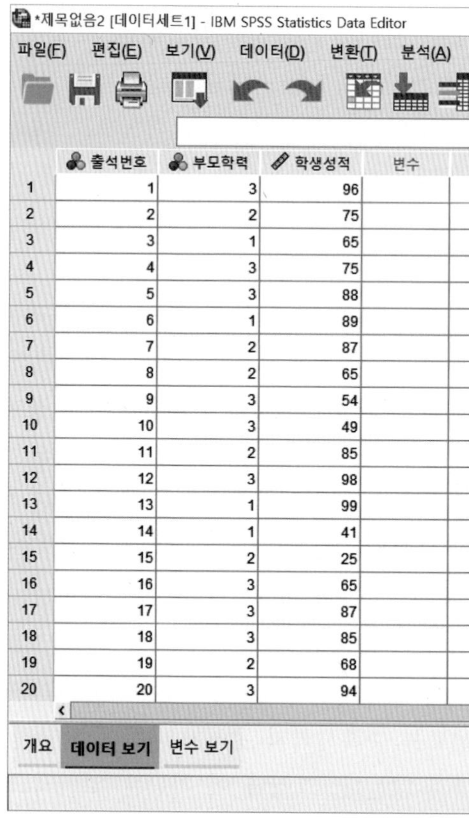

	출석번호	부모학력	학생성적	변수
1	1	3	96	
2	2	2	75	
3	3	1	65	
4	4	3	75	
5	5	3	88	
6	6	1	89	
7	7	2	87	
8	8	2	65	
9	9	3	54	
10	10	3	49	
11	11	2	85	
12	12	3	98	
13	13	1	99	
14	14	1	41	
15	15	2	25	
16	16	3	65	
17	17	3	87	
18	18	3	85	
19	19	2	68	
20	20	3	94	

(2) text 파일 불러오기

SPSS의 Data Editor에서 text 파일을 불러오는 방법은 다음과 같다.

① 메모장 프로그램에서 [그림 2.8]과 같이 코딩한다.

② [그림 2.8]의 내용을 '(2)학부모학력.txt'로 저장한다. Text 파일로 코딩할 때에는 변수 간 구분은 쉼표(,)로 하며 케이스 간 구분은 줄바꿈으로 한다. 줄바꿈은 화면 상의 기준이 아니라 enter(↵) 기준으로 한다. 따라서 첫 번째 케이스의 코딩이 끝나고 두 번째 케이스를 코딩하기 위해서는 enter를 입력하고 줄을 변경하여 코딩한다. 최근 빅데이터 분석이 활성화되면서 파일의 용량을 축소하고, 분석 프로그램 간 데이터 호환성을 높이기 위해 데이터 파일을 text 파일로 코딩하는 것이 일반화되어 있다.

그림 2.8 메모장 프로그램에서의 코딩내용

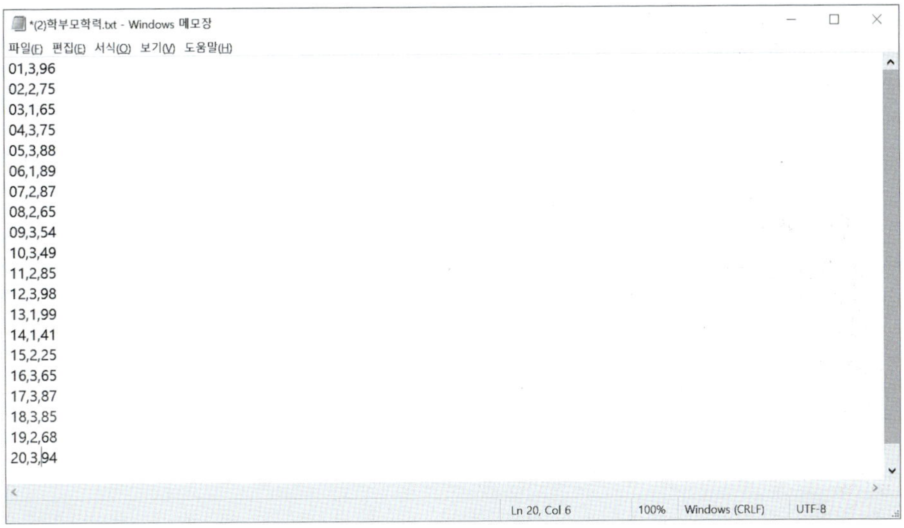

③ Data Editor에서 데이터 문서 열기 아이콘을 클릭하면 데이터 열기 대화상자가 나타난다. 이 대화상자에서 [그림 2.9]와 같이 [파일 유형(T)]의 콤보버튼을 이용하여 텍스트(*.txt, *.dat, *.csv, *.tab)를 선택하면 '(2)학부모학력.txt'를 확인할 수 있다.

그림 2.9 데이터 열기 대화상자

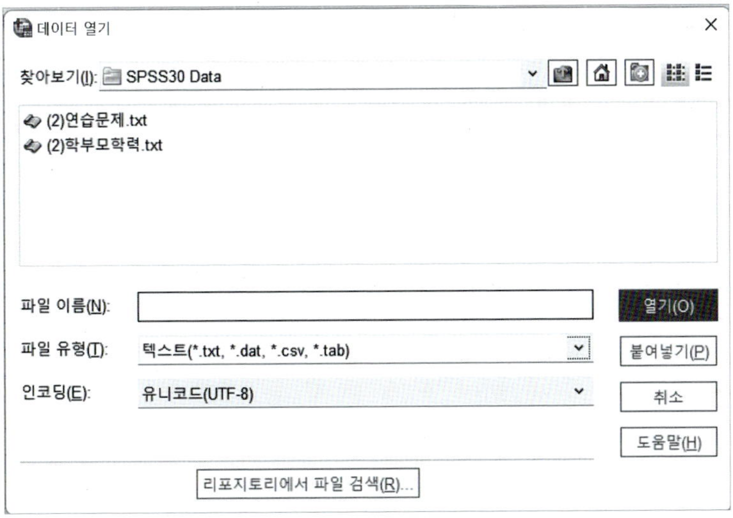

④ '(2)학부모학력.txt'를 선택하면, [그림 2.10]과 같은 텍스트 가져오기 마법사 6단계 중 1단계 대화상자가 나타난다.

그림 2.10 | 텍스트 가져오기 마법사 6단계 중 1단계 대화상자

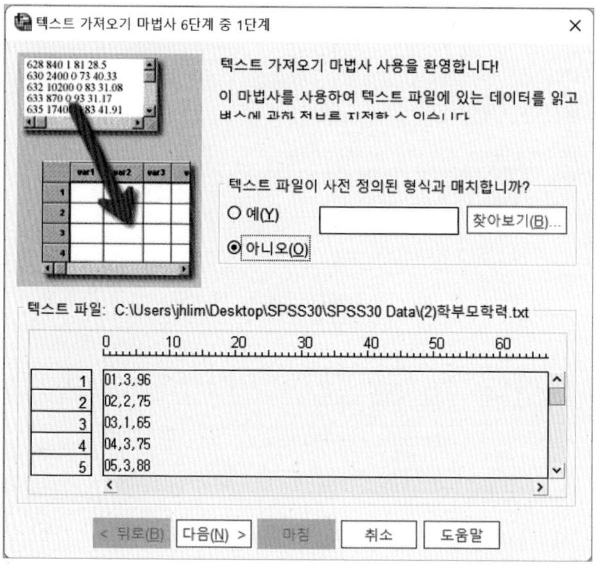

⑤ [그림 2.10]에서 [다음(N)〉]을 클릭하면, [그림 2.11]과 같은 2단계 대화상자가 나타난다.

그림 2.11 | 텍스트 가져오기 마법사 6단계 중 2단계 대화상자

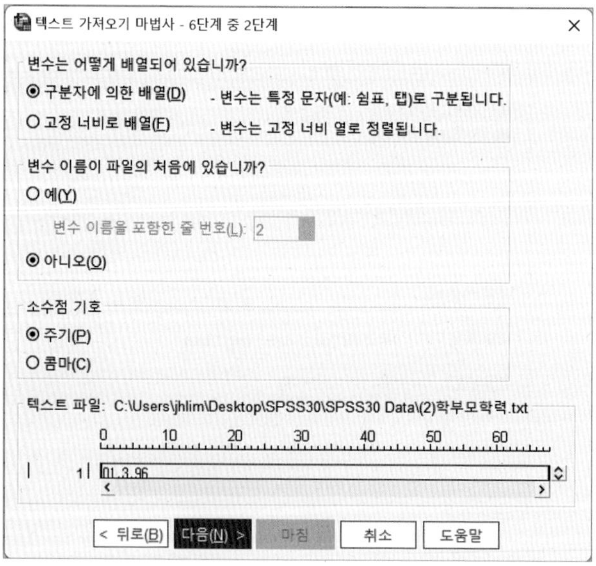

☞ [그림 2.11]의 선택사항은 다음과 같다.

[변수는 어떻게 배열되어 있습니까?]

- **구분자에 의한 배열:** 데이터 값들 사이에 쉼표나 탭으로 구분 지운 경우에 선택한다(**기본설정**).
- **고정 너비로 배열:** 연속적 코딩의 경우에 선택한다.

[변수이름이 파일의 처음에 있습니까?]

- **예:** 파일의 첫줄에 변수명이 있을 때 선택한다.
- **아니오:** 파일의 첫줄에 변수명이 없을 때 선택한다. 대부분의 text 파일은 여기에 해당한다(**기본설정**).

⑥ [그림 2.11]에서 [다음(N)〉]을 클릭하면, [그림 2.12]와 같은 3단계 대화상자가 나타난다. 본 예에서는 기본설정을 유지한다.

그림 2.12 텍스트 가져오기 마법사 6단계 중 3단계 대화상자

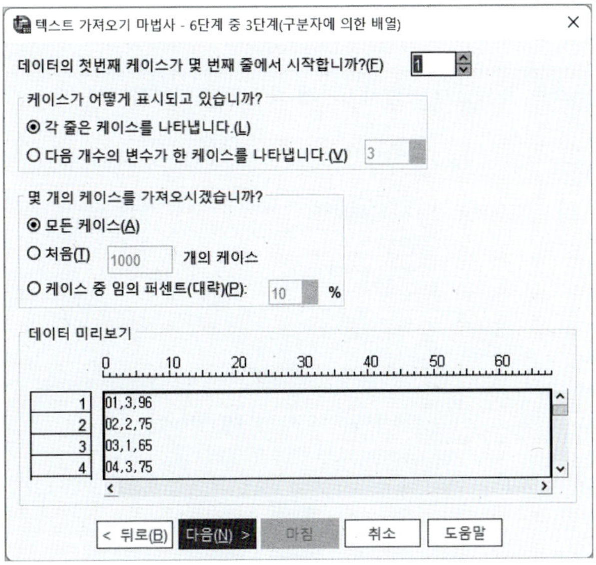

⑦ [그림 2.12]에서 [다음(N)〉]을 클릭하면, [그림 2.13]과 같은 4단계 대화상자가 나타난다. 여기에서는 변수 사이에 어떤 구분자를 사용하였는지를 지정한다. 본 예에서는 쉼표를 사용하였기 때문에 콤마가 자동으로 표시된다. 콤마 이외에도 탭, 공백, 세미콜론 등 다양한 구분자를 사용할 수 있다.

그림 2.13 텍스트 가져오기 마법사 6단계 중 4단계 대화상자

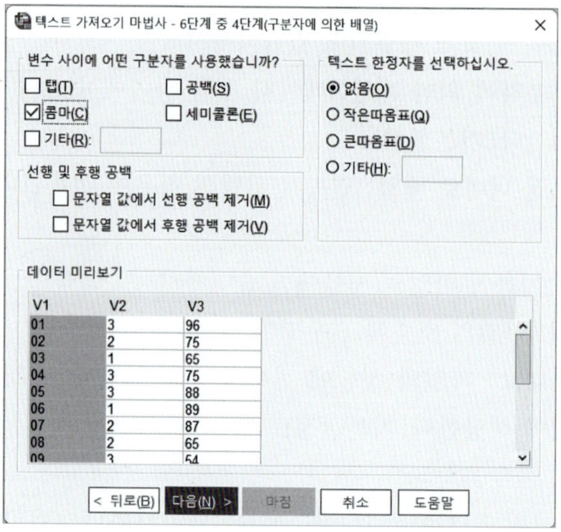

⑧ [그림 2.13]에서 [다음(N)〉]을 클릭하면 5단계 대화상자가 나타난다. 여기서 [그림 2.14]와 같이 [변수 이름(V)]에는 각각의 변수명(출석번호, 부모학력, 학생성적)을 입력하고 각 변수의 [데이터 형식(D)]을 결정한다. 본 예에서는 모두 숫자 데이터 형식을 설정한다.

그림 2.14 텍스트 가져오기 마법사 6단계 중 5단계 대화상자

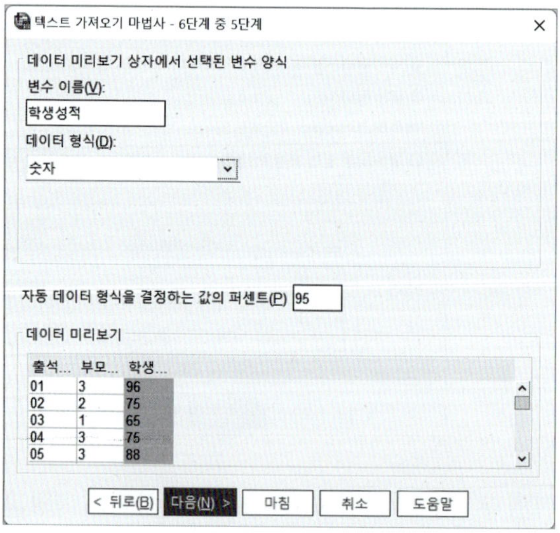

⑨ [그림 2.14]에서 [다음(N)〉]을 클릭하면 [그림 2.15]와 같이 6단계 대화상자가 나타난다.

그림 2.15 텍스트 가져오기 마법사 6단계 중 6단계 대화상자

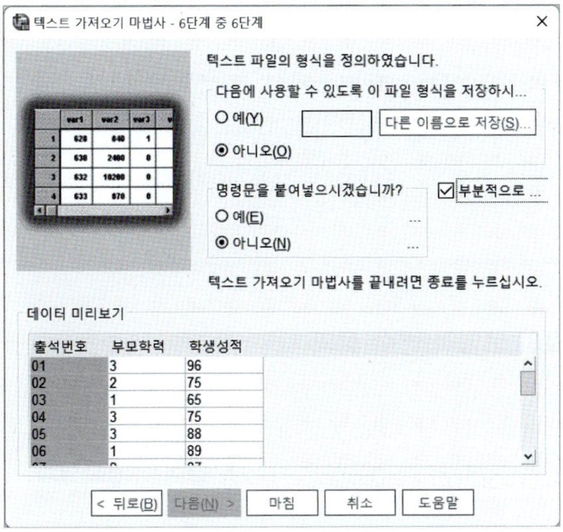

⑩ [그림 2.15]에서 [마침]을 클릭하면, [그림 2.16]과 같이 Data Editor에 text 파일 데이터가 나타난다.

그림 2.16 Data Editor에 나타난 text 파일의 자료

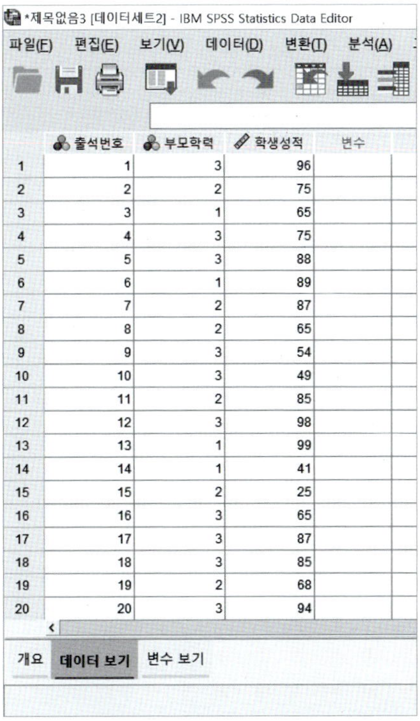

2.3 변수 정의

SPSS 30 Data Editor에서 자료를 코딩하거나 다른 프로그램(Excel, 메모장 등)에서 자료를 불러온 경우 먼저 변수 정의를 해야 한다. 이하에서는 데이터 편집기에서 자료를 코딩하는 경우를 가정하고 변수 정의를 설명한다.

예제 2.1 자료의 코딩과 변수 정의

패스트푸드점을 이용한 10명 응답자의 성별, 나이, 만족도, 점포태도를 조사한 결과는 〈표 2.1〉과 같다. 각각의 설문문항은 다음과 같이 측정되었다.

- 성 별: 남자(1), 여자(2)
- 나 이: ___ 세
- 만 족 도: 이 패스트푸드점을 이용한 결과; 전혀 만족스럽지 않다(1) ~ 매우 만족스럽다(5)
- 점포태도: 이 패스트푸드점은; 전혀 마음에 들지 않는다(1) ~ 매우 마음에 든다(7)

표 2.1 패스트푸드점 이용자의 응답자료

id	성 별	나 이	만족도	점포태도
1	1	26	5	7
2	1	33	4	5
3	2	24	4	5
4	1	25	5	4
5	2	35	4	3
6	2	45	5	7
7	2	22	3	3
8	2	18	2	2
9	1	17	5	5
10	2	25	4	4

1. 이름(변수명)의 설정

[그림 2.1]과 같은 SPSS 30의 Data Editor를 보면 좌측 하단에 '데이터 보기'와 '변수 보기'의 두 가지 탭이 있다. '데이터 보기'의 탭을 눌렀을 때 나타나는 화면에서는 데이터를 입력하고 편집할 수 있으며, '변수 보기'의 탭을 눌렀을 때 나타나는 화면에서는 변수 이름(name), 변수 유형(type), 변수의 너비(width), 소수점 이하 자리(decimals), 변수 설명(label), 변수값(values), 결측값(missing value) 등을 결정할 수 있다. '변수 보기' 탭을 눌렀을 때 나타나는 화면은 [그림 2.17]과 같다.

그림 2.17 | 변수 보기를 눌렀을 때 나타나는 화면

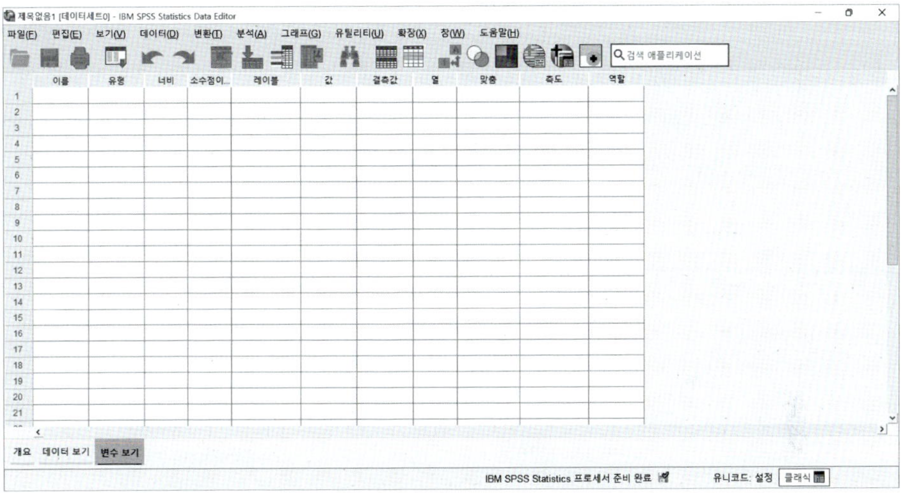

[그림 2.17]에서 '이름'은 변수명을 설정하는 곳이다. 변수명은 영문 64자, 한글 32자까지 입력하는 것이 가능하다. 그러나 변수명이 너무 길 경우 변수명에는 간단하게 축약해서 입력하고 구체적인 내용은 '레이블(label)'에서 입력하도록 한다. 변수명을 입력할 때에는 빈칸이나 특수문자를 사용할 수 없으며, 변수명의 처음을 숫자로 시작할 수 없다는 점에 주의한다. 본 예에서는 다섯 가지 변수(id, 성별, 나이, 만족도, 점포태도)가 사용되었는데 이를 Data Editor에 입력하면 [그림 2.18]과 같다.

그림 2.18 변수명의 입력

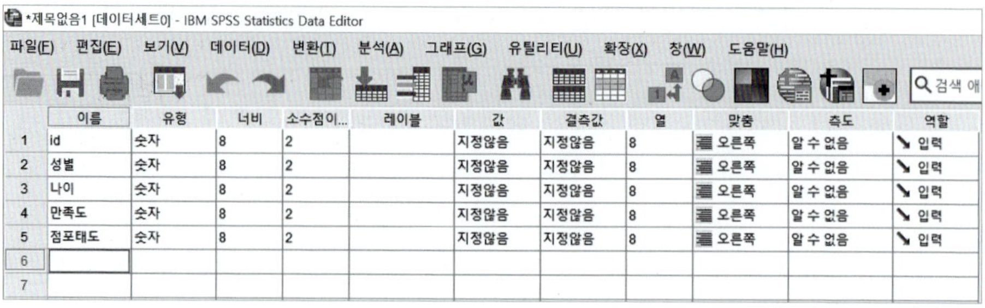

2. 유형(변수 유형)의 설정

[그림 2.18]의 유형은 변수의 유형을 의미한다. SPSS 30에서는 숫자, 날짜, 달러, 문자 등의 변수 유형을 사용할 수 있다. 이 중 가장 많이 사용하는 변수 유형은 숫자(**기본설정**)이므로 이를 중심으로 설명한다. 변수명이 입력된 부분의 '유형' cell을 클릭하면 [...] 버튼이 나타나는데, 이를 클릭하면 [그림 2.19]와 같은 변수 유형 대화상자가 나타난다.

그림 2.19 변수 유형 대화상자

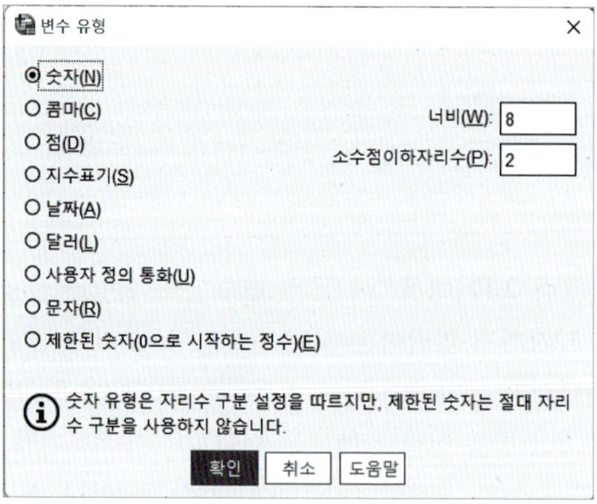

변수 유형 대화상자에서 각 변수의 성격에 맞게 변수 유형을 지정해준다. 변수 유형에 따라 변수 유형 대화상자의 오른쪽 부분 모양이 달라지는데 가장 많이 사용하는 변수 유형인 [숫자(N)]의 경우에는 [너비(W)]와 [소수점 이하 자리수(P)]가 나타난다. [너비(W)]는 해당 변수의 cell에 입력될 수 있는 데이터의 자리수를 의미하며, [소수점 이하 자리수(P)]는 해당 변수의 cell에 입력될 수 있는 데이터의 소수점 이하 자리수를 의미한다. [그림 2.19]의 변수 유형 대화상자를 보면 어떤 변수의 cell에 8자리 숫자가 입력될 수 있으며, 소수점 이하로는 2자리까지 입력될 수 있음을 의미한다. 변수 유형이 숫자인 경우 변수 유형 대화상자에서 자리수와 소수점 이하 자리수를 결정할 수도 있지만 [그림 2.18]의 '너비'나 '소수점 이하 자리'에서 결정할 수도 있다. 본 예에서 사용된 변수들은 모두 변수 유형이 숫자이므로 기본설정된 상태를 유지한다.

3. 자리수와 소수점 이하 자리의 설정

앞에서 설명한 것과 같이 변수의 유형이 숫자인 경우, 변수 유형 대화상자에서도 자리수와 소수점 이하 자리수를 결정할 수 있지만, Data Editor 상에서 너비나 소수점 이하 자리를 이용하여 이를 별도로 설정할 수도 있다. 본 예에서는 응답값이 모두 정수(integer)의 형태로 나타나므로 소수점 이하 자리를 '0'으로 설정할 수 있다. 너비의 경우, 다른 변수는 모두 한 자리이지만 id와 나이는 두 자리로 설정해야 한다. 본 예의 너비와 소수점 이하 자리를 설정하면 [그림 2.20]과 같다.

그림 2.20 너비와 소수점 이하 자리의 설정

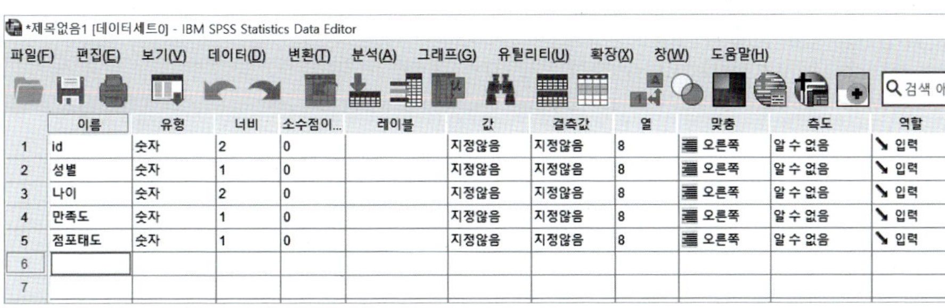

	이름	유형	너비	소수점이...	레이블	값	결측값	열	맞춤	측도	역할
1	id	숫자	2	0		지정않음	지정않음	8	오른쪽	알 수 없음	입력
2	성별	숫자	1	0		지정않음	지정않음	8	오른쪽	알 수 없음	입력
3	나이	숫자	2	0		지정않음	지정않음	8	오른쪽	알 수 없음	입력
4	만족도	숫자	1	0		지정않음	지정않음	8	오른쪽	알 수 없음	입력
5	점포태도	숫자	1	0		지정않음	지정않음	8	오른쪽	알 수 없음	입력
6											
7											

4. 레이블(변수 설명)의 설정

앞에서 설명한 것과 같이 이름에는 영문 64자, 한글 32자까지만 입력할 수 있다. 그러나 변수명이 너무 긴 경우에는 일반적으로 이름에는 축약해서 입력하고 레이블에서 이에 대해 부연설명을 한다. 본 예에 사용된 변수들의 구체적인 설명을 제시하면 [그림 2.21]과 같다.

그림 2.21 | 레이블의 입력

5. 변수값의 설정

〈예제 2.1〉의 설문항목들을 Data Editor에서 코딩하기 위해서는 숫자를 입력해야 한다(그림 2.21의 유형 참조). 그런데 Data Editor에 코딩된 숫자의 의미가 무엇인지를 표시하기 위해서는 변수값을 입력해야 한다. 여기서는 '성별'변수의 변수값을 설정하는 방법을 알아보기로 한다. 성별의 변수값을 설정하기 위해서는 먼저 [그림 2.21]의 성별이 입력된 행에 있는 값 cell을 클릭한다. 그러면 [...] 버튼이 나타나는데, 이를 누르면 [그림 2.22]와 같은 변수값 레이블 대화상자가 나타난다. 여기서 [+] 버튼을 누르면 변수값을 입력할 수 있는 상자가 활성화된다.

그림 2.22 | 변수값 레이블 대화상자

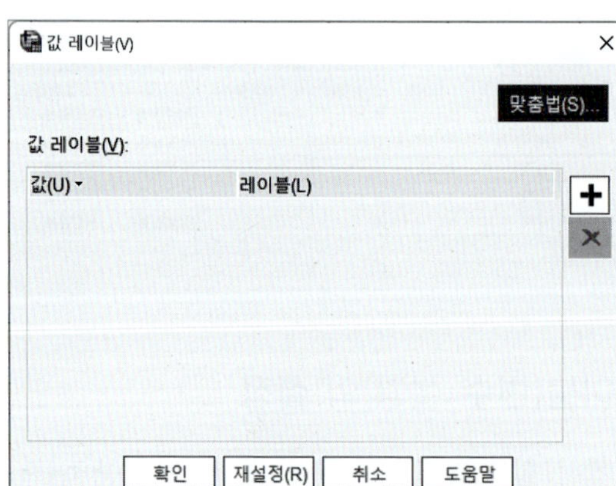

본 예의 설문항목에서 남자는 1, 여자는 2로 측정하였으므로 [그림 2.22]의 [값(U)]에 1을 입력하고 [레이블(L)]에는 남자를 입력한 후 [+]를 클릭한다. 그러면 [그림 2.23]과 같이 변수값이 입력된다.

그림 2.23 | 변수값이 입력된 모습

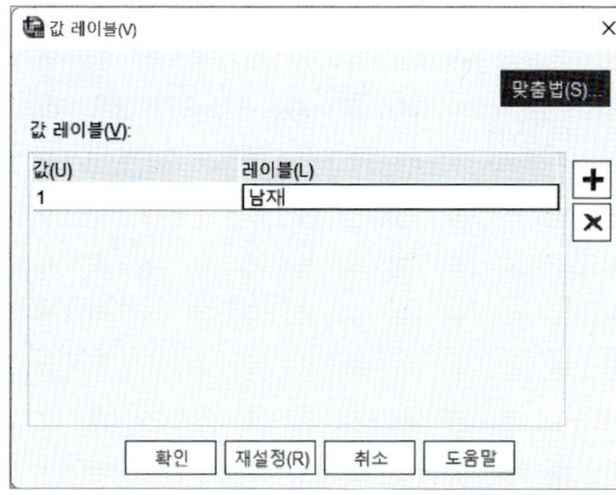

동일한 방법으로 여자를 입력한 후의 모습은 [그림 2.24]와 같다.

그림 2.24 | 모든 변수값이 입력된 모습

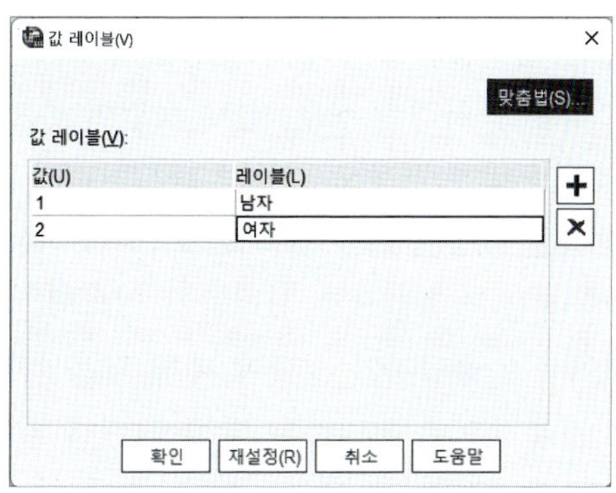

[그림 2.24]에서 [확인]을 클릭하면 [그림 2.25]와 같이 Data Editor에 변수값이 입력되어 나타난다.

그림 2.25 | Data Editor에 변수값이 입력된 모습

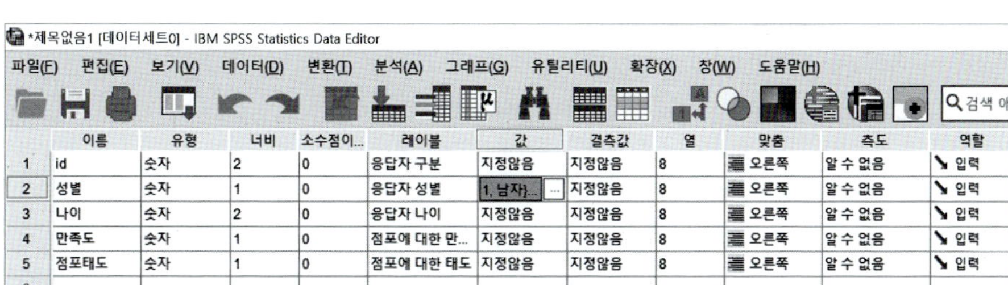

동일한 방법으로 만족도와 점포태도의 변수값을 입력하면 최종적으로 [그림 2.26]과 같은 모양이 된다.

그림 2.26 성별, 만족도, 그리고 점포태도의 변수값이 입력된 모습

6. 결측값의 처리

데이터 수집과정에서 일부 항목에 대해 응답이 누락된 경우가 있을 수 있다. 이 경우 누락된 응답을 **결측값**(missing value)으로 처리한다. 결측값 처리 방법에는 (1) Data Editor에서 해당 cell을 비워두는 방법과, (2) 응답에서 얻을 수 없는 특정한 값을 결측값으로 설정하는 방법이 있다. 그런데, 해당 cell을 비워두는 방법으로 결측값을 처리할 경우, 실제 응답이 존재하지만 코딩과정에서 실수로 자료를 입력하지 않은 경우도 결측값으로 처리되어 혼란의 여지가 있다. 따라서 바람직한 방법은 특정한 값을 결측값으로 처리하는 방법이다.

특정한 값을 결측값으로 처리하기 위해서는 결측값 대화상자를 이용하면 된다. 본 예에서는 응답자가 성별에 대해 답을 하지 않은 경우 결측값 대화상자를 이용하여 결측값으로 처리하는 방법에 대해 알아본다. 결측값 대화상자를 이용하는 방법은 다음과 같다. 먼저, [그림 2.26]의 성별이 입력된 행에 있는 결측값 cell을 클릭한다. 그러면 [...] 버튼이 나타나는데, 이를 누르면 [그림 2.27]과 같은 결측값 대화상자가 나타난다.

그림 2.27 결측값 대화상자

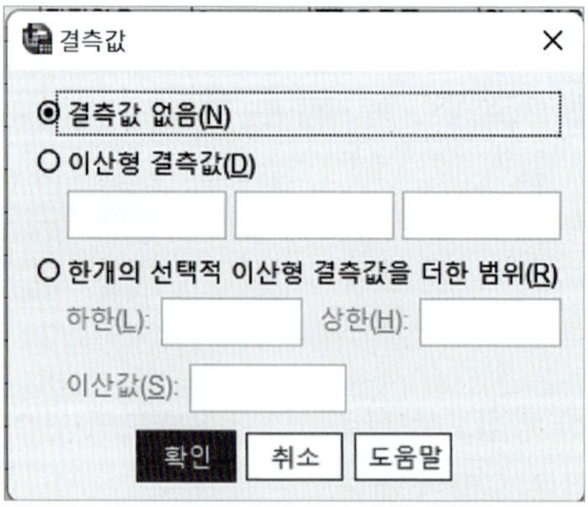

결측값은 응답이 1~5와 같이 한 자리수인 경우에는 일반적으로 '9'로, 나이와 같은 두 자리수인 경우에는 '99'로 입력한다. 본 예의 성별 항목은 한 자리수이므로 '9'를 사용한다. 결측값 대화상자를 이용하여 이를 처리하기 위해서는 [그림 2.28]과 같이 [이산형 결측값(D)]을 선택하고 '9'를 입력한다. 그런데 응답값 자체가 9 혹은 99와 같은 것을 포함한다면 응답값이 될 수 없는 전혀 다른 값을 이용하면 된다. 예를 들어, 응답값이 1~9인 경우 결측값을 나타내기 위해 '11'을 사용할 수 있다.

그림 2.28 이산형 결측값의 입력

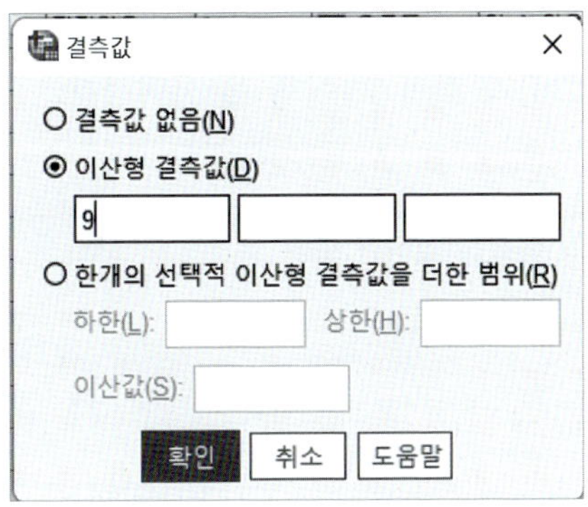

동일한 방법으로 나이, 만족도, 점포태도에 대한 결측값을 입력할 수 있다. 나이의 경우 '99'로, 그리고 만족도와 점포태도의 경우는 '9'를 설정한다. 모든 변수에 대해 결측값을 처리하면 [그림 2.29]와 같이 설정된 결측값이 Data Editor에 나타난다.

그림 2.29 설정된 결측값이 Data Editor에 나타난 모습

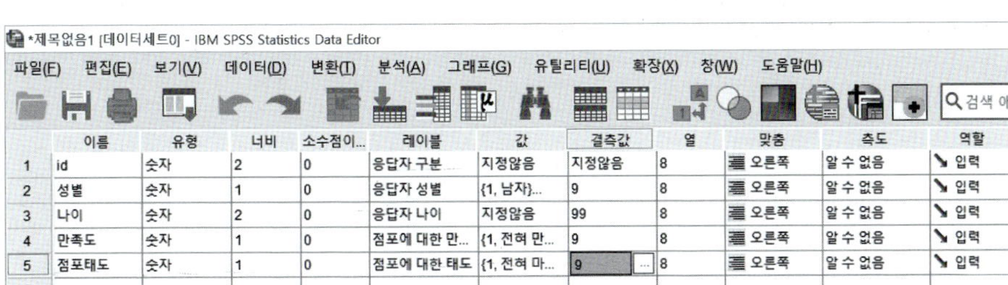

7. 측도의 결정

척도(scale)는 변수나 construct를 측정하는 도구를 의미하는데 SPSS에서는 이를 측도로 표현하고 있다. 어떤 측도를 사용하여 측정하였는가에 의해 조사자가 획득하는 정보의 양이 달라지며, 사용할 수 있는 분석방법이 달라지기 때문에 측도의 결정은 매우 중요하다. SPSS 30에서는 변수를 정의할 때, 조사자가 사용한 측도를 '척도,' '순서형,' '명목형'으로 표시할 수 있도록 하고 있다. 이때 '척도'는 제 3 장에서 설명하는 척도의 유형 중 **간격척도**와 **비율척도**를 의미하는 것이며, '순서형'은 **서열척도**를, 그리고 '명목형'은 **명목척도**를 의미한다. 여기서는 성별의 측도를 설정하는 방법에 대해 알아본다. 이를 위해서는 먼저 [그림 2.29]의 성별이 입력된 행에 있는 측도 cell을 클릭한다. 그러면 콤보버튼이 나타나는데 [그림 2.30]과 같이 '명목형'을 선택한다.

그림 2.30 성별변수의 측도를 설정한 모습

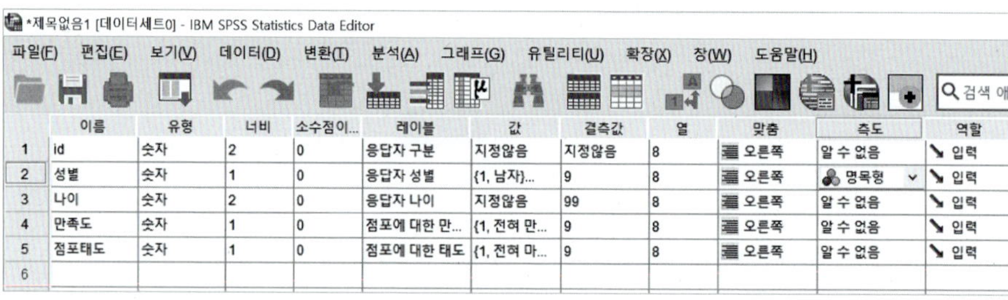

	이름	유형	너비	소수점이...	레이블	값	결측값	열	맞춤	측도	역할
1	id	숫자	2	0	응답자 구분	지정않음	지정않음	8	오른쪽	알 수 없음	입력
2	성별	숫자	1	0	응답자 성별	{1, 남자}...	9	8	오른쪽	명목형	입력
3	나이	숫자	2	0	응답자 나이	지정않음	99	8	오른쪽	알 수 없음	입력
4	만족도	숫자	1	0	점포에 대한 만...	{1, 전혀 만...	9	8	오른쪽	알 수 없음	입력
5	점포태도	숫자	1	0	점포에 대한 태도	{1, 전혀 마...	9	8	오른쪽	알 수 없음	입력
6											

동일한 방법으로 다른 변수들의 측도를 설정하면 [그림 2.31]과 같다.

그림 2.31 모든 변수들의 측도를 설정한 모습

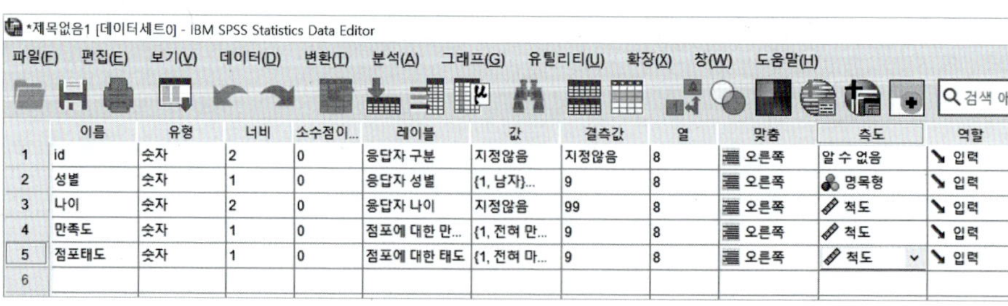

	이름	유형	너비	소수점이...	레이블	값	결측값	열	맞춤	측도	역할
1	id	숫자	2	0	응답자 구분	지정않음	지정않음	8	오른쪽	알 수 없음	입력
2	성별	숫자	1	0	응답자 성별	{1, 남자}...	9	8	오른쪽	명목형	입력
3	나이	숫자	2	0	응답자 나이	지정않음	99	8	오른쪽	척도	입력
4	만족도	숫자	1	0	점포에 대한 만...	{1, 전혀 만...	9	8	오른쪽	척도	입력
5	점포태도	숫자	1	0	점포에 대한 태도	{1, 전혀 마...	9	8	오른쪽	척도	입력
6											

변수 정의 과정에서 설정된 측도는 분석시 대화상자 내의 변수명 앞에 다음과 같은 아이콘으로 표시된다: - 명목형, - 순서형, - 척도. 대부분의

SPSS 분석에서는 변수를 어떤 측도로 설정하더라도 분석결과는 동일하게 나타난다(see 10.2 Spearman 서열상관분석). 그러나 일부 분석에서는 측도의 설정에 따라 제시되는 옵션의 형태가 다르게 나타난다.[1] 따라서 올바른 분석을 하기 위해서는 측도를 정확하게 설정해야 된다.

8. 변수 정의 완료

변수 정의가 완료되면 응답값을 코딩할 준비가 모두 끝났다. 응답값을 코딩하기 위해서는 먼저 Data Editor 하단의 데이터 보기 탭을 클릭한다. 그러면 [그림 2.32]와 같이 변수입력이 모두 끝나 코딩 대기상태의 Data Editor가 나타난다.

그림 2.32 코딩 대기상태의 Data Editor

[그림 2.32]에 〈표 2.1〉의 자료를 입력한 모습은 [그림 2.33]과 같다.[2]

1 SPSS에서는 주요 메뉴 [분석(A)]의 하위메뉴인 [표(B)]와 [그래프(G)]를 이용한 분석이 가능하다. 그런데 어떤 측도를 설정했는가에 따라 [표(B)]의 경우 사용자 정의 표 대화상자, [그래프(G)]의 경우 도표 작성기 대화상자의 모양이 달라진다. 자세한 내용은 다음의 서적을 참조할 수 있다: 이학식 · 임지훈, *SPSS 25를 이용한 Basic SPSS 매뉴얼*, 집현재, 2019.

2 〈표 2.1〉의 자료를 입력한 데이터파일은 제공된 데이터(도서출판 집현재 게시판 → 자료실)의 '(2)변수.sav'이다.

그림 2.33 자료 입력이 끝난 Data Editor 모습

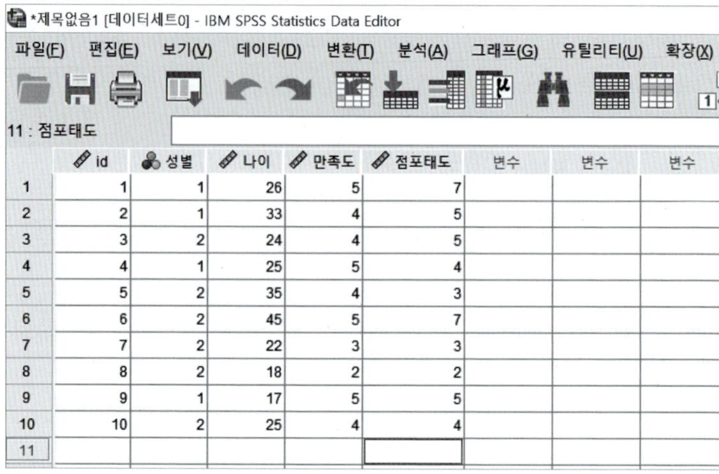

2.4 데이터 파일의 구성요소

SPSS 30을 이용하여 데이터를 분석하기 위해서는 분석할 데이터를 새로운 파일로 작성하거나 기존 데이터 파일을 불러와야 한다. 데이터 파일의 작성 및 편집은 Data Editor 창에서 이루어지는데, 데이터 파일은 다음의 요소들로 구성되어 있다.

- **행(row)**: 각 행에 있는 값들은 해당 케이스의 변수값들을 나타낸다.
- **열(column)**: 각 열에 있는 값들은 해당 변수의 케이스값들을 나타낸다.
- **셀(cell)**: 행과 열이 교차하는 부분으로서 특정 케이스(응답자)가 특정 변수에 대해 응답한 값이 입력된다.

2.5 새로운 데이터 파일 열기

데이터를 Data Editor 창에서 입력하기 위해서는 먼저 새로운 데이터 파일을 열어야 한다. 그 방법에는 두 가지가 있다. 첫째, SPSS 30을 새로 시작하는 방법이다. SPSS 30을 시작하면 [그림 2.1]과 같이 모든 셀들이 비어 있는 초기화면이

나타나는데 여기에 응답값을 입력할 수 있다. 둘째, 주요 메뉴를 이용하는 방법이다. 이 방법은 Data Editor 상에 다른 데이터 파일이 열려 있는 경우에 사용하는데, 주요 메뉴 [파일(F)]의 [새로 만들기(N)]에서 [데이터(D)]를 클릭한다. 예를 들어, '(2)변수-1.sav' 파일이 열려 있는 상황에서 새로운 데이터 파일을 열면 [그림 2.34]의 Windows 작업표시줄에 표시된 것과 같이 두 개의 데이터 파일을 동시에 작업할 수 있다.

그림 2.34 두 개의 데이터 파일을 동시에 열어둔 모습

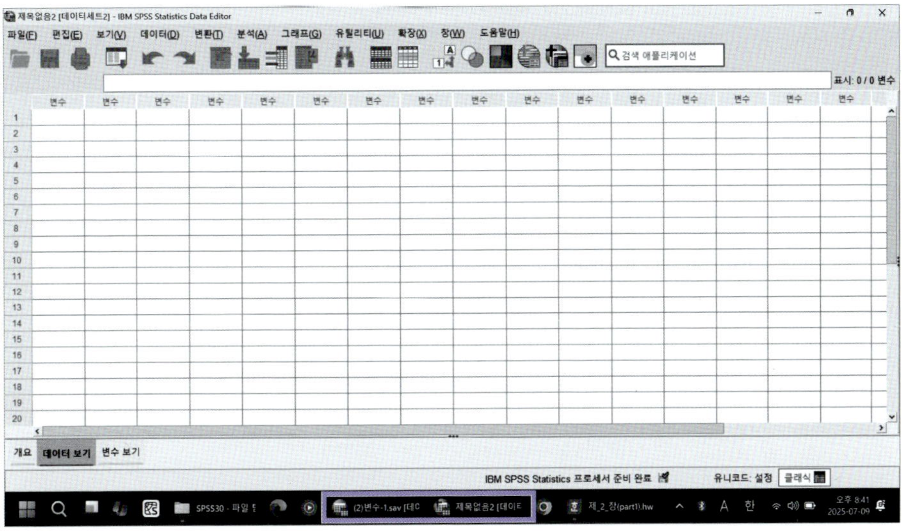

2.6 자료의 코딩

1. 자료 코딩의 개요

자료의 코딩(coding)은 데이터를 Data Editor에 입력하기 위하여 숫자로 표현하는 것이다. 코딩은 분석방법에 따라 다르게 해야 한다. 따라서 자료를 코딩할 때 매우 중요한 사실은 분석방법을 먼저 생각하고 그에 맞추어 코딩해야 한다는 것이다. 그러므로 설문지-코딩-분석이 연계성을 갖도록 설문지가 개발되어야 한다. 다음은 코딩 기법에 관한 기술이다.

(1) ID 부여

코딩의 첫 부분에는 개인별로 ID(identification number)를 기입한다.

(2) 단일 응답 혹은 복수 응답

한 질문에 하나의 응답만이 요구되는 경우와 복수의 응답대안이 요구되는 경우의 코딩방법은 다르다. 다음의 예를 보자.

> 다음의 골프장 중 가장 많이 이용해보신 경험이 있는 것은 어느 것입니까? 하나만 표시해주십시오.
>
> ___88CC ___레이크우드CC ___아시아나CC ___일동레이크GC
> ___해비치CC ___뉴서울CC ___파인크리크CC ___그린힐CC
> ___레이크사이드CC ___경험 없음

이 질문에 대한 응답은 응답대안이 10개이므로 1~10 중 한 번호로 코딩한다. 예를 들어, 응답자가 레이크우드CC에 표시했다면 2로 코딩한다. 그러나 위와 다르게 다음의 질문을 보자.

> 다음의 골프장 중 직접 이용해보신 경험이 있는 것은 어떤 것들입니까? 해당 난에 모두 표시해주십시오.
>
> ___88CC ___레이크우드CC ___아시아나CC ___일동레이크GC
> ___해비치CC ___뉴서울CC ___파인크리크CC ___그린힐CC
> ___레이크사이드CC

위의 질문의 경우 각 골프장별로 하나씩의 칼럼에 코딩하며 이용경험이 있으면 1, 없으면 0으로 코딩한다. 그러므로 전체 9개 칼럼을 사용한다.

(3) 개방형 질문

개방형 질문(open-ended questions)의 경우 코딩방법에 대한 사전 지침을 매우 구체적으로 마련해야 한다. 이를 위하여 응답자들의 응답을 개략적으로 살펴보고 몇 가지 유형으로 나누어 범주를 정한다. 예를 들어, 특정 패스트푸드점을 자주 방문하는 이유에 대해 여러 가지 응답이 있을 수 있는데, '좋은 음식품질'은 1, '저렴한 가격'은 2, '편리한 위치'는 3, '기타' 4와 같이 범주를 정할 수 있다. 필요에 따라 코딩을 진행하면서 범주대안을 추가할 수도 있다. 이때 '기타' 범주에 너무 많이 분류되지 않도록 한다. 많은 응답들이 기타에 분류되면 분석결과의 가치가 떨어지기 때문이다.

(4) 결측값

결측값(missing values) 처리시 변수의 값이 가질 수 있는 대안 이외의 값을 부여한다. 예를 들어, 응답대안이 1~5이면 9를, 그리고 응답대안이 01~15이면 99를 부여한다(구체적인 내용은 2.3 변수 정의의 결측값 부분을 참조).

(5) 부여하는 값의 크기

응답이 정도 혹은 긍정/부정의 형태인 경우 많은 정도 혹은 보다 긍정적일수록 높은 값을 부여하면 분석결과의 해석이 용이하다. 그러나 **역척도**(reversed scale)인 경우 그대로 코딩하고 코딩변경(recoding)을 이용하여 값을 변환시켜 주면 된다(예: 1 → 5, 2 → 4, …, 5 → 1).

태 도: 나쁘다 ___ ___ ___ ___ ___ 좋다
관여도: 중요하지 않다 ___ ___ ___ ___ ___ ___ ___ 중요하다

이 경우 태도척도에는 -2~+2를 할당하거나, 혹은 보다 간편하게 1~5를 할당하고 코딩변경 기능을 사용한다. 관여도 척도의 경우 '중요하지 않다'에 1, '중요하다'에 7을 할당할 수 있다(코딩변경에 관한 구체적인 내용은 2.7 참조).

2. 자료 코딩의 예

이하에서는 TV홈쇼핑에서 구매경험이 있는 소비자들에게 의견을 조사하는 〈표 2.2〉의 설문지로 수집한 자료를 코딩하는 방법을 예시한다.

표 2.2 TV홈쇼핑 구매경험 소비자 대상 설문지

(1) 귀하는 ×× TV홈쇼핑에서 금년에 제품을 구매한 적이 있습니까?

___ 금년에 구매한 적이 없다.
___ 금년에 구매한 적이 있다.

(2) 귀하가 금년이나 그전에 구매한 제품은 다음 중 어느 것입니까? 해당란에 모두 표시해 주십시오.

___ 식품 ___ 의류 ___ 운동기구 ___ 가전제품 ___ 기타

(3) 귀하가 ×× TV홈쇼핑에서 구매한 후의 전체적인 만족도는 어느 정도입니까?

___	___	___	___	___
매우 불만족	불만족	보통	만족	매우 만족

(4) 귀하는 앞으로 ×× TV홈쇼핑에서 구매할 의사가 있습니까?

____	____	____	____	____
절대로 구매 하지 않겠다	구매하지 않겠다	모르겠다	구매하겠다	반드시 구매하겠다

(5) 귀하는 다른 사람에게 ×× TV홈쇼핑에서 구매하도록 추천하시겠습니까?

____	____	____	____	____
절대로 추천 하지 않겠다	추천하지 않겠다	모르겠다	추천하겠다	반드시 추천하겠다

(6) 귀하의 성별은?

____ 남 ____ 여

(7) 귀하의 연령은? (2026 - 출생연도)

____ 20세 미만
____ 20세 이상~30세 미만
____ 30세 이상~40세 미만
____ 40세 이상~50세 미만
____ 50세 이상~60세 미만
____ 60세 이상

〈표 2.2〉의 설문지로써 200명의 소비자를 대상으로 설문조사를 하였다면 코딩을 위한 지침은 〈표 2.3〉과 같다.

표 2.3 코딩지침[3]

column	질문번호	변 수	코딩방법
1 ~ 3	-	ID 번호(V1)	001에서 시작
4	1	구매경험(V2)	0 = 금년에 구매한 적이 없다. 1 = 금년에 구매한 적이 있다.
5 ~ 9	2	식품구매(V3) 의류구매(V4) 운동기구구매(V5) 가전제품구매(V6) 기타구매(V7)	0 = 구매한 적이 없다 1 = 구매한 적이 있다

3 ID번호는 훈글 등 wordprocessor에서 코딩할 경우에는 필요하나 SPSS의 Data Editor에 직접 입력하는 경우에는 ID번호를 코딩하지 않아도 된다. 그러나 Data Cleaning 과정을 통해 일부 케이스가 삭제된 이후에는 Data Editor에 표시되는 케이스번호와 ID번호가 일치하지 않게 되므로 가급적 ID번호를 함께 코딩하는 것이 바람직하다.

10	3	만족도(V8)	1 = 매우 불만족 2 = 불만족 3 = 보통 4 = 만족 5 = 매우 만족
11	4	구매의도(V9)	1 = 절대 구매하지 않음 2 = 구매하지 않음 3 = 모르겠다 4 = 구매함 5 = 반드시 구매함
12	5	추천의도(V10)	1 = 절대 추천하지 않음 2 = 추천하지 않음 3 = 모르겠다 4 = 추천함 5 = 반드시 추천함
13	6	성별(V11)	1 = 남 2 = 여
14	7	연령(V12)	1 = 20세 미만 2 = 20세 이상 ~ 30세 미만 3 = 30세 이상 ~ 40세 미만 4 = 40세 이상 ~ 50세 미만 5 = 50세 이상 ~ 60세 미만 6 = 60세 이상

이 경우 코딩결과는 〈표 2.4〉와 같이 나타난다.

표 2.4 〈표 2.4〉 코딩결과의 예

1	2	3	4	5	6	7	8	9	10	11	12	13	14
0	0	1	1	0	1	1	0	0	5	5	4	1	3
0	0	2	1	1	1	0	0	0	3	3	2	2	4
0	0	3	0	1	0	0	1	0	4	4	3	2	2
0	0	4	0	1	0	0	0	1	3	3	2	2	5
.	.	.	.	.	.	.	.	.	.	.	.	.	.
.	.	.	.	.	.	.	.	.	.	.	.	.	.
.	.	.	.	.	.	.	.	.	.	.	.	.	.
2	0	0	1	0	1	1	0	0	1	1	1	1	4

2.7 데이터 다루기

이하에서는 데이터 입력과정에서 중요한 사항들에 대해 설명한다.

1. 변수와 케이스의 삽입 및 삭제

먼저 [그림 2.35]와 같이 '(2)변수.sav' 파일을 연다.

그림 2.35 (2)변수.sav 파일

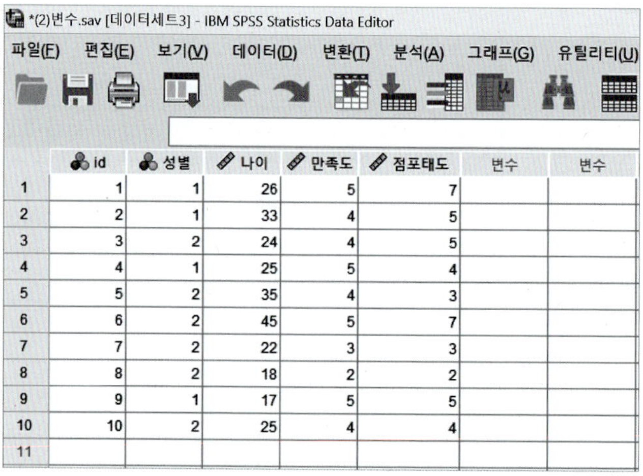

	id	성별	나이	만족도	점포태도	변수	변수
1	1	1	26	5	7		
2	2	1	33	4	5		
3	3	2	24	4	5		
4	4	1	25	5	4		
5	5	2	35	4	3		
6	6	2	45	5	7		
7	7	2	22	3	3		
8	8	2	18	2	2		
9	9	1	17	5	5		
10	10	2	25	4	4		
11							

(1) 변수 삽입

기존 데이터 파일에 변수를 추가로 삽입하고자 하는 경우에는 삽입하고자 하는 위치에 있는 변수의 변수명을 클릭한다. 예를 들어, [그림 2.35]에서 '나이' 변수 다음에 변수를 삽입하고자 하는 경우, '만족도' 변수명을 클릭한다. 그러면 [그림 2.36]과 같이 '만족도' 변수 전체가 선택된다.

그림 2.36 | 변수 블럭 설정

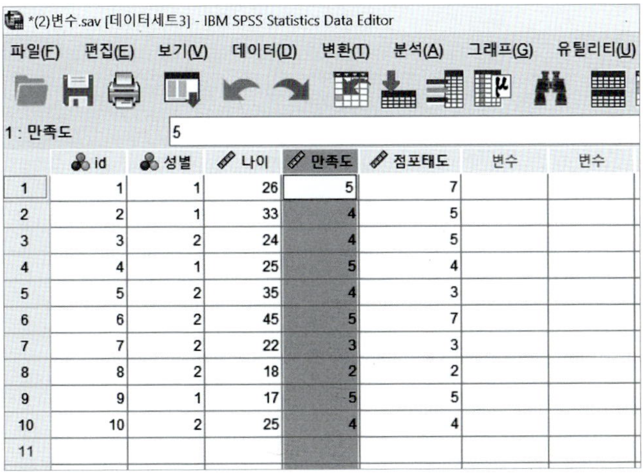

이후에 변수를 삽입하기 위해 **마우스 오른쪽 버튼**을 이용한다. [그림 2.36]과 같이 원하는 위치에 있는 변수의 변수명을 클릭한 상태에서 마우스 오른쪽 버튼을 누르면 [그림 2.37]과 같이 사용 가능한 메뉴가 나타난다. 이 중에 [변수 삽입(A)]을 클릭하면 [그림 2.38]과 같이 된다.

그림 2.37 | 마우스 오른쪽 버튼을 이용한 변수 삽입

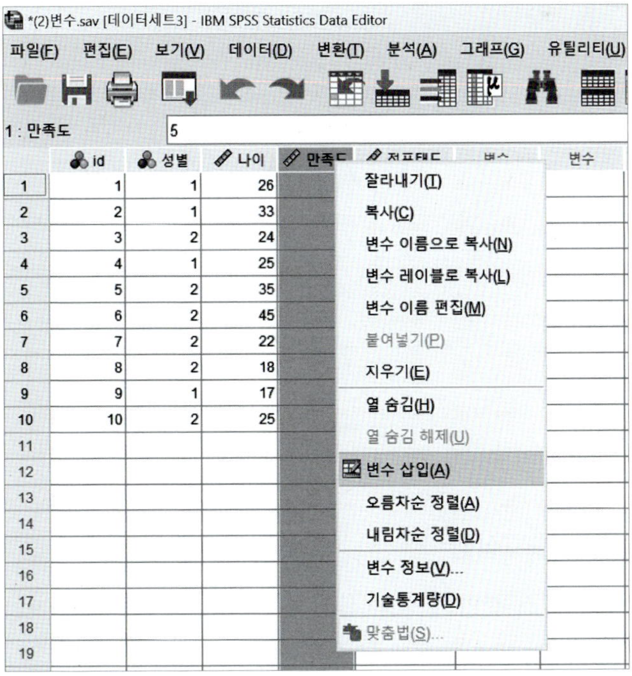

그림 2.38 | 변수가 삽입된 모습

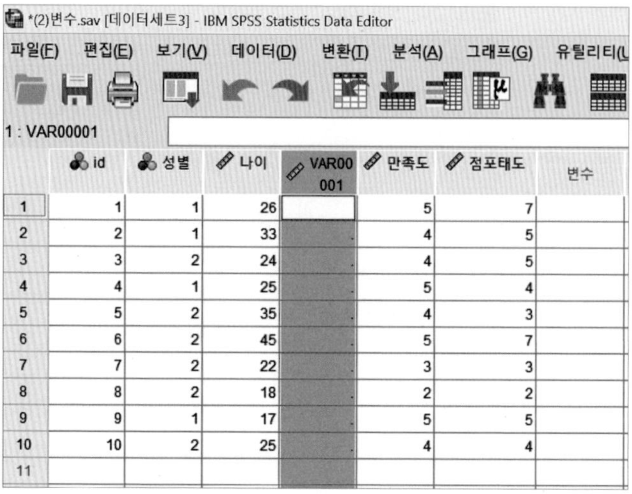

(2) 변수 삭제

변수를 삭제하고자 할 때는 먼저 삭제할 변수를 블럭 설정한다. [그림 2.38]에서 삭제할 변수 'VAR00001'을 선택한 후 **Delete key**를 클릭하면 [그림 2.39]와 같이 변수가 삭제된다. 마우스 오른쪽을 눌러 지우기를 클릭해도 된다.

그림 2.39 | 'VAR00001' 변수가 삭제된 모습

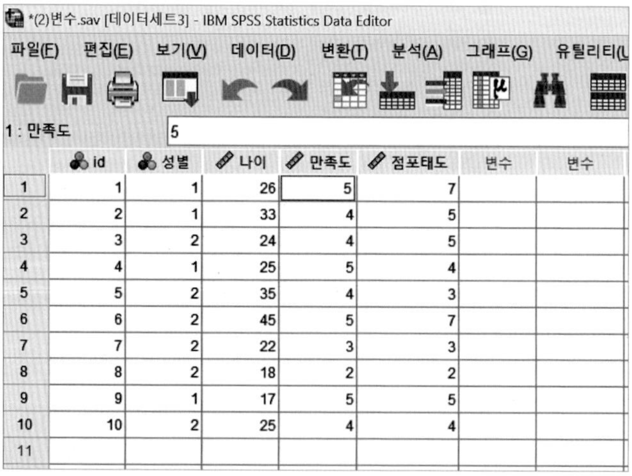

(3) 케이스 삽입

케이스 삽입은 변수 삽입의 절차와 유사하다. 먼저, 삽입하고자 하는 위치에 있는 케이스의 번호를 클릭한다. 예를 들어, [그림 2.35]에서 9번 케이스 다음에

새로운 케이스를 삽입하고자 하는 경우, 10번 케이스를 클릭한다. 그러면 [그림 2.40]과 같이 10번 케이스 전체가 선택된다.

그림 2.40 케이스 블럭 설정

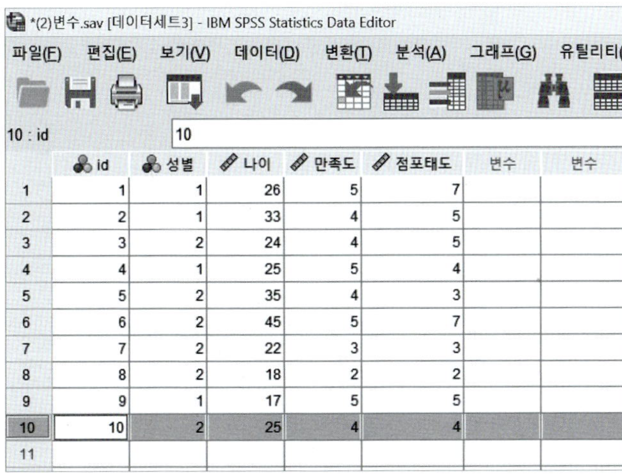

이후에 마우스 오른쪽 버튼을 클릭하면 [그림 2.41]과 같이 사용 가능한 메뉴가 나타난다. 이 중에 [케이스 삽입(I)]을 클릭하면 [그림 2.42]와 같이 된다.

그림 2.41 마우스 오른쪽 버튼을 이용한 케이스 삽입

그림 2.42 케이스가 삽입된 모습

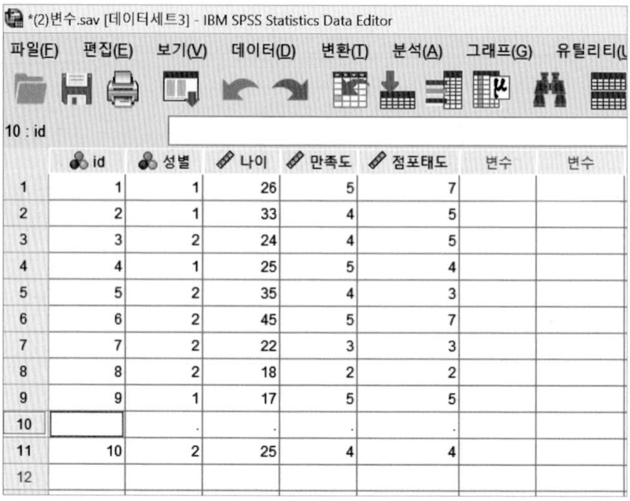

(4) 케이스 삭제

케이스를 삭제하고자 할 때는 [그림 2.42]에서 삭제할 케이스 '10'을 선택한 후 마우스 오른쪽 버튼에서 지우기를 클릭한다.

그림 2.43 '10'번 케이스가 삭제된 모습

2. 코딩변경

코딩변경(recoding)은 원자료의 입력값을 다른 값으로 변환하는 것으로, 원자료를 **역척도**(reversed scale)로 코딩한 경우에 필요하다. 코딩변경에는 기존 변수명을 유지한 상태로 값들을 수정하는 방법과 새로운 변수를 만들어서 변경하는 방법이 있다. 이하에서는 '(2)변수.sav' 파일을 사용하여 코딩변경을 설명하도록 한다.

(1) 같은 변수명으로 코딩변경

'(2)변수.sav' 파일에서 '점포태도'변수가 역척도로 측정되었다고 가정하자. 이 경우 같은 변수명으로 코딩변경하는 방법은 다음과 같다.

① '(2)변수.sav' 파일을 연다(그림 2.35 참조).

② 주요 메뉴 [변환(T)]의 [같은 변수로 코딩변경(S)...]을 클릭하면 [그림 2.44]의 같은 변수로 코딩변경 대화상자가 나타난다.

그림 2.44 같은 변수로 코딩변경 대화상자

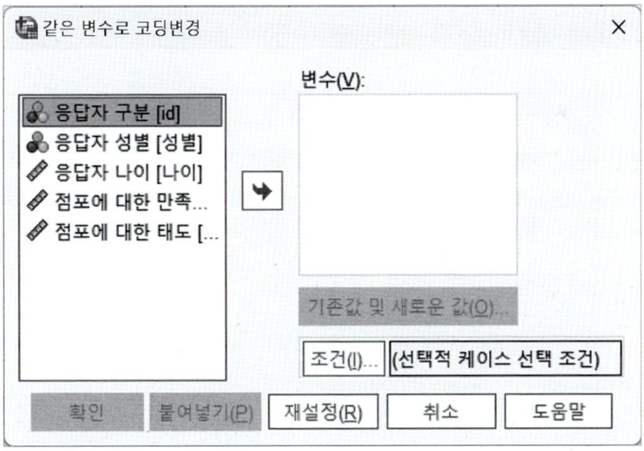

③ 여기서 [그림 2.45]와 같이 코딩변경할 변수(점포태도)를 [변수(V)] 상자로 보낸다.

그림 2.45 코딩변경할 변수의 선택

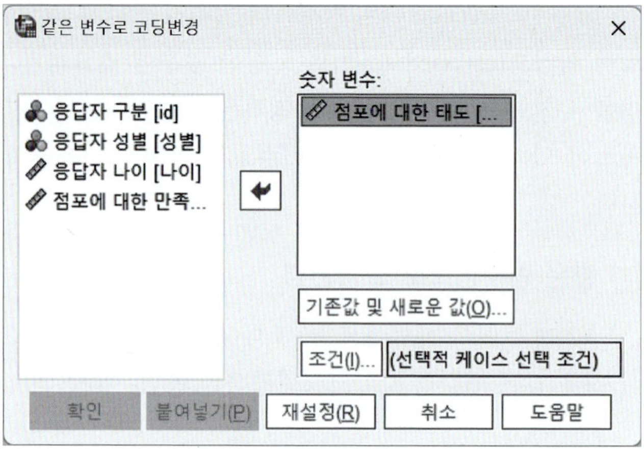

④ [그림 2.45]에서 [기존값 및 새로운 값(O)...]을 클릭하면 [그림 2.46]과 같이 기존값 및 새로운 값 대화상자가 나타난다.

그림 2.46 기존값 및 새로운 값 대화상자

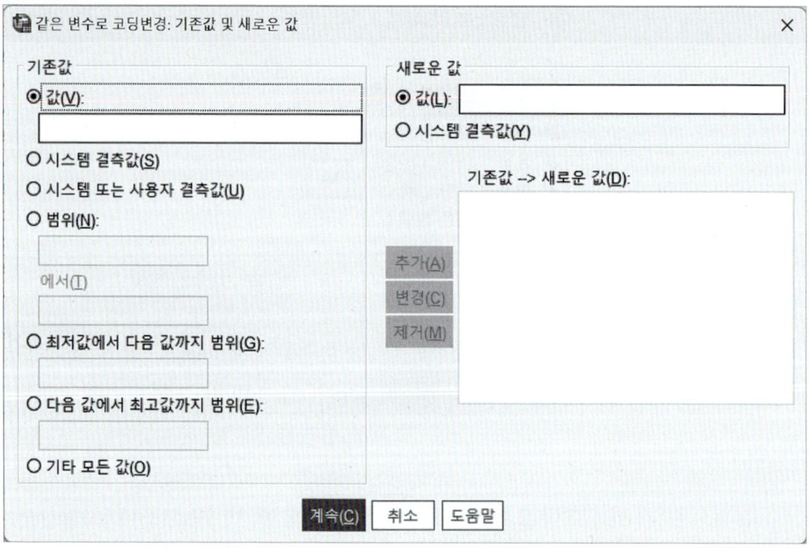

⑤ 여기서 [그림 2.47]과 같이 기존값의 [값(V)]에 1을 입력하고, 새로운 값의 [값(L)]에 7을 입력한다.

그림 2.47 | 기존값 및 새로운 값의 입력

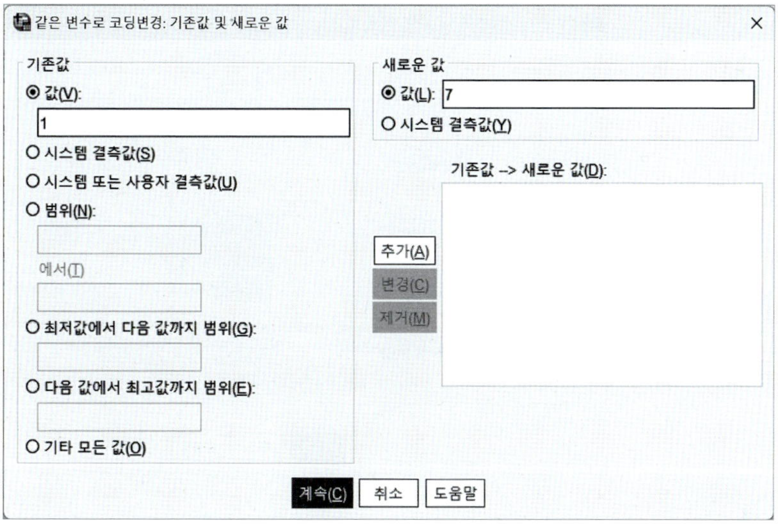

⑥ [그림 2.47]과 같이 기존값 및 새로운 값을 입력하면 [추가(A)]가 활성화된다. 여기서 [추가(A)]를 클릭하면 [그림 2.48]과 같이 [기존값→새로운 값(D)] 대화상자에 내용이 입력된다.

그림 2.48 | 기존값과 새로운 값이 입력된 모습

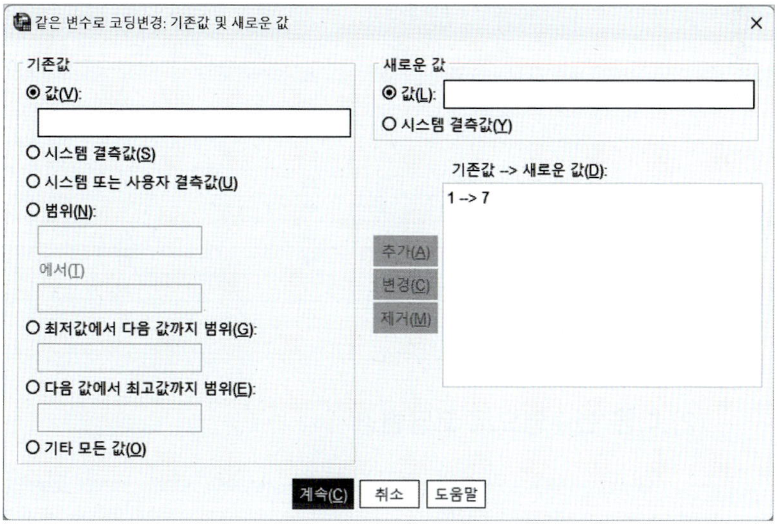

⑦ 동일한 방법으로 나머지 값들의 코딩변경(2→6; 3→5; 4→4; 5→3; 6→2; 7→1)을 실시하면 [그림 2.49]와 같이 된다.

그림 2.49 | 나머지 값들의 코딩변경

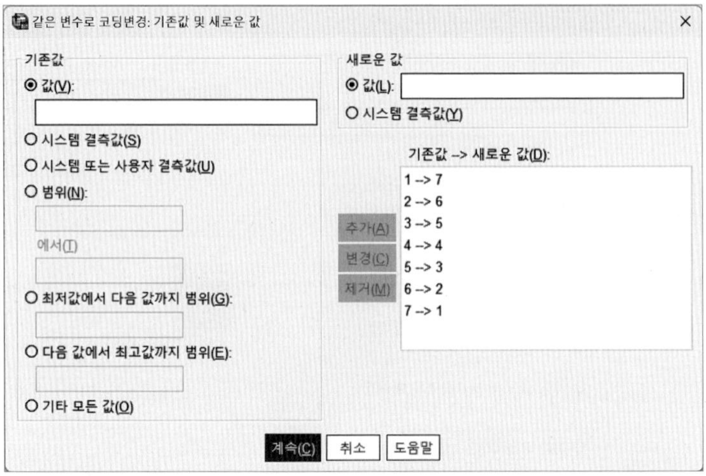

⑧ [그림 2.49]에서 [계속(C)]을 클릭하고 이어서 [확인]을 클릭한다. 그러면 [그림 2.35]의 '(2)변수.sav' 파일이 [그림 2.50]과 같이 변경되어 나타난다.

그림 2.50 | '(2)변수.sav' 파일의 점포태도가 같은 변수로 코딩변경된 모습

(2) 다른 변수명으로 코딩변경

'(2)변수.sav' 파일의 점포태도를 'Astore'라는 다른 변수명으로 코딩변경하는 방법은 다음과 같다.

① '(2)변수.sav' 파일을 연다.

② 주요 메뉴 [변환(T)]의 [다른 변수로 코딩변경(R)...]을 클릭하면 [그림 2.51]

의 다른 변수로 코딩변경 대화상자가 나타난다.

그림 2.51 다른 변수로 코딩변경 대화상자

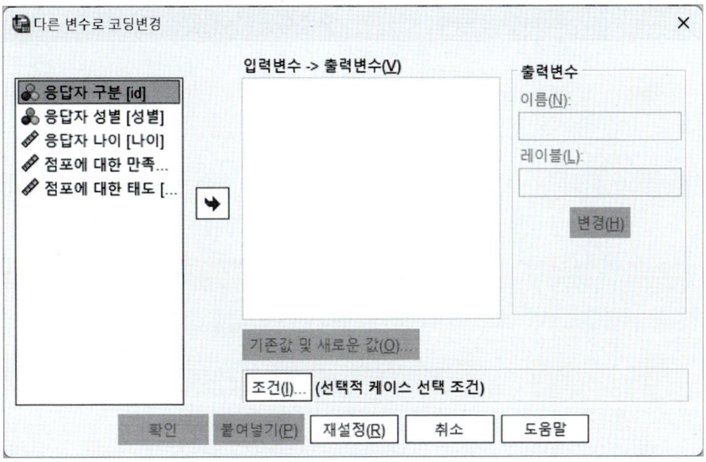

③ 여기서 [그림 2.52]와 같이 점포태도를 [입력변수→출력변수(V)] 대화상자로 보낸다. 또한 출력변수의 [이름(N)]에 Astore를 입력한다.

그림 2.52 코딩변경 변수의 선정

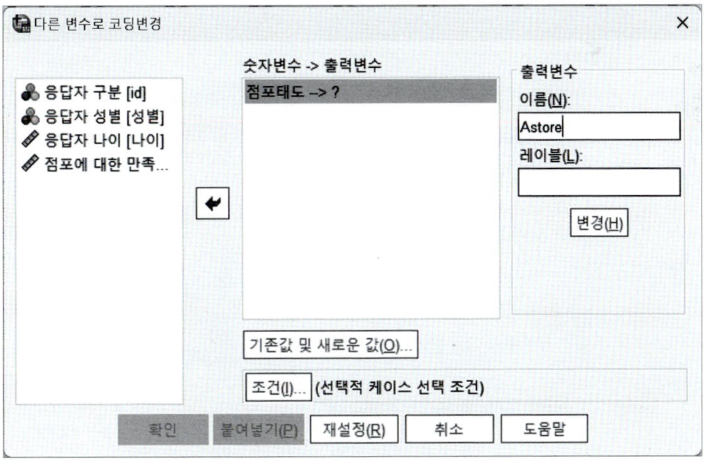

④ [그림 2.52]에서 [변경(H)]을 클릭하면 [그림 2.53]과 같이 된다.

그림 2.53 | 결과변수의 설정

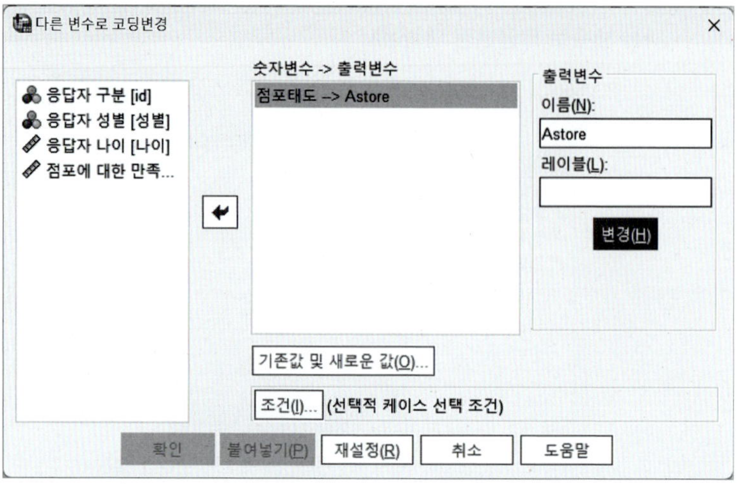

⑤ [그림 2.53]에서 [기존값 및 새로운 값(O)...]을 클릭하면 [그림 2.54]의 기존값 및 새로운 값 대화상자가 나타난다. 이후의 절차는 같은 변수로 코딩변경의 내용과 동일하다.

그림 2.54 | 기존값 및 새로운 값 대화상자

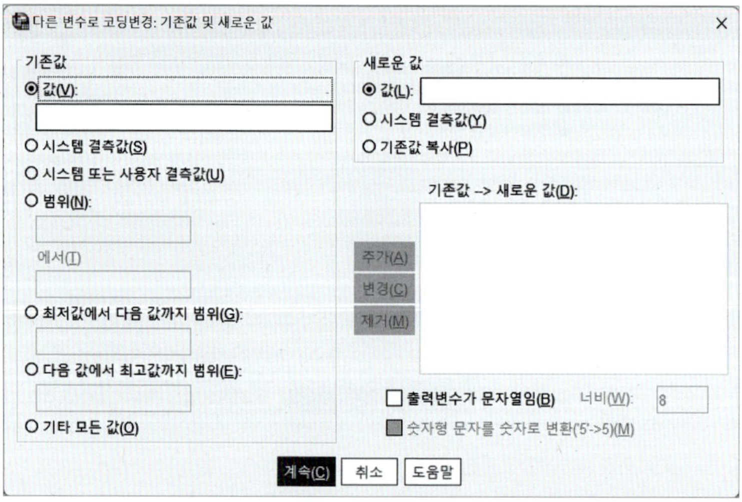

⑥ 다른 변수로 코딩변경한 결과는 [그림 2.55]와 같다.

그림 2.55 | 다른 변수로 코딩변경한 결과

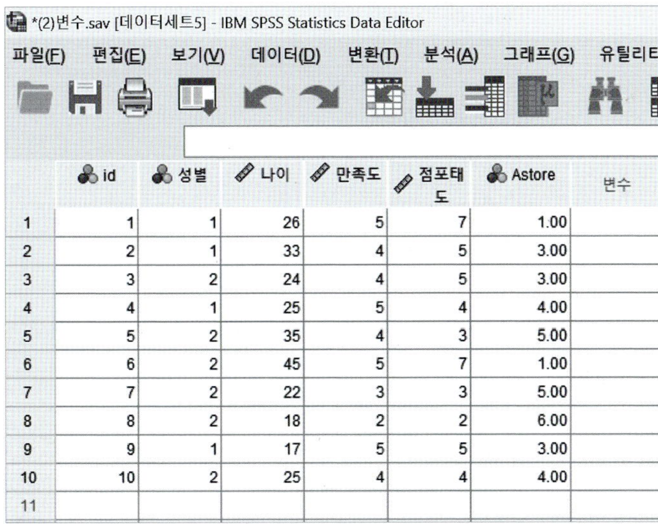

	id	성별	나이	만족도	점포태도	Astore	변수
1	1	1	26	5	7	1.00	
2	2	1	33	4	5	3.00	
3	3	2	24	4	5	3.00	
4	4	1	25	5	4	4.00	
5	5	2	35	4	3	5.00	
6	6	2	45	5	7	1.00	
7	7	2	22	3	3	5.00	
8	8	2	18	2	2	6.00	
9	9	1	17	5	5	3.00	
10	10	2	25	4	4	4.00	
11							

3. 변수 계산

원자료를 분석하는 과정에서 필요에 따라 기존 변수를 가공하여 새로운 변수를 만들어야 하는 경우가 발생한다. 예를 들어, '(2)변수.sav' 파일에서 만족도와 점포태도라는 변수를 평균하여 '점포평가'라는 새로운 변수를 만드는 경우를 가정해보자. 이를 위해서는 다음의 절차를 따른다.

① '(2)변수.sav' 파일을 연다.

② 주요 메뉴 [변환(T)]의 [변수 계산(C)...]을 클릭하면 [그림 2.56]과 같은 변수 계산 대화상자가 나타난다.

그림 2.56 변수 계산 대화상자

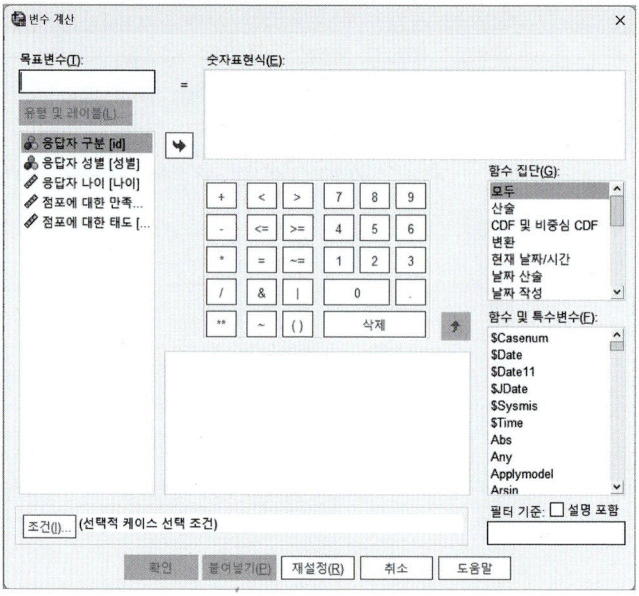

③ [그림 2.56]의 변수 계산 대화상자에서 [목표변수(T)]에 점포평가를 입력한다. [숫자표현식(E)]에는 keyboard를 이용하여 '(만족도+점포태도)/2'를 직접 입력할 수도 있고(그림 2.57 참조), [함수 집단(G)]의 '통계'를 선택한 후 [함수 및 특수변수(F)]의 Mean을 이용해도 된다(그림 2.58 참조).

그림 2.57 keyboard를 이용한 변수 계산

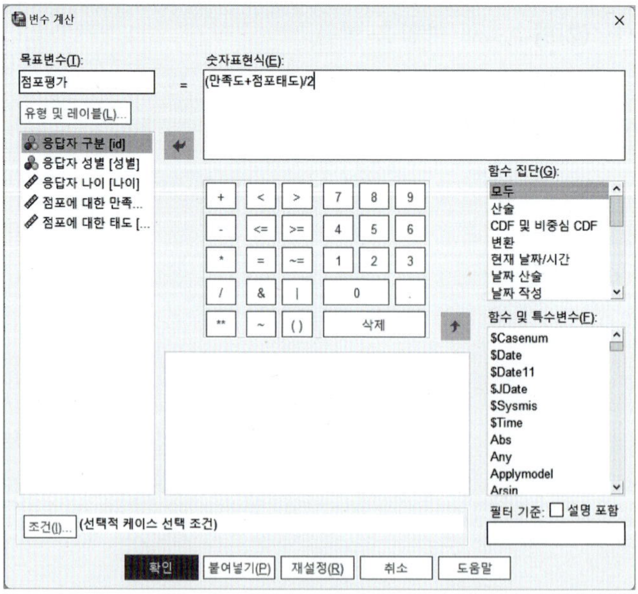

그림 2.58 함수식을 이용한 변수 계산

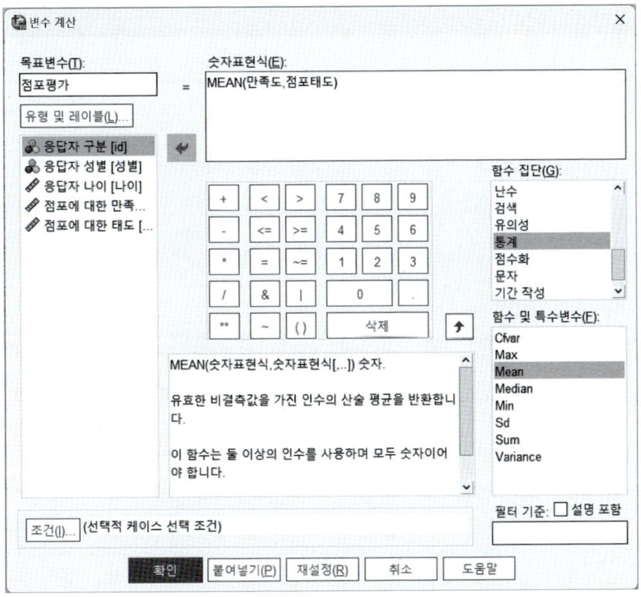

☞ Mean을 이용하여 X1에서 X5까지 변수의 평균계산을 하는 방법은 다음과 같다.

ⓐ [목표변수(T)]에 기존 변수의 평균을 통해 만들어지는 새로운 변수명을 입력한다.
ⓑ [함수 및 특수변수(F)]에서 Mean을 선택한다.
ⓒ ↑를 클릭한다.
ⓓ MEAN(?, ?)에서 ? 부분에 평균할 변수명을 입력한다. 여러 개의 변수를 평균할 경우 변수와 변수 사이에는 쉼표(,)로 구분한다. 본 예에서는 MEAN(X1, X2, X3, X4, X5)로 입력한다. 만약 연속된 여러 변수들의 평균을 구하는 경우에는 MEAN(□ to □)라고 입력해도 된다. 본 예에서는 MEAN(X1 to X5)라고 입력하면 된다.

④ [그림 2.58]에서 [확인]을 클릭하면 [그림 2.59]와 같이 Data Editor에 '점포평가'라는 새로운 변수가 나타난다.

그림 2.59 변수 계산 결과

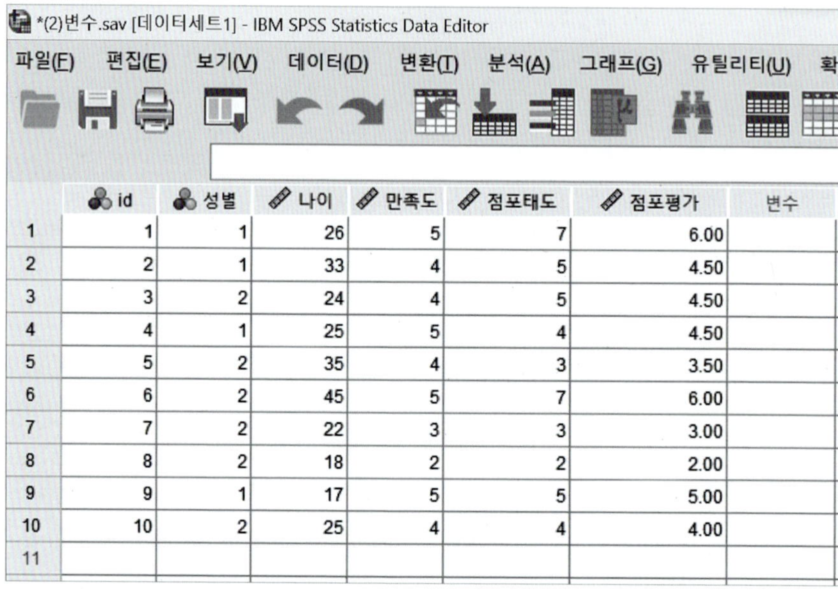

	id	성별	나이	만족도	점포태도	점포평가	변수
1	1	1	26	5	7	6.00	
2	2	1	33	4	5	4.50	
3	3	2	24	4	5	4.50	
4	4	1	25	5	4	4.50	
5	5	2	35	4	3	3.50	
6	6	2	45	5	7	6.00	
7	7	2	22	3	3	3.00	
8	8	2	18	2	2	2.00	
9	9	1	17	5	5	5.00	
10	10	2	25	4	4	4.00	
11							

4. 조건을 만족하는 케이스 분석

데이터 파일의 일부 케이스만 이용하여 분석해야 하는 경우가 있다. 예를 들어, '(2)변수.sav' 파일에서 남자만 이용하여 분석하는 경우를 생각해보자. 이 경우에는 다음과 같은 절차를 따른다.

① '(2)변수.sav' 파일을 연다.

② 주요 메뉴 [데이터(D)]의 [케이스 선택(S)...]을 클릭하면 [그림 2.60]과 같은 케이스 선택 대화상자가 나타난다.

그림 2.60 케이스 선택 대화상자

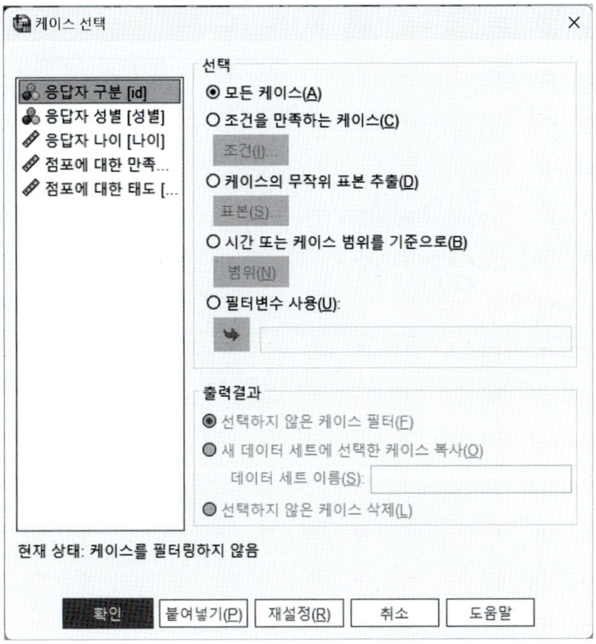

③ 여기서 [조건을 만족하는 케이스(C)]를 선택하면 [조건(I)...]이 활성화된다. 이를 클릭하면 [그림 2.61]과 같은 조건 대화상자가 나타난다.

그림 2.61 조건 대화상자

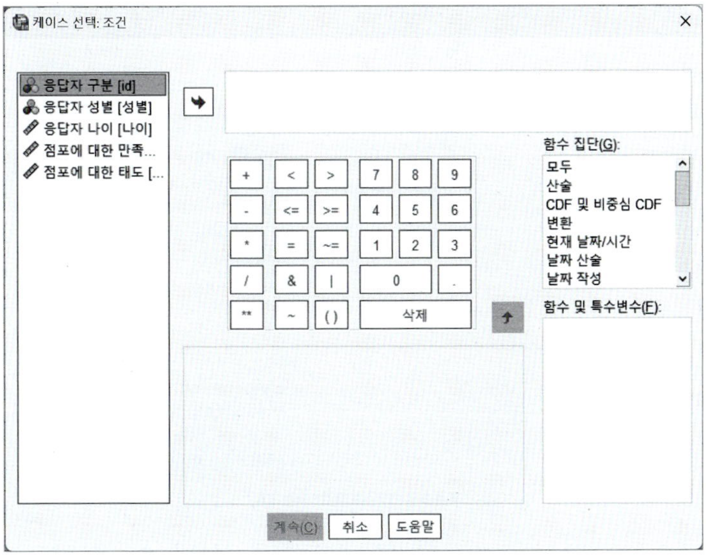

④ [그림 2.61]에서 성별을 분석변수상자로 보낸다. 이후 [그림 2.62]와 같이 남자를 선택하기 위해 '=1'을 입력한다.

그림 2.62 | 조건의 지정

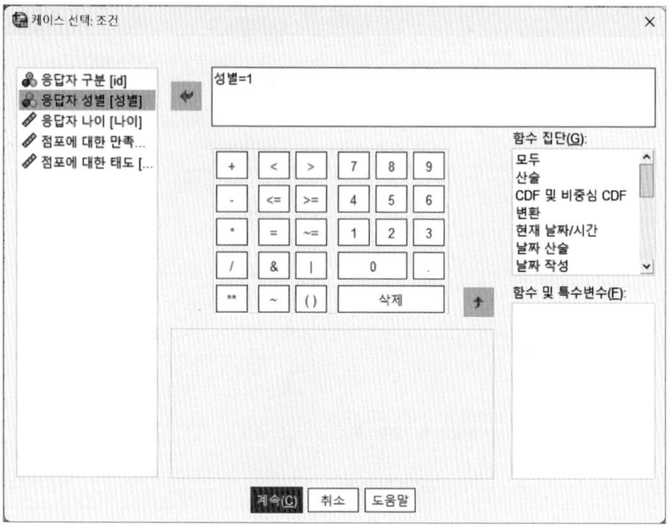

⑤ [그림 2.62]에서 [계속(C)]을 클릭하면 [그림 2.63]의 케이스 선택 대화상자가 나타나는데, 여기서 출력결과의 처리방법으로 [선택하지 않은 케이스 필터(F)]를 선정한다.

그림 2.63 | 출력결과의 처리방법 선정

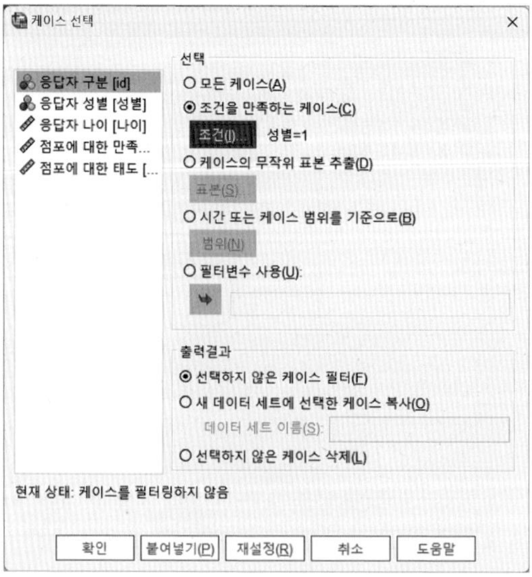

⑥ [그림 2.63]에서 [확인]을 클릭하면 [그림 2.64]와 같은 화면이 나타난다.

그림 2.64 필터변수의 사용

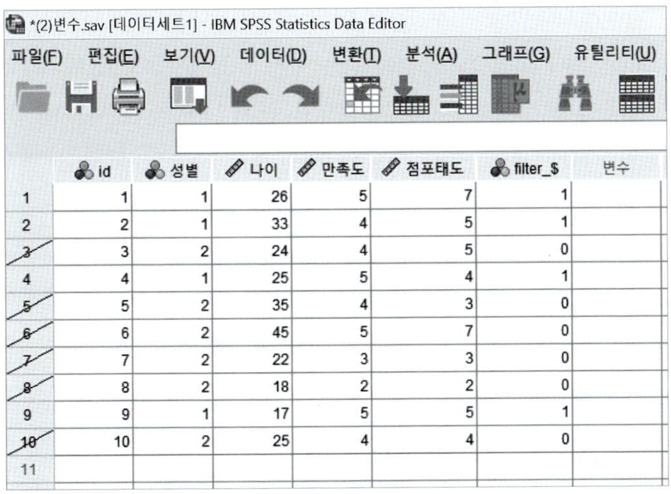
*(2)변수.sav [데이터세트1] - IBM SPSS Statistics Data Editor

파일(F) 편집(E) 보기(V) 데이터(D) 변환(T) 분석(A) 그래프(G) 유틸리티(U)

	id	성별	나이	만족도	점포태도	filter_$	변수
1	1	1	26	5	7	1	
2	2	1	33	4	5	1	
3	3	2	24	4	5	0	
4	4	1	25	5	4	1	
5	5	2	35	4	3	0	
6	6	2	45	5	7	0	
7	7	2	22	3	3	0	
8	8	2	18	2	2	0	
9	9	1	17	5	5	1	
10	10	2	25	4	4	0	
11							

⑦ [그림 2.64]의 Data Editor 화면에서 케이스 번호에 빗금이 쳐진 것은 필터변수의 사용에 의해 선택되지 않은 케이스임을 의미한다. SPSS 28 이전 버전에서는 [그림 2.64]와 같이 표시하였으나 28 버전에서는 선택된 케이스만 화면에 표시하였다. 그러나 30 버전에서는 다시 28 이전 버전과 같이 표시한다. 이 상태에서 분석을 실시하면 빗금 친 케이스들은 분석에 포함되지 않는다. 만약 [그림 2.63]의 케이스 선택 대화상자에서 결과의 처리방법으로 [선택하지 않은 케이스 삭제(L)]를 선정하였다면 [그림 2.65]와 같은 화면이 나타난다.

그림 2.65 선택하지 않은 케이스 삭제의 사용

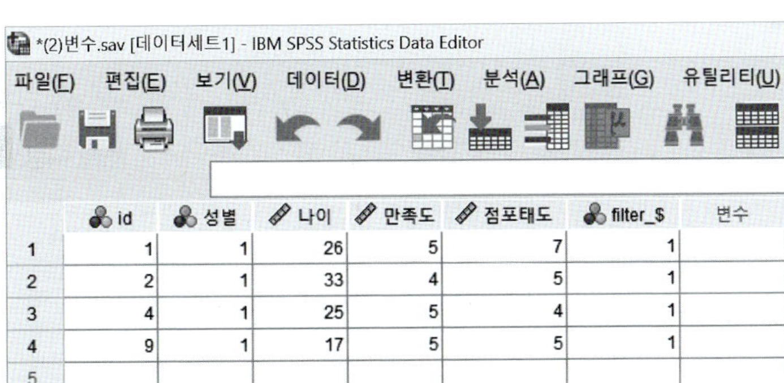
*(2)변수.sav [데이터세트1] - IBM SPSS Statistics Data Editor

파일(F) 편집(E) 보기(V) 데이터(D) 변환(T) 분석(A) 그래프(G) 유틸리티(U)

	id	성별	나이	만족도	점포태도	filter_$	변수
1	1	1	26	5	7	1	
2	2	1	33	4	5	1	
3	4	1	25	5	4	1	
4	9	1	17	5	5	1	
5							

5. 파일 합치기

데이터의 양이 많은 경우에는 한 사람이 모두 코딩하지 않고 여러 사람이 나누어 코딩할 수 있다. 이 경우 여러 사람이 코딩한 파일들을 합하여 하나의 데이터 파일로 만들어야 한다. 여러 사람이 나누어 코딩하는 경우에 케이스를 나누어 코딩할 수도 있고 변수를 나누어서 코딩할 수도 있다. 그러나 현실적으로 변수를 나누어서 코딩하는 경우는 거의 없고 케이스를 나누어 코딩하는 것이 일반적이다. 이하에서는 여러 사람이 케이스를 나누어 코딩한 경우 이를 합치는 것을 설명한다. 본 예에서는 '(2)변수.sav' 파일의 10명 케이스를 두 명이 나누어서 코딩한 경우를 생각한다. 한 명은 1~5까지의 케이스를 코딩하여 '(2)변수-1.sav'로 저장하였으며, 다른 한 명은 6~10까지의 케이스를 코딩하여 '(2)변수-2.sav'로 저장하였다. '(2)변수-1.sav'와 '(2)변수-2.sav'의 모습은 각각 [그림 2.66], [그림 2.67]과 같다.

그림 2.66 | (2)변수-1.sav

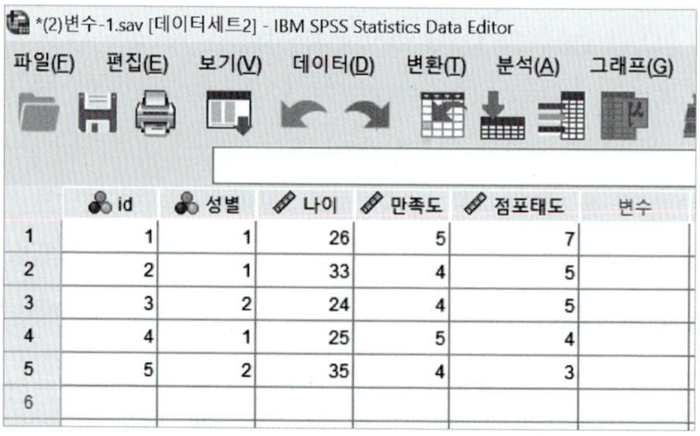

	id	성별	나이	만족도	점포태도	변수
1	1	1	26	5	7	
2	2	1	33	4	5	
3	3	2	24	4	5	
4	4	1	25	5	4	
5	5	2	35	4	3	
6						

그림 2.67 | (2)변수-2.sav

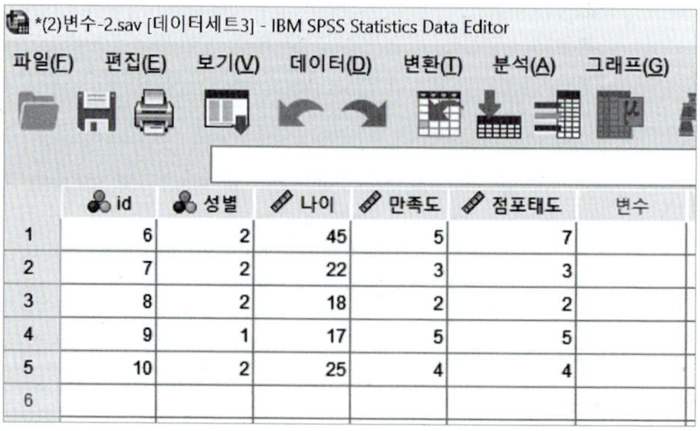

	id	성별	나이	만족도	점포태도	변수
1	6	2	45	5	7	
2	7	2	22	3	3	
3	8	2	18	2	2	
4	9	1	17	5	5	
5	10	2	25	4	4	
6						

'(2)변수-1.sav'에 '(2)변수-2.sav'를 합치는 방법은 다음과 같다.

① '(2)변수-1.sav'를 연다.

② 주요 메뉴 [데이터(D)]의 [파일 합치기(G)]에서 [케이스 추가(C)...]를 클릭하면 [그림 2.68]과 같은 케이스 추가 대화상자가 나타난다.

그림 2.68 케이스 추가 대화상자

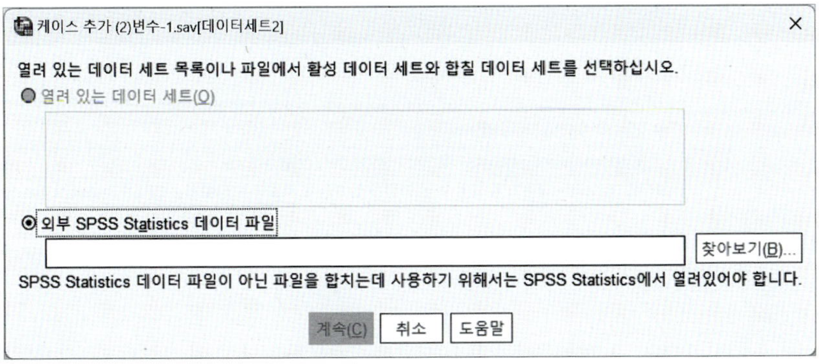

파일을 합칠 때, 합칠 파일을 열어둔 경우에는 [그림 2.68]의 대화상자 내 [열려 있는 데이터 세트(O)]에 파일명이 제시된다. 합칠 파일을 열어두지 않은 경우에는 [외부 SPSS Statistics 데이터 파일]의 [찾아보기(B)...]를 클릭한다. 그러면 [그림 2.69]와 같은 파일 읽기 대화상자가 나타난다.

그림 2.69 파일 읽기 대화상자

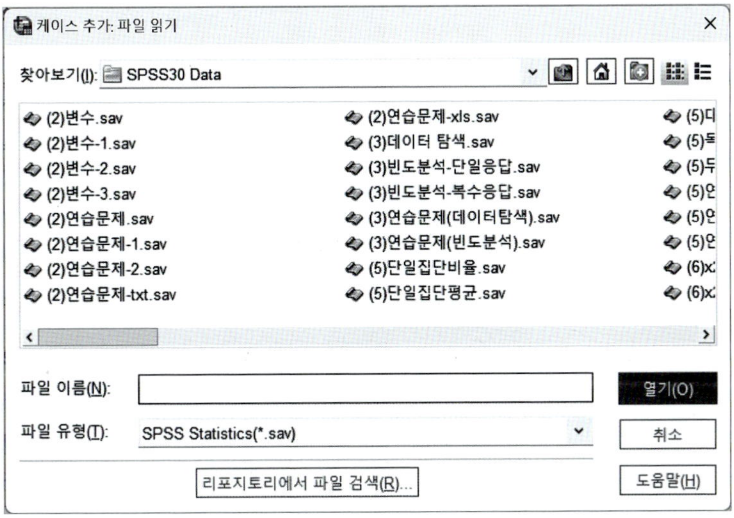

③ 여기서 '(2)변수-2.sav'를 선택하고 '열기'를 클릭하면, [그림 2.70]과 같이 파일경로가 지정된다.

그림 2.70 합칠 파일의 경로가 지정된 모습

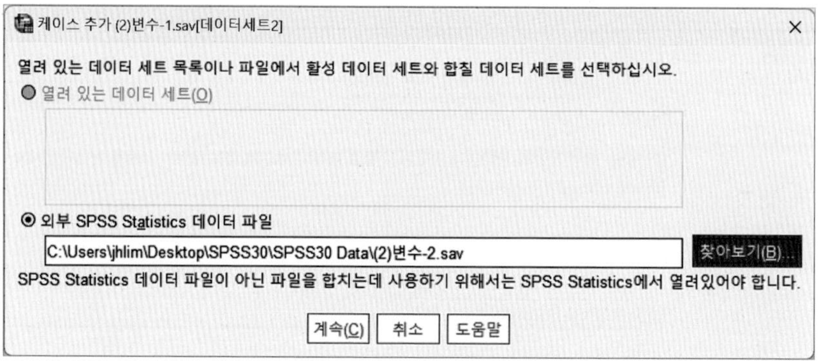

④ [그림 2.70]에서 [계속(C)]을 클릭하면 [그림 2.71]과 같은 '다음에서 케이스 추가 대화상자'가 나타난다.

그림 2.71 다음에서 케이스 추가 대화상자

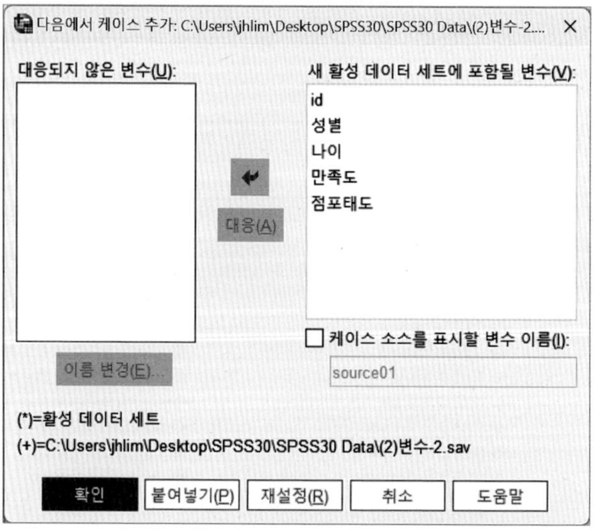

⑤ 여기서 [확인]을 클릭하면 [그림 2.72]와 같은 화면이 나타난다.

그림 2.72 (2)변수-1.sav와 (2)변수-2.sav가 합쳐진 데이터 파일

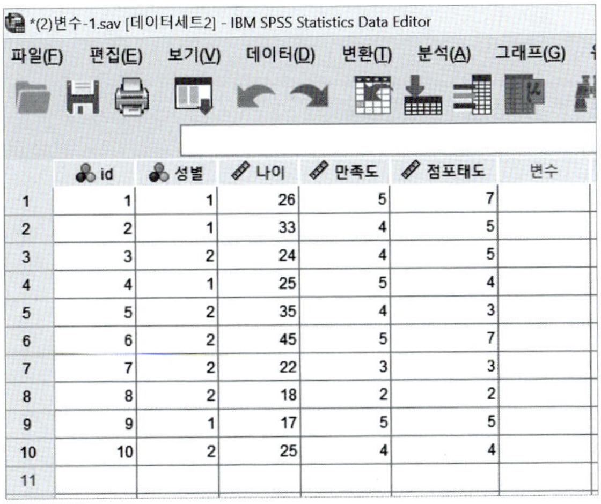

두 명 이상이 나누어 코딩할 때 변수명을 사전에 합의하는 것이 바람직하다. 그러나 본 예의 경우 만약 6~10 케이스를 코딩한 사람이 변수명을 id, 성별, 나이, 만족도, 점포태도가 아닌 id, gender, age, satisfaction, Astore로 입력하고 파일명을 '(2)변수-3.sav'로 하였다면 이 경우는 다음과 같은 절차를 따른다.

① '(2)변수-1.sav'를 연다.

② 주요 메뉴 [데이터(D)]의 [파일 합치기(G)]에서 [케이스 추가(C)...]를 클릭하고 [외부 SPSS Statistics 데이터 파일]의 [찾아보기(B)...]를 클릭하면 [그림 2.73]과 같은 파일 읽기 대화상자가 나타난다.

그림 2.73 파일 읽기 대화상자

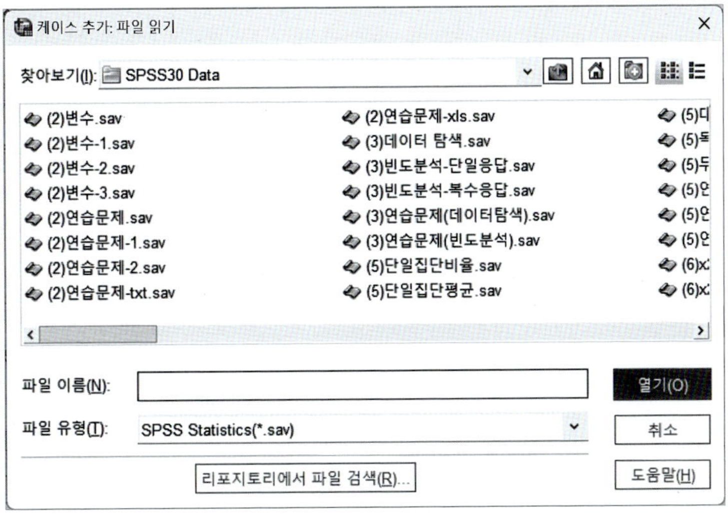

③ 여기서 '(2)변수-3.sav'를 선택하고 '열기'를 클릭한 후 '계속'을 클릭한다. 그러면 [그림 2.74]와 같은 다음에서 케이스 추가 대화상자가 나타난다.

그림 2.74 다음에서 케이스 추가 대화상자

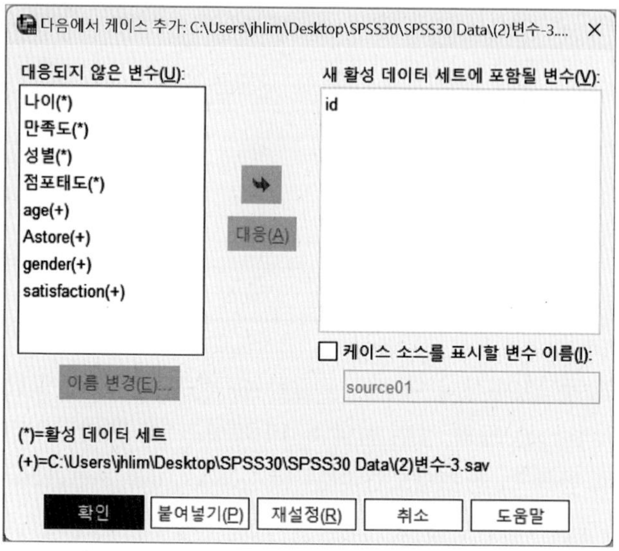

④ [그림 2.74]의 왼쪽 [대응되지 않은 변수(U)]에는 8개의 변수들이 나타나 있다. 이 중 현재 작업 중인 파일(즉, (2)변수-1.sav)의 변수에는 (*) 표시가 되어 있고, 추가적으로 불러와야 할 파일(즉, (2)변수-3.sav)의 변수에는 (+) 표시가 붙어 있다. 이 경우, 첫 번째 코딩한 사람의 '나이' 변수와 두 번째 코딩한 사람의 'age' 변수가 같은 변수이므로 이를 서로 대응시켜야 한다. 따라서 나이(*)를 선택한 후 Ctrl을 누른 상태에서 age(+)를 클릭하면 나이와 age가 선택되고 [대응(A)]이 활성화된다. 이때, [대응(A)]을 클릭하면 [그림 2.75]와 같이 [새 활성 데이터 세트에 포함될 변수(V)]에 '나이 & age' 형태로 입력된다.

그림 2.75 변수 대응

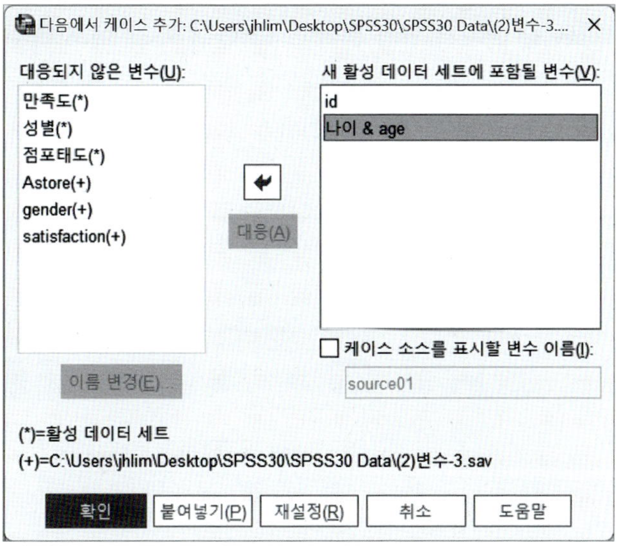

⑤ 동일한 방법으로 성별과 gender, 만족도와 satisfaction, 점포태도와 Astore를 대응시키면 [그림 2.76]과 같다.

그림 2.76 모든 변수의 대응

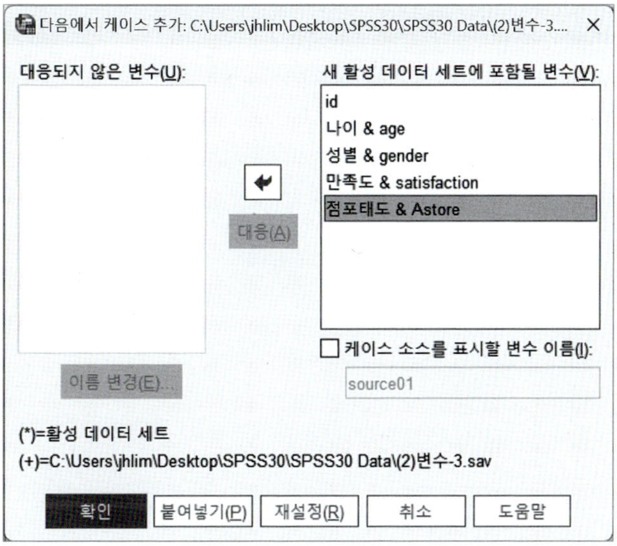

⑥ [그림 2.76]에서 [확인]을 클릭한다. '(2)변수-1.sav'와 '(2)변수-3.sav'가 합쳐진 모습은 [그림 2.77]과 같다. 본 예의 경우 '(2)변수-1.sav'에 '(2)변수-3.sav'를 합쳐서 먼저 불러온 '(2)변수-1.sav'에서 변수명을 표기한 대로 변수명이 한글로 표기되어 있다. 이 경우 영어로 표기되기를 원한다면 '(2)변수-3.sav'를 먼저 불러오고 '(2)변수-1.sav'를 합하면 된다.

그림 2.77 (2)변수-1.sav와 (2)변수-3.sav가 합쳐진 데이터 파일

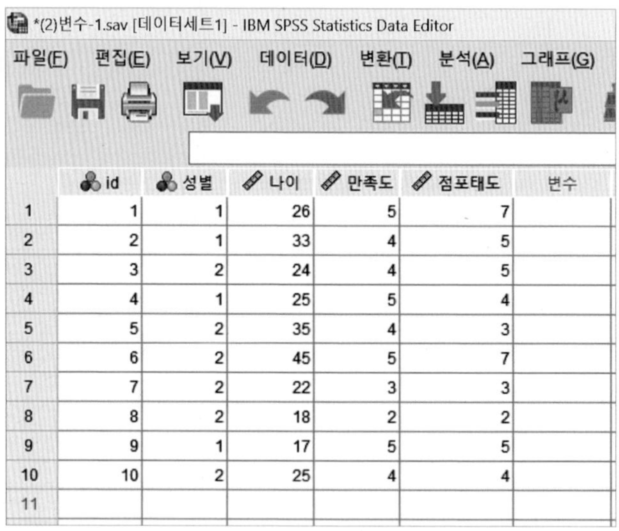

	id	성별	나이	만족도	점포태도	변수
1	1	1	26	5	7	
2	2	1	33	4	5	
3	3	2	24	4	5	
4	4	1	25	5	4	
5	5	2	35	4	3	
6	6	2	45	5	7	
7	7	2	22	3	3	
8	8	2	18	2	2	
9	9	1	17	5	5	
10	10	2	25	4	4	
11						

연 / 습 / 문 / 제

※다음의 사례를 이용하여 문제 1~4를 실행하시오.

호텔의 서비스관리자는 10명의 호텔 이용고객들로부터 성별, 지각된 서비스품질, 지각된 서비스가치, 재방문의도를 조사하고자 한다.

각각의 설문항목은 다음과 같이 측정되었다.

- 성별: 남자(1), 여자(2)
- 서비스품질: 이 호텔의 서비스품질은 매우 나쁘다(1) ~ 매우 좋다(7).
- 서비스가치: 비용을 고려할 때, 이 호텔의 서비스품질은 매우 나쁘다(1) ~ 매우 좋다(7).
- 재방문의도: 나는 다음에 이 호텔을 다시 이용할 것이다 전혀 그렇지 않다(1) ~ 매우 그렇다(7).

다음은 10명의 호텔 이용고객들로부터 수집한 자료이다.

응답자	성별	서비스품질	서비스가치	재방문의도
1	2	4	3	1
2	1	5	4	4
3	1	7	6	6
4	1	5	4	7
5	2	4	3	6
6	2	3	2	3
7	1	5	4	4
8	2	5	4	4
9	2	4	3	3
10	2	1	1	1

1. 응답자들의 응답결과를 Excel과 워드프로세서에 코딩하고 '(2)연습문제'라는 이름으로 저장하시오.

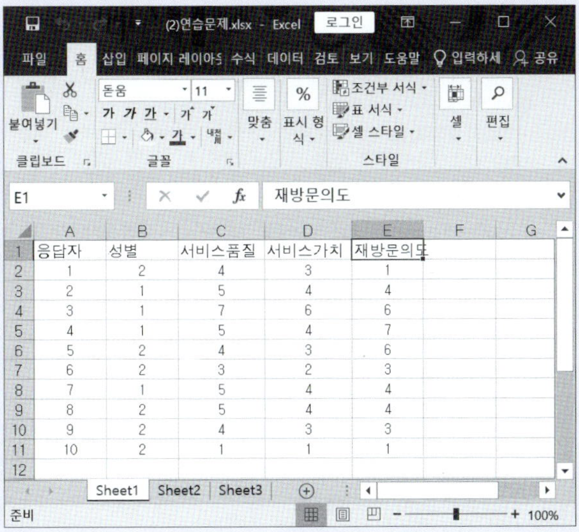

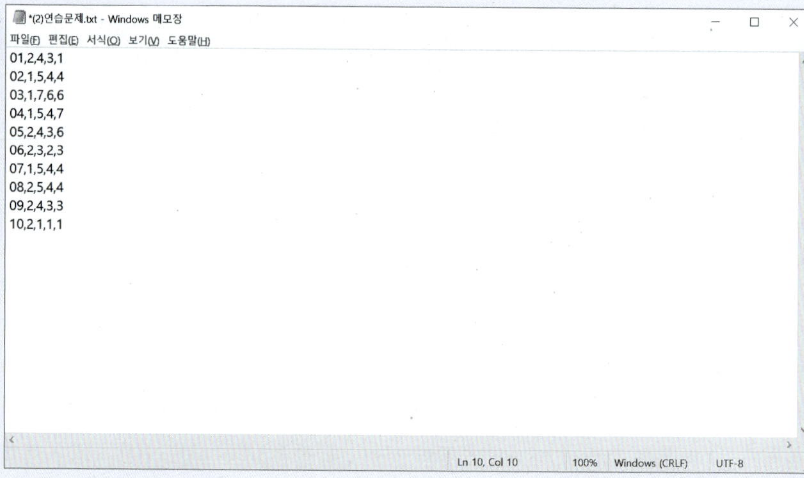

2. (2)연습문제.xlsx 파일을 SPSS로 불러오고, '(2)연습문제-xlsx.sav'로 저장하시오.

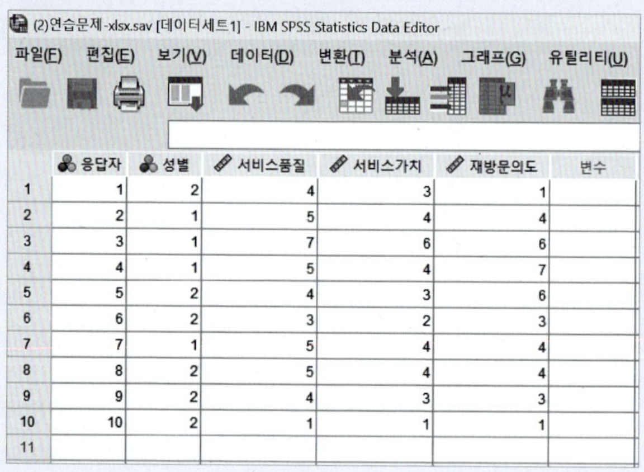

3. (2)연습문제.txt 파일을 SPSS로 불러오고, '(2)연습문제-txt.sav'로 저장하시오.

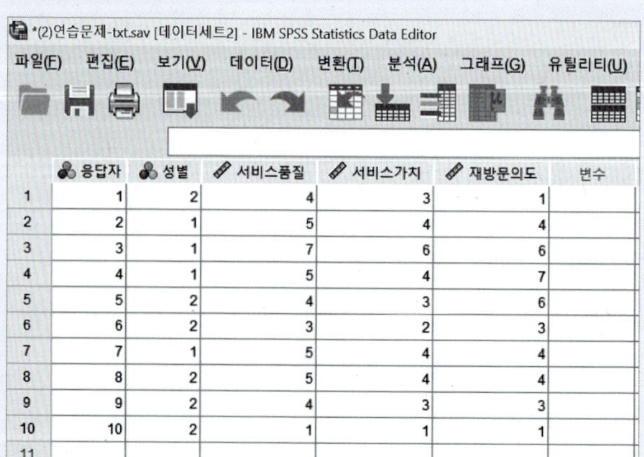

4. '(2)연습문제-txt.sav'에서 설문항목측정을 참고로 변수정의를 하시오.

	이름	유형	너비	소수점이...	레이블	값	결측값	열	맞춤	측도	역할
1	응답자	숫자	2	0		지정않음	지정않음	8	오른쪽	명목형	입력
2	성별	숫자	1	0		{1, 남자}...	9	8	오른쪽	명목형	입력
3	서비스품질	숫자	1	0		{1, 매우 나...	9	13	오른쪽	척도	입력
4	서비스가치	숫자	1	0		{1, 매우 나...	9	13	오른쪽	척도	입력
5	재방문의도	숫자	1	0		{1, 전혀 그...	9	13	오른쪽	척도	입력
6											

*** 다음의 지시문을 이용하여 문제 5~7을 실행하시오.**

문제 1~4와 관련하여 제시된 10명 호텔 이용고객들의 응답자료를 두 명이 나누어서 코딩하였다. 1번 응답자부터 5번 응답자까지의 자료를 코딩한 사람은 변수명을 응답자, 성별, 서비스품질, 서비스가치, 재방문의도로 정하고 '(2)연습문제-1.sav'라는 파일로 저장하였다. 6번 응답자부터 10번 응답자까지의 자료를 코딩한 사람은 변수명을 id, gender, SQ, SV, RVI로 정하고 '(2)연습문제-2.sav'라는 파일로 저장하였다.

5. '(2)연습문제-1.sav'에서 '(2)연습문제-2.sav'의 파일을 통합하고 통합된 파일명을 '(2)연습문제.sav'로 저장하시오.

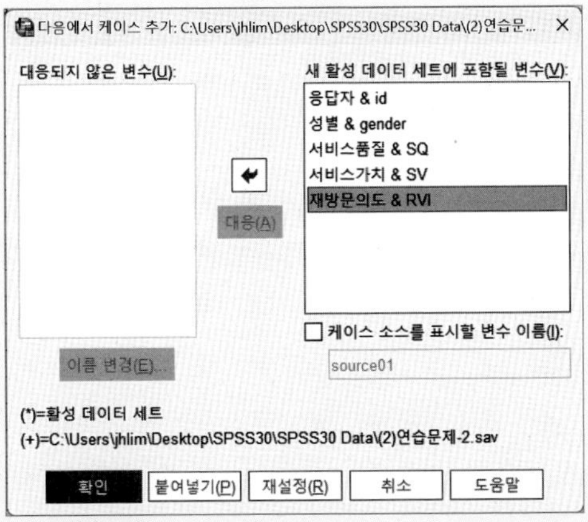

	응답자	성별	서비스품질	서비스가치	재방문의도	변수
1	1	2	4	3	1	
2	2	1	5	4	4	
3	3	1	7	6	6	
4	4	1	5	4	7	
5	5	2	4	3	6	
6	6	2	3	2	3	
7	7	1	5	4	4	
8	8	2	5	4	4	
9	9	2	4	3	3	
10	10	2	1	1	1	
11						

6. 위의 통합된 파일에서 재방문의도가 역척도로 측정되었다고 가정하고 같은 변수로 코딩변경하시오.

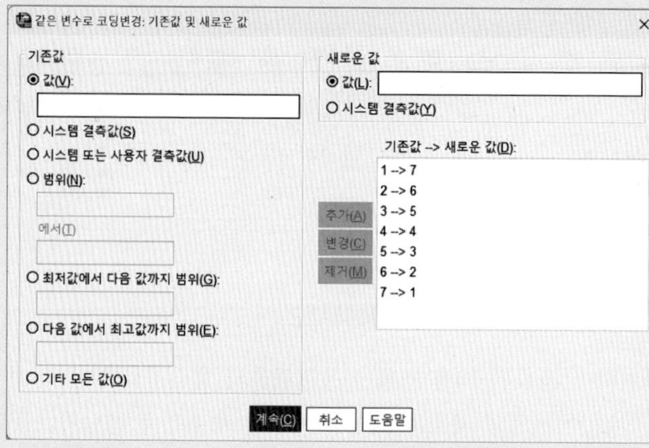

	응답자	성별	서비스품질	서비스가치	재방문의도	변수
1	1	2	4	3	7	
2	2	1	5	4	4	
3	3	1	7	6	2	
4	4	1	5	4	1	
5	5	2	4	3	2	
6	6	2	3	2	5	
7	7	1	5	4	4	
8	8	2	5	4	4	
9	9	2	4	3	5	
10	10	2	1	1	7	
11						

7. '(2)연습문제.sav' 파일에서 서비스품질과 서비스가치를 평균하여 '서비스평가'라는 변수로 저장하시오.

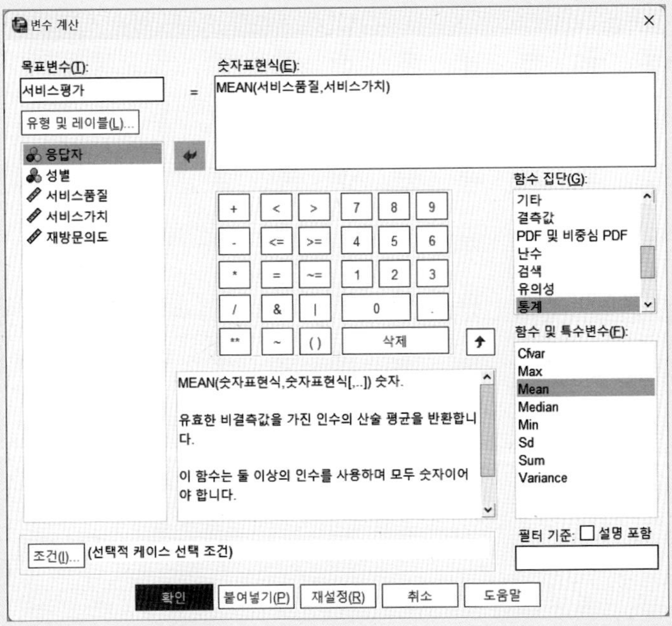

	응답자	성별	서비스품질	서비스가치	재방문의도	서비스평가	변수
1	1	2	4	3	1	3.50	
2	2	1	5	4	4	4.50	
3	3	1	7	6	6	6.50	
4	4	1	5	4	7	4.50	
5	5	2	4	3	6	3.50	
6	6	2	3	2	3	2.50	
7	7	1	5	4	4	4.50	
8	8	2	5	4	4	4.50	
9	9	2	4	3	3	3.50	
10	10	2	1	1	1	1.00	
11							

제 3 장

기술통계량과 결과물 다루기

Statistical Package for the Social Sciences

3.1 척도의 네 가지 유형

척도(scale)는 변수나 construct를 측정하는 도구를 말한다. 여기서 **construct는** 넓은 의미에서 변수에 속하나, 변수들 중 만족도, 태도, 성취도 등 추상적인 성격이 강한 변수를 말한다. 사회과학, 특히 행동과학 연구를 위하여 개발될 수 있는 척도는 사실상 무한이라고 할 만큼 많다. 이는 construct의 종류가 많을 뿐만 아니라 한 가지 construct를 측정하기 위해 사용될 수 있는 척도는 여러 가지 형태로 개발될 수 있기 때문이다. 모든 척도는 그 척도가 담고 있는 정보의 양에 따라 다음의 네 가지로 분류될 수 있다: **명목척도, 서열척도, 간격척도, 비율척도.** 이 중 명목척도에 의해 측정된 자료가 가장 적은 정보를 가지며, 그 다음으로 서열척도, 간격척도, 그리고 비율척도의 순으로 점차 많은 정보를 갖는다. 간격척도와 비율척도에 의해 측정된 자료는 주로 **모수통계**에 의해 분석하며, 서열척도에 의해 측정된 자료는 **비모수통계**에 의해 분석한다. 명목척도로 측정된 자료는 기본적으로 비모수통계에 사용되지만 예외적으로 모수통계인 회귀분석에 사용될 수 있다(더미변수). 〈표 3.1〉은 이를 요약하여 보여준다.

표 3.1 네 가지 척도의 특성

척도	정보				통계기법
	범주	서열	거리	원점/비율	
명목척도	○	×	×	×	비모수통계(모수통계)
서열척도	○	○	×	×	비모수통계
간격척도	○	○	○	×	모수통계
비율척도	○	○	○	○	모수통계

* ○은 해당 척도가 그 정보를 갖는다는 것을 의미하고, ×는 그 정보를 갖지 않는다는 것을 의미한다.

1. 명목척도(Nominal Scales)

명목척도는 응답대안들을 상호배타적으로(mutually exclusive) 분류하기 위하여 각각의 응답대안에 임의적으로 숫자를 부여한 척도이다. 따라서 숫자는 그 자체적으로 크거나 작다는 의미를 갖지 않는다. 운동선수의 등 번호(back number), 주민등록번호의 뒷자리 숫자 등이 이에 해당한다. 각각의 응답대안은 범주(category)의 정보를 갖는다. 명목척도의 예는 〈표 3.2〉와 같다.

표 3.2 명목척도의 예

1. 귀하의 결혼 상태는?

(1) 미혼____ (2) 결혼, 배우자 있음____ (3) 기타____

2. 귀하가 가장 자주 이용하는 백화점은?

(1) 롯데____ (2) 현대____ (3) 신세계____ (4) 기타____

3. 귀하는 승용차를 소유하고 계십니까?

(1) 예____ (2) 아니오____

명목척도로 측정한 자료를 이용하는 분석방법으로는 χ^2 독립성검증, χ^2 적합도검증, 그 밖에 비모수통계기법으로 Sign test, Runs test, Phi-coefficient 등이 있으며, 모수통계기법으로 비율분석이 있다. 간격척도 혹은 비율척도로 측정한 자료와 혼합하면 회귀분석과 Point-biserial 상관분석을 할 수 있다. 또한 판별분석과 로지스틱 회귀분석에서는 명목척도로 측정된 자료를 종속변수로 이용한다.

2. 서열척도(Ordinal Scales)

서열척도는 조사 대상들의 특성을 서열로써 나타내는 것이다. 예를 들어, 고등학교 한 학급의 학생들을 생년월일 순서 혹은 키순서로 번호를 부여한 것이다. 이 경우 숫자 간의 차이는 절대적 의미를 갖지 못한다. 예를 들어, 세 학생의 번호가 1, 2, 5인 경우 1번과 2번 학생의 키 차이보다 2번과 5번 학생의 키 차이가 세 배 크다고 할 수 없다. 서열척도의 예는 〈표 3.3〉과 같다.

서열척도로 질문한 응답대안은 서열의 정보와 범주의 정보를 갖는다. 예를 들어, 응답자가 세 개의 경쟁 브랜드 A, B, C에 대한 선호순위를 다음과 같이 응답했다고 가정하자: A(1), B(3), C(2). 이 응답결과는 응답자가 A를 가장 선호하고, B를 가장 선호하지 않는다는 정보를 준다. 또한 전체 브랜드를 가장 선호하는 브랜드와 그 외의 브랜드들로 범주화한다면 A는 첫 번째 범주에 속하고 B와 C는 두 번째 범주에 속한다. 서열척도로 측정한 자료를 이용하는 분석방법으로는 Spearman 서열상관분석, Mann-Whitney U test, Kruskal-Wallis H test 등의 비모수통계기법이 있다. 또한 다차원척도법에 서열척도로 측정한 값을 사용할 수 있다.

표 3.3 서열척도의 예

1. 다음의 다섯 가지 음료 브랜드를 당신이 좋아하는 순서에 따라 순위를 표시하십시오.

코카콜라____ 펩시콜라____ 칠성사이다____ 게토레이____ 포카리스웨트____

2. 다음에 제시된 음료 두 개 브랜드 중 귀하가 보다 선호하는 브랜드에 ✔표 하십시오.

코카콜라____	펩시콜라____
코카콜라____	칠성사이다____
코카콜라____	게토레이____
코카콜라____	포카리스웨트____
펩시콜라____	칠성사이다____
펩시콜라____	게토레이____
펩시콜라____	포카리스웨트____
칠성사이다____	게토레이____
칠성사이다____	포카리스웨트____
게토레이____	포카리스웨트____

이 척도의 경우 각 브랜드에 표시한 ✔표의 개수로써 각 브랜드에 대한 선호도를 서열화할 수 있다. 첫 번째 척도에 비해 응답하기 쉽다. 그러나 비교대안이 많은 경우 비교횟수가 너무 많아진다. 예를 들어, 비교대안이 10개이면 45회의 비교를 해야 한다.

3. 간격척도(Interval Scales)

간격척도는 대상들 간의 순서와 거리(distance, 간격)의 정보를 제공한다. 특히 척도 상의 인접한 값들 간에는 동등한(equal) 간격의 특성을 갖는다. 간격척도의 대표적인 예는 온도이다. 예를 들어, 어떤 도시의 1월, 4월, 8월의 평균기온이 각각 10℃, 20℃, 40℃라고 하자. 이때 온도가 높은 순서는 8월, 4월, 1월의 순이다. 또한 8월은 4월보다 20℃ 높으며, 4월은 1월보다 10℃ 높다. 만약 10월의 평균기온이 20℃이면 1월과 4월의 차이와 1월과 10월의 차이는 동등하다. 간격척도 상의 '0'은 절대적 '0'이 아니다. 0℃는 얼음이 어는 온도를 나타내기 위한 인위적 표현이지 온도가 '無'라는 의미는 아니다.

태도, 관여도와 같은 추상적 constructs는 흔히 5점 혹은 7점 척도 등으로 측정한다. 이와 같은 척도에서 척도점 간의 간격은 반드시 동등하지 않을 수 있다. 예를 들어, 세 개의 브랜드 A, B, C에 대한 태도를 측정하기 위한 다음의 척도를 보자.

1	2	3	4	5	6	7
—	—	—	—	—	—	—
매우 나쁘다						매우 좋다

소비자가 이 척도에서 A는 5, B는 4, C는 3에 답했다고 가정하자. 이 경우 그 소비자는 A, B, C의 순으로 선호하지만 B보다 A를 선호하는 정도가 C보다 B를 선호하는 정도와 반드시 동일하지 않을 수 있다. 이처럼 위와 같은 척도는 인접한 값들 간의 간격이 반드시 동등하지는 않으므로 완전한 간격척도는 아니다. 그러나 위의 척도는 전형적인 서열척도보다 더 많은 정보를 가지며 응답자가 각 척도점의 간격이 동등한 것으로 본다는 가정 하에 관습적으로 간격척도로 간주한다. 〈표 3.4〉는 이러한 가정 하에서 사용되는 간격척도를 예시한다. 행동과학 연구에서 개인의 심리적 특성과 관련된 많은 다점척도(multi-point scale)는 이와 유사한 형태를 갖는다.

표 3.4 간격척도의 예

1. 나는 코카콜라를 좋아한다

1	2	3	4	5	6	7
___	___	___	___	___	___	___
전혀 동의하지 않는다						전적으로 동의한다

2. 코카콜라는

−3	−2	−1	0	1	2	3
___	___	___	___	___	___	___
매우 나쁘다						매우 좋다

3. 음식점을 선택하는 데 있어서 각각의 속성이 얼마나 중요한지 보기에 따라 번호로 나타내시오.
   (1 = 전혀 중요하지 않다, 2 = 중요하지 않다, 3 = 중요하다, 4 = 매우 중요하다)

   음식의 질____ 음식의 다양성____ 분위기____ 대기시간____ 가격____ 위치____

간격척도로 측정한 자료는 모수통계기법인 평균(차이)검증, 분산분석(종속변수), 회귀분석(독립 및 종속변수), 상관분석(두 변수) 등을 하는 데 이용할 수 있으며, 그 밖에 고급통계기법인 요인분석, 판별분석(독립변수), 군집분석, 다차원척도법, 로지스틱 회귀분석(독립변수), ANCOVA(종속변수), MANOVA(종속변수)에 이용할 수 있다. 또한 서열척도 혹은 명목척도로 전환하여 비모수통계기법을 적용할 수 있다. 그러나 이러한 전환에 의해 비모수통계기법을 적용하는 것은 기존의 값이 갖는 정보를 상실하므로 대개의 경우 바람직하지 않다.

4. 비율척도(Ratio Scales)

비율척도는 범주, 서열, 거리의 정보에 추가적으로 비율의 정보를 갖는 척도로서 가장 상위의 척도이다. 비율척도는 절대적 '0'을 포함하며 각각의 값이 절대적 의미를 갖는다. 따라서 각각의 척도점의 의미를 누구나 동일하게 받아들인다. 대표적인 예로 키와 무게 등을 들 수 있다. 분석을 위한 통계기법으로는 간격척도의 경우와 동일하게 모수통계기법을 적용할 수 있으며, 서열척도 혹은 명목척도로 전환하여 비모수통계기법을 적용할 수 있다. 요컨대, 간격척도로 측정한 자료와 비율척도로 측정한 자료의 적용범위는 같다. 〈표 3.5〉는 비율척도의 예를 보여준다.

표 3.5 비율척도의 예

1. 귀하는 지난 7일 동안 식품을 쇼핑하러 점포에 몇 번 가셨습니까? ____회
2. 귀하의 나이는 만으로 몇 세입니까? ____세
3. 귀하는 1년에 대개 몇 km 정도 운전하십니까? ____km

5. 유의사항

설문지 작성에서 가장 중요한 일은 획득하고자 하는 정보와 관련하여 적절한 척도를 개발하는 일이다. **여기서 특히 강조할 점은 설문지를 만들 때는 언제나 분석방법을 먼저 생각해야 한다는 것이다.** 분석방법에 대한 생각 없이 만들어진 질문들로 구성된 설문지로써 수집된 자료로부터는 대개의 경우 의미있는 정보를 도출해 낼 수 없다. 설문지 작성에 미숙한 사람일수록 질문을 하위 척도로 만드는 경우가 흔하다. 하위 척도로 만들어진 질문인 경우 사용할 수 있는 통계방법이 제한된다. **따라서 분명한 이유가 없는 한 상위 척도로 질문을 만드는 것이 보다 안전하다고 할 수 있다.** 〈표 3.6〉은 음료에 대한 선호도를 측정하기 위한 네 가지 척도를 보여준다. 이 척도들은 상위 척도일수록 보다 많은 정보를 줄 수 있음을 보여준다. 예를 들어, 비율척도로 측정하면, 가장 선호하는 브랜드(명목척도), 선호 순위(서열척도), 각 브랜드에 대한 선호 정도(간격척도), 그리고 각 브랜드에 대한 상대적 선호 정도(비율척도)를 알 수 있다.

표 3.6 음료의 선호도 측정을 위한 네 가지 척도의 예

1. 명목척도

귀하가 가장 선호하는 음료 브랜드는 다음 중 어느 것입니까?

코카콜라____ 펩시콜라____ 칠성사이다____ 게토레이____ 포카리스웨트____

2. 서열척도

다음의 음료 브랜드에 대하여 선호하는 순서를 표시하시오(가장 선호 = 1).

코카콜라____ 펩시콜라____ 칠성사이다____ 게토레이____ 포카리스웨트____

3. 간격척도

다음의 각 브랜드에 대한 귀하의 선호 정도를 표시하시오.

	아주 싫어한다				아주 좋아한다
코카콜라	____	____	____	____	____
펩시콜라	____	____	____	____	____
칠성사이다	____	____	____	____	____
게토레이	____	____	____	____	____
포카리스웨트	____	____	____	____	____

4. 비율척도

다섯 개의 음료브랜드에 대한 상대적 선호 정도를 합계가 100이 되도록 나타내시오.

____ 코카콜라
____ 펩시콜라
____ 칠성사이다
____ 게토레이
____ 포카리스웨트
100

3.2 자료의 특성분석

수집된 자료의 특성을 알기 위해서는 자료의 **분포**(distribution)를 확인해야 한다. 이러한 분포의 확인을 통해 얻을 수 있는 정보는 분포의 대표값을 보여주는 중심경향치, 분포의 흩어진 정도를 나타내는 산포도, 전체적인 분포의 모양을 설명하는 분포도이다.

1. 중심경향치

중심경향치(central tendency)는 자료의 분포가 중심을 향해 밀집하는 경향을 의미하며, 자료전체를 대표하는 값을 의미한다. 중심경향치를 나타내는 대표적인 것으로는 평균, 중위수, 최빈값이 있다.

(1) 평 균

평균(mean)에는 산술평균(arithmetic mean), 기하평균(geometric mean), 조화평균(harmonic mean), 평방평균(quadratic mean) 등이 있다. 이 중 대표적인 평균은 **산술평균**(이하 평균)으로 모든 관측치의 합을 관측치의 개수로 나눈 값이며 이를 수식으로 표현하면 다음과 같다.

$$\overline{X} = \frac{\sum_{i=1}^{n} X_i}{n}$$

$\overline{X}$: 표본평균
n: 관측치의 수
X_i: 관측치 i

평균은 3.1에서 설명한 척도의 유형 중 간격척도와 비율척도로 측정된 자료의 중심경향치로 사용할 수 있지만 명목척도와 서열척도의 중심경향치로는 사용할 수 없다. 또한 극단값(extreme value)에 의해 영향을 많이 받는다는 점을 주의해야 한다.

(2) 중위수

중위수(median)는 자료를 크기순으로 나열했을 때 중앙에 위치하는 값으로 중앙값으로 표현하기도 한다. 자료의 수가 홀수인 경우 정중앙에 위치한 관측치의 값을 중위수로 한다. 그러나 자료의 수가 짝수인 경우에는 정중앙이 존재하지 않으므로 중앙에 위치한 두 개 관측치의 평균을 중위수로 한다. 중위수를 수식으로 표현하면 다음과 같다.

[자료의 개수가 홀수일 때]

$$\text{Median} = x_{\frac{(n+1)}{2}}$$

[자료의 개수가 짝수일 때]

$$\text{Median} = \frac{x_{(\frac{n}{2})} + x_{(\frac{n}{2}+1)}}{2}$$

자료 중에 극단값이 존재하는 경우 평균은 극단값에 의해 왜곡될 수 있는데, 이 경우 자료를 대표하는 값으로 중위수를 사용하는 것이 적절하다. 중위수는 서열척도 이상(서열척도, 간격척도, 비율척도)으로 측정된 자료의 중심경향치로 사용할 수 있다.

(3) 최빈값

최빈값(mode)은 자료에서 가장 많이 나타나는 관측치를 의미한다. 최빈값은 출현도수가 가장 많은 관측치를 의미하기 때문에 직관적으로 가장 이해하기 쉬운 중심경향치라고 할 수 있으며, 자료에서 반드시 하나만 존재하는 것은 아니다. 최빈값은 척도의 종류와 관계없이 측정된 모든 자료에서 중심경향치로 사용할 수 있다.

2. 산포도

산포도(degree of scattering)는 자료의 흩어진 정도를 의미한다. 산포도를 나타내는 것에는 범위, 사분위수, 분산, 표준편차 등이 있다.

(1) 범 위

범위(range)는 수집된 자료의 관측치 중 '최대값과 최소값의 차이'로 계산되며 수식으로 나타내면 다음과 같다.

$$\text{Range} = \text{Max } x_i - \text{Min } x_i$$

범위는 자료의 관측치 중 최대값과 최소값만을 사용하기 때문에 극단값의 영향을 많이 받는다는 한계가 있다.

(2) 사분위수

사분위수(quartile deviation)는 자료의 상위 25%에 해당하는 관측치와 하위 25%에 해당하는 관측치를 제외하고 범위를 구한 값으로 다음의 수식으로 표현할 수 있다.

$$Q = \frac{Q_U - Q_L}{2}$$

Q: 사분위수
Q_U: 75% 분위점
Q_L: 25% 분위점

사분위수는 범위와는 다르게 극단적인 값이 있어도 영향을 크게 받지 않는다는 특징이 있지만 자료를 충분히 활용하지 못하는 한계가 있다. 즉, 75% 분위점보다 큰 관측치와 25% 분위점보다 작은 관측치는 사분위수의 계산에 반영되지 못한다.

(3) 분 산

분산(variance)은 관측치들이 평균으로부터 얼마나 떨어져 있는가를 의미하는 것으로서 산포도의 대표적인 값이다. 관측치에서 표본평균을 차감한 것을 편차(deviation)라 하는데, 각 편차값을 제곱하여 모두 합한 후 '관측치의 개수-1'로 나눈 것이 분산이다. 표본의 분산을 수식으로 나타내면 다음과 같다.[1]

$$s^2 = \frac{\sum_{i=1}^{n}(X_i - \overline{X})^2}{n-1}$$

s^2: 표본분산
n: 관측치의 수
X_i: 관측치 i
$\overline{X}$: 표본평균

(4) 표준편차

표준편차(standard deviation)는 분산과 함께 대표적인 산포도 값이며 분산의 양의 제곱근을 의미한다. 표본의 표준편차를 수식으로 나타내면 다음과 같다.

$$s = \sqrt{\frac{\sum_{i=1}^{n}(X_i - \overline{X})^2}{n-1}}$$

1 여기서 설명하는 분산과 표준편차는 각각 연구자가 수집한 '표본자료'의 분산과 표준편차이다. 이에 대응하는 개념으로 '모집단'의 분산과 표준편차가 있으며, 각각 σ^2와 σ로 나타낸다. 모집단의 분산을 계산하는 공식은 $\sigma^2 = \frac{\sum_{i=1}^{N}(X_i - \mu)^2}{N}$이며, 표준편차는 그 제곱근 값이다. 모집단의 분산과 표준편차는 분모에 N을 사용하는 데 비해, 표본의 분산과 표준편차는 분모에 n 대신 $n-1$을 사용함으로써 모집단의 해당값들에 대한 불편추정치(unbiased estimate)를 얻을 수 있다. 여기서 '추정' 분산과 표준편차의 경우 분모에 $n-1$을 사용하는 것은 일반적으로 추정을 위한 자유도는 정보의 수에서 그 추정을 위해 추정된 모수의 수를 차감하기 때문이다. 이에 관해서는 다음을 참조할 수 있다: 이학식·임지훈, *사회과학 논문작성을 위한 연구방법론*, 2014, 집현재, pp. 130-131.

s: 표본표준편차
n: 관측치의 수
X_i: 관측치 i
$\overline{X}$: 표본평균

분산과 다르게 표준편차의 단위는 관측치의 단위와 같은 특징을 갖는다. 따라서 서로 다른 두 집단을 상대적으로 비교할 수 있다. 즉 A집단과 B집단의 표본평균이 같고, A집단의 표준편차가 B집단의 표준편차보다 크다면 "A집단이 B집단보다 이질적이다"라고 해석할 수 있다.

3. 분포도

자료가 분포되어 있는 전체적인 모양을 나타내는 분포도에는 왜도와 첨도가 있다.

(1) 왜 도

왜도(skewness)는 자료의 분포가 기울어진 방향과 정도를 나타내는 것으로 분포의 비대칭 정도를 의미하며 다음과 같은 수식으로 표현할 수 있다.

$$S_k = \frac{3(\overline{X} - \text{Mdn})}{s}$$

S_k: 왜도계수
$\overline{X}$: 표본평균
Mdn: 중위수
s: 표본표준편차

왜도계수가 '+'의 값을 갖는 경우는 자료의 분포가 최빈값을 기준으로 오른쪽으로 길게 뻗어 있는 것을 의미하며, 이 경우 양의 왜도(positive skewness) 혹은 우측왜도(skewed to the right)라고 표현한다. 반면 왜도계수가 '-'의 값을 갖는 경우는 자료의 분포가 최빈값을 기준으로 왼쪽으로 길게 뻗어 있는 것을 의미하며, 음의 왜도(negative skewness) 혹은 좌측왜도(skewed to the left)라 표현한다. [그림 3.1]은 분포의 왜도를 나타낸다.

그림 3.1 분포의 왜도

(2) 첨 도

첨도(kurtosis)는 자료의 분포가 얼마나 중심에 집중되어 있는가를 나타낸다. 즉, 자료의 분포가 **정규분포**(normal distribution)와 비교하여 얼마나 중심에 집중되어 있는지를 의미한다. 자료가 정규분포를 따르는 경우 첨도는 '0'이 되며, 정규분포보다 중심에 집중되어 있는 경우 첨도는 양(+)의 값을 갖게 된다. 반면 정규분포보다 중심에 덜 집중될 경우에는 음(-)의 값을 갖는다. [그림 3.2]는 분포의 첨도를 나타낸다.

그림 3.2 분포의 첨도

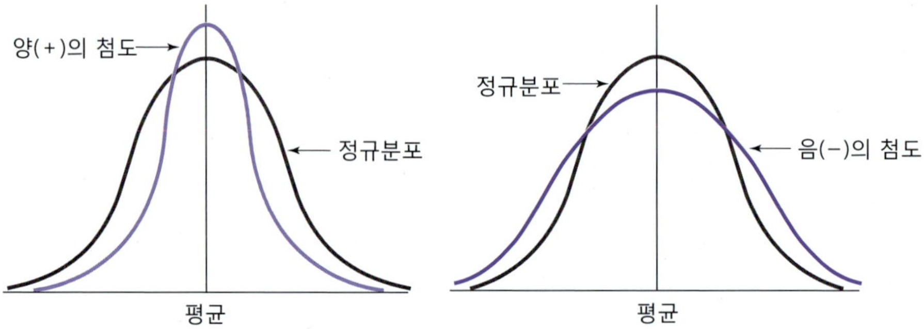

3.3 빈도분석-단일응답

단일응답 자료의 빈도분석은 한 질문에 한 개의 응답만을 하는 자료를 빈도분석하는 것이다. 한 질문에 두 개 이상의 응답을 하는 자료를 빈도분석하는 것은 3.5에서 다룬다.

예제 3.1

SPSS 30을 이용한 단일응답 자료의 빈도분석 예

〈표 3.7〉은 유치원 학생 20명의 성별을 조사한 결과이다.

표 3.7 유치원 학생들의 성별

번호	1	2	3	4	5	6	7	8	9	10	11	12	13	14	15	16	17	18	19	20
성별	남	여	남	남	여	여	남	여	남	남	남	여	남	여	여	남	남	남	남	여

성별의 경우 응답자는 남자 혹은 여자에 해당하므로 단일응답에 해당한다. SPSS 30을 이용하여 〈예제 3.1〉의 빈도분석을 하는 과정은 다음과 같다.

① '(3)빈도분석-단일응답.sav' 파일을 연다.
② [그림 3.3]과 같이 다음의 절차를 따른다.

[분석(A)] → [기술통계량(E)] → [빈도분석(F)...] → 클릭

그림 3.3 빈도분석 절차

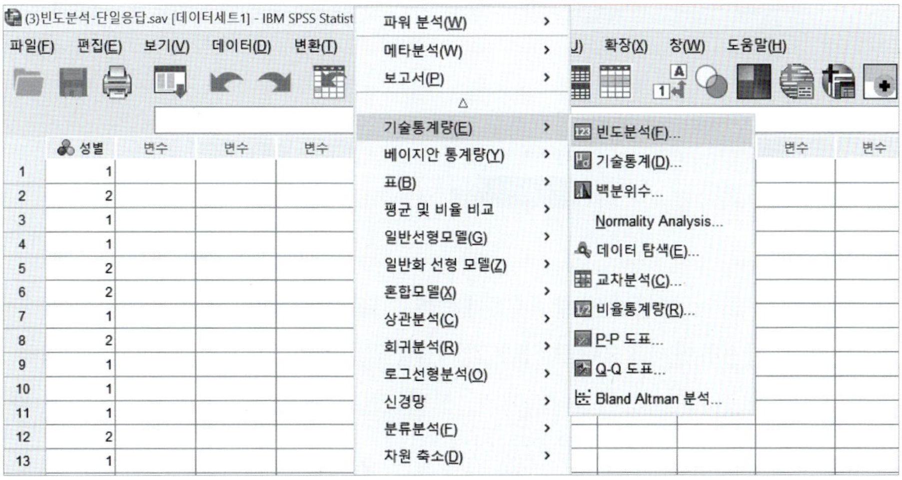

③ [그림 3.3]과 같이 실행하면 [그림 3.4]의 빈도분석 대화상자가 나타난다.

그림 3.4 빈도분석 대화상자

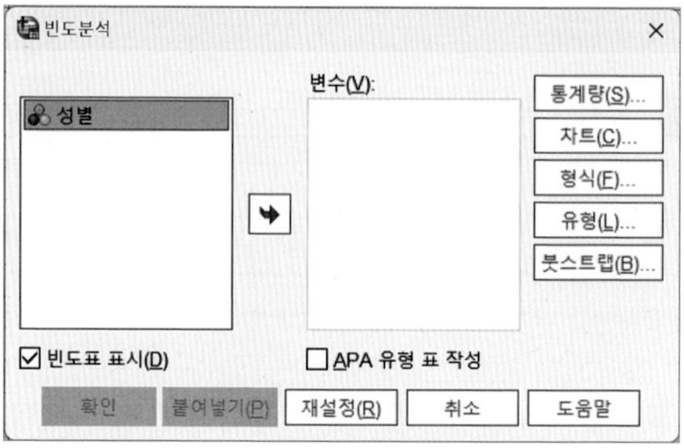

④ 여기서 [그림 3.5]와 같이 성별을 [변수(V)] 상자로 보낸다. 기본설정된 [빈도표 표시(D)]는 유지한다.

그림 3.5 분석대상 변수선정

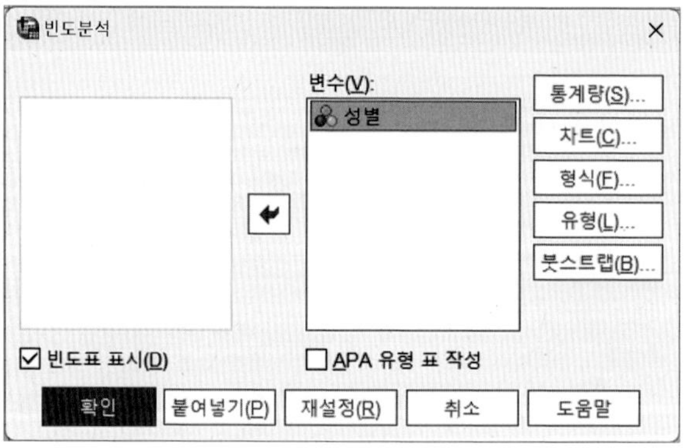

⑤ [그림 3.5]에서 [통계량(S)...]을 클릭하면 통계량 대화상자가 나타난다. 중심경향에서 [그림 3.6]과 같이 [중위수(D)]와 [최빈값(O)]을 선택하고 [계속(C)]을 클릭한다. 이는 본 예의 '성별' 변수는 명목척도로 측정되었기 때문에 평균과 합계는 의미가 없기 때문이다.

그림 3.6 통계량 대화상자

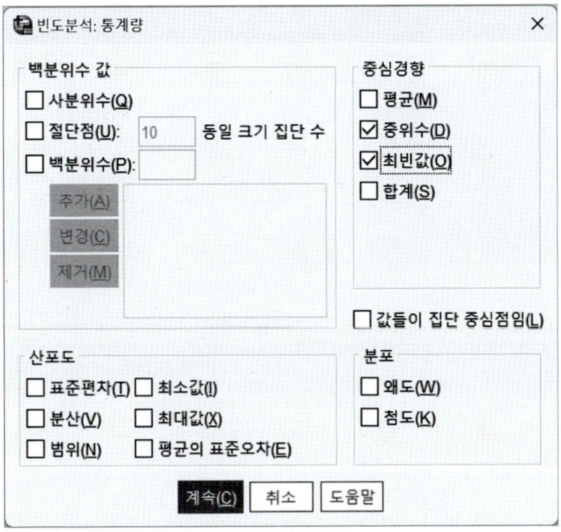

⑥ 여기서 [차트(C)...]를 클릭하면 차트 대화상자가 활성화되는데, [그림 3.7]과 같이 [원형 차트(P)]를 선택한다.

그림 3.7 차트 대화상자

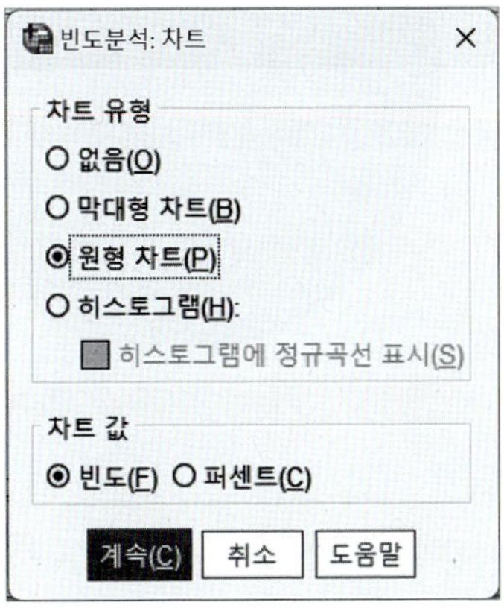

⑦ [그림 3.7]에서 [계속(C)]을 클릭하고 이어서 [확인]을 클릭하면 〈표 3.8〉과 [그림 3.8]의 결과가 나타난다.

표 3.8 빈도분석 결과

통계량

성별

N	유효	20
	결측	0
중위수		1.00
최빈값		1

성별

		빈도	퍼센트	유효 퍼센트	누적 퍼센트
유효	남자	12	60.0	60.0	60.0
	여자	8	40.0	40.0	100.0
	전체	20	100.0	100.0	

그림 3.8 빈도분석 결과 그래프

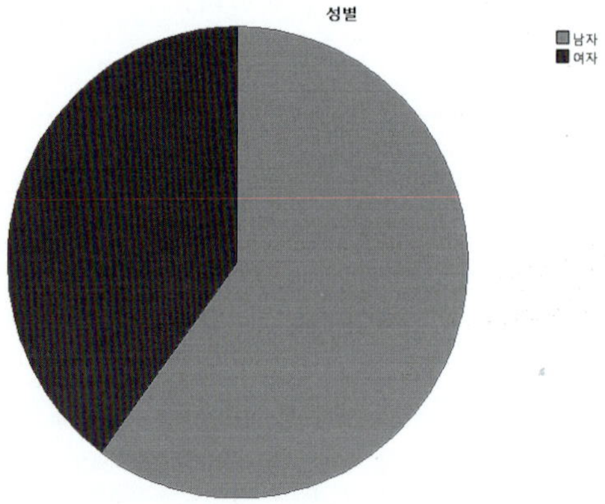

〈표 3.8〉의 첫 번째 표는 본 예에서 사용된 20개의 케이스가 결측값 없이 모두 유효하게 사용되었음을 나타낸다. 두 번째 표에는 20개 케이스의 빈도, 퍼센트, 유효 퍼센트, 누적 퍼센트가 나타나 있다.

3.4 SPSS 30 결과물 다루기

경우에 따라 Viewer 창에 제시되는 결과물의 내용을 수정하거나 편집할 필요가 있다. 이러한 경우에는 Viewer 창에서 직접 수정·편집하거나 피벗표 창, 텍스트 출력 창, 도표 편집기 창 등을 열어서 수정·편집작업을 할 수 있다. 이하에서는 〈예제 3.1〉의 분석결과를 수정·편집해본다.

1. 분석결과표 편집

〈예제 3.1〉의 분석결과가 Viewer 창에 나타난 모습은 [그림 3.9]와 같다.

그림 3.9 예제 3.1의 분석결과가 Viewer 창에 나타난 모습

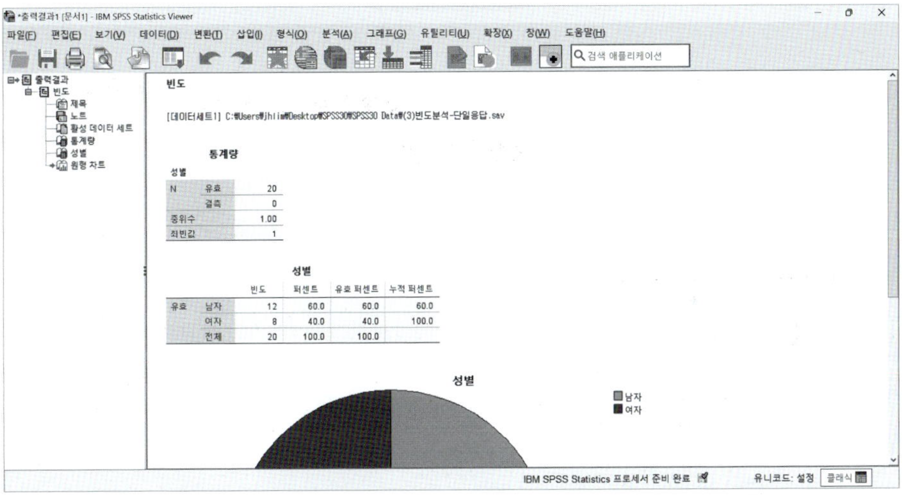

피벗표의 내용을 수정하기 위해서는 먼저 해당 표에 마우스를 위치시키고 더블 클릭하면 피벗표 창이 활성화된다. 본 예에서는 [그림 3.9]의 성별 빈도분석 결과표를 수정하도록 한다. 먼저 피벗표 창을 활성화시킨 모습은 [그림 3.10]과 같다.

그림 3.10 피벗표 창이 활성화된 모습

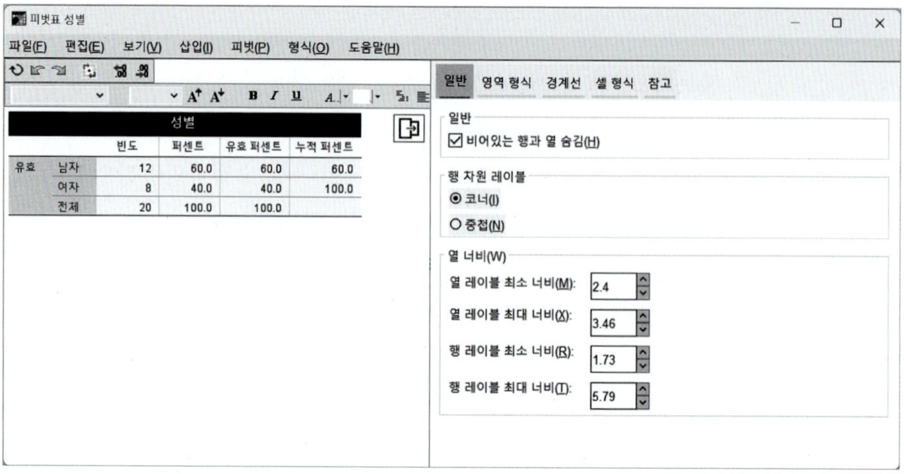

[그림 3.10]의 피벗표에서 '유효'를 '응답자'로 수정하고, '남자'를 'male'로, '여자'를 'female'로 수정하기로 한다. 먼저 '유효'를 '응답자'로 수정하기 위해서는 피벗표의 해당 cell을 더블 클릭하면 [그림 3.11]과 같이 글자를 입력할 수 있는 상태로 전환된다.

그림 3.11 글자 입력 대기상태

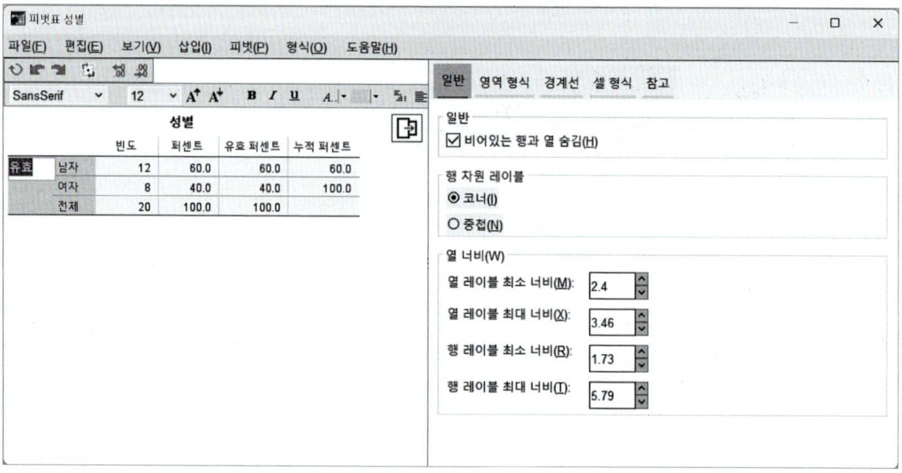

[그림 3.11]의 '유효' 부분에 '응답자'를 입력하고 피벗표의 바깥 부분을 클릭하면 [그림 3.12]와 같이 수정된 모습의 표를 확인할 수 있다.

그림 3.12 수정된 모습의 표

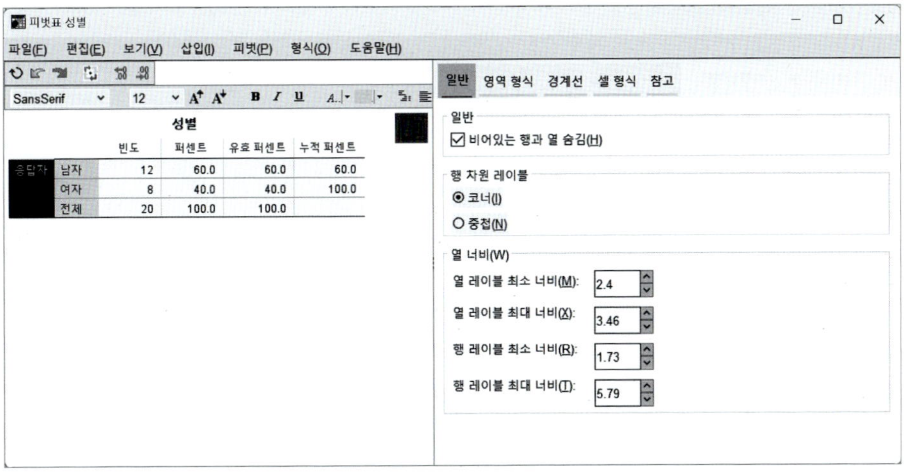

동일한 방법으로 '남자'를 'male'로 '여자'를 'female'로 수정한 후의 모습은 [그림 3.13]과 같다.

그림 3.13 추가 수정 후의 표

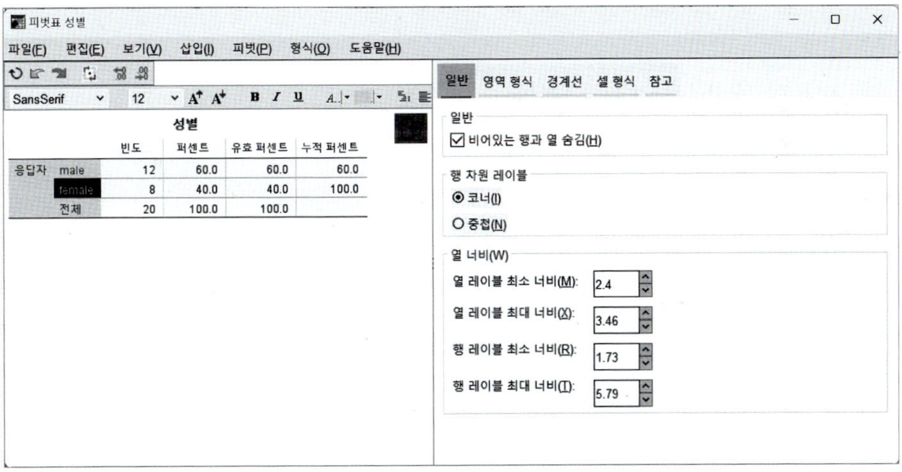

피벗표를 닫으면 [그림 3.14]와 같이 Viewer 창의 표 내용이 수정되어 있다.

그림 3.14 수정된 Viewer 창의 모습

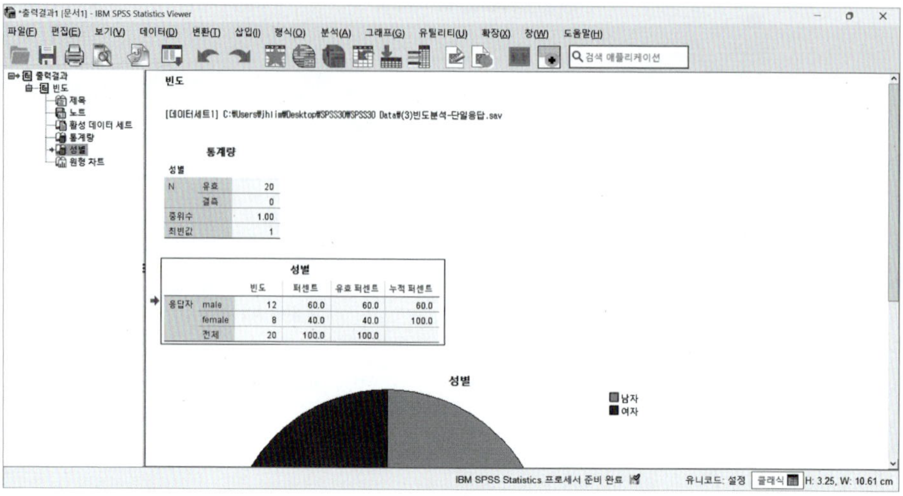

2. 도표 편집

도표 편집을 위하여 Viewer 창의 해당 그래프를 더블 클릭하면 [그림 3.15]와 같이 도표 편집기 창이 활성화된다. 이때 Viewer 창의 해당 도표는 검은 빗금으로 표시된다.

그림 3.15 도표 편집기 창의 활성화

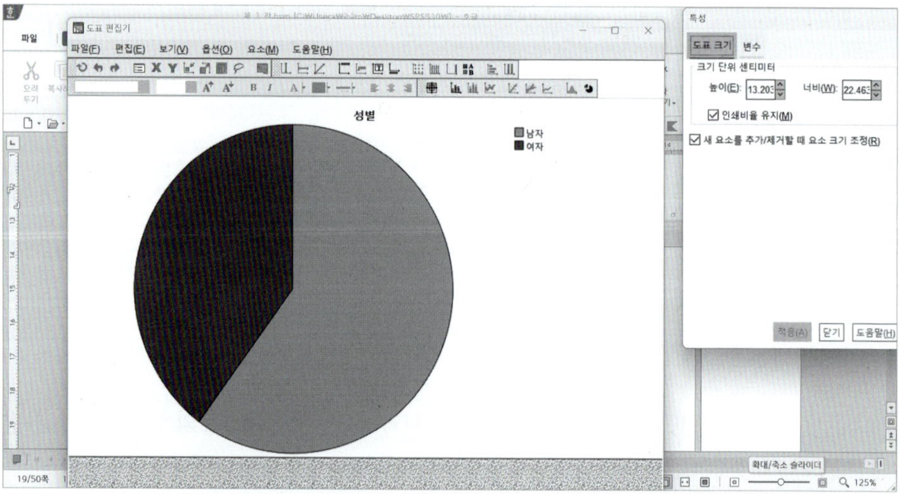

도표 편집기 창에서는 차트의 색상, 유형, 글자의 크기와 종류 등을 변경할

수 있다. 또한 추가적인 내용이 나타나도록 할 수도 있다. [그림 3.15]의 원형 차트를 보면 남자와 여자의 빈도가 표시되어 있지 않다. 여기서 남자와 여자의 빈도를 표시하기 위해서는 도표 편집기 도구상자의 아이콘 중 [icon]를 클릭한 후 차트의 남자와 여자 부분을 클릭하면 빈도수가 나타난다. 빈도수가 나타난 모습은 [그림 3.16]과 같다.

그림 3.16 원형 차트에 빈도수가 나타난 모습

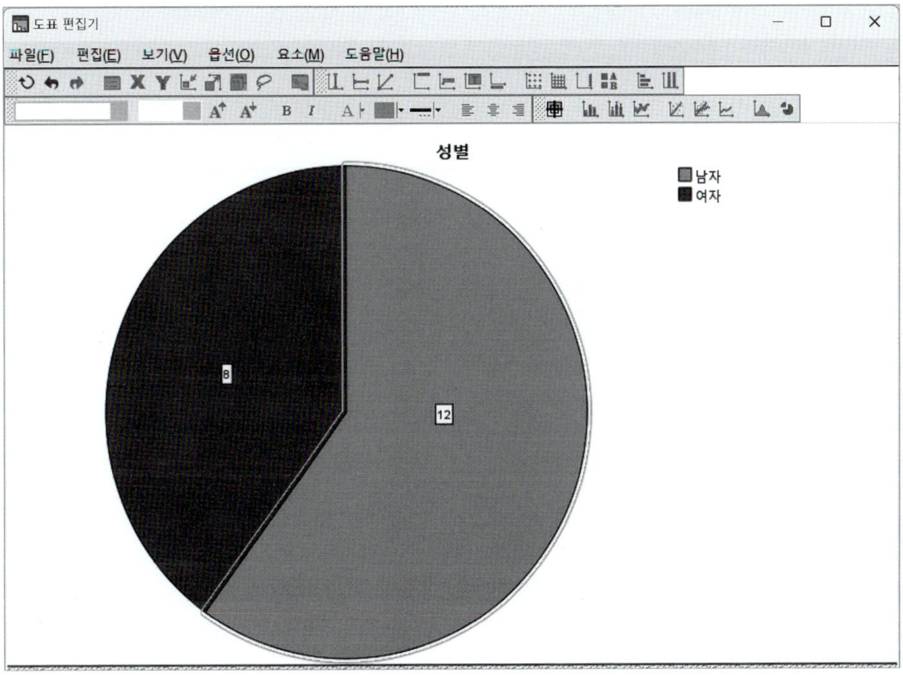

이번에는 원형 차트가 아닌 막대형 차트를 작성해보기로 한다. [그림 3.7]의 차트 대화상자에서 [그림 3.17]과 같이 차트 유형의 [막대형 차트(B)]를 선택하고 [계속(C)]과 [확인]을 클릭하면 [그림 3.18]과 같은 막대형 차트가 나타난다.

그림 3.17 차트 대화상자에서 막대형 차트의 선택

그림 3.18 막대형 차트

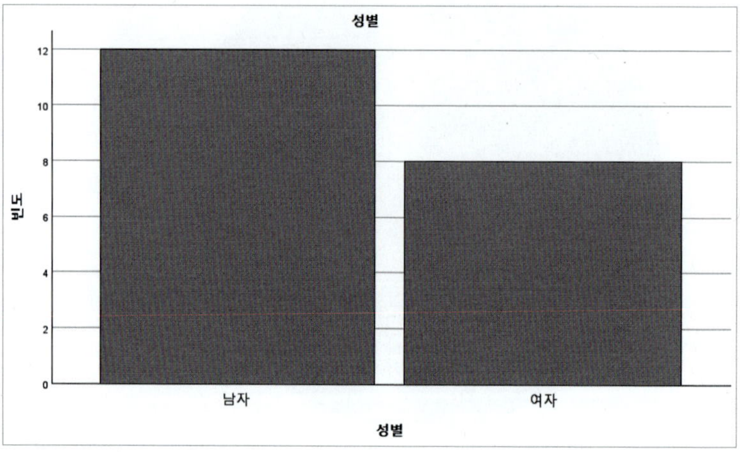

3. 분석결과 내보내기

이하에서는 SPSS 분석결과를 흔글, MS Word와 같은 워드프로세서 프로그램에서 불러오는 경우를 설명한다. 이를 위해 먼저 분석결과 파일을 [그림 3.19]와 같이 '내보내기.spv' 파일로 저장한다.

그림 3.19 | 내보내기.spv

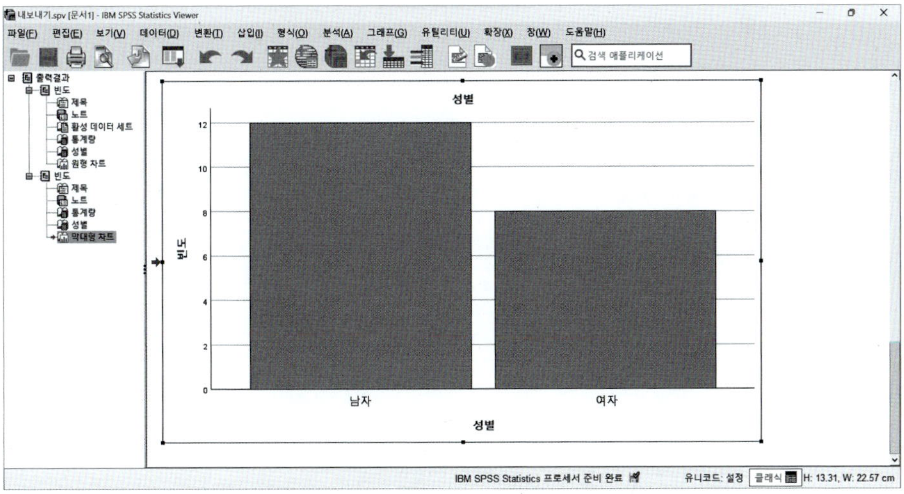

분석결과 파일을 워드프로세서로 내보내는 방법은 주요 메뉴 [파일(F)]의 **'내보내기 기능'**을 이용하는 방법과 **'개체복사'**를 이용하는 방법이 있다. 이하에서는 이에 대해 각각 설명한다.

(1) 주요 메뉴 [파일(F)]의 [내보내기(T)...] 기능 이용하기

SPSS의 **내보내기 기능**을 이용하는 방법은 분석결과 전체를 워드프로세서에서 편집하는 경우에 적합하다. 이를 위해서는 다음의 절차를 따른다.

① [그림 3.19]에서 주요 메뉴 [파일(F)]의 [내보내기(T)...]를 클릭하면 [그림 3.20]과 같은 내보내기 출력결과 대화상자가 나타난다.

그림 3.20 내보내기 출력결과 대화상자

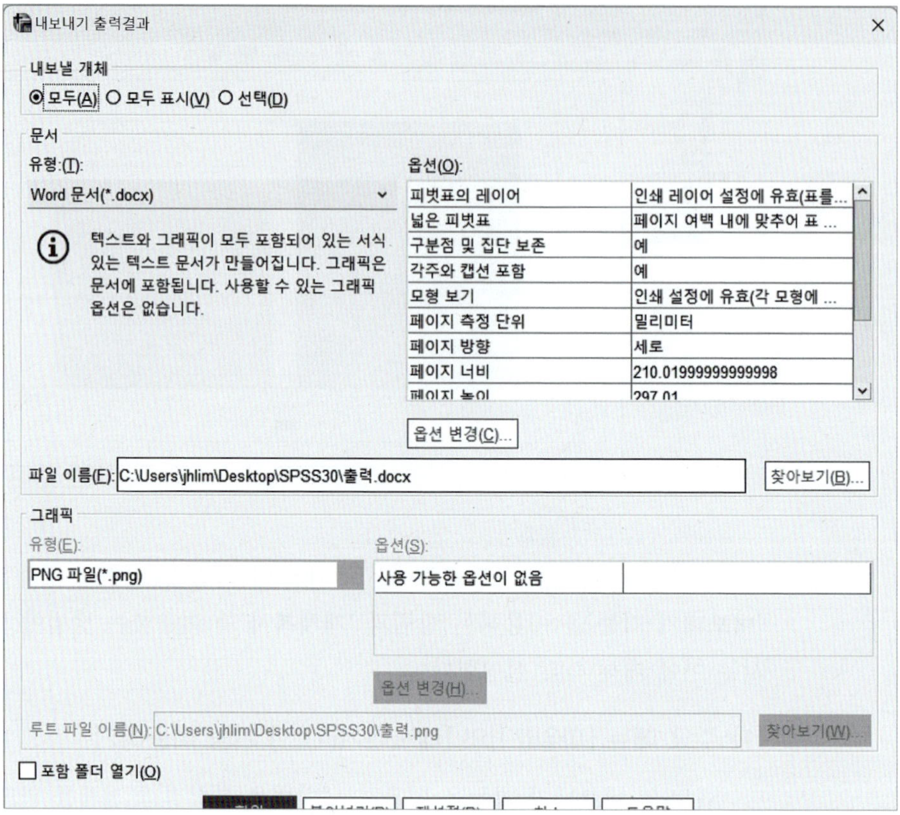

☞ 내보내기 출력결과 대화상자에서 선택사항은 다음의 의미를 갖는다.

- **내보낼 개체:** 분석결과 중 어떤 부분을 내보낼 것인지를 결정한다. [모두(A)]는 분석결과에 보이지 않는 부분들(노트)도 내보내는 것이고, [모두 표시(V)]는 분석결과에 보이는 부분만을 내보내는 것이며, [선택(D)]은 분석결과 중 선택한 부분만을 내보내는 것이다. 본 예에서는 [모두(A)]를 선택한다.
- **문서:** 분석결과를 어떤 파일형식으로 내보낼 것인가를 결정한다. 원하는 파일 형식을 결정하면 된다. 기본설정은 MS Word file로 되어 있다(확장자 *.docx). MS Word 이외에도 Excel(*.xlsx), Acrobat Reader(*.pdf), HTML(*.htm) 프로그램 파일로 내보낼 수 있다.
- **파일 이름:** 내보내기 파일을 어떤 위치에 저장할 것인가를 지정한다. [찾아보기(B)...]를 클릭하여 원하는 위치를 결정할 수 있다.

② [그림 3.20]에서 [그림 3.21]과 같이 선택사항을 결정한다.

그림 3.21 내보내기 옵션을 결정한 모습

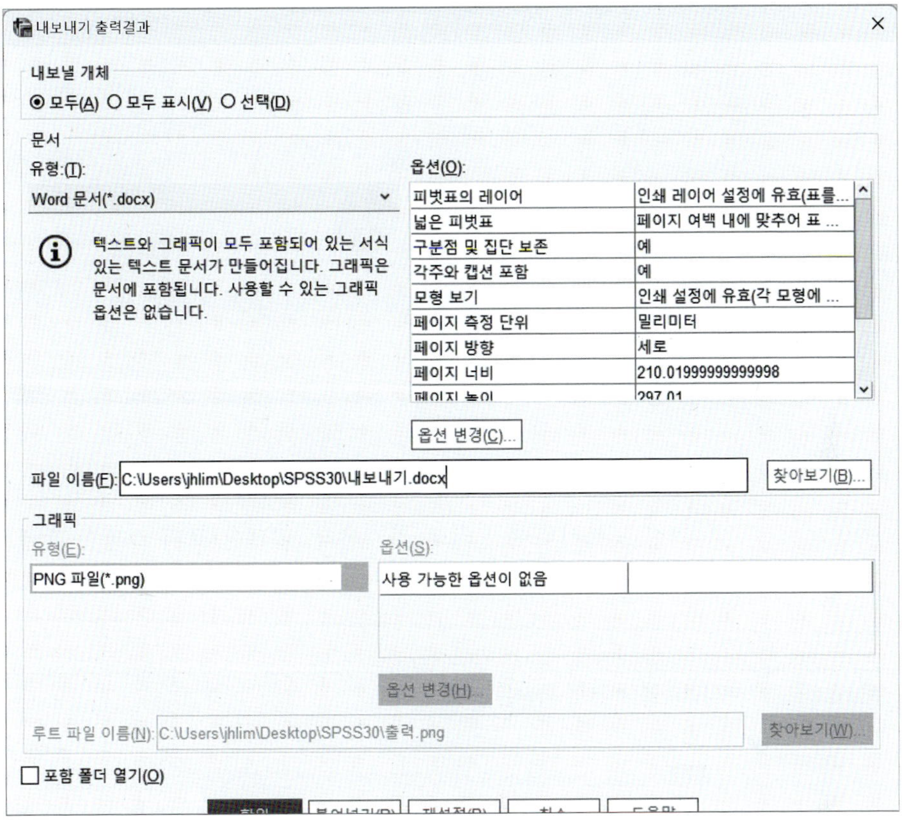

③ [그림 3.21]에서 [확인]을 클릭한다.

④ MS Word에서 '내보내기.docx' 파일을 불러오면 [그림 3.22]와 같이 내보내기 결과가 나타난다.

그림 3.22 내보내기 결과가 MS Word에 나타난 모습

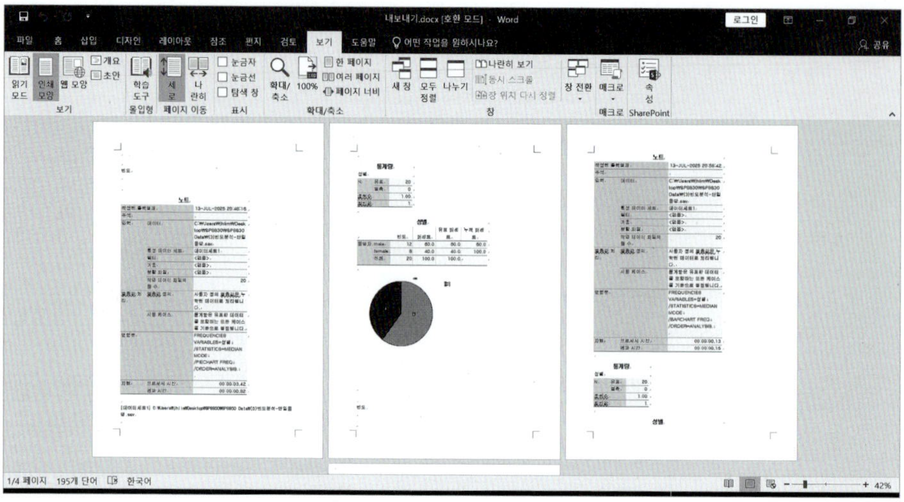

⑤ MS Word에 제시된 내보내기 결과를 훈글에서 작업하기 위해서는 필요한 표와 그림을 복사하여 훈글로 가져온다. 필요한 표와 그림을 훈글로 가져온 결과는 [그림 3.23]과 같다.

그림 3.23 분석결과를 훈글로 가져온 모습

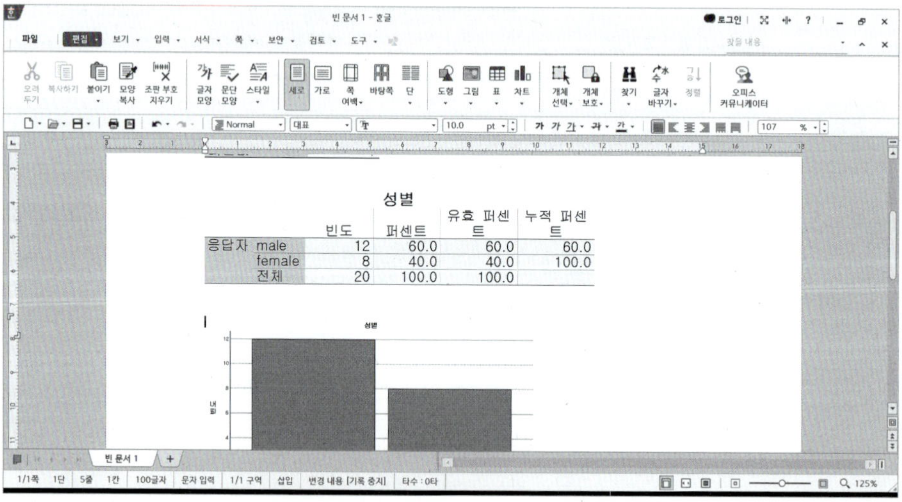

(2) 개체 복사기능 이용하기

개체 복사기능을 이용하여 SPSS 분석결과를 워드프로세서에서 편집할 수 있

다. 이 방법은 분석결과 일부를 워드프로세서에서 편집하는 경우에 적합하다. 이를 위해서는 다음의 절차를 따른다.

① [그림 3.24]와 같이 분석결과를 선택한다.

그림 3.24 분석결과의 선택

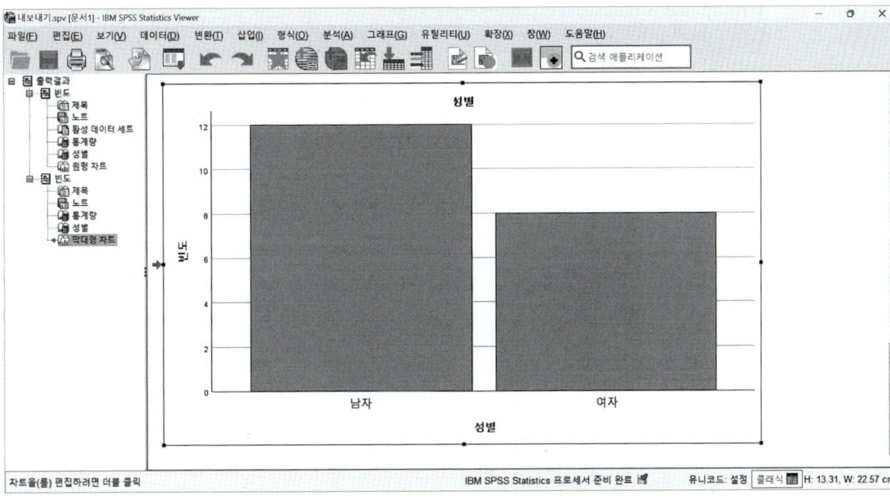

② [그림 3.25]와 같이 마우스 오른쪽 버튼을 이용하여 복사를 클릭한다.

그림 3.25 복사

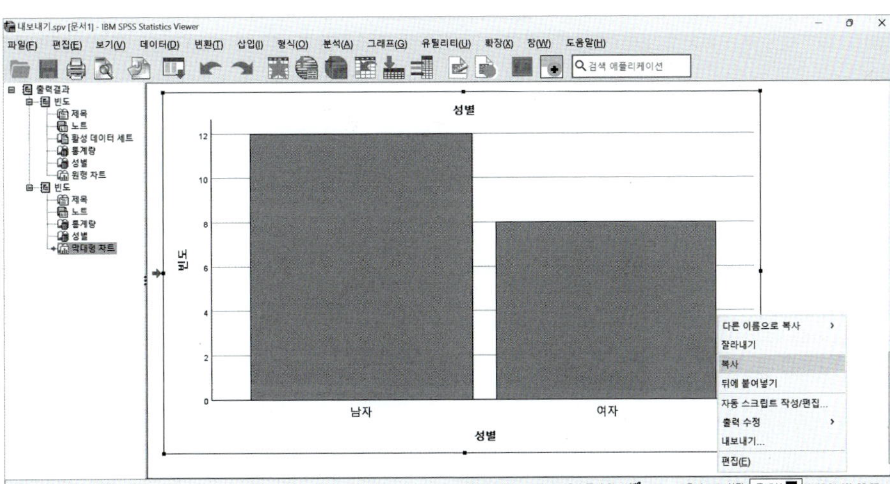

③ MS Word를 실행하고 마우스 오른쪽 버튼의 [붙여넣기(P)]를 클릭한다. 그러면 [그림 3.26]과 같이 내보내기 결과가 MS Word에 나타난다. 훈글에서는 표와 그림의 복사가 되지 않는다. 훈글에서 문서를 편집해야 할 때에는 MS Word에서 복사기능을 실행한 후, 이를 복사하여 훈글에서 편집하면 된다.

그림 3.26 복사 결과가 MS Word에 나타난 모습

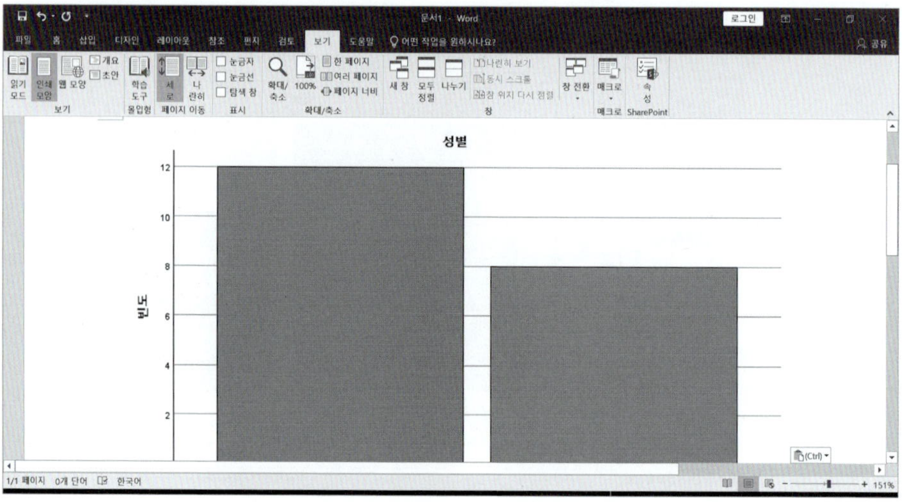

3.5 빈도분석-복수응답

3.3에서는 한 질문에 한 개의 응답만을 하는 자료를 빈도분석하는 것을 다루었다. 여기서는 한 질문에 두 개 이상의 응답을 하는 자료를 빈도분석하는 것을 예시한다.

예제 3.2 SPSS 30을 이용한 복수응답 자료의 빈도분석 예

한 자동차 제조회사는 고객이 구매한 경험이 있는 자동차 형태와 선호하는 자동차 형태를 조사하기 위해 15명의 응답자들을 대상으로 다음과 같이 질문하였다. 수집한 자료는 〈표 3.9〉와 같다.

질문 1: 귀하가 구매한 경험이 있는 자동차 형태를 모두 ✓표 하시오.
① 세단( ) ② SUV( ) ③ 미니밴( ) ④ CUV( )

질문 2: 귀하가 선호하는 자동차 형태의 해당 번호를 1순위와 2순위에 각각 쓰시오.
1순위( ) 2순위( )
① 세단 ② SUV ③ 미니밴 ④ CUV

표 3.9 설문조사 응답결과[2]

응답자	세단	SUV	미니밴	CUV	1순위	2순위
1	1	0	0	0	1	2
2	1	1	0	0	4	1
3	1	0	1	0	3	1
4	1	1	1	0	1	3
5	1	0	0	0	1	4
6	1	0	0	1	1	2
7	1	0	0	0	1	2
8	1	1	1	1	1	3
9	1	0	1	0	2	1
10	1	0	0	0	1	4
11	0	1	1	0	2	3
12	0	0	1	0	3	1
13	1	0	1	0	4	1
14	1	0	0	1	3	1
15	1	0	0	0	1	2

① '(3)빈도분석-복수응답.sav' 파일을 연다.

2 복수응답의 코딩방법은 2장의 2.6 자료의 코딩 참조.

② [그림 3.27]과 같이 다음의 절차를 따른다.

[분석(A)] → [다중반응(U)] → [변수군 정의(D)...] → 클릭

그림 3.27 다중응답 분석절차 - 변수군 정의

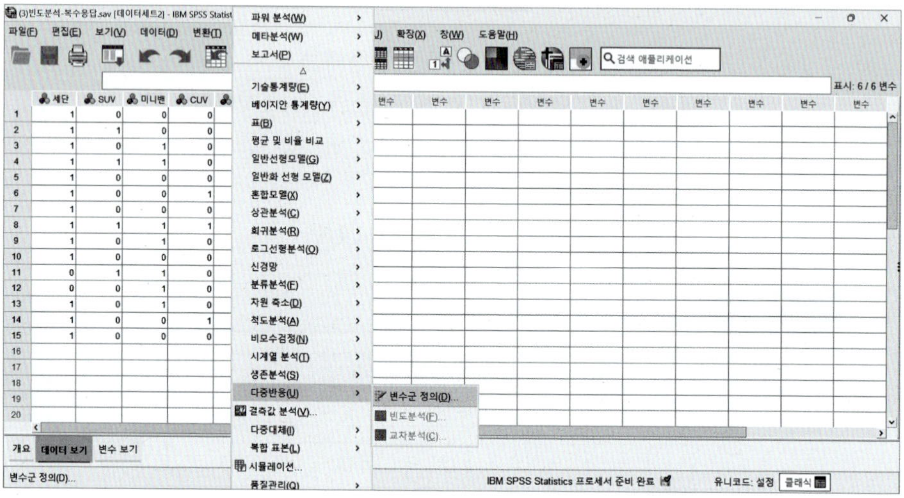

③ [그림 3.27]과 같이 실행하면 [그림 3.28]의 다중반응 변수군 정의 대화상자가 나타난다.

그림 3.28 다중반응 변수군 정의 대화상자

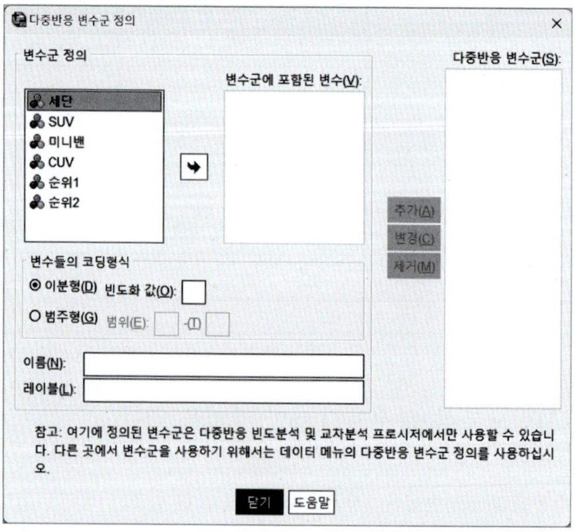

④ [그림 3.28]의 변수목록상자에서 질문 1(구매경험이 있는 자동차 형태)과 관련 있는 변수(세단, SUV, 미니밴, CUV)를 선택하여 [그림 3.29]와 같이 [변수군에 포함된 변수(V)]로 보낸다.

그림 3.29 복수응답 변수의 선택

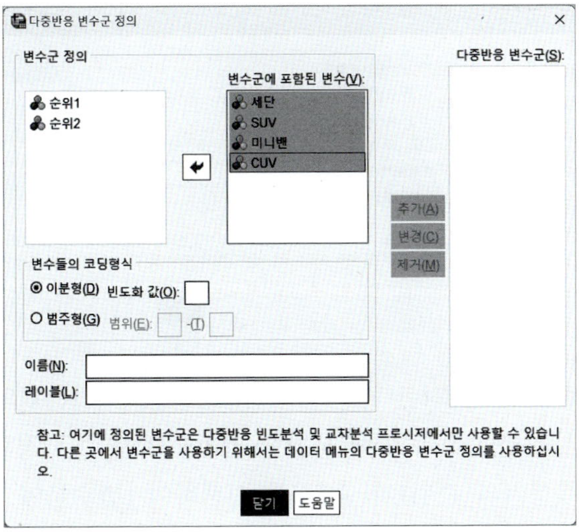

⑤ [그림 3.29]에서 선택된 변수들은 이분형 명목척도로 측정되었기 때문에 변수들의 코딩형식은 [이분형(D)]을 선택하고 [빈도화 값(O)]은 '1'로 한다. 이는 구매경험이 있는 경우 '1'로 코딩했기 때문이다. 또한 복수응답을 위해 새롭게 정의할 변수의 [이름(N)]에 '구매경험형태'를, [레이블(L)]에 '구매경험이 있는 자동차 형태'를 입력한 후 [추가(A)]를 클릭하면 [그림 3.30]과 같이 [다중반응 변수군(S)]이 정의된다. [다중반응 변수군(S)]의 변수명에는 자동적으로 '$' 표시가 나타난다.

그림 3.30 질문 1의 다중반응 변수군 정의

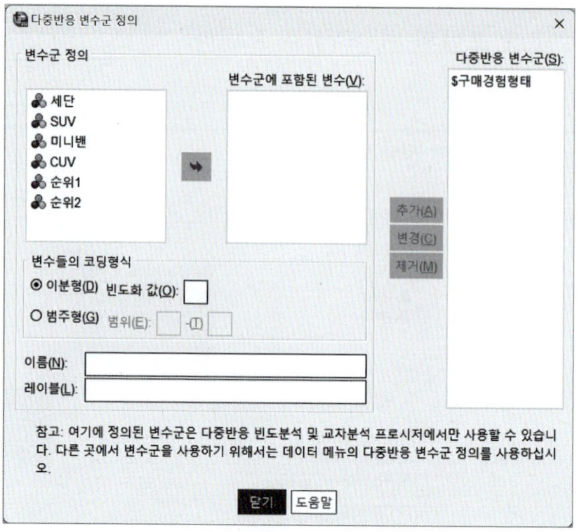

⑥ 질문 2(선호하는 자동차 형태)의 응답에서 1순위와 2순위를 통합하여 빈도분석을 실시하기 위해 동일한 방법으로 변수군 정의를 실시한다. 먼저 변수목록상자의 순위1과 순위2를 선택하여 [변수군에 포함된 변수(V)]로 보낸다. 이때 1순위와 2순위 변수는 명목척도로 측정되었기 때문에 변수들의 코딩형식에서 [범주형(G)]을 선택하고 범위는 1~4로 입력한다. 새롭게 정의할 변수의 [이름(N)]에 '선호형태'를, [레이블(L)]에 '선호자동차형태 1순위와 2순위'를 입력한 후 [추가(A)]를 클릭한 모습은 [그림 3.31]과 같다.

그림 3.31 질문 2의 다중반응 변수군 정의

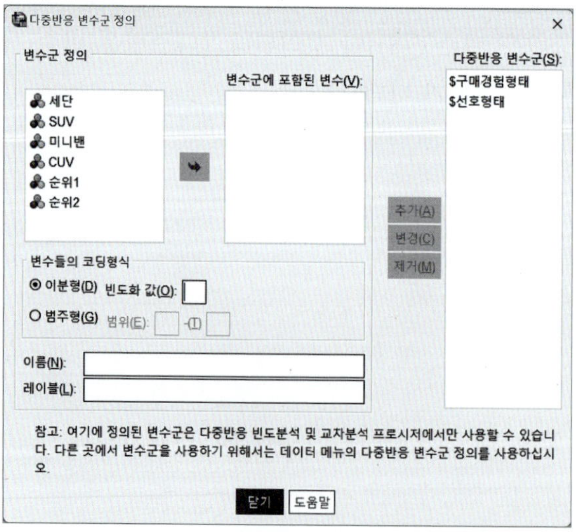

⑦ 복수응답에 대한 빈도분석을 실시하기 위해 [그림 3.32]와 같은 절차를 따른다.

[분석(A)] → [다중반응(U)] → [빈도분석(F)...] → 클릭

그림 3.32 다중응답 분석절차 - 빈도분석

⑧ [그림 3.32]와 같이 실행하면 [그림 3.33]과 같은 다중반응 빈도분석 대화상자가 나타난다.

그림 3.33 다중반응 빈도분석 대화상자

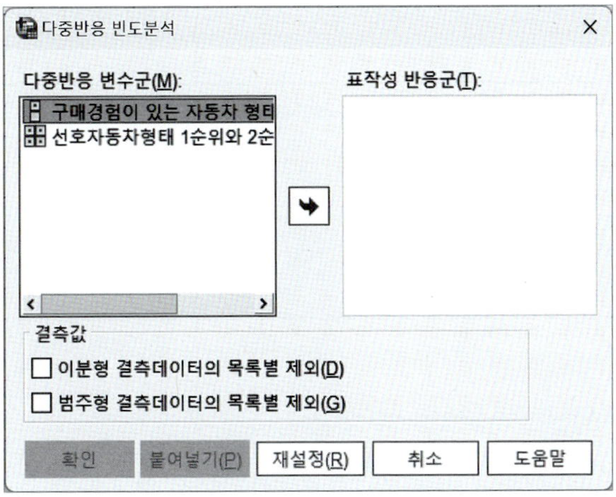

⑨ 여기서 [그림 3.34]와 같이 분석할 변수를 [표작성 반응군(T)]으로 보낸다.

그림 3.34 분석대상 변수선정

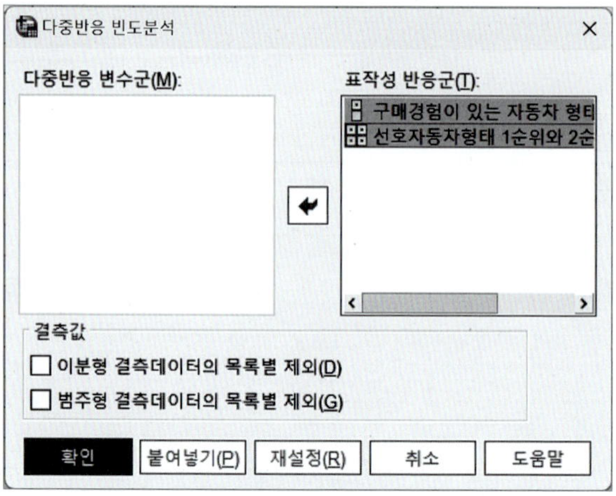

⑩ [그림 3.34]에서 [확인]을 클릭하면 〈표 3.10〉과 같은 결과가 나타난다.

표 3.10 복수응답 빈도분석 결과

$구매경험형태 빈도

		반응		케이스 중 %
		N	퍼센트	
구매경험이 있는 자동차 형태[a]	세단	13	48.1%	86.7%
	SUV	4	14.8%	26.7%
	미니밴	7	25.9%	46.7%
	CUV	3	11.1%	20.0%
전체		27	100.0%	180.0%

a. 값 1을(를) 가지는 이분형 변수 집단입니다.

$선호형태 빈도

		반응		케이스 중 %
		N	퍼센트	
선호자동차형태 1순위와 2순위[a]	세단	14	46.7%	93.3%
	SUV	6	20.0%	40.0%
	미니밴	6	20.0%	40.0%
	CUV	4	13.3%	26.7%
전체		30	100.0%	200.0%

a. 범주형 변수 집단.

〈표 3.10〉의 첫 번째 표는 응답자들의 구매경험이 있는 자동차 형태가 제시되어 있다. 15명의 응답자가 응답을 하였으나 복수응답을 하였기 때문에 케이스 퍼센트 합계는 180%(=27/15)로 나타났다. 두 번째 표는 응답자들이 선호하는 자동차 형태가 1순위와 2순위로 제시되어 있는데 한 응답자가 두 가지를 선택하였기 때문에 케이스 퍼센트 합계는 200%(=30/15)로 나타났다.

3.6 기술통계분석과 데이터 탐색

SPSS 30

예제 3.3 **SPSS 30을 이용한 기술통계분석과 데이터 탐색의 예**

본 예제에서는 초등학교 6학년 남학생 30명의 키를 측정한 결과를 나타내는 〈표 3.11〉의 자료를 이용한다.[3]

표 3.11 초등학교 6학년 남학생들의 신장(단위: cm)

150	152	152	152	153	154
152	157	151	155	151	162
151	149	152	149	151	167
146	150	146	154	155	142
154	153	149	152	149	143

(1) 기술통계분석

SPSS 30을 이용하여 기술통계분석을 실시하는 과정은 다음과 같다.

① '(3)데이터탐색.sav' 파일을 연다.

② [그림 3.35]와 같이 다음의 절차를 따른다.

[분석(A)] → [기술통계량(E)] → [기술통계(D)...] → 클릭

3 이 자료는 5장의 〈예제 5.1〉의 자료와 같다.

그림 3.35 기술통계분석 절차

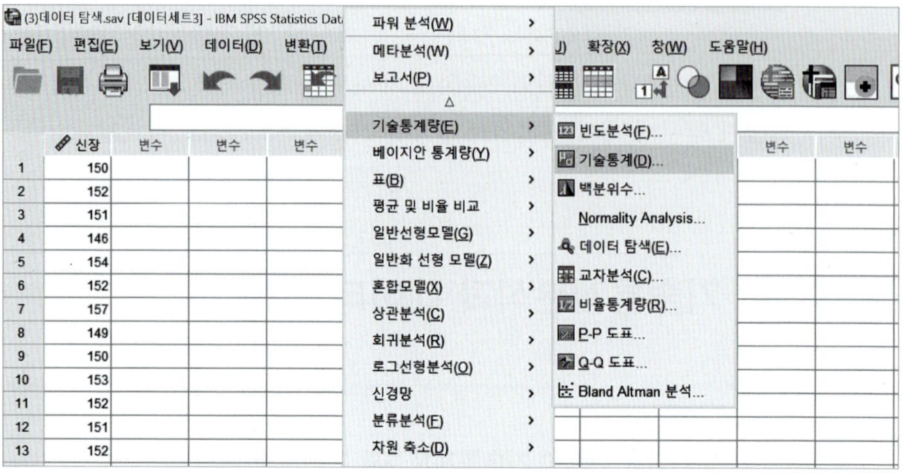

③ [그림 3.35]와 같이 실행하면 [그림 3.36]의 기술통계 대화상자가 나타난다.

그림 3.36 기술통계 대화상자

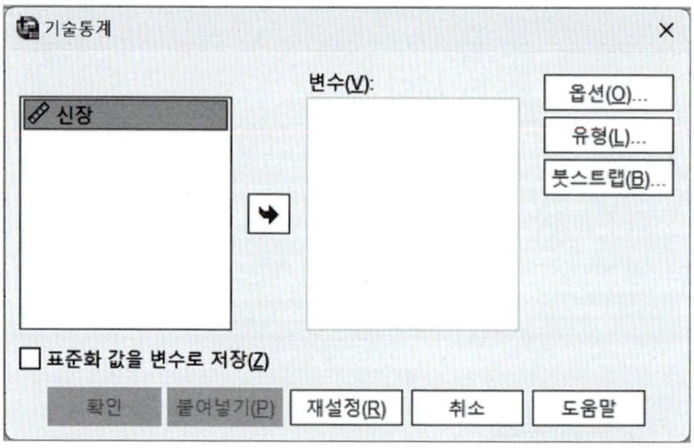

④ 여기서 [그림 3.37]과 같이 분석할 변수(신장)를 [변수(V)] 상자로 보낸다. [표준화 값을 변수로 저장(Z)]을 선택하는데, 이는 원자료(raw data)를 **표준화**(평균=0, 분산=1)시킬 필요가 있는 경우에 선택한다.

그림 3.37 분석대상 변수선정

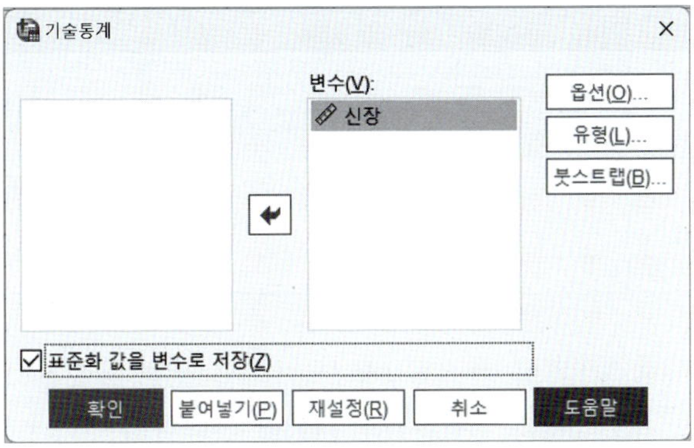

⑤ [그림 3.37]에서 [옵션(O)...]을 클릭하고 [그림 3.38]과 같이 평균(M)을, 산포도에서 표준편차(T), 분산(V), 범위(R), 최소값(N), 최대값(X)을 선택한다. 분포에서는 첨도(K)와 왜도(W)를 모두 선택한다.

그림 3.38 옵션 대화상자

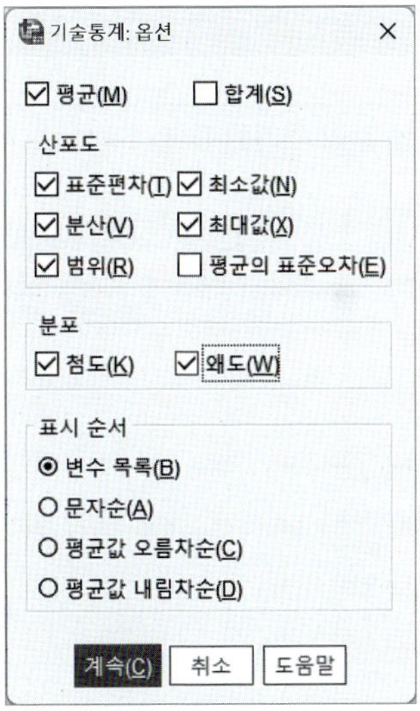

⑥ [그림 3.38]에서 [계속(C)]을 클릭하고 이어서 [확인]을 클릭한다. 그러면 〈표 3.12〉와 [그림 3.39]의 결과가 나타난다.

표 3.12 〈표 3.12〉 기술통계분석 결과

	N	범위	최소값	최대값	평균	표준편차	분산	왜도		첨도	
	통계량	통계량	통계량	통계량	통계량	통계량	통계량	통계량	표준오차	통계량	표준오차
신장	30	25	142	167	151.77	4.847	23.495	.898	.427	3.066	.833
유효 N (목록별)	30										

〈표 3.12〉의 기술통계분석 결과를 보면 평균은 151.77, 최소값은 142, 최대값은 167, 범위는 25(=167-142)로 나타났다. 자료의 산포도를 나타내는 표준편차는 4.847, 분산은 23.495로 나타났다. 그리고 자료의 분포를 나타내는 왜도계수값은 .898로 양(+)의 왜도를 갖는 것(오른쪽 꼬리를 갖는 것)으로 나타났다. 첨도계수값은 3.066으로 정규분포보다 중심에 더 집중되는 것으로 나타났다.

참고로, 본 예에서는 [분석(A)] → [기술통계량(E)] → [기술통계(D)...]의 절차를 따랐으나 〈예제 3.1〉에서 설명한 것처럼 [분석(A)] → [기술통계량(E)] → [빈도분석(F)...] → [통계량(S)...]의 절차를 따라도 여러 가지 기술통계값을 산출할 수 있다.

그림 3.39 원자료에 표준화 값이 추가된 Data Editor

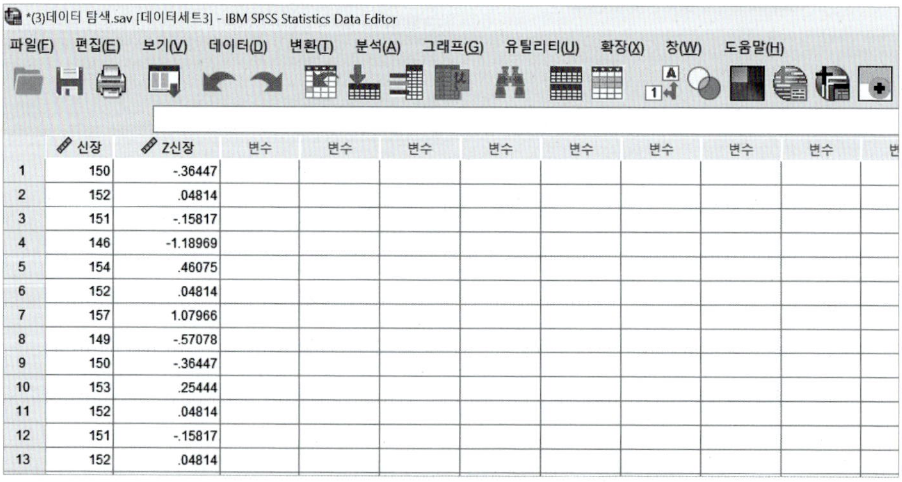

[그림 3.39]의 두 번째 열은 원자료를 표준화시킨 값이다. 평균 151.77에 가까울수록 0에 가까운 값임을 알 수 있다. 예를 들어, 152는 Z값 .04814로 변환되

었다. 평균보다 클수록 (+)의 큰 값으로, 그리고 평균보다 작을수록 (-)의 작은 값으로 변환되었다.

(2) 데이터 탐색

SPSS 30을 이용하여 데이터 탐색을 실시하는 과정은 다음과 같다.

① '(3)데이터탐색.sav' 파일을 연다.
② [그림 3.40]과 같이 다음의 절차를 따른다.

[분석(A)] → [기술통계량(E)] → [데이터탐색(E)...] → 클릭

그림 3.40 데이터탐색 분석절차

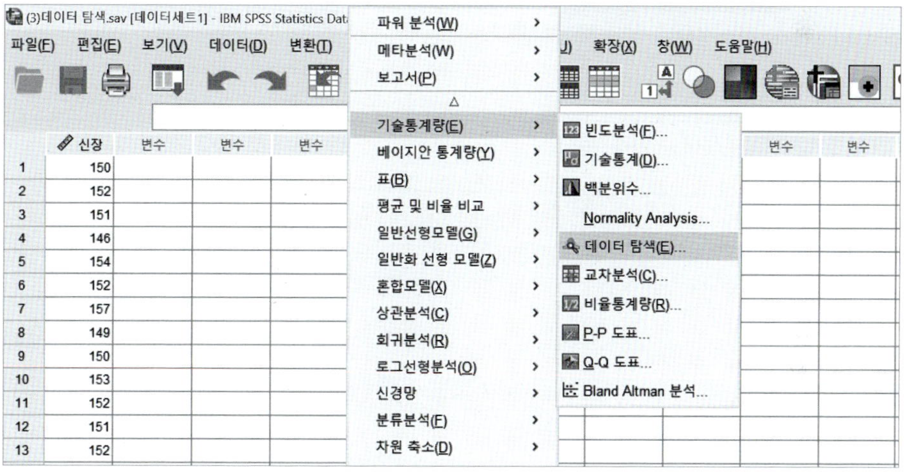

③ [그림 3.40]과 같이 실행하면 [그림 3.41]의 데이터 탐색 대화상자가 나타난다.

그림 3.41 데이터 탐색 대화상자

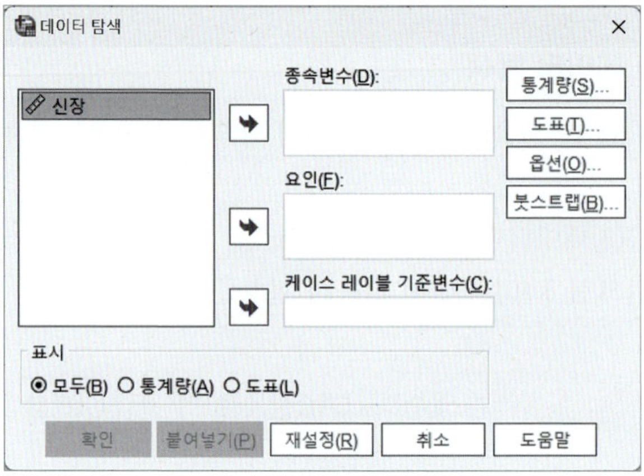

④ [그림 3.41]에서 [그림 3.42]와 같이 분석할 변수(신장)를 선정한 후 [종속변수(D)] 상자로 보낸다.

그림 3.42 분석대상 변수 선정

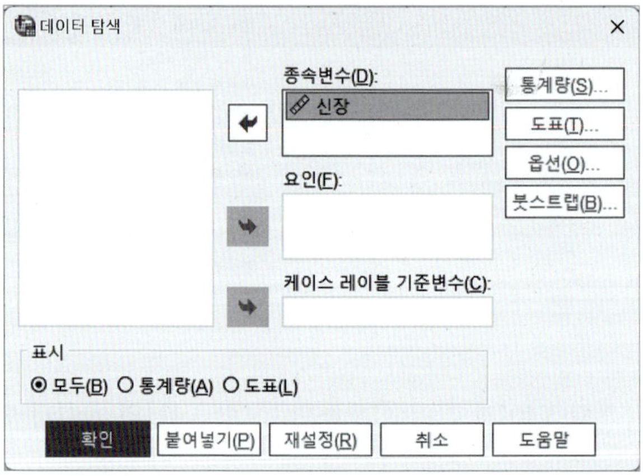

⑤ [그림 3.42]에서 [통계량(S)...]을 클릭하고 [그림 3.43]과 같이 기술통계(D), 이상값(O), 백분위수(P)의 기본값을 선택한 후 [계속(C)]을 클릭한다.

그림 3.43 통계량 대화상자

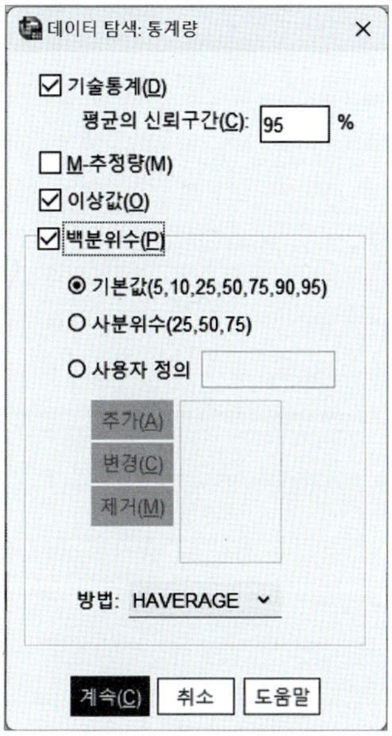

⑥ [그림 3.42]에서 [도표(T)...]를 클릭하고 [그림 3.44]와 같이 히스토그램(H), 검정과 함께 정규성 도표(O)를 선택한다. 이후 [계속(C)]과 [확인]을 클릭하면 결과가 나타난다(표 3.13부터).

그림 3.44 도표 대화상자

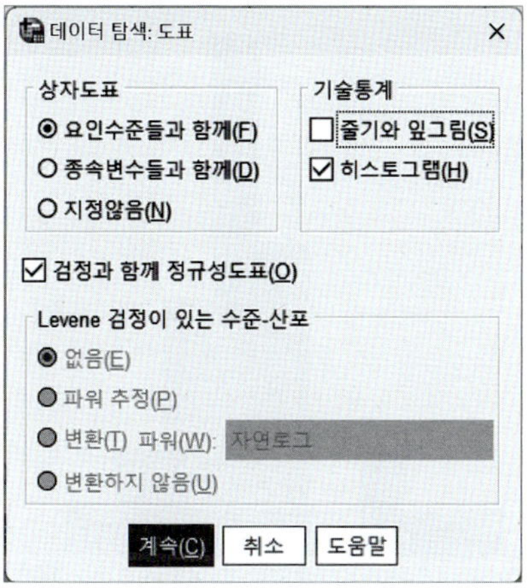

표 3.13 기술통계

			통계	표준오차
신장	평균		151.77	.885
	평균의 95% 신뢰구간	하한	149.96	
		상한	153.58	
	5% 절사평균		151.54	
	중위수		152.00	
	분산		23.495	
	표준편차		4.847	
	최소값		142	
	최대값		167	
	범위		25	
	사분위수 범위		5	
	왜도		.898	.427
	첨도		3.066	.833

〈표 3.13〉의 내용은 〈표 3.12〉와 유사하다. 이 표는 추가적으로 평균의 95% 신뢰구간이 149.96 ~ 153.58이라는 것과 중위수가 152라는 것을 보여준다.

그림 3.45 히스토그램

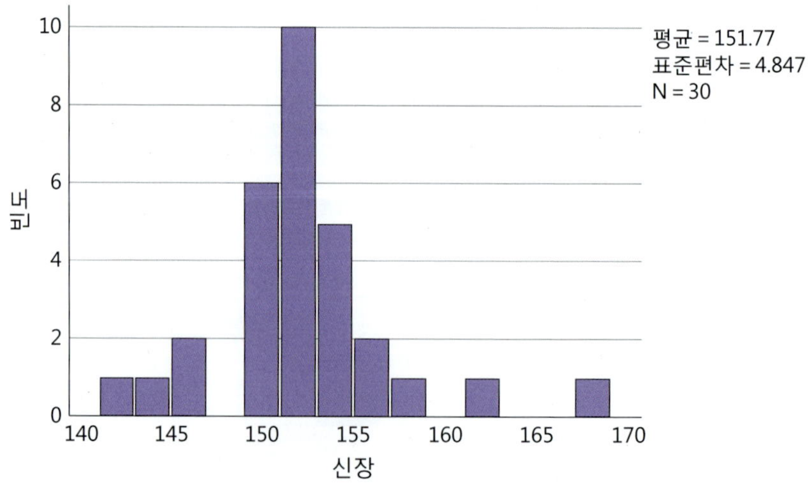

그림 3.46 정규 Q-Q 도표

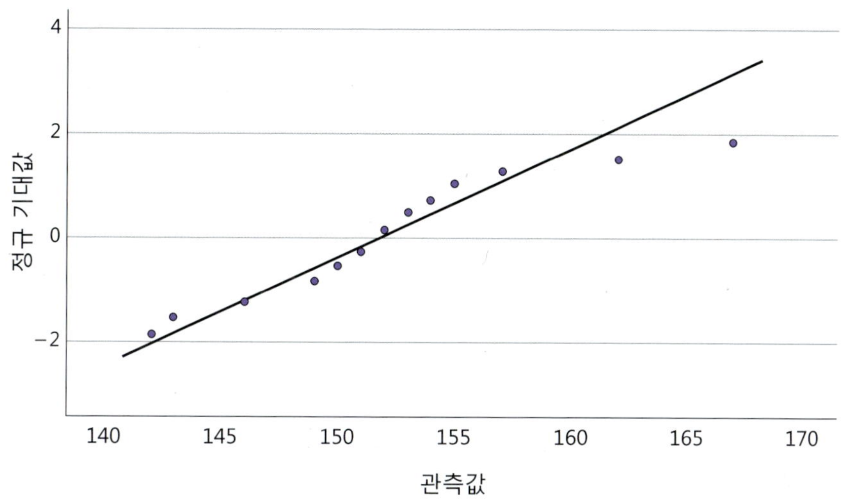

표 3.14 정규성 검증

	Kolmogorov-Smirnov[a]			Shapiro-Wilk		
	통계	자유도	CTT 유의확률	통계	자유도	CTT 유의확률
신장	.156	30	.061	.908	30	.013

a. Lilliefors 유의확률 수정.

통계적 추론을 위하여 모집단이 정규분포를 따른다는 가정을 하는 경우가 많다. 본 예의 경우 [그림 3.45], [그림 3.46], 그리고 〈표 3.14〉는 본 예의 데이터가 정규분포를 따르는지를 보여준다. 먼저 [그림 3.45]의 **히스토그램**(histogram)을 보면 가운데 범위의 빈도가 높고 양쪽 끝으로 갈수록 빈도가 낮아지는 경향이 있어 어느 정도 정규분포와 유사한 형태라고 할 수 있다. [그림 3.46]의 **정규 Q-Q 도표**에서는 값들이 정규분포에 가까울수록 대각선에 가까이 위치하는데, 본 예의 경우 점들이 대각선에서 크게 벗어나지 않아 대체로 정규분포를 따르는 것으로 생각할 수 있다.

〈표 3.14〉는 Kolmogorov-Smirnov의 정규성 검정 결과를 보여준다.[4] 통계값은 .156 그리고 유의확률은 .061로 나타났다. 이 정규성 검정의 경우 "H_0: 데이터가 정규분포를 따른다"인데 $p=.061>.05$이므로 데이터가 대체로 정규분포를 따

4 제18장 비모수통계의 Kolmogorov-Smirnov 검증을 하여 결과를 도출해낼 수 있다.

른다고 결론내릴 수 있다. [그림 3.45]와 [그림 3.46]에 의해 데이터가 대체로 정규분포를 따르는지를 시각적으로 판단할 수 있는 데 비해, 〈표 3.14〉는 통계적 검증 결과를 수치로 보여준다.

그림 3.47 박스 플롯

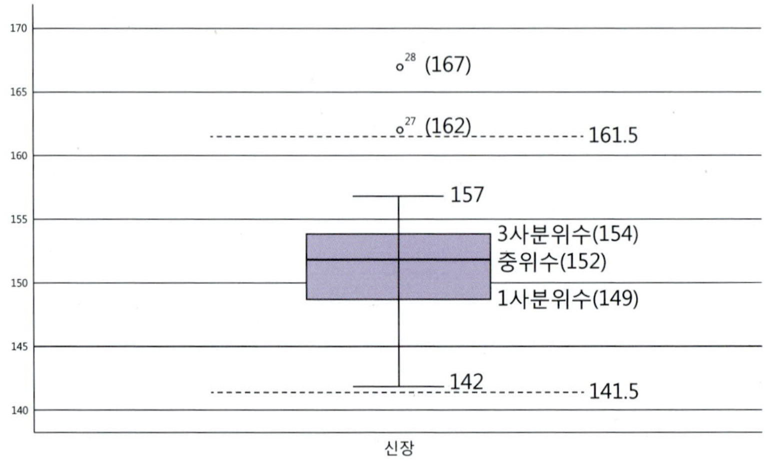

표 3.15 백분위수(Percentile)

		5	10	25	50	75	90	95
가중평균(정의 1)	신장	142.55	146.00	149.00	152.00	154.00	156.80	164.25
Tukey의 Hinges	신장			149.00	152.00	154.00		

표 3.16 극단값

			케이스 번호(C)	변수값
신장	최고	1	28	167
		2	27	162
		3	7	157
		4	17	155
		5	24	155
	최저	1	29	142
		2	30	143
		3	14	146
		4	4	146
		5	25	149[a]

a. 값 149을(를) 가지는 케이스의 부분 목록만 하한 극단값 표에 표시됩니다.

[그림 3.47]은 데이터를 **박스 플롯**(box plot)으로 나타낸 것이다. 박스 내의 가로선은 중위수, 박스 하단은 1사분위수(25th percentile), 그리고 상단은 3사분위수(75th percentile)를 나타낸다. 〈표 3.15〉는 각각의 값이 152, 149, 154임을 보여준다. 박스 위에 위치한 파선은 상위 경계(upper fence)이며 '3사분위수 + 1.5 × IQR'에 위치한다. 그리고 박스 아래에 위치한 파선은 하위 경계(lower fence)이며 '1사분위수-1.5 × IQR'에 위치한다. 여기서 IQR(InterQuartile Range)은 사분위 범위로서 1사분위수에서 3사분위수의 길이다. 본 예의 경우 IQR은 5(= 154-149)이며, (3사분위수 + 1.5 × IQR)은 161.5(= 154 + 1.5 × 5), 그리고 (1사분위수-1.5 × IQR)은 141.5(= 149-1.5 × 5)이다.

박스에 이어진 실선을 **위스커**(whisker)라고 하는데, 위스커의 상단은 상위 경계 이하에 위치하는 최대값을 나타내며, 하단은 하위 경계 이상에 위치하는 최소값을 나타낸다. 본 예에서 위스커의 상단과 한단은 각각 157과 142이다. 상위 경계(161.5)보다 위에 위치하거나 하위 경계(141.5)보다 아래에 위치하는 값은 **이상치**(outliers)이다. 본 예에서 SPSS output은 case 28과 case 27을 이상치로서 도출하는데, 〈표 3.16〉은 그 값이 각각 167과 162임을 나타낸다. 하위 경계보다 아래에 위치한 case가 없다는 것은 아래쪽에는 이상치가 없음을 의미한다.

연 / 습 / 문 / 제

SPSS 30

1. 다음은 30명의 소비자로부터 인터넷 쇼핑경험 유무를 조사한 자료이다. 단, 유경험은 1로, 무경험은 2로 코딩되어 있다. 이 자료에 대해 빈도분석을 실시하시오.

자료파일: (3)연습문제(빈도분석).sav.

번호	1	2	3	4	5	6	7	8	9	10	11	12	13	14	15
인터넷 쇼핑경험 유무	1	2	1	1	1	1	2	2	1	1	2	2	2	2	1

번호	16	17	18	19	20	21	22	23	24	25	26	27	28	29	30
인터넷 쇼핑경험 유무	2	1	1	1	2	2	2	2	1	1	1	1	2	1	1

[분석결과 및 해석]

쇼핑경험

		빈도	퍼센트	유효 퍼센트	누적 퍼센트
유효	있음	17	56.7	56.7	56.7
	없음	13	43.3	43.3	100.0
	전체	30	100.0	100.0	

30명 소비자의 인터넷 쇼핑경험 유무를 분석한 결과 유경험자가 17명(56.7%)으로, 그리고 무경험자가 13명(43.3%)으로 나타났다.

2. 어느 고등학교 한 학급 학생 50명의 수학시험 점수가 다음과 같다. 이 자료에 대한 기술통계분석과 데이터 탐색을 실시하시오.[5]

자료파일: (3)연습문제(데이터탐색).sav.

수학시험 점수

번호	점수	번호	점수	번호	점수	번호	점수	번호	점수
1	78	11	88	21	65	31	85	41	88
2	80	12	92	22	70	32	86	42	79
3	98	13	90	23	90	33	79	43	75
4	67	14	88	24	75	34	48	44	84
5	85	15	72	25	61	35	53	45	68
6	87	16	63	26	88	36	80	46	51
7	79	17	94	27	80	37	87	47	75
8	81	18	80	28	96	38	100	48	70
9	54	19	86	29	57	39	40	49	82
10	62	20	75	30	60	40	32	50	80

[분석결과 및 해석]

–기술통계분석 결과

	N	범위	최소값	최대값	평균	표준편차	분산	왜도		첨도	
	통계량	통계량	통계량	통계량	통계량	통계량	통계량	통계량	표준오차	통계량	표준오차
점수	50	68	32	100	75.66	15.025	225.739	–.884	.337	.526	.662
유효 N (목록별)	50										

기술통계분석 결과는 평균, 표준편차, 분산 등 기본적인 기술통계값들을 보여준다. 왜도계수는 -.884로서 왼쪽 꼬리를 가지는데, 이는 히스토그램에서도 확인할 수 있다. 첨도계수값은 .526으로 0보다 조금 크므로 정규분포보다 조금 중심에 집중되는 것으로 볼 수 있다.

5 이 자료는 18장의 〈예제 18.2〉의 자료와 같다.

–데이터탐색

			통계	표준오차
점수	평균		75.66	2.125
	평균의 95% 신뢰구간	하한	71.39	
		상한	79.93	
	5% 절사평균		76.47	
	중위수		79.50	
	분산		225.739	
	표준편차		15.025	
	최소값		32	
	최대값		100	
	범위		68	
	사분위수 범위		21	
	왜도		-.884	.337
	첨도		.526	.662

데이터탐색 결과 도출된 기술통계값들을 보면 평균의 95% 신뢰구간이 71.39~79.93이며 중위수가 79.50임을 알 수 있다.

–히스토그램

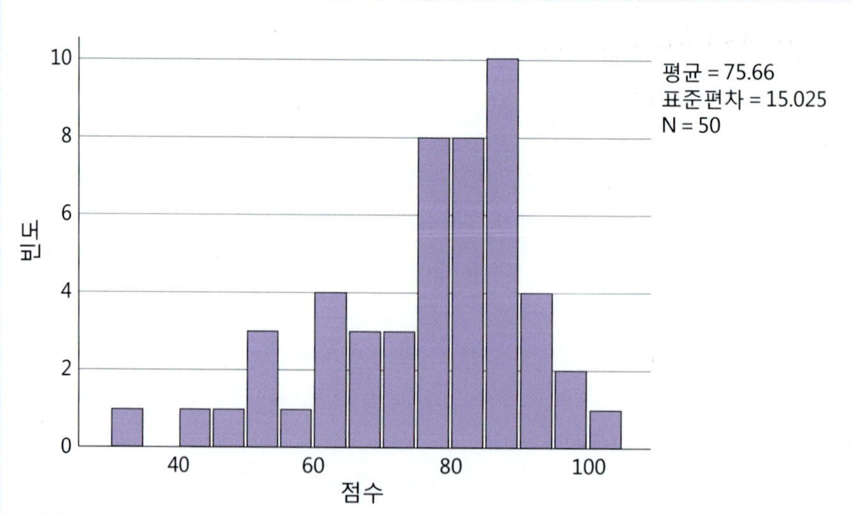

-정규 Q-Q 도표

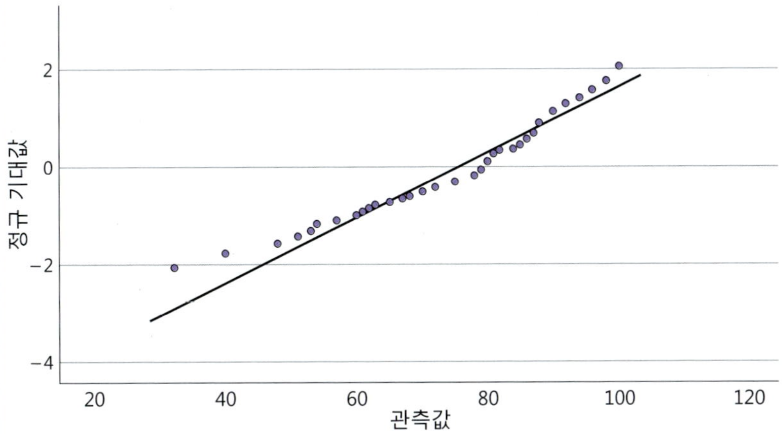

-정규성 검증

	Kolmogorov-Smirnov[a]			Shapiro-Wilk		
	통계	자유도	유의확률	통계	자유도	유의확률
점수	.148	50	.008	.942	50	.017

a. Lilliefors 유의확률 수정.

히스토그램은 값들이 정규분포보다 상당히 오른쪽에 집중되어 있으며 왼쪽으로 긴 꼬리를 갖는 것을 보여준다. 정규 Q-Q 도표는 값들의 분포가 대각선에서 꽤 벗어나 있음을 보여준다. 정규성 검증 결과 $p=.008<.05$이므로 데이터가 정규분포를 따른다고 볼 수 없다.

-박스 플롯

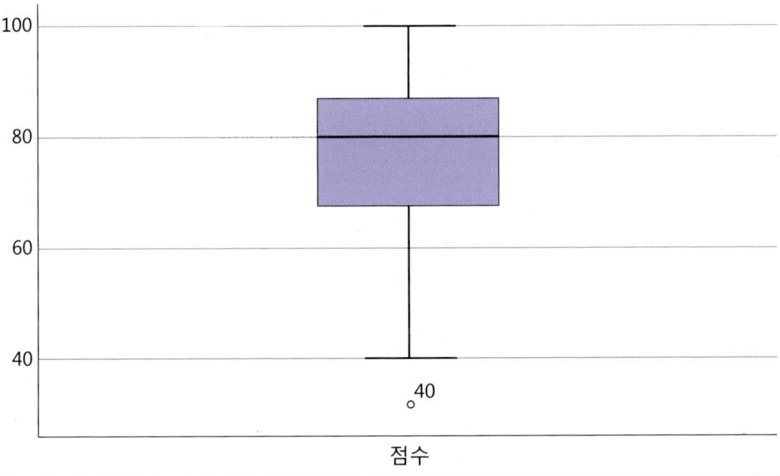

-백분위수

		5	10	25	50	75	90	95
가중평균(정의 1)	점수	44.40	53.10	66.50	79.50	87.00	91.80	96.90
Tukey의 Hinges	점수			67.00	79.50	87.00		

-극단값

			케이스 번호(C)	변수값
점수	최고	1	38	100
		2	3	98
		3	28	96
		4	17	94
		5	12	92
	최저	1	40	32
		2	39	40
		3	34	48
		4	46	51
		5	35	53

박스 내의 가로선, 박스 하단, 박스 상단은 각각 중위수, 1사분위수, 그리고 3사분위수를 나타내는데, 백분위수 표를 보면 각각 79.50, 66.50, 87.00이다. 본 예의 경우 IQR은 20.50(=87.00-66.50)이며 상위경계는 117.75(=87.00+1.5×20.50), 하위경계는 35.75(=66.50−1.5×20.50)이다. 상위경계는 100점이 넘으므로 상위경계를 넘는 이상값은 존재하지 않고 하위경계 35.75보다 작은 이상값은 케이스 40임을 보여준다. 극단값 표에 의하면 케이스 40의 값은 32이다.

제 4 장

통계분석을 위한 기초지식

Statistical Package for the Social Sciences

4.1 통계학의 종류와 기본용어

통계학은 기술통계학과 추계통계학으로 나눌 수 있다. **기술통계학**(descriptive statistics)은 주어진 자료의 특성을 그대로 기술하는 것으로 한 기업의 1년간 월평균 매출, 부서별 사원 수, 특정인의 성별, 연령별 인구 등이 그 예가 된다. **추계통계학**(inferential statistics)은 표본의 특성으로부터 모집단의 특성을 추정(infer)하는 것을 말한다.

추계통계학은 다시 모수통계학과 비모수통계학으로 나누어진다. **모수통계학**(parametric statistics)은 통계량으로부터 모수를 추정하는 통계기법이다. **모수**(母數; parameter)는 모집단의 특성을 나타내는 값이고, **통계량**(statistic)은 표본의 특성을 나타내는 값이다. 〈표 4.1〉은 모수와 통계량을 나타내는 통계표현들을 대비하여 보여준다. 모수통계학을 적용할 때는 가정이 필요하며 주로 간격척도와 비율척도로 측정한 자료를 분석하는 데 이용된다. **비모수통계학**(nonparametric statistics)은 비록 모집단의 특성을 추정하기는 하나 모수와 통계량의 관계를 다루지 않는다. 가정이 요구되지 않으며, 명목척도와 서열척도로 측정된 자료를 분석하는 데 이용된다. 본서에서 소개하는 통계기법을 이러한 분류에 따라 나누면 〈표 4.2〉와 같다.

표 4.1 모수와 통계량

	모수	통계량
평균	μ	$\overline{X}$ (X bar)
비율	p	$\hat{p}$ (p hat)
표준편차	σ	s
분산	σ^2	s^2
회귀계수	β	$\hat{\beta}$ (beta hat)
상관계수	ρ(rho)	r

〈표 4.1〉에 나타난 각각의 값은 다음과 같이 계산된다. 여기서 N과 n은 각각 모집단과 표본의 크기를 의미한다.

$$\mu = \frac{\sum X_i}{N} \qquad \overline{X} = \frac{\sum X_i}{n}$$

$$p = \frac{\text{특정 특성을 갖는 구성원의 수}}{N} \qquad \hat{p} = \frac{\text{특정 특성을 갖는 구성원의 수}}{n}$$

$$\sigma = \sqrt{\frac{\sum (X_i - \mu)^2}{N}} \qquad s = \sqrt{\frac{\sum (X_i - \overline{X})^2}{n-1}}$$

$$\sigma^2 = \frac{\sum (X_i - \mu)^2}{N} \qquad s^2 = \frac{\sum (X_i - \overline{X})^2}{n-1}$$

표 4.2 통계학의 분류

기술통계학	추계통계학	
	모수통계학	비모수통계학
신뢰성분석(제13장) 요인분석(제13장) 군집분석(제15장) 다차원척도법(제16장) 컨조인트분석(제17장)	평균검증(제5장) 비율검증(제5장) 평균차이검증(제5장) 짝을 이룬 값들의 차이검증(제5장) 비율차이검증(제5장) 분산분석(제7 & 8장) ANCOVA(제9장) MANOVA(제9장) 상관분석(제10장) 회귀분석(제11장) 로지스틱 회귀분석(제12장)	χ^2 독립성검증(제6장) χ^2 적합도검증(제6장) Run 검증(제18장) Kolmogorov-Smirnov 검증(단일표본; 제18장) Kolmogorov-Smirnov 검증(독립 두표본; 제18장) Mann-Whitney U 검증(독립 두표본; 제18장) Kruskal-Wallis H 검증(독립 K표본; 제18장) Wilcoxon 부호-서열 검증(대응 두표본; 제18장) Friedman 검증(대응 K표본; 제18장) Kendall W 검증(대응 K표본; 제18장)
	판별분석(제14장)[1]	

〈표 4.3〉은 본서에서 다루는 분석기법과 각 분석을 위해 필요한 자료(척도)와 해당 장(chapter)을 나타낸다.

---

1 판별분석은 표본의 통계량으로부터 모집단의 모수를 추정하는 것이 아니며 모수와 이에 대응하는 통계량이 존재하지 않는다.「그러므로 모수통계학이 아니며, 그렇다고 비모수통계학도 아니다.」그러나 표본자료로부터 모집단에 대한 추정을 하며 p-value를 계산할 수 있다. 그러므로 추계통계학으로 분류할 수 있다.

표 4.3 분석기법 및 자료 분류표

독립-종속관계

종속변수의 수	분석기법	자료(척도)		비고	Chapter
		독립변수	종속변수		
한 개	회귀분석	간격, 비율, 명목	간격, 비율	모수통계	제11장
	로지스틱 회귀분석	간격, 비율, 명목	명목	모수통계	제12장
	판별분석	간격, 비율	명목	·	제14장
	분산분석	명목	간격, 비율	모수통계	제7 & 8장
	ANCOVA	명목	간격, 비율	모수통계	제 9 장
두 개 이상	MANOVA	명목	간격, 비율	모수통계	제 9 장

상호의존관계

분석기법	자료(척도)	비고	Chapter
독립성검증	명목	비모수통계	제 6 장
상관분석	간격, 비율 서열, 명목	모수통계 비모수통계	제10장 제18장
요인분석	간격, 비율	기술통계	제13장
군집분석	간격, 비율, 명목, 서열	기술통계	제15장
다차원척도법(MDS)	서열, 간격	기술통계	제16장

기 타

분석기법	자료(척도)	비고	Chapter
신뢰성분석	간격, 비율	기술통계	제13장
평균(차이)검증, paired-t	간격, 비율	모수통계	제 5 장
비율(차이)검증*	명목	모수통계	제 5 장
적합도검증	명목	비모수통계	제 6 장
컨조인트분석	서열, 간격	기술통계	제17장
Run 검증	명목	비모수통계	제18장
Kolmogorov-Smirnov 검증 (단일표본, 독립 두 표본)	간격, 비율	비모수통계	제18장
Mann-Whitney U 검증	서열**	비모수통계	제18장
Kruskal-Wallis H 검증	서열**	비모수통계	제18장
Wilcoxon 부호-서열 검증	명목, 서열**	비모수통계	제18장
Friedman 검증	서열**	비모수통계	제18장
Kendall W 검증	서열**	비모수통계	제18장

* 비율(차이)검증은 비율의 모수에 대한 추정이므로 모수통계로 분류함. 명목척도가 사용되므로 경우에 따라 비모수통계로 분류하기도 함.

** 원자료가 간격 혹은 비율척도로 측정된 경우 SPSS가 이를 서열척도(Wilcoxon 검증의 경우 명목 및 서열척도)로 전환하여 분석함.

4.2 추정의 오류 진단과 표본추출분포

추계통계학은 표본의 특성으로부터 모집단의 특성을 추정하는 것과 관련된다. 추정한 값이 오류를 내포할 가능성은 언제나 존재한다. 예를 들어, 가정용 병맥주에는 640ml로 표기되어 있다. 소비자 단체에서 이에 의문을 품고 표본을 추출하여 조사한 결과 평균 635ml로 나타났다. 이 경우 회사에서 주장하는 640ml가 아니라는 결론을 내린다면 이러한 결론(즉, 640ml가 아니라는 추정)이 틀릴 가능성은 어느 정도인가? 심장병약 생산 제약회사는 심장병은 여자들보다 남자들이 더 잘 걸린다고 생각하고 남녀 표본을 추출하여 조사한 결과 심장병 증세가 있는 사람들의 비율이 여자들(0.01)보다 남자들(0.03)의 경우 더 높았다. 이로써 여자들보다 남자들이 심장병에 더 잘 걸린다고 결론을 내린다면 이러한 결론이 틀릴 가능성은 어느 정도인가?

이러한 문제에 답하기 위해서 조사자는 자신이 생각하는 바(즉, 병맥주의 평균 맥주량은 640ml보다 적다; 여자들보다 남자들이 심장질환을 많이 가지고 있다)를 **연구가설**(research hypothesis)로 설정하고 이를 검증하는 과정을 거친다. 가설검증 과정을 이해하기 위해서는 표본추출분포에 대한 이해가 필요하다. **표본추출분포**(sampling distribution)[2]는 **표본통계량**의 분포를 말한다. 표본추출분포에 대응하는 개념으로 모집단분포가 있다. **모집단분포**(population distribution)는 모집단 구성요소들의 분포를 말한다. 모집단분포의 예로 주사위를 무한히 반복적으로 던질 때 얻어질 수 있는 값들의 분포를 생각할 수 있다. 이 경우 1, 2, 3, 4, 5, 6 각각의 숫자가 나타날 확률은 1/6이며, 모집단분포는 [그림 4.1]과 같이 나타낼 수 있다.

그림 4.1 주사위를 반복적으로 던지는 경우 각 숫자가 나타날 확률

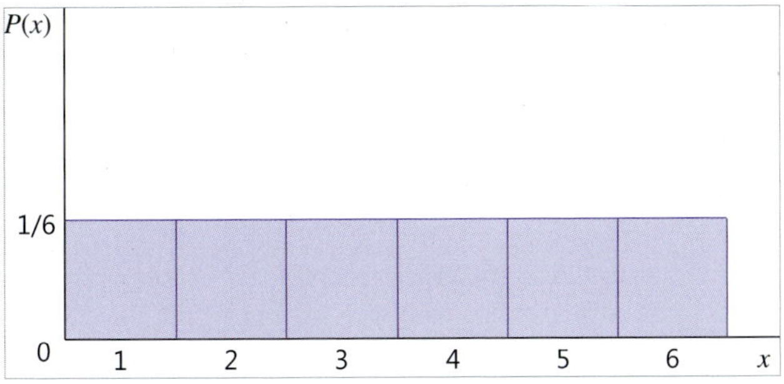

2 이와 다른 것으로 표본분포(sample distribution)가 있다. 표본추출분포는 같은 크기의 표본을 반복적으로 추출했을 때 각 표본의 통계량(예: 평균)의 분포인 데 비해 표본분포는 한 표본을 추출했을 때 그 구성요소들의 분포를 말한다. 예를 들어 〈표 4.4〉의 경우 100개의 표본분포를 생각할 수 있다.

그런데 주사위를 5회 던질 때 얻어질 수 있는 값들을 하나의 표본이라고 하자. 이러한 표본을 100개 추출했을 때 나타날 수 있는 값들을 표로 나타내면 〈표 4.4〉와 유사한 형태로 나타날 것이다.

표 4.4 주사위를 5회 던지는 경우 평균값의 표본추출

표본 번호	X, 각 표본의 값들	ΣX_i	$\overline{X}$	표본 번호	X, 각 표본의 값들	ΣX_i	$\overline{X}$
1	3, 5, 1, 3, 2	14	2.8	51	2, 3, 5, 3, 2	15	3.0
2	3, 1, 1, 4, 6	15	3.0	52	1, 1, 1, 2, 4	9	1.8
3	1, 3, 1, 6, 1	12	2.4	53	2, 6, 3, 4, 5	20	4.0
4	4, 5, 3, 3, 2	17	3.4	54	1, 2, 2, 1, 1	7	1.4
5	3, 1, 3, 5, 2	14	2.8	55	2, 4, 4, 6, 2	18	3.6
6	2, 4, 4, 2, 4	16	3.2	56	3, 2, 5, 4, 5	19	3.8
7	4, 2, 5, 5, 3	19	3.8	57	2, 4, 2, 4, 5	17	3.4
8	3, 5, 5, 5, 5	23	4.6	58	5, 5, 4, 3, 2	19	3.8
9	6, 5, 5, 1, 6	23	4.6	59	5, 4, 4, 6, 3	22	4.4
10	5, 1, 6, 1, 6	19	3.8	60	3, 2, 5, 3, 1	14	2.8
11	1, 1, 1, 5, 3	11	2.2	61	2, 1, 4, 1, 3	11	2.2
12	3, 4, 2, 4, 4	17	3.4	62	4, 1, 1, 5, 2	13	2.6
13	2, 6, 1, 5, 4	18	3.6	63	2, 3, 1, 2, 3	11	2.2
14	6, 3, 4, 2, 5	20	4.0	64	2, 3, 3, 2, 6	16	3.2
15	2, 6, 2, 1, 5	16	3.2	65	4, 3, 5, 2, 6	20	4.0
16	1, 5, 1, 2, 5	14	2.8	66	3, 1, 3, 3, 4	14	2.8
17	3, 5, 1, 1, 2	12	2.4	67	4, 6, 1, 3, 6	20	4.0
18	3, 2, 4, 3, 5	17	3.4	68	2, 4, 6, 6, 3	21	4.2
19	5, 1, 6, 3, 1	16	3.2	69	4, 1, 6, 5, 5	21	4.2
20	1, 6, 4, 4, 1	16	3.2	70	6, 6, 6, 4, 5	27	5.4
21	6, 4, 2, 3, 5	20	4.0	71	2, 2, 5, 6, 3	18	3.6
22	1, 3, 5, 4, 1	14	2.8	72	6, 6, 6, 1, 6	25	5.0
23	2, 6, 5, 2, 6	21	4.2	73	4, 4, 4, 3, 1	16	3.2
24	3, 5, 1, 3, 5	17	3.4	74	4, 4, 5, 4, 2	19	3.8
25	5, 2, 4, 4, 3	18	3.6	75	4, 5, 4, 1, 4	18	3.6
26	6, 1, 1, 1, 6	15	3.0	76	5, 3, 2, 3, 4	17	3.4
27	1, 4, 1, 2, 6	14	2.8	77	1, 3, 3, 1, 5	13	2.6
28	3, 1, 2, 1, 5	12	2.4	78	4, 1, 5, 5, 3	18	3.6
29	1, 5, 5, 4, 5	20	4.0	79	4, 5, 6, 5, 4	24	4.8
30	4, 5, 3, 5, 2	19	3.8	80	1, 5, 3, 4, 2	15	3.0
31	4, 1, 6, 1, 1	13	2.6	81	4, 3, 4, 6, 3	20	4.0
32	3, 6, 4, 1, 2	16	3.2	82	5, 4, 2, 1, 6	18	3.6
33	3, 5, 5, 2, 2	17	3.4	83	1, 3, 2, 2, 5	13	2.6
34	1, 1, 5, 6, 3	16	3.2	84	5, 4, 1, 4, 6	20	4.0
35	2, 6, 1, 6, 2	17	3.4	85	2, 4, 2, 5, 5	18	3.6
36	2, 4, 3, 1, 3	13	2.6	86	1, 6, 3, 1, 6	17	3.4
37	1, 5, 1, 5, 2	14	2.8	87	2, 2, 4, 3, 2	13	2.6
38	6, 6, 5, 3, 3	23	4.6	88	4, 4, 5, 4, 4	21	4.2
39	3, 3, 5, 2, 1	14	2.8	89	2, 5, 4, 3, 4	18	3.6
40	2, 6, 6, 6, 5	25	5.0	90	5, 1, 6, 4, 3	19	3.8
41	5, 5, 2, 3, 4	19	3.8	91	5, 2, 5, 6, 3	21	4.2
42	6, 4, 1, 6, 2	19	3.8	92	6, 4, 1, 2, 1	14	2.8

43	2, 5, 3, 1, 4	15	3.0	93	6, 3, 1, 5, 2	17	3.4
44	4, 2, 3, 2, 1	12	2.4	94	1, 3, 6, 4, 2	16	3.2
45	4, 4, 5, 4, 4	21	4.2	95	6, 1, 4, 2, 2	15	3.0
46	5, 4, 5, 5, 4	23	4.6	96	1, 1, 2, 3, 1	8	1.6
47	6, 6, 6, 2, 1	21	4.2	97	6, 2, 5, 1, 6	20	4.0
48	2, 1, 5, 5, 4	17	3.4	98	3, 1, 1, 4, 1	10	2.0
49	6, 4, 3, 1, 5	19	3.8	99	5, 2, 1, 6, 1	15	3.0
50	4, 4, 4, 4, 4	20	4.0	100	2, 4, 3, 4, 6	19	3.8

그림 4.2 주사위를 5회 던지는 경우 평균값의 도수분포표

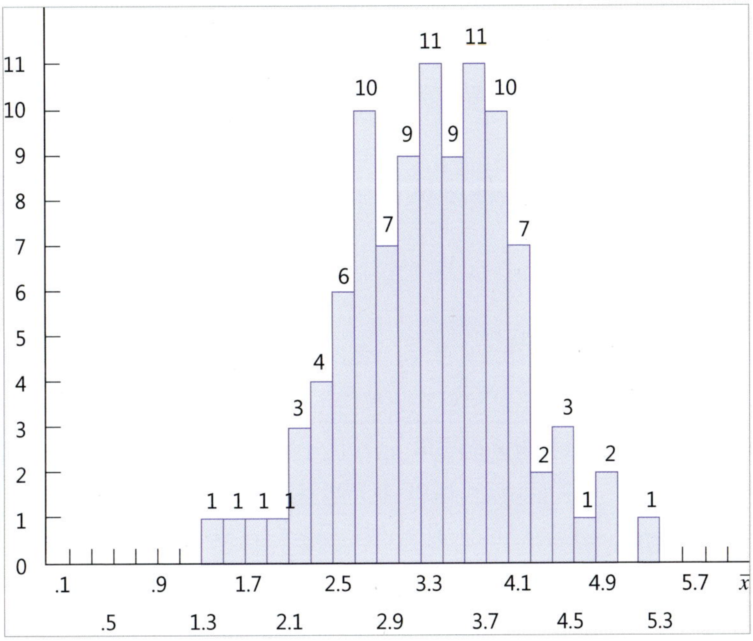

〈표 4.4〉에 나타난 각 표본의 평균값의 분포를 그림으로 나타내면 [그림 4.2]와 같다. 이 그림은 표본평균값들의 **도수분포표**인데 종모양의 분포(bell-shaped distribution), 즉 **정규분포**(normal distribution)에 가깝게 보인다. 앞에서 표본추출분포를 표본통계량의 분포라고 정의하였다. 표본추출분포의 대표적인 것은 **평균의 표본추출분포**(sampling distribution of means)로서, 이는 크기가 동일한 표본을 무한히 추출했을 때 표본평균값들의 분포이다. 그런데 실제 표본추출을 무한횟수로 추출하는 것은 불가능하므로 표본추출분포는 가설적인 것이라 하겠다. 이를 그림으로 나타내면 [그림 4.3]과 같다.

그림 4.3 평균의 표본추출분포

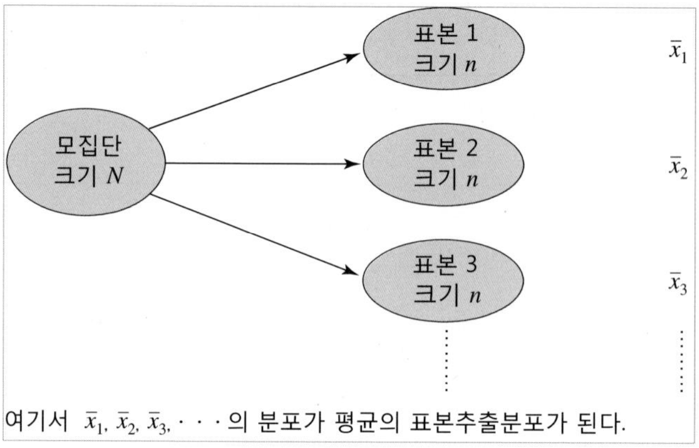

평균의 표본추출분포의 성격은 **중심극한정리**(central limit theorem)로 다음과 같이 표현된다.

> [중심극한정리]
>
> 평균 μ와 표준편차 σ를 갖는 모집단에서 크기 n의 표본을 반복적으로 추출하면 표본평균값 $\bar{x}$의 분포는 정규분포와 근사하게 되며, 평균 μ와 표준편차 $\frac{\sigma}{\sqrt{n}}$가 된다. 이때의 표준편차, 즉 표본추출분포의 표준편차를 **표준오차**(standard error)라고 부른다. 그리고 표본추출분포는 표본의 크기가 클수록 정규분포에 보다 근사하게 되며, 보다 좁은 모습으로 나타난다.

가설검증에서 **표준오차**는 매우 중요한 개념인데, 위에서 설명한 바와 같이 평균의 표본추출분포의 표준오차는 $\frac{\sigma}{\sqrt{n}}$이지만 σ를 모르면 대신 s, 즉 표본의 표준편차를 사용한다. 따라서 이 경우 표준오차는 다음과 같이 표현된다.

$$SE_{\bar{X}} = \frac{s}{\sqrt{n}}$$

또한 비율의 표본추출분포의 경우 표준오차는 $\sqrt{\frac{pq}{n}}$이며, 이 경우도 역시 p와 q를 모르는 경우 표본의 비율값인 $\hat{p}$과 $\hat{q}$을 사용하며 다음과 같이 표현된다(여기서 $q = 1 - p$, $\hat{q} = 1 - \hat{p}$).

$$SE = \sqrt{\frac{\hat{p}\,\hat{q}}{n}}$$

4.3 가설검증의 원리와 핵심 개념

1. 연구가설과 귀무가설 및 대립가설

가설(hypothesis)은 연구자가 어떤 현상에 대해 ".... 일 것이다"라고 추론하는 부분이다. 이를 **연구가설**(research hypothesis)이라고 한다. 연구가설은 반드시 합리적 근거, 경험, 혹은 관찰을 토대로 설정되어야 한다. 그렇지 않고 연구자가 전적으로 마음대로 설정한 가설은 아무 의미가 없다. 여기서는 소비자 단체가 어떤 근거를 토대로 "한 병에 담긴 맥주량이 640ml보다 적다"고 생각하는 것으로 가정한다. 또한 제약회사 마케터는 "남자들이 여자들보다 심장병에 더 잘 걸린다"고 생각한다고 가정한다. 이 경우 연구가설을 다음과 같이 설정할 수 있다.

연구가설: 한 병에 담긴 맥주량이 640ml보다 적다.
연구가설: 남자들이 여자들보다 심장병에 더 잘 걸린다.

가설검증(hypothesis testing)시 설정되는 가설에는 귀무가설과 대립가설의 두 가지가 있다. 먼저 앞에서 말한 연구가설, 즉 연구자가 믿는 그리고 지지하기를 원하는 가설이 **대립가설**(alternative hypothesis)로 설정된다. **귀무가설**(null hypothesis)은 대립가설의 반대에 해당하는 진술이며 바로 통계적 검증(test)의 대상이 된다. 다시 말하면 통계적 검증의 대상이 되는 가설은 대립가설(즉, 연구가설)이 아니고 귀무가설이다. **통계적 가설검증을 거쳐 귀무가설은 기각되거나(rejected) 기각되지 않는다(not rejected). 만약 귀무가설이 기각되면 연구가설(즉 대립가설)은 지지되지만(supported), 기각되지 않으면 연구가설은 지지되지 못하게 된다(not supported).** 즉, 통계적 가설검증에서 귀무가설은 기각되거나 기각되지 않지만, 이때 해석은 "연구가설이 지지되었다" 혹은 "연구가설이 지지되지 않았다"라고 표현한다. 위의 예를 귀무가설(H_0)과 대립가설(H_1)로 표현하면 다음과 같다.

H_0: 맥주 한 병의 평균량 = 640
H_1: 맥주 한 병의 평균량 < 640

H_0: 남자의 심장질환 비율 = 여자의 심장질환 비율
H_1: 남자의 심장질환 비율 > 여자의 심장질환 비율

첫 번째의 경우, 소비자 단체의 생각 즉 "한 병에 담긴 맥주량은 640ml보다 적다"라는 것이 연구가설이며 대립가설로 설정된다. 두 번째의 경우, 제약회사 마케터의 생각 즉 "남자들이 여자들보다 심장병에 더 잘 걸린다"라는 것이 연구가설이며 대립가설로 설정된다. 이 경우 귀무가설에 왜 두 비율은 같다고 두는가? 이는 우리가 무엇이든지 두 개 간의 크기를 비교할 때 "둘 간에는 차이가 없다"라는 것을 보다 보수적인 견해로 보며, 이러한 보수적인 견해(혹은 기존의 주장)가 바로 귀무가설로 설정되기 때문이다.

2. 1종 오류와 2종 오류

가설검증 과정에서는 모집단의 특성(모수)을 표본의 특성(통계량)으로써 추정한다(infer). 가설검증 결과 귀무가설을 기각하거나 기각하지 않는데, 어떤 결론을 내리든 그 결론은 추정의 결과이므로 틀릴 가능성이 있다. 가설검증 결과 발생할 수 있는 오류에는 1종 오류와 2종 오류의 두 가지가 있다. **1종 오류**(type 1 error)는 귀무가설이 진실(true)인데 기각하는 오류이며, 반대로 **2종 오류**(type 2 error)는 귀무가설이 허위(false)인데 이를 기각하지 않는 오류이다. 1종 오류와 2종 오류를 표로 나타내면 〈표 4.5〉와 같다.

표 4.5 오류의 종류

	귀무가설(H_0)	
결정	진실	허위
H_0 기각	1종 오류	바른 결정
H_0 기각 안 함	바른 결정	2종 오류

그러면 두 가지 오류 중에서 어떤 오류가 보다 심각한 오류인가? 이를 설명하기 위해 가설검증과정을 재판과정에 비유해 보자. 미결수를 재판하는 상황에서 검사(연구자에 해당)는 그 미결수가 범죄를 지었다고 주장한다. 검사가 미결수가 범죄를 지었다는 충분한 증거를 제시하지 못하면 미결수는 무죄로 방면된다. 미결수에 대한 보다 보수적인 견해는 무죄이기 때문이다. 보수적인 견해가 귀무가설로 설정되므로 H_0: 무죄, H_1: 유죄로 설정된다. 이러한 상황에 1종 오류와 2종 오류를 적용시켜 보자. 이 경우 1종 오류는 사실은 무죄인데 잘못 유죄로 결정하는 것이며(귀무가설이 진실인데 기각하는 것), 2종 오류는 사실은 유죄인데 잘못 무죄로 결정하는 것이다(귀무가설이 허위인데 기각하지 않는 것). 이 경우 보수적 견지에서 보다 심각한 오류는 1종 오류이다. 즉 '무죄인 사람을 유죄

로 판정하는 것(1종 오류)'을 '유죄인 사람을 무죄로 판정한 것(2종 오류)'보다 더 심각하게 보는 것이다. 이러한 관점에서 통계학에서의 가설검증은 1종 오류를 중심으로 이루어진다.

3. 유의확률(p-value), 유의수준(α), 통계적 유의성

연구자는 자신이 주장한 가설을 검증한 결과, 귀무가설을 기각하고 자신의 연구가설이 지지되었다고 주장할 때, 그 주장에 어느 정도 자신을 가질 수 있는가? 그리고 이 결과를 접한 다른 사람들은 그 주장을 어느 정도 받아들일 것인가? 이를 이해하기 위해 문제를 매우 단순히 생각해보자. 어느 회사의 맥주 한 병에 담긴 양이 640ml가 안 된다는 주장을 한 소비자 단체는 그 회사의 맥주 30병을 무작위로 선택하여 맥주량을 측정하였다고 하자. 그 결과 평균 639ml로 나타난 경우와 620ml로 나타난 경우, 어느 경우에 보다 자신을 가질 것인가? 통계학을 모르는 사람이라도 후자의 경우에 소비자 단체는 그 주장을 보다 자신 있게 할 수 있을 것이라고 생각할 수 있다. 여기서 추계통계학에서 가장 중요한 개념인 유의확률이 대두된다.

유의확률(significance probability)이란 '귀무가설이 맞을 때 적어도 그 정도의 극단적인 표본값이 나올 확률'을 말한다. 유의확률은 ***p*-value**로 나타낸다. p-value는 확률이므로 0과 1 사이의 값을 갖는다.[3] 위 예의 경우 실제 평균이 640ml이라면 표본의 평균값이 639ml로 나올 확률보다 620ml가 나올 확률이 당연히 낮다. 그러므로 다른 값들이 동일하다면 후자의 경우 p-value는 더 작다. p-value가 작다는 것은 귀무가설이 맞는 경우 그러한 표본값이 나올 확률이 낮다는 것을 의미한다. 따라서 p-value가 작을수록 귀무가설이 맞을 가능성은 작아지며, 연구자는 보다 자신 있게 귀무가설을 기각할 수 있다. 연구자는 자신의 연구가설이 지지되기를 원하므로(귀무가설을 기각함) 일반적으로 작은 p-value를 얻기를 원한다고 할 수 있다.

가설검증 결과는 귀무가설이 '기각됨' 혹은 '기각되지 않음'의 두 가지 중 한 가지로 결론지어져야 한다. p-value가 작을수록 귀무가설을 더 자신 있게 기각할 수 있다면 p-value가 어느 수준일 때 귀무가설을 기각할 것인가? 이에 대한 기준치로서 통계학자들은 허용 유의확률을 제시하였다. 여기서 허용 유의확률은 1종 오류의 허용확률을 의미한다. 그리하여 p-value가 허용 유의확률보다

---

3 p-value는 probability value를 줄인 표현으로, 표본자료로부터 계산되는 값이므로 '허용 유의확률' α에 대비하여 **'관측된(observed) 혹은 계산된(computed) 유의확률'**의 의미를 갖는다. 자료원: Rex B. Kline, *Becoming a Behavioral Science Researcher,* The Guilford Press, 2009, pp. 123-124.

작으면 귀무가설을 기각하는 결정을 내릴 수 있다. 허용 유의확률은 α(alpha)로 나타낸다. 그러므로 귀무가설의 기각 여부는 p-value와 α의 크기에 달려있다. 즉, p-value가 작을수록 그리고 α가 클수록 귀무가설을 기각할 수 있는 것이다. α의 크기는 흔히 .05로 정해지지만 경우에 따라 .01 혹은 .1이 사용될 수 있다. α의 크기를 작게 한다는 것은 매우 충분한 증거가 없으면 귀무가설을 기각하지 않으려는 것이다. 여기서 말하는 '허용 유의확률'을 통상 **유의수준**(significance level)이라고 한다.

위의 내용을 요약하면 유의확률(p-value)은 표본으로부터 계산된 확률이며, 유의수준(α)은 귀무가설의 기각 여부를 결정하는 데 사용하는 기준이 되는 확률이다. 이 경우 유의확률이 유의수준보다 작으면 귀무가설은 기각된다.

추가적으로, 검증결과 "귀무가설을 기각한다 혹은 기각하지 않는다"라는 표현은 귀무가설을 통계적으로 검증하는 경우 사용하는 표현이다. 이에 비해 연구가설을 검증하기 위하여 통계분석한 결과를 해석할 때는 '기각한다' 대신 '통계적으로 유의적(statistically significant),' 그리고 '기각하지 않는다' 대신 '통계적으로 비유의적(statistically insignificant)'이라는 표현을 사용한다.[4] 여기서 '유의적(有意的)'이라는 말은 표본에서 산출된 통계량(예를 들어, 표본의 평균, 표본의 회귀계수)이 우연(chance or sampling error)에 의한 것이 아니며 의미(意味)를 부여할 수 있다는 것이다.[5] 그러므로 검증결과 '유의적'으로 나타나면 연구가설은 지지된다.

4. 어느 정도 크기의 α가 적절한가?

오류라는 것은 바람직하지 않은 것이다. 지금까지 1종 오류에만 초점을 맞추어 서술하였는데, 1종 오류를 줄이기 위해서는 1종 오류의 허용확률, 즉 α의 크기를 작게 하면 된다고 생각할 수 있다. α의 크기가 작으면 귀무가설을 쉽게 기각하지 않으며, 당연히 1종 오류는 작아진다. 그러나 이처럼 귀무가설을 기각할 확률을 낮추면 '귀무가설이 틀렸는데도 이를 기각하지 않을 확률' 즉 2종 오류의 확률이 커지게 된다. 2종 오류의 확률을 β(beta)로 나타낸다. 이와 같이 α와 β는 서로 반대 방향으로 작용한다. α가 큰 것은 1종 오류를 크게 허용하는 것이므로 역시 바람직하지 않다. 이러한 이유로 α는 적절한 수준에서 결정되어야 하며, 흔히 $\alpha = .05$가 사용된다.

4 여기서 '통계적으로'라는 표현을 생략하고 편의상 '유의적' 혹은 '비유의적'이라고 표현하는 경우가 많다.

5 Carl McDaniel, Jr. and Roger Gates, *Marketing Research,* 10th ed., Wiley, 2015.

5. 검증력과 β, 그리고 효과크기

귀무가설이 진실일 때 이를 기각하는 것(즉, 1종 오류)은 잘못된 결정이다. 이와는 반대로, 귀무가설이 허위일 때는 이를 기각하는 것(즉 연구가설이 옳을 때 이를 지지하는 것)이 바른 결정이다. 귀무가설이 허위일 때 이를 기각할 확률을 **통계적 검증력**(statistical power; 혹은 줄여서 검증력)이라고 한다. 검증력이 크면 귀무가설이 허위일 때 이를 기각하지 않는 오류(2종 오류)는 작아진다. 그러므로 검증력과 2종 오류의 확률은 서로 반대로 작용한다. 2종 오류의 확률을 β로 나타내므로 검증력은 **$1-\beta$**가 된다. 검증력을 결정짓는 것은 α, 표본의 크기, 그리고 효과크기이다. 즉 α가 클수록, 표본의 크기가 클수록, 그리고 효과크기가 클수록 검증력은 커진다. 이는 α가 클수록 귀무가설을 보다 쉽게 기각하며, 표본의 크기가 클수록, 그리고 효과크기가 클수록 **검증통계량**(**절대값**)이 커지기 때문이다. 또한 동일한 α인 경우 표본크기가 클수록 귀무가설을 기각하기 쉬우므로 '귀무가설이 틀렸는데도 기각하지 않을 확률' 즉 β는 작아진다. 요약하면 표본크기가 클수록 연구자의 가설은 지지되기 쉬우며, 연구가설이 맞는데 검증결과 비유의적일(insignificant) 가능성은 낮아진다.

효과크기(effect size)는 연구되는 현상이 모집단에 존재하는 정도(the degree to which the phenomenon being studied exists in the population)를 말한다. 예를 들어, 두 집단 평균차이검증의 경우 효과크기는 집단 간 차이의 표준화 측정치(Cohen's d)로서 집단 평균값들 간의 차이를 표준편차로 나눈 것이다. 분산분석의 경우 η^2, 회귀분석의 경우 R^2 등은 각각의 경우 효과크기를 나타낸다. 그 밖에 효과크기를 나타내는 값들은 여러 가지가 있는데 **5장에서 설명한다**.[6]

6. 가설검증 절차

가설검증 방식에는 다음의 두 가지가 있다: (1) 주어진 자료로부터 검증통계량을 계산하고 이 검증통계량이 α에 따라 설정되는 기각역에 위치하는지를 보는 방식; (2) p-value를 계산하여 α와 비교하는 방식.

(1) 검증통계량의 값이 기각역에 위치하는지를 보는 방식

① 귀무가설과 대립가설을 설정한다.

---

6 효과크기에 대해 자세한 내용을 알고자 하면 다음의 서적을 참조할 수 있다: Jacob Cohen, *Statistical Power Analysis for the Behavioral Sciences,* 2nd ed., Lawrence Erlbaum, 1988; Rex B. Kline, *Becoming a Behavioral Science Researcher*, Guilford, 2009; Paul D. Ellis, *The Essential Guide to Effect Sizes: Statistical Power, Meta-Analysis, and the Interpretation of Research Results,* Cambridge, 2010; 이학식 · 임지훈, *사회과학 논문작성을 위한 연구방법론*, 집현재, 2014, pp. 131-139.

② 가설의 성격에 따라 Z-검증, t-검증, F-검증, χ^2 검증(chi-square test) 중 어떤 검증을 할 것인지 결정한다.

③ 통계자료로부터 검증통계량을 계산한다(Z_{obs}, t_{obs}, F_{obs}, χ^2_{obs}; 여기서 obs는 observed value, 즉 관측치를 나타낸다).

④ 통계표로부터 해당임계치(Z_{crit}, t_{crit}, F_{crit}, χ^2_{crit})를 발견하고 기각역과 채택역이 설정된다(여기서 crit는 critical value, 즉 임계치를 나타낸다).

⑤ 검증통계량(test statistic)이 기각역과 채택역 중 어디에 위치하는지 본다. 기각역에 위치하면 귀무가설을 기각하고 그렇지 않으면 귀무가설을 기각하지 않는다. 여기서 '기각하지 않는다(not reject)' 대신 '채택한다(accept)'라고 표현하면 옳지 않다. 가설검증에 따른 결정은 귀무가설의 '기각 여부'이지 '기각 혹은 채택'이 아니다. 이는 "주어진 표본자료로는 귀무가설이 틀렸다고 할 수 없다"는 결정이며 "귀무가설이 옳다"고 결정하는 것은 아니기 때문이다.

이런 관점에서는 미결수가 범죄를 지었다는 충분한 증거가 없는 경우, '무죄'라기보다는 '무죄가 아니라고 할 수 없음'이 보다 정확한 표현이다. 이는 그 미결수가 실제로는 범죄를 지었을 수도 있기 때문이다.

(2) p-value를 계산하여 α와 비교하는 방식

①, ②, ③은 위의 방식과 같다.

④ 검증통계량(Z_{obs}, t_{obs}, F_{obs}, χ^2_{obs})과 통계표를 이용하여 p-value를 발견한다. SPSS 30의 분석결과는 p-value를 유의확률로 표현하며, 매우 정밀하게 보여준다(예: 유의확률=.002).

⑤ p-value를 이용한 검증규칙은 다음과 같다

- p-value$\leq\alpha$이면, 귀무가설을 기각하고 연구가설을 지지한다(이때, "분석결과가 유의적으로 나타났다"라고 한다).
- 만약 p-value$>\alpha$이면, 귀무가설을 기각하지 못하고 연구가설을 지지하지 못한다(이때, "분석결과가 비유의적으로 나타났다"라고 한다).

7. 추계통계기법에서 사용되는 검증들

〈표 4.6〉은 본서에서 포함하는 추계통계기법의 경우 어떤 검증통계량을 사용하여 검증하는지를 보여준다.

표 4.6 추계통계기법에서 사용되는 검증

평균검증	Z-검증, t-검증
비율검증	Z-검증
평균차이검증	Z-검증, t-검증
비율차이검증	Z-검증
분산분석	F-검증
상관분석	t-검증
회귀분석	F-검증, t-검증
χ^2 독립성검증	χ^2-검증
χ^2 적합도검증	χ^2-검증
판별분석	F-검증, χ^2-검증

8. 가설설정 방법

연구가설은 방향성을 가질 수도 있고 갖지 않을 수도 있다. 비방향적 가설(nondirectional hypothesis)과 방향적 가설(directional hypothesis)의 예는 각각 다음과 같다.

[비방향적 가설]

- 판매원의 경력에 따라 판매실적이 다르다.
- 가격에 따라 수요는 달라진다.
- 심장병 환자의 비율은 남 · 녀 간에 차이가 있다.
- 맥주 한 병에 들어있는 맥주량은 640ml가 아니다.

[방향적 가설]

- 판매원의 경력이 많을수록 판매실적은 높다.
- 가격이 낮을수록 수요는 증대된다.
- 심장병 환자 비율은 남자가 여자보다 더 크다.
- 맥주 한 병에 들어있는 맥주량은 640ml보다 적다.

그러면 두 가지 가설 중 어느 가설이 보다 나은 가설인가? 방향적 가설은 비방향적 가설보다 많은 정보를 제시하므로 보다 나은 가설이며, 따라서 연구자는 가능하다면 자신의 연구가설을 방향성을 갖게 설정하는 것이 바람직하다. 가설을 표현하는 방식에는 〈표 4.7〉과 같이 여러 가지가 있다.

표 4.7 가설표현 방식

	A	B	C
H_0:	=	=(≥)	=(≤)
H_1:	≠	<	>

가설표현 A는 비방향적 가설을 나타내는 표현이며, Z-검증과 t-검증의 경우 기각역은 좌 · 우에 위치한다(**양측검증**). 가설표현 B, C는 방향적 가설을 나타내는 표현이다. B의 경우 기각역은 좌측에, 그리고 C의 경우 기각역은 우측에 위치한다(**단측검증**). 이때 대립가설은 연구자의 신념, 혹은 연구자가 주장하는 견해이다. 그리고 귀무가설은 보다 보수적 견해 혹은 지금까지 받아들여지는 견해이다. 귀무가설은 반드시 등호(equality sign)를 포함해야 한다(=, ≥, ≤).

B와 C의 경우 귀무가설에 사용하는 부호는 귀무가설에 관련되는 견해가 어떤가에 달려있다. 예를 들어, 맥주병에 640ml로 표기되어 있지만 이보다 적게 들어 있을 것으로 생각하고 가설검증을 한다면 H_0: $\mu=640$, H_1: $\mu<640$이라고 설정한다. 다른 예로 한 백화점에서 과거 소비자 불평제기 건수가 일평균 15건 이상이었다. 최근 몇 개월간 소비자 만족도 향상을 위해 노력하였으며, 이에 따라 평균건수가 과거보다 감소했을 것으로 추측한다. 이 경우 가설은 H_0: $\mu \geq 15$, H_1: $\mu<15$로 설정된다. 두 경우 모두 기각역은 좌측에 위치된다. 기각역의 위치는 대립가설에 따라 결정되며 귀무가설에 따라 결정되지 않는다.

4.4 *p*-value: 추가

SPSS 30

SPSS를 이용하여 자료를 분석한 결과에는 수많은 수치들이 나타난다. 그 많은 수치들 중에서 연구자가 가장 관심을 갖는 수치는 무엇인가? 바로 p-value이다. 이는 주어진 α에서 p-value의 크기에 따라 연구가설이 지지되거나 지지되지 않기 때문이다. p-value가 이처럼 중요한 개념이지만 많은 연구자들이 그 근본적 개념을 잘 이해하지 못하고 있다. 이하에서는 p-value를 자료를 이용하여 추가적으로 설명한다.

1. *p*-value의 개념적 이해

주어진 자료를 분석한 결과 도출되는 p-value가 α보다 작으면 '통계적으로 유의적'으로, 그리고 α보다 크면 '통계적으로 비유의적'으로 결론 내린다. p-value는 probability value로서 그 의미는 다음과 같으며, 간단히 **유의확률**(significance probability)이라고 한다.

> p - value
> 귀무가설이 진실일 때 적어도 그 정도의 극단적인 표본값이 나올 확률로서 다음과 같이 조건부 확률로 나타낼 수 있다: $p(\text{Data}/H_0 \text{ true})$

p-value가 작다는 것은 귀무가설이 진실일 때 그러한 표본값이 나올 확률이 작다는 것을 의미한다. 그러므로 p-value가 작으면 귀무가설이 진실일 가능성이 낮으며, 이에 따라 귀무가설을 보다 기각할 수 있는 것이다. p-value를 설명하기 위해 통계적 검증에서 가장 기본적인 단일모집단 평균검증의 예를 이용하기로 한다.

전국의 초등학교 6학년 남학생들의 평균 키는 대체로 152cm 정도 되는 것으로 받아들여진다. 서울의 소득이 높은 한 지역의 초등학교 교사는 그 학교 학생들은 소득이 높은 가정에서 자라서 성장과정에서 충분한 영양을 섭취하여 평균 키가 같은 또래의 전국 평균 키보다 더 클 것으로 생각한다. 그 교사의 생각을 검증하기 위해 해당 학교 6학년 남학생 30명을 무작위로 추출하여 키를 측정한 결과는 〈표 4.8〉과 같다. 이 자료로써 그 학교 6학년 남학생들의 키는 152cm보다 크다고 할 수 있는가? $\alpha = .05$.

표 4.8 초등학교 6학년 남학생들의 키(cm)

152	154	154	154	155	156
154	159	153	157	153	164
153	151	154	151	153	169
148	152	148	156	157	144
156	155	151	154	151	145

이 경우 연구가설과 통계적 검증을 위한 귀무가설 및 대립가설은 다음과 같다.

연구가설 그 학교 6학년 남학생들의 평균 키는 152cm보다 클 것이다.

H_0: $\mu = 152$

H_1: $\mu > 152$

위의 자료를 SPSS 30에 의해 분석한 결과는 〈표 4.9〉와 같다. SPSS는 version 28부터 〈표 4.9〉에 나타난 바와 같이 단측검증과 양측검증 결과를 모두 산출한다. 본 예제는 단측검증에 해당하므로 분석결과 p-value는 .028로 $\alpha = .05$에서 통계적으로 유의적이며, 따라서 그 학교 6학년 남학생들의 평균 키는 152cm보다 클 것이라는 연구가설은 지지된다.[7]

표 4.9 단일모집단 평균검증

일표본 통계량

	N	평균	표준편차	평균의 표준오차
신장	30	153.77	4.847	.885

일표본 검정

	검정값 = 152						
	t	자유도	유의확률		평균차이	차이의 95% 신뢰구간	
			단측확률	양측확률		하한	상한
신장	1.996	29	.028	.055	1.767	−.04	3.58

이 예의 경우 표본평균은 153.77로 나타났으며 p-value는 평균 152(귀무가설)의 정규분포를 따르는 모집단에서 30명을 표본으로 추출한 경우 표본평균이 153.77 이상일 확률이다. 이를 그림으로 나타내면 [그림 4.4]와 같다.

그림 4.4 ***p*-value의 기본적 개념**

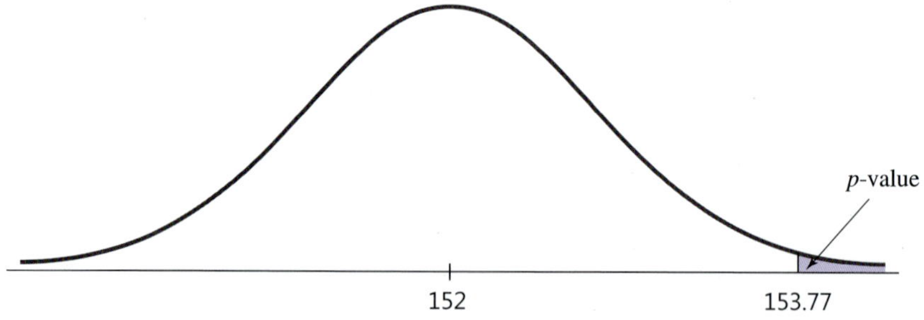

7 여기에서 단측 확률 p-value는 양측 확률 p-value의 1/2이다. 그러므로 .055의 1/2인 .0275인데 반올림하여 .028로 표기되어 있다.

위의 영역을 $df=29$인 t-분포에서 나타내면 [그림 4.5]에서 파란색으로 나타낸 부분이다. 이 경우 검증통계량 t는 다음과 같이 계산된다.

$$t = \frac{\overline{X} - \mu_0}{s/\sqrt{n}} = \frac{153.77 - 152}{4.847/\sqrt{30}} = 1.996$$

그림 4.5 단측검증 경우의 ***p***-value

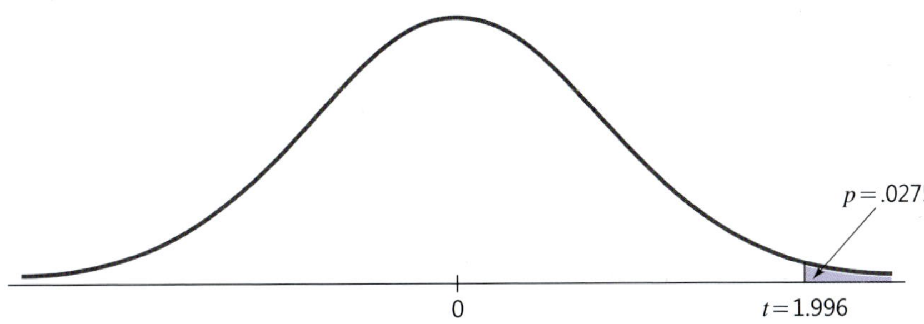

2. p-value에 대한 추가적 내용

(1) 양측검증

위의 예제를 변경하여 그 교사가 그 학교 6학년 학생들의 평균 키는 152cm가 아닐 것으로 생각한다고 하자. 이 경우 연구가설과 통계적 검증을 위한 귀무가설 및 대립가설은 다음과 같다.

연구가설	그 학교 6학년 남학생들의 평균 키는 152cm가 아닐 것이다.

H_0: $\mu=152$

H_1: $\mu \neq 152$

이 검증은 양측검증으로 p-value는 .055이며 $\alpha=.05$에서 통계적으로 비유의적이다. 따라서 연구가설은 지지되지 않으며 그 학교 6학년 남학생들의 평균 키는 152cm라는 것을 부정할 수 없다. 이 경우 p-value는 [그림 4.6]에서 파란색으로 나타낸 부분이다. 여기서 p-value는 [그림 4.5]에 도시된 p-value의 두 배이다.

그림 4.6 양측검증 경우의 p-value

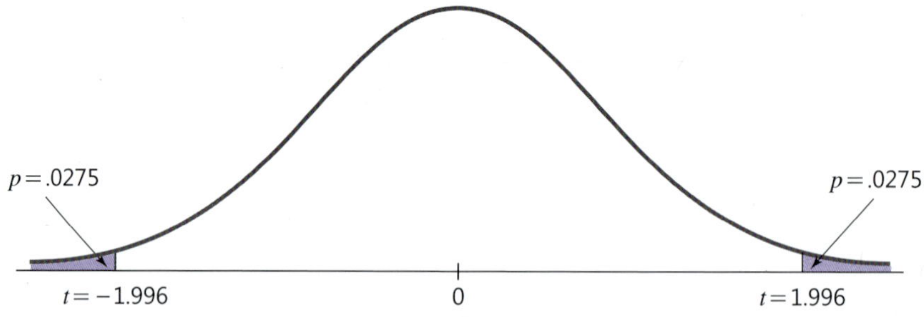

여기서 단측검증의 p-value와 양측검증의 p-value의 관계를 기술하면 다음과 같다.

t-검증과 Z-검증의 경우 단측검증의 p-value는 양측검증의 p-value의 1/2이다.

(2) 표본통계량이 보다 극단적인 경우

앞에서 p-value를 귀무가설이 진실일 때 적어도 그 정도의 극단적인 표본값이 나올 확률이라고 하였다. 그러면 표본통계량의 값이 보다 극단적이면 p-value는 어떻게 되는가? 이를 설명하기 위해 표본으로 추출된 30명의 학생들의 키가 〈표 4.8〉에 나타난 값들보다 모두 1cm 더 큰 것으로 가정한다. 이 경우 연구가설과 통계적 검증을 위한 귀무가설과 대립가설은 원래의 예와 동일하다. 자료를 SPSS 30에 의해 분석한 결과는 〈표 4.10〉과 같다.

표 4.10 단일모집단 평균검증 - $\bar{X}$가 더 큰 값인 경우

일표본 통계량

	N	평균	표준편차	평균의 표준오차
신장	30	154.77	4.847	.885

일표본 검정

	검정값 = 152						
	t	자유도	유의확률		평균차이	차이의 95% 신뢰구간	
			단측확률	양측확률		하한	상한
신장	3.126	29	.002	.004	2.767	.96	4.58

분석결과에 의하면 단측검증이므로 p-value는 .002로서 $\alpha = .05$에서 통계적으로 유의적이다. 이를 그림으로 나타내면 [그림 4.7]과 같다. 이 그림은 표본통계량의 값이 보다 극단적일수록 p-value는 더 작아지고, 따라서 더 유의적임(more significant)을 보여준다.[8]

그림 4.7 단측검증 경우의 p-value - $\overline{X}$가 더 큰 값인 경우

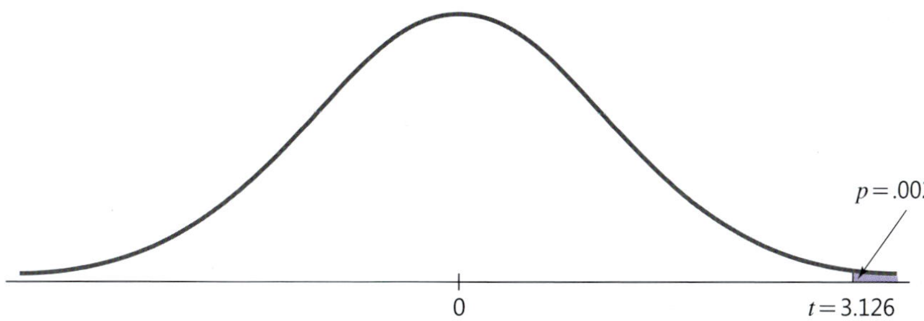

위의 예시로부터 표본통계량의 값과 p-value의 관계를 다음과 같이 나타낼 수 있다.

표본통계량의 값이 극단적일수록 p-value는 더 작아진다. 표본통계량의 값이 더 극단적(more extreme)이라는 것은 표본통계량의 절대값이 더 크다는 것을 의미한다.

[유의사항]

앞에서 p-value를 '귀무가설이 진실일 때 적어도 그 정도의 극단적인 표본값이 나올 확률'로서 p(Data/H_0 true)로 나타낼 수 있다고 하였다. 이를 '그 표본값을 토대로 볼 때 귀무가설이 맞을 확률'로 해석해서는 안 된다. 예를 들어, $p = .02$를 귀무가설이 맞을 확률이 .02라고 해석해서는 안 된다. 이는 $p(H_0$ true/Data)에 대한 기술이며 p-value가 갖는 조건부 확률, 즉 p(Data/H_0 true)와는 전혀 다른 의미이다. 베이즈의 법칙(Bayes' Law)을 이용하면 p(Data/H_0 true)를 아는 경우 $p(H_0$ true/Data)를 계산할 수 있다. 이는 본서의 범위를 넘어 그 내용을 다루지 않는다.

8 여기에서 '보다 극단적이라는' 의미는 더 큰 正(+)의 값이거나 더 작은 負(−)의 값을 의미한다. 예를 들어, 2보다 3이 더 극단적이고, −2보다 −3이 더 극단적이다.

(3) 인터넷 사이트를 이용한 *p*-value의 계산

자유도와 *t*-값을 아는 경우 다음의 사이트를 이용하여 *p*-value를 편리하게 계산할 수 있다.[9]

https://www.danielsoper.com Statistics Calculators → Probability(p-Values) → p-Value Calculator for a Student t-Test.

각 빈 칸에 〈표 4.10〉에 나타난 값을 입력하고 Calculate를 누르면 동일한 *p*-value(양측검증, .004)가 산출됨을 확인할 수 있다.

Degrees of freedom: 29
t-value: 3.126
Calculate: Probability(one-tailed): 0.00200293
Probability(two-tailed): 0.00400585

9 이 사이트를 저장해두면 그 밖의 다양한 통계기능을 편리하게 이용할 수 있다.

제 5 장

평균(차이)검증과 비율(차이)검증

5.1 단일모집단 평균검증(t)

1. 개 요

단일모집단 평균검증은 모집단의 평균(μ)값을 일반적인 이해(혹은 지금까지의 이해)와는 다르게 연구자가 생각하는 경우 사용하는 것이다.

단일모집단 평균검증에는 모집단의 구성요소들이 정규분포를 이룬다는 가정 하에 t-test를 사용하며 다음의 검증통계량이 사용된다. 그런데, 표본의 크기가 크면($n \geq 30$) 중심극한정리에 따라 Z-test를 사용할 수 있으나, t-test를 사용하는 것이 보다 엄격하다(혹은, 보다 정확하다)는 측면에서 바람직하다.

$$t = \frac{\overline{X} - \mu_0}{s / \sqrt{n}} \quad (d.f. = n-1)$$

여기서, $\overline{X}$ = 표본의 평균값

μ_0 = 귀무가설로 설정된 모집단의 평균값

s = 표본의 표준편차

$s/\sqrt{n} = \overline{X}$의 표준오차(즉, $\overline{X}$ 표본추출분포의 표준편차)

2. SPSS 30을 이용한 단일모집단 평균검증 방법

예제 5.1 단일모집단 평균검증

일반적으로 초등학교 6학년 남학생들의 평균 신장은 대체로 152cm 정도 되는 것으로 받아들여진다. 이를 조사하기 위하여 무작위로 초등학교 6학년 남학생 30명의 키를 측정한 결과 〈표 5.1〉과 같았다. 이 자료로써 초등학교 6학년 남학생들의 평균 신장이 152cm가 아니라고 할 수 있는가? α = .05.

표 5.1 초등학교 6학년 남학생들의 신장(cm)

150	152	152	152	153	154
152	157	151	155	151	162
151	149	152	149	151	167
146	150	146	154	155	142
154	153	149	152	149	143

연구자가 논리적 근거를 토대로 어떤 현상에 대해 '어떨 것이다'라고 추측하는 부분을 **연구가설**(research hypothesis)이라고 한다. 〈예제 5.1〉의 연구가설은 다음과 같다.

연구가설 초등학교 6학년 남학생들의 평균 신장은 152cm와 차이가 있을 것이다.

가설검증을 위하여 귀무가설(H_0)과 대립가설(H_1)을 설정하는데, 연구가설은 대립가설로 설정된다. 그러므로 가설검증을 위한 귀무가설과 대립가설은 다음과 같이 표현된다.

$$H_0: \mu = 152$$
$$H_1: \mu \neq 152$$

〈예제 5.1〉의 단일모집단 평균검증을 하는 과정은 다음과 같다.

① '(5)단일집단평균.sav' 파일을 연다.
② [그림 5.1]과 같이 다음의 절차를 따른다.

[분석(A)] → [평균 및 비율 비교] → [일표본 T 검정(S)...] → 클릭

그림 5.1 단일모집단 평균검증 절차

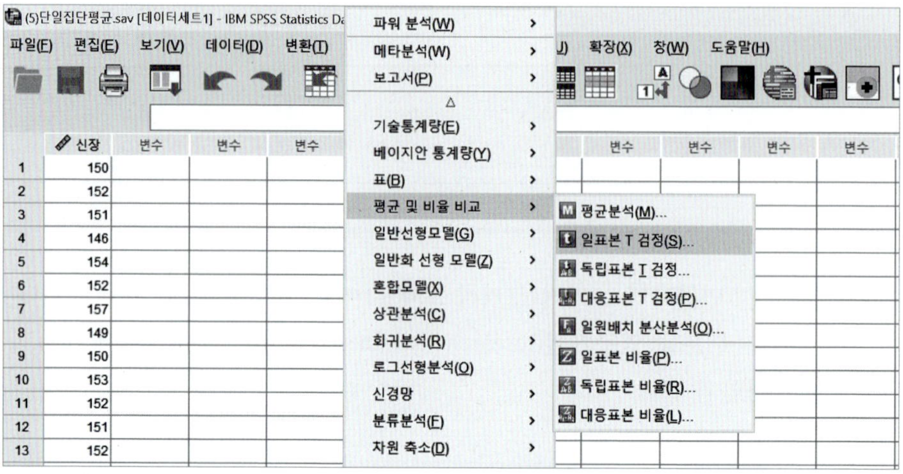

③ 그러면 [그림 5.2]의 일표본 T 검정 대화상자가 나타난다.

그림 5.2 일표본 T 검정 대화상자

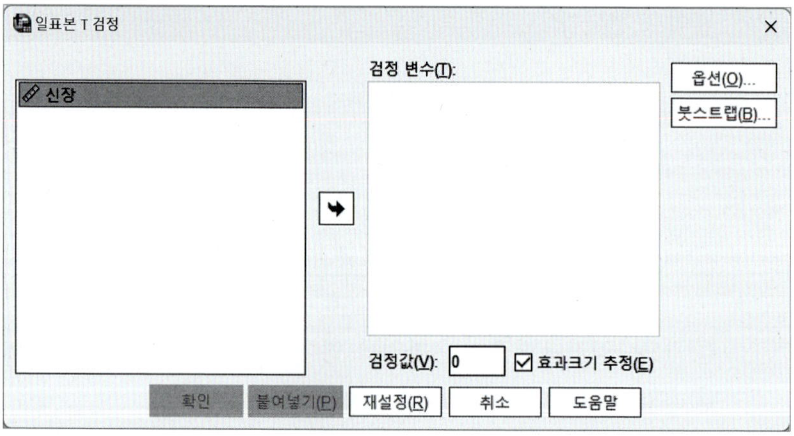

④ 여기서 [그림 5.3]과 같이 신장을 [검정 변수(T)] 상자로 보낸다. [검정값(V)]에는 검증하고자 하는 평균값(152)을 입력한다.

그림 5.3 검정변수 선정 및 검정값 설정

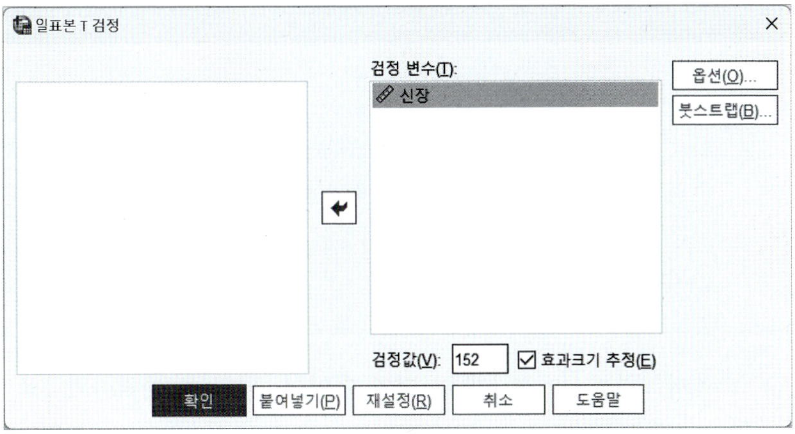

⑤ [옵션(O)...]을 클릭하면 [그림 5.4]와 같은 옵션 대화상자가 활성화된다. 여기서 [신뢰구간(P)]과 결측값 처리방법을 설정하고 기본설정으로 분석을 진행한다.

☞ SPSS에서는 [신뢰구간(P)]으로 95%가, 결측값 처리방법은 [분석별 결측값 제외(A)]가 기본설정(default)되어 있다. [신뢰구간(P)]은 분석자의 필요에 따라 자유롭게 설정할 수 있으며, 결측값 처리는 [분석별 결측값 제외(A)]나 [목록별 결측값 제외(L)]를 선택할 수 있다.

그림 5.4 옵션 대화상자

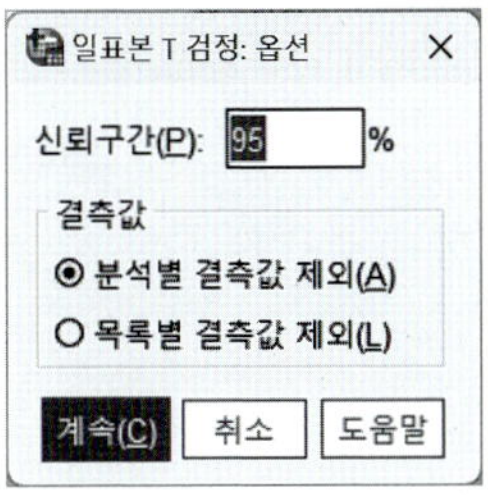

☞ 결측값 처리

- **분석별 결측값 제외**: 특정 분석의 대상이 되는 변수값이 결측된 케이스만 그 분석에서 제외한다(**기본설정**). 다른 분석방법에서는 '검정별 결측값 제외' 혹은 '대응별 결측값 제외'라고 표현되기도 한다.

- **목록별 결측값 제외**: 어떤 케이스의 변수값들 중 어떤 변수값이라도 결측되면 그 케이스는 모든 분석에서 제외한다.

> [참고] 결측값 제외
>
> SPSS에서는 대부분의 경우 분석별 결측값 제외를 기본설정으로 한다. 그러나 드물게 목록별 결측값 제외를 기본설정으로 하기도 한다(예: 요인분석, 군집분석). 본서에서는 기본설정이 어느 것이건 모든 분석에서 기본설정을 유지하기로 한다.

⑥ [그림 5.4]에서 [계속(C)]과 이어서 [확인]을 클릭하면 〈표 5.2〉와 같은 결과가 나타난다.

표 5.2 단일모집단 평균검증

일표본 통계량

	N	평균	표준편차	평균의 표준오차
신장	30	151.77	4.847	.885

일표본 검정

	검정값 = 152						
	t	자유도	유의확률		평균차이	차이의 95% 신뢰구간	
			단측확률	양측확률		하한	상한
신장	-.264	29	.397	.794	-.233	-2.04	1.58

일표본 효과크기

		Standardizer[a]	포인트 추정값	95% 신뢰구간	
				하한	상한
신장	Cohen's d	4.847	-.048	-.406	.310
	Hedges 수정	4.977	-.047	-.395	.302

a. 효과크기를 추정하는 데 사용되는 분모입니다.
Cohen's d는 표본 표준편차를 사용합니다.
Hedges 수정은 표본 표준편차와 수정 요인을 사용합니다.

〈표 5.2〉에는 먼저 케이스의 수, 평균 신장, 표준편차 등이 나타나 있고, 검

증값 152cm에 대한 t-검증 결과가 제시되어 있다. 분석결과 $t=-.264$, 본 검증은 양측검증이므로 p(유의확률)=.794로 $\alpha=.05$에서 비유의적으로 나타났다. **따라서 H_0: $\mu=152$를 기각할 수 없다. 다시 말하면, 초등학교 6학년 남학생들의 평균 신장은 152cm 정도 되는 것으로 볼 수 있다.**

추가적으로, 효과크기 Cohen's d는 -.048, 그리고 Hedges 수정은 -.047로 나타났는데(see 포인트 추정값) 이는 다음과 같이 계산된다. 이 값들은 효과크기의 판단기준으로 볼 때 매우 작다고(very small) 할 수 있다. 여기에서 효과크기가 매우 작다고 하는 것은 각각의 절대값인 .048과 .047이 .2(작음)보다 상당히 작기 때문이다. 효과크기에 대해서는 본 장의 부록에서 설명하며, 특히 효과크기의 판단기준을 참고할 수 있다.

자료: $\overline{X}=151.77$, $\mu_0=152$, $s=4.847$, $t=-.264$, $n=30$, $df=29$.

$$\text{Cohen's } d^1 = \frac{(\overline{X}-\mu_0)}{s} = \frac{(151.77-152)}{4.847} = -.048$$

$$\text{Cohen's } d = \frac{t}{\sqrt{n}} = \frac{-.264}{\sqrt{30}} = -.048$$

$$\text{Hedges' } g = d\sqrt{\frac{df}{n}} = -.048\sqrt{\frac{29}{30}} = -.047$$

[참고] 정규분포 가정에 대한 검증

단일모집단 평균검증을 포함하여 모수통계검증의 많은 경우 모집단의 구성요소들이 정규분포를 이룬다는 가정 하에 분석이 실시된다. 모집단의 구성요소들이 정규분포를 이루는지를 직접적으로 조사할 수는 없다. 그 대신 표본의 구성요소들이 정규분포를 이루는지를 검증할 수 있다. 이를 위해서는 18장의 18.3 Kolmogorov-Smirnov 검증(단일표본; 줄여서 K-S 검증)을 실시하면 된다. 본 데이터의 경우 K-S 검증을 실시하면 $p=.061$로서 비유의적으로 나타난다. 따라서 데이터가 정규분포를 따른다는 가정을 충족시킨다고 볼 수 있다. 보조적으로, 3장의 3.6 기술통계분석과 데이터 탐색에 따라 데이터 탐색을 실시하면 데이터가 어느 정도 정규분포의 모습을 갖는 것을 시각적으로 확인할 수 있다.

---

1 Cohen's d 계산에서 분모 s는 〈표 5.2〉의 효과크기 표에서 standardizer 값이다.

5.2 두 모집단 평균차이 검증(t)

1. 개 요

두 개의 독립모집단 평균차이 검증에는 두 모집단이 정규분포를 이루며 분산이 같다는 가정 하에($\sigma_1{}^2 = \sigma_2{}^2$) t-test를 사용한다. 그런데 각 표본의 크기가 크면($n_1 \geq 30,\ n_2 \geq 30$) 중심극한정리에 따라 Z-test를 사용할 수 있으나, t-test를 사용하는 것이 보다 엄격하다는 측면에서 바람직하다.

두 개 모집단의 평균차이 검증에는 t-test를 사용하며 다음의 검증통계량이 사용된다.

$$t = \frac{(\overline{X}_1 - \overline{X}_2) - D_0}{s\sqrt{\dfrac{1}{n_1} + \dfrac{1}{n_2}}} \quad (d.f. = n_1 + n_2 - 2)$$

여기서, $\overline{X}_1$ = 표본 1의 평균

$\overline{X}_2$ = 표본 2의 평균

D_0 = 귀무가설로 설정된 두 모집단 평균의 차이값

s = 두 모집단을 결합했을 때의 결합표준편차(σ)의 추정치

$$= \sqrt{\frac{\sum_{i=1}^{n_1}(X_i - \overline{X}_1)^2 + \sum_{i=1}^{n_2}(X_i - \overline{X}_2)^2}{n_1 + n_2 - 2}}$$

n_1 = 표본 1의 크기

n_2 = 표본 2의 크기

$s\sqrt{\dfrac{1}{n_1} + \dfrac{1}{n_2}} = (\overline{X}_1 - \overline{X}_2)$의 표준오차

2. SPSS 30을 이용한 두 모집단 평균차이 검증

예제 5.2 **두 모집단 평균차이 검증(양측검증)**

자동차 판매사원들을 교육하는 두 가지 방법 중 어느 방법이 보다 효과가 있을까? 이를 조사하기 위하여 신입 판매사원 18명을 무작위로 두 그룹으로 나누어 각각 A방법과 B방법으로 교육하였다. 교육 후 6개월간의 판매실적은 〈표 5.3〉과 같이 나타났다. 이 자료로부터 두 가지 교육방법은 다른 판매실적을 초래한다고 할 수 있는가? 이 경우 각 그룹에 할당된 판매원들의 판매와 관련된 교육실시 전 능력은 동일하다고 가정한다. $\alpha = .05$.

표 5.3 판매사원 교육방법과 판매실적

교육방법			
A		B	
32	44	35	40
37	35	31	27
35	31	29	32
28	34	25	31
41		34	

연구 가설 판매사원들에 대한 두 가지 교육방법에 따른 판매실적에는 차이가 있을 것이다.

H_0: $\mu_1 = \mu_2$
H_1: $\mu_1 \neq \mu_2$

〈예제 5.2〉의 독립 두집단 평균차이 검증을 하는 과정은 다음과 같다.

① '(5)독립두집단평균.sav' 파일을 불러온다.
② [그림 5.5]와 같이 다음의 절차를 따른다.

[분석(A)] → [평균 및 비율 비교] → [독립표본 T검정...] → 클릭

그림 5.5 독립 두집단 평균차이 검증 절차

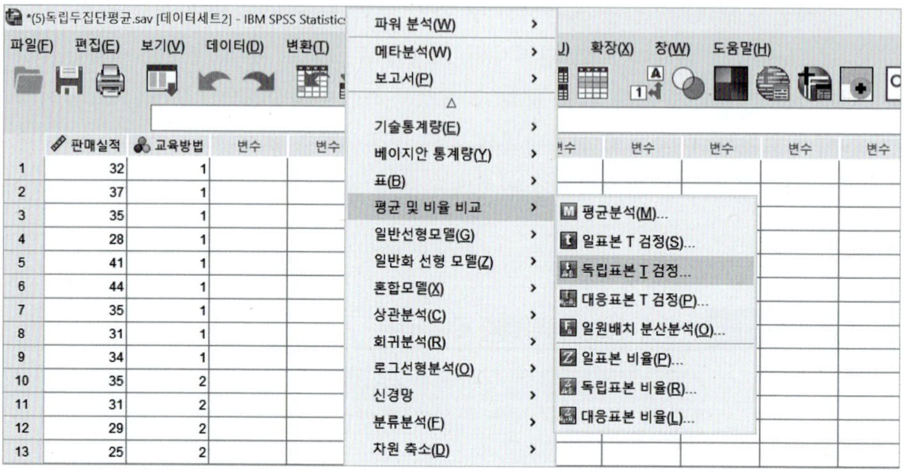

③ [그림 5.5]와 같이 실행하면 [그림 5.6]의 독립표본 T 검정 대화상자가 나타난다.

그림 5.6 독립표본 T 검정 대화상자

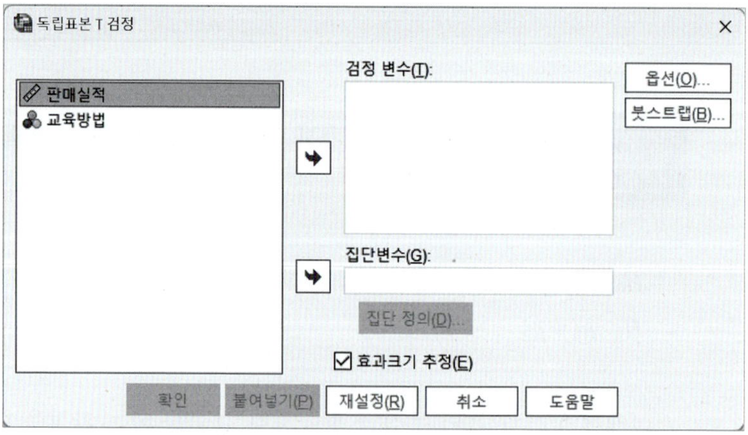

④ 여기서 [그림 5.7]과 같이 판매실적을 [검정 변수(T)] 상자로, 그리고 교육방법을 [집단변수(G)]로 보낸다.

그림 5.7 독립표본 T 검정 변수선정

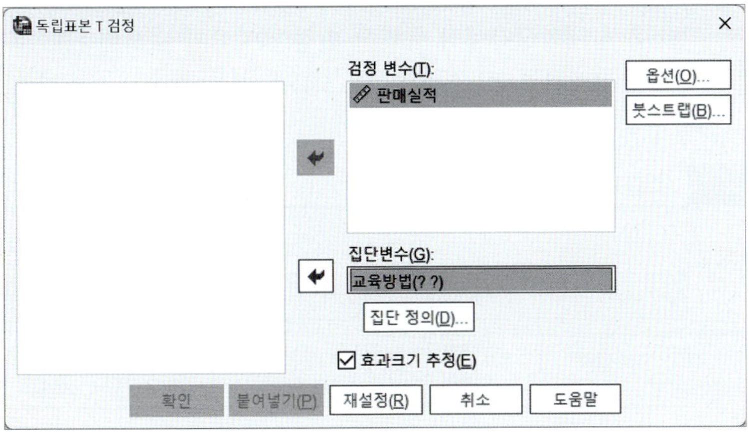

⑤ [그림 5.7]에서 [집단 정의(D)...]를 클릭하면 [그림 5.8]과 같은 집단 정의 대화상자가 활성화되는데, [지정값 사용(U)]을 이용하여 집단을 정의한다. 데이터 입력시 '교육방법 A'는 1로, '교육방법 B'는 2로 입력하였으므로, '집단 1'에는 1을, '집단 2'에는 2를 입력한다.

☞ 집단 정의는 [지정값 사용(U)]이나 [절단점(P)]을 이용할 수 있다. [지정값 사용(U)]의 경우는 데이터 입력시 집단을 구분하기 위해 사용한 값을 이용한다. [절단점(P)]의 경우는 연속된 값을 갖는 변수에 대해 두 집단으로 구분할 때 사용하는데 임의의 값(대부분 중앙값이나 평균값)을 입력하면 그 값을 중심으로 두 집단으로 나누어 정의된다.

그림 5.8 집단 정의 대화상자

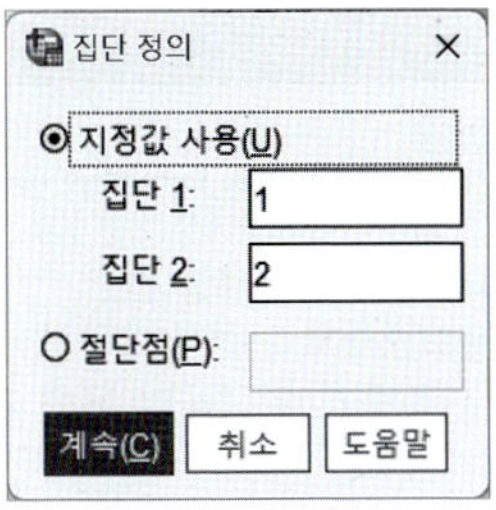

⑥ [그림 5.8]에서 [계속(C)]을 클릭한다.

⑦ [그림 5.7]에서 [옵션(O)...]을 클릭하여 [신뢰구간(P)]과 결측값 처리방법을 설정한다. 본 분석에서는 기본설정으로 분석을 진행한다.

⑧ 옵션 대화상자에서 특별히 변경할 필요가 없으면 [계속(C)]과 이어서 [확인]을 클릭한다. 이에 따라 〈표 5.4〉와 같은 결과가 산출된다.

표 5.4 독립표본 *t*-검증 결과

집단통계량

	교육방법	N	평균	표준편차	평균의 표준오차
판매실적	A방법	9	35.22	4.944	1.648
	B방법	9	31.56	4.475	1.492

독립표본 검정

		Levene의 등분산 검정		평균의 동일성에 대한 T 검정							
		F	유의확률	t	자유도	유의확률		평균차이	표준오차차이	차이의 95% 신뢰구간	
						단측확률	양측확률			하한	상한
판매실적	등분산을 가정함	.061	.807	1.649	16	.059	.119	3.667	2.223	-1.046	8.379
	등분산을 가정하지 않음			1.649	15.844	.059	.119	3.667	2.223	-1.049	8.383

독립표본 효과크기

		Standardizer[a]	포인트 추정값	95% 신뢰구간	
				하한	상한
판매실적	Cohen's d	4.716	.778	-.195	1.728
	Hedges 수정	4.952	.740	-.186	1.646
	Glass 델타	4.475	.819	-.207	1.803

a. 효과크기를 추정하는 데 사용되는 분모입니다.
Cohen's d에는 통합 표준편차가 사용됩니다.
Hedges 수정에는 통합 표준편차와 수정 요인이 사용됩니다.
Glass 델타에는 대조군(즉, 두 번째 그룹)의 표본 표준편차가 사용됩니다.

〈표 5.4〉에 따르면 Levene의 등분산 검증결과 $p=.807$로서 $\alpha=.05$에서 H_0:

$\sigma_1{}^2 = \sigma_2{}^2$를 기각하지 못한다. 따라서 등분산 가정에 문제가 없다.[2] 등분산 가정이 된 경우 양측검증에서 $t = 1.649$, $p = .119$로 나타나 'H_o: $\mu_1 = \mu_2$'는 $\alpha = .05$에서 기각되지 않는다. 즉, 두 가지 교육방법에 따른 판매실적의 차이는 있다고 할 수 없다. 여기서 t-value는 평균차이를 표준오차차이로 나눈 값이다. **결론적으로, 판매사원들에 대한 두 가지 교육방법에 따른 판매실적에는 차이가 있을 것이라는 연구가설은 지지되지 않았다.** 이 경우, 만약 대립가설(즉, 연구가설)이 $\mu_1 > \mu_2$ 혹은 $\mu_1 < \mu_2$라면 $p = .059(= .119/2)$가 된다. 이는 단측검증에서의 p-value는 양측검증에서의 p-value의 1/2이기 때문이다. 따라서 단측검증으로 가설이 설정되었다면 검증결과는 보다 유의적으로 나타난다.

추가적으로, 효과크기 Cohen's d는 .778, Hedges 수정은 .740, 그리고 Glass 델타는 .819로 나타났는데 이는 다음과 같이 계산된다. 이 값들은 효과크기의 판단기준으로 볼 때 크다고(large) 할 수 있다.

자료: $\overline{X}_1 = 35.22$, $\overline{X}_2 = 31.56$, $s_{\text{pooled}} = 4.716$, $n_1 = 9$, $n_2 = 9$, $df = 16$.

$$\text{Cohen's } d = \frac{(\overline{X}_1 - \overline{X}_2)}{s_{\text{pooled}}} = \frac{(35.22 - 31.56)}{4.716} = \frac{3.66}{4.716} = .778$$

$$\text{Hedges' } g = d\sqrt{\frac{df}{(n_1 + n_2)}} = .778\sqrt{\frac{16}{9+9}} = .740$$

$$\text{Glass's } \Delta = \frac{(\overline{X}_1 - \overline{X}_2)}{s_{(\text{통제집단})}} = \frac{(35.22 - 31.56)}{4.475} = .819$$

2 Levene의 등분산 검증결과는 대부분의 경우 등분산 가정을 충족시키는 것으로 나타난다. 이 경우 분석 결과의 윗줄에 있는 t를 이용하여 검증한다. 이때 t는 결합분산 추정치(pooled variance estimate)를 이용하여 계산된다. 그러나 드물게 등분산 가정을 충족시키지 못하는 것으로 나타날 수 있는데($p < .05$), 이 경우 아랫줄에 있는 t를 이용하여 검증한다. 이때의 t는 Behrens-Fisher statistic T이며, 이 경우 분산은 결합되어 계산되지 않는다(not pooled). 또한 이 경우 자유도는 Welch-Satterthwaite formula를 적용함으로써 작아진다. 또한 동일한 t이지만 자유도가 작으므로 p-value는 커진다. 본 예제의 경우 (등분산 가정을 충족시키며) p-value는 등분산을 가정하지 않는 경우보다 작지만 소수점 셋째자리까지 산출되어 거의 동일하게 나타났다.

5.3 짝을 이룬 값들의 차이검증(A Paired-Difference Test; t)

1. 개 요

앞에서 설명한 두 모집단 평균차이 검증의 경우 두 개의 독립 모집단을 전제로 하였다. 그런데 이와 유사하게 보이나 다른 것으로, 표본의 값들이 짝(pair)을 이루고 있으며, 짝을 이룬 값들을 비교하는 경우가 있다. 이때 짝을 이룬 값들은 서로 독립적이지 않으며, 따라서 모집단은 두 개가 아닌 하나가 된다. 이 경우에도 t-test를 사용하지만 검증통계량과 자유도가 앞의 경우와 다르다는 점에 유의해야 한다.

짝을 이룬 값들의 차이검증에는 t-test를 사용하며 다음의 검증통계량이 사용된다.

$$t = \frac{\overline{d} - D_0}{s_d \sqrt{n}} \quad (d.f. = n-1)$$

여기서, $\overline{d}$ = 각 표본요소의 값들의 차이의 평균값

D_0 = 귀무가설로 설정된 차이의 평균값

s_d = 표본요소들의 차이값들의 표준편차

$$= \sqrt{\frac{\sum_{i=1}^{n} (d_i - \overline{d})^2}{n-1}}$$

$s_d / \sqrt{n} = \overline{d}$의 표준오차

2. SPSS 30을 이용한 짝을 이룬 값들의 차이검증

예제 5.3 짝을 이룬 값들의 차이검증(양측검증)

한 소비재 제조회사 마케팅관리자는 비누의 매출이 패키지 디자인에 따라 다를 것이라는 생각을 하고 두 가지 패키지 디자인 A, B를 개발하였다. 그런데 실험을 위하여 선정된 수퍼마켓 지점들을 무작위로 두 집단으로 나누어 각 집단의 수퍼마켓에 패키지 디자인 A 혹은 B의 비누를 진열하고 매출을 비교한다면 수퍼마켓의 크기, 내점고객 수,

그 지역의 소득, 경쟁상황 등 여러 가지 요인들이 매출에 영향을 줄 수 있다고 생각하였다(외생변수). 그리하여 8개의 수퍼마켓을 선정하고 패키지 디자인 A와 B의 비누를 함께 진열하여 매출을 조사하였다(외생변수의 통제). 각 패키지 디자인 비누의 매출실적은 〈표 5.5〉와 같이 나타났다. 이러한 결과로부터 패키지 디자인에 따라 비누의 매출이 다르다고 할 수 있는가? $\alpha = .05$.

표 5.5 수퍼마켓별 각 패키지 디자인의 판매실적과 차이계산

수퍼마켓	패키지 디자인	
	A	B
1	37	26
2	19	11
3	17	17
4	22	16
5	32	35
6	10	6
7	14	13
8	17	12

연구 가설 패키지 디자인에 따라 비누의 판매실적은 다를 것이다.

가설검증을 위한 귀무가설과 대립가설은 다음과 같다. 여기서 D_0는 귀무가설(H_0)로 설정된 차이(difference)를 의미한다.

H_0: $D_0 = 0$ (차이가 없다, 즉 판매실적은 같다)
H_1: $D_0 \neq 0$ (차이가 있다, 즉 판매실적은 다르다)

〈예제 5.3〉의 짝을 이룬 값들의 차이검증을 하는 과정은 다음과 같다.

① '(5)대응T.sav' 파일을 불러온다.
② [그림 5.9]와 같이 다음의 절차를 따른다.

[분석(A)] → [평균 및 비율 비교] → [대응표본 T 검정(P)...] → 클릭

그림 5.9 짝을 이룬 값들의 차이검증 절차

③ [그림 5.9]와 같이 실행하면 [그림 5.10]의 대응표본 T 검정 대화상자가 나타난다.

그림 5.10 대응표본 T 검정 대화상자

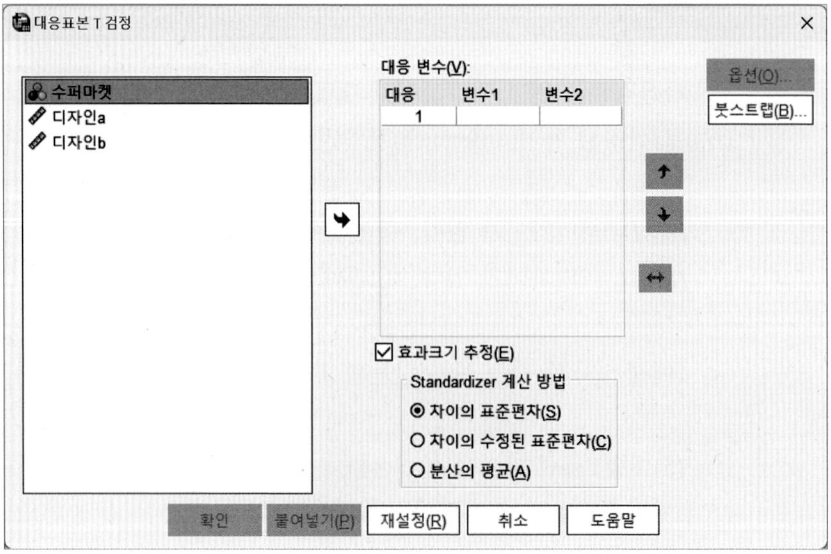

④ [그림 5.11]과 같이 차이검증을 하고자 하는(대응되는) 변수 두 개를 [대응 변수(V)] 상자로 보낸다.

그림 5.11 대응 변수 선정

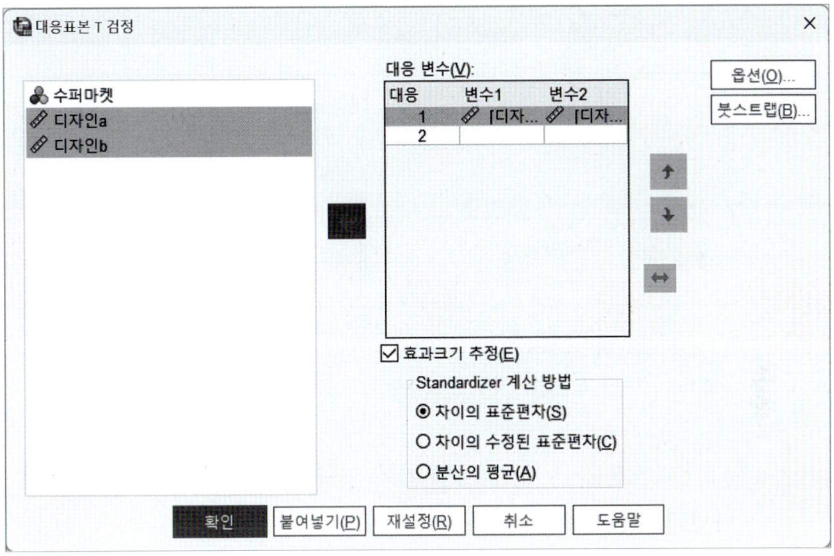

⑤ [옵션(O)...]을 선택하여 [신뢰구간(P)]과 결측값 처리방법을 결정한다.

⑥ [계속(C)]과 이어서 [확인]을 클릭하면 〈표 5.6〉과 같은 결과가 산출된다.

표 5.6 대응표본 T 검정 결과

대응표본 통계량

		평균	N	표준편차	평균의 표준오차
대응 1	디자인a	21.00	8	9.134	3.229
	디자인b	17.00	8	9.289	3.284

대응표본 상관계수

		N	상관관계	유의확률	
				단측확률	양측확률
대응 1	디자인a & 디자인b	8	.879	.002	.004

대응표본 검정

		대응차					t	자유도	유의확률	
		평균	표준편차	평균의 표준오차	차이의 95% 신뢰구간				단측 확률	양측 확률
					하한	상한				
대응 1	디자인a - 디자인b	4.000	4.536	1.604	.208	7.792	2.494	7	.021	.041

대응표본 효과크기

			Standardizer[a]	포인트 추정값	95% 신뢰구간	
					하한	상한
대응 1	디자인a - 디자인b	Cohen's d	4.536	.882	.033	1.689
		Hedges 수정	5.106	.783	.029	1.500

a. 효과크기를 추정하는 데 사용되는 분모입니다.
Cohen's d는 평균차이의 표본 표준편차를 사용합니다.
Hedges 수정은 평균차이의 표본 표준편차와 수정 요인을 사용합니다.

〈표 5.6〉을 보면 디자인 A의 평균은 21, 그리고 디자인 B의 평균은 17로 나타났다. 그리고 양측검증에서 $t=2.494$, $p=.041$로 나타나 'H_0: $D_0=0$'은 $\alpha=.05$에서 기각된다. **따라서 패키지 디자인에 따라 비누의 판매실적은 다를 것이라는 연구가설은 지지되었다.**

추가적으로, 효과크기 Cohen's d는 .882, 그리고 Hedges 수정은 .783으로 나타났다. 이 값들은 효과크기의 판단기준으로 볼 때 크다고(large) 할 수 있다.

5.4 단일모집단 비율검증(Z)

1. 개 요

단일모집단 비율검증을 위해서는 기본적으로 **이항분포**(binomial distribution)를 사용한다. 그러나 표본의 크기가 크면 **중심극한정리**에 따라 비율의 표본추출분포(sampling distribution of proportion)가 정규분포에 가까워진다. 따라서 표본의 크기가 큰 경우(대체로 n≥30) 일반적으로 Z-test를 사용한다.

단일모집단 비율검증시 표본의 크기가 크면 Z-test를 사용하며, 다음의 검증통계량이 사용된다.

$$Z = \frac{\hat{p} - p_0}{SE_{\hat{p}}} = \frac{\hat{p} - p_0}{\sqrt{\frac{p_0 q_0}{n}}}$$

여기서, $\hat{p}$ = 비율추정치로서 표본의 비율값
p_0 = 귀무가설로 설정된 모집단의 비율값
$q_0 = 1 - p_0$
$SE_{\hat{p}}$ = $\hat{p}$의 표준오차

2. SPSS 30을 이용한 단일모집단 비율검증

예제 5.4 **단일모집단 비율검증의 예(단측검증)**

한 치약 제조회사는 전체가구 중 10% 정도가 자사의 브랜드 A를 사용하는 것으로 알고 있었다. 마케팅부서는 시장점유율을 높이기 위해 6개월간 집중적 프로모션 활동을 하였다. 프로모션 활동에 따라 점유율이 높아졌는지를 알기 위해 표본추출에 의한 조사를 실시하였다. 조사결과 전체조사대상 50가구 중 10가구가 브랜드 A를 구매하는 것으로 나타났다. 이러한 결과에 따라 시장점유율이 높아졌다고 할 수 있는가? $\alpha = .05$.

연구가설 프로모션 활동에 따라 시장점유율이 높아졌을 것이다.
(브랜드 A 치약 구매가구는 전체가구 수의 10%보다 많을 것이다.)

H_0: $p = .10$
H_1: $p > .10$

〈예제 5.4〉의 단일모집단 비율검증을 하는 과정은 다음과 같다.

① '(5)단일집단비율.sav' 파일을 연다.
② [그림 5.12]와 같이 다음의 절차를 따른다.

[분석(A)] → [평균 및 비율 비교] → [일표본 비율(P)...] → 클릭

그림 5.12 단일집단 비율검증 절차

③ [그림 5.12]와 같이 실행하면 [그림 5.13]의 일표본 비율 대화상자가 나타난다.

그림 5.13 일표본 비율 대화상자

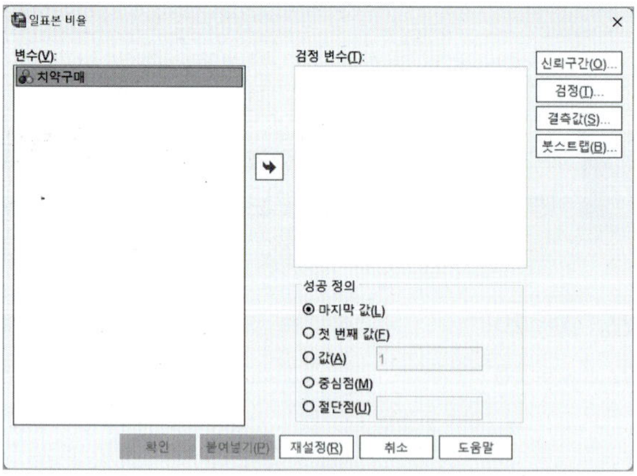

④ 여기서 [그림 5.14]와 같이 치약구매를 [검정 변수(T)]로 보내고, 성공 정의에는 [값(A)]을 선택하고 '1'을 입력한다. 이는 치약구매 응답자를 '1'로 입력하였기 때문이다.

그림 5.14 검정변수 선정 및 성공 정의 설정

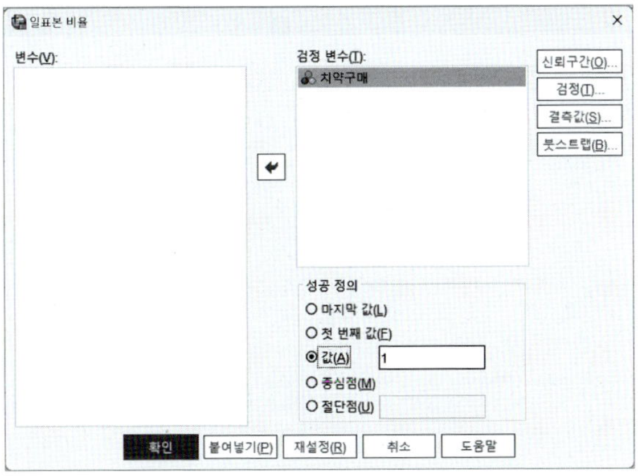

⑤ [그림 5.14]에서 [신뢰구간(O)...]을 선택하고 [그림 5.15]와 같이 적용 범위 수준을 95%로, 구간 유형을 [결측값 없음(N)]으로 설정한 후 [계속(C)]을 클릭한다.

그림 5.15 신뢰구간 설정

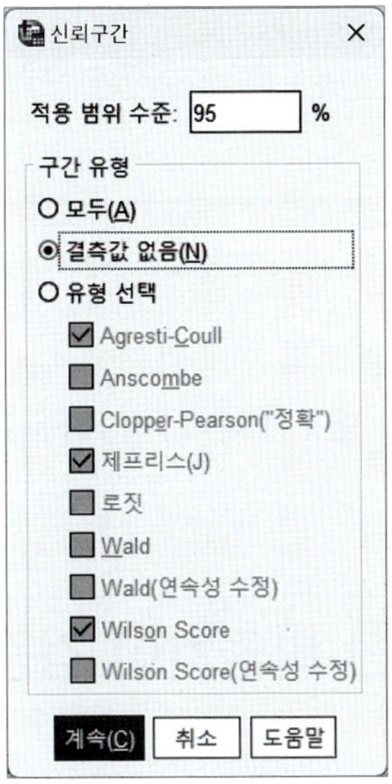

⑥ [그림 5.14]에서 [검정(T)...]을 선택한 후, [그림 5.16]과 같이 검정 선택에서 '정확검정 이항'을 선택하고 [검정값(V)]에는 검증하고자 하는 비율 .10을 입력한다.

그림 5.16 | 검정 선택과 검정값의 입력

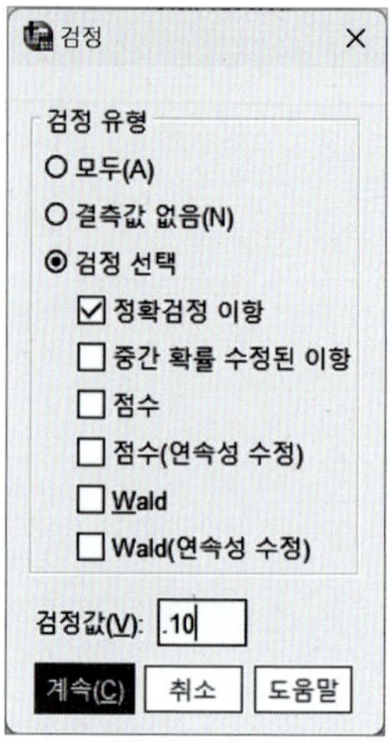

⑦ [계속(C)]과 이어서 [확인]을 클릭하면, 〈표 5.7〉과 같은 결과가 산출된다.

표 5.7 단일모집단 비율검증 결과

	검정 유형	관측값			관측 - 검정값[a]	근사 표준오차	유의성	
		성공	시행	비율			단측확률	양측확률
치약구매 = 구매함	정확검정 이항	10	50	.200	.100	.057	.025	.049

a. 검정값 = .1.

〈표 5.7〉에 따르면 단측검증에서 p-value = .025로 $\alpha = .05$에서 유의적이다. **따라서 프로모션 활동에 따라 시장점유율이 높아졌다고 할 수 있다.**

5.5 두 모집단 비율차이 검증(Z)

1. 개 요

두 모집단의 비율차이 검증을 위해서는 기본적으로 이항분포(binomial distribution)를 사용한다. 그러나 단일모집단 비율검증의 경우와 마찬가지로 표본의 크기가 크면(대체로 $n_1 \geq 30$, $n_2 \geq 30$) 중심극한정리에 따라 비율차이의 표본추출분포는 정규분포에 가까워진다. 따라서, 표본의 크기가 큰 경우 일반적으로 Z-test를 사용한다.

두 모집단 비율차이 검증시 표본의 크기가 크면 Z-test를 사용하며, 다음의 검증통계량이 사용된다.

$$Z=\frac{(\hat{p}_1-\hat{p}_2)-(p_1-p_2)}{\sqrt{\frac{\hat{p}\hat{q}}{n_1}+\frac{\hat{p}\hat{q}}{n_2}}}$$

여기서, $\hat{p}_1$ = 비율추정치로서 표본 1의 비율값

$\hat{p}_2$ = 비율추정치로서 표본 2의 비율값

p_1 = 모집단 1의 비율값

p_2 = 모집단 2의 비율값

$\hat{p}=\frac{x_1+x_2}{n_1+n_2}$ (x_1과 x_2는 각 표본에서 특정속성을 갖는 구성원의 수)

$\hat{q}=1-\hat{p}$

$\sqrt{\frac{\hat{p}\hat{q}}{n_1}+\frac{\hat{p}\hat{q}}{n_2}}=(\hat{p}_1-\hat{p}_2)$의 표준오차

2. SPSS 30을 이용한 두 모집단 비율차이 검증

예제 5.5 **두 모집단 비율차이 검증(단측검증)**

승용차 광고에 매력적인 여성모델을 사용하면 남성모델을 사용하는 것보다 그 광고는 남성소비자들에게 보다 어필(appeal)할까? 이를 조사하기 위하여 두 가지의 인쇄광고물을 제작하였는데 광고모델 이외에는 모두 동일하게 하였다. 한 광고에는 매력적인 여성을 모델로 등장시키고 다른 광고에는 남성을 모델로 등장시켰다. 남성소비자 100명을 무작위로 50명씩 두 그룹으로 나누어 A그룹에는 매력적인 여성모델의 광고를, 그리고 B그룹에는 남성모델의 광고를 노출시켰다. 광고노출 후 그 승용차 광고에 관심을 갖는다고 응답한 피실험자들의 수는 A그룹에서 37명, B그룹에서 23명이었다. 이 결과에 따라 매력적인 여성모델 광고가 남성모델 광고보다 남성소비자들의 관심을 더 끌 수 있다고 할 수 있는가? α = .01.

연구 가설	매력적인 여성모델 광고가 남성모델 광고보다 남성소비자들의 관심을 더 끌 수 있을 것이다.

H_0: $p_1 = p_2$
H_1: $p_1 > p_2$

〈예제 5.5〉는 이항검증에 의해 분석되는 문제이나 표본의 크기가 30보다 크므로 중심극한정리에 의해 정규분포를 가정한 분석이 가능하다. 이를 수리적으로 분석하는 과정은 다음과 같다.

$$Z_{obs} = \frac{(\hat{p}_1 - \hat{p}_2) - (p_1 - p_2)}{\sqrt{\frac{\hat{p}\hat{q}}{n_1} + \frac{\hat{p}\hat{q}}{n_2}}} = \frac{(.74 - .46) - 0}{\sqrt{\frac{(.6)(.4)}{50} + \frac{(.6)(.4)}{50}}} = 2.8577$$

$$\hat{p}_1 = \frac{37}{50} = .74$$

$$\hat{p}_2 = \frac{23}{50} = .46$$

$$\hat{p} = \frac{37 + 23}{100} = .6$$

$$Z_{crit} = Z_{\alpha} = Z_{.01} = 2.33$$

위 분석결과에 의하면 $\alpha = .01$에서 귀무가설은 기각된다. 따라서 광고에 매력적인 여성모델을 사용하면 그 광고는 남성소비자들의 관심을 보다 많이 끌 수 있다고 할 수 있다.

〈예제 5.5〉의 두 모집단 비율차이 검증을 하는 과정은 다음과 같다.[3]

① '(5)두집단비율.sav' 파일을 연다.
② [그림 5.17]과 같이 다음의 절차를 따른다.

[분석(A)] → [평균 및 비율 비교] → [독립표본 비율(R)...] → 클릭

3 28 version 이전의 SPSS에서는 두 모집단 비율차이검증을 직접 할 수 있는 분석기능이 없었으며, 독립성검증(χ^2; 제6장)에 의해 분석이 가능했다. 독립성검증을 이용한 두 모집단 비율차이검증 분석을 확인하기 원하는 독자는 저자들의 이전 버전(26, 24 등)의 매뉴얼을 참고하면 된다.

그림 5.17 두집단 비율차이검증 절차

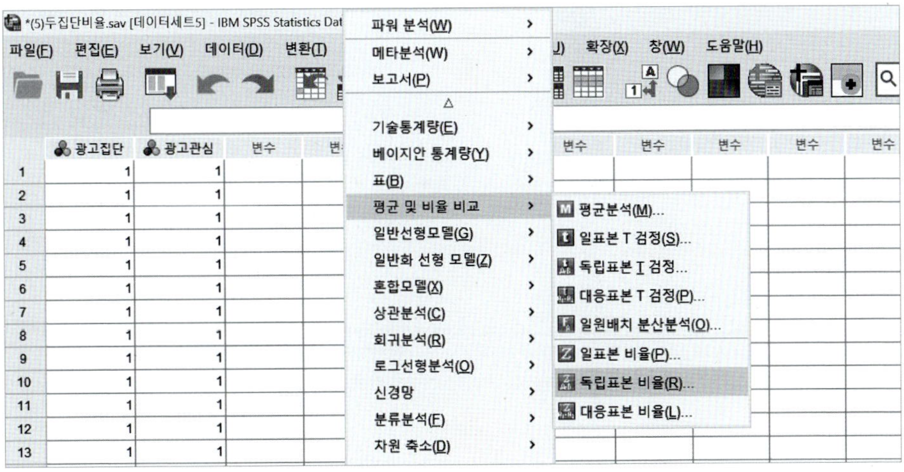

③ [그림 5.17]과 같이 실행하면 [그림 5.18]의 독립표본 비율 대화상자가 나타난다.

그림 5.18 독립표본 비율 대화상자

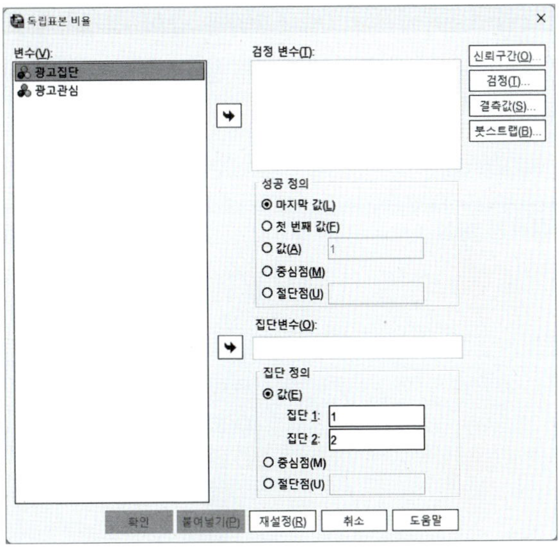

④ 여기서 [그림 5.19]와 같이 광고관심을 [검정 변수(T)]로 보내고, 성공 정의에서 [값(A)]을 선택하고 '1'을 입력한다. 이후 광고집단을 [집단변수(O)]로 보내고, 집단 정의에서 [값(E)]을 선택하고 집단 1에 '1'을, 집단 2에 '2'를 입력한다.

그림 5.19 검정 변수 및 집단변수의 선정

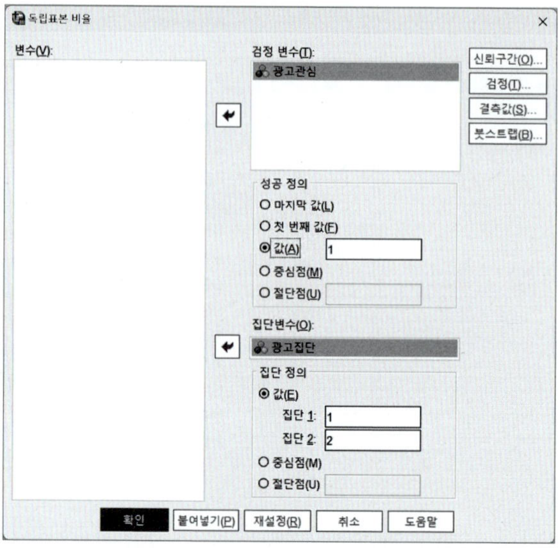

⑤ [그림 5.19]에서 [신뢰구간(O)...]을 선택하고 적용 범위 수준을 95%로, 구간 유형을 [결측값 없음(N)]으로 설정한 후 [계속(C)]을 클릭한다.

⑥ [그림 5.19]에서 [그림 5.20]과 같이 검정유형으로 [모두(A)]를 선택한 후, [계속(C)]과 이어서 [확인]을 클릭한다. 이에 따라 〈표 5.8〉과 같은 결과가 산출된다.

그림 5.20 검정유형 설정

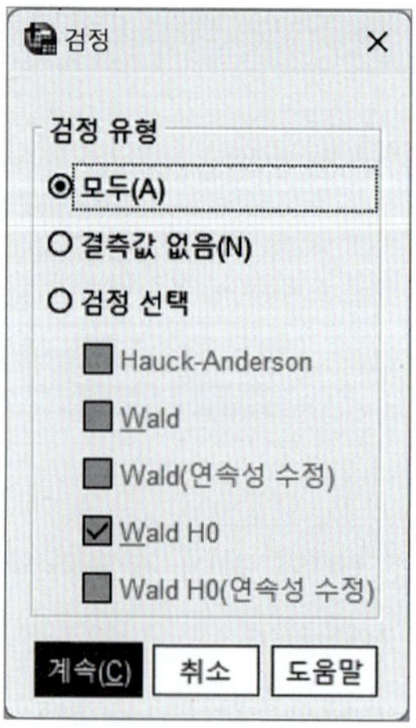

표 5.8 두 집단 비율차이 검증 결과

독립표본 비율 그룹 통계

	광고집단	성공	시행	비율	근사 표준오차
광고관심 = 관심있다	= 여성모델	37	50	.740	.062
	= 남성모델	23	50	.460	.070

독립표본 비율 검정

	검정 유형	비율 차이	근사 표준오차	Z	유의성	
					단측확률	양측확률
광고관심 = 관심있다	Hauck-Anderson	.280	.094	2.847	.002	.004
	Wald	.280	.094	2.982	.001	.003
	Wald(연속성 수정)	.280	.094	2.769	.003	.006
	Wald H0	.280	.094	2.858	.002	.004
	Wald H0(연속성 수정)	.280	.094	2.654	.004	.008

〈표 5.8〉에 따르면 검정유형별 Z값의 범위는 2.654~2.982로 나타났으며, 모두 단측검증에서 p-value$<.005$로 $\alpha=.01$에서 귀무가설은 기각된다. **따라서 매력적인 여성모델 광고가 남성모델 광고보다 남성소비자들의 관심을 더 끌 수 있다고 할 수 있다.**

연 / 습 / 문 / 제

SPSS 30

※문제 1~3: 다음은 인터넷 사용과 관련하여 30명의 소비자로부터 수집한 자료이다. 각 변수에 대한 값의 의미는 다음과 같다.

자료파일: (5)연습문제(인터넷).sav.

- 성별: 남=1, 여=2
- 사용시간: 일주일간 인터넷 사용시간
- 인터넷에 대한 태도, 기술에 대한 태도: 매우 호의적=7, 매우 비호의적=1
- 인터넷 쇼핑 경험: 경험 유=1, 경험 무=2

번호	성별	사용시간	인터넷에 대한 태도	기술에 대한 태도	인터넷 쇼핑 경험
1	1	14	7	6	1
2	2	2	3	3	2
3	2	3	4	3	1
4	2	3	7	5	1
5	1	13	7	7	1
6	2	6	5	4	1
7	2	2	4	5	2
8	2	6	5	4	2
9	2	6	6	4	1
10	1	15	7	6	1
11	2	3	4	3	2
12	2	4	6	4	2
13	1	9	6	5	2
14	1	8	3	2	2
15	1	5	5	4	1
16	2	3	4	3	2
17	1	9	5	3	1
18	1	4	5	4	1
19	1	14	6	6	1
20	2	6	6	4	2
21	1	9	4	2	2
22	1	5	5	4	2

23	2	2	4	2	2
24	1	15	6	6	1
25	2	6	5	3	1
26	1	13	6	6	1
27	2	4	5	5	1
28	2	2	3	2	2
29	1	4	5	3	1
30	1	3	7	5	1

1. 남녀 간에 인터넷 사용시간이 다른지를 검증하시오. α =.05.

집단통계량

	성별	N	평균	표준편차	평균의 표준오차
사용시간	남자	15	9.33	4.402	1.137
	여자	15	3.87	1.685	.435

독립표본 검정

<table>
<tr><th colspan="2" rowspan="3"></th><th rowspan="3">F</th><th colspan="2">Levene의 등분산 검정</th><th colspan="7">평균의 동일성에 대한 T 검정</th></tr>
<tr><th rowspan="2">유의확률</th><th rowspan="2">t</th><th rowspan="2">자유도</th><th colspan="2">유의확률</th><th rowspan="2">평균 차이</th><th rowspan="2">표준 오차 차이</th><th colspan="2">차이의 95% 신뢰구간</th></tr>
<tr><th>단측 확률</th><th>양측 확률</th><th>하한</th><th>상한</th></tr>
<tr><td rowspan="2">사용 시간</td><td>등분산을 가정함</td><td>15.507</td><td><.001</td><td>4.492</td><td>28</td><td><.001</td><td><.001</td><td>5.467</td><td>1.217</td><td>2.974</td><td>7.960</td></tr>
<tr><td>등분산을 가정하지 않음</td><td></td><td></td><td>4.492</td><td>18.014</td><td><.001</td><td><.001</td><td>5.467</td><td>1.217</td><td>2.910</td><td>8.024</td></tr>
</table>

독립표본 효과크기

<table>
<tr><th colspan="2" rowspan="2"></th><th rowspan="2">Standardizer[a]</th><th rowspan="2">포인트 추정값</th><th colspan="2">95% 신뢰구간</th></tr>
<tr><th>하한</th><th>상한</th></tr>
<tr><td rowspan="3">사용시간</td><td>Cohen's d</td><td>3.333</td><td>1.640</td><td>.796</td><td>2.463</td></tr>
<tr><td>Hedges 수정</td><td>3.426</td><td>1.596</td><td>.774</td><td>2.396</td></tr>
<tr><td>Glass 델타</td><td>1.685</td><td>3.245</td><td>1.842</td><td>4.617</td></tr>
</table>

a. 효과크기를 추정하는 데 사용되는 분모입니다.
Cohen's d에는 통합 표준편차가 사용됩니다.
Hedges 수정에는 통합 표준편차와 수정 요인이 사용됩니다.
Glass 델타에는 대조군(즉, 두 번째 그룹)의 표본 표준편차가 사용됩니다.

집단통계량을 보면 남자의 평균(9.33)은 여자의 평균(3.87)보다 길다. 유의성 검증결과 $t=4.492$, $p=.000$이므로 귀무가설(H_0: $\mu_{남자}=\mu_{여자}$)은 기각된다. **결론적으로, 남자의 인터넷 사용시간과 여자의 인터넷 사용시간은 다르다고 할 수 있다.**

추가적으로, 효과크기 Cohen's *d*는 1.640, Hedges 수정은 1.596, 그리고 Glass 델타는 3.245로 나타났는데, 이 값들은 효과크기의 판단기준으로 볼 때 매우 크다(very large)고 할 수 있다.

☞ 원래 평균차이 검증을 위해서는 Levene의 등분산 검증 결과 두 집단의 등분산 가정이 충족되어야만 한다. 그러나 실제로는 자료가 등분산 가정을 충족시키지 못하는 경우가 있다. 이를 위해 SPSS에서는 등분산이 가정되는 경우와 등분산이 가정되지 않는 경우로 나누어 결과를 제시하고 있다. 본 연습문제의 경우 등분산 가정을 충족시키지 못하므로($F=15.507$, $p<.001$), '등분산을 가정하지 않음'의 분석결과를 해석하면 된다.

2. 남녀 간에 인터넷 쇼핑경험 비율이 다른지를 검증하시오. 즉 남자들 중 인터넷 쇼핑 유경험자 비율과 여자들 중 인터넷 쇼핑 유경험자 비율에 차이가 있는지를 검증하시오. α =.05.

독립표본 비율 그룹 통계

	성별	성공	시행	비율	근사 표준오차
쇼핑경험 = 유	= 남자	11	15	.733	.114
	= 여자	6	15	.400	.126

독립표본 비율 검정

검정 유형		비율 차이	근사 표준오차	Z	유의성	
					단측 확률	양측 확률
쇼핑경험 = 유	Hauck-Anderson	.333	.170	1.701	.044	.089
	Wald	.333	.170	1.956	.025	.050
	Wald(연속성 수정)	.333	.170	1.565	.059	.118
	Wald H0	.333	.170	1.842	.033	.065
	Wald H0(연속성 수정)	.333	.170	1.474	.070	.141

본 예의 검정유형별 Z값의 범위는 1.474~1.956으로 나타났으며, 모두 양측검증에서 *p*-value >.05로 나타나 귀무가설을 기각할 수 없다. **결론적으로, 남녀 간에 인터넷 쇼핑 유경험자 비율이 다르다고 할 수 없다.** (참고로, 본 예의 경우 남녀 간에 차이가 있는지를 조사하는 것이므로 양측검증에 해당한다.)

3. 인터넷에 대한 태도와 기술에 대한 태도 간에 차이가 있는지를 검증하시오. $\alpha = .05$.

대응표본 통계량

		평균	N	표준편차	평균의 표준오차
대응 1	인터넷에 대한 태도	5.17	30	1.234	.225
	기술에 대한 태도	4.10	30	1.398	.255

대응표본 검정

	대응차					t	자유도	유의확률	
	평균	표준편차	평균의 표준오차	차이의 95% 신뢰구간				단측확률	양측확률
				하한	상한				
대응 1 인터넷에 대한 태도-기술에 대한 태도	1.067	.828	.151	.758	1.376	7.059	29	<.001	<.001

대응표본 효과크기

			Standardizer[a]	포인트 추정값	95% 신뢰구간	
					하한	상한
대응 1	인터넷에 대한 태도 - 기술에 대한 태도	Cohen's d	.828	1.289	.796	1.769
		Hedges 수정	.850	1.255	.775	1.723

a. 효과크기를 추정하는 데 사용되는 분모입니다.
Cohen's d는 평균차이의 표본 표준편차를 사용합니다.
Hedges 수정은 평균차이의 표본 표준편차와 수정 요인을 사용합니다.

통계량을 보면 인터넷에 대한 태도점수가 기술에 대한 태도점수보다 높다. 유의성 검증결과 $t=7.059$, $p<.001$이므로 귀무가설(H_0: 인터넷에 대한 태도와 기술에 대한 태도 간에 차이가 없다)은 기각된다. 결론적으로, 인터넷에 대한 태도와 기술에 대한 태도 간에 차이가 있다고 할 수 있다.

추가적으로, 효과크기 Cohen's *d*는 1.289, Hedges 수정은 1.255로 나타났는데, 이 값들은 효과크기의 판단기준으로 볼 때 매우 크다(very large)고 할 수 있다.

4. 카페인은 개인의 집중도를 높이는 것으로 알려져 있다. 이를 조사하기 위해 60명의 피실험자들을 무작위로 두 그룹으로 나누어 한 그룹은 일정량의 카페인을 섭취하게 하고 다른 그룹은 플라시보(위약, 僞藥)를 섭취하게 하였다. 다음으로 피실험자들에게 일정거리에 위치한 통에 동전을 30회 던지게 하였는데 개인별 적중 개수는 다음 표와 같이 나타났다. 이 경우 카페인 섭취그룹의 평균이 플라시보 섭취그룹의 평균보다 유의적으로 크면 카페인은 집중도를 높이는 것으로 결론내릴 수 있다. 이 실험 결과 카페인은 집중도를 높인다고 할 수 있는가? $\alpha = .05$.

자료파일: (5)연습문제(카페인효과).sav.

플라시보 섭취집단				카페인 섭취집단			
피실험자	적중개수	피실험자	적중개수	피실험자	적중개수	피실험자	적중개수
1	13	16	18	31	14	46	10
2	4	17	10	32	14	47	21
3	6	18	6	33	10	48	13
4	10	19	13	34	10	49	15
5	11	20	8	35	8	50	16
6	9	21	3	36	17	51	15
7	3	22	12	37	8	52	12
8	7	23	5	38	12	53	11
9	16	24	13	39	8	54	16
10	10	25	11	40	9	55	7
11	21	26	16	41	17	56	11
12	8	27	10	42	8	57	13
13	4	28	15	43	18	58	19
14	6	29	12	44	10	59	15
15	15	30	7	45	7	60	12

집단통계량

	처치집단	N	평균	표준편차	평균의 표준오차
적중 개수	플라시보	30	10.06	4.553	.831
	카페인	30	12.44	3.719	.679

독립표본 검정

		F	Levene의 등분산 검정		평균의 동일성에 대한 T 검정						
			유의확률	t	자유도	유의확률		평균차이	표준오차차이	차이의 95% 신뢰구간	
						단측확률	양측확률			하한	상한
적중 개수	등분산을 가정함	1.118	.295	-2.217	58	.015	.031	-2.379	1.073	-4.528	-.231
	등분산을 가정하지 않음			-2.217	55.780	.015	.031	-2.379	1.073	-4.529	-.229

독립표본 효과크기

		Standardizer[a]	포인트 추정값	95% 신뢰구간	
				하한	상한
사용시간	Cohen's d	4.157	-.572	-1.087	-.053
	Hedges 수정	4.212	-.565	-1.072	-.053
	Glass 델타	3.719	-.640	-1.167	-.103

a. 효과크기를 추정하는 데 사용되는 분모입니다.
Cohen's d에는 통합 표준편차가 사용됩니다.
Hedges 수정에는 통합 표준편차와 수정 요인이 사용됩니다.
Glass 델타에는 대조군(즉, 두 번째 그룹)의 표본 표준편차가 사용됩니다.

Levene의 등분산 검증결과는 두 집단의 등분산 가정을 충족시키는 것으로 나타났다 ($F=1.118$, $p=.295$). 카페인 섭취그룹의 평균은 12.44이며 플라시보 섭취그룹의 평균은 10.06으로 나타났고, $t=-2.217$, $p=.031$(양측검증)이므로 두 평균의 차이는 유의적이다. 이 경우 카페인 섭취그룹은 플라시보 섭취그룹보다 집중도가 높은지를 조사하는 것이므로 단측검증을 적용하면 $p=.015$이다. **그러므로 카페인 섭취는 집중도를 높인다고 할 수 있다.**

추가적으로, 효과크기 Cohen's *d*는 $-.572$, Hedges 수정은 $-.565$, 그리고 Glass 델타는 $-.640$으로 나타났는데, 이 값들은 효과크기의 판단기준으로 볼 때 중간(medium)이라고 할 수 있다.

5. H제약회사는 새로 개발한 수면제의 효과를 조사하고자 하였다. 그런데 연구자는 피실험자들을 두 집단으로 나누어 각 집단에 신제품 수면제와 플라시보를 각각 복용하게 하여 수면시간을 비교하면 개인의 신체조건 등이 수면시간에 달리 영향을 미칠 수 있다고 생각하였다. 그리하여 수면장애 환자 8명을 대상으로 하루는 개발한 수면제를 복용하게 한 후 수면시간을 측정하고, 다음 날은 동일한 모양의 위약을 복용하게 한 후 수면시간을 측정하였다. 이틀 동안의 수면시간을 환자별로 기록한 결과는 제시된 표와 같다. 이 결과로부터 새로 개발한 수면제의 효과가 있다고 할 수 있는가? $\alpha=.05$. 자료파일: (5)연습문제(수면시간).sav.

환자	수면시간	
	수면제	위약(placebo)
1	7.7	7.6
2	5.9	6.1
3	6.7	6.7
4	7.2	6.6
5	8.2	8.5
6	6.0	5.6
7	6.4	6.3
8	6.7	6.2

대응표본 통계량

		평균	N	표준편차	평균의 표준오차
대응 1	신약	6.850	8	.8053	.2847
	위약	6.700	8	.9289	.3284

대응표본 검정

	대응차					t	자유도	유의확률	
	평균	표준편차	평균의 표준오차	차이의 95% 신뢰구간				단측확률	양측확률
				하한	상한				
대응 1 신약 - 위약	.1500	.3251	.1150	-.1218	.4218	1.305	7	.117	.233

대응표본 효과크기

			Standardizer[a]	포인트 추정값	95% 신뢰구간	
					하한	상한
대응 1	신약 - 위약	Cohen's d	.3251	.461	-.285	1.179
		Hedges 수정	.3661	.410	-.254	1.047

a. 효과크기를 추정하는 데 사용되는 분모입니다.
Cohen's d는 평균차이의 표본 표준편차를 사용합니다.
Hedges 수정은 평균차이의 표본 표준편차와 수정 요인을 사용합니다.

통계량을 보면 신약복용 후 수면시간(6.85)이 위약복용 후 수면시간(6.70)보다 길다. 그러나 유의성 검증결과 단측검증에서 $t=1.305$, $p=.117$로 나타나 수면시간의 차이는 $\alpha=.05$에서 비유의적이다. **그러므로 신제품 수면제는 효과가 있다고 할 수 없다.**

추가적으로, 효과크기 Cohen's d는 .461, 그리고 Hedges 수정은 .410으로 나타났다. 이 값들은 효과크기의 판단기준으로 중간(medium)보다 조금 작다고 할 수 있다.

부록 효과크기(Effect Size)[4]

1. 효과크기의 의미와 필요성

(1) *p*-value에 의한 연구가설 검증의 한계

통계적 분석결과에 의해 연구가설을 검증하는 경우, *p*-value가 α보다 작으면 일반적으로 연구가설을 지지하는 것으로 결론 내린다. 예를 들어, 두 변수 간의 상관관계에 대한 연구가설을 검증하는 경우 *p*-value가 .05보다 작으면 그 연구가설은 지지되고 두 변수 간에는 상관관계가 있는 것으로 본다. 그러면 *p*-value가 작을수록 두 변수 간의 상관관계는 높다고 할 수 있는가? 그렇지 않다. 이 경우 *p*-value를 결정짓는 *t*-값은 '실제 상관관계의 크기'와 더불어 표본크기에 의해 결정되기 때문이다. 예를 들어, 표본의 상관계수 *r*이 .01로 매우 작아도 표본크기가 매우 크면 검증통계량 *t*-값은 크며 그 결과는 통계적으로 유의적으로 나타날 수 있다. 연구가설을 통계적 유의성만으로 검증하고 결론 내리는 전통적인 방식은 이 점에서 한계를 갖는다. 이 예의 경우 '실제 상관관계의 크기, .01'이 바로 효과크기에 해당한다.

p-value만을 보고하는 전통적 방식이 가지는 이러한 한계점으로 인하여 효과크기의 점검과 보고가 점차 강조되고 있다. 구체적으로, **미국심리학회**(American Psychological Association; APA)는 논문에 효과크기를 보고할 것을 다음과 같이 명시적으로 요구한다: For the reader to appreciate the magnitude or importance of a study's findings, it is almost always necessary to include some measure of effect size.[5]

(2) 효과크기의 의미

효과크기는 연구되는 현상(즉, 평균차이 혹은 관계의 크기)이 모집단에 존재하는 정도(the degree to which the phenomenon being studied exists in the population)를 말한다. 그러므로 효과크기가 클수록 그 현상이 뚜렷하다고 할 수 있다. 그런데 표본으로부터 계산하는 효과크기 값은 실상 모집단에 존재하는 효과(effect)의 정도에 대한 추정치이다. 현실적으로 모집단의 효과크기는 모르므로

---

4 이 내용은 다음 서적의 6장 해당 부분의 내용을 본서에 맞추어 편집한 것이다: 이학식·임지훈, *사회과학 논문작성을 위한 연구방법론*, 집현재, 2014, pp. 131-139.

5 *Statistics for Psychologists*, Part Ⅳ: Statistics in APA Style, December 2012. http://www4.uwsp.edu/psych/cw/statistics.

일반적으로 효과크기 값은 모집단 효과(population effect)에 대한 표본의 추정치(sample estimate)를 말한다.

p-value에 의해 **통계적 유의성**(statistical significance)을 나타낼 수 있는데 비해 효과크기에 의해 **실질적 유의성**(practical significance, substantive significance)을 나타낼 수 있다. 그러므로 효과크기는 '평균차이의 크기'나 '관계의 크기'에 실질적으로 얼마나 의미를 부여할 수 있는가와 관련된다.

(3) 검증통계량과 효과크기의 관계

검증통계량과 효과크기의 관계는 다음과 같다.

검증통계량 = 효과크기 $\times f(N)$

여기서, $f(N)$은 표본크기의 함수이다.

따라서 효과크기가 클수록 그리고 표본크기가 클수록 검증통계량(절대값)은 커지며 이에 따라 *p*-value는 작아진다. 또한 위의 관계는 효과크기가 매우 작아도 표본크기가 크면 통계적으로 유의적일 수 있으며, 반대로 효과크기가 크더라도 표본크기가 작으면 통계적으로 비유의적일 수 있음을 보여준다. 이는 곧 앞에서 언급한 검증통계량으로부터 도출되는 통계적 유의성이 갖는 한계를 보여준다.

2. 효과크기의 종류[6]

이하에서는 효과크기의 종류를 세 가지로 분류하여 설명한다.

(1) 평균 차이에 대한 효과크기 지표(Mean Differences Indicators)

① 단일 모집단의 평균에 대한 *t*-검증의 경우 Cohen's *d*

단일 모집단의 평균에 대한 *t*-검증의 경우 흔히 사용되는 지표는 Cohen's *d*이며 그 공식은 다음과 같다.

$$\text{Cohen's } d = \frac{(\overline{X} - \mu_0)}{s}$$

앞에서 검증통계량은 효과크기와 표본크기에 의해 결정된다고 하였다. 그러

6 효과크기에 대한 문헌은 다수 있다. 여기서는 대표적인 서적과 논문을 소개한다: Jacob Cohen, *Statistical Power Analysis for the Behavioral Sciences*, 2nd ed., Lawrence Erlbaum, 1988; Edward F. Fern and Kent B. Monroe, "Effect-Size Estimates: Issues and Problems in Interpretation," *Journal of Consumer Research*, 23(September), 1996, pp. 89-104.

므로 검증통계량 t와 표본크기를 아는 경우 다음과 같이 d의 근사값을 계산할 수 있다.

$$\text{Cohen's } d = \frac{t}{\sqrt{n}}$$

– 예를 들어, 다음의 값들로부터 Cohen's d를 계산하면 다음과 같다.

자료: $\overline{X} = 199.43$, $\mu_0 = 200$, $s = 4.96$, $t = -.626$, $n = 30$

$$\text{Cohen's } d = \frac{(\overline{X} - \mu_0)}{s} = \frac{(199.43 - 200)}{4.96} = -.11$$

$$\text{Cohen's } d = \frac{t}{\sqrt{n}} = \frac{-.626}{\sqrt{30}} = -.11$$

효과크기는 절대값으로 표기하기도 하는데, SPSS는 절대값이 아닌 원래의 값(즉, – 부호 포함)을 산출하므로 본서에서는 기본적으로 SPSS의 산출 결과를 따른다.

– 평균과 표준편차를 아는 경우 다음의 사이트를 이용하여 편리하게 계산할 수 있다.

http://www.danielsoper.com Statistics Calculators → Effect Size → Cohen's *d*.

각 빈 칸에 다음과 같이 입력하고 Calculate를 누르면 .1149가 산출된다.
Mean (group 1): 199.43
Mean (group 2): 200
Standard deviation (group 1): 4.96
Standard deviation (group 2): 4.96
Calculate → .1149.

– 이 사이트는 효과크기를 절대값으로 산출한다. 여기서 Cohen's d=.11은 표본평균과 귀무가설로 설정된 모집단 평균 간의 차이는 표준편차의 .11배라는 것을 의미한다.

② 두 모집단의 평균차이 t-검증의 경우 Cohen's d

이 경우 Cohen's d의 공식은 다음과 같다,

$$\text{Cohen's } d = \frac{(\overline{X}_1 - \overline{X}_2)}{s_{\text{pooled}}}$$

여기서 s_{pooled} = 두 모집단을 결합했을 때의 결합표준편차(σ)의 추정치

$$= \sqrt{\frac{\sum_{i=1}^{n_1}(X_i - \overline{X}_1)^2 + \sum_{i=1}^{n_2}(X_i - \overline{X}_2)^2}{n_1 + n_2 - 2}}$$

검증통계량 t와 표본크기를 아는 경우 다음과 같이 d의 근사값을 계산할 수 있다.

$$\text{Cohen's } d = \frac{2t}{\sqrt{n_1 + n_2 - 2}}$$

− 예를 들어, 다음의 값들로부터 Cohen's d를 계산하면 다음과 같다.

자료: $\overline{X}_1 = 86.84$, $\overline{X}_2 = 124.21$, $s_1 = 19.452$, $s_2 = 23.645$, $t = -5.32$, $n_1 = 19$, $n_2 = 19$, $s_{\text{pooled}} = 21.77$

$$\text{Cohen's } d = \frac{(86.84 - 124.21)}{21.77} = -1.72$$

$$\text{Cohen's } d = \frac{2 \times (-5.32)}{\sqrt{19 + 19 - 2}} = -1.77$$

− 위에서 소개한 사이트 http://www.danielsoper.com를 이용하면 Cohen's d = 1.726(절대값)이 산출된다.

③ Hedges' g

Hedges' g는 Cohen's d가 正(+)의 방향으로 편향된(positively biased)것, 즉 모집단의 효과크기보다 크게 나타나는 것을 조정한 것으로 Cohen's d로부터 다음과 같이 계산될 수 있다. Hedges' g는 Cohen's d보다 작으며, 표본크기가 커짐에 따라 두 값은 유사해진다.

$$\text{Hedges' } g = d\sqrt{\frac{df}{(n_1 + n_2)}}$$

④ Glass's Δ

Glass's Δ는 처치집단과 통제집단을 비교하는 경우 사용할 수 있는 효과크기 측정치로 다음과 같이 분모에 통제집단의 표준편차를 사용한다.

$$\text{Glass's } \Delta = \frac{(\overline{X}_1 - \overline{X}_2)}{s_{(\text{통제집단})}}$$

(2) 변수들 간의 상관관계에 대한 효과크기 지표(Correlational Indicators)

두 변수가 어떤 척도로 측정되었는가에 따라 네 가지 지표가 있다.

① Pearson's r: 두 변수가 간격/비율척도로 측정된 경우의 지표 (10장 참조)
② Spearman's ρ: 두 변수가 서열척도로 측정된 경우의 지표(10장 참조).
③ Point biserial r: 간격/비율척도 – 명목척도(2분화 변수)로 측정된 경우의 지표.
④ Phi coefficient: 명목척도(2분화 변수) – 명목척도(2분화 변수)로 측정된 경우의 지표.

(3) 설명된 분산에 대한 효과크기 지표(Explained Variance Indicators)

① eta-squared

회귀분석의 경우 R^2는 종속변수의 분산 중 독립변수들에 의해 설명되는 비율이다. 다시 말하면 전체 분산(total variance) 중 설명되는 분산(explained variance)을 의미하며 다음과 같이 나타낼 수 있다.

$$R^2 = \frac{SSR}{\text{Total } SS}$$

분산분석의 경우 이와 유사한 것으로 η^2(eta-squared)가 있다. η^2는 기본적으로 일원분산분석(one-way ANOVA)의 경우 종속변수의 분산 중 처치변수에 의해 설명되는 비율을 의미한다. 다시 말하면 분산분석표에 나타나는 전체제곱합(Total sum of squares; Total SS) 중 처치에 따른 제곱합(sum of squares due to treatment; SST)의 비율로서 다음과 같이 나타낼 수 있다.

$$\eta^2 = \frac{SST}{\text{Total } SS}$$

또한 다음과 같이 나타낼 수도 있다.

$$\eta^2 = \frac{SS_B}{(SS_B + SS_W)}$$

여기서 B는 between, W는 within을 의미한다.

② 부분 eta-squared

팩토리얼 디자인 ANOVA의 경우 완전(complete) η^2 대신 부분(partial) η^2가 사용될 수 있다. 예를 들어, 처치변수 A와 처치변수 B, 그리고 A×B의 상호작용효과를 조사하는 이원분산분석의 경우 각각의 효과크기를 계산할 수 있다. 이 경우 처치변수 A의 η^2를 계산하고자 하면 분자는 SS_A이고 분모는 $(SS_A + SS_B + SS_{AB} + SS_e)$이다. 이에 비해 부분 η^2를 계산하고자 하면 분자는 같지만 분모는 $(SS_A + SS_e)$이다. 이처럼 처치변수 A의 부분 η^2는 B의 효과와 AB의 효과를 제거한 후 나머지 분산에 대한 A의 처치효과를 말한다. 부분 η^2는 분모가 더 작으므로 η^2보다 크게 나타난다.

③ η^2의 편향을 조정한 ε^2와 ω^2

표본 자료로부터 계산된 η^2는 正(+)의 방향으로 편향되어(positively biased) η^2의 모수보다 크게 나타나는 경향이 있다. 표본의 크기가 작을수록 그 편향은 커진다. 이러한 편향을 조정한 것으로 ε^2와 ω^2가 있다.

$$\varepsilon^2 = \frac{SS_B - df_{\text{treatment}} \times MS_W}{\text{Total } SS}$$

여기서 B는 between, W는 within을 의미한다.

$$\omega^2 = \frac{SS_B - df_{\text{treatment}} \times MS_W}{\text{Total } SS + MS_W}$$

여기서 B는 between, W는 within을 의미한다.

η^2, ε^2, ω^2의 크기의 관계는 다음과 같다: $\eta^2 \geq \varepsilon^2 \geq \omega^2$. 표본의 크기가 커질수록 MS_W가 작아지므로 ε^2와 ω^2는 점차 η^2에 가까워진다.

④ Cohen's f^2

다중회귀분석에서 사용될 수 있는 효과크기 지표로 Cohen's f^2가 있다. 이는 설명된 분산(explained variance)이 설명되지 않은 분산(unexplained variance)의 몇 배인가를 나타내며 그 공식은 다음과 같다.

$$f^2 = \frac{R^2}{1-R^2}$$

f^2는 다음과 같이 계산될 수도 있다.

$$f^2 = \frac{\eta^2}{1-\eta^2}$$

3. 효과크기의 판단기준

효과크기 관련문헌에서 제안하는 크기의 판단기준은 〈표 5.9〉와 같다.

표 5.9 효과크기의 판단기준

효과크기	작음(small)	중간(medium)	큼(large)
Cohen's d	.2	.5	.8
Hedges' g	.2	.5	.8
Glass's Δ	.2	.5	.8
r	.1	.3	.5
(partial) η^2	.01	.06	.14
ε^2	.01	.06	.14
ω^2	.01	.06	.14
R^2	.01	.06	.14
Cohen's f^2	.02	.15	.35

제 6 장

독립성검증과 적합도검증

6.1 독립성검증(χ^2) – 교차표 분석

1. 독립성검증의 개요

수집된 자료가 명목척도로 측정된 경우 두 변수의 관계를 조사하는 통계기법으로 χ^2 **독립성검증**(chi-square independence test)이 있다. 독립성검증은 두 변수가 서로 독립적인지 아닌지를 검증하는 방법이다.

독립성검증을 위한 검증통계량은 다음과 같다.

$$\chi^2 = \sum_{i=1}^{n} \frac{[O_i - E_i]^2}{E_i} \quad [d.f.=(\text{행의 수}-1)\times(\text{열의 수}-1)]$$

여기서, O_i는 i번째 cell의 관측빈도(observed frequency)
E_i는 i번째 cell의 기대빈도(expected frequency)

예제 6.1 **독립성검증**

세탁기 담당 마케팅관리자는 가족규모에 따라 구매하는 세탁기의 크기가 다른지를 알기 위하여 주부들에게 다음과 같은 질문을 하였다.

(1) 귀하의 가족은 모두 몇 명입니까?
1~2명 ____ 3~4명 ____ 5명 이상 ____

(2) 귀하 가정의 세탁기크기는 다음 중 어디에 해당합니까?
소형 ____ 중형 ____ 대형 ____

위의 질문을 이용하여 300명의 응답자들로부터 수집한 자료로써 〈표 6.1〉과 같은 교차표(cross table)를 만들었다.

표 6.1 가족규모와 세탁기크기에 대한 교차표

세탁기크기	가족규모			
	1~2명	3~4명	5명 이상	합계
소 형	25	37	8	70
중 형	10	62	53	125
대 형	5	41	59	105
합 계	40	140	120	300

이 자료에 의해 가족규모에 따라 구매하는 세탁기의 크기가 다르다고 할 수 있는가? $\alpha = .05$.

마케팅관리자의 관심문제인 "가족규모에 따라 구매하는 세탁기의 크기가 다른가?"를 달리 표현하면 "가족규모와 구매하는 세탁기의 크기는 서로 독립적인가 아닌가?"로 표현할 수 있다. 즉, 가족규모와 세탁기의 크기가 독립적이지 않을 때 가족규모에 따라 세탁기의 크기는 다르게 나타난다. 따라서 연구가설과 귀무가설 및 대립가설은 다음과 같다.

연구 가설	가족규모와 세탁기크기는 독립적이지 않다. (가족규모에 따라 세탁기크기는 다르다.)

H_0: 가족규모와 세탁기크기는 독립적이다.
(가족규모와 세탁기크기는 무관하다.)
H_1: 가족규모와 세탁기크기는 독립적이지 않다.
(가족규모에 따라 세탁기크기는 다르다.)

2. SPSS 30을 이용한 독립성검증

독립성검증을 하는 방법으로는 (1) 응답을 코딩하여 분석하는 방법과, (2) 가중치를 이용하여 분석하는 방법이 있다. 이하에서는 각각에 대해 설명한다.

(1) 응답을 코딩하여 분석하는 방법

① '(6)x2독립성.sav' 파일을 연다.

② [그림 6.1]과 같이 다음의 절차를 따른다.

[분석(A)] → [기술통계량(E)] → [교차분석(C)...] → 클릭

그림 6.1 독립성검증 절차

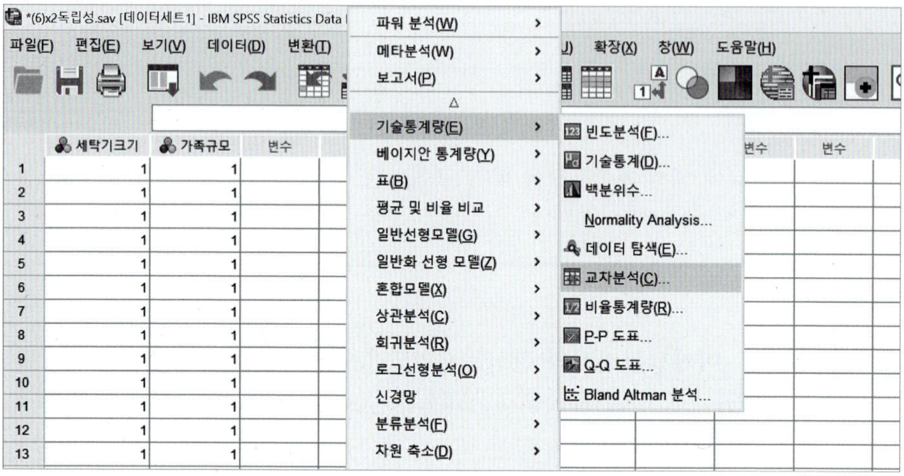

③ 그러면 [그림 6.2]의 교차분석 대화상자가 나타난다.

그림 6.2 교차분석 대화상자

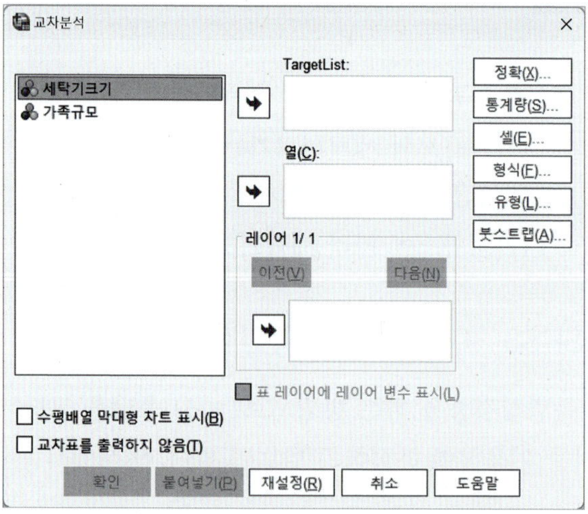

④ 여기서 [그림 6.3]과 같이 분석할 변수를 [TargetList]와 [열(C)]로 각각 보낸다. 본 분석에서는 〈표 6.1〉과 동일하게 세탁기크기를 [TargetList]로, 가족규

모를 [열(C)]로 보낸다.

그림 6.3 [TargetList]와 [열(C)]에서 분석할 변수의 선정

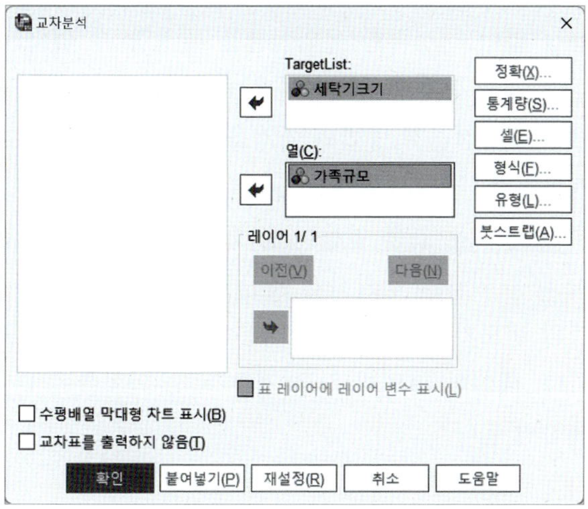

⑤ [그림 6.3]에서 [정확(X)...]을 클릭하면 [그림 6.4]와 같은 정확검정 대화상자가 나타난다. 본 분석에서는 기본설정된 [점근적 검정(A)]으로 분석을 진행한다.

그림 6.4 정확검정 대화상자

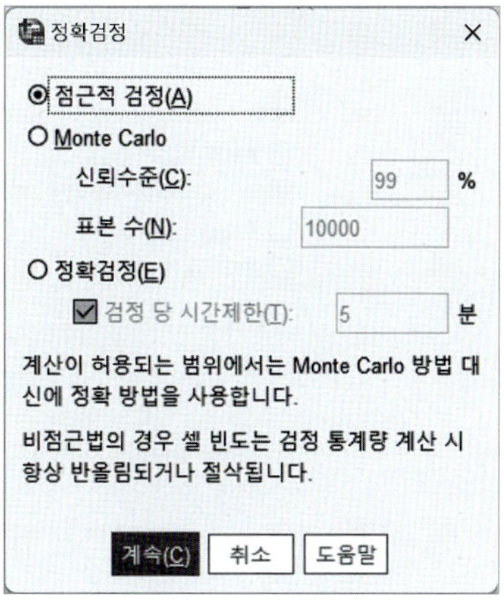

☞ 정확검정 대화상자에는 다음과 같은 선택사항이 있다.

- **점근적 검정**: 유의확률은 검증통계량의 점근적 분포를 토대로 계산되는데, 일반적으로 .05 미만의 값을 유의한 것으로 간주한다. 점근 유의확률은 데이터 파일이 크다(각 셀의 크기가 5보다 큼)는 가정을 기준으로 한다(**기본설정**).
- **Monte Carlo**: 정확한 유의확률의 비편향 추정값으로 점근적 방법에 필요한 가정 없이도 정확한 유의확률을 추정할 수 있다. 이 방법은 데이터 변수군이 너무 커서 정확한 유의확률을 계산할 수 없을 때 유용하게 사용되지만 이러한 데이터는 점근적 방법의 가정을 만족시키지 않는다.
- **정확검정**: 점근적 분포인 χ^2 분포를 사용하지 않고, 주어진 주변합으로 구할 수 있는 모든 표를 만들어 통계량을 구해서, 주어진 표의 통계량보다 더 큰 값이 나올 확률을 정확하게 계산하는 방법이다. 데이터 파일이 작은 경우, 즉 각 셀의 빈도가 적은 경우에 사용하며 근사 유의확률과 정확한 유의확률을 산출한다. 데이터 파일이 작은 경우 두 유의확률은 다르며, 정확한 유의확률을 이용하면 된다.

⑥ [그림 6.4]에서 [계속(C)]을 클릭한다.

⑦ [그림 6.3]에서 [통계량(S)...] 버튼을 클릭하면 [그림 6.5]와 같은 통계량 대화상자가 나타난다. [그림 6.5]와 같이 통계량 대화상자에서 [카이제곱(H)], [분할계수(O)], 그리고 [파이 및 크레이머의 V(P)]를 선택한다.

그림 6.5 통계량 대화상자

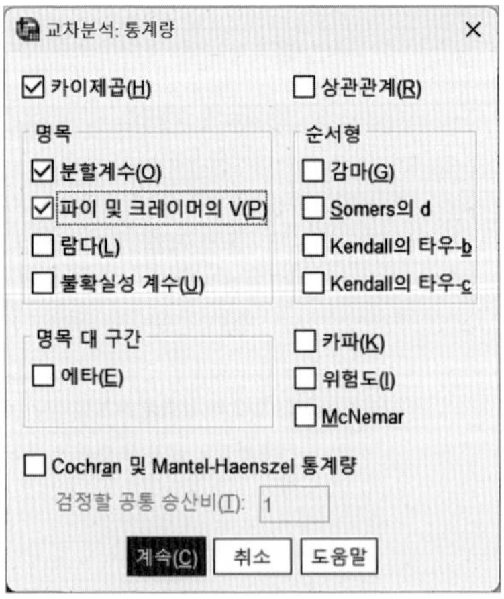

☞ 통계량 대화상자에서 선택한 내용은 다음과 같은 의미를 갖는다.

- **카이제곱**: Pearson 카이제곱, 우도비 카이제곱, 선형 대 선형결합 카이제곱 등이 표시된다.
- **분할계수**: 효과크기를 나타내는 한 가지 지표로서 두 변수의 관계의 크기를 나타낸다. 분할계수는 0 이상 1 미만이다. 분할계수가 클수록 두 변수의 관계는 크다고 할 수 있다.[1]
- **파이 및 크레이머의 V**: 효과크기를 나타내는 다른 지표이다. 파이는 교차표가 2×2 경우의 효과크기를 나타낸다. Cramer의 V(혹은 Cramer의 Phi)는 그 외의 교차표인 경우의 효과크기를 나타낸다.

⑧ [그림 6.5]에서 [계속(C)]을 클릭한다.

⑨ [그림 6.3]에서 [셀(E)...] 버튼을 클릭하면 [그림 6.6]과 같은 셀 표시 대화상자가 나타난다. 여기서 [관측빈도(O)]와 [기대빈도(E)]를 선택한다. 정수가 아닌 가중값의 처리는 기본설정된 [셀 수 반올림(N)]을 이용한다.

그림 6.6 셀 표시 대화상자

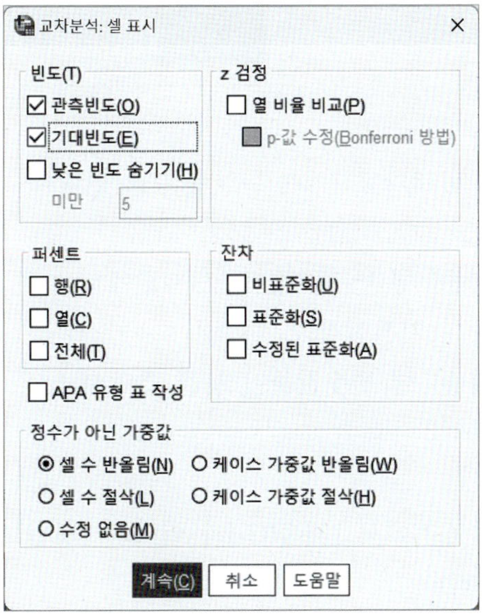

☞ 셀 표시 대화상자에서 선택한 내용은 다음과 같은 의미를 갖는다.

---

1 효과크기에 대해 자세한 내용을 알고자 하면 다음의 서적을 참조할 수 있다: Jacob Cohen, *Statistical Power Analysis for the Behavioral Sciences*, 2nd ed., Lawrence Erlbaum, 1988; John J. Kim and Robert J. Grissom, *Effect Sizes for Research*, Lawrence Erlbaum, 2005; 이학식 · 임지훈, *사회과학 논문작성을 위한 연구방법론*, 집현재, 2014, pp. 131-139.

- **관측빈도**: 각 셀에 있는 케이스의 실제 수.
- **기대빈도**: 행 변수와 열 변수가 서로 독립적인 경우 각 셀에 기대되는 케이 스 수.

⑩ [그림 6.6]에서 [계속(C)]을 클릭한다.

⑪ [그림 6.3]에서 [형식(F)...] 버튼을 클릭하면 [그림 6.7]과 같은 표 형식 대화상자가 나타난다. [그림 6.7]과 같이 표 형식 대화상자에서 [오름차순(A)]을 이용하여 분석을 진행한다.

그림 6.7 표 형식 대화상자

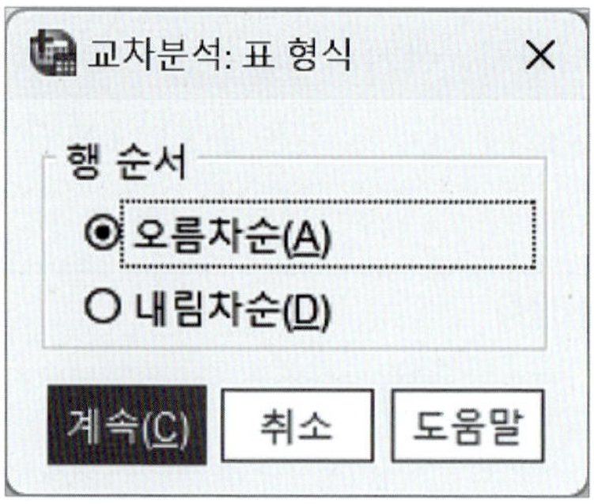

☞ 표 형식 대화상자에는 다음과 같은 선택사항이 있다.

- **오름차순**: 행 변수값들이 낮은 값에서 높은 값의 순으로 제시되도록 순서를 정해준다(**기본설정**).
- **내림차순**: 행 변수값들이 높은 값에서 낮은 값의 순으로 제시되도록 순서를 정해준다.

⑫ [그림 6.7]에서 [계속(C)]과 이어서 [확인]을 클릭하면 결과가 나타난다(표 6.2부터).

표 6.2 가족규모와 세탁기크기 간 교차분석표

			가족규모			전체
			1-2명	3-4명	5명 이상	
세탁기크기	소형	빈도	25	37	8	70
		기대빈도	9.3	32.7	28.0	70.0
	중형	빈도	10	62	53	125
		기대빈도	16.7	58.3	50.0	125.0
	대형	빈도	5	41	59	105
		기대빈도	14.0	49.0	42.0	105.0
전체		빈도	40	140	120	300
		기대빈도	40.0	140.0	120.0	300.0

〈표 6.2〉에는 가족규모와 세탁기크기 교차셀들의 관측빈도와 기대빈도가 나타나 있다.

표 6.3 카이제곱 검정

	값	자유도	근사 유의확률 (양측검정)
Pearson 카이제곱	58.208[a]	4	<.001
우도비	57.149	4	<.001
선형 대 선형결합	47.975	1	<.001
유효 케이스 수	300		

a. 0 셀 (0.0%)은(는) 5보다 작은 기대 빈도를 가지는 셀입니다. 최소 기대빈도는 9.33입니다.

〈표 6.3〉에 따르면 Pearson 카이제곱$=58.208$, $p<.001$로 H_0(가족규모와 세탁기크기는 독립적이다)는 $\alpha=.05$에서 기각된다. **따라서 가족규모에 따라 세탁기크기는 다르다고 할 수 있다.** 참고로, 여기서 자유도는 (행의 수-1)$\times$(열의 수-1)로서 $2\times2=4$가 된다.

표 6.4 대칭적 측도

		값	근사 유의확률
명목척도 대 명목척도	파이	.440	<.001
	Cramer의 V	.311	<.001
	분할계수	.403	<.001
유효 케이스 수		300	

〈표 6.4〉의 값들은 **효과크기**(effect size)를 나타내는 값들이다. 먼저 앞에서 설명한 바와 같이 파이는 2×2 교차표 경우의 효과크기를 나타내므로 본 예제와는 상관없다. 다음으로, **분할계수**(contingency coefficient)가 클수록 두 변수의 관계는 크다고 할 수 있다. 분할계수의 공식은 다음과 같다.

$$C = \sqrt{\frac{\chi^2_{\text{obs}}}{n + \chi^2_{\text{obs}}}}$$

위에서 $\chi^2_{\text{obs}} = 58.208$을 얻었으므로

$$C = \sqrt{\frac{58.208}{300 + 58.208}} = .403$$

그런데 어떤 주어진 교차표에서 얻을 수 있는 분할계수의 최저값은 두 변수가 완전히 독립적인 경우이며, 이는 곧 각 cell의 관측빈도와 기대빈도가 모두 일치하는 경우이다. 이 경우 $\chi^2_{\text{obs}} = 0$이므로 $C = 0$이 된다. 한편 분할계수의 최고값은 다음의 공식으로 계산된다.

$$C_{\text{최고값}} = \sqrt{(q-1)/q}$$

여기서 q는 행의 수와 열의 수 중에서 작은 값을 가리킨다. 따라서 위의 자료의 경우 $\sqrt{(q-1)/q} = \sqrt{\frac{2}{3}} = .816$이 된다. 본 예제의 경우 분할계수는 .403으로 0과 .816 사이에서 어느 정도 가운데 값을 가지므로, 두 변수의 관계는 중간정도(moderate)라고 할 수 있다.

또한 Cramer의 V는 .311로 나타났다. 그런데 Cohen은 Cramer의 V(혹은 Phi)에 의한 효과크기 평가기준을 교차표에서 크기가 작은 쪽을 기준으로 〈표 6.5〉와 같이 제시하였다. 예를 들어, 2×3 교차표의 경우 2, 4×5 교차표의 경우 4를 기

준으로 보면 된다. 본 예제의 경우 Cramer의 V는 .311로 나타났는데 3×3의 교차표이므로 .21과 .35의 사이에 존재하며 어느 정도 크다고 해석할 수 있다. Cramer의 V의 공식은 다음과 같다.

$$V = \sqrt{\frac{\chi^2_{obs}}{n(a-1)}}$$

단, 여기서 a는 행의 수와 열의 수 중에서 작은 값.

표 6.5 Cramer의 V의 평가기준

교차표에서 작은 값의 크기	효과크기		
	작음	중간	큼
2	.10	.30	.50
3	.07	.21	.35
4	.06	.17	.29

(2) 가중치를 이용하여 분석하는 방법

가중치를 이용하여 〈예제 6.1〉의 독립성검증을 하는 과정은 다음과 같다.

① 〈표 6.1〉의 내용을 [그림 6.8]과 같이 Data Editor에 입력한다.

그림 6.8 Data Editor에 교차표를 입력한 모습

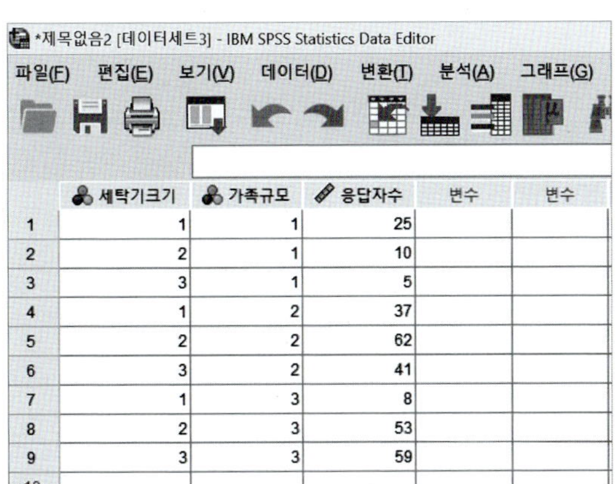

② [그림 6.8]의 내용을 '(6)x2독립성 – 가중치.sav'로 저장한다.

③ [그림 6.9]와 같이 다음의 절차를 따른다.

[데이터(D)] → [가중 케이스(W)...] → 클릭

그림 6.9 가중치 설정 절차

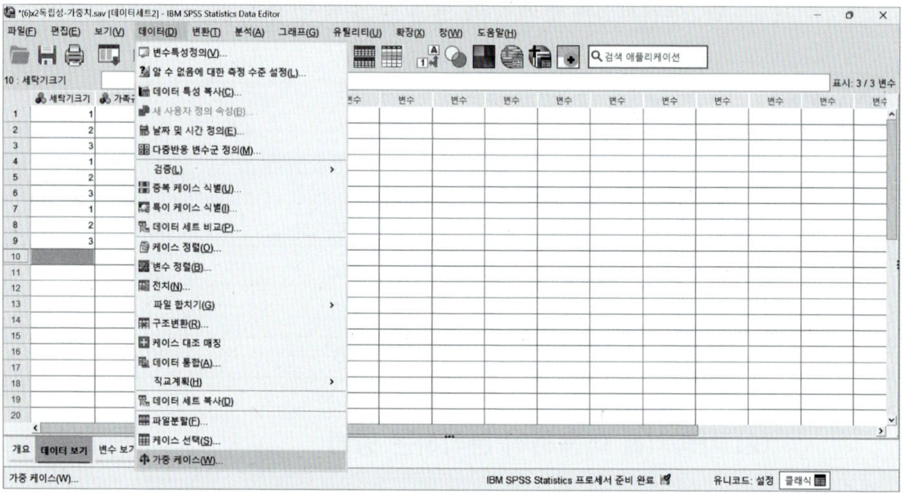

④ [그림 6.9]와 같이 실행하면 [그림 6.10]의 가중 케이스 대화상자가 나타난다.

그림 6.10 가중 케이스 대화상자

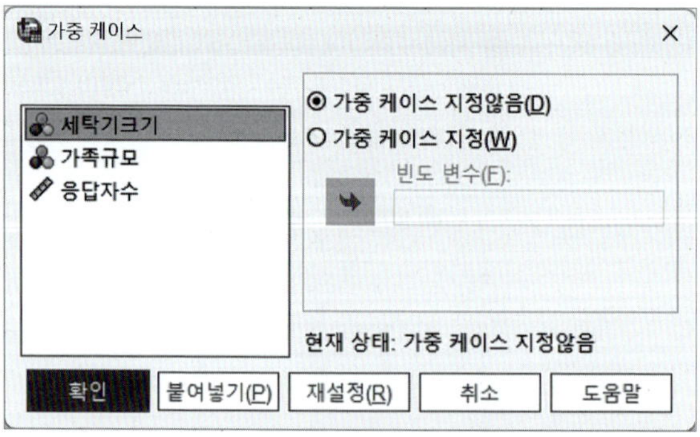

⑤ 여기서 [가중 케이스 지정(W)]을 선택하고 [빈도 변수(F)]로 응답자수를 보내면 [그림 6.11]과 같이 된다.

그림 6.11 가중 케이스의 지정

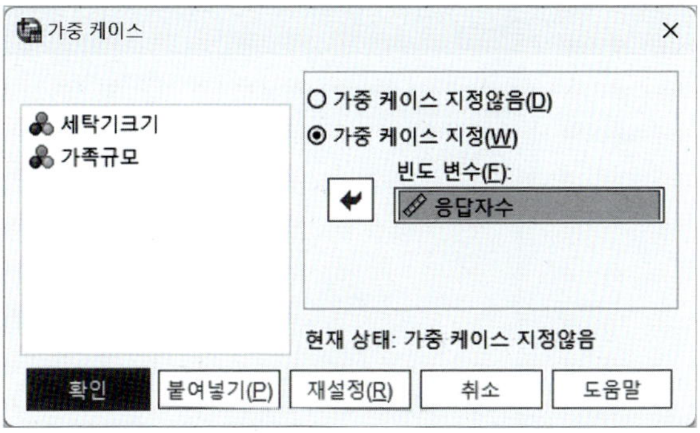

⑥ [그림 6.11]에서 [확인]을 클릭한다.

⑦ [그림 6.12]와 같이 다음의 절차를 따른다.

[분석(A)] → [기술통계량(E)] → [교차분석(C)...] → 클릭

그림 6.12 독립성검증 절차

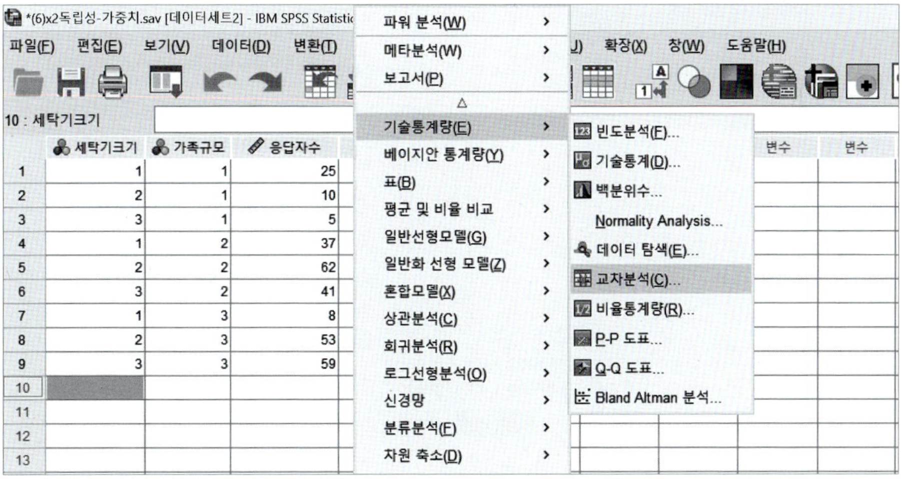

⑧ 그러면 [그림 6.13]의 교차분석 대화상자가 나타난다.

그림 6.13 | 교차분석 대화상자

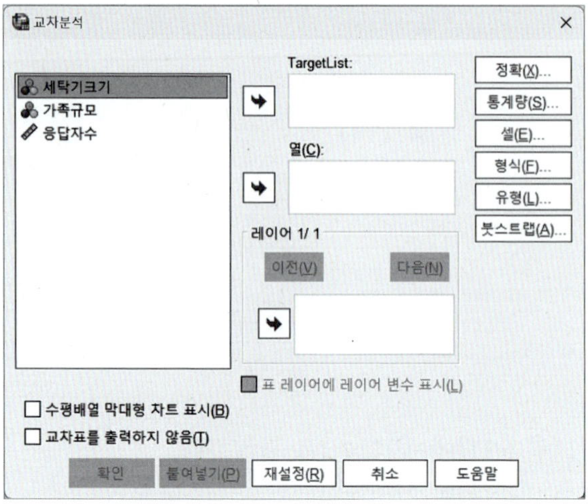

⑨ 여기서 [그림 6.14]와 같이 세탁기크기를 [TargetList]로, 가족규모를 [열(C)]로 보낸다.

그림 6.14 | [TargetList]와 [열(C)]에서 분석할 변수의 선정

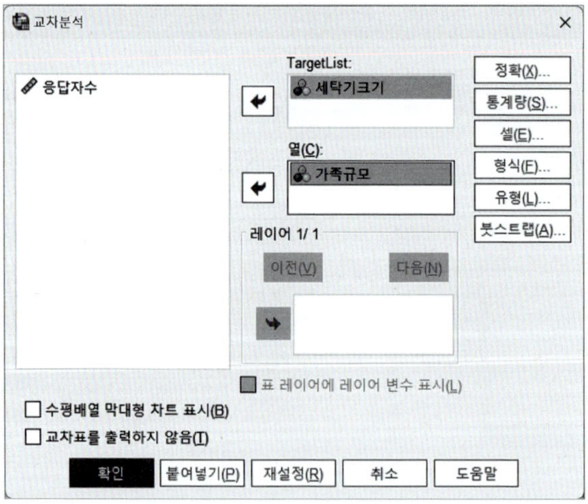

⑩ [그림 6.14]에서 [통계량(S)...] 버튼을 클릭하면 통계량 대화상자가 나타난다. [그림 6.15]와 같이 통계량 대화상자에서 [카이제곱(H)], [분할계수(O)], 그리고 [파이 및 크레이머의 V(P)]를 선택한다.

그림 6.15 | 통계량 대화상자

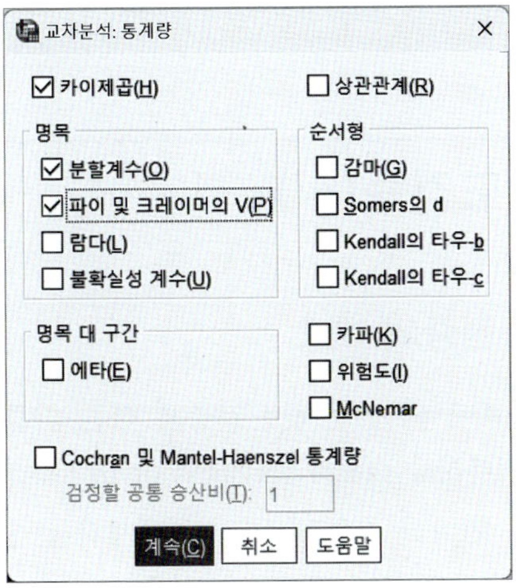

⑪ [그림 6.15]에서 [계속(C)]을 클릭한다.

⑫ [그림 6.14]에서 [셀(E)...] 버튼을 클릭하면 셀 표시 대화상자가 나타난다. [그림 6.16]과 같이 셀 표시 대화상자에서 [관측빈도(O)]와 [기대빈도(E)]를 선택한다. 정수가 아닌 가중값의 처리는 기본설정된 [셀 수 반올림(N)]을 이용한다.

그림 6.16 | 셀 표시 대화상자

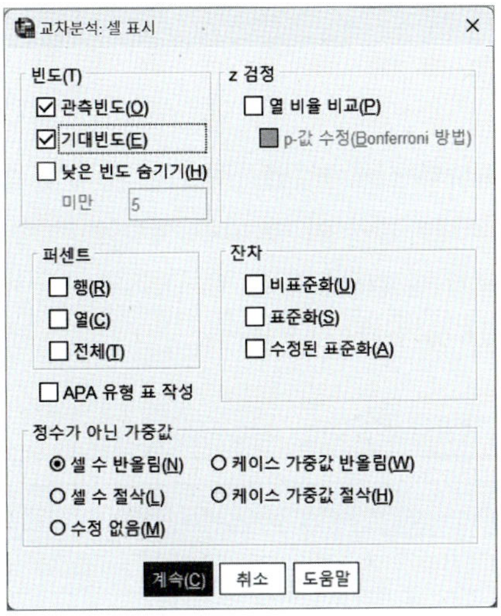

⑬ [그림 6.16]에서 [계속(C)]과 이어서 [확인]을 클릭하면 〈표 6.2〉~〈표 6.4〉와 동일한 결과가 나타난다.

6.2 적합도검증(χ^2)

1. 적합도검증의 개요

빈도자료에 의해 통계적 검증을 하는 다른 방법으로 χ^2 적합도검증이 있다. χ^2 **적합도검증**(chi-square goodness of fit test)은 어떤 조건에서 기대되는 빈도에 관측빈도가 얼마나 적합한가(fit)를 조사하는 데 사용하는 방법이다.

적합도검증을 위한 검증통계량은 다음과 같다.

$$\chi^2 = \sum_{i=1}^{n} \frac{[O_i - E_i]^2}{E_i} \quad [d.f.=\text{셀의 수}-1]$$

여기서, O_i는 i번째 cell의 관측빈도(observed frequency)
E_i는 i번째 cell의 기대빈도(expected frequency)

예제 6.2 **적합도검증**

한 자동차 제조회사의 신제품개발 담당자는 신제품 승용차의 색깔대안을 다섯 가지 고려하고 있으며, 소비자들이 이 중 일부 색깔을 더 선호하는지 여부를 알고자 한다. 300명의 소비자들에게 색깔대안 A, B, C, D, E의 승용차를 보여주고 가장 선호하는 것을 질문한 결과 〈표 6.6〉과 같이 나타났다.

표 6.6 특정색깔을 선호하는 소비자의 수

자동차 색깔					
A	B	C	D	E	합계
88	65	52	40	55	300

이러한 자료로부터 각 색깔을 선호하는 소비자들의 비율이 다르다고 할 수 있는가? $\alpha = .01$.[2]

이 경우의 연구가설과 귀무가설 및 대립가설은 각각 다음과 같이 설정된다.

연구 가설 각 색깔을 선호하는 소비자들의 비율이 다르다.

H_0: 각 색깔을 선호하는 소비자들의 비율이 동일하다.
H_1: 각 색깔을 선호하는 소비자들의 비율이 다르다.

2. SPSS 30을 이용한 적합도검증

(1) 응답을 코딩하여 분석하는 방법

〈예제 6.2〉의 적합도검증을 하는 과정은 다음과 같다.

① '(6)x2적합도.sav' 파일을 불러온다.
② [그림 6.17]과 같이 다음의 절차를 따른다.

[분석(A)] → [비모수검정(N)] → [레거시 대화상자(L)[3]] → [카이제곱(C)...] → 클릭

2 가설검증에서 흔히 사용하는 α는 .05이다. 그러나 연구자가 1종 오류를 가급적 줄이고자 하면 이처럼 .01을 이용할 수 있다. 이는 본 예제의 경우 "각 색깔을 선호하는 비율이 다르다"라고 할 수 있는 매우 충분한 증거가 없는 한 각 색깔의 선호 비율이 동일한 것으로 보고자 하는 입장이다.

3 SPSS는 17 version부터 주요 메뉴의 인터페이스가 일부 변경되었다. 그러나 이전 version을 사용하던 사용자들이 이용하는 데 불편함을 없애기 위해 레거시 대화상자를 두어 과거의 인터페이스와 동일한 메뉴를 제공하고 있다.

그림 6.17 | 적합도검증 절차

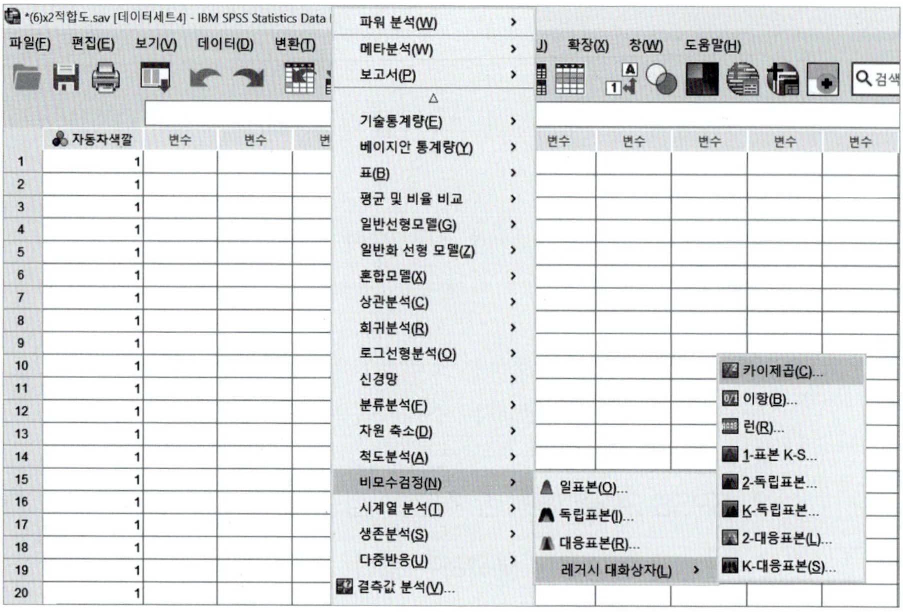

③ 그러면 [그림 6.18]의 카이제곱 검정 대화상자가 나타난다.

그림 6.18 | 카이제곱 검정 대화상자

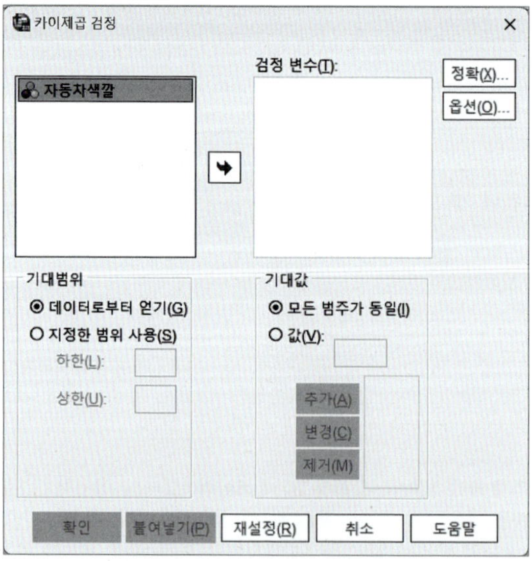

④ 여기서 [그림 6.19]와 같이 분석할 변수(자동차색깔)를 [검정 변수(T)] 상자로 보낸다. 기대범위와 기대값은 기본설정을 이용하여 분석을 진행한다.

그림 6.19 분석대상 변수선정

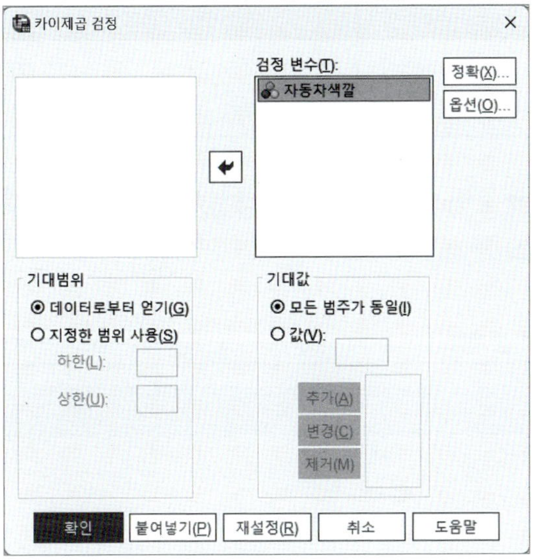

☞ 기대범위와 기대값의 의미는 다음과 같다.

[기대범위]

- **데이터로부터 얻기**: 나타난 각 개별값은 범주로 정의된다(**기본설정**).
- **지정한 범위 사용**: 특정한 범위 내의 검증변수값을 갖는 케이스들에 대해서만 분석하도록 검증변수값의 하한(L)과 상한(U)을 지정할 수 있다. 검증변수에 대해서 범위 밖의 값을 갖는 케이스는 분석에서 제외된다.

[기대값]

- **모든 범주가 동일**: 이는 귀무가설에 해당하는 것으로, 모든 범주들이 동일한 기대값을 가지는 것으로 가정된다(**기본설정**).

⑤ [그림 6.19]에서 [정확(X)...]을 클릭하고 앞의 독립성검증에서와 같이 설정한다.

⑥ 정확검정 대화상자에서 [계속(C)]과 이어서 [확인]을 클릭하면 <표 6.7>과 같은 결과가 나타난다.

표 6.7 자동차 선호 색깔에 대한 빈도분석

	관측빈도	기대빈도	잔차
A	88	60.0	28.0
B	65	60.0	5.0
C	52	60.0	-8.0
D	40	60.0	-20.0
E	55	60.0	-5.0
전체	300		

〈표 6.7〉에는 다섯 가지 자동차 색깔에 대한 관측빈도와 기대빈도가 제시되어 있다.

표 6.8 검정 통계량

	자동차색깔
카이제곱	21.633[a]
자유도	4
근사 유의확률	<.001

a. 0개의 셀 (0.0%)은(는) 5보다 작은 기대빈도를 가집니다. 기대 빈도 셀 값 중 최소값은 60.0입니다.

〈표 6.8〉에 제시된 카이제곱=21.633, $p < .001$이므로 H_0(각 색깔을 선호하는 비율이 동일하다)은 주어진 $\alpha = .01$에서 기각된다. **따라서 각 색깔을 선호하는 소비자들의 비율이 다르다고 할 수 있다.**

(2) 가중치를 이용하여 분석하는 방법

① 〈표 6.6〉의 내용을 [그림 6.20]과 같이 Data Editor에 입력한다.

그림 6.20 Data Editor에 응답값을 입력한 모습

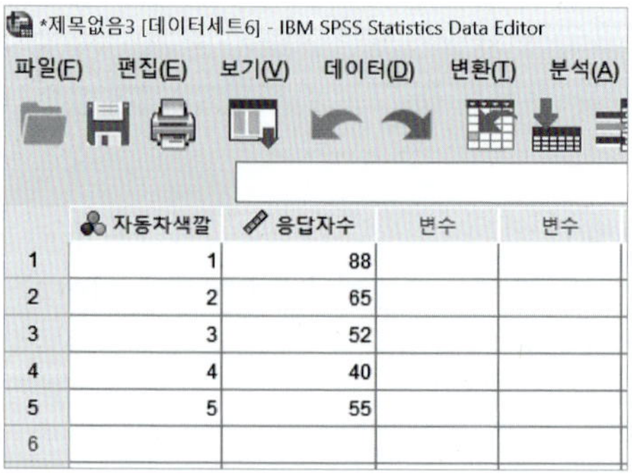

② [그림 6.20]의 내용을 '(6)x2적합도-가중치.sav'로 저장한다.

③ [그림 6.21]과 같이 다음의 절차를 따른다.

[데이터(D)] → [가중 케이스(W)...] → 클릭

그림 6.21 가중치 설정 절차

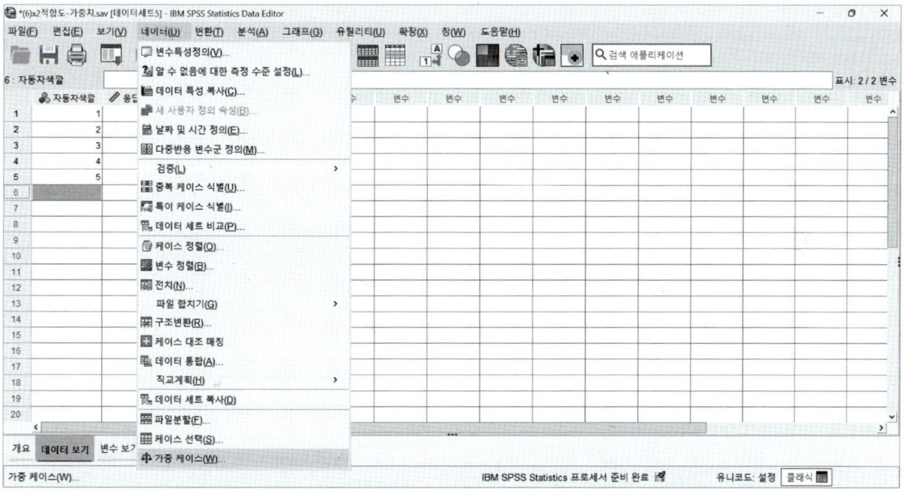

④ [그림 6.21]과 같이 실행하면 [그림 6.22]의 가중 케이스 대화상자가 나타난다.

그림 6.22 가중 케이스 대화상자

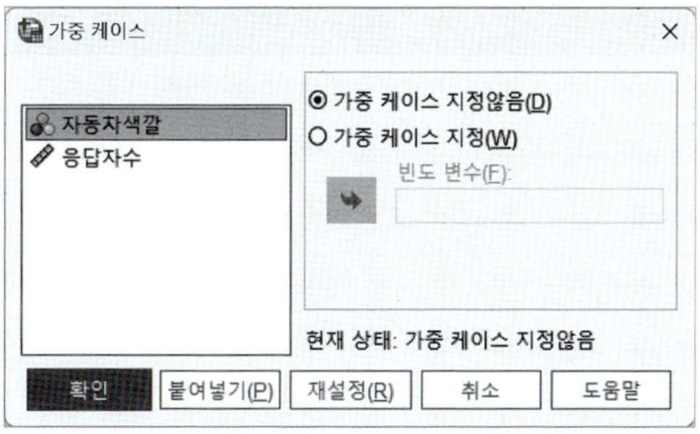

⑤ 여기서 [가중 케이스 지정(W)]을 선택하고 [빈도 변수(F)]로 응답자수를 보내면 [그림 6.23]과 같이 된다.

그림 6.23 | 가중 케이스의 지정

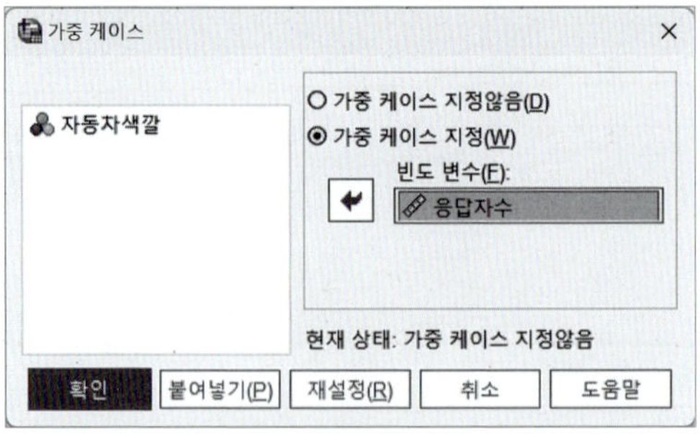

⑥ [그림 6.23]에서 [확인]을 클릭한다.

⑦ [그림 6.24]와 같이 다음의 절차를 따른다.

[분석(A)] → [비모수검정(N)] → [레거시 대화상자(L)] → [카이제곱(C)...] → 클릭

그림 6.24 | 합도검증 절차

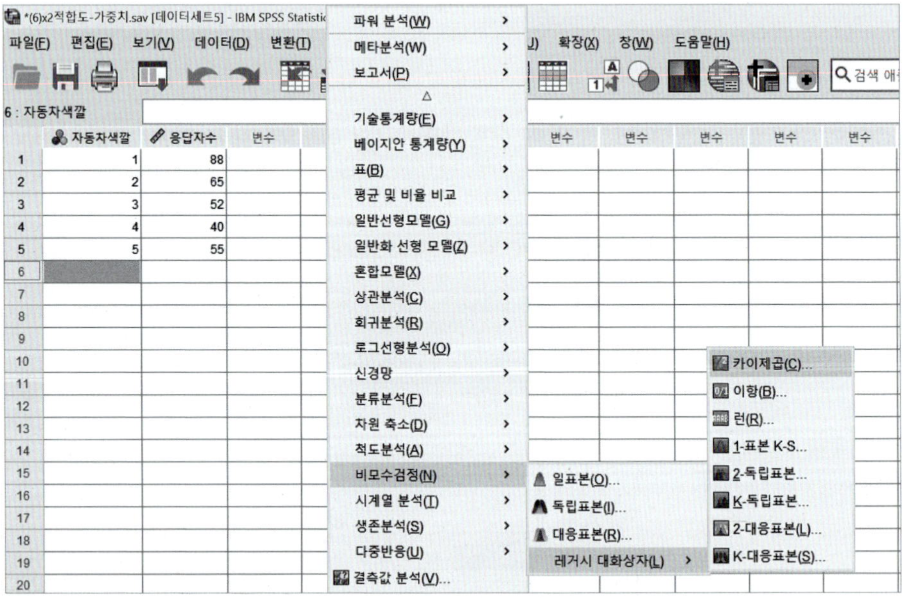

⑧ 그러면 [그림 6.25]의 카이제곱 검정 대화상자가 나타난다.

그림 6.25 카이제곱 검정 대화상자

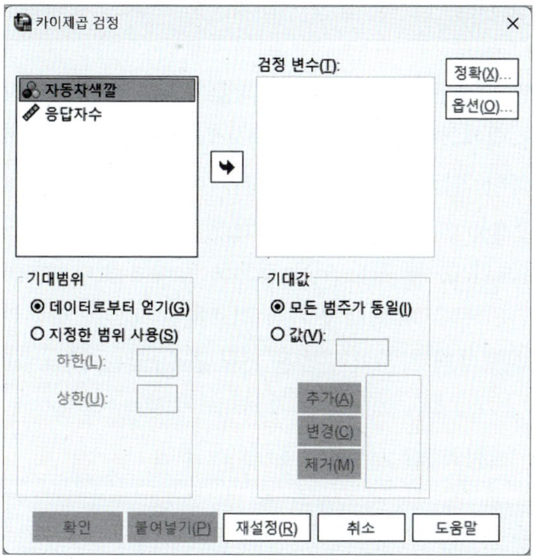

⑨ 여기서 [그림 6.26]과 같이 분석할 변수(자동차색깔)를 [검정 변수(T)] 상자로 보낸다.

그림 6.26 분석대상 변수선정

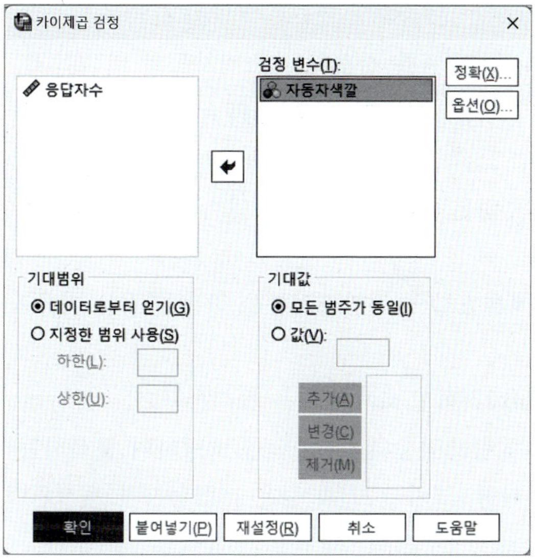

⑩ 여기서 [확인]을 클릭하면 〈표 6.7〉~〈표 6.8〉과 동일한 결과가 나타난다.

예제 6.3 **적합도검증**

〈예제 6.2〉는 다섯 가지 색깔 중 각 색깔을 선호하는 소비자들의 수는 대체로 비슷할 것인가에 관한 것이었다. 그러나 현실적으로 자동차의 여러 색깔 중 검정색과 회색이 비교적 인기가 높다. 이러한 현실을 반영하여 〈예제 6.2〉를 다음과 같이 변경한다. 즉, 일반적으로 색깔 A를 선호하는 소비자들의 비율이 B, C, D, E 각각의 색깔을 선호하는 소비자들의 비율보다 두 배 정도 되는 것으로 알려져 있다. 과연 그렇게 알려진 것이 맞는지를 조사하기 위하여 300명에게 가장 선호하는 색깔을 질문한 결과 〈표 6.9〉와 같이 나타났다. 이 자료로부터 기존의 믿음을 거부할 수 있는가? $\alpha = .05$.

표 6.6 특정색깔을 선호하는 소비자의 수

자동차 색깔					
A	B	C	D	E	합계
88	65	52	40	55	300

연구가설 색깔 A를 선호하는 소비자들의 비율이 B, C, D, E 각각의 색깔을 선호하는 소비자들의 비율의 두 배가 아니다.

H_0: 색깔 A를 선호하는 소비자들의 비율이 B, C, D, E 각각의 색깔을 선호하는 소비자들의 비율의 두 배이다.

H_1: 색깔 A를 선호하는 소비자들의 비율이 B, C, D, E 각각의 색깔을 선호하는 소비자들의 비율의 두 배가 아니다.

〈예제 6.3〉의 적합도검증을 하는 과정은 다음과 같다.

① '(6)x2적합도.sav' 파일을 불러온다.

② χ^2 적합도검증의 (1) 응답을 코딩하여 분석하는 방법의 절차 ②~④를 따른다. 그러면 [그림 6.27]과 같은 대화상자가 제시된다.

그림 6.27 분석대상 변수선정

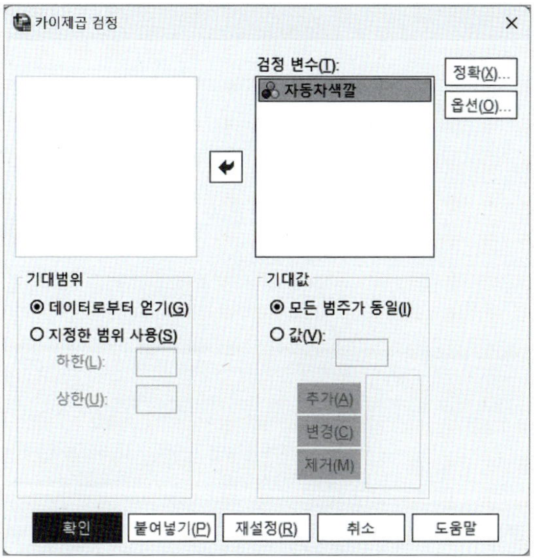

③ [그림 6.27]의 기대값에서 [값(V)]에 100을 입력하고 [추가(A)]를 클릭하면 [그림 6.28]과 같이 된다.

그림 6.28 기대값이 입력된 모습

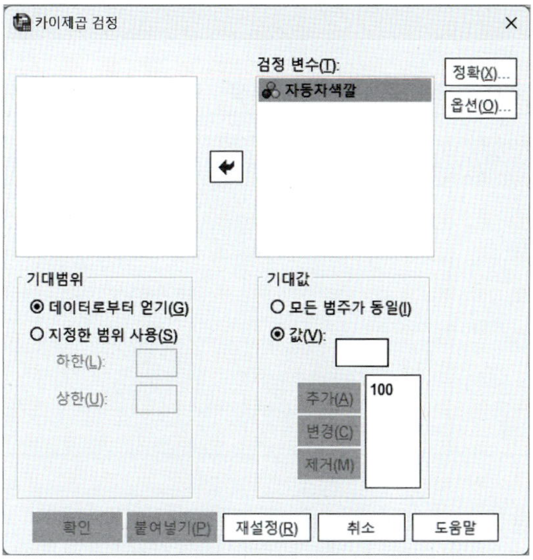

④ ③과 동일한 방법으로 50, 50, 50, 50을 추가적으로 입력한 결과는 [그림

6.29]와 같다. 여기서 입력한 100, 50, 50, 50, 50은 각각 색깔 A, B, C, D, E를 선호하는 소비자들의 숫자를 의미하며 곧 귀무가설에 해당한다.

그림 6.29 모든 기대값을 입력한 모습

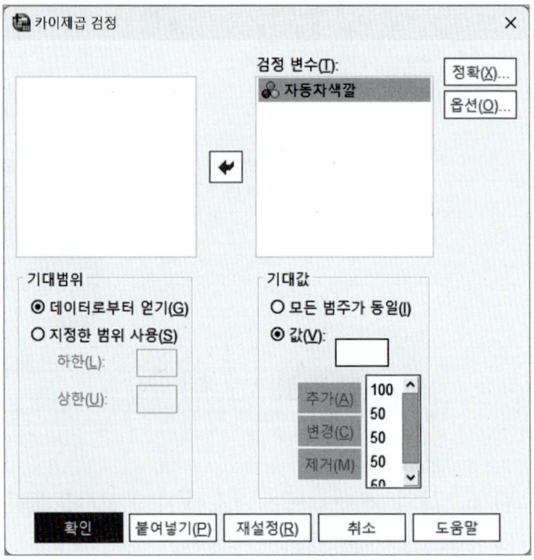

⑤ [그림 6.29]에서 [확인]을 클릭하면 〈표 6.10〉, 〈표 6.11〉과 같은 결과가 나타난다.

표 6.10 자동차 선호 색깔에 대한 빈도분석

	관측빈도	기대빈도	잔차
A	88	100.0	−12.0
B	65	50.0	15.0
C	52	50.0	2.0
D	40	50.0	−10.0
E	55	50.0	5.0
전체	300		

〈표 6.10〉에는 다섯 가지 자동차 색깔에 대한 관측빈도와 기대빈도가 제시되어 있다.

표 6.11 검정 통계량

	자동차색깔
카이제곱	8.520[a]
자유도	4
근사 유의확률	.074

a. 0개의 셀 (0.0%)은(는) 5보다 작은 기대빈도를 가집니다. 기대 빈도 셀 값 중 최소값은 50.0입니다.

〈표 6.11〉에 제시된 카이제곱=8.520, $p=.074$이므로 기존에 알려진 비율이 틀렸다고 할 수 없는 것으로 결론내릴 수 있다. **즉, 색깔 A를 선호하는 소비자들의 비율이 B, C, D, E 각각의 색깔을 선호하는 소비자들의 비율의 두 배라고 할 수 있다.**

연 / 습 / 문 / 제

SPSS 30

1. 다음은 116명의 남녀를 대상으로 그들이 한 달에 편의점을 몇 번 방문하는지를 조사한 것이다. 이 자료로부터 편의점 방문횟수가 성별에 따라 다르다고 할 수 있는가? 또한 효과크기를 계산하고 평가하시오. $\alpha=.05$.
자료파일: (6)연습문제(편의점).sav.

방문 횟수	남	여	합계
1–5	14	26	40
6–14	16	34	50
15회 이상	15	11	26
합계	45	71	116

[분석결과 및 해석]

카이제곱 검정

	값	자유도	근사 유의확률 (양측검정)
Pearson 카이제곱	5.125[a]	2	.077
우도비	5.024	2	.081
선형 대 선형결합	2.685	1	.101
유효 케이스 수	116		

a. 0 셀 (0.0%)은(는) 5보다 작은 기대 빈도를 가지는 셀입니다. 최소 기대빈도는 10.09입니다.

대칭적 측도

		값	근사 유의확률
명목척도 대 명목척도	파이	.210	.077
	Cramer의 V	.210	.077
	분할계수	.206	.077
유효 케이스 수		116	

독립성검증 결과 비유의적으로 나타나(Pearson 카이제곱=5.125, $p=.077$) 귀무가설(H_0: 편의점 방문횟수와 성별은 독립적이다)을 기각할 수 없다. **즉, 편의점 방문횟수가 성별에 따라 다르다고 할 수 없다.** 분할계수=.206, 그리고 Cramer의 V=.210으로 효과크기는 작은 편이다.

2. K기업은 1일 3교대의 근무조에 의해 셔츠를 생산하고 있다. 생산관리자는 근무조에 따라 결함제품의 비율이 다른지를 알기 위해 무작위로 600개의 셔츠를 조사한 결과 다음 표와 같이 나타났다. 이 자료로부터 근무조에 따라 결함제품의 비율이 다르다고 할 수 있는가? 또한 효과크기를 계산하고 평가하시오. $\alpha = .05$.

자료파일: (6)연습문제(셔츠결함).sav.

		근무조			계
		근무조 1	근무조 2	근무조 3	
결함여부	정상	220	191	139	550
	결함	30	9	11	50
전체		250	200	150	600

[분석결과 및 해석]

카이제곱 검정

	값	자유도	근사 유의확률 (양측검정)
Pearson 카이제곱	8.444[a]	2	.015
우도비	8.679	2	.013
선형 대 선형결합	3.879	1	.049
유효 케이스 수	600		

a. 0 셀 (0.0%)은(는) 5보다 작은 기대 빈도를 가지는 셀입니다. 최소 기대빈도는 12.50입니다.

대칭적 측도

		값	근사 유의확률
명목척도 대 명목척도	파이	.119	.015
	Cramer의 V	.119	.015
	분할계수	.118	.015
유효 케이스 수		600	

독립성검증 결과 유의적으로 나타나(Pearson 카이제곱=8.444, p=.015) 귀무가설(H_0: 근무조에 따라 결함제품의 비율이 다르지 않다)은 기각된다. **그러므로 근무조에 따라 결함제품의 비율이 다르다고 할 수 있다.** 자료의 패턴을 볼 때 결함제품의 비율이 높은 순서는 근무조 1, 근무조 3, 근무조 2의 순서로 생각할 수 있다. 분할계수=.118, 그리고 Cramer의 V=.119로 효과크기는 작은 편이다.

3. 다음은 어느 자동차 서비스회사에 서비스를 신청한 자동차 대수를 요일별로 나타낸 것이다. 이 자료로부터 요일에 따라 서비스를 신청한 자동차 대수가 다르다고 할 수 있는가? $\alpha = .05$.

자료파일: (6)연습문제(자동차).sav.

월	화	수	목	금	토	합계
22	18	16	15	25	24	120

[분석결과 및 해석]

신청대수

	관측빈도	기대빈도	잔차
월	22	20.0	2.0
화	18	20.0	−2.0
수	16	20.0	−4.0
목	15	20.0	−5.0
금	25	20.0	5.0
토	24	20.0	4.0
전체	120		

검정 통계량

	신청대수
카이제곱	4.500[a]
자유도	5
근사 유의확률	.480

a. 0개의 셀 (0.0%)은(는) 5보다 작은 기대빈도를 가집니다. 기대 빈도 셀 값 중 최소값은 20.0입니다.

적합도검증 결과 비유의적으로 나타나(카이제곱=4.500, $p=.480$) 귀무가설(H_0: 요일에 따라 서비스를 신청한 자동차 대수의 차이가 없다)은 기각되지 않는다. **즉, 요일에 따라 서비스를 신청한 자동차 대수는 다르다고 할 수 없다.**

제 7 장

분산분석 I: 일원 ANOVA, 블럭디자인 ANOVA, 이원ANOVA

7.1 일원분산분석(One-Way ANOVA)-무작위 디자인

1. 일원분산분석(무작위 디자인)의 개요

(1) 개 념

5.2에서 두 개의 독립모집단 평균차이 검증을 위하여 두 모집단이 정규분포를 이루며 분산이 같다는 가정하에 t-test를 사용할 수 있음을 설명하였다. **분산분석**(analysis of variance; ANOVA)은 두 개 이상의 집단들의 평균값을 비교하는 데 사용하는 통계기법이며, 이때의 검증통계량은 F이다. 가장 간단한 분산분석은 처치변수가 한 개인 **일원분산분석**(one-way ANOVA)이다.

(2) 자 료

독립변수(혹은 처치변수)는 범주를 나타내는 명목척도로 측정되고, 종속변수는 간격척도 혹은 비율척도로 측정된다.

(3) 가 정

각 모집단은 정규분포를 이루며, 분산이 동일하다는 가정이 필요하다. 분산의 동일성 검증을 위해서 Levene's test가 사용된다.

2. SPSS 30을 이용한 일원분산분석

예제 7.1 일원분산분석의 예

A 잡지회사의 영업부에서는 영업사원 교육을 위한 네 가지 교육프로그램의 효과에 차이가 있는지를 조사하기 위하여 실험을 실시하였다. 이 실험에서는 28명의 신입사원들을 무작위로 네 집단으로 나누어 교육프로그램 A, B, C, D로써 교육을 실시하였다. 교육 도중 5명이 탈락하고 교육을 마친 후 1주일간의 장기구독 판매실적은 〈표 7.1〉과 같다. 여기서 신입사원들을 무작위로 네 집단으로 나누었으므로 각 집단에 속한 사원들의 교육받기 전의 판매능력은 동일한 것으로 가정된다. 이 자료로써 교육프로그램에 따라 판매실적이 다르다고 할 수 있는가? $\alpha = .05$.

표 7.1 교육프로그램별 판매실적[1]

교육프로그램			
A	B	C	D
65	75	59	94
87	69	78	89
73	83	67	80
79	81	62	88
81	72	83	
69	79	76	
	90		

연구 가설 네 가지 교육프로그램에 따른 판매실적은 모두 동일하지는 않다.
(즉, 적어도 어느 두 집단의 판매실적 간에는 차이가 있을 것이다.)

H_0: 네 가지 교육프로그램에 따른 판매실적은 동일하다($\mu_A = \mu_B = \mu_C = \mu_D$).
H_1: 네 가지 교육프로그램에 따른 판매실적이 모두 동일하지는 않다(즉, 적어도 어느 두 집단 간에는 차이가 있다).

〈예제 7.1〉의 일원분산분석을 하는 과정은 다음과 같다.

① '(7)일원분산분석.sav' 파일을 불러온다.
② [그림 7.1]과 같이 다음의 절차를 따른다.

[분석(A)] → [평균 및 비율 비교] → [일원배치 분산분석(O)...] → 클릭

1 이 실험의 경우 전체 피실험자들을 네 개의 집단에 무작위로 할당하였다. 이 점에서 이러한 실험디자인을 무작위 디자인(randomized design)이라고 한다. 또한 집단에 따라 다른 피실험자들이 할당되었다. 이 점에서 피실험자 간 디자인(between-subjects design)에 해당한다. 독자들은 7.2의 무작위 블럭디자인과 8.1의 피실험자 내 디자인/반복측정 디자인을 이에 대비하여 이해할 수 있다.

그림 7.1 일원분산분석 절차

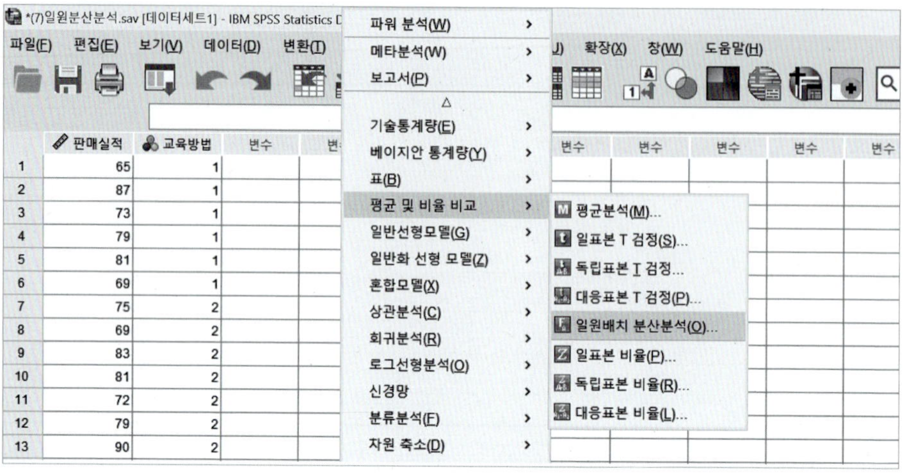

③ 그러면 [그림 7.2]의 일원배치 분산분석 대화상자가 나타난다.

그림 7.2 일원배치 분산분석 대화상자

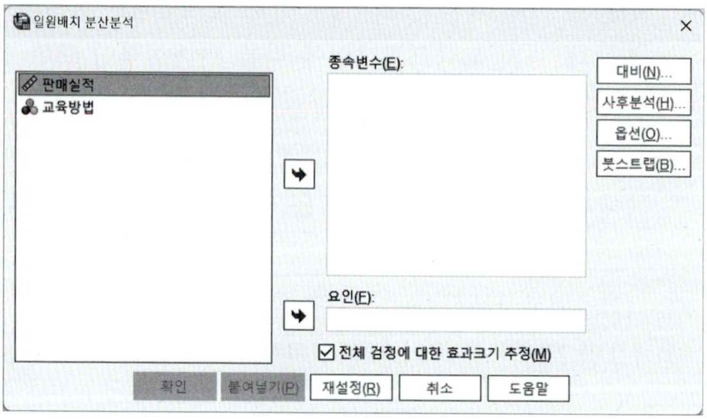

④ 여기서 [그림 7.3]과 같이 판매실적을 [종속변수(E)]로 보내고, 교육방법을 [요인(F)]으로 보낸다.

그림 7.3 분석대상 변수선정

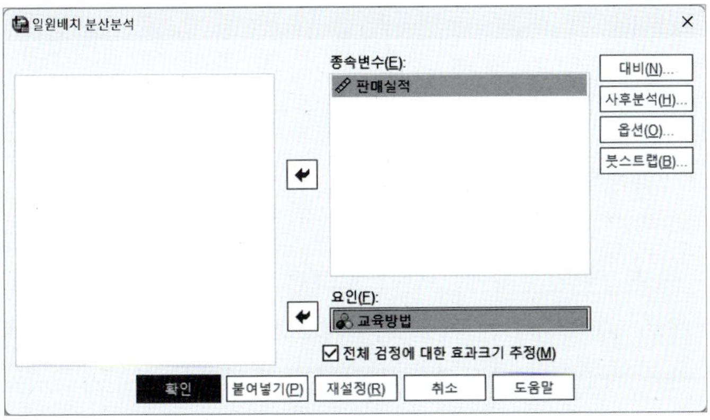

⑤ [그림 7.3]에서 [대비(N)...]를 클릭하면, [그림 7.4]와 같은 대비 대화상자가 나타난다.

그림 7.4 대비 대화상자

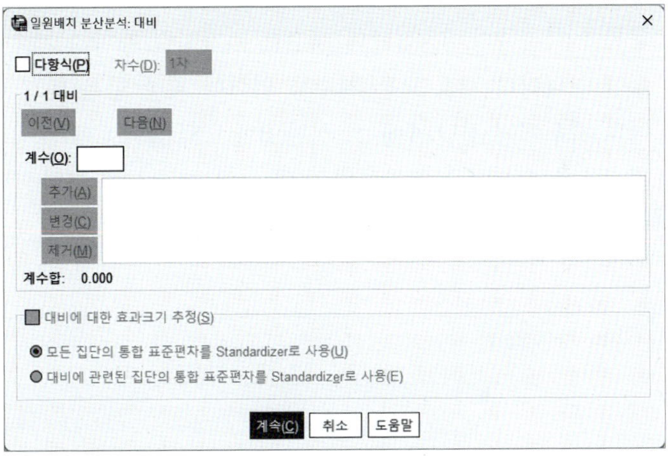

☞ 대비

대비(contrast)란 어떤 변수에 의해 케이스들이 여러 개의 집단(예: G1, G2, G3 및 G4)으로 나누어진 경우, 그중에서 서로 공통적인 특성이 있는 집단끼리 묶어서 두 가지로 범주화(예: G1 + G3 → C1, G2 + G4 → C2)한 후 두 범주의 평균 차이에 대한 *t*-test를 하는 기능이다. 예를 들어, 광고효과 실험을 하는 데 있어서 1집단과 3집단에는 컬러광고를 보여줬고 2집단과 4집단에는 흑백광고를 보여줬을 때, 기본적으로 컬러광고와 흑백광고에 대한 반응에 차이가 있는지를 알고 싶은 경우에 이 대비기능을 사용하여 검증할 수 있다. 이를 함수식으로 나타내면 다음과 같다.

$$L = \frac{\mu_1 + \mu_3}{2} - \frac{\mu_2 + \mu_4}{2}$$

본 예의 경우에, 교육프로그램 A와 C는 통제 위주의 프로그램이었고, 교육프로그램 B와 D는 자율 위주의 프로그램이었다면, 통제 위주의 교육프로그램과 자율 위주의 교육프로그램 간에 판매실적의 차이가 있는지의 여부를 검증할 수 있다. 이를 위와 같은 함수식으로 나타내면 다음과 같다.

$$L = \frac{\mu_A + \mu_C}{2} - \frac{\mu_B + \mu_D}{2}$$

이를 위하여 [그림 7.4]와 같은 대비 대화상자에서 '계수(O): ☐'에 각 집단에 할당할 계수를 A, B, C, D 집단에 해당하는 순서대로 입력을 시켜준다. 각 집단의 계수를 한 번 입력할 때마다 [추가(A)] 버튼을 눌러서 계수목록 상자에 등록을 시켜준다. 각 집단의 계수를 추가시킬 때마다 계수목록 상자 아래쪽의 계수합이 나타나는데, 모든 계수를 입력한 최종 합은 반드시 0이 되어야 한다. 본 예의 경우에는 집단 A에 .5, 집단 B에 -.5, 집단 C에 .5, 그리고 집단 D에 -.5를 지정해서 순서대로 입력하면 위와 같은 함수식에 대한 검증을 할 수 있게 된다. 대비분석을 위해 [그림 7.4]에 계수값을 입력하면 [그림 7.5]와 같이 된다.

그림 7.5 | 대비 계수 입력

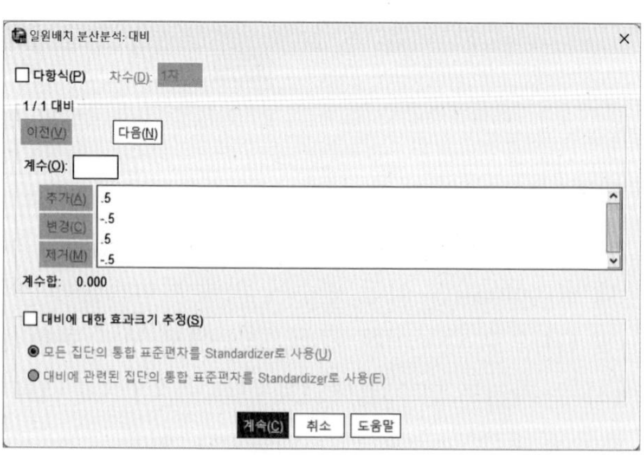

만약, 또 다른 set의 범주간 대비를 하고자 하면 [다음(N)] 버튼을 눌러서 같은 방식으로 계수를 지정해서 입력하면 된다. 예를 들어, 집단 A와 집단 B의 평균을 집단 D와 비교하고자 한다면, .5(집단 A의 계수), .5(집단 B의 계수), 0(집단 C의 계수), −1(집단 D의 계수)을 순서대로 입력하면 된다. 따라서 대비기능을 이용할 때는 입력하는 계수의 순서가 매우 중요하다.

⑥ [그림 7.3]에서 [사후분석(H)...]을 클릭하면 사후분석-다중비교 대화상자가 나타난다. 사후분석-다중비교 대화상자에서 [그림 7.6]과 같이 [Bonferroni]와 [Scheffé]를 선택한다.

그림 7.6 사후분석-다중비교 대화상자와 분석방법 선정

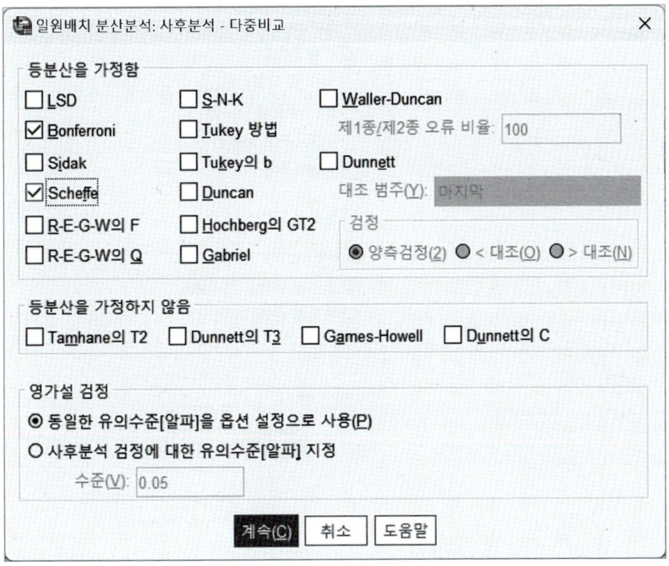

☞ 사후분석-다중비교

사후분석-다중비교를 위한 방법은 Tukey법, Scheffé법, Bonferroni법 등이 있다. **Tukey법**은 각 cell(집단)의 크기가 같을 때만 사용하며, **Scheffé법**과 **Bonferroni법**은 각 cell의 크기가 같거나 다르거나 상관없이 사용할 수 있다. 각 cell의 크기가 같은 경우 Tukey법을 사용하면 집단 간 차이를 가장 정밀하게 감지할 수 있다. 각 cell의 크기가 다른 경우 Scheffé법과 Bonferroni법 중 어느 것을 사용해도 괜찮으나, 두 가지를 모두 적용해보고서 차이를 보다 잘 감지할

수 있는 것을 택할 수 있다.[2] 여기서는 각 cell의 크기가 다르므로 Scheffé법과 Bonferroni법을 지정한다.

⑦ [그림 7.6]에서 [계속(C)]을 클릭한다.

⑧ [그림 7.3]에서 [옵션(O)...]을 클릭하면 옵션 대화상자가 나타난다. 옵션 대화상자에서는 통계량, [평균 도표(M)], 그리고 결측값 처리를 선택할 수 있다. 본 분석을 위해서는 [그림 7.7]과 같이 통계량에서 [기술통계(D)], [분산 동질성 검정(H)], 그리고 [평균 도표(M)]를 선택한다.

그림 7.7 옵션 대화상자

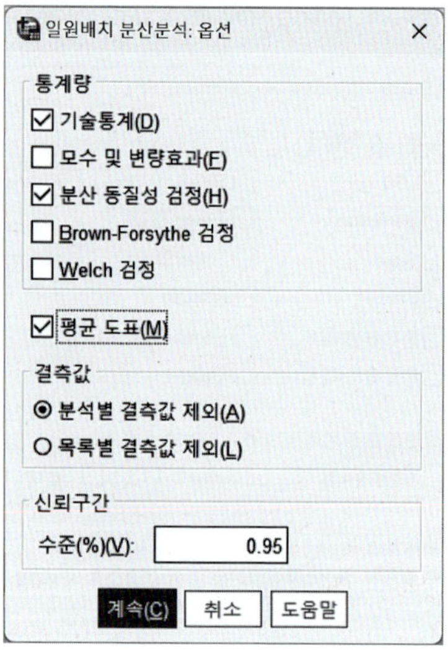

☞ 옵션 대화상자에서 선택한 내용은 다음과 같은 의미를 갖는다.

- **기술통계**: 케이스 수, 평균, 표준편차 등의 기술통계량을 볼 수 있다.
- **분산 동질성 검정**: 분산분석을 위해서는 모집단의 분산이 동일하다는 가정이 충족되어야 한다. 이를 알아보기 위하여 Levene 통계량을 이용한다.
- **평균 도표**: 각 집단별 종속변수 값의 평균을 시각적으로 볼 수 있다.

⑨ [그림 7.7]에서 [계속(C)]과 이어서 [확인]을 클릭하면 〈표 7.2〉와 같은 결과가 산출된다.

2 John Neter and William Wasserman, *Applied Linear Statistical Models*, Irwin, 1974, p. 482.

표 7.2 기술통계량

판매실적

	N	평균	표준편차	표준오차	평균의 95% 신뢰구간		최소값	최대값
					하한	상한		
program A	6	75.67	8.165	3.333	67.10	84.24	65	87
program B	7	78.43	7.115	2.689	71.85	85.01	69	90
program C	6	70.83	9.579	3.911	60.78	80.89	59	83
program D	4	87.75	5.795	2.898	78.53	96.97	80	94
전체	23	77.35	9.316	1.942	73.32	81.38	59	94

〈표 7.2〉에는 각 교육프로그램 집단별 케이스 수, 평균, 표준편차, 표준오차, 각 집단 평균에 대한 95% 신뢰구간, 각 집단별 최소값과 최대값이 나타나 있다. 이 표에서 유의해서 볼 부분은 각 집단의 평균치인데, 프로그램 D의 실적이 가장 높으며, 프로그램 C의 실적이 가장 낮다.

표 7.3 분산의 동일성에 대한 검증

		Levene 통계량	df1	df2	유의확률
판매실적	평균을 기준으로 합니다.	1.218	3	19	.330
	중위수를 기준으로 합니다.	1.213	3	19	.332
	자유도를 수정한 상태에서 중위수를 기준으로 합니다.	1.213	3	18.715	.333
	절삭평균을 기준으로 합니다.	1.233	3	19	.325

분산분석은 각 모집단의 분산이 같다는 가정 하에 실시된다. 〈표 7.3〉에는 Levene 통계량을 이용하여 분산의 동일성에 대해 검증한 결과가 나타나 있다. Levene 통계량(평균 기준)에 $p=.330$으로서 $\alpha=.05$에서 'H_0: $\sigma_1^2=\sigma_2^2=\sigma_3^2=\sigma_4^2$'를 기각하지 못한다. 따라서 등분산 가정에 문제가 없다.[3]

3 Levene's test는 분산의 동일성 검증을 위하여 1960년에 Howard Levene에 의해 평균을 기준으로 개발되었는데, 후속 연구자들에 의해 자료가 정규분포를 따르지 않을 때는 다른 기준을 사용하는 것이 보다 적절하다고(robust) 하였다. 이에 대한 구체적인 내용은 다음의 논문에 있다. Morton B. Brown and Alan B. Forsythe, "Robust tests for the equality of variances," *Journal of the American Statistical Association*, 69, 1974, pp. 364-367. 자료의 분포를 모르는 경우 일반적으로 평균을 기준으로 하고 더욱이 분산분석에서는 정규분포를 가정하므로 본서에서는 평균을 기준으로 한 값을 적용한다.

표 7.4 분산분석 결과

판매실적

	제곱합	자유도	평균제곱	F	유의확률
집단-간	712.586	3	237.529	3.771	.028
집단-내	1196.631	19	62.981		
전체	1909.217	22			

〈표 7.4〉의 분산분석표에서 $F = 3.771$, $p = .028$로서 'H_0: $\mu_1 = \mu_2 = \mu_3 = \mu_4$'는 $\alpha = .05$에서 기각된다. **즉, 각 교육프로그램에 따른 판매실적은 적어도 어느 두 프로그램 간에는 차이가 있다고 할 수 있다.**

표 7.5 분산분석 효과크기[a, b]

		포인트 추정값	95% 신뢰구간	
			하한	상한
판매실적	에타 제곱	.373	.000	.553
	엡실런 제곱	.274	−.158	.483
	오메가 제곱 고정 효과	.266	−.150	.472
	오메가 제곱 변량효과	.108	−.045	.229

a. 에타 제곱 및 엡실런 제곱은 고정 효과 모델을 기반으로 추정됩니다.
b. 음수이지만 편향이 적은 추정값은 유지되며 0으로 반올림되지 않습니다.

추가적으로, 효과크기에 대해서는 5장의 부록에서 설명하였는데, 에타 제곱은 .373, 엡실런 제곱은 .274, 그리고 오메가 제곱(고정효과)은 .266이며 다음과 같이 계산된다. 이 값들은 효과크기의 판단기준으로 볼 때 크다고(large) 할 수 있다(large의 기준 .14보다 큼; 5장의 부록 표 5.9 참조).

$$\eta^2 = \frac{SST}{\text{Total } SS} = \frac{SS_B}{(SS_B + SS_W)} = \frac{712.586}{1,909.217} = .373$$

$$\varepsilon^2 = \frac{SS_B - df_{\text{treatment}} \times MS_W}{\text{Total } SS} = \frac{712.586 - 3 \times 62.981}{1,909.217} = .274$$

$$\omega^2 = \frac{SS_B - df_{\text{treatment}} \times MS_W}{\text{Total } SS + MS_W} = \frac{712.586 - 3 \times 62.981}{1,909.217 + 62.981} = .266$$

표 7.6 대비계수

대비	교육방법			
	program A	program B	program C	program D
1	.5	−.5	.5	−.5

〈표 7.6〉에는 대비검증을 하기 위해 각 집단에 할당한 계수값이 제시되어 있다.

표 7.7 대비검증 결과

		대비	대비 값	표준 오차	t	자유도	유의확률 (양측)	95% 신뢰구간	
								하한	상한
판매 실적	등분산 가정	1	−9.84	3.381	−2.910	19	.009	−16.92	−2.76
	등분산을 가정하지 않습니다.	1	−9.84	3.242	−3.035	17.039	.007	−16.68	−3.00

〈표 7.7〉에는 통제 프로그램 집단(A와 C)과 자율 프로그램 집단(B와 D) 간의 평균차이에 대한 t-test 결과가 제시되어 있다. 통제 프로그램 집단과 자율 프로그램 집단의 판매실적평균 차이는 −9.84로서 자율 프로그램 집단의 판매실적이 더 높게 나타났다. 그 차이에 대한 유의성 검증을 한 결과, 등분산을 가정한 상태에서 두 집단의 평균차이는 유의적으로 나타났다($t = -2.910$, $p = .009$).[4]

〈표 7.8〉은 사후검증 결과를 나타낸다. 이 표에서는 $\alpha = .05$에서 두 집단 간에 차이가 있는 경우에 (*)가 표시되어 있다. 이 경우 해당 95% 신뢰구간은 0을 포함하지 않는다. **〈표 7.8〉에 따르면, 사후 집단 간 비교를 위한 Scheffé, Bonferroni 두 가지 방법 모두에서 프로그램 C와 프로그램 D 간의 차이가 α=.05에서 유의적인 것으로 나타났다. 즉, 프로그램 D는 프로그램 C보다 판매실적에 있어서 평균 16.917만큼 높은 결과를 가져왔으며, 그 차이는 α=.05에서 유의적이라고 할 수 있다.**

4 〈표 7.7〉의 아랫부분은 등분산을 가정하지 않는 경우에 사용될 수 있는 t를 나타낸다. 이때의 t는 Behrens-Fisher statistic T이며, 자유도는 Welch-Satterthwaite formula를 적용함으로써 작아진다. 5장 〈표 5.4〉의 해설 부분의 각주 2)를 참조할 수 있다.

표 7.8 사후검증 - 다중비교

종속변수: 판매실적

	(I) 교육방법	(J) 교육방법	평균차이 (I−J)	표준오차	유의확률	95% 신뢰구간	
						하한	상한
Scheffe	program A	program B	−2.762	4.415	.941	−16.29	10.76
		program C	4.833	4.582	.775	−9.20	18.87
		program D	−12.083	5.123	.172	−27.77	3.61
	program B	program A	2.762	4.415	.941	−10.76	16.29
		program C	7.595	4.415	.420	−5.93	21.12
		program D	−9.321	4.974	.347	−24.56	5.91
	program C	program A	−4.833	4.582	.775	−18.87	9.20
		program B	−7.595	4.415	.420	−21.12	5.93
		program D	−16.917*	5.123	.032	−32.61	−1.23
	program D	program A	12.083	5.123	.172	−3.61	27.77
		program B	9.321	4.974	.347	−5.91	24.56
		program C	16.917*	5.123	.032	1.23	32.61
Bonferroni	program A	program B	−2.762	4.415	1.000	−15.76	10.24
		program C	4.833	4.582	1.000	−8.66	18.32
		program D	−12.083	5.123	.175	−27.16	3.00
	program B	program A	2.762	4.415	1.000	−10.24	15.76
		program C	7.595	4.415	.610	−5.40	20.59
		program D	−9.321	4.974	.458	−23.96	5.32
	program C	program A	−4.833	4.582	1.000	−18.32	8.66
		program B	−7.595	4.415	.610	−20.59	5.40
		program D	−16.917*	5.123	.022	−32.00	−1.84
	program D	program A	12.083	5.123	.175	−3.00	27.16
		program B	9.321	4.974	.458	−5.32	23.96
		program C	16.917*	5.123	.022	1.84	32.00

*. 평균차이는 0.05 수준에서 유의합니다.

그림 7.8 평균 도표

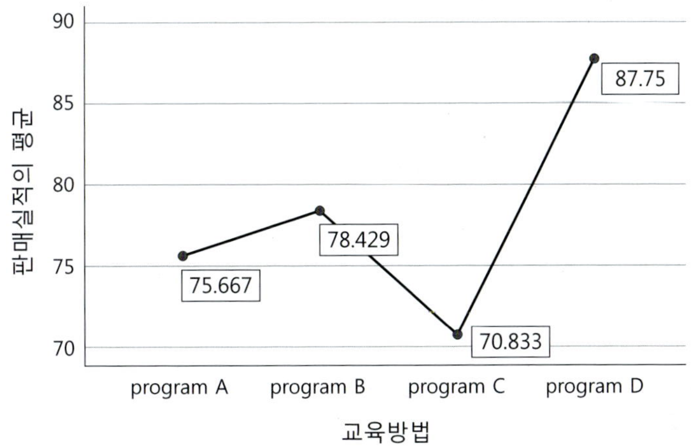

[그림 7.8]은 각 교육방법별 판매실적의 평균값을 도표로 나타낸 것이다. [그림 7.8]과 같이 평균 도표를 활용할 경우, 각 집단별 종속변수 값의 차이를 가시적으로 쉽게 이해할 수 있는 장점이 있다. 특히 각 집단의 평균을 도표 상에 나타내고자 하면 3장의 3.4의 도표 편집의 [그림 3.19]와 [그림 3.20]에서 설명한 것처럼 도표 편집기 도구상자의 아이콘 중 [아이콘]를 클릭한 후 도표의 네 개 포인트를 클릭하면 평균값이 표시된다. [그림 7.8]은 독자들의 이해를 돕기 위해 그러한 절차를 추가한 결과이다.[5]

7.2 무작위 블럭디자인 ANOVA

1. 무작위 블럭디자인에 의한 ANOVA의 개요

(1) 개 념

앞에서 설명한 일원분산분석은 두 개 이상의 독립모집단들의 평균값(혹은 처치집단들의 평균값)을 비교하는 것으로 두 개의 독립모집단의 평균비교를 확장한 것임을 설명하였다. 이와 유사하게, **무작위 블럭디자인**에 의해 수집한 자료의

5 지금까지 일원분산분석을 위해 '평균비교의 일원배치 분산분석'을 이용하는 방법을 설명하였다. 그 대신 7.2와 7.3에서 사용하는 '일반선형모델의 일변량' 기능을 이용할 수 있다. 이 경우 종속변수에 판매실적, 고정요인에 교육방법을 넣고 분석하면 동일한 결과가 산출된다. 관심있는 독자는 스스로 실행해볼 수 있다.

분산분석은 5.3의 paired-difference test를 확장한 것이다.

(2) 자 료

독립변수와 블럭변수는 명목척도로 나타내고, 종속변수는 간격척도 혹은 비율척도로 측정된다.

(3) 가 정

일원분산분석의 경우와 같다.

2. SPSS 30을 이용한 무작위 블럭디자인 ANOVA

예제 7.2 **무작위 블럭디자인 ANOVA의 예**

〈예제 5.3〉을 확장하여 생각해 보자. 만약 마케팅관리자가 패키지 디자인으로 두 가지가 아닌 세 가지를 비교하고자 하는 경우, 선정된 수퍼마켓을 세 집단으로 나누어 각 집단의 수퍼마켓에 A, B, C 중 한 가지 패키지 디자인의 비누를 진열하여 매출을 비교한다면 수퍼마켓의 크기, 내점고객수, 그 지역의 소득, 경쟁상황 등 여러 가지 요인들이 매출에 영향을 줄 수 있다(외생변수). 그러므로 다음과 같이 실험디자인을 무작위 블럭디자인(randomized block design)으로 해야 한다. 이 실험에서는 네 개의 수퍼마켓을 선정하여 각 수퍼마켓에 세 가지 패키지 디자인의 비누를 모두 진열하였다. 그 결과 각 수퍼마켓에서 패키지 디자인별로 〈표 7.9〉와 같이 매출이 실현되었다. 이 경우 각 수퍼마켓의 조건이 세 가지 디자인의 비누판매에 공통적으로 영향을 미치며, 이와 같은 변수를 블럭(block) 변수라고 한다. 이러한 자료로부터 패키지 디자인에 따라 매출이 다르다고 할 수 있는가? $\alpha = .05$.

표 7.9 수퍼마켓별 각 패키지 디자인의 판매실적

		패키지 디자인		
		A	B	C
수퍼마켓	1	17	34	23
	2	15	26	21
	3	1	23	8
	4	6	22	16

연구 가설 세 가지 패키지 디자인에 따른 매출에는 차이가 있을 것이다.

H_0: 세 가지 패키지 디자인에 따른 매출은 모두 동일하다.

H_1: 세 가지 패키지 디자인에 따른 매출이 모두 동일하지는 않다.
(즉, 적어도 어느 두 가지 디자인 간에는 매출에 차이가 있다.)

〈예제 7.2〉의 무작위 블럭디자인을 분석하는 과정은 다음과 같다.

① '(7)분산-무작위블럭.sav' 파일을 불러온다.
② [그림 7.9]와 같이 다음의 절차를 따른다.

[분석(A)] → [일반선형모델(G)] → [일변량(U)...] → 클릭

그림 7.9 무작위 블럭디자인 검증 절차

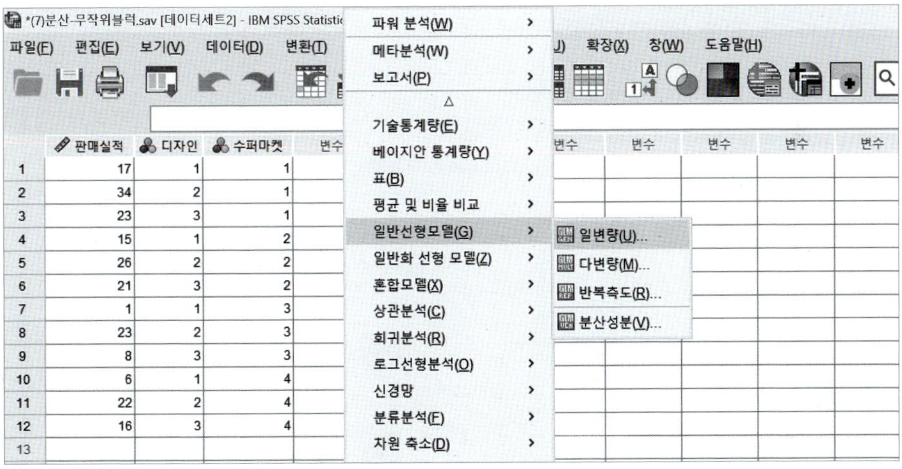

③ 그러면 [그림 7.10]의 일변량 분석 대화상자가 나타난다.

그림 7.10 일변량 분석 대화상자

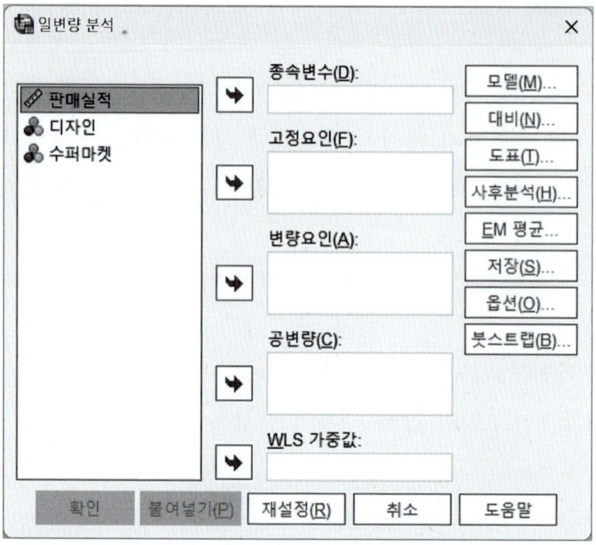

④ 여기서 [그림 7.11]과 같이 판매실적을 [종속변수(D)]로 보내고, 디자인과 수퍼마켓을 [고정요인(F)]으로 보낸다.

그림 7.11 분석대상 변수선정

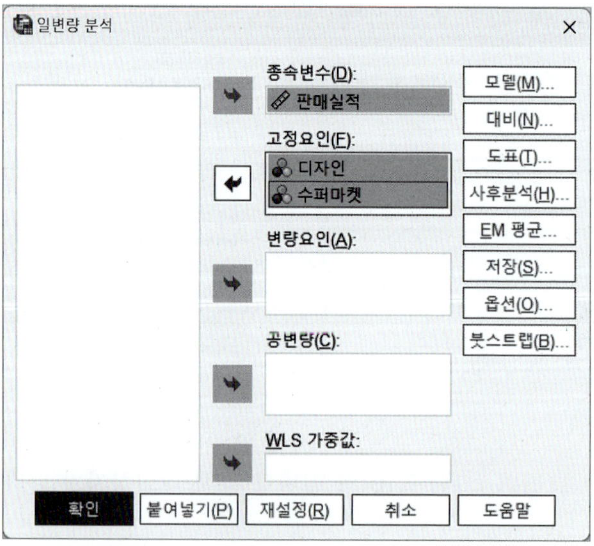

⑤ [그림 7.11]에서 [모델(M)...]을 클릭하면 [그림 7.12]와 같이 모델 대화상자가 나타난다.

그림 7.12 모델 대화상자

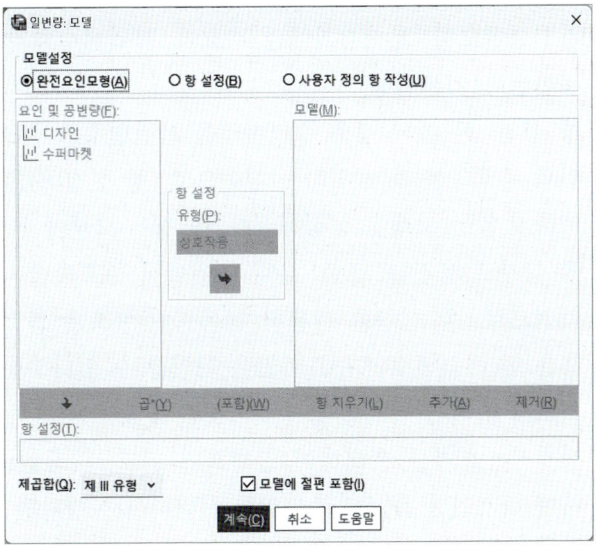

⑥ 여기서 [그림 7.13]과 같이 모델설정에서 [항 설정(B)]을 선택하고, 디자인과 수퍼마켓을 [모델(M)]로 각각 이동시킨다. [유형(P)]의 콤보버튼에서는 주효과를, [제곱합(Q)]의 콤보버튼에서는 기본설정된 제 Ⅲ 유형을 선정하고, [모델에 절편 포함(I)]을 유지한다.

그림 7.13 유형 및 제곱합의 설정

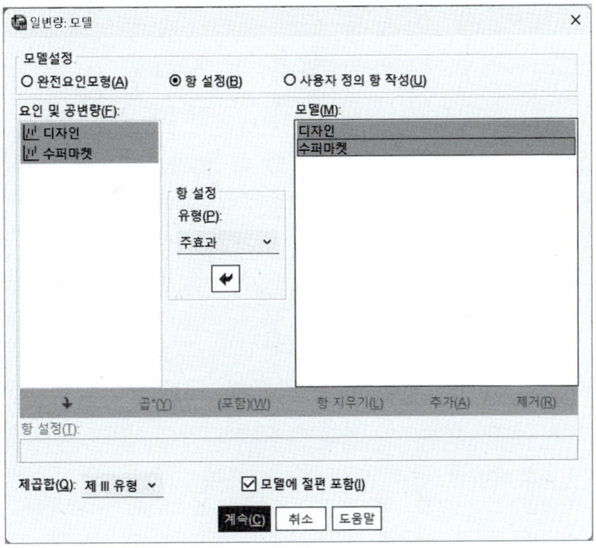

☞ 모델설정의 의미는 다음과 같다.

- **완전요인모형**: 분석결과에는 주효과, 블럭변수효과, 상호작용효과 및 절편이 포함된다(**기본설정**).
- **항 설정**: 본 예의 경우 수퍼마켓을 블럭변수로 설정하고 매출액에 대한 디자인의 주효과를 보기 위한 실험이므로 [항 설정(B)]을 선택하여 상호작용을 고려하지 않는 모형을 설정해준다. 이 경우 모형에 포함시키려는 변수들을 오른쪽 상자로 옮긴다. 또한, 유형 조건에서 주효과만 나타나도록 설정해준다. 추가적으로, 항 설정을 이용하여 독립변수(혹은 블럭변수) 간의 상호작용효과 혹은 한 독립변수의 주효과만을 확인할 수 있다. 만약 상호작용효과만을 산출하고자 한다면 디자인과 수퍼마켓을 동시에 선정하여 오른쪽 상자로 옮긴 후 상호작용효과를 선택하여 실행하면 되고, 디자인의 주효과만을 산출하고자 하면 디자인만 옮기고 주효과를 선택하여 실행하면 된다.
- **사용자 정의 항 작성**: 위의 '항 설정'을 이용하여 독립변수(혹은 블럭변수) 간의 전체 상호작용효과 혹은 주효과만을 확인할 수 있는 데 비해, 사용자 정의 항 작성을 이용하여 모형에 포함된 변수들 간의 일부 상호작용효과만을 확인할 수 있다. 예를 들어, 세 개의 독립변수 A, B, C가 있을 때, A*B의 상호작용은 관심이 있으나 A*C, B*C, 그리고 A*B*C의 상호작용은 관심이 없을 수 있다. 이때 항 설정에서 상호작용을 선택하면 분석결과에 A*B, A*C, B*C, 그리고 A*B*C의 상호작용을 모두 포함시킨다. 이에 비해 사용자 정의 항 작성을 이용하면 분석결과에 관심있는 A*B의 상호작용만을 포함시킬 수 있다.

[참고] 사용자 정의 항 작성을 활용한 모형설정

본 예에서는 [그림 7.13]과 같이 [항 설정(B)]을 이용하여 분석을 진행하였다. 그런데 [사용자 정의 항 작성(U)]을 이용해서도 동일한 결과를 얻을 수 있다. 절차는 다음과 같다.

(ⅰ) **사용자 정의 항 작성 선택**: 변수상자 하단의 ↓, 곱, 포함, 항 지우기, 추가, 제거의 버튼이 활성화된다.
(ⅱ) **디자인 변수 선택 후 ↓ 클릭**
(ⅲ) **'추가' 클릭**: 항 설정 상자에 디자인 변수가 추가된다.
(ⅳ) **수퍼마켓 변수 선택 후 ↓ 클릭**

(v) **'추가' 클릭**: 항 설정 상자에 수퍼마켓 변수가 추가된다.

(i) ~ (v)의 절차를 따르면 독립변수(디자인)와 블럭변수(수퍼마켓)의 주효과만을 얻을 수 있으며, [항 설정(B)]의 주효과 선택과 동일한 결과를 얻을 수 있다.

- **제곱합 – 제 I 유형**: 제곱합 계산방법을 설정하는 것으로서, 각 셀의 크기가 같은 경우에만 사용될 수 있다.
  - **제 Ⅲ 유형**: 결측 셀이 없는 모형의 경우 제 Ⅲ 유형 제곱합 방법이 가장 일반적으로 사용된다. 각 셀의 크기가 같거나 다르거나 상관없이 사용될 수 있다(**기본설정**).
  - **제 Ⅳ 유형**: 결측 셀이 있는 경우 사용된다.

⑦ [대비(N)...], [도표(T)...], [저장(S)...] 등의 조건은 기본설정대로 둔다.

⑧ [그림 7.11]에서 [사후분석(H)...]을 클릭하면 [그림 7.14]의 관측평균의 사후분석 다중비교 대화상자가 나타난다.

그림 7.14 관측평균의 사후분석 다중비교 대화상자

⑨ 본 연구는 수퍼마켓 간의 차이보다 디자인 간의 차이에 초점을 두므로 [그림 7.15]와 같이 [요인(F)]의 디자인을 [사후검정변수(P)]로 보낸다. 이후 사후분석 다중비교 방법으로 [Tukey 방법]을 설정한다. 본 분석에서 사후분석 다중비교 방법으로 [Tukey 방법]을 설정한 이유는 분석집단 cell의 크기가 같기 때문이다. 이 경우 관심있는 독자는 Bonferroni, Scheffé 방법을 함께 설정해 봄으로써 Tukey 방법이 가장 정밀하게 감지할 수 있음을 확인할 수 있다(그림 7.6과 그 하단의 설명 참조).

그림 7.15 사후검정변수 선택 및 사후분석 다중비교 방법의 선택

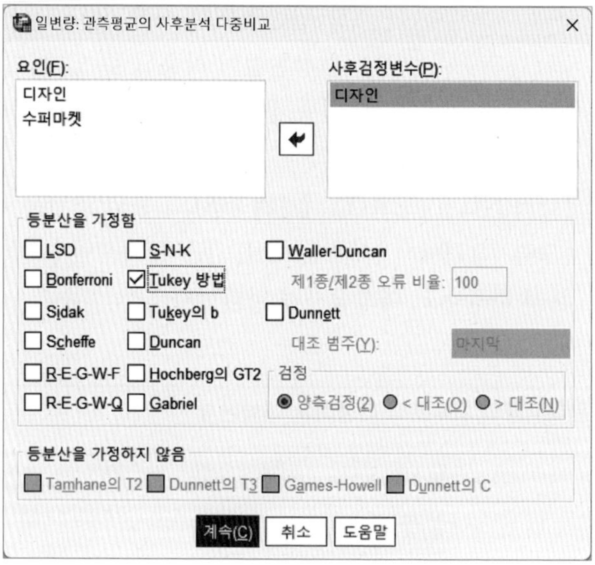

⑩ [그림 7.15]에서 [계속(C)]을 클릭한다.

⑪ [그림 7.11]에서 [옵션(O)...]을 클릭하면 옵션 대화상자가 나타나는데, [그림 7.16]과 같이 [기술통계량(D)]과 [효과크기 추정값(E)]을 클릭한다.

그림 7.16 옵션 대화상자

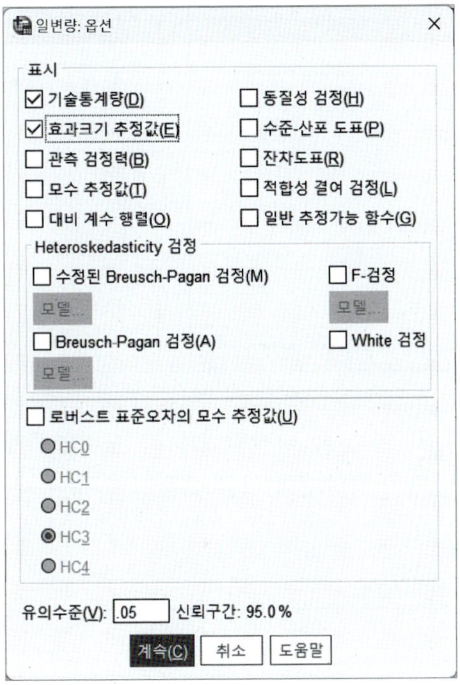

⑫ [그림 7.16]에서 [계속(C)]과 이어서 [확인]을 클릭하면 결과가 나타난다(표 7.10부터).

표 7.10 기술통계량

종속변수: 판매실적

디자인	수퍼마켓	평균	표준편차	N
design A	1	17.00	.	1
	2	15.00	.	1
	3	1.00	.	1
	4	6.00	.	1
	전체	9.75	7.544	4
design B	1	34.00	.	1
	2	26.00	.	1
	3	23.00	.	1
	4	22.00	.	1
	전체	26.25	5.439	4

design C	1	23.00	.	1
	2	21.00	.	1
	3	8.00	.	1
	4	16.00	.	1
	전체	17.00	6.683	4
전체	1	24.67	8.622	3
	2	20.67	5.508	3
	3	10.67	11.240	3
	4	14.67	8.083	3
	전체	17.67	9.247	12

〈표 7.10〉에는 각 디자인별로 각 수퍼마켓에 따른 매출실적과 케이스의 수, 그리고 네 개 수퍼마켓의 평균 매출실적 등이 제시되어 있다.

표 7.11 개체 간 효과검증

종속변수: 판매실적

원인	제 III 유형 제곱합	자유도	평균제곱	F	유의확률	부분 에타 제곱
수정된 모형	895.167[a]	5	179.033	23.609	<.001	.952
절편	3745.333	1	3745.333	493.890	<.001	.988
디자인	547.167	2	273.583	36.077	<.001	.923
수퍼마켓	348.000	3	116.000	15.297	.003	.884
추정값	45.500	6	7.583			
전체	4686.000	12				
수정된 합계	940.667	11				

a. R 제곱 = .952 (수정된 R 제곱 = .911).

〈표 7.11〉에는 디자인에 따라 판매실적이 달라지는지, 그리고 수퍼마켓에 따라 판매실적이 달라지는지에 대한 분석결과가 제시되어 있다. 그런데, 본 분석의 기본목적은 디자인에 따라 판매실적이 달라지는지를 검증하는 데 있다. 분석결과 $F=36.077$, p-value$<.001$로 'H_0: $\mu_1=\mu_2=\mu_3=\mu_4$'는 $\alpha=.05$에서 기각된다. **따라서 패키지 디자인에 따른 매출이 모두 동일하지는 않다고 결론내릴 수 있다.** 추가적으로, 수퍼마켓에 따른 판매실적 차이를 보면, $F=15.297$, $p=.003$으로 'H_0: $\mu_1=\mu_2=\mu_3=\mu_4$'는 $\alpha=.05$에서 기각된다. 즉, 네 개의 수퍼마켓의 판매실적에는 차이가 있다고 결론내릴 수 있다. 참고로 일반선형모델로 분석하면 언제

나 절편이 보고되는데 해석을 할 때 이는 무시하면 된다.

〈표 7.11〉의 마지막 칼럼은 '부분 에타제곱값'을 보여준다. **부분 η^2(partial eta squared; η^2)**는 효과크기를 나타내는 값으로 5장의 부록에서 설명하였다. 본 예제의 경우 부분 η^2는 각각 .884와 .923이므로 효과크기가 매우 크다고 할 수 있다(large의 기준치 .14보다 훨씬 큼). 이는 집단 간 평균차이가 매우 크다는 것을 의미한다. 부분 η^2의 기본 공식과 본 예제의 경우 계산 값의 도출 과정은 다음과 같다.

$$\text{부분 } \eta^2 = \frac{SS_B(\text{집단간 분산제곱합})}{SS_B + SS_e(\text{오차제곱합})}$$

$$\text{수퍼마켓의 부분 } \eta^2 = \frac{348}{348 + 45.5} = .884$$

$$\text{디자인의 부분 } \eta^2 = \frac{547.167}{547.167 + 45.5} = .923$$

끝으로, 〈표 7.11〉의 하단에 있는 R제곱은 처치변수와 블럭변수가 종속변수의 분산을 설명하는 정도를 나타낸다. 이 경우 수퍼마켓의 제곱합과 디자인의 제곱합을 더한 값(348.000 + 547.167)을 수정된 합계값(940.667)으로 나누면 그 값은 .952가 된다. 이는 곧 수정된 모형의 부분 에타제곱값에 해당하며, 회귀분석의 R^2에 비유될 수 있다.

표 7.12 사후검증 - 다중비교

종속변수: 판매실적
Tukey HSD

(I) 디자인	(J) 디자인	평균차이 (I–J)	표준오차	유의확률	95% 신뢰구간	
					하한	상한
design A	design B	−16.50*	1.947	<.001	−22.47	−10.53
	design C	−7.25*	1.947	.023	−13.22	−1.28
design B	design A	16.50*	1.947	<.001	10.53	22.47
	design C	9.25*	1.947	.008	3.28	15.22
design C	design A	7.25*	1.947	.023	1.28	13.22
	design B	−9.25*	1.947	.008	−15.22	−3.28

관측평균을 기준으로 합니다.
오차항은 평균제곱(오차) = 7.583입니다.
*. 평균차이는 .05 수준에서 유의합니다.

〈표 7.12〉의 사후분석표는 어느 두 디자인 간에 판매실적이 다른지를 보여준다. 〈표 7.12〉에 따르면 $\mu_A \neq \mu_B$, $\mu_B \neq \mu_C$, $\mu_A \neq \mu_C$이며, 따라서 **디자인 A, B, C의 판매실적은 서로 다르다고 결론내릴 수 있다.**

7.3 이원분산분석(Two-Way ANOVA)–팩토리얼 디자인

1. 팩토리얼 디자인에 의한 이원분산분석의 개요

(1) 개 념

7.2에서 설명한 무작위 블럭디자인에 의한 분산분석은 한 처치변수의 수준(treatment level)에 따라 결과변수의 값이 달라지는가를 조사할 때 외생변수로 작용할 수 있는 변수를 통제하기 위하여 블럭변수로 처리한 것이다. 그러므로 엄격히 말해 한 개의 처치변수의 효과를 조사하는 것이다. 그런데 마케팅조사에서 동시에 두 개 이상의 처치변수의 효과를 조사하는 경우가 흔히 있다. **팩토리얼 디자인**(factorial design)은 두 개 이상의 독립처치변수의 수준변화에 따른 결과변수 값의 변화를 조사하기 위한 실험디자인으로, 이때 각 처치변수를 factor라고 부른다. 예를 들어, factor A의 처치수준은 a이고 factor B의 처치수준이 b이면 이 실험디자인을 a×b factorial design이라 부르며, 처치변수가 두 개이므로 처치효과(treatment effect)를 조사하기 위하여 **이원분산분석**(two-way ANOVA)을 적용한다. 만약, 여기에 추가적으로 factor C가 있으며 처치수준이 c이면 a×b×c factorial design이 되며 삼원분산분석(three-way ANOVA)을 적용한다.

이하에서는 이원분산분석을 설명한다. 일원분산분석에서 연구자가 관심을 갖는 것은 주효과(main effect)인데, 이는 한 처치변수의 변화가 결과변수에 미치는 영향에 관한 것이다. 이에 비해 이원분산분석에서 연구자가 관심을 갖는 것은 두 처치변수의 상호작용효과이다. 여기서 **상호작용효과**(interaction effect)는 한 처치변수의 변화가 결과변수에 미치는 영향이 다른 처치변수의 수준에 따라 달라지는가 하는 것이다.

(2) 자 료

일원분산분석의 경우와 동일하다.

(3) 가 정

일원분산분석의 경우와 동일하다.

2. SPSS 30을 이용한 이원분산분석

예제 7.3 팩토리얼 디자인에 의한 이원분산분석의 예

저관여 신제품의 경우 소비자의 광고에 대한 태도는 브랜드태도에 상당한 영향을 미칠 수 있다. 신제품 광고로서 1, 2, 3 세 가지 광고대안을 개발하였으며 피실험자들에게 노출시킨 후 광고태도를 측정하여 소비자들이 좋아하는 광고를 선택하고자 한다. 마케터는 이러한 광고대안들에 대한 태도가 남녀 간에 다를지도 모른다고 생각하고 남·녀 중 어느 집단이 어떤 광고를 더 좋아하는지 알기를 원했다. 남녀 각각 9명의 피실험자들을 다음과 같이 6개의 셀에 할당하고 각 피실험자에게 세 가지 광고 중 하나를 보여주었다(3×2 팩토리얼 디자인). 피실험자들은 광고태도를 0.0~5.0(간격 0.1)의 척도상에 표시하였다. 그 결과는 〈표 7.13〉과 같다.

표 7.13 남·녀별 각 광고에 대한 태도점수

성별	광고		
	1	2	3
남	4.1	3.1	3.5
	3.9	2.8	3.2
	4.3	3.3	3.6
여	2.1	1.9	2.7
	2.1	2.2	2.3
	2.6	2.3	2.5

연구가설 광고대안들에 대한 태도는 성별에 따라 다를 것인가(α=.05)?
(광고대안과 성별 간에는 상호작용효과가 있는가(α=.05)?)

위의 연구문제를 다음과 같이 표현할 수도 있다:
광고대안과 성별 간에는 상호작용효과가 있는가(α=.05)?

또한 이를 통계적 가설 설정의 표현으로 나타내면 다음과 같다.

H_0: 상호작용효과가 없다.
H_1: 상호작용효과가 있다.

위의 연구문제를 다음과 같이 모형으로 나타낼 수 있다.

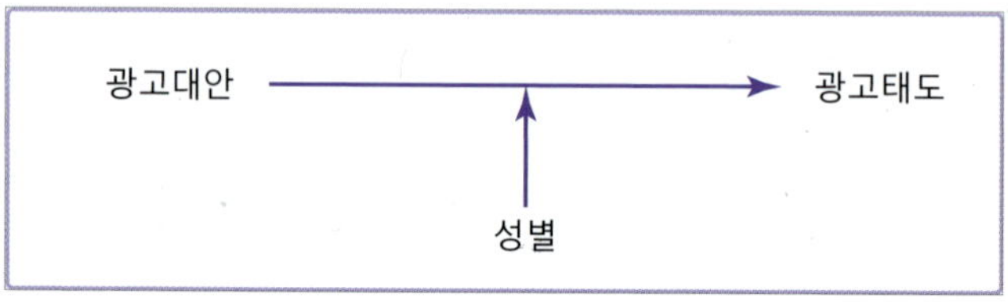

〈예제 7.3〉의 이원분산분석을 하는 과정은 다음과 같다.

① '(7)이원분산분석.sav' 파일을 불러온다.
② [그림 7.17]과 같이 다음의 절차를 따른다.

[분석(A)] → [일반선형모델(G)] → [일변량(U)...] → 클릭

그림 7.17 이원분산분석 절차

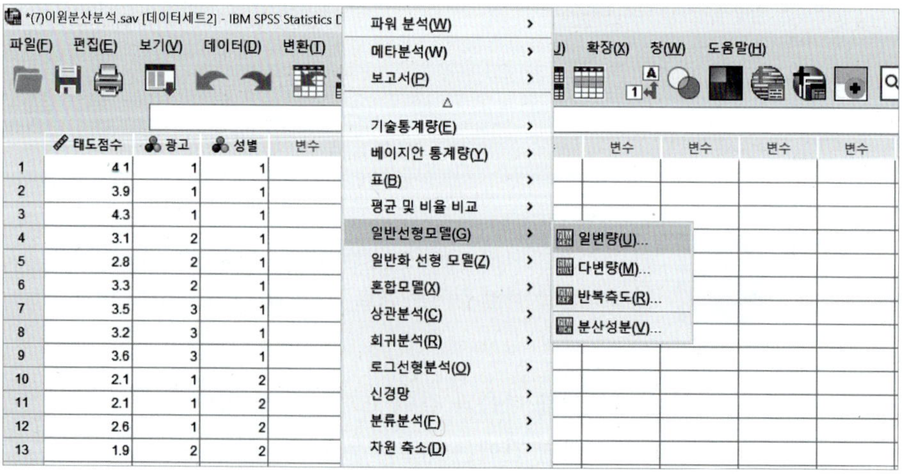

③ 그러면 [그림 7.18]의 일변량 분석 대화상자가 나타난다.

그림 7.18 | 일변량 분석 대화상자

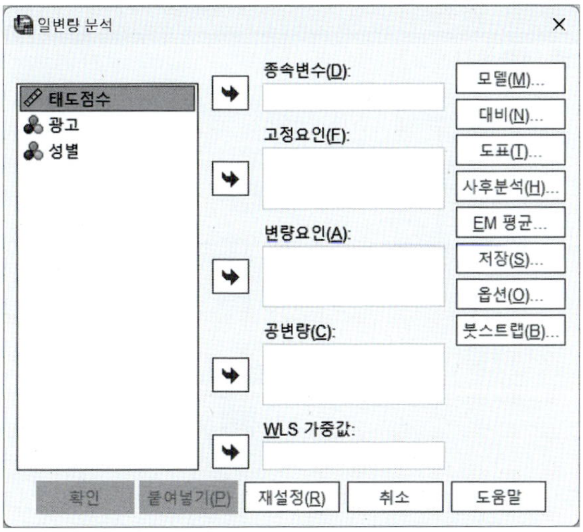

④ 여기서 [그림 7.19]와 같이 태도점수를 [종속변수(D)]로, 그리고 광고와 성별을 [고정요인(F)]으로 보낸다.

그림 7.19 | 분석대상 변수선정

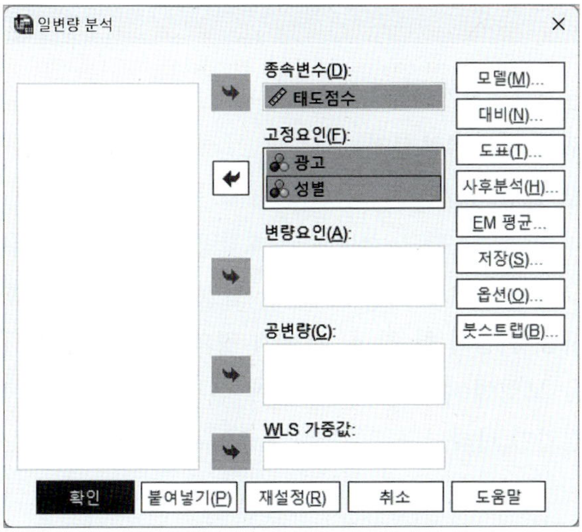

⑤ [그림 7.19]에서 [모델(M)...]을 클릭하면 [그림 7.20]과 같은 모델 대화상자가 나타난다. 본 분석에서는 기본설정된 분석방법([완전요인모형(A)], [제 Ⅲ 유형], [모델에 절편 포함(I)])을 유지한다.

그림 7.20 모델 대화상자

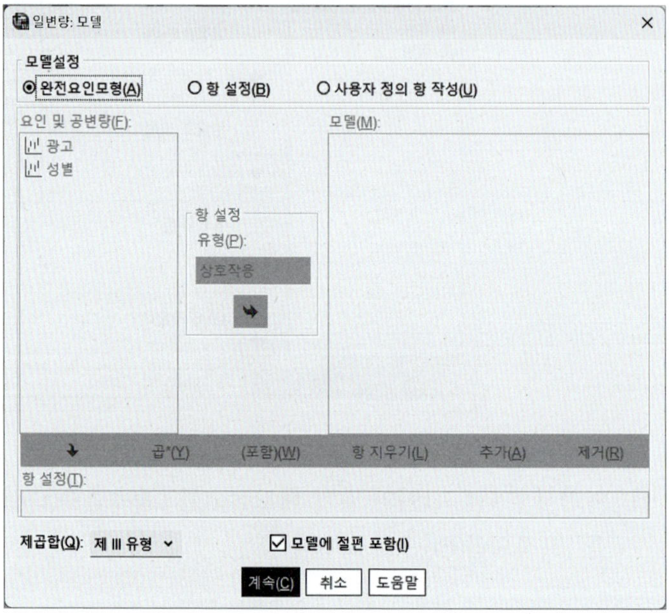

☞ 모델설정의 의미는 다음과 같다.

- **완전요인모형**: 분석결과에는 두 처치변수의 주효과, 상호작용효과 및 절편이 포함된다(**기본설정**).
- **항 설정:** [그림 7.13] 설명 참조. 만약, 항 설정을 선택해서 광고와 성별, 각각의 주효과, 광고*성별의 상호작용을 차례로 선택한 후 '모델에 절펴 포함'을 그대로 두면 완전요인모형을 설정한 경우와 동일한 결과가 나타난다.
- **사용자 정의 항 작성:** 사용자 정의 항 작성을 선택해서 광고, 성별, 광고*성별을 모형에 추가한 후 '모델에 절편 포함'을 유지해도 완전요인모형과 동일한 결과가 나타난다.

[참고] 사용자 정의 항 작성을 활용한 모형설정

[사용자 정의 항 작성]을 이용한 모형설정 절차는 다음과 같다.

(i) **사용자 정의 항 작성 선택**: 변수상자 하단의 ↓, 곱, 포함, 항 지우기, 추가, 제거 등의 버튼이 활성화된다.
(ii) **광고 변수 선택 후 ↓ 클릭**
(iii) **'추가' 클릭**: 항 설정 상자에 광고 변수가 추가된다.
(iv) **성별 변수 선택 후 ↓ 클릭**
(v) **'추가' 클릭**: 항 설정 상자에 성별 변수가 추가된다.
(vi) **광고 변수 선택 후 ↓ 클릭 → '곱' 클릭 → 성별 변수 선택 후 ↓ 클릭**
(vii) **'추가' 클릭**: 항 설정 상자에 광고*성별 변수가 추가된다.

(i) ~ (vii)의 절차를 따르면 독립변수(디자인, 수퍼마켓)의 주효과와 상호작용효과를 산출할 수 있다.

⑥ [그림 7.20]에서 [계속(C)]을 클릭한다.

⑦ [그림 7.19]에서 [도표(T)...]를 클릭하면 프로파일 도표 대화상자가 나타난다. 프로파일 도표 대화상자의 [요인(F)]에서 광고를 [수평축 변수(H)]로 보내고, 성별을 [선구분 변수(S)]로 보낸 후, [추가(A)]를 클릭하여 [그림 7.21]과 같이 프로파일 도표 대화상자를 설정한다. 이처럼 도표를 그리는 경우 일반적으로 <u>주변수(main variable)를 수평축 변수</u>로 보내고, <u>조절변수(moderating variable)를 선구분 변수</u>로 보낸다.

그림 7.21 | 프로파일 도표 대화상자

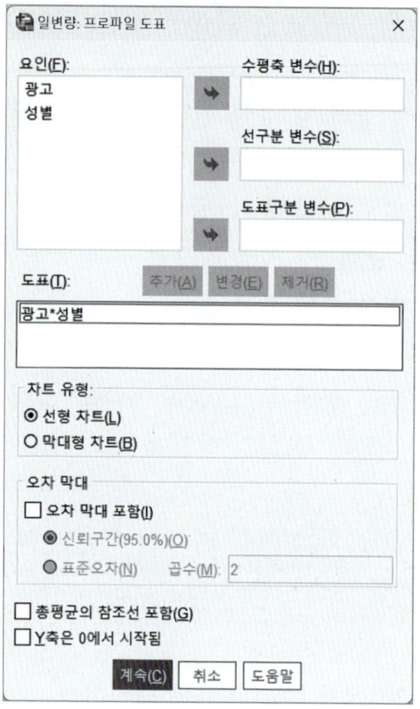

⑧ [그림 7.19]에서 [사후분석(H)...]을 클릭하면 사후분석 다중비교 대화상자가 나타난다. [그림 7.22]와 같이 사후분석 다중비교 대화상자의 광고를 [사후검정변수(P)]로 보내고 사후분석 방법으로 [Bonferroni], [Tukey 방법], 그리고 [Scheffé]를 선택한다.

그림 7.22 | 사후분석 다중비교 대화상자

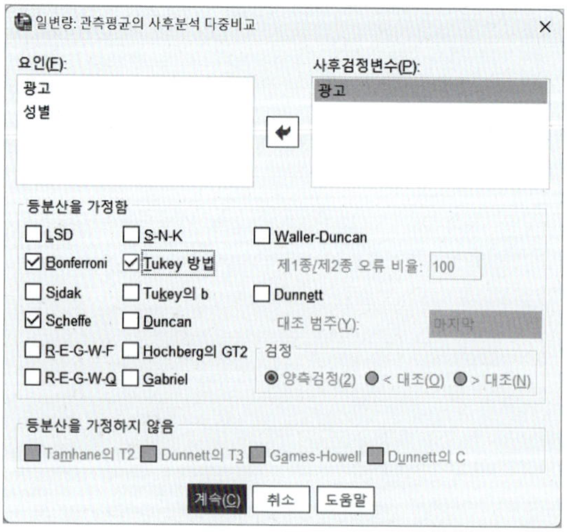

⑨ [그림 7.22]에서 [계속(C)]을 클릭한다.

⑩ [그림 7.19]에서 [옵션(O)...]을 클릭하고 옵션 대화상자에서 [그림 7.23]과 같이 표시에서 [기술통계량(D)]과 [효과크기 추정값(E)]을 클릭한다.

그림 7.23 옵션 대화상자

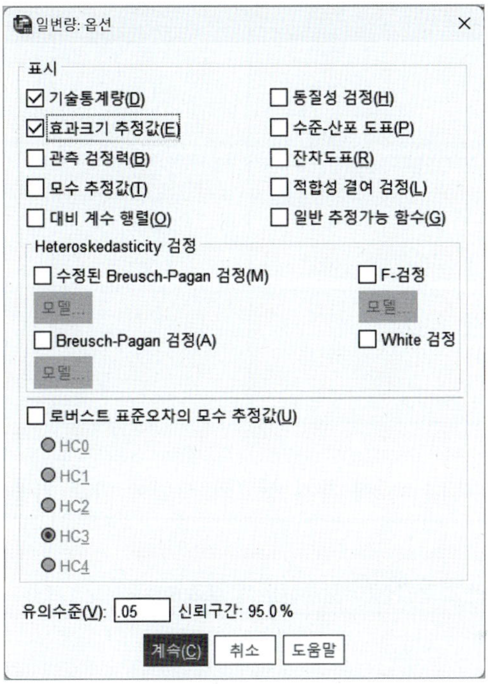

⑪ [그림 7.23]에서 [계속(C)]과 이어서 [확인]을 클릭하면 결과가 나타난다(표 7.14부터).

표 7.14 기술통계량

종속변수: 태도점수

광고	성별	평균	표준편차	N
1	남자	4.100	.2000	3
	여자	2.267	.2887	3
	전체	3.183	1.0284	6
2	남자	3.067	.2517	3
	여자	2.133	.2082	3
	전체	2.600	.5514	6
3	남자	3.433	.2082	3
	여자	2.500	.2000	3
	전체	2.967	.5428	6
전체	남자	3.533	.4924	9
	여자	2.300	.2598	9
	전체	2.917	.7406	18

〈표 7.14〉는 세 가지 광고와 성별에 따른 기술통계량을 나타낸다.

표 7.15 개체 간 효과검정(이원분산분석 결과표)

종속변수: 태도점수

원인	제 III 유형 제곱합	자유도	평균제곱	F	유의확률	부분 에타 제곱
수정된 모형	8.698[a]	5	1.740	33.313	<.001	.933
절편	153.125	1	153.125	2932.181	<.001	.996
광고	1.043	2	.522	9.989	.003	.625
성별	6.845	1	6.845	131.074	<.001	.916
광고 * 성별	.810	2	.405	7.755	.007	.564
오차	.627	12	.052			
전체	162.450	18				
수정된 합계	9.325	17				

a. R 제곱 = .933 (수정된 R 제곱 = .905).

그림 7.24 프로파일 도표

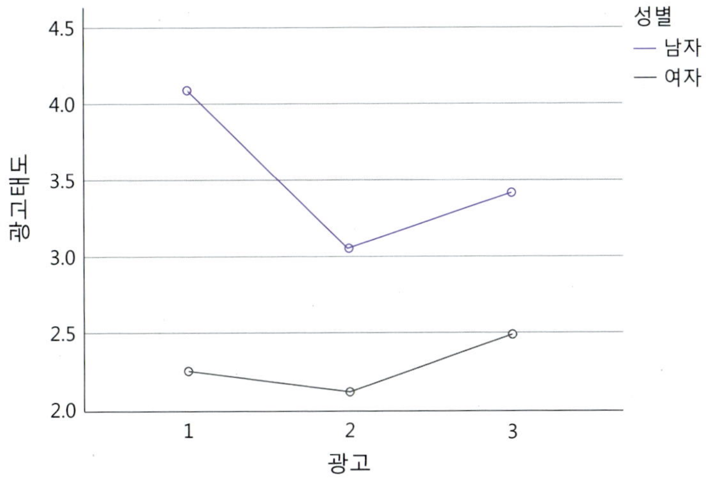

〈표 7.15〉에서 연구자의 초점은 상호작용항(광고*성별)인데, $F=7.755$, $p=.007$로 나타났다. 따라서 상호작용효과는 유의적이며, **광고대안들에 대한 태도는 성별에 따라 다르다고 할 수 있다.** [그림 7.24]의 프로파일 도표는 상호작용효과의 패턴을 그림으로 보여준다. 추가적으로, 〈표 7.15〉의 마지막 칼럼은 '부분 에타제곱값'을 보여준다. 본 예제의 경우 상호작용효과의 부분 η^2는 .564로 매우 크다고 할 수 있다(large의 기준치 .14보다 훨씬 큼). 이 경우 부분 η^2는 다음과 같이 계산된다.

$$\text{상호작용효과의 부분 } \eta^2 = \frac{.810}{.810+.627} = .564$$

[추가분석 1] 세 가지 광고에 대한 남자와 여자 각각의 광고태도 분석

[그림 7.24]와 〈표 7.14〉에 나타난 결과에 의하면 남자들은 광고 1을 가장 선호하고 광고 2를 가장 덜 선호하는 것으로 추정되지만(광고 1=4.100, 광고 2=3.067, 광고 3=3.433) 여자들의 광고태도는 대안에 따라 별 차이가 없는 것으로 추정된다(광고 1=2.267, 광고 2=2.133, 광고 3=2.500). 여기서 각 집단에서 세 가지 광고에 대한 태도의 차이가 유의적인지를 보기 위해서는 각 집단별로 일원분산분석을 실시하면 된다. 〈표 7.16〉과 〈표 7.17〉은 각 집단의 일원분산분석 결과이다. **이 결과에 의하면 남자들의 광고태도는 광고에 따라 어느 정도 차이가 있다(F=16.841, p=.003). 다중비교 결과를 보면 광고 1에 대한 태도는**

광고 2에 대한 태도보다 호의적이며, 또한 광고 3에 대한 태도보다 호의적이다. 그러나 광고 2에 대한 태도와 광고 3에 대한 태도 간에는 유의적인 차이가 없다. 이에 비해 여자들의 광고태도는 광고에 따라 다르다고 할 수 없다(*F*=1.860, *p*=.235). 추가적으로, 효과크기는 매우 크다고 할 수 있다(large의 기준치 .14보다 훨씬 큼).

표 7.16 남자집단의 일원분산분석 결과

태도점수

	제곱합	자유도	평균제곱	F	유의확률
집단-간	1.647	2	.823	16.841	.003
집단-내	.293	6	.049		
전체	1.940	8			

ANOVA 효과 크기[a]

		포인트 추정값	95% 신뢰구간	
			하한	상한
태도점수	에타 제곱	.849	.260	.908
	엡실런 제곱	.798	.014	.878
	오메가 제곱 고정 효과	.779	.012	.865
	오메가 제곱 변량효과	.638	.006	.762

a. 에타 제곱 및 엡실런 제곱은 고정 효과 모델을 기반으로 추정됩니다.

다중비교

종속변수: 태도점수
Tukey HSD

(I) 광고	(J) 광고	평균차이(I-J)	표준오차	유의확률	95% 신뢰구간	
					하한	상한
1	2	1.0333*	.1805	.003	.479	1.587
	3	.6667*	.1805	.024	.113	1.221
2	1	−1.0333*	.1805	.003	−1.587	−.479
	3	−.3667	.1805	.186	−.921	.187
3	1	−.6667*	.1805	.024	−1.221	−.113
	2	.3667	.1805	.186	−.187	.921

*. 평균차이는 0.05 수준에서 유의합니다.

표 7.17 여자집단의 일원분산분석 결과

태도점수

	제곱합	자유도	평균제곱	F	유의확률
집단-간	.207	2	.103	1.860	.235
집단-내	.333	6	.056		
전체	.540	8			

ANOVA 효과 크기[a,b]

		포인트 추정값	95% 신뢰구간	
			하한	상한
태도점수	에타 제곱	.383	.000	.632
	엡실런 제곱	.177	-.333	.510
	오메가 제곱 고정 효과	.160	-.286	.480
	오메가 제곱 변량효과	.087	-.125	.316

a. 에타 제곱 및 엡실런 제곱은 고정 효과 모델을 기반으로 추정됩니다.
b. 음수이지만 편향이 적은 추정값은 유지되며 0으로 반올림되지 않습니다.

[추가분석 2] 남자와 여자 간의 광고태도 차이 분석

[그림 7.24]와 〈표 7.14〉에 의하면 **전체적으로 볼 때 여자들보다 남자들의 광고태도가 더 호의적인 것으로 추정된다(남=3.533, 여=2.300).** 두 집단 간 차이의 유의성 검증을 위해 성별을 처치변수로 한 일원분산분석을 실시하면 〈표 7.18〉에 나타난 것처럼 그 차이는 매우 유의적으로 나타난다(F=44.161, p<.001). 이 경우의 검증통계량(F=44.161)은 〈표 7.15〉에 나타난 성별의 주효과(main effect)의 검증통계량(F=131.074)과 다른 값임을 유의해야 한다. 추가적으로, 효과크기는 크다고 할 수 있다.

끝으로, 〈표 7.15〉의 최하단에 있는 R 제곱은 두 개의 처치변수와 그 상호작용이 종속변수의 분산을 설명하는 정도를 나타낸다. 이 경우 두 개의 주효과에 관련된 제곱합과 상호작용효과에 관련된 제곱합을 더한 값(1.043+6.845+.810)을 수정된 합계값(9.325)으로 나누면 그 값은 .933이 된다. 이는 회귀분석의 R^2에 비유될 수 있다. 이는 곧 수정된 모형의 부분 에타제곱값이 된다.

표 7.18 남자집단 대 여자집단의 차이를 보기 위한 일원분산분석 결과

태도점수

	제곱합	자유도	평균제곱	F	유의확률
집단-간	6.845	1	6.845	44.161	<.001
집단-내	2.480	16	.155		
전체	9.325	17			

ANOVA 효과 크기[a]

		포인트 추정값	95% 신뢰구간	
			하한	상한
태도점수	에타 제곱	.734	.418	.837
	엡실런 제곱	.717	.381	.827
	오메가 제곱 고정 효과	.706	.368	.818
	오메가 제곱 변량효과	.706	.368	.818

a. 에타 제곱 및 엡실런 제곱은 고정 효과 모델을 기반으로 추정됩니다.

표 7.19 사후검증 - 다중비교

종속변수: 태도점수

	(I) 광고	(J) 광고	평균차이(I-J)	표준오차	유의확률	95% 신뢰구간	
						하한	상한
Tukey HSD	1	2	.583*	.1319	.002	.231	.935
		3	.217	.1319	.267	-.135	.569
	2	1	-.583*	.1319	.002	-.935	-.231
		3	-.367*	.1319	.041	-.719	-.015
	3	1	-.217	.1319	.267	-.569	.135
		2	.367*	.1319	.041	.015	.719
Scheffe	1	2	.583*	.1319	.003	.216	.951
		3	.217	.1319	.296	-.151	.584
	2	1	-.583*	.1319	.003	-.951	-.216
		3	-.367	.1319	.051	-.734	.001
	3	1	-.217	.1319	.296	-.584	.151
		2	.367	.1319	.051	-.001	.734
Bonferroni	1	2	.583*	.1319	.003	.217	.950
		3	.217	.1319	.379	-.150	.583
	2	1	-.583*	.1319	.003	-.950	-.217
		3	-.367	.1319	.050	-.733	.000
	3	1	-.217	.1319	.379	-.583	.150
		2	.367	.1319	.050	.000	.733

관측평균을 기준으로 합니다.
오차항은 평균제곱(오차) = .052입니다.
*. 평균차이는 .05 수준에서 유의합니다.

〈표 7.19〉는 이원분산분석에 의해 도출된 사후검증결과를 보여준다(남녀 통합). 이 결과를 보면 **Tukey법에 의한 경우, 광고 1-광고 2 간에, 그리고 광고 2-광고 3 간에 차이가 유의적으로 나타났다.** 그러나 Scheffé법과 Bonferroni법의 경우 광고 1-광고 2 간에만 차이가 유의적으로 나타났다. 이처럼 Tukey법에 의한 경우 그 차이가 가장 유의적으로 나타난다. 이 결과는 각 cell의 크기가 같은 경우(본 예의 경우 6) Tukey법을 사용하면 집단 간 차이를 가장 정밀하게 감지할 수 있음을 보여준다.

예제 7.4 이원분산분석의 다른 예

예제 7.3의 자료는 대졸자들로부터 수집한 자료라고 가정하자. 연구자는 학력에 따라 다른 결과가 나올 수 있는지 관심을 갖는다고 하자. 이에 따라 고졸자들로부터 동일한 실험 광고대안들을 이용하여 실험을 하였다. 그 결과는 〈표 7.20〉과 같다.

표 7.20 남 · 녀별 각 광고에 대한 태도점수(고졸자 자료)

성별	광고		
	1	2	3
남	2.7	1.9	2.7
	3.1	2.2	2.3
	2.6	2.3	2.5
여	4.8	2.5	3.5
	4.7	2.3	3.2
	4.9	2.5	3.6

〈표 7.20〉의 자료는 '(7)이원분산분석 – 고졸.sav'로 저장되어 있다. 이 자료를 이용하여 이원분산분석하는 절차는 예제 7.3의 경우와 동일하므로 예시를 생략한다. 분석 결과는 〈표 7.21〉과 〈표 7.22〉, 그리고 [그림 7.25]에 제시된 바와 같다.

표 7.21 기술통계량

종속변수: 태도점수

광고	성별	평균	표준편차	N
1	남자	2.800	.2646	3
	여자	4.800	.1000	3
	전체	3.800	1.1100	6
2	남자	2.133	.2082	3
	여자	2.433	.1155	3
	전체	2.283	.2229	6
3	남자	2.500	.2000	3
	여자	3.433	.2082	3
	전체	2.967	.5428	6
전체	남자	2.478	.3492	9
	여자	3.556	1.0370	9
	전체	3.017	.9332	18

표 7.22 개체 간 효과 검정

종속변수: 태도점수

원인	제 III 유형 제곱합	자유도	평균제곱	F	유의확률	부분 에타 제곱
수정된 모형	14.365[a]	5	2.873	78.355	<.001	.970
절편	163.805	1	163.805	4467.409	<.001	.997
광고	6.923	2	3.462	94.409	<.001	.940
성별	5.227	1	5.227	142.561	<.001	.922
광고 * 성별	2.214	2	1.107	30.197	<.001	.834
추정값	.440	12	.037			
전체	178.610	18				
수정된 합계	14.805	17				

a. R 제곱 = .970 (수정된 R 제곱 = .958).

그림 7.25 | 프로파일 도표

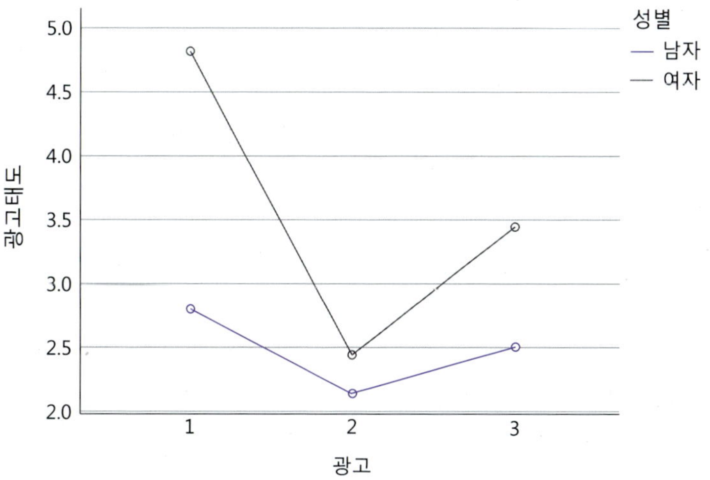

〈표 7.22〉에 나타난 결과를 보면 상호작용효과는 유의적이다($F=30.197$, $p<.001$). **따라서 광고대안들에 대한 태도는 성별에 따라 다르다고 할 수 있다.** [그림 7.25]의 프로파일 도표는 상호작용효과의 패턴을 그림으로 보여준다. 추가적으로, 부분 에타제곱은 .834로 매우 크다고 할 수 있다. [그림 7.25]와 〈표 7.21〉에 나타난 결과에 의하면 **남자들의 광고태도는 대안에 따라 별 차이가 없지만(광고 1=2.800, 광고 2=2.133, 광고 3=2.500), 여자들은 광고 1을 가장 선호하고 광고 2를 가장 덜 선호하는 것으로 추정된다(광고 1=4.800, 광고 2=2.433, 광고 3=3.433).** 그런데 남자와 여자, 각 집단에서 세 가지 광고에 대한 태도의 차이가 유의적인지를 보기 위해서는 각 집단별로 일원분산분석을 실시하면 된다. 또한 이 그림에 의하면 **전체적으로 볼 때 남자들보다 여자들의 광고태도가 더 호의적인 것으로 추정된다(표 7.21, 남=2.478, 여=3.556).** 여기서 성별을 처치변수로 한 일원분산분석을 실시하면 두 집단 간의 광고태도 차이의 유의성을 검증할 수 있다. 이와 같은 일원분산분석은 대졸자들의 자료분석에서 예시하였으므로 여기서는 생략한다.

연 / 습 / 문 / 제

SPSS 30

1. 세 개의 광고물 대안 A, B, C 중 가장 효과적인 한 광고물을 선택하고자 한다. 다음의 표는 각 광고물에 노출된 소비자들의 브랜드 태도 값을 나타낸다(1=가장 비호의적, 9=가장 호의적). 이 결과로부터 광고물 대안에 따라 그 효과가 다르다고 할 수 있는가? 만약 다르다면 어느 광고물이 가장 효과적인가? α =.05. 자료파일: (7)연습문제(일원분산).sav.

A	B	C	A	B	C
4	7	8	4	6	7
5	4	7	4	5	8
3	6	7	3	5	8
4	5	6	5	4	5
3	4	8	5	4	6

[분석결과 및 해석]

기술통계

상표태도

	N	평균	표준편차	표준오차	평균의 95% 신뢰구간		최소값	최대값
					하한	상한		
1	10	4.00	.816	.258	3.42	4.58	3	5
2	10	5.00	1.054	.333	4.25	5.75	4	7
3	10	7.00	1.054	.333	6.25	7.75	5	8
전체	30	5.33	1.583	.289	4.74	5.92	3	8

ANOVA

상표태도

	제곱합	자유도	평균제곱	F	유의확률
집단-간	46.667	2	23.333	24.231	<.001
집단-내	26.000	27	.963		
전체	72.667	29			

ANOVA 효과크기[a]

		포인트 추정값	95% 신뢰구간	
			하한	상한
상표태도	에타 제곱	.642	.362	.753
	엡실런 제곱	.616	.315	.735
	오메가 제곱 고정 효과	.608	.308	.728
	오메가 제곱 변량효과	.436	.182	.572

a. 에타 제곱 및 엡실런 제곱은 고정 효과 모델을 기반으로 추정됩니다.

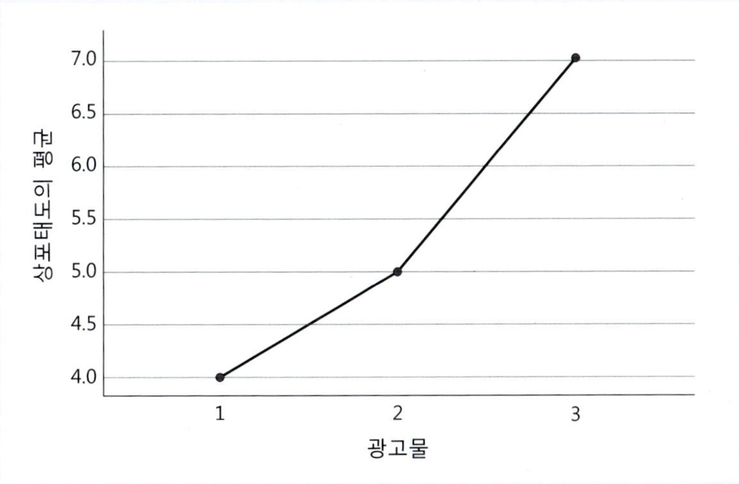

분산분석 결과 $F = 24.231$, $p < .001$로 귀무가설(H_0: $\mu_A = \mu_B = \mu_C$)은 $\alpha = .05$에서 기각된다. **따라서 광고물 대안 A, B, C의 효과가 모두 동일하지는 않다. 사후검증 다중비교 결과를 보면 대안 C의 효과가 가장 크다고 할 수 있다.** 추가적으로, 효과크기 값들은 매우 크다고(very large) 할 수 있다.

2. 여행빈도가 해외여행에 대한 태도에 미치는 영향이 성별에 따라 다른지를 조사하기 위해 3(여행빈도)×2(성별) factorial design에 의해 자료를 수집한 결과 다음과 같이 나타났다. 각 숫자의 의미는 다음과 같다. 성별: 남=1, 여=2; 여행빈도: 적음=1, 중간=2, 많음=3; 해외여행 태도: 1=전혀 좋아하지 않음, 9=매우 좋아함. 주어진 자료를 이원분산분석하고 그 결과를 해석하시오.

자료파일: (7)연습문제(이원분산).sav.

번호	성별	여행빈도	태도	번호	성별	여행빈도	태도
1	1	1	2	16	2	1	6
2	1	1	3	17	2	1	7
3	1	1	4	18	2	1	6
4	1	1	4	19	2	1	5
5	1	1	2	20	2	1	7
6	1	2	4	21	2	2	3
7	1	2	5	22	2	2	4
8	1	2	5	23	2	2	5
9	1	2	3	24	2	2	4
10	1	2	3	25	2	2	5
11	1	3	8	26	2	3	6
12	1	3	9	27	2	3	6
13	1	3	8	28	2	3	6
14	1	3	7	29	2	3	7
15	1	3	7	30	2	3	8

[분석결과 및 해석]

기술통계량

종속변수: 태도

여행빈도	성별	평균	표준편차	N
적음	남자	3.00	1.000	5
	여자	6.20	.837	5
	전체	4.60	1.897	10
중간	남자	4.00	1.000	5
	여자	4.20	.837	5
	전체	4.10	.876	10
많음	남자	7.80	.837	5
	여자	6.60	.894	5
	전체	7.20	1.033	10
전체	남자	4.93	2.314	15
	여자	5.67	1.345	15
	전체	5.30	1.896	30

개체-간 효과 검정

종속변수: 태도

원인	제 III 유형 제곱합	자유도	평균제곱	F	유의확률	부분 에타 제곱
수정된 모형	84.700[a]	5	16.940	20.743	<.001	.812
절편	842.700	1	842.700	1031.878	<.001	.977
여행빈도	55.400	2	27.700	33.918	<.001	.739
성별	4.033	1	4.033	4.939	.036	.171
여행빈도 * 성별	25.267	2	12.633	15.469	<.001	.563
추정값	19.600	24	.817			
전체	947.000	30				
수정된 합계	104.300	29				

a. R 제곱 = .812 (수정된 R 제곱 = .773).

다중비교

종속변수: 태도
Tukey HSD

(I) 여행빈도	(J) 여행빈도	평균차이(I-J)	표준오차	유의확률	95% 신뢰구간	
					하한	상한
적음	중간	.50	.404	.444	-.51	1.51
	많음	-2.60*	.404	<.001	-3.61	-1.59
중간	적음	-.50	.404	.444	-1.51	.51
	많음	-3.10*	.404	<.001	-4.11	-2.09
많음	적음	2.60*	.404	<.001	1.59	3.61
	중간	3.10*	.404	<.001	2.09	4.11

관측평균을 기준으로 합니다.
오차항은 평균제곱(오차) = .817입니다.
*. 평균차이는 .05 수준에서 유의합니다.

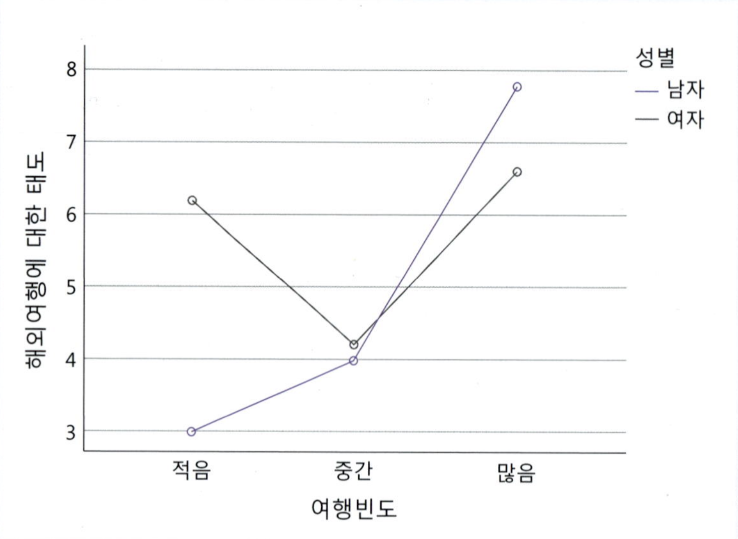

이원분산분석 결과 상호작용효과는 $F = 15.469$, $p < .001$로 $\alpha = .05$에서 유의적으로 나타났다. 또한 도표에 의하면 남자의 선과 여자의 선의 모습이 매우 다르다. 이는 상호작용효과가 있음을 보여주는 것이다. **그러므로 여행빈도가 해외여행에 대한 태도에 미치는 영향은 성별에 따라 다르다고 할 수 있다.** 특히 여행빈도가 적은 경우 남자들의 해외여행 태도(3.0)보다 여자들의 해외여행 태도(6.2)가 매우 높으며 상호작용효과는 주로 이 부분에 기인하는 것으로 볼 수 있다. 끝으로, 상호작용효과의 효과크기(부분 $\eta^2 = .563$)는 매우 큰 것으로 나타났다.

3. 원자재를 절단하는 네 가지 절단도구의 절단속도가 다른지를 조사하고자 한다. 이를 위하여 각각의 절단도구가 다섯 가지 원자재를 절단하는 속도를 측정한 결과 아래 〈표〉와 같이 나타났다(속도 = 초). 이 자료로써 절단도구에 따라 절단속도가 다르다고 할 수 있는가? 다르다면 어느 도구 간에 차이가 있는가? $\alpha = .05$.

자료파일: (7)연습문제(무작위블럭).sav.

		절단도구			
		1	2	3	4
원자재	1	12	20	13	11
	2	2	14	7	5
	3	8	17	13	10
	4	1	12	8	3
	5	7	17	14	6

[분석결과 및 해석]

개체-간 효과 검정

종속변수: 시간

원인	제 III 유형 제곱합	자유도	평균제곱	F	유의확률	부분 에타 제곱
수정된 모형	494.000[a]	7	70.571	35.286	<.001	.954
절편	2000.000	1	2000.000	1000.000	<.001	.988
절단도구	310.000	3	103.333	51.667	<.001	.928
원자재	184.000	4	46.000	23.000	<.001	.885
추정값	24.000	12	2.000			
전체	2518.000	20				
수정된 합계	518.000	19				

a. R 제곱 = .954 (수정된 R 제곱 = .927).

다중비교

종속변수: 시간
Tukey HSD

(I) 절단도구	(J) 절단도구	평균차이(I-J)	표준오차	유의확률	95% 신뢰구간	
					하한	상한
도구 1	도구 2	-10.00*	.894	<.001	-12.66	-7.34
	도구 3	-5.00*	.894	<.001	-7.66	-2.34
	도구 4	-1.00	.894	.686	-3.66	1.66
도구 2	도구 1	10.00*	.894	<.001	7.34	12.66
	도구 3	5.00*	.894	<.001	2.34	7.66
	도구 4	9.00*	.894	<.001	6.34	11.66
도구 3	도구 1	5.00*	.894	<.001	2.34	7.66
	도구 2	-5.00*	.894	<.001	-7.66	-2.34
	도구 4	4.00*	.894	.004	1.34	6.66
도구 4	도구 1	1.00	.894	.686	-1.66	3.66
	도구 2	-9.00*	.894	<.001	-11.66	-6.34
	도구 3	-4.00*	.894	.004	-6.66	-1.34

관측평균을 기준으로 합니다.
오차항은 평균제곱(오차) = 2.000입니다.
*. 평균차이는 .05 수준에서 유의합니다.

분석결과 각 도구의 절단속도는 다음과 같이 나타났다: 1=6.00, 2=16.00, 3=11.00, 4=7.00. $F=51.667$, $p<.001$로 네 가지 절단도구의 절단속도가 동일하다는 귀무가설을 기각한다.

따라서 절단도구에 따라 절단속도가 다르다고 할 수 있다. 부분 에타제곱은 .928로 매우 높게 나타났다. 사후검증 결과 다음의 도구들 간에 절단속도가 다른 것으로 나타났다: 1−2, 1−3, 2−3, 2−4, 3−4. 그러므로 도구 1(6.00)과 도구 4(7.00)가 각각 도구 2(16.0)와 도구 3(11.0)보다 절단속도가 빠르지만 그 둘 간에는 별 차이가 없다고 할 수 있다. 또한 도구 3은 도구 2보다 절단속도가 빠르다.

제 8 장

분산분석 II: 피실험자 내 디자인 ANOVA와 삼원 ANOVA

8.1 피실험자 내 디자인/반복측정 디자인 ANOVA[1]

1. 피실험자 내 디자인/반복측정 디자인 ANOVA의 개요

(1) 개 념

7.1의 일원분산분석은 전형적인 실험에 의해 수집한 자료의 분산분석이다. 예제 7.1의 경우 다수의 사원들을 무작위로 네 집단으로 나누어 집단별로 다른 처치(교육프로그램)를 한 결과(판매실적)를 비교하는 것이다. 이 경우 교육받기 전의 판매능력은 동일한 것으로 가정하였다. 이러한 실험 디자인은 집단에 따라 다른 피실험자들이 할당되므로 **피실험자 간 디자인**(between-subjects design)이라고 한다.

그런데 실제로 개인들의 능력은 다르며 그 차이가 클수록 노이즈(noise)로 작용하여 결과값에 영향을 줄 수 있다. 이러한 노이즈를 방지하기 위하여 개별 피실험자들에게 여러 처치를 할 수 있다. 이와 같은 실험 디자인을 **피실험자 내 디자인**(within-subjects design)이라고 한다. 이 경우 개별 피실험자들에게 여러 처치를 하고 복수의 값들을 측정하므로 **반복측정 디자인**(repeated measures design)이라고도 한다. 이 경우 노이즈를 통제할 수 있다는 장점 이외에도 피실험자들의 수를 줄일 수 있다는 장점도 있다. 7.2에서 다룬 예제 7.2에서는 각 수퍼마켓에 세 가지 패키지 디자인 비누를 진열하고 각각의 매출을 측정하였으므로 이 점에서 반복측정 디자인이라고 할 수 있다. 그러므로 피실험자 내 디자인과 무작위 블럭디자인은 유사한 점이 있다.

(2) 자 료

독립변수(혹은 처치변수)는 명목척도로 측정되고, 종속변수는 간격척도 혹은 비율척도로 측정된다.

(3) 가 정

반복측정 디자인의 경우 구형성 가정(sphericity assumption)이 필요하다.

---

1 본 장은 '피실험자 내 디자인/반복측정 디자인 ANOVA'와 '삼원분산분석-팩토리얼 디자인'을 내용으로 한다. 이보다 더 복잡한 디자인, 즉 피실험자 내-피실험자 내, 피실험자 간-피실험자 내, 피실험자 간-피실험자 내-피실험자 내 디자인에 의한 ANOVA 분석방법을 알고자 하는 독자는 다음을 참고할 수 있다: 이학식·임지훈, *사회과학 논문작성을 위한 연구방법론*, 집현재, 2014, 제 12 장.

2. SPSS 30을 이용한 피실험자 내 디자인/반복측정 디자인 ANOVA

예제 8.1 **피실험자 내 디자인/반복측정 디자인 분산분석의 예**

동일한 면적의 다른 도형에 동전을 던지는 경우 도형에 따라 적중 가능성이 다를 것인가? 이 문제에 답하기 위해 30개의 동전을 일정 거리에서 타깃 도형에 던져 넣는 실험을 실시하였다. 〈표 8.1〉은 10명의 피실험자들 각각이 같은 면적의 원, 사각형, 삼각형, 세 개의 타깃 도형에 동전을 던진 경우 그 도형 안에 동전을 정확히 던져 넣은 개수를 보여준다. 이 실험 결과 도형의 형태에 따라 적중률이 다르다고 할 수 있는가? $\alpha = .05$.

연구 가설 도형의 형태에 따라 적중률은 다를 것이다.

H_0: 도형의 형태에 상관없이 적중률은 동일할 것이다.

H_1: 도형의 형태에 따라 적중률은 다를 것이다.

표 8.1 도형별 적중 개수(counterbalancing을 가정함)[2]

피실험자	원	사각형	삼각형
1	10	12	14
2	18	10	16
3	20	15	16
4	12	10	12
5	19	20	21
6	25	22	20
7	18	16	17
8	22	18	18
9	17	14	12
10	23	20	18

2 반복측정 디자인이 갖는 한 가지 한계점은 순서효과(order effect; carry-over effect)이다. 이는 한 과업에 따른 성과가 다른 과업의 경험에 영향을 받는 것을 말한다. 예를 들어, <예제 8.1>의 실험에서 피실험자 1은 원, 사각형, 삼각형의 순서로 동전을 던지는데 이때 뒤로 갈수록 앞의 경험이 적중에 도움을 줄 수 있다. 순서효과를 방지하기 위해서는 counterbalancing을 할 수 있다. 예를 들어, 피실험자 1이 원, 사각형, 삼각형의 순서로 던졌다면, 피실험자 2는 사각형, 삼각형, 원의 순서로, 그리고 피실험자 3은 삼각형, 원, 사각형, 그리고 피실험자 4는 다시 원, 사각형, 삼각형의 순서로 던지는 것이다. 그러나 순서효과가 비대칭(asymmetrical)이면 완벽한 counterbalancing이 될 수 없다. 본 예제의 경우 피실험자가 9명이었다면 완벽한 counterbalancing이 될 수 있다.

〈예제 8.1〉의 자료를 분석하는 과정은 다음과 같다.

① '(8)분산-피실험자내.sav' 파일을 불러온다.

② [그림 8.1]과 같이 다음의 절차를 따른다.

> [분석(A)] → [일반선형모델(G)] → [반복측도(R)...] → 클릭

그림 8.1 반복측정 분산분석 절차

③ 그러면 [그림 8.2]의 반복측도 요인 정의 대화상자가 나타난다.

그림 8.2 반복측도 요인 정의 대화상자

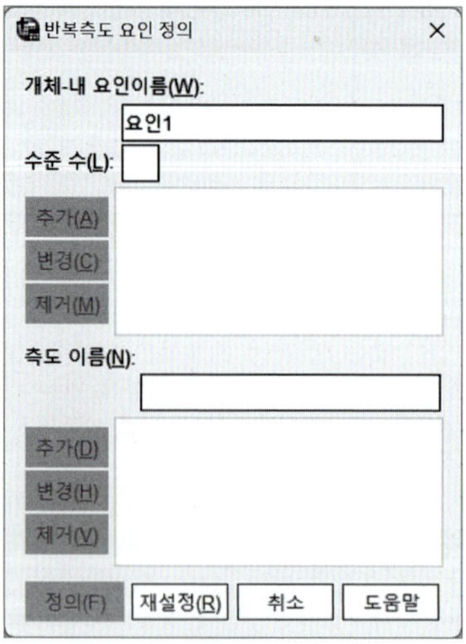

④ 여기서 [개체-내 요인이름(W)]의 '요인1'의 자리에 '도형'을, [수준 수(L)]에 '3'을 입력한 후 [추가(A)]를 클릭한다. 이후 [측도 이름(N)]에 '적중개수'를 입력한 후 [추가(D)]를 클릭하면 [그림 8.3]과 같이 된다.

그림 8.3 요인이름과 측도 이름의 입력

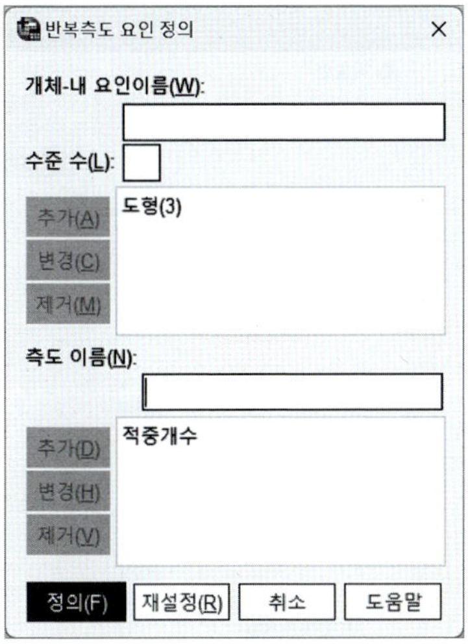

⑤ [그림 8.3]에서 [정의(F)]를 클릭하면 [그림 8.4]와 같은 반복측도 대화상자가 나타난다.

그림 8.4 반복측도 대화상자

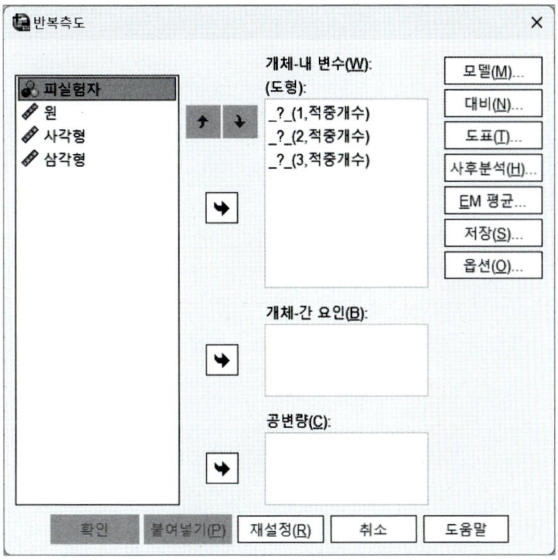

⑥ [그림 8.4]에서 변수목록상자의 원, 사각형, 삼각형을 [개체-내 변수(W)]로 이동시킨 모습은 [그림 8.5]와 같다.

그림 8.5 분석대상 변수선정

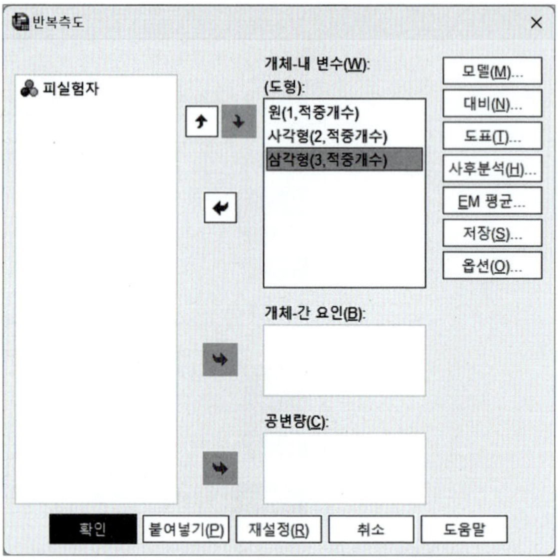

⑦ [그림 8.5]에서 [도표(T)]를 클릭하면 프로파일 도표 대화상자가 나타난다. 여기서 '도형'을 [수평축 변수(H)] 상자로 보낸 후 [추가(A)]를 클릭하면 [그림 8.6]과 같이 프로파일 도표의 변수선정이 이루어진다.

그림 8.6 프로파일 도표의 변수선정

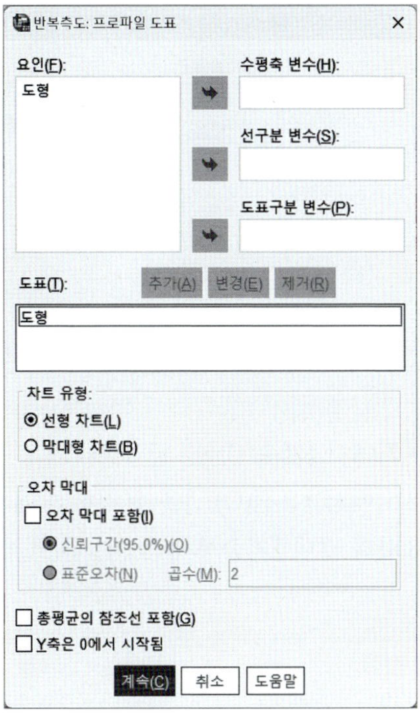

⑧ [그림 8.6]에서 [계속(C)]을 클릭한다.

⑨ [그림 8.5]에서 [EM 평균...]을 클릭하면 추정주변평균 대화상자가 나타난다.[3]

⑩ 여기서 [그림 8.7]과 같이 [요인 및 요인 상호작용(F)]의 '도형'을 [평균 표시 기준(M)]으로 이동시킨다. [주효과 비교(O)]를 클릭한 후 [신뢰구간 수정(N)]에서 Bonferroni를 선택한다.

---

3 추정주변평균(EM 평균)은 estimated marginal mean을 의미한다. 공변량(covariate)이 없는 경우(즉, 모든 처치변수가 서로 독립적인 경우), EM 평균은 기술통계에서의 평균과 동일하다. 그러나 공변량이 있으면(즉, 처치변수들이 서로 독립적이지 않으면) EM 평균은 공변량에 따라 조정된다(adjusted). 분산분석에서 공변량이 존재하면(즉, 공분산분석) F값이 조정되듯이 평균도 조정될 수 있다. 이에 대해 자세한 내용을 알고자 하면 다음을 참조하면 된다: https://www.theanalysisfactor.com/why-report-estimated-marginal-means-in-spss-glm/.

그림 8.7 추정주변평균 페이지 설정

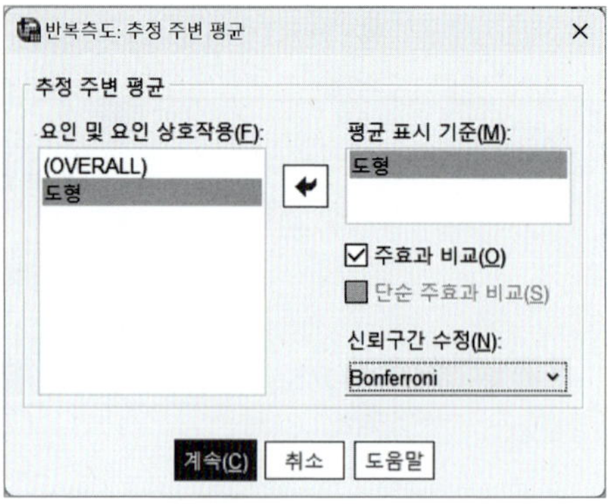

⑪ [그림 8.7]에서 [계속(C)]을 클릭한다.

⑫ [그림 8.5]에서 [옵션(O)...]을 클릭하면 옵션 대화상자가 나타나는데, 여기서 [그림 8.8]과 같이 [기술통계량(D)]과 [효과크기 추정값(E)]을 선택한다.

그림 8.8 옵션 사항 선정

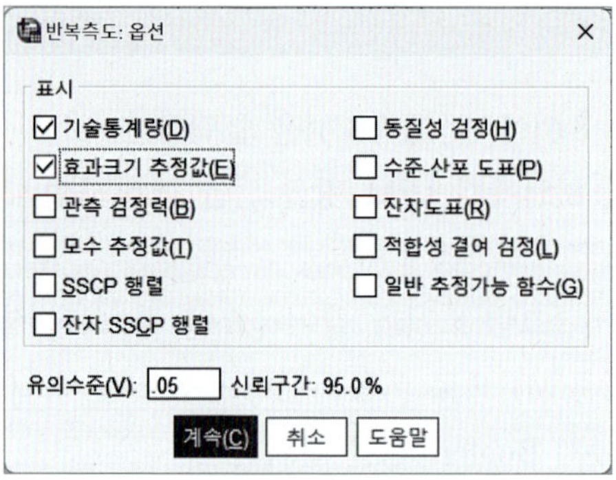

⑬ [그림 8.8]에서 [계속(C)]과 이어서 [확인]을 클릭하면 결과가 나타난다(표 8.2부터).

표 8.2 기술통계량

	평균	표준편차	N
원	18.40	4.648	10
사각형	15.70	4.270	10
삼각형	16.40	3.062	10

〈표 8.2〉는 각 도형의 적중개수의 평균, 표준편차, 그리고 케이스의 수를 나타낸다.

표 8.3 구형성 검정

Mauchly의 구형성 검정[a]

측도: 적중개수

개체-내 효과	Mauchly의 W	근사 카이제곱검정	자유도	유의확률	엡실런[b] Greenhouse-Geisser	엡실런[b] Huynh-Feldt	엡실런[b] 하한
도형	.909	.760	2	.684	.917	1.000	.500

정규화된 변형 종속변수의 오차 공분산행렬이 항등 행렬에 비례하는 영가설을 검정합니다.
a. Design: 절편.
개체-내 계획: 도형.
b. 유의성 평균검정의 자유도를 조절할 때 사용할 수 있습니다. 수정된 검정은 개체 내 효과검정 표에 나타납니다.

구형성 가정(sphericity assumption)은 반복측정 디자인(피실험자 내 디자인)의 경우 요구되는 가정으로 일원분산분석(피실험자 간)의 경우 분산의 동일성 가정에 해당한다. 이는 연구 대상인 집단들(본 예의 경우, 원, 사각형, 삼각형) 중에서 어느 두 집단의 차이값들의 분산(variance of the differences for any two groups)은 다른 어느 두 집단의 차이값들의 분산과 동일하다는 가정이다. Mauchly의 구형성 검정에서 W가 1이면 완벽한 구형성(단위행렬[4])이며 1에 가까울수록 구형성이 강해진다. 구형성 검정에서 귀무가설은 데이터가 구형성을 갖는다는 것이다. 〈표 8.3〉의 Mauchly의 구형성 검정결과 $p=.684$로서 구형성 가정을 충족시킨다.

4 단위행렬(unit matrix)은 n차 정사각행렬에서 주대각선의 원소가 모두 1이고, 다른 원소는 모두 0인 행렬이다.

표 8.4 개체 내 효과 검정

측도: 적중개수

원인		제 III 유형 제곱합	자유도	평균 제곱	F	유의확률	부분 에타 제곱
도형	구형성 가정	39.267	2	19.633	4.859	.021	.351
	Greenhouse-Geisser	39.267	1.834	21.412	4.859	.024	.351
	Huynh-Feldt	39.267	2.000	19.633	4.859	.021	.351
	하한	39.267	1.000	39.267	4.859	.055	.351
오차 (도형)	구형성 가정	72.733	18	4.041			
	Greenhouse-Geisser	72.733	16.505	4.407			
	Huynh-Feldt	72.733	18.000	4.041			
	하한	72.733	9.000	8.081			

구형성 가정을 충족시키므로 〈표 8.4〉에서 '구형성 가정'의 행에 있는 값들에 의하면 유의적으로 나타났다($F = 4.859$; $p = .021$). **따라서 도형의 형태에 따라 적중률은 다를 것으로 결론내릴 수 있다.** 참고로 여기서 F는 처치변수의 평균제곱(19.633)을 오차의 평균제곱(4.041)으로 나눈 값이다. 아울러 부분 에타제곱값은 .351로 효과크기는 크다고 할 수 있다. 만약 구형성 가정을 충족시키지 못하면 1종 오류가 커질 수 있다. 즉 집단 간 차이가 없는데 차이가 있다고 잘못 결론내릴 수 있다. 이 경우 보다 보수적으로 검증할 필요가 있으며, Greenhouse-Geisser, Huynh-Feldt, 혹은 하한 행의 값으로 검증하면 된다. 이 중 하한이 가장 보수적, Greenhouse-Geisser가 중간 보수적, 그리고 Hyunh-Feldt가 가장 덜 보수적이다.[5] 여기서 보수적이라는 것은 덜 유의적인(less significant) 결과를 산출한다는 것이다.

5 Greenhouse-Geisser의 경우 자유도가 소수점으로 나타난 것은 원래의 자유도를 〈표 8.3〉에 보고된 엡실런 값 .917로 보정하였기 때문이다. 예를 들어 $2 \times .917 = 1.834$이다. 이처럼 자유도가 작아지므로 동일한 F값에서 p-value가 더 커진다(.021 → .024). 구형성 가정을 충족시키지 못하는 경우 Wilks' Lambda, Hotelling's Trace 등 다변량 통계량(multivariate statistics)을 사용할 수도 있는데, 여기서는 생략한다.

표 8.5 대응별 비교

측도: 적중개수

(I) 도형	(J) 도형	평균차이(I–J)	표준오차	유의확률[b]	차이에 대한 95% 신뢰구간[b]	
					하한	상한
1	2	2.700*	.895	.044	.075	5.325
	3	2.000	1.011	.238	–.966	4.966
2	1	–2.700*	.895	.044	–5.325	–.075
	3	–.700	.775	1.000	–2.974	1.574
3	1	–2.000	1.011	.238	–4.966	.966
	2	.700	.775	1.000	–1.574	2.974

추정 주변 평균을 기준으로
*. 평균차이는 .05 수준에서 유의합니다.
b. 다중비교를 위한 수정: Bonferroni.

〈표 8.5〉의 대응별 비교는 사후검증 결과로서 도형 1과 도형 2 간에 유의적인 차이가 있는 것으로 나타났다. 그러므로 도형이 원인 경우 사각형인 경우보다 적중률이 뚜렷이 높다고 할 수 있다. [그림 8.9]의 프로파일 도표는 세 도형의 적중개수를 시각적으로 나타낸다.

그림 8.9 프로파일 도표

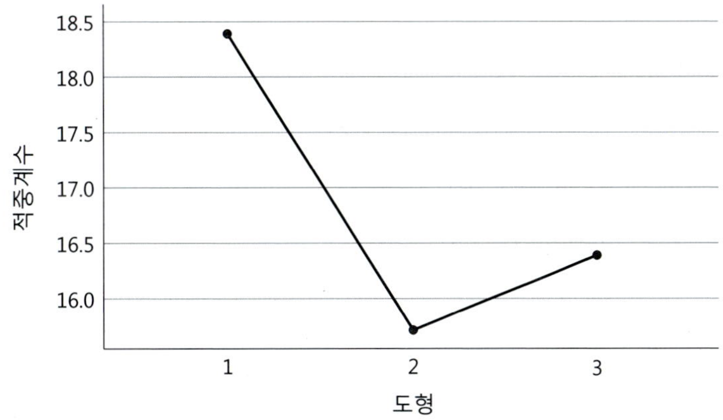

☞ **무작위 블럭디자인 ANOVA를 이용한 피실험자 내 디자인 ANOVA 분석**

〈예제 8.1〉의 사례를 무작위 블럭디자인 ANOVA를 이용하여 분석할 수 있다. 이를 위해서는 자료의 코딩이 다른 방식으로 이루어져야 하는데 코딩자료는 '(8)피실험자내(블럭).sav'에 저장되어 있다. 분석절차는 다음과 같다.

① '(8)피실험자내(블럭).sav' 파일을 불러온다.
② [분석(A)] → [일반선형모델(G)] → [일변량(U)...]을 클릭.
③ 일변량 분석상자에서 적중개수 → [종속변수(D)], 도형, 피실험자 → [고정요인(F)]으로 이동.
④ [모델]에서 [항 설정(B)] 지정 후 도형과 피실험자를 각각 모델로 이동. [유형(P)]의 주효과 선택. 제Ⅲ유형과 [모델에 절편 포함(I)] 유지.
⑤ [옵션(O)...]에서 [효과크기 추정값(E)] 선택.
⑥ [확인]을 클릭.

절차에 따라 실행하면 〈표 8.6〉과 같은 결과가 나타난다.

표 8.6 피실험자 내 디자인 ANOVA를 무작위 블럭디자인으로 실행한 결과

개체-간 효과 검정

종속변수: 적중개수

원인	제 Ⅲ 유형 제곱합	자유도	평균제곱	F	유의확률	부분 에타 제곱
수정된 모형	409.433[a]	11	37.221	9.211	<.001	.849
절편	8500.833	1	8500.833	2103.781	<.001	.992
도형	39.267	2	19.633	4.859	.021	.351
피실험자	370.167	9	41.130	10.179	<.001	.836
추정값	72.733	18	4.041			
전체	8983.000	30				
수정된 합계	482.167	29				

a. R 제곱 = .849 (수정된 R 제곱 = .757).

〈표 8.6〉에서 도형 행의 값들은 〈표 8.4〉 원인-도형의 구형성 가정 행에 제시된 값들과 일치함을 확인할 수 있다. 따라서 피실험자 내 디자인 ANOVA는 연구자가 어떤 방식으로 자료를 코딩하느냐에 따라 서로 다른 분석방법을 적용하여 동일한 결과를 획득할 수 있다.

8.2 삼원분산분석(Three-Way ANOVA)-팩토리얼 디자인

1. 팩토리얼 디자인에 의한 삼원분산분석의 개요

(1) 개 념

제7장의 7.3 팩토리얼 디자인에 의한 이원분산분석의 경우 처치변수가 두 개이다. 이러한 디자인에 한 개의 처치변수를 추가하여 처치변수가 세 개가 되면 삼원분산분석(three-way ANOVA)을 실시할 수 있다. 이 경우 연구자의 주 관심은 세 개의 처치변수들 간의 상호작용효과에 관한 것이 된다. 여기서 다루는 삼원분산분석은 '피실험자 간-피실험자 간-피실험자 간 디자인'에 의한 삼원분산분석이다.

(2) 자 료

일원분산분석의 경우와 동일하다.

(3) 가 정

일원분산분석의 경우와 동일하다.

2. SPSS 30을 이용한 삼원분산분석

예제 8.2 **팩토리얼 디자인에 의한 삼원분산분석의 예**

제7장의 〈예제 7.3〉의 자료를 분석한 결과, 대졸자들의 경우 광고대안과 성별의 상호작용효과는 유의적으로 나타나 광고대안들에 대한 태도는 성별에 따라 다르다고 할 수 있으며, 대체로 여자들보다 남자들의 광고태도가 더 호의적인 것으로 나타났다. 추가적으로 고졸자들을 대상으로 동일한 실험을 한 〈예제 7.4〉의 자료를 분석한 결과, 두 변수의 상호작용효과는 유의적으로 나타났는데, 이 경우 (대졸자들과는 다르게) 대체로 남자들보다 여자들의 광고태도가 더 호의적인 것으로 나타났다. 이러한 해석을 요약하면 학력에 따라 '광고대안×성별의 상호작용효과'가 다른 것으로 추정된다. 이를 다음과 같은 연구문제로 표현할 수 있다.

연구 문제 광고대안과 성별의 상호작용효과에 학력이 조절적(moderating) 작용을 하는가? (혹은 광고대안, 성별, 그리고 학력 간에는 삼원 상호작용효과가 있는가?) α=.05.

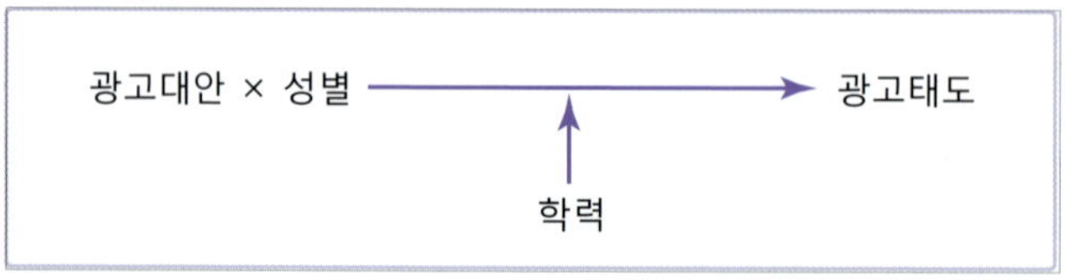

이 연구문제에 답하기 위해서는 광고대안, 성별, 그리고 학력을 처치변수로 한 삼원분산분석을 실시할 필요가 있다. 이 경우 〈표 7.12〉와 〈표 7.19〉의 자료를 동시에 이용해야 하며, 그 통합된 자료는 〈표 8.7〉과 같다.

표 8.7 삼원분산분석 자료

학력	성별	광고		
		1	2	3
대졸	남	4.1	3.1	3.5
		3.9	2.8	3.2
		4.3	3.3	3.6
	여	2.1	1.9	2.7
		2.1	2.2	2.3
		2.6	2.3	2.5
고졸	남	2.7	1.9	2.7
		3.1	2.2	2.3
		2.6	2.3	2.5
	여	4.8	2.5	3.5
		4.7	2.3	3.2
		4.9	2.5	3.6

이하에서는 〈표 8.7 〉의 자료를 삼원분산분석하는 과정과 분석결과를 예시한다. 단, 지면의 절약을 위해 핵심적인 절차와 그 결과만 예시하고 해설한다.

① '(8)삼원분산분석.sav' 파일을 불러온다.

② [그림 8.10]과 같이 다음의 절차를 따른다.

[분석(A)] → [일반선형모델(G)] → [일변량(U)...] → 클릭

그림 8.10 | 삼원분산분석 절차

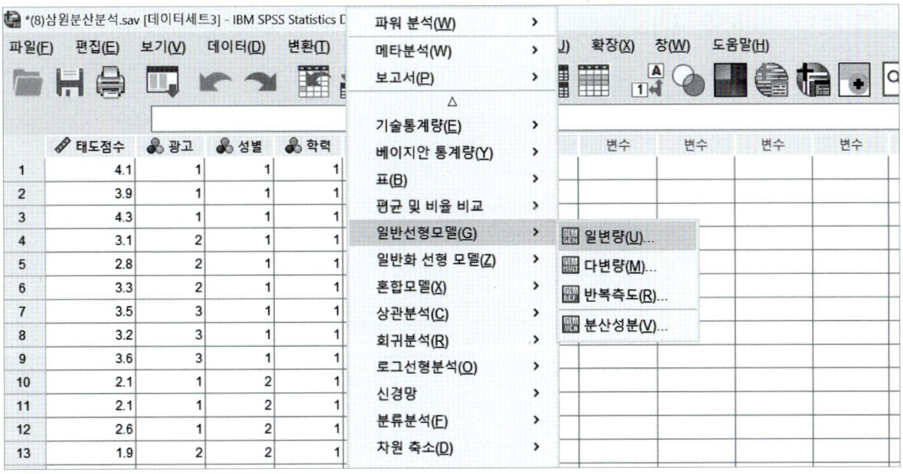

③ 일변량 분석 대화상자에서 [그림 8.11]과 같이 [종속변수(D)]에 태도점수를, [고정요인(F)]에 광고, 성별, 학력을 보낸다.

그림 8.11 | 분석대상 변수선정

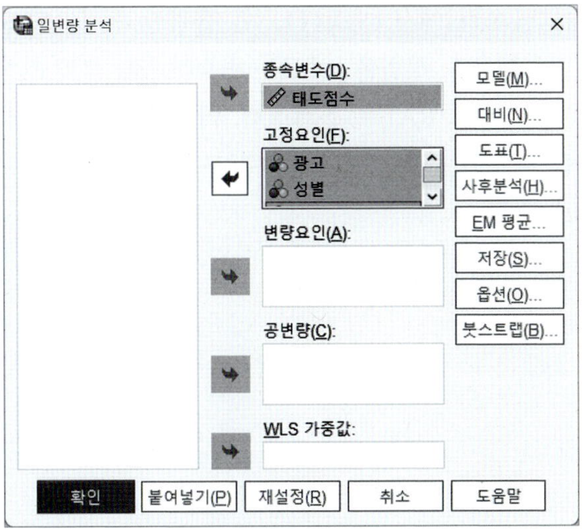

④ [그림 8.11]에서 [모델(M)...]을 클릭한 후, [그림 8.12]와 같이 기본설정된 분석방법([완전요인모형(A)], [제 Ⅲ 유형], [모델에 절편 포함(I)])을 그대로 이용한다.

그림 8.12 모델 대화상자

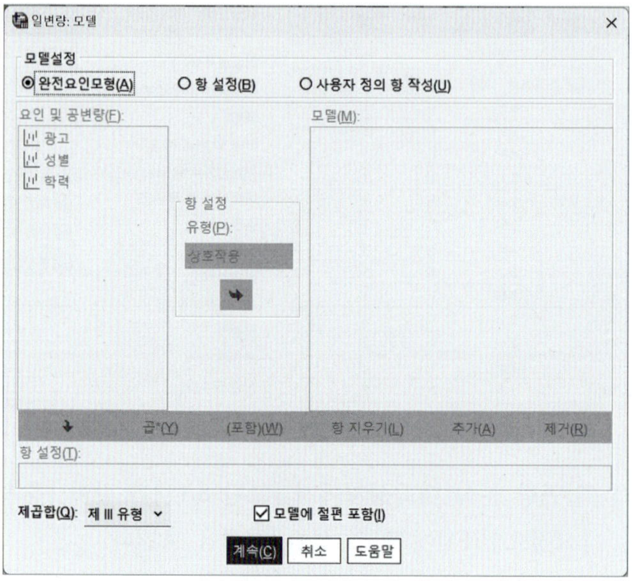

⑤ [그림 8.12]에서 [계속(C)]을 클릭한다.

⑥ [그림 8.11]에서 [도표(T)...]를 클릭한 후, [그림 8.13]과 같이 광고를 [수평축 변수(H)]로, 성별을 [선구분 변수(S)]로, 그리고 학력을 [도표구분 변수(P)]로 보내고 [추가(A)]를 클릭한다. 이처럼 도표를 그리는 경우 일반적으로 주변수를 수평축, 제1 조절변수를 선구분, 그리고 제2 조절변수를 도표구분 변수로 보낸다.

그림 8.13 프로파일 도표 대화상자

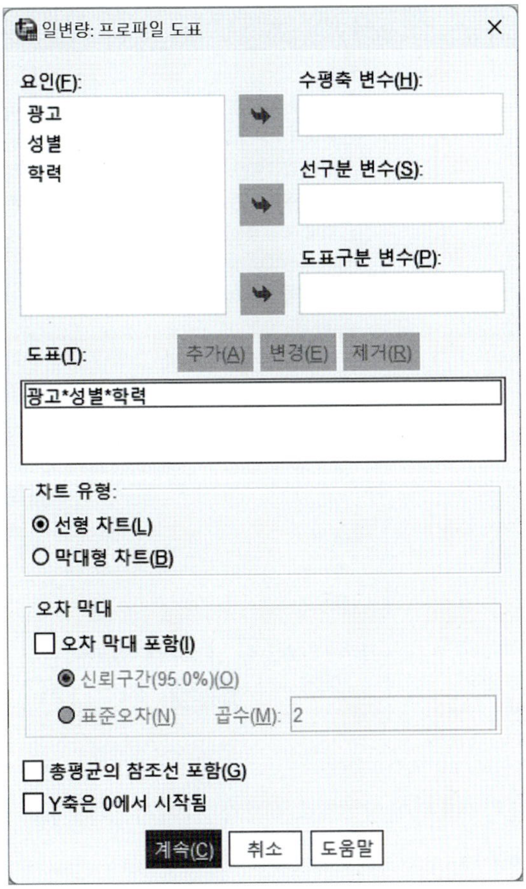

⑦ [그림 8.13]에서 [계속(C)]을 클릭한다.

⑧ [그림 8.11]에서 [옵션(O)...]을 클릭한 후, [그림 8.14]와 같이 [기술통계량(D)]과 [효과크기 추정값(E)]을 선택한다.

그림 8.14 옵션 대화상자

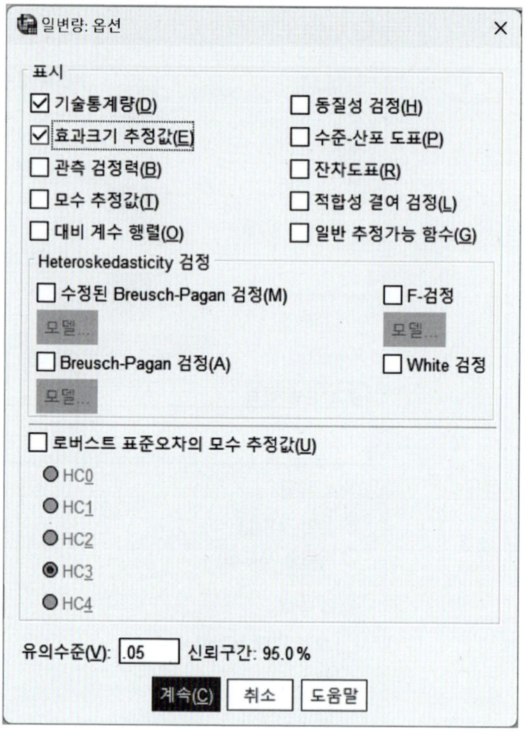

⑨ [그림 8.14]에서 [계속(C)]과 이어서 [확인]을 클릭하면 결과가 나타난다(표 8.8부터).

표 8.8 기술통계량

종속변수: 태도점수

광고	성별	학력	평균	표준편차	N
1	남자	대졸	4.100	.2000	3
		고졸	2.800	.2646	3
		전체	3.450	.7423	6
	여자	대졸	2.267	.2887	3
		고졸	4.800	.1000	3
		전체	3.533	1.4010	6
	전체	대졸	3.183	1.0284	6
		고졸	3.800	1.1100	6
		전체	3.492	1.0698	12
2	남자	대졸	3.067	.2517	3
		고졸	2.133	.2082	3
		전체	2.600	.5514	6
	여자	대졸	2.133	.2082	3
		고졸	2.433	.1155	3
		전체	2.283	.2229	6
	전체	대졸	2.600	.5514	6
		고졸	2.283	.2229	6
		전체	2.442	.4337	12
3	남자	대졸	3.433	.2082	3
		고졸	2.500	.2000	3
		전체	2.967	.5428	6
	여자	대졸	2.500	.2000	3
		고졸	3.433	.2082	3
		전체	2.967	.5428	6
	전체	대졸	2.967	.5428	6
		고졸	2.967	.5428	6
		전체	2.967	.5176	12
전체	남자	대졸	3.533	.4924	9
		고졸	2.478	.3492	9
		전체	3.006	.6830	18
	여자	대졸	2.300	.2598	9
		고졸	3.556	1.0370	9
		전체	2.928	.9773	18
	전체	대졸	2.917	.7406	18
		고졸	3.017	.9332	18
		전체	2.967	.8319	36

표 8.9 개체 간 효과 검정

종속변수: 태도점수

원인	제 III 유형 제곱합	자유도	평균제곱	F	유의확률	부분 에타 제곱
수정된 모형	23.153[a]	11	2.105	47.359	<.001	.956
절편	316.840	1	316.840	7128.900	<.001	.997
광고	6.615	2	3.308	74.419	<.001	.861
성별	.054	1	.054	1.225	.279	.049
학력	.090	1	.090	2.025	.168	.078
광고 * 성별	.267	2	.134	3.006	.068	.200
광고 * 학력	1.352	2	.676	15.206	<.001	.559
성별 * 학력	12.018	1	12.018	270.400	<.001	.918
광고 * 성별 * 학력	2.757	2	1.379	31.019	<.001	.721
추정값	1.067	24	.044			
전체	341.060	36				
수정된 합계	24.220	35				

a. R 제곱 = .956 (수정된 R 제곱 = .936).

〈표 8.8〉과 〈표 8.9〉는 삼원분산분석을 실시하여 도출된 기본적인 값들을 보여준다. 삼원분산분석 결과를 해석할 때 핵심적인 것은 세 처치변수의 상호작용효과이다. 〈표 8.9〉에 의하면 본 예제의 경우 세 처치변수의 상호작용효과는 유의적이며($F=31.019$, $p<.001$), 부분 $\eta^2=.721$로 매우 크게 나타났다. **그러므로 "광고대안과 성별의 상호작용효과에 학력이 조절적 작용을 한다" 혹은 "광고대안과 성별의 상호작용효과는 학력에 따라 다르다"라고 해석할 수 있다.**

그림 8.15 프로파일 도표

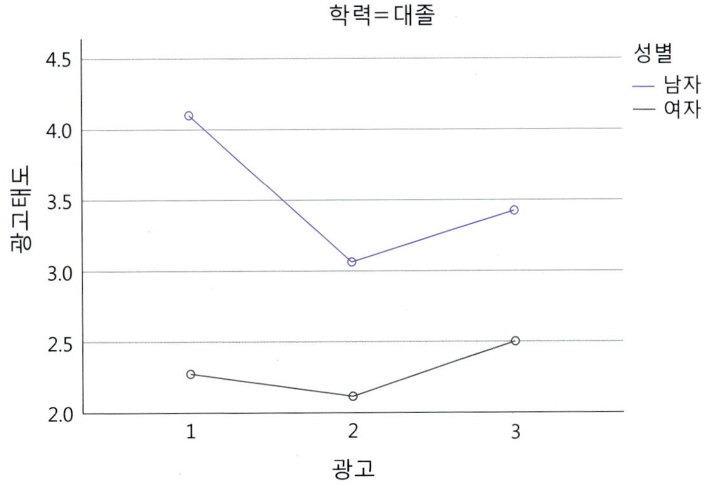

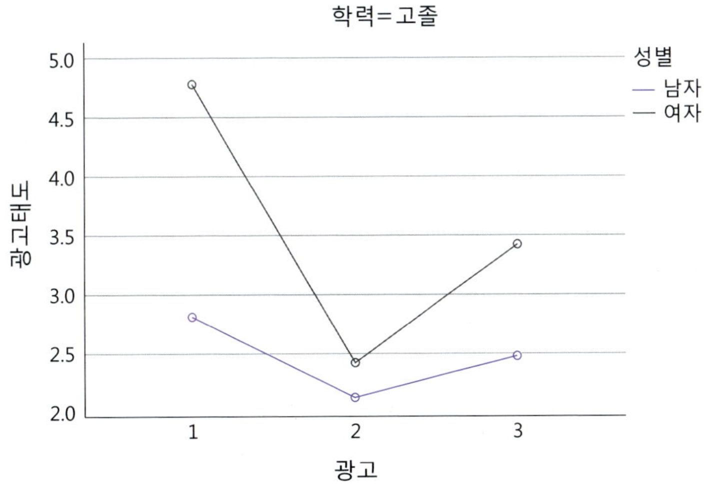

[그림 8.15]는 세 처치변수의 상호작용효과를 나타내는 그림이다. 세 처치변수의 상호작용효과를 동시에 나타내기 위해서는 3차원으로 그래프가 그려져야 하지만 이 경우 해석이 어렵기 때문에 SPSS는 2차원의 두 개 그림으로 상호작용을 제시한다. 이 그림은 제7장의 [그림 7.24]와 [그림 7.25]를 동시에 나타내는 것이다. 대졸의 경우 대체로 여자들보다 남자들의 광고태도가 더 호의적인 것으로 나타났으나 고졸의 경우 대체로 남자들보다 여자들의 광고태도가 더 호의적인 것으로 나타났다. 요컨대 두 그림은 전반적으로 매우 다른 모습이다. 이러한

해석을 요약하면 학력에 따라 '광고대안×성별의 상호작용효과'가 다른 것으로 추정된다. 이는 〈표 8.9〉에서 세 변수의 상호작용 효과가 유의적으로 나타난 것 (F=31.019, p<.001)과 일치하는 것이다.

추가적으로, 연구자가 만약 〈예제 7.3〉과 〈예제 7.4〉에서 예시한 바와 같이 집단별로 이원분산분석을 실시한 다음 본 예제처럼 삼원분산분석을 실시하였다면 위와 같이 "광고대안과 성별의 상호작용효과는 학력에 따라 다르다"로 해석하면 된다. 그러나 집단별로 이원분산분석을 실시하지 않고 삼원분산분석을 실시하였다면 비록 "광고대안과 성별의 상호작용효과는 학력에 따라 다르다"로 해석할 수는 있지만 집단별로 광고대안과 성별의 상호작용효과가 어떤지를 알기 위해서는 집단별로 이원분산분석을 실시해야 한다.

연 / 습 / 문 / 제

SPSS 30

1. 본 장 8.1의 개요에서 피실험자 내 디자인과 무작위 블럭디자인은 유사한 점이 있다고 하였다. 이를 점검하기 위하여 〈예제 7.2〉의 데이터파일인 '(7)분산-무작위블럭.sav'의 자료를 피실험자 내 디자인 ANOVA의 분석절차를 따라 실시해볼 수 있다. 이를 위해서 독자는 〈예제 7.2〉의 자료를 본 분석에 맞게 새로이 코딩해야 한다. 새롭게 코딩한 자료는 '(8)연습문제(피실험자내).sav'로 저장되어 있다. 분석결과 및 해석은 다음과 같다. 자료파일: (8)연습문제(피실험자내).sav.

[분석결과 및 해석]

기술통계량

	평균	표준편차	N
A	9.75	7.544	4
B	26.25	5.439	4
C	17.00	6.683	4

Mauchly의 구형성 검정[a]

측도: 패키지디자인

개체-내 효과	Mauchly의 W	근사 카이제곱검정	자유도	유의확률	엡실런[b]		
					Greenhouse-Geisser	Huynh-Feldt	하한
디자인	.414	1.762	2	.414	.631	.876	.500

정규화된 변형 종속변수의 오차 공분산행렬이 항등 행렬에 비례하는 영가설을 검정합니다.
a. Design: 절편.
 개체-내 계획: 디자인.
b. 유의성 평균검정의 자유도를 조절할 때 사용할 수 있습니다. 수정된 검정은 개체내 효과검정 표에 나타납니다.

개체-내 효과 검정

측도: 패키지디자인

원인		제 III 유형 제곱합	자유도	평균제곱	F	유의확률	부분 에타 제곱
디자인	구형성 가정	547.167	2	273.583	36.077	<.001	.923
	Greenhouse-Geisser	547.167	1.261	433.782	36.077	.004	.923
	Huynh-Feldt	547.167	1.752	312.362	36.077	<.001	.923
	하한	547.167	1.000	547.167	36.077	.009	.923
오차 (디자인)	구형성 가정	45.500	6	7.583			
	Greenhouse-Geisser	45.500	3.784	12.024			
	Huynh-Feldt	45.500	5.255	8.658			
	하한	45.500	3.000	15.167			

대응별 비교

측도: 패키지디자인

(I) 디자인	(J) 디자인	평균차이(I-J)	표준오차	유의확률[b]	차이에 대한 95% 신뢰구간[b]	
					하한	상한
1	2	-16.500*	2.255	.016	-27.450	-5.550
	3	-7.250*	.946	.014	-11.847	-2.653
2	1	16.500*	2.255	.016	5.550	27.450
	3	9.250	2.323	.085	-2.031	20.531
3	1	7.250*	.946	.014	2.653	11.847
	2	-9.250	2.323	.085	-20.531	2.031

추정 주변 평균을 기준으로

*. 평균차이는 .05 수준에서 유의합니다.

b. 다중비교를 위한 수정: Bonferroni.

Mauchly의 구형성 검정 결과 구형성 가정을 충족시키는 것으로 나타났다($p=.414$). 따라서 개체-내 효과검정 표의 '구형성 가정'의 행에 나타난 결과를 해석하면 되는데 분석결과 유의적으로 나타났으며($F=36.077$, $p<.001$), 부분 $\eta^2=.923$으로 매우 크게 나타났다. 이 결과는 〈표 7.10〉의 디자인 행에 나타난 결과와 동일하다. **따라서 패키지 디자인에 따른 매출이 모두 동일하지는 않다고 결론내릴 수 있다. 또한 대응별 비교 결과는 디자인 A와 디자인 B, 그리고 디자인 A와 디자인 C 간에 유의적인 차이가 있음을 보여준다.** 이는 〈표 7.12〉와 조금 다른데, 본 예제의 경우 Bonferroni를 지정하여 보다 보수적인(덜 유의적인) 결과가 나타났다. 이 결과를 보면 7장의 무작위 블럭디자인 ANOVA의 예시에서 사용한 Tukey법에 비해 Bonferroni법을 이용하면 보다 보수적인 결과가 나타남을 확인할 수 있다.

2. 한 제약회사는 콜레스테롤을 감소시키는 약 네 가지를 개발하여 약효를 테스트하려고 한다. 이 테스트에서는 콜레스테롤 수치가 280 이상인 성인들을 대상으로 하였는데 네 명으로 구성된 13개 피실험자 그룹을 형성하였다. 이때 나이와 콜레스테롤 수치의 영향력을 통제하기 위하여 각 그룹의 네 명은 나이와 콜레스테롤 수치가 거의 같도록 하였다. 표에 나타난 수치는 각 피실험자가 두 달간 자신에게 처방된 약을 복용한 후 콜레스테롤 감소치를 나타낸다. 이 자료로써 네 가지 콜레스테롤 약의 효과는 다르다고 할 수 있는가? $\alpha = .05$. 자료파일: (8)연습문제(콜레스테롤약).sav.

그룹	약1	약2	약3	약4
1	6.6	12.6	2.7	8.7
2	7.1	3.5	2.4	9.3
3	7.5	4.4	6.5	10.0
4	9.9	7.5	16.2	12.6
5	13.8	6.4	8.3	10.6
6	13.9	13.5	5.4	15.4
7	15.9	16.9	15.4	16.3
8	14.3	11.4	17.1	18.9
9	16.0	16.9	7.7	13.7
10	16.3	14.8	16.1	19.4
11	14.6	18.6	9.0	18.5
12	18.7	21.2	24.3	21.1
13	17.3	10.0	9.3	19.3

[분석결과 및 해석]

기술통계량

	평균	표준편차	N
Drug 1	13.223	4.0821	13
Drug 2	12.131	5.5710	13
Drug 3	10.800	6.4905	13
Drug 4	14.908	4.3613	13

Mauchly의 구형성 검정[a]

측도: 콜레스테롤약

개체-내 효과	Mauchly의 W	근사 카이제곱검정	자유도	유의확률	엡실런[b]		
					Greenhouse-Geisser	Huynh-Feldt	하한
약	.372	10.591	5	.061	.672	.808	.333

정규화된 변형 종속변수의 오차 공분산행렬이 항등 행렬에 비례하는 영가설을 검정합니다.

a. Design: 절편.
개체-내 계획: 약.

b. 유의성 평균검정의 자유도를 조절할 때 사용할 수 있습니다. 수정된 검정은 개체내 효과검정 표에 나타납니다.

개체-내 효과 검정

측도: 콜레스테롤약

원인		제 III 유형 제곱합	자유도	평균제곱	F	유의확률	부분 에타 제곱
약	구형성 가정	117.838	3	39.279	3.885	.017	.245
	Greenhouse-Geisser	117.838	2.016	58.457	3.885	.034	.245
	Huynh-Feldt	117.838	2.424	48.605	3.885	.025	.245
	하한	117.838	1.000	117.838	3.885	.072	.245
오차(약)	구형성 가정	364.002	36	10.111			
	Greenhouse-Geisser	364.002	24.190	15.048			
	Huynh-Feldt	364.002	29.093	12.512			
	하한	364.002	12.000	30.334			

대응별 비교

측도: 콜레스테롤약

(I) 약	(J) 약	평균차이(I–J)	표준오차	유의확률[b]	차이에 대한 95% 신뢰구간[b]	
					하한	상한
1	2	1.092	1.109	1.000	−2.403	4.588
	3	2.423	1.405	.661	−2.006	6.852
	4	−1.685	.618	.110	−3.633	.264
2	1	−1.092	1.109	1.000	−4.588	2.403
	3	1.331	1.696	1.000	−4.017	6.678
	4	−2.777	1.137	.186	−6.362	.808
3	1	−2.423	1.405	.661	−6.852	2.006
	2	−1.331	1.696	1.000	−6.678	4.017
	4	−4.108*	1.256	.040	−8.068	−.147
4	1	1.685	.618	.110	−.264	3.633
	2	2.777	1.137	.186	−.808	6.362
	3	4.108*	1.256	.040	.147	8.068

추정 주변 평균을 기준으로
*. 평균차이는 .05 수준에서 유의합니다.
b. 다중비교를 위한 수정: Bonferroni.

기술통계량은 각 약의 콜레스테롤 평균 감소량을 보여준다. Mauchly의 구형성 검정 결과 구형성 가정을 충족시키는 것으로 나타났다($p=.061$). 따라서 개체 내 효과검정 표의 '구형성 가정'의 행에 나타난 결과를 해석하면 되는데, 분석결과 유의적으로 나타났으며($F=3.885$, $p=.017$), 부분 $\eta^2=.245$로 크게 나타났다. **따라서 네 가지 약의 효과는 모두 동일하지는 않다고 결론내릴 수 있다. 대응별 비교 결과는 약 4와 약 3 간에 유의적인 차이가 있음을 보여준다.** 그러므로 약 4의 평균 감소량이 가장 크기는 하나 약 1, 약 2에 비해서는 그 감소량이 그리 크지 않지만 약 3보다는 상당히 크다고 할 수 있다.

3. 제 7 장의 연습문제 2번은 여행빈도가 해외여행에 대한 태도에 미치는 영향이 성별에 따라 다른지를 조사하기 위해 3(여행빈도)×2(성별) factorial design에 의해 수집한 자료를 분석하는 것이었다. 본 연습문제에서는 '여행빈도×성별의 관계'가 소득에 의해 조절되는지를 조사하기 위해 추가적인 자료를 수집한 것으로 가정한다. 아래 표의 자료 중 응답자 1~30의 자료는 7장 연습문제 2번의 자료로서 중산층에 속하는 것으로 가정한다. 31~60의 자료는 추가된 자료로서 고소득층의 자료로 가정한다. 각 숫자의 의미는 다음과 같다. 성별: 남=1, 여=2; 여행빈도: 적음=1, 중간=2, 많음=3; 소득: 중산층=1, 고소득층=2; 해외여행 태도: 1=전혀 좋아하지 않음, 9=매우 좋아함. 주어진 자료를 이용하여 삼원분산분석(여행빈도×성별×소득)을 실시하고 그 결과를 해석하시오.

자료파일: (8)연습문제(삼원분산).sav.

번호	성별	여행빈도	소득	태도	번호	성별	여행빈도	소득	태도
1	1	1	1	2	31	1	1	2	1
2	1	1	1	3	32	1	1	2	2
3	1	1	1	4	33	1	1	2	1
⋮	⋮	⋮	⋮	⋮	⋮	⋮	⋮	⋮	⋮
30	2	3	1	8	60	2	3	2	8

[분석결과 및 해석]

개체-간 효과 검정

종속변수: 태도

원인	제 III 유형 제곱합	자유도	평균제곱	F	유의확률	부분 에타 제곱
수정된 모형	239.783[a]	11	21.798	31.900	<.001	.880
절편	1450.417	1	1450.417	2122.561	<.001	.978
성별	28.017	1	28.017	41.000	<.001	.461
여행빈도	150.233	2	75.117	109.927	<.001	.821
소득	8.817	1	8.817	12.902	<.001	.212
성별 * 여행빈도	14.433	2	7.217	10.561	<.001	.306
성별 * 소득	6.017	1	6.017	8.805	.005	.155
여행빈도 * 소득	20.633	2	10.317	15.098	<.001	.386
성별 * 여행빈도 * 소득	11.633	2	5.817	8.512	<.001	.262
추정값	32.800	48	.683			
전체	1723.000	60				
수정된 합계	272.583	59				

a. R 제곱 = .880 (수정된 R 제곱 = .852).

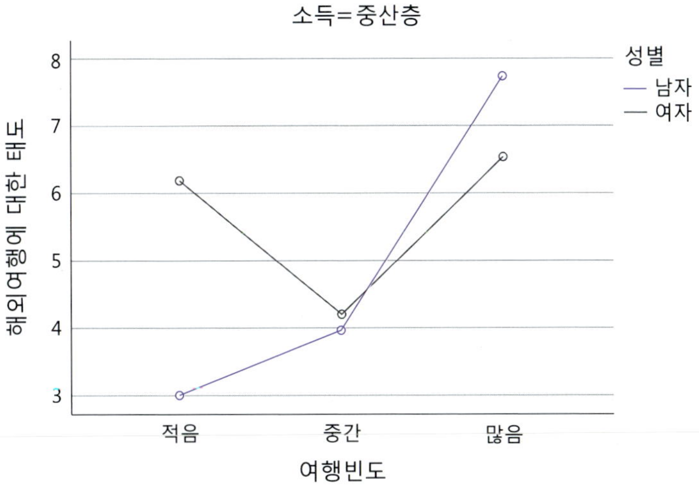

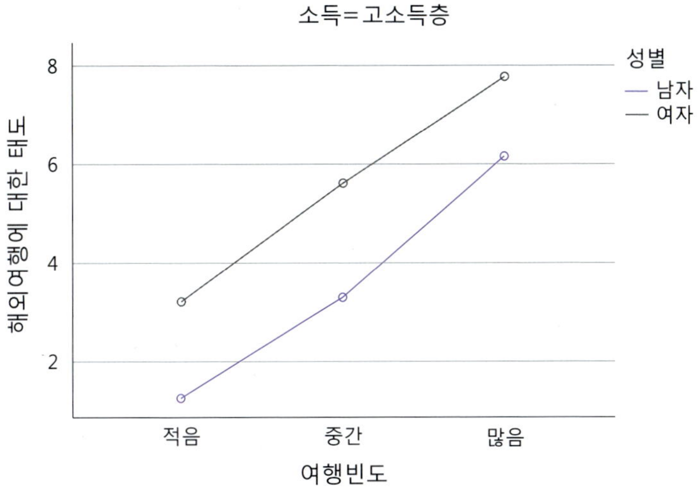

분석 결과에 의하면 세 처치변수의 상호작용효과는 유의적이며($F=8.512$, $p<.001$), 부분 $\eta^2=.262$로 크게 나타났다. 그러므로 "여행빈도×성별의 관계는 소득에 의해 조절된다"라고 해석할 수 있다. 그림에 나타난 결과를 보면 중산층의 경우 상호작용효과가 있는 반면에, 고소득층의 경우 상호작용효과가 없는 것으로 보인다. 그리고 두 그림의 모습은 매우 다르다. 이는 세 변수의 상호작용효과가 유의적으로 나타난 것과 일치하는 것이다. 이처럼 삼원분산분석을 먼저 실시한 경우 삼원상호작용효과가 유의적으로 나타나면, 그 패턴을 알기 위해 두 번째 조절변수(이 경우 소득)별로 이원분산분석을 실시할 필요가 있다(그림 8.14 설명 참조). 이에 따라 중산층과 고소득층별로 이원분산분석을 실시한 결과 이원상호작용효과는 중산층의 경우 유의적으로($F=15.469$, $p<.001$), 그리고 고소득층의 경우 비유의적으로($F=.727$, $p=.494$) 나타났다. 이는 곧 그림과 일치한다.

제 9 장

공분산분석과 다변량분산분석

9.1 공분산분석(ANCOVA)

1. 개 요

(1) 개 념

분산분석은 처치수준이 다른 집단 간에 종속변수값의 차이가 있는지를 조사하는 방법이다. 이때 처치수준이 종속변수값에 미치는 영향을 보기 위해서는 **외생변수**(즉, 종속변수에 영향을 미칠 수 있으나 실험디자인에서 처치변수로 설정되지 않은 변수)는 통제되어야 한다. 외생변수가 비계량변수(nonmetric variable)이면 실험디자인으로 통제할 수 있으나, 계량변수(metric variable)이면 실험디자인에서 통제하는 것이 불가능하다.[1] 이 경우 외생변수를 **공변량**(covariate)으로 처리하여 그 효과를 제거하는 **공분산분석**(analysis of covariance; **ANCOVA**)을 실시하면 된다. 특히, 그 외생변수가 종속변수와의 상관관계가 높을수록 분산분석 대신 공분산분석을 실시함으로써 순수한 처치효과를 조사할 수 있다.

(2) 자 료

분산분석과 동일하게 독립변수는 범주를 나타내는 명목척도로 나타내고, 종속변수는 간격척도 혹은 비율척도로 측정된 자료가 사용된다. 공변량으로 처리되는 변수 역시 간격척도 혹은 비율척도로 측정되어야 한다.

(3) 가 정

분산분석과 동일하다.

2. SPSS 30을 이용한 공분산분석

예제 9.1 **공분산분석의 예**

여기서는 세 가지 광고대안에 따라 제품태도가 달라지는지를 조사하는 데 있어서, 소비자들이 제품에 대해 갖고 있는 사전태도가 광고노출 후 제품태도에 영향을 미칠 것으로 판단됨에 따라, 광고대안을 독립변수로, 제품태도를 종속변수로, 그리고 사전태도를 공변량으로 설정하여 공분산분석을 실시하기로 한다. 18명의 소비자들을 통하여 수집된

1 제7장의 〈예제 7.2〉는 실험디자인에서 외생변수를 직접 통제하는 예이다.

자료는 〈표 9.1〉과 같다. 여기서 광고대안은 1, 2, 3으로, 그리고 제품태도와 사전태도는 각각 5점 척도로 측정된 값이다. 점수가 높을수록 보다 호의적인 태도를 나타낸다.

표 9.1 공분산분석 자료

케이스	광고	사전태도	제품태도
1	1	5	5
2	1	3	4
3	1	3	3
4	1	4	4
5	1	2	2
6	1	3	3
7	2	2	2
8	2	1	2
9	2	2	3
10	2	1	1
11	2	2	2
12	2	1	2
13	3	2	2
14	3	2	3
15	3	3	3
16	3	2	2
17	3	2	3
18	3	4	4

연구문제 사전태도가 일정한 경우(즉, 사전태도가 통제된 경우) 세 가지 광고대안에 따라 제품태도가 다른가?

〈예제 9.1〉을 SPSS에 의해 공분산분석을 하기 전에 광고대안에 따라 제품태도에 차이가 있는지를 알아보기 위해 우선 광고대안을 요인으로 하고 제품태도를 종속변수로 하는 일원배치 분산분석을 실시하였다(자료파일: (9)공분산분석.sav).

[일원배치 분산분석 과정요약]

분석 → 평균 및 비율 비교

→ 일원배치 분산분석(종속변수: 제품태도, 요인: 광고)

→ 옵션(기술통계, 분산 동질성 검정)

일원분산분석 결과는 〈표 9.2〉~〈표 9.4〉와 같다.

표 9.2 기술통계량

제품태도

	N	평균	표준편차	표준오차	평균의 95% 신뢰구간		최소값	최대값
					하한	상한		
1	6	3.50	1.049	.428	2.40	4.60	2	5
2	6	2.00	.632	.258	1.34	2.66	1	3
3	6	2.83	.753	.307	2.04	3.62	2	4
전체	18	2.78	1.003	.236	2.28	3.28	1	5

〈표 9.2〉에는 각 광고대안 집단별 제품태도 평균, 표준편차 등이 제시되어 있다.

표 9.3 분산의 동일성에 대한 검증

		Levene 통계량	df 1	df 2	유의확률
제품태도	평균을 기준으로 합니다.	1.548	2	15	.245
	중위수를 기준으로 합니다.	1.400	2	15	.277
	자유도를 수정한 상태에서 중위수를 기준으로 합니다.	1.400	2	14.952	.277
	절삭평균을 기준으로 합니다.	1.563	2	15	.242

〈표 9.3〉에는 광고대안 집단들의 분산의 동일성 가정에 대한 검증결과가 제시되어 있다. Levene 검증결과 $p=.245$로서 집단 간의 등분산 가정에 문제가 없다.[2]

2 7장 각주 3번 참조.

표 9.4 분산분석 결과

제품태도

	제곱합	자유도	평균제곱	F	유의확률
집단-간	6.778	2	3.389	4.919	.023
집단-내	10.333	15	.689		
전체	17.111	17			

표 9.5 분산분석 효과크기[a, b]

		포인트 추정값	95% 신뢰구간	
			하한	상한
제품태도	에타 제곱	.396	.004	.604
	엡실런 제곱	.316	−.129	.551
	오메가 제곱 고정 효과	.303	−.121	.537
	오메가 제곱 변량효과	.179	−.057	.367

a. 에타 제곱 및 엡실런 제곱은 고정 효과 모델을 기반으로 추정됩니다.
b. 음수이지만 편향이 적은 추정값은 유지되며 0으로 반올림되지 않습니다.

〈표 9.4〉는 분산분석 결과로서 광고대안에 따라 제품태도에 차이가 있는 것으로 나타났으며($F=4.919$, $p=.023$), 〈표 9.5〉의 효과크기 에타제곱은 .396으로 효과크기의 기준으로 볼 때 매우 크다고(very large) 할 수 있다. 그런데, 앞에서 설명했듯이 광고대안에 따라 제품태도가 달라지는 데 있어서 제품에 대한 소비자들의 사전태도가 영향을 미칠 것으로 판단된다. 특히 이 경우 사전태도와 제품태도 간의 상관관계가 높을수록 공분산분석을 통해 처치변수의 순수한 효과를 조사하는 것이 필요하다. 참고로 사전태도와 제품태도 간의 Pearson 상관계수는 .897($p=.000$)로 나타나 사전태도와 제품태도 간에는 매우 유의적인 正(+)의 상관관계가 있는 것으로 나타났다. 따라서 이하에서는 사전태도를 공변량으로 지정하는 공분산분석을 실시한다.

〈예제 9.1〉에 대해 공분산분석을 하는 과정은 다음과 같다.

① '(9)공분산분석.sav' 파일을 불러온다.
② [그림 9.1]과 같이 다음의 절차를 따른다.

[분석(A)] → [일반선형모델(G)] → [일변량(U)...] → 클릭

그림 9.1 공분산분석 절차

③ 그러면 [그림 9.2]의 일변량 분석 대화상자가 나타난다.

그림 9.2 일변량 분석 대화상자

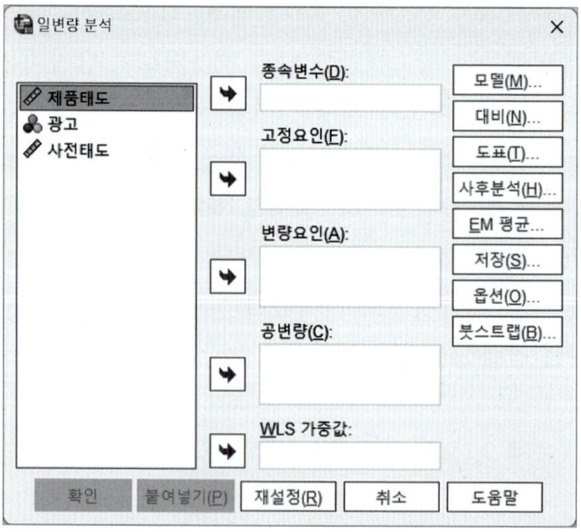

④ 여기서 [그림 9.3]과 같이 제품태도를 [종속변수(D)]로, 광고를 [고정요인(F)]으로, 그리고 사전태도를 [공변량(C)]으로 보낸다.

그림 9.3 분석대상 변수선정

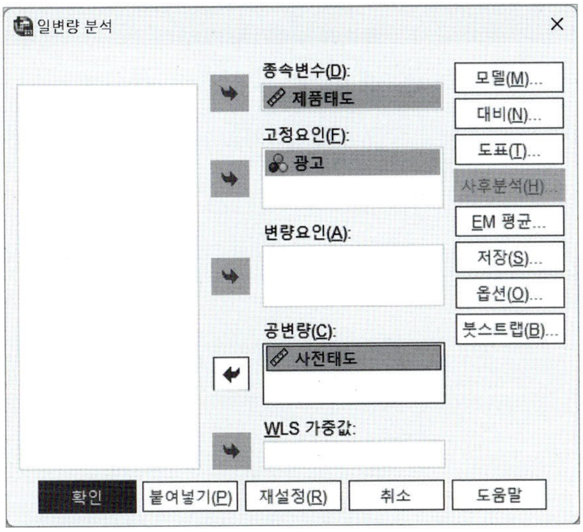

⑤ [그림 9.3]에서 [모델(M)...]을 클릭하면 [그림 9.4]와 같은 모델 대화상자가 나타난다. 본 분석에서는 기본설정된 분석방법([완전요인모형(A)], [제 Ⅲ 유형], [모델에 절편 포함(I)])을 그대로 이용한다.

그림 9.4 모델 대화상자

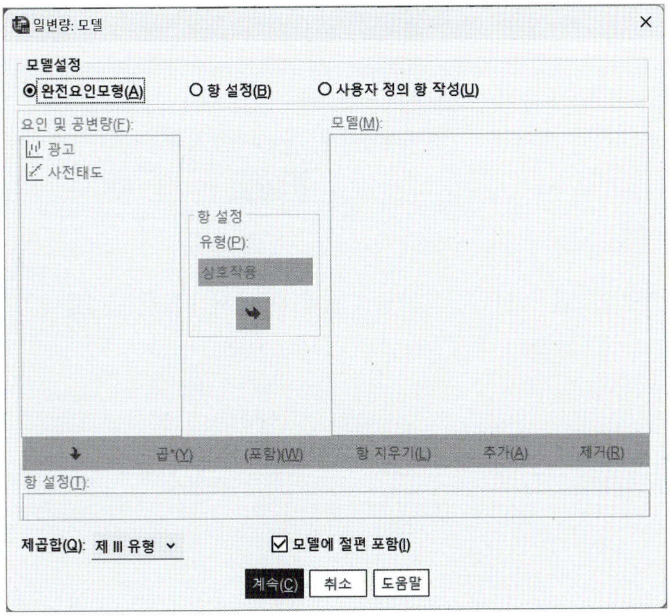

☞ 모델설정의 의미는 7.3 이원분산분석 참조.

⑥ [그림 9.4]에서 [계속(C)]을 클릭한다.

⑦ [그림 9.3]에서 [옵션(O)...]을 클릭하면 옵션 대화상자가 나타나는데, [그림 9.5]와 같이 [기술통계량(D)], [동질성 검정(H)], 그리고 [효과크기 추정값(E)]을 클릭한다.

그림 9.5 옵션 대화상자

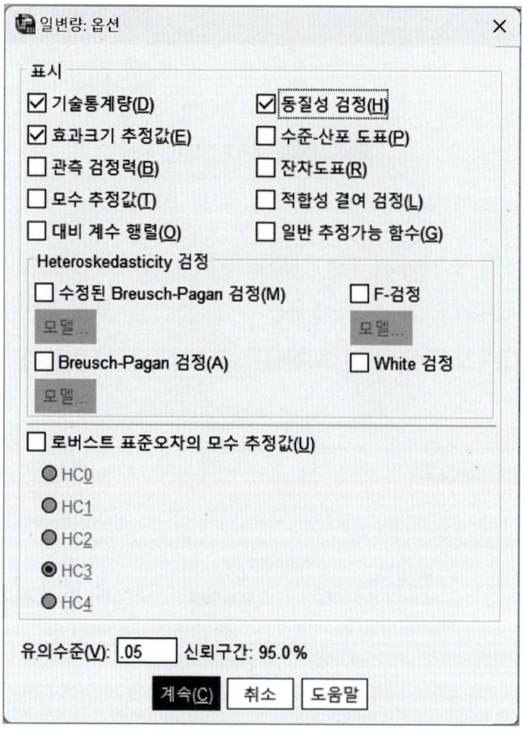

⑧ [그림 9.5]에서 [계속(C)]과 이어서 [확인]을 클릭하면 결과가 나타난다(표 9.6부터).

표 9.6 기술통계량

종속변수: 제품태도

광고	평균	표준편차	N
1	3.50	1.049	6
2	2.00	.632	6
3	2.83	.753	6
전체	2.78	1.003	18

〈표 9.6〉은 기술통계량으로서 세 가지 광고대안 집단별 제품태도 평균과 표준편차, 그리고 집단별 케이스의 수가 제시되어 있다.

표 9.7 오차분산의 동일성에 대한 Levene의 검증[a]

종속변수: 제품태도

F	자유도1	자유도2	유의확률
1.115	2	15	.354

여러 집단에서 종속변수의 오차 분산이 동일한 영가설을 검정합니다.
a. Design: 절편 + 사전태도 + 광고.

〈표 9.7〉에는 광고대안 집단들의 분산의 동일성 가정에 대한 Levene 검증결과 $p=.354$로 나타나 광고대안 집단 간의 등분산 가정을 충족시킨다.

표 9.8 공분산분석 결과표

종속변수: 제품태도

원인	제 III 유형 제곱합	자유도	평균제곱	F	유의확률	부분 에타 제곱
수정된 모형	13.770[a]	3	4.590	19.231	<.001	.805
절편	.928	1	.928	3.889	.069	.217
사전태도	6.992	1	6.992	29.295	<.001	.677
광고	.001	2	.000	.002	.998	.000
추정값	3.341	14	.239			
전체	156.000	18				
수정된 합계	17.111	17				

a. R 제곱 = .805 (수정된 R 제곱 = .763).

〈표 9.8〉에서 중요한 부분은 원인에서 광고로 되어 있는 행이다. 〈표 9.4〉의 일원분산분석 결과에서는 광고대안에 따라 제품태도에 차이가 있는 것으로 나타났지만(F=4.919, p=.023), **공분산분석 결과에 따르면 (사전태도가 공변량으로 처리되어) 광고대안에 따라 제품태도는 다르다고 할 수 없다(F=.002, p=.998)**. 이는 제품태도와 높은 상관관계를 갖는 사전태도가 모형에 포함되었기 때문이다. 따라서 〈표 9.4〉의 일원분산분석 결과 광고대안에 따라 제품태도의 차이가 나타났지만, 공분산분석 결과 제품태도의 차이는 광고대안의 차이라기보다 주로 사전태도의 차이에 기인하는 것이라고 해석할 수 있다(사전태도의 F=29.295, p<.001로 매우 유의적임). 추가적으로 **부분 에타 제곱**은 **효과크기**(effect size)를 나타내는 값이다. 분산분석의 경우 효과크기에 대해서는 제 7 장의 무작위 블럭 디자인의 예제에서 설명하였다(표 7.11 해설 참조). 본 예제의 경우 광고의 효과크기는 .000으로 매우 작다. 이에 비해 사전태도의 효과크기는 .677로 매우 큰 것으로 나타났다.

9.2 다변량분산분석(MANOVA)

1. 개 요

(1) 개 념

두 집단의 평균을 비교하는 데는 t−test를 사용하고, 두 집단 이상의 평균을 비교하는 데는 ANOVA를 이용한다. ANOVA의 경우 종속변수가 한 개인 데 비해 **다변량분산분석**(Multivariate Analysis of Variance; **MANOVA**)은 종속변수가 두 개 이상인 경우 집단평균들의 vectors를 비교하는 데 사용되는 분석방법이다. 특히, 종속변수들 간의 상관관계가 높은 경우 ANOVA를 수차례 하는 대신 MANOVA를 실시하는 것이 바람직하다. ANOVA와 MANOVA의 귀무가설은 다음과 같이 다르다.

〈ANOVA〉

H_0: 모든 집단의 평균은 동일하다.

즉, H_0: $\mu_1 = \mu_2 = \cdots\cdots = \mu_k$

〈MANOVA〉

H_0: 모든 집단의 평균 vectors는 동일하다.

즉,

$$H_0:\ \overset{\langle 집단\ 1\rangle}{\begin{bmatrix} \mu_{11} \\ \mu_{21} \\ \cdot \\ \cdot \\ \cdot \\ \cdot \\ \mu_{p1} \end{bmatrix}} = \overset{\langle 집단\ 2\rangle}{\begin{bmatrix} \mu_{12} \\ \mu_{22} \\ \cdot \\ \cdot \\ \cdot \\ \cdot \\ \mu_{p2} \end{bmatrix}} = \cdots\cdots = \overset{\langle 집단\ k\rangle}{\begin{bmatrix} \mu_{1k} \\ \mu_{2k} \\ \cdot \\ \cdot \\ \cdot \\ \cdot \\ \mu_{pk} \end{bmatrix}}$$

ANOVA의 경우 독립변수의 수에 따라 일원ANOVA, 이원ANOVA 등으로 부르는 것과 마찬가지로 MANOVA의 경우도 독립변수의 수에 따라 **일원 MANOVA**, **이원 MANOVA** 등으로 부른다.

(2) 자 료

독립변수는 범주를 나타내는 명목척도로, 그리고 종속변수는 간격척도 혹은 비율척도로 측정한 자료이어야 된다. 각 집단의 표본크기는 종속변수의 수보다 커야 하며 최소한 20개가 바람직하다. 집단별 표본크기는 (거의) 같은 것이 바람직하다.

(3) 왜 ANOVA 대신 MANOVA를 사용하는가?

종속변수가 복수인 경우 단일변량 ANOVA를 여러 번 하는 대신 MANOVA를 하는 이유는 무엇인가? 그 이유는 두 가지로 설명할 수 있다.

첫째, 종속변수들이 서로 상관관계가 높은 경우(예를 들어, 소득과 지출, 승용차 배기량과 휘발유 소모량), MANOVA를 사용하면 단일변량 ANOVA에서 밝힐 수 없는 결합된 차이(combined differences)를 밝혀낼 수 있다. 다시 말하면 ANOVA는 집단 간 차이를 밝히는 데 사용가능한(available) 정보를 보다 적게 사용한다.

둘째, ANOVA를 여러 번 사용하는 경우 1종 오류 확률이 커진다. 이는 집단들 간에 실제로 차이가 없는 경우에도 차이가 있는 것으로 결론내릴 수 있다는 것이다. 예를 들어, 일련의 다섯 개의 종속변수들을 별도의 다섯 번의 ANOVA로써 평가하고, 매번 유의수준 .05를 사용한다고 가정하자. 이는 어떤 종속변수에 실제적으로 차이가 존재하지 않는 경우에도 차이가 있는 것으로 결론내릴 확률(1종 오류의 확률)이 최대 5%까지 된다는 의미이다. 그런데 다섯 번의 별도 ANOVA를 사용한다면 1종 오류 확률은 최소 5%(모든 종속변수들의 상관계수가 1인 경우)에서 최대 23%($1-.95^5$; 모든 종속변수들의 상관계수가 0인 경우)가 된다. 그러므로 ANOVA를 수차례 한다면 1종 오류를 높이는 결과를 초래한다.

(4) 가 정

ANOVA의 경우 각 처치집단의 종속변수는 정규분포를 이루며, 분산이 동일하다는 가정이 필요하다. 이와 유사하게 MANOVA의 경우 세 가지 가정이 필요하다: 첫째, 관측치가 서로 독립적이다. 둘째, 각 집단의 분산-공분산 행렬이 동일하다. 셋째, 모든 종속변수들은 다변량 정규분포(multivariate normal distribution)를 따른다. 그런데 다변량 정규성을 직접 검증할 수 없으며, 모든 종속변수들이 단변량 정규성을 충족시키면 다변량 정규성을 충족시키는 것으로 본다. 이 가정을 충족시키지 못하는 경우 표본크기가 클수록 문제는 덜 심각하다.

2. SPSS 30을 이용한 다변량분산분석

예제 9.2 **다변량분산분석의 예**

여기서는 세 가지 광고대안에 따라 광고효과가 달라지는지를 조사하는 데 그 목적이 있다. 연구자는 광고효과로서 광고태도, 제품태도, 그리고 구매의도를 고려한다. 18명의 소비자들을 통하여 5점 척도(1: 부정~5: 긍정)에 의하여 수집된 자료는 〈표 9.9〉와 같다.

표 9.9 다변량분산분석 자료

	광고	광고태도	제품태도	구매의도
1	1	4	3	3
2	1	5	4	3
3	1	5	3	2
4	1	5	4	3
5	1	3	2	2
6	1	4	3	3
7	2	2	2	2
8	2	2	2	2
9	2	3	3	3
10	2	1	1	1
11	2	2	2	2
12	2	1	2	2
13	3	1	2	2
14	3	3	3	3
15	3	3	3	2
16	3	2	2	2
17	3	4	3	3
18	3	5	4	3

연구자는 광고효과로서 광고태도, 제품태도, 구매의도에 관심을 갖는다. 이때, ANOVA를 3회 실시하여 각각에 대하여 판단할 수 있다. 이 경우, 광고태도는 집단 간에 차이가 있고 제품태도 역시 집단 간에 차이가 있으나, 구매의도는 집단 간에 차이가 없다면 전체적으로 집단 간에 광고효과의 차이가 있다고 할 수 있는가? 다른 상황으로, 만약 광고태도는 집단 간에 차이가 있지만, 제품태도와 구매의도는 집단 간에 차이가 없다면 연구자는 집단 간에 광고효과의 차이가 있다고 할 수 있는가? 이와 같이 처치효과를 여러 개의 종속변수에 대하여 통합하여 조사하고자 할 때 MANOVA는 매우 유용한 분석도구가 된다. 앞에서 언급한 바와 같이 종속변수들의 상관관계가 높은 경우 MANOVA의 필요성은 더욱 커진다.

연구문제 세 가지 광고대안의 광고효과(광고태도, 제품태도, 그리고 구매의도로 구성됨)에는 차이가 있는가?

〈예제 9.2〉에 대해 다변량분산분석을 실시하기 전에 종속변수들(광고태도, 제품태도, 구매의도) 간의 상관관계를 조사한 결과 〈표 9.10〉과 같이 나타났다.

표 9.10 종속변수들에 대한 상관분석

		광고태도	제품태도	구매의도
광고태도	Pearson 상관	1	.895**	.716**
	유의확률 (양측)		<.001	<.001
	N	18	18	18
제품태도	Pearson 상관	.895**	1	.845**
	유의확률 (양측)	<.001		<.001
	N	18	18	18
구매의도	Pearson 상관	.716**	.845**	1
	유의확률 (양측)	<.001	<.001	
	N	18	18	18

**. 상관관계가 0.01 수준에서 유의합니다(양측).

〈표 9.10〉에 따르면 세 개의 종속변수들(광고태도, 제품태도, 구매의도) 간에는 모두 유의적인 正(+)의 상관관계가 있는 것으로 나타났다. 따라서 본 연구를 위해서는 MANOVA에 의한 분석이 적절하다.

〈예제 9.2〉에 대해 다변량분산분석을 하는 과정은 다음과 같다.

① '(9)다변량분산분석.sav' 파일을 불러온다.

② [그림 9.6]과 같이 다음의 절차를 따른다.

[분석(A)] → [일반선형모델(G)] → [다변량(M)...] → 클릭

그림 9.6 다변량분산분석 절차

③ 그러면 [그림 9.7]의 다변량 대화상자가 나타난다.

그림 9.7 다변량 대화상자

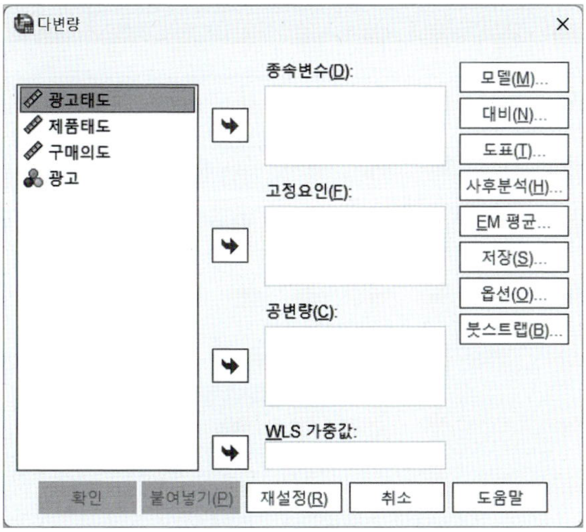

④ 여기서 [그림 9.8]과 같이 광고태도, 제품태도, 구매의도를 [종속변수(D)]로, 광고를 [고정요인(F)]으로 보낸다.

그림 9.8 분석대상 변수선정

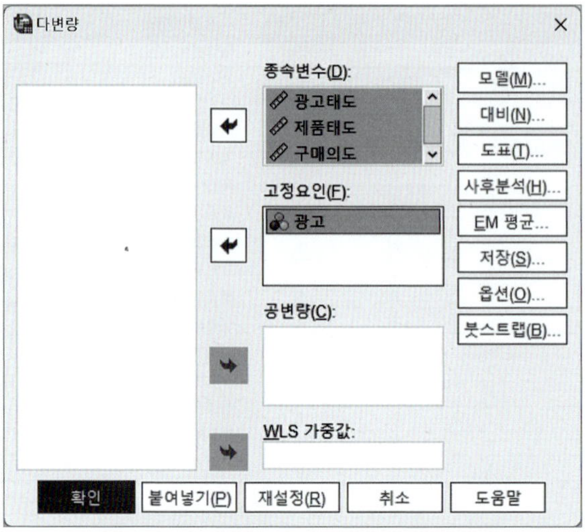

⑤ [그림 9.8]에서 [모델(M)...]을 클릭하면 [그림 9.9]와 같은 모델 대화상자가 나타난다. 본 분석에서는 기본설정된 분석방법([완전요인모형(A)], [제 Ⅲ 유형], [모델에 절편 포함(I)])을 그대로 이용한다.

그림 9.9 모델 대화상자

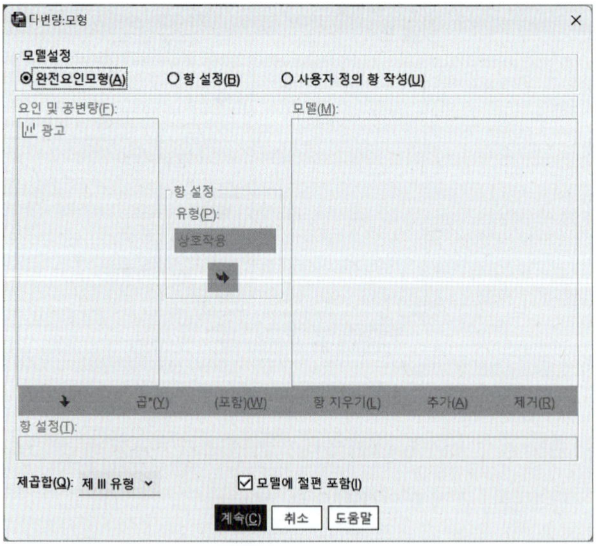

☞ 모델설정의 의미는 7.3 이원분산분석 참조.

⑥ [그림 9.9]에서 [계속(C)]을 클릭한다.

⑦ [그림 9.8]에서 [사후분석(H)...]을 클릭하면 사후분석 다중비교 대화상자가 나타난다. 여기서 [그림 9.10]과 같이 [요인(F)]에서 광고를 [사후검정변수(P)]로 보내고 사후분석 방법으로 [Tukey 방법]을 선택한다. [Tukey 방법]을 선택한 이유는 각 cell의 크기가 같기 때문이다.

그림 9.10 사후분석 다중비교 대화상자

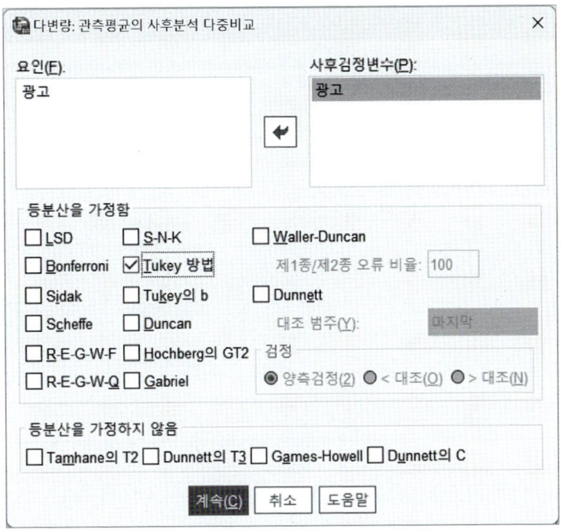

⑧ [그림 9.10]에서 [계속(C)]을 클릭한다.

⑨ [그림 9.8]에서 [옵션(O)...]을 클릭하고 옵션 대화상자에서 [그림 9.11]과 같이 [기술통계량(D)], [효과크기 추정값(E)], 그리고 [동질성 검정(H)]을 클릭한다.

그림 9.11 옵션 대화상자

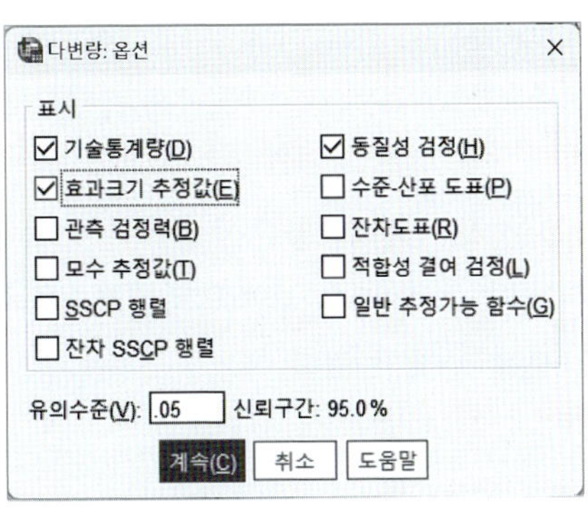

⑩ [그림 9.11]에서 [계속(C)]과 이어서 [확인]을 클릭하면 결과가 나타난다(표 9.11부터).

표 9.11 기술통계량

	광고	평균	표준편차	N
광고태도	1	4.33	.816	6
	2	1.83	.753	6
	3	3.00	1.414	6
	전체	3.06	1.434	18
제품태도	1	3.17	.753	6
	2	2.00	.632	6
	3	2.83	.753	6
	전체	2.67	.840	18
구매의도	1	2.67	.516	6
	2	2.00	.632	6
	3	2.50	.548	6
	전체	2.39	.608	18

〈표 9.11〉은 기술통계량 표로서 각 처치집단 응답자들의 광고태도, 제품태도, 그리고 구매의도의 평균값과 표준편차 및 표본크기를 나타낸다.

표 9.12 분산의 동일성 검증[a]

Box의 M	9.384
F	1.043
자유도1	6
자유도2	724.528
유의확률	.396

여러 집단에서 종속변수의 관측 공분산행렬이 동일한 영가설을 검정합니다.
a. Design: 절편 + 광고.

〈표 9.12〉는 세 집단의 공분산행렬이 동일하다는 가정에 대한 Box의 M 검증 결과를 나타낸다. p-value = .396으로 "H_0: 공분산행렬이 동일하다"를 기각하지 않으므로 가정에 문제가 없다.[3]

3 Box의 M 검증결과가 유의적인 경우, 집단크기가 유사하면(가장 큰 집단 크기 < 1.5 × 가장 작은 집단 크기) 큰 문제가 아니다. 그러나 이를 위배하면 transformation 등의 방법을 이용할 수 있다.

표 9.13 다변량 검증[a]

효과		값	F	가설 자유도	오차 자유도	유의확률	부분 에타 제곱
절편	Pillai의 트레이스	.956	94.600[b]	3.000	13.000	<.001	.956
	Wilks의 람다	.044	94.600[b]	3.000	13.000	<.001	.956
	Hotelling의 트레이스	21.831	94.600[b]	3.000	13.000	<.001	.956
	Roy의 최대근	21.831	94.600[b]	3.000	13.000	<.001	.956
광고	Pillai의 트레이스	.711	2.572	6.000	28.000	.041	.355
	Wilks의 람다	.365	2.836[b]	6.000	26.000	.029	.396
	Hotelling의 트레이스	1.529	3.058	6.000	24.000	.023	.433
	Roy의 최대근	1.378	6.431[c]	3.000	14.000	.006	.579

a. Design: 절편 + 광고.
b. 정확한 통계량.
c. 해당 유의수준에서 하한값을 발생하는 통계량은 F에서 상한값입니다.

〈표 9.13〉에는 광고효과에 대한 다변량 검증 결과가 제시되어 있다. 이 결과로부터 앞에서 제기한 연구문제에 대하여 응답할 수 있다. 본 분석에서 귀무가설(H_0)은 "처치집단 간 평균값들의 vectors가 동일하다"라고 할 수 있으며, 이를 네 가지 통계량으로 검증할 때 모두 기각되었다($F>2.572$, $p<.05$). 또한 부분 η^2은 모두 .355 이상으로 크게 나타났다. **그러므로 세 가지 광고대안의 광고효과가 모두 동일하지는 않다고 할 수 있다.**

본 예의 경우 어느 통계량을 이용하더라도 모두 유의적인 것으로 결론내릴 수 있다. 통계량이 다른 경우 다음을 참고할 수 있다: 모든 가정을 엄격히 충족시키고 종속변수들이 한 개의 차원(single dimension)을 나타낸다면 Roy의 최대근을 이용할 수 있다(가장 유의적). 표본크기가 충분하고, 가정을 어느 정도 충족시키며, 집단의 크기가 유사하면 Wilks의 람다를 사용한다. 표본크기가 작거나 공분산의 동일성 가정을 위배하거나 집단의 크기에 차이가 있으면 Pillai의 트레이스를 사용한다.[4] 다음 단계는 이러한 결론이 세 개의 종속변수(광고태도, 제품태도, 구매의도) 중 어느 변수에 주로 기인하는가를 조사하는 단계이다.

4 Joseph F. Hair, Jr., William C. Black, Barry J. Babin, and Rolph E. Anderson, *Multivariate Data Analysis*, 7th ed., Pearson, 2010, p. 464.

표 9.14 개체-간 효과 검정

원인	종속변수	제 III 유형 제곱합	자유도	평균제곱	F	유의확률	부분 에타 제곱
수정된 모형	광고태도	18.778[a]	2	9.389	8.711	.003	.537
	제품태도	4.333[b]	2	2.167	4.239	.035	.361
	구매의도	1.444[c]	2	.722	2.241	.141	.230
절편	광고태도	168.056	1	168.056	155.928	<.001	.912
	제품태도	128.000	1	128.000	250.435	<.001	.943
	구매의도	102.722	1	102.722	318.793	<.001	.955
광고	광고태도	18.778	2	9.389	8.711	.003	.537
	제품태도	4.333	2	2.167	4.239	.035	.361
	구매의도	1.444	2	.722	2.241	.141	.230
추정값	광고태도	16.167	15	1.078			
	제품태도	7.667	15	.511			
	구매의도	4.833	15	.322			
전체	광고태도	203.000	18				
	제품태도	140.000	18				
	구매의도	109.000	18				
수정된 합계	광고태도	34.944	17				
	제품태도	12.000	17				
	구매의도	6.278	17				

a. R 제곱 = .537 (수정된 R 제곱 = .476).
b. R 제곱 = .361 (수정된 R 제곱 = .276).
c. R 제곱 = .230 (수정된 R 제곱 = .127).

〈표 9.14〉에는 광고효과의 세 가지 측면(광고태도, 제품태도, 구매의도)에 대해 각각 분석한 결과가 제시되어 있다. 이 결과로부터 추가적으로 다음의 연구문제를 제기할 수 있다.

연구 문제

1. 광고태도는 세 집단 간에 차이가 있는가?
2. 제품태도는 세 집단 간에 차이가 있는가?
3. 구매의도는 세 집단 간에 차이가 있는가?

이 문제에 대한 답은 〈표 9.14〉로부터 다음과 같이 도출될 수 있다.

〈연구문제 1〉

- 광고태도는 세 집단 모두 동일하다($\mu_1=\mu_2=\mu_3$)고 할 수 없다(F=8.711, p<.01; 부분 η^2=.537).

〈연구문제 2〉

- 제품태도는 세 집단 모두 동일하다($\mu_1=\mu_2=\mu_3$)고 할 수 없다(F=4.239, p<.05; 부분 η^2=.361).

〈연구문제 3〉

- 구매의도는 세 집단 모두 동일하다($\mu_1=\mu_2=\mu_3$)는 것을 기각할 수 없다(F=2.241, p>.05; 부분 η^2=.230).[5]

다변량 검증(표 9.12)에서 나타난 결과와 위의 단변량 검증결과를 종합하면 광고효과의 차이는 주로 광고태도와 제품태도의 차이에 기인한다고 할 수 있다.

그런데, 〈표 9.14〉는 광고를 처치변수로 하고 광고태도, 제품태도 및 구매의도를 각각 종속변수로 하는 3회의 일원분산분석 결과를 하나의 표에 제시한 것과 마찬가지 형태이다.

끝으로, 다음의 연구문제를 추가적으로 제기한다.

연구문제	각각의 종속변수의 값은 구체적으로 어느 집단 간에 차이가 있는가?

5 여기서 구매의도의 경우 효과크기는 .230으로 비교적 크지만 비유의적으로 나타났다. 그 이유는 표본의 크기가 작기 때문이다. 이 결과는 유사한 연구를 하는 경우 표본의 크기를 증가시키면 유의적으로 나타날 가능성이 있음을 보여준다.

표 9.15 사후검증(광고대안에 따른 광고효과 차이)

Tukey HSD

종속변수	(I) 광고	(J) 광고	평균차이(I–J)	표준오차	유의확률	95% 신뢰구간	
						하한	상한
광고태도	1	2	2.50*	.599	.002	.94	4.06
		3	1.33	.599	.099	−.22	2.89
	2	1	−2.50*	.599	.002	−4.06	−.94
		3	−1.17	.599	.160	−2.72	.39
	3	1	−1.33	.599	.099	−2.89	.22
		2	1.17	.599	.160	−.39	2.72
제품태도	1	2	1.17*	.413	.032	.09	2.24
		3	.33	.413	.704	−.74	1.41
	2	1	−1.17*	.413	.032	−2.24	−.09
		3	−.83	.413	.142	−1.91	.24
	3	1	−.33	.413	.704	−1.41	.74
		2	.83	.413	.142	−.24	1.91
구매의도	1	2	.67	.328	.138	−.18	1.52
		3	.17	.328	.868	−.68	1.02
	2	1	−.67	.328	.138	−1.52	.18
		3	−.50	.328	.307	−1.35	.35
	3	1	−.17	.328	.868	−1.02	.68
		2	.50	.328	.307	−.35	1.35

관측평균을 기준으로 합니다.
오차항은 평균제곱(오차) = .322입니다.
*. 평균차이는 .05 수준에서 유의합니다.

〈표 9.15〉는 각 종속변수별로 구체적으로 어느 집단들 간에 차이가 있는지를 사후검증한 결과이다. **광고태도는 광고 1집단과 광고 2집단 간에 유의적인 차이가 있는 것으로 나타났다(차이=2.50; *p*-value=.002). 제품태도는 광고 1집단과 광고 2집단 간에 유의적인 차이가 있는 것으로 나타났다(차이=1.17; *p*-value=.032). 구매의도는 세 집단 간에 유의적인 차이가 없는 것으로 나타났다.** 이 결과에 의하면 MANOVA 분석 결과 집단 간 차이가 유의적으로 나타난 것은 주로 광고 1집단과 광고 2집단 간의 광고태도와 제품태도의 차이에 기인하는 것으로 볼 수 있다.

9.3 분산분석의 유형분류

표 9.16 분산분석의 유형분류

		종속변수의 수			
		한 개		두 개 이상	
		독립변수의 수		독립변수의 수	
		한 개	두 개 이상	한 개	두 개 이상
공변량	無	〈cell 1〉 일원분산분석 One–Way ANOVA	〈cell 2〉 다원분산분석 Multi–Way ANOVA	〈cell 3〉 일원 다변량분산분석 One–Way MANOVA	〈cell 4〉 다원 다변량분산분석 Multi–Way MANOVA
	有	〈cell 5〉 일원 공분산분석 One–Way ANCOVA	〈cell 6〉 다원 공분산분석 Multi–Way ANCOVA	〈cell 7〉 일원 다변량공분산분석 One–Way MANCOVA	〈cell 8〉 다원 다변량공분산분석 Multi–Way MANCOVA

〈표 9.16〉은 제 7, 8, 9장에서 다룬 분석방법들을 표로 나타낸 것이다. 먼저, 종속변수가 한 개인가 혹은 두 개 이상인가에 따라 단변량분산분석(cells 1, 2)과 다변량분산분석(cells 3, 4)으로 나눈다. 단변량분산분석을 줄여서 보통 '분산분석'이라고 한다. 다음으로 독립변수가 한 개인가, 혹은 두 개 이상인가에 따라 일원(cells 1, 3)과 다원(cells 2, 4)으로 나눈다. 다원 다변량분산분석(cell 4)은 독립변수가 두 개 이상이고, 종속변수가 두 개 이상인 분산분석이다. 끝으로, 공변량이 분석에서 고려되면 특히 공분산분석(analysis of covariance; ANCOVA; cells 5, 6, 7, 8)이라고 한다. 예를 들어, 다원 다변량공분산분석(multi-way multivariate analysis of covariance; multi-way MANCOVA; cell 8)은 독립변수와 종속변수가 각각 두 개 이상이며 공변량이 고려되는 분산분석이다.

<u>분산분석이라 하면 좁은 의미에서는 다변량분산분석과 공분산분석을 포함하지 않지만(cells 1, 2), 넓은 의미에서는 이들을 모두 포함한다</u>(표 9.16에서 모든 8개 cells). 본서에서는 일원분산분석(7.1~7.2), 이원분산분석(7.3), 삼원분산분석(8.2), 일원 다변량분산분석(9.2), 그리고 일원 공분산분석(9.1)을 예로써 설명하였다. 본서를 이용하는 독자들은 그 밖의 다른 분산분석을 실시하는 경우 본서에서 설명한 내용들을 응용할 수 있다.

연 / 습 / 문 / 제

SPSS 30

*** 문제 1~3**

소비자행동 분야의 연구에 의하면 제한된 시간 내에 한 광고에 반복 노출되면 소비자들은 반복횟수가 어느 수준이 될 때까지는 브랜드태도가 보다 호의적으로 되지만 반복횟수가 너무 많으면 지루함을 느껴 브랜드태도가 보다 비호의적으로 된다고 한다. 이를 검증하기 위해 허구의 신제품에 대한 실험용 광고를 제작하여 20분짜리 다큐멘터리 프로그램에 삽입하여 소비자들에게 노출시켰다. 15명의 피실험자들을 무작위로 세 그룹으로 나누어 각 그룹의 피실험자들은 광고를 1회, 3회, 혹은 5회 삽입시킨 프로그램을 시청하도록 하였다. 프로그램을 시청한 직후, 그리고 3일 후 그 브랜드에 대한 태도를 측정하고 아울러 광고모델에 대한 태도를 측정하였는데 다음과 같은 결과를 얻었다. 모든 태도척도는 5점 척도로 구성하였다: 싫어한다(1)~좋아한다(5). 다음 물음에 답하시오.

자료파일: (9)연습문제(브랜드태도).sav.

1. 노출횟수에 따라 브랜드태도 1은 다르다고 할 수 있는가? 일원분산분석을 실시하고 해석하시오.
2. 한편 소비자행동 분야의 연구에 의하면 소비자들은 광고모델에 대해 호감을 가질수록 브랜드에 대해 호감을 갖는 경향이 있다. 이를 고려할 때 노출횟수에 따라 브랜드태도 1은 다르다고 할 수 있는가? 광고모델에 대한 태도를 공변량으로 설정하여 공분산분석을 실시하시오. 위의 분석결과와의 차이에 유의하여 해석하시오.
3. 브랜드태도 1과 브랜드태도 2 간에는 어느 정도 높은 正(+)의 상관관계가 기대된다. 두 변수의 상관분석을 실시하시오. 그리고 두 변수를 종속변수로 하여 다변량분산분석을 실시하고 그 결과를 해석하시오. 노출횟수에 따라 브랜드태도(태도 1과 태도 2의 결합)는 다르다고 할 수 있는가?

응답자번호	노출횟수	브랜드태도 1(직후)	브랜드태도 2(3일 후)	모델에 대한 태도
1	1	3	1	3
2	1	2	2	2
3	1	2	2	2
4	1	1	3	2
5	1	3	2	2
6	3	5	4	4
7	3	4	4	3
8	3	4	4	3
9	3	4	3	4
10	3	5	5	4
11	5	4	3	3
12	5	3	3	3
13	5	3	2	2
14	5	2	1	2
15	5	4	3	3

[분석결과 및 해석]

1.

ANOVA

브랜드태도1

	제곱합	자유도	평균제곱	F	유의확률
집단-간	12.133	2	6.067	10.706	.002
집단-내	6.800	12	.567		
전체	18.933	14			

ANOVA 효과 크기[a]

		포인트 추정값	95% 신뢰구간	
			하한	상한
브랜드태도1	에타 제곱	.641	.158	.775
	엡실런 제곱	.581	.018	.737
	오메가 제곱 고정 효과	.564	.017	.723
	오메가 제곱 변량효과	.393	.008	.567

a. 에타 제곱 및 엡실런 제곱은 고정 효과 모델을 기반으로 추정됩니다.

일원분산분석 결과 유의적으로 나타나(F=10.706, p=.002) **노출횟수에 따라 브랜드태도 1은 모두 동일하지는 않다고 할 수 있다.** 추가적으로 효과크기 에타제곱은 .641로 나타나 효과크기의 판단기준으로 볼 때 매우 크다고 할 수 있다.

2.

개체-간 효과 검정

종속변수: 브랜드태도1

원인	제 III 유형 제곱합	자유도	평균제곱	F	유의확률	부분 에타 제곱
수정된 모형	14.946[a]	3	4.982	13.743	<.001	.789
절편	.164	1	.164	.451	.516	.039
모델에대한태도	2.813	1	2.813	7.759	.018	.414
노출횟수	1.060	2	.530	1.462	.273	.210
추정값	3.988	11	.363			
전체	179.000	15				
수정된 합계	18.933	14				

a. R 제곱 = .789 (수정된 R 제곱 = .732).

모델에 대한 태도를 공변량으로 하여 공분산분석 결과 비유의적으로 나타났다(F=1.462, p=.273). **따라서 문제 1의 분산분석 결과 노출횟수에 따라 브랜드태도 1의 차이가 나타났지만 공**

분산분석 결과 브랜드태도 1의 차이는 노출횟수의 차이라기보다 주로 모델에 대한 태도의 차이에 기인하는 것이라고 할 수 있다. 부분 η^2는 모델에 대한 태도와 노출횟수에서 각각 .414와 .210으로 크게 나타났다. 노출횟수는 비유의적으로 나타났지만, 효과크기가 어느 정도 크다는 것은 표본 크기를 증가시키는 경우 분석 결과는 통계적으로 유의적으로 나타날 수 있음을 시사한다.

3.

상관관계

		브랜드태도1	브랜드태도2
브랜드태도1	Pearson 상관	1	.686**
	유의확률 (양측)		.005
	N	15	15
브랜드태도2	Pearson 상관	.686**	1
	유의확률 (양측)	.005	
	N	15	15

**. 상관관계가 0.01 수준에서 유의합니다(양측).

공분산 행렬의 동일성에 대한 Box의 검정[a]

Box의 M	13.301
F	1.679
자유도1	6
자유도2	3588.923
유의확률	.122

여러 집단에서 종속변수의 관측 공분산행렬이 동일한 영가설을 검정합니다.
a. Design: 절편 + 노출횟수.

다변량 검정[a]

효과		값	F	가설 자유도	오차 자유도	유의확률	부분 에타 제곱
절편	Pillai의 트레이스	.970	179.357[b]	2.000	11.000	<.001	.970
	Wilks의 람다	.030	179.357[b]	2.000	11.000	<.001	.970
	Hotelling의 트레이스	32.610	179.357[b]	2.000	11.000	<.001	.970
	Roy의 최대근	32.610	179.357[b]	2.000	11.000	<.001	.970
노출횟수	Pillai의 트레이스	.805	4.044	4.000	24.000	.012	.403
	Wilks의 람다	.251	5.468[b]	4.000	22.000	.003	.499
	Hotelling의 트레이스	2.752	6.879	4.000	20.000	.001	.579
	Roy의 최대근	2.667	16.004[c]	2.000	12.000	<.001	.727

a. Design: 절편 + 노출횟수.
b. 정확한 통계량.
c. 해당 유의수준에서 하한값을 발생하는 통계량은 F에서 상한값입니다.

개체-간 효과 검정

원인	종속변수	제 III 유형 제곱합	자유도	평균제곱	F	유의확률	부분 에타 제곱
수정된 모형	브랜드태도1	12.133[a]	2	6.067	10.706	.002	.641
	브랜드태도2	11.200[b]	2	5.600	9.333	.004	.609
절편	브랜드태도1	160.067	1	160.067	282.471	<.001	.959
	브랜드태도2	117.600	1	117.600	196.000	<.001	.942
노출횟수	브랜드태도1	12.133	2	6.067	10.706	.002	.641
	브랜드태도2	11.200	2	5.600	9.333	.004	.609
추정값	브랜드태도1	6.800	12	.567			
	브랜드태도2	7.200	12	.600			
전체	브랜드태도1	179.000	15				
	브랜드태도2	136.000	15				
수정된 합계	브랜드태도1	18.933	14				
	브랜드태도2	18.400	14				

a. R 제곱 = .641 (수정된 R 제곱 = .581).
b. R 제곱 = .609 (수정된 R 제곱 = .543).

상관분석 결과 브랜드태도 1과 브랜드태도 2 간에는 유의적인 正(+)의 상관관계가 있는 것으로 나타나 본 연구를 위해서 MANOVA에 의한 분석이 적절하다고 할 수 있다. 공분산행렬의 동일성 검증결과 가정을 충족시키는 것으로 나타났다(Box의 M=13.301, p=.122). 다변량분산분석 결과 네 가지 통계량에서 모두 유의적으로 나타났다(F>4.044, p<.05, 부분 η^2>.403). **그러므로 노출횟수에 따라 브랜드태도(태도 1과 태도 2의 결합)가 모두 동일하지는 않다고 할 수 있다.** 추가적으로, 종속변수별로 볼 때 브랜드태도 1과 브랜드태도 2 각각에서 노출횟수에 따른 차이가 나타났으며 그 차이는 매우 유의적이었다(p<.005, 부분 η^2>.609).

4. 대학생들은 통계학 시험을 치기에 앞서 불안감을 갖는 경향이 있다. 학생들의 불안감을 감소시키기 위한 두 가지 프로그램을 실험하였다. 한 가지는 수리능력을 교육하는 것이고 다른 한 가지는 자신감을 증대시키는 훈련을 실시하는 것이다. 두 가지 중 어느 것이 더 효과적인지를 알기 위하여 남녀 각각 15명으로 구성된 30명의 피실험자들에게 먼저 불안감 테스트를 실시하였다. 다음으로 남자 8명과 여자 7명에게는 수리능력을 배양하는 교육을 실시하고 다른 남자 7명과 여자 8명에게는 자신감 증대 훈련을 실시한 후 다시 불안감 테스트를 실시하였다. 실험 결과는 표에 나타난 바와 같다. 각 수치의 의미는 다음과 같다. 집단: 1=수리능력 교육, 2=자신감 증대, 성별: 1=남자, 2=여자. 처치 전 및 처치 후는 교육훈련 전후의 불안감 점수이며 높을수록 불안감이 높음을 나타낸다.

자료파일: (9)연습문제(불안감).sav.

집단	성별	처치전	처치후	집단	성별	처치전	처치후
1	1	44	39	2	1	50	48
1	1	47	42	2	1	47	45
1	1	39	40	2	1	46	45
1	1	44	37	2	1	32	33
1	1	47	45	2	1	40	40
1	1	32	28	2	1	38	37
1	1	39	35	2	1	37	36
1	1	36	32	2	2	44	39
1	2	41	40	2	2	42	38
1	2	38	37	2	2	43	36
1	2	42	41	2	2	46	40
1	2	32	31	2	2	30	28
1	2	39	40	2	2	33	29
1	2	37	38	2	2	40	30
1	2	41	40	2	2	39	36

(1) 두 가지 교육훈련의 불안감 감소효과가 다르다고 할 수 있는가? 교육훈련 전의 불안감 점수를 공변량으로 처리하시오. $\alpha = .05$.

(2) 두 가지 교육훈련의 불안감 감소효과는 성별에 따라 다른가? 교육훈련 전의 불안감 점수를 공변량으로 처리하시오. $\alpha = .05$.

(3) 위의 두 가지 분석결과를 종합하여 해석하시오.

[분석결과 및 해석]

(1) 일원공분산분석

기술통계량

종속변수: 처치 후

집단	평균	표준편차	N
수리능력	37.67	4.515	15
자신감 증대	37.33	5.876	15
전체	37.50	5.151	30

개체-간 효과 검정

종속변수: 처치 후

원인	제 III 유형 제곱합	자유도	평균제곱	F	유의확률	부분 에타 제곱
수정된 모형	577.279[a]	2	288.640	40.543	<.001	.750
절편	3.510	1	3.510	.493	.489	.018
처치 전	576.446	1	576.446	80.970	<.001	.750
집단	5.434	1	5.434	.763	.390	.027
추정값	192.221	27	7.119			
전체	42957.000	30				
수정된 합계	769.500	29				

a. R 제곱 = .750 (수정된 R 제곱 = .732).

교육훈련 전 불안감 점수를 공변량으로 하여 일원공분산분석 결과 비유의적으로 나타났다 ($F=.763$, $p=.390$, 부분 $\eta^2=.027$). **이 결과에 의하면 두 가지 교육훈련의 불안감 감소효과가 다르다고 할 수 없다.**

(2) 이원공분산분석(고정요인: 집단, 성별: 프로파일 도표: 수평축변수 – 집단, 선구분변수 – 성별)

기술통계량

종속변수: 처치 후

집단	성별	평균	표준편차	N
수리능력	남자	37.25	5.497	8
	여자	38.14	3.436	7
	전체	37.67	4.515	15
자신감 증대	남자	40.57	5.563	7
	여자	34.50	4.781	8
	전체	37.33	5.876	15
전체	남자	38.80	5.596	15
	여자	36.20	4.475	15
	전체	37.50	5.151	30

개체-간 효과 검정

종속변수: 처치 후

원인	제 III 유형 제곱합	자유도	평균제곱	F	유의확률	부분 에타 제곱
수정된 모형	686.728[a]	4	171.682	51.854	<.001	.892
절편	4.137	1	4.137	1.250	.274	.048
처치전	545.299	1	545.299	164.698	<.001	.868
집단	4.739	1	4.739	1.431	.243	.054
성별	4.202	1	4.202	1.269	.271	.048
집단 * 성별	104.966	1	104.966	31.703	<.001	.559
추정값	82.772	25	3.311			
전체	42957.000	30				
수정된 합계	769.500	29				

a. R 제곱 = .892 (수정된 R 제곱 = .875).

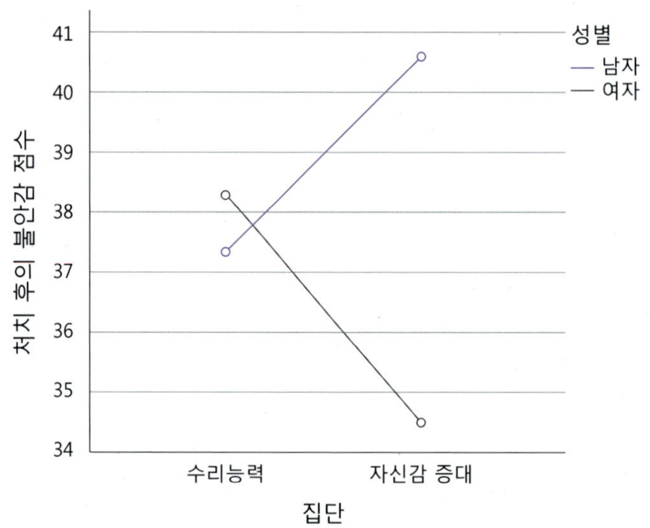

두 가지 교육훈련의 불안감 감소효과가 성별에 따라 다른지를 조사하기 위하여 불안감 점수를 공변량으로 하여 이원공분산분석을 실시한 결과 집단×성별의 상호작용효과는 유의적으로 나타났다($F=31.703$, $p<.001$, 부분 $\eta^2=.559$). **이 결과에 의하면 두 가지 교육훈련의 불안감 감소효과는 성별에 따라 다르다. 구체적으로, 기술통계값과 그림을 보면 남자의 경우 수리능력교육(vs. 자신감증대 훈련)의 효과가 더 크며, 여자의 경우 자신감증대 훈련(vs. 수리능력교육)의 효과가 더 크다.**

(3) 두 가지 분석결과의 종합

일원공분산분석 결과 두 가지 교육훈련의 불안감 감소효과에 별 차이가 없는 것으로 나타났지만 이원공분산분석 결과에 의하면 성별에 따라 다른 교육훈련방법이 더 효과적인 것으로 나타났다. **이는 본 연구의 경우 '교육훈련방법 → 불안감 감소'에 성별이 강한 조절적 작용을 하는 것을 보여주는 것으로 성별이 매우 중요한 변수임을 시사한다.**

5. 산업재를 판매하는 A기업은 브로커를 통하는 방식과 직접판매 방식의 두 가지 유통방식을 이용하고 있다. 가끔씩 구매자로부터 브로커를 통하는 경우에 대한 불만이 제기되고 있어 각각 15명씩 무작위로 선택한 30명의 구매자들로부터 두 가지 유통방식에 대한 평가를 하도록 요청하였다. 평가방식은 만족도, 추천의도, 재구매의도 세 가지였으며, 각각 10점 척도상에 답하도록 하였다(10에 가까울수록 높은 평가). 설문조사 결과는 다음 표와 같다(유통방식: 0=브로커를 통함, 1=직접판매). 이 경우 A기업은 세 가지 각각의 평가에도 관심을 갖지만 그 세 가지를 결합한 '전반적 평가'에 더 관심을 가지고 있다. 두 가지 유통방식에 대한 평가가 다르다고 할 수 있는가? $\alpha=.05$.

자료 파일: (9)연습문제(유통방식).sav.

구매자	유통방식	만족도	추천의도	재구매 의도	구매자	유통방식	만족도	추천의도	재구매 의도
1	1	8	8	8	16	0	7	6	7
2	0	6	7	8	17	1	6	8	7
3	1	9	8	9	18	1	7	7	8
4	0	5	6	7	19	1	7	8	8
5	1	7	7	9	20	1	8	9	9
6	0	5	6	6	21	1	5	6	7
7	0	6	8	7	22	1	10	10	10
8	0	6	6	8	23	1	7	7	8
9	0	7	8	8	24	1	9	8	8
10	0	6	6	7	25	0	5	5	6
11	1	7	7	8	26	0	7	7	7
12	0	6	6	7	27	0	6	7	7
13	1	8	8	8	28	0	5	6	6
14	1	8	7	8	29	0	6	7	7
15	1	8	7	8	30	0	5	6	6

[분석결과 및 해석]

상관관계

		만족도	추천의도	재구매의도
만족도	Pearson 상관	1	.836**	.841**
	유의확률 (양측)		<.001	<.001
	N	30	30	30
추천의도	Pearson 상관	.836**	1	.778**
	유의확률 (양측)	<.001		<.001
	N	30	30	30
재구매의도	Pearson 상관	.841**	.778**	1
	유의확률 (양측)	<.001	<.001	
	N	30	30	30

**. 상관관계가 0.01 수준에서 유의합니다(양측).

기술통계량

	유통방식	평균	표준편차	N
만족도	브로커를 통함	5.81	.715	15
	직접판매	7.65	1.093	15
	전체	6.73	1.303	30
추천의도	브로커를 통함	6.35	.788	15
	직접판매	7.53	.993	15
	전체	6.94	1.068	30
재구매의도	브로커를 통함	6.85	.751	15
	직접판매	8.24	.738	15
	전체	7.55	1.016	30

공분산 행렬의 동일성에 대한 Box의 검정[a]

Box의 M	5.240
F	.771
자유도1	6
자유도2	5680.302
유의확률	.593

여러 집단에서 종속변수의 관측 공분산행렬이 동일한 영가설을 검정합니다.
a. Design: 절편 + 유통방식.

다변량 검정[a]

효과		값	F	가설 자유도	오차 자유도	유의확률	부분 에타 제곱
절편	Pillai의 트레이스	.991	977.452[b]	3.000	26.000	<.001	.991
	Wilks의 람다	.009	977.452[b]	3.000	26.000	<.001	.991
	Hotelling의 트레이스	112.783	977.452[b]	3.000	26.000	<.001	.991
	Roy의 최대근	112.783	977.452[b]	3.000	26.000	<.001	.991
유통방식	Pillai의 트레이스	.555	10.825[b]	3.000	26.000	<.001	.555
	Wilks의 람다	.445	10.825[b]	3.000	26.000	<.001	.555
	Hotelling의 트레이스	1.249	10.825[b]	3.000	26.000	<.001	.555
	Roy의 최대근	1.249	10.825[b]	3.000	26.000	<.001	.555

a. Design: 절편 + 유통방식.
b. 정확한 통계량.

개체-간 효과 검정

원인	종속변수	제 III 유형 제곱합	자유도	평균제곱	F	유의확률	부분 에타 제곱
수정된 모형	만족도	25.392[a]	1	25.392	29.789	<.001	.515
	추천의도	10.561[b]	1	10.561	13.137	.001	.319
	재구매의도	14.421[c]	1	14.421	26.029	<.001	.482
절편	만족도	1357.441	1	1357.441	1592.529	<.001	.983
	추천의도	1444.908	1	1444.908	1797.256	<.001	.985
	재구매의도	1708.565	1	1708.565	3083.788	<.001	.991
유통방식	만족도	25.392	1	25.392	29.789	<.001	.515
	추천의도	10.561	1	10.561	13.137	.001	.319
	재구매의도	14.421	1	14.421	26.029	<.001	.482
추정값	만족도	23.867	28	.852			
	추천의도	22.511	28	.804			
	재구매의도	15.513	28	.554			
전체	만족도	1406.700	30				
	추천의도	1477.980	30				
	재구매의도	1738.500	30				
수정된 합계	만족도	49.259	29				
	추천의도	33.072	29				
	재구매의도	29.935	29				

a. R 제곱 = .515 (수정된 R 제곱 = .498).
b. R 제곱 = .319 (수정된 R 제곱 = .295).
c. R 제곱 = .482 (수정된 R 제곱 = .463).

상관분석 결과 만족도, 추천의도, 재구매의도 간에는 유의적인 正(+)의 상관관계가 있는 것으로 나타나 본 연구를 위해서 MANOVA에 의한 분석이 적절하다고 할 수 있다. 공분산행렬의 동일성 검증결과 가정을 충족시키는 것으로 나타났다(Box의 M=5.240, p=.593). 다변량분산분석 결과 네 가지 통계량에서 모두 유의적으로 나타났다(F=10.825, p<.001, 부분 η^2=.555). **그러므로 두 가지 유통방식에 대한 구매자의 전반적 평가는 다르다고 할 수 있다.** 추가적으로, 각 종속변수별로 볼 때 세 가지 평가 모두 직접판매의 경우 브로커를 통하는 경우보다 더 높게 나타났으며 그 차이는 매우 유의적이었다(F>13.137, p<.002, 부분 η^2>.319).

제 10 장

상관분석

10.1 Pearson 상관분석

1. 개 요

(1) 개 념

우리는 키가 큰 사람일수록 체중이 많이 나가고, 소득이 높은 사람일수록 지출이 많은 경향이 있다는 것을 상식적으로 알고 있다. 어떤 두 변수들 간의 관계(relationship)를 안다면, 한 변수의 값에 대한 지식을 가질 때 다른 변수의 값을 추정할 수 있다. 예를 들어, 두 명의 소비자 중에서 한 명의 소비자가 소득이 더 높다면 그 소비자는 다른 소비자에 비해 보다 많은 지출을 할 것으로 추정할 수 있다. 두 변수의 관계로서 전형적인 유형을 그림으로 나타내면 [그림 10.1]과 같은 네 가지 형태로 나타낼 수 있다.

[그림 10.1 (a)]는 x가 커질수록 y가 커지는 경향이 있음을 보여준다. 따라서 두 변수 간에는 正(positive)의 **선형관계**(linear relationship)가 있다. [그림 10.1 (b)]의 경우, x가 커질수록 y가 작아지는 경향이 있다. 그러므로 두 변수들 간에

그림 10.1 두 변수의 관계

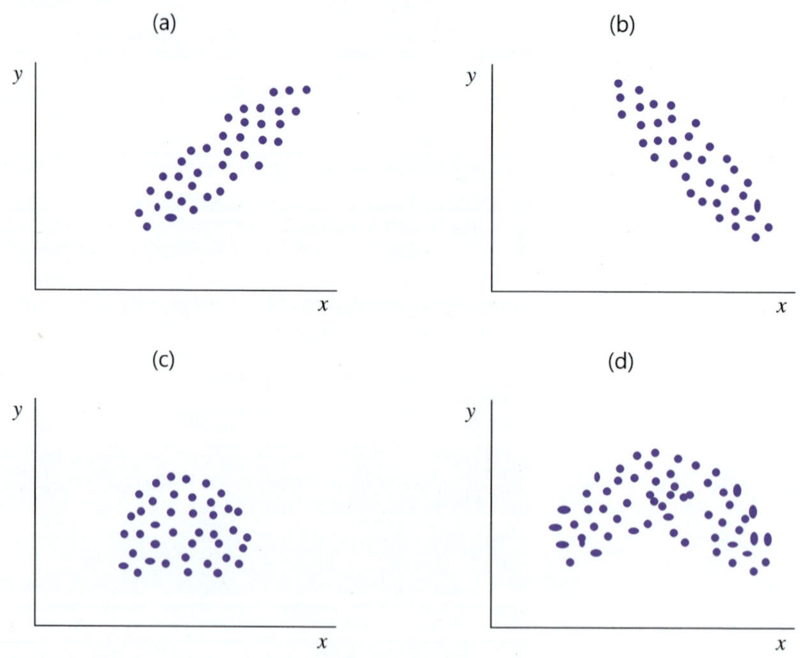

는 負(negative)의 선형관계가 있다. 이에 비해 [그림 10.1 (c)]의 경우 한 변수 값의 변화로부터 다른 변수 값의 변화 방향을 예측할 수 없다. 이 경우 두 변수들 간에는 관계가 전혀 없거나 거의 없다고 할 수 있다. [그림 10.1 (d)]는 x의 증가에 따라 y는 증가하다가 어느 수준부터는 감소함을 나타낸다. 전체적으로 두 변수의 관계는 **곡선관계**(curvilinear relationship)를 갖는다. 곡선관계의 경우 나타날 수 있는 곡선의 형태는 매우 다양하다.

두 변수의 관계에서 일반적으로 선형관계에 초점을 두고 두 변수가 (1) 선형관계를 갖는지, (2) 선형관계를 갖는다면 어느 방향인지, (3) 그리고 그 관계는 얼마나 큰지를 분석한다. 두 변수가 서로 선형관계를 가질 때 선형상관관계가 있다고 하며, 줄여서 상관관계가 있다고 한다. 상관관계의 크기를 나타내는 값은 **상관계수**(correlation coefficient)이며 상관계수는 −1부터 +1 사이의 값을 갖는다. 두 변수의 상관관계가 正(+) 혹은 負(−)의 방향으로 클수록 상관계수는 +1 혹은 −1에 가깝게 나타난다. 두 변수 간에 상관관계가 전혀 없으면 상관계수는 0이다.

(2) 상관계수의 종류와 자료

상관계수에는 몇 가지가 있는데 가장 보편적인 것은 **Pearson 상관계수**(Pearson product-moment correlation coefficient)이다. 보통, 상관계수라고 하면 Pearson 상관계수를 의미하므로 이하에서는 이를 상관계수로 부른다. 그 밖에 Spearman 서열상관계수, Kendall의 tau, Point-biserial r 및 Phi-coefficient가 있다. 본서에서는 SPSS를 이용하여 Pearson 상관분석과 Spearman 상관분석을 하는 절차를 다룬다. 각 상관분석을 위하여 다음의 척도로 측정된 자료가 필요하다.

종 류	척 도
Pearson 상관계수	간격/비율 - 간격/비율
Spearman 서열상관계수	서열 - 서열
Kendall의 tau	서열 - 서열
Point-biserial r	간격/비율 - 명목(2분화 변수)
Phi -coefficient	명목(2분화 변수) - 명목(2분화 변수)

(3) 가 정

Pearson 상관분석을 위해서 변수들의 쌍은 이변량 정규분포(bivariate normal distribution)를 따른다는 가정이 필요하다.

2. SPSS 30을 이용한 상관분석

예제 10.1 **상관분석의 예**

광고비 지출과 매출액 간의 관계를 조사하기 위하여 최근 10개월의 자료를 수집한 결과 〈표 10.1〉과 같다. 이하에서는 두 변수 간의 상관관계를 계산하고 유의성을 검증하는 과정을 예시한다.

표 10.1 광고비와 매출액 자료 (단위: 억원)

월	광고비	매출액
1	1.2	101
2	.8	92
3	1.0	110
4	1.3	120
5	.7	90
6	.8	82
7	1.0	93
8	.6	75
9	.9	91
10	1.1	105

연구문제 광고비와 매출액 간에는 상관관계가 있는가?

연구가설 광고비와 매출액 간에는 상관관계가 있다.

H_0: 광고비와 매출액 간에는 상관관계가 없다(ρ[1] $=0$).
H_1: 광고비와 매출액 간에는 상관관계가 있다($\rho \neq 0$).

1 여기서 ρ는 상관관계를 나타내는 모수(parameter)이며 rho라고 읽는다.

〈예제 10.1〉의 상관분석을 하는 과정은 다음과 같다.

① '(10)상관관계.sav' 파일을 불러온다.

② [그림 10.2]와 같이 다음의 절차를 따른다.

[분석(A)] → [상관분석(C)] → [이변량 상관(B)...] → 클릭

그림 10.2 상관분석 절차

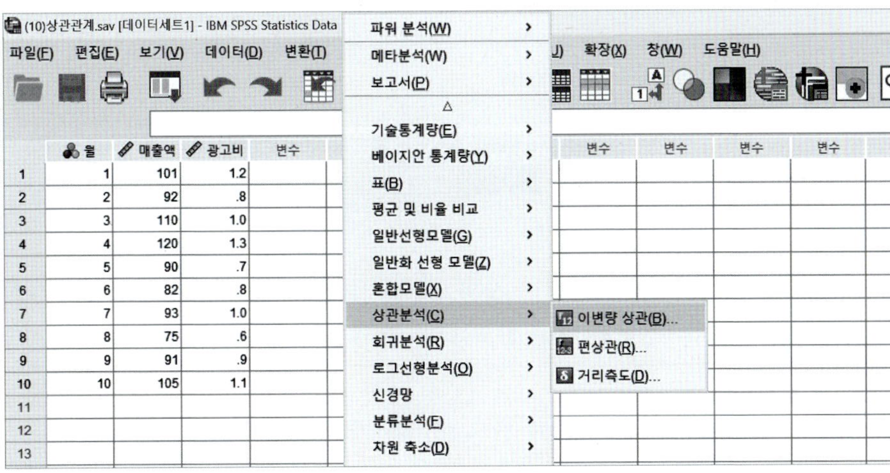

③ 그러면 [그림 10.3]의 이변량 상관계수 대화상자가 나타난다.

그림 10.3 이변량 상관계수 대화상자

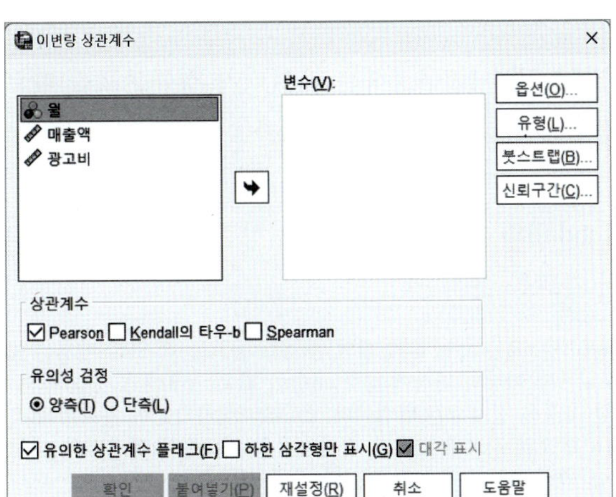

④ 여기서 [그림 10.4]와 같이 매출액과 광고비를 [변수(V)]로 보낸다.

그림 10.4 분석대상 변수의 선정

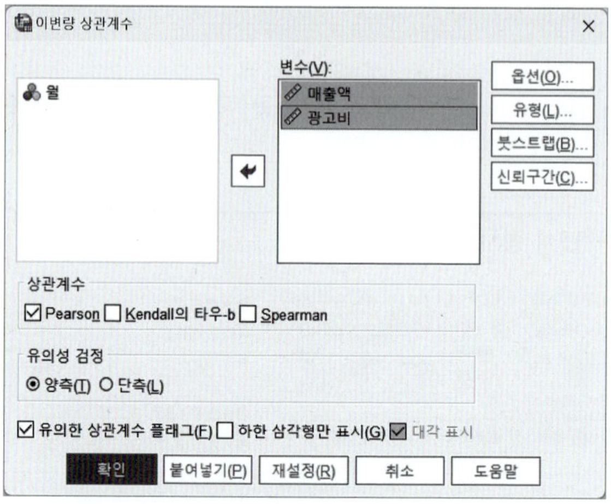

⑤ [그림 10.4]와 같이 상관계수는 [Pearson]을, 유의성 검정은 [양측(T)]을, 그리고 [유의한 상관계수 플래그(F)]를 유지한다.

☞ 상관계수는 다음과 같은 의미를 갖는다.

- **Pearson**: 두 변수가 각각 간격척도 혹은 비율척도로 측정된 경우의 상관관계의 크기를 나타내는 값으로서, 변수들이 정규분포를 따른다는 가정 하에 적용하는 상관계수이다. 상관계수 값의 범위는 −1부터 +1까지이다. 계수의 부호는 관계의 방향을 가리키고 절대값은 관계의 강도를 나타낸다(**기본설정**).

만약, 변수를 구성하는 데이터가 정규분포를 따르지 않거나 서열척도로 측정된 경우에는 다음 두 가지 계수를 이용한다.

- **Kendall의 타우-b**[2]: Pearson 상관계수의 비모수 버전으로서 서열척도로 측정된 자료를 분석한다.

2 Kendall의 tau는 a, b, c 세 개의 versions를 갖는데 SPSS에서는 Kendall의 tau-b만을 사용할 수 있다. tau-a는 둘 이상의 대상에 대한 서열이 같은 경우에 조정을 하지 않는 분석이고, tau-b는 동일서열에 대한 조정을 실시하는 방법이다. tau-c는 정사각형의 자료형태(응답자와 대상의 크기가 같은 경우로 $n \times n$ 행렬의 자료형태)보다 직사각형의 자료형태(응답자와 대상의 크기가 다른 경우로 $n \times m$ 혹은 $m \times n$ 행렬의 자료형태)에 적합한 방법이다.

- **Spearman**: Pearson 상관계수의 비모수 버전으로서 서열척도로 측정된 자료를 분석한다.

☞ 유의성 검정은 다음과 같은 의미를 갖는다.

- **양측**: 양측검증으로 상관관계의 방향을 가설에서 지정하지 않은 경우(H_1: $\rho \neq 0$)의 검증이다(**기본설정**).
- **단측**: 단측검증으로 상관관계의 방향을 가설에서 지정한 경우(H_1: $\rho > 0$, 혹은 $\rho < 0$)의 검증이다.

☞ 유의한 상관계수 플래그는 다음과 같은 의미를 갖는다.

- **유의한 상관계수 플래그**: 0.05 수준에서 유의한 상관계수에 별표시를 하고, 0.01 수준에서 유의한 상관계수에는 별표를 두 개 붙인다(**기본설정**).

☞ 하한 삼각형만 표시와 대각 표시는 다음과 같은 의미를 갖는다.

- **하한 삼각형만 표시**: 상관계수 행렬에서 대각선상의 '1'은 표시하지 않고, 대각선을 대칭으로 한 동일한 내용 중 아래의 값만 표시한다.
- **대각 표시**: 상관계수 행렬에서 대각선상의 '1'과 대각선 아래의 값을 표시한다.

⑥ [그림 10.4]에서 [옵션(O)...]을 클릭하면 옵션 대화상자가 나타나는데, [그림 10.5]와 같이 통계량의 [평균과 표준편차(M)]를 선택한다.

그림 10.5 | 옵션 대화상자

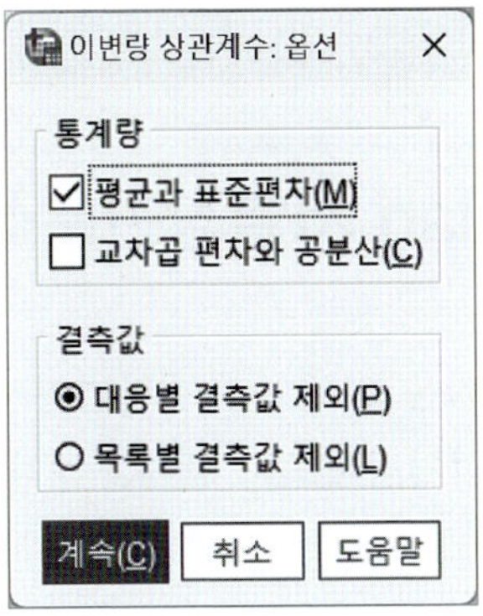

⑦ [그림 10.5]에서 [계속(C)]과 이어서 [확인]을 클릭하면 결과가 나타난다(표 10.2부터).

표 10.2 기술통계량

	평균	표준편차	N
매출액	95.90	13.337	10
광고비	.940	.2221	10

〈표 10.2〉에는 매출액과 광고비의 평균 및 표준편차, 그리고 케이스의 수가 나타나 있다.

표 10.3 상관계수

		매출액	광고비
매출액	Pearson 상관	1	.875**
	유의확률 (양측)		<.001
	N	10	10
광고비	Pearson 상관	.875**	1
	유의확률 (양측)	<.001	
	N	10	10

**. 상관관계가 0.01 수준에서 유의합니다(양측).

〈표 10.3〉에 따르면 매출액과 광고비 간의 상관계수(r)=.875로, $p<.001$로 귀무가설은 기각되며, 연구가설은 지지된다. **결론적으로, 매출액과 광고비 간에는 상관관계가 있다고 할 수 있다. 상관계수가 .875이므로 보다 구체적으로는 正(+)의 상관관계가 있다고 할 수 있다.**

10.2 Spearman 서열상관분석

서열상관분석은 비모수 통계기법이지만 Pearson 상관분석과 함께 비교적 자주 이용되는 분석기법이므로 상관분석 내에서 별도의 절로 구성한다.

1. 개 요

(1) 개 념

10.1에서 기술한 것처럼 Pearson 상관분석을 하기 위해서는 변수들의 쌍이 이변량 정규분포를 따른다는 가정이 필요하다. 그러나 두 변수를 서열척도로 측정한 자료인 경우 이 가정을 충족시키지 못한다. 이처럼 서열척도로 측정한 두 변수들 간의 상관관계를 조사하기 위해서는 **Spearman 서열상관분석**을 실시한다.

(2) 자 료

두 변수 모두 서열척도로 측정된 자료가 필요하다. 둘 이상의 대상에 대한 서열이 같은 경우 가운데 서열을 부여한다. 예를 들어, 1, 2위를 부여한 다음 이후의 두 대상에 동등한 서열을 주고자 하면 3.5위를 부여한다.

(3) 가 정

변수의 정규분포 가정이 필요하지 않다.

2. SPSS 30을 이용한 서열상관분석

예제 10.2 서열상관분석의 예

두 명의 소비자가 청량음료 8개 브랜드의 선호도를 서열척도로 〈표 10.4〉와 같이 평가하였다(가장 선호=1). 두 사람의 선호도에 대한 서열상관계수를 계산하고 유의성을 검증하시오. $\alpha = .05$.

표 10.4 8개 브랜드에 대한 두 소비자의 선호순위

브랜드	소비자 A	소비자 B
1	7	1
2	4	5
3	2	3
4	6	4
5	1	8
6	3	7
7	8	2
8	5	6

연구 문제	소비자 A와 소비자 B의 브랜드 선호도는 상관관계가 있는가?

연구 가설	소비자 A와 소비자 B의 브랜드 선호도는 상관관계가 있다.

H_0: 소비자 A와 소비자 B의 브랜드 선호도는 상관관계가 없다.
H_1: 소비자 A와 소비자 B의 브랜드 선호도는 상관관계가 있다.

〈예제 10.2〉의 서열상관분석을 하는 과정은 다음과 같다.

① '(10)서열상관.sav' 파일을 불러온다.
② [그림 10.6]과 같이 다음의 절차를 따른다.

[분석(A)] → [상관분석(C)] → [이변량 상관(B)...] → 클릭

그림 10.6 서열상관분석 절차

③ 그러면 [그림 10.7]의 이변량 상관계수 대화상자가 나타난다.

그림 10.7 이변량 상관계수 대화상자

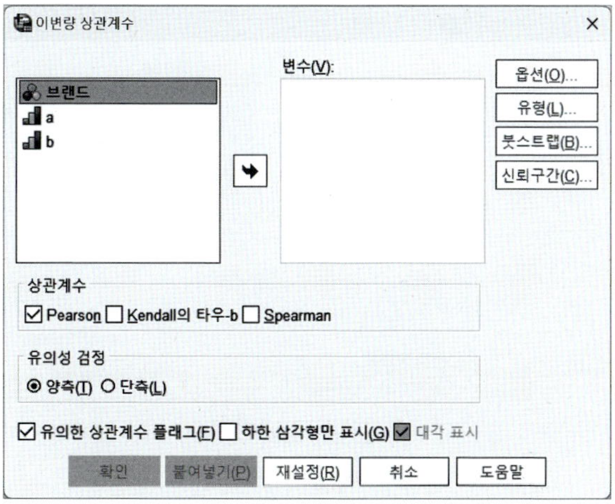

④ 여기서 [그림 10.8]과 같이 a, b를 [변수(V)]로 보낸다.

그림 10.8 분석대상 변수선정

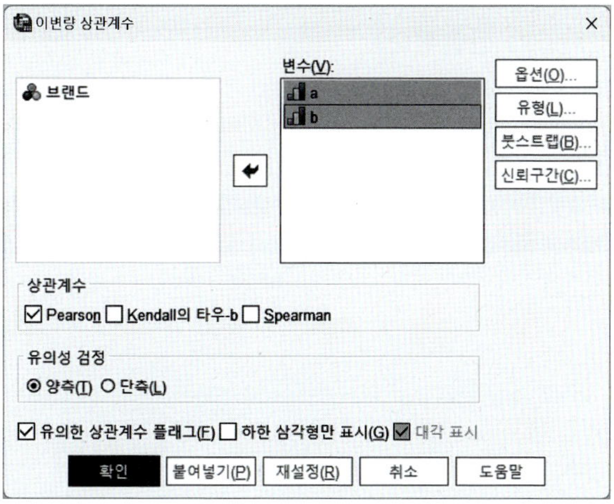

⑤ [그림 10.8]에서 [그림 10.9]와 같이 상관계수에서 [Spearman]을 선정하고, 유의성 검정은 [양측(T)]을, 그리고 [유의한 상관계수 플래그(F)]를 유지한다.

그림 10.9 | 상관계수 선정

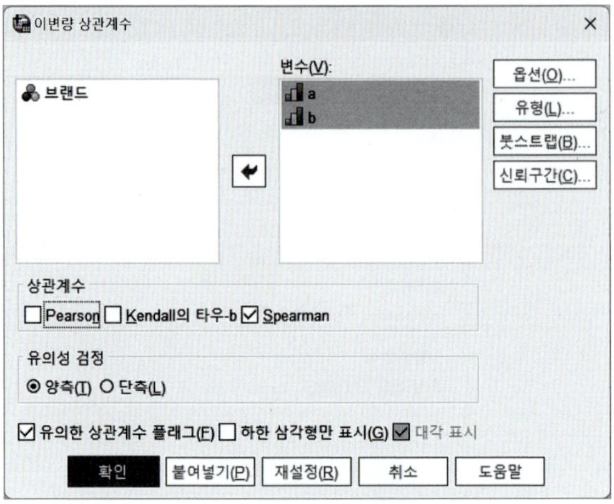

⑥ [그림 10.9]에서 [옵션(O)...]을 클릭하면 옵션 대화상자가 나타나는데, 기본 설정을 유지한다.

⑦ 옵션 대화상자에서 [계속(C)]과 이어서 [확인]을 클릭하면 〈표 10.5〉와 같은 결과표가 산출된다.

표 10.5 서열상관분석 결과

			a	b
Spearman의 rho	a	상관계수	1.000	-.714*
		유의확률 (양측)	.	.047
		N	8	8
	b	상관계수	-.714*	1.000
		유의확률 (양측)	.047	.
		N	8	8

*. 상관관계가 0.05 수준에서 유의합니다(양측).

〈표 10.5〉에 따르면, 응답자 A와 B의 응답의 상관관계 $= -.714$, $p = .047$로서 $\alpha = .05$에서 유의적인 負(−)의 상관관계를 갖는 것으로 나타났다. 이 결과에 따르면 H_0는 기각된다. **따라서 연구가설은 지지되며, 두 소비자의 브랜드 선호도는 상관관계(특히, 負의 상관관계)가 있다고 할 수 있다.**

☞ **다른 방식에 의한 검증**

〈표 10.5〉에 따르면 Spearman 서열상관계수 = −.714이고, 이는 $\alpha = .05$(양측)에서 유의적임을 나타낸다. 그런데, SPSS는 서열자료를 이용하여 Spearman 서열상관분석을 실시할 때, 주어진 자료가 마치 간격 혹은 비율척도로 측정한 자료인 것처럼 분석하고 유의성 정도를 나타낸다. 독자는 〈표 10.4〉의 자료를 이용하여 Pearson 상관분석을 하더라도(즉, 그림 10.9에서 Pearson에 클릭함) 동일한 결과를 얻을 수 있다. 그런데 10.1에서 서술하였듯이 Pearson 상관분석을 위해서는 변수들의 쌍은 이변량 정규분포를 따른다는 가정이 필요하다. Spearman 서열상관분석을 하는 경우, 주어진 자료는 서열척도로 측정된 자료이므로 이 가정을 충족시키지 못한다. 따라서 부록의 통계표 〈표 5〉를 이용하여 다음과 같이 보다 보수적인 방식으로 검증을 하는 것이 바람직하다.

부록의 통계표 〈표 5〉는 단측검증의 경우 임계치(critical value)를 나타낸다. 본 예제의 경우 $\alpha = .05$인데 양측검증이므로 $\alpha = .025(\alpha/2 = .05/2)$에서 .738이다. 관측치 r_s의 절대값은 .714로서 임계치 .738보다 작으므로 H_0는 기각되지 않는다. 따라서 두 소비자의 브랜드 선호도는 상관관계가 있다고 할 수 없다. 이와 같은 검증결과에 의하면 SPSS에 의한 분석결과보다 덜 유의적인(less significant) 결과를 가져옴을 알 수 있다.

10.3 편상관분석

SPSS 30

1. 개 요

(1) 개 념

지금까지 설명한 상관분석은 두 변수들 간의 상관관계를 살펴보는 것이었다. 그런데, 어떤 두 변수가 다른 제 3의 변수와의 상관관계가 높으면 두 변수의 상관관계는 순수한 상관관계보다 높게 나타날 수 있다. 이때 순수한 상관관계를 알기 위해서는 제 3의 변수를 통제해야 한다. **편상관**(partial correlation) 분석은 제 3의 변수를 통제한 상태에서 관심을 갖는 두 변수의 상관관계를 분석하는 것이다. 예를 들어, 여름 휴가시즌의 평일날(토, 일요일 제외) 어느 해변가 낡은 콘도에 출몰한 개미의 수와 그날 콘도 앞을 지난 승용차의 수와의 상관관계를 조사했더니 상관관계가 높게 나타났다. 그러면, 그 개미가 그 차들을 타고 왔는가? 그렇지 않다. 여름날, 개미는 날씨가 더울수록 더욱 많이 나타나는 경향이 있다. 이 경우, 개미의 수와 승용차 수의 순수한 상관관계를 조사하려면 온도를 통제변수(control variable)로 설정하고서 편상관계수를 계산해야 한다. 이 경우 편상관계수는 매우 낮을 것으로 기대된다.

(2) 자료와 가정

Pearson 상관분석의 경우와 동일하다.

2. SPSS 30을 이용한 편상관분석

예제 10.3 **편상관분석의 예**

편상관분석을 예시하기 위해서 〈예제 10.1〉에서 사용한 예를 확장하기로 한다. 광고비, 판촉비 지출, 그리고 매출액에 대한 최근 10개월의 자료를 수집한 결과 〈표 10.6〉과 같다. 본 예에서는 판촉비의 영향력을 통제한 상태에서[3] 광고비와 매출액 간의 관계를 분석하기 위한 편상관분석을 실시하기로 한다.

표 10.6 광고비와 판촉비, 그리고 매출액 자료 (단위: 억원)

월	광고비	판촉비	매출액
1	1.2	1.0	101
2	.8	.7	92
3	1.0	.8	110
4	1.3	.9	120
5	.7	.7	90
6	.8	.7	82
7	1.0	.8	93
8	.6	.5	75
9	.9	.6	91
10	1.1	.9	105

3 여기서 판촉비의 영향력을 통제한다는(control) 것은 그 영향력을 배제한다는 것을 의미한다(외생변수의 통제).

연구 문제 판촉비가 일정한 경우(통제된 경우) 광고비와 매출액 간에 상관관계가 있는가?

〈예제 10.3〉의 편상관분석을 하는 과정은 다음과 같다.

① '(10)편상관관계.sav' 파일을 불러온다.
② [그림 10.10]과 같이 다음의 절차를 따른다.

[분석(A)] → [상관분석(C)] → [편상관(R)...] → 클릭

그림 10.10 편상관분석 절차

③ 그러면 [그림 10.11]의 편상관계수 대화상자가 나타난다.

그림 10.11 편상관계수 대화상자

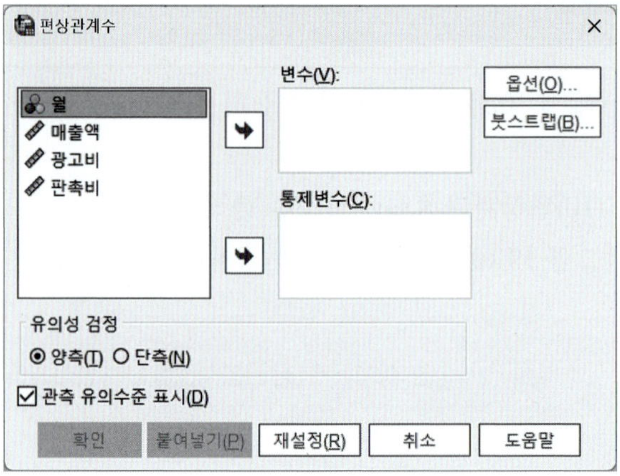

④ 여기서 [그림 10.12]와 같이 상관분석을 하려는 변수들, 즉 매출액과 광고비를 [변수(V)]로 보낸다. 이후 통제하고자 하는 변수, 판촉비를 [통제변수(C)]로 보낸다.

그림 10.12 분석변수의 선정

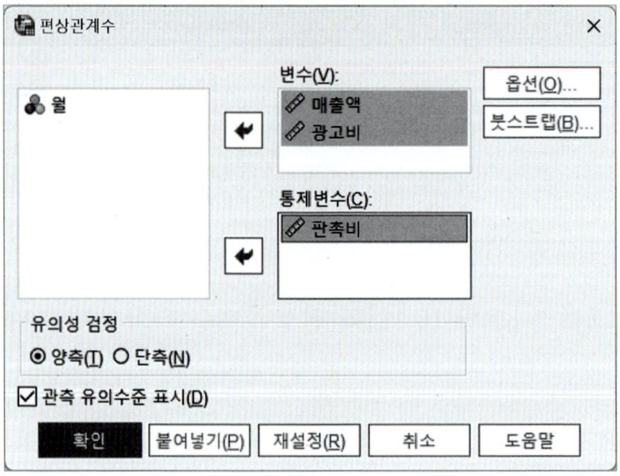

⑤ [그림 10.12]에서 유의성 검정은 기본설정된 [양측(T)]을 유지하고, [관측 유의수준 표시(D)]를 선택한다.

☞ 관측 유의수준 표시의 의미는 다음과 같다.

- **관측 유의수준 표시**: 각 계수에 대해 확률과 자유도가 나타난다(**기본설정**). 유의수준 .05에서 계수가 유의적일 때는 별표가 하나 붙고, .01에서 계수가 유의적일 때는 별표가 두 개 붙는다.

⑥ [그림 10.12]에서 [옵션(O)...]을 클릭하고 [그림 10.13]과 같이 통계량의 [평균과 표준편차(M)], [0차 상관(Z)]을 선택한다.

그림 10.13 옵션 대화상자

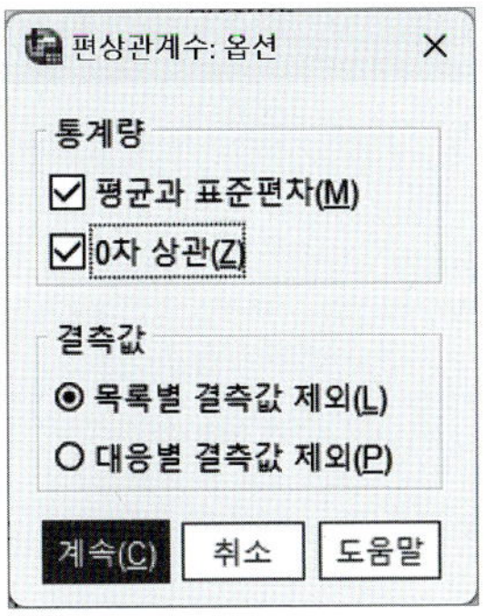

☞ 통계량 선택사항의 의미는 다음과 같다.

- **평균과 표준편차**: 각 변수에 대해 평균, 표준편차, 비결측 케이스 수 등을 나타낸다.
- **0차 상관**: 0차 상관은 통제변수가 없는 경우의 상관계수를 나타낸다.

⑦ [그림 10.13]에서 [계속(C)]과 이어서 [확인]을 클릭하면 결과가 나타난다(표 10.7부터).

표 10.7 변수별 평균 및 표준편차

	평균	표준화 편차	N
매출액	95.900	13.3371	10
광고비	.940	.2221	10
판촉비	.760	.1506	10

〈표 10.7〉에는 매출액, 광고비, 판촉비, 세 변수들에 대한 평균과 표준편차 및 케이스의 수가 제시되어 있다.

표 10.8 편상관계수('매출액-광고비'; 판촉비를 통제변수로 설정함)

통제변수			매출액	광고비	판촉비
-지정않음-[a]	매출액	상관관계	1.000	.875	.772
		유의확률(양측)	.	<.001	.009
		자유도	0	8	8
	광고비	상관관계	.875	1.000	.884
		유의확률(양측)	<.001	.	<.001
		자유도	8	0	8
	판촉비	상관관계	.772	.884	1.000
		유의확률(양측)	.009	<.001	.
		자유도	8	8	0
판촉비	매출액	상관관계	1.000	.649	
		유의확률(양측)	.	.059	
		자유도	0	7	
	광고비	상관관계	.649	1.000	
		유의확률(양측)	.059	.	
		자유도	7	0	

a. 셀에 0차 (Pearson) 상관이 있습니다.

〈표 10.8〉의 상단은 판촉비를 통제변수로 설정하지 않은 상태에서 단순상관관계를 보여준다. 〈표 10.8〉의 상단을 보면 매출액과 광고비는 둘 다 판촉비와 매우 유의적인 상관관계를 갖고 있음을 알 수 있다($p<.01$). '통제변수 – 지정않음 – '은 0차 편상관을 의미하는데 이는 통제변수가 없는 경우의 편상관계수이므로 바로 일반적인 상관계수를 나타낸다. 예를 들어, '매출액 – 광고비'의 0차 편상관은 .875인데, 이는 〈표 10.3〉에 나타난 결과와 같다. 이때, 자유도(*d.f.*)는 $n-2$인데, 여기서 2는 각각의 상관계수가 두 변수에 관한 것이기 때문이다. 본 예의 경우 $n-2=10-2=8$로서 〈표 10.8〉에 나타난 바와 같다.

〈표 10.8〉의 하단은 판촉비를 통제변수로 설정한 상태에서 매출액과 광고비 간의 상관관계를 보여준다. 매출액과 광고비 간의 편상관계수의 값은 통제변수가 없는 경우에 비하여 낮으며, $\alpha=.05$에서 비유의적으로 나타났다(편상관계수 $=.649$, $p=.059$).[4] **이 결과를 볼 때 판촉비가 일정한 경우 매출액과 광고비 간에는 유의적인 상관관계가 있다고 할 수 없다(α=.05)**. 그러므로 〈표 10.1〉에서 매

4 편상관계수는 .649로 크다고 할 수 있으나 비유의적으로 나타났다. 그 이유는 표본의 크기가 작기 때문이다.

출이 100억이 넘은 1, 3, 4, 10월의 경우 높은 매출의 원인 중 상당 부분은 높은 판촉비 때문으로 볼 수 있다. 〈표 10.8〉의 하단은 통제변수가 한 개인 경우의 편상관관계값을 보여주는데, 이와 같이 통제변수의 수가 한 개인 편상관관계를 **1차 편상관관계**(first-order partial correlation)라고 한다. 통제변수의 수가 두 개, 혹은 세 개이면 각각 **2차 편상관관계**(second-order partial correlation), **3차 편상관관계**(third-order partial correlation)라고 한다. 참고로, 편상관분석에서 자유도($d.f.$)는 '$n-2$-통제변수의 수'이다. 따라서 이 표에서 자유도는 7(=10−2−1)로 나타나 있다.

위에서는 판촉비를 통제변수로 하여 '매출액－광고비' 간의 편상관분석을 하였다. 이하에서는 광고비를 통제변수로 하여 '매출액-판촉비' 간의 편상관분석을 실시한다. 분석절차는 판촉비를 통제변수로 한 과정과 같으며, [그림 10.12]에서 [변수]에는 매출액과 판촉비를, 그리고 [통제변수(C)]에는 광고비를 입력하면 된다. 분석결과는 〈표 10.9〉와 같다. 이는 광고비를 통제변수로 설정한 상태에서 매출액과 판촉비 간의 상관관계를 보여준다. 매출액과 판촉비 간의 편상관관계

표 10.9 편상관계수('매출액-판촉비'; 광고비를 통제변수로 설정함)

통제변수			매출액	판촉비	광고비
-지정않음-[a]	매출액	상관관계	1.000	.772	.875
		유의확률(양측)	.	.009	<.001
		자유도	0	8	8
	판촉비	상관관계	.772	1.000	.884
		유의확률(양측)	.009	.	<.001
		자유도	8	0	8
	광고비	상관관계	.875	.884	1.000
		유의확률(양측)	<.001	<.001	.
		자유도	8	8	0
광고비	매출액	상관관계	1.000	−.006	
		유의확률(양측)	.	.989	
		자유도	0	7	
	판촉비	상관관계	−.006	1.000	
		유의확률(양측)	.989	.	
		자유도	7	0	

a. 셀에 0차 (Pearson) 상관이 있습니다.

수의 값(−.006, p=.989)은 통제변수가 없는 경우에 비하여(see, 표 10.9의 상단; .772, p=.009) 비유의적으로 나타났다.

이로부터 다음과 같은 해석이 가능하다. 즉, 〈표 10.9〉의 상단을 보면 '매출액−판촉비' 간의 상관관계는 .772(p=.009)로 비교적 높은 正(+)의 상관관계가 있는 것으로 나타났다. 따라서 판촉비가 높은 달은 매출액도 높은 것으로 추정된다. 그런데, 〈표 10.9〉에 나타난 결과를 보면 판촉비가 높은 달에 매출액이 높게 나타난 실제 이유는 그 달에 역시 광고비 지출도 높기 때문인 것을 알 수 있다. 요컨대, 매출액과 판촉비 간의 순수한 상관관계는 거의 없는 것으로 추정된다.

연 / 습 / 문 / 제

SPSS 30

1. 한 소비자 단체에서 커피소비량과 신경과민정도 간의 관계를 조사하기 위하여 13명의 사람들의 하루 커피소비량과 신경과민 점수를 측정하였다. 측정결과는 다음 표와 같다. 이러한 자료로써 커피소비량과 신경과민정도 간에는 상관관계가 있다고 할 수 있는가? $\alpha=.05$.

자료파일: (10)연습문제(커피).sav.

하루 커피소비량	1	1	1	2	2	3	3	4	4	5	5	6	6
신경과민 점수	1	1	2	2	3	4	5	5	6	8	9	9	10

[분석결과 및 해석]

상관관계

		커피소비	신경과민
커피소비	Pearson 상관	1	.978**
	유의확률 (양측)		<.001
	N	13	13
신경과민	Pearson 상관	.978**	1
	유의확률 (양측)	<.001	
	N	13	13

**. 상관관계가 0.01 수준에서 유의합니다(양측).

하루 커피소비량과 신경과민정도 간에는 유의적인 正(+)의 상관관계가 있다($r=.978$, p-value$<.001$). **따라서 커피소비량이 많을수록 신경과민정도가 높아진다고 볼 수 있다.**

2. 아래 표는 40명의 대학교수들로부터 수집한 연봉과 연봉에 영향을 미칠 것으로 추정되는 재직기간 및 발표논문 수에 관한 자료이다. 다음을 계산하고 해석하시오:

(1) 연봉과 재직기간 및 논문 수 간의 상관계수.

(2) 재직기간을 통제변수로 한 상태에서 연봉과 논문 수 간의 편상관계수.

(3) 논문 수를 통제변수로 한 상태에서 연봉과 재직기간 간의 편상관계수.

자료파일: (10)연습문제(연봉).sav.

case	연봉($)	재직기간(연)	논문 수	case	연봉($)	재직기간(연)	논문 수
1	51876	3	18	21	51647	7	29
2	54511	6	3	22	62895	5	7
3	53425	3	2	23	53740	7	6
4	61863	8	17	24	75822	13	69
5	52926	9	11	25	56596	5	11
6	47034	6	6	26	55682	8	9
7	66432	16	38	27	62091	8	20
8	61100	10	48	28	42162	7	41
9	41934	2	9	29	52646	2	3
10	47454	5	22	30	74199	13	27
11	49832	5	30	31	50729	5	14
12	47047	6	21	32	70011	3	23
13	39115	7	10	33	37939	1	1
14	59677	11	27	34	39652	3	7
15	61458	18	37	35	68987	9	19
16	54528	6	8	36	55579	3	11
17	60327	9	13	37	54671	9	31
18	56600	7	6	38	57704	3	9
19	52542	7	12	39	44045	4	12
20	50455	3	29	40	51122	10	32

[분석결과 및 해석]

상관관계

통제변수			연 봉	논문 수	재직기간
-지정않음-[a]	연봉	상관관계	1.000	.429	.566
		유의확률(양측)	.	.006	<.001
		자유도	0	38	38
	논문 수	상관관계	.429	1.000	.619
		유의확률(양측)	.006	.	<.001
		자유도	38	0	38
	재직기간	상관관계	.566	.619	1.000
		유의확률(양측)	<.001	<.001	.
		자유도	38	38	0
재직기간	연봉	상관관계	1.000	.121	
		유의확률(양측)	.	.462	
		자유도	0	37	
	논문 수	상관관계	.121	1.000	
		유의확률(양측)	.462	.	
		자유도	37	0	

a. 셀에 0차 (Pearson) 상관이 있습니다.

상관관계

통제변수			연 봉	재직기간	논문 수
-지정않음-[a]	연봉	상관관계	1.000	.566	.429
		유의확률(양측)	.	<.001	.006
		자유도	0	38	38
	재직기간	상관관계	.566	1.000	.619
		유의확률(양측)	<.001	.	<.001
		자유도	38	0	38
	논문 수	상관관계	.429	.619	1.000
		유의확률(양측)	.006	<.001	.
		자유도	38	38	0
논문 수	연봉	상관관계	1.000	.424	
		유의확률(양측)	.	.007	
		자유도	0	37	
	재직기간	상관관계	.424	1.000	
		유의확률(양측)	.007	.	
		자유도	37	0	

a. 셀에 0차 (Pearson) 상관이 있습니다.

(1) 통제변수를 설정하지 않은 상태에서 연봉-논문 수 간의 상관계수는 .429(p=.006)이며 유의적이고 연봉-재직기간 간의 상관계수는 .566(p<.001)이고 유의적이다.

(2) 재직기간을 통제변수로 한 상태에서 연봉-논문 수 간의 편상관계수는 .121(p=.462)이며 비유의적이다.

(3) 논문 수를 통제변수로 한 상태에서 연봉-재직기간 간의 편상관계수는 .424(p=.007)이며 유의적이다.

종합: 상관계수에 비해 편상관계수는 상당히 낮다. 두 변수 중 연봉에 영향력이 더 큰 변수는 재직기간이다.

3. 어느 미인선발대회에서 최종 본선에 오른 9명의 참가자들을 대상으로 두 명의 심사자에게 순위를 매겨보도록 요구한 결과 다음 표와 같았다. 이 자료에 의거하여 두 명의 심사자들의 심사결과 간에 상관관계가 있다고 볼 수 있는가? $\alpha=.05$. 자료파일: (10)연습문제(미인대회).sav.

참가자	심사자 A	심사자 B
1	4	3
2	1	2
3	9	8
4	8	6
5	3	5
6	5	4
7	6	7
8	2	1
9	7	9

[분석결과 및 해석]

상관관계

			심사자A	심사자B
Spearman의 rho	심사자A	상관계수	1.000	.850**
		유의확률 (양측)	.	.004
		N	9	9
	심사자B	상관계수	.850**	1.000
		유의확률 (양측)	.004	.
		N	9	9

**. 상관관계가 0.01 수준에서 유의합니다(양측).

심사자 A와 B의 심사결과는 유의적인 正(+)의 상관관계를 갖고 있다($r_s=.850$, $p=.004$). 한편 부록의 통계표 〈표 5〉의 임계치를 적용하는 경우, 상관계수 .850은 임계치 .683($n=9$, $\alpha=.05$, 양측검증)보다 크므로 역시 유의적이다. 결론적으로 두 심사자들의 심사결과 간에는 상관관계가 있다고 할 수 있다.

제 11 장

회귀분석

Statistical Package for the Social Sciences

11.1 단순회귀분석

1. 개 요

(1) 개 념

상관분석은 두 변수 간의 선형관계를 조사하는 데 비해, **회귀분석**(regression analysis)은 한 변수를 **종속변수**(dependent variable)로, 그리고 다른 변수(들)를 **독립변수**(들)로 설정하여 이들 간의 관계를 분석하는 것이다. 독립변수(independent variable)가 한 개인 경우를 **단순회귀분석**(simple regression analysis), 그리고 두 개 이상인 경우를 **다중회귀분석**(multiple regression analysis)이라고 한다. 회귀분석에서는 독립변수를 예측변수(predictor variable), 그리고 종속변수를 기준변수(criterion variable)라고 하기도 한다.

두 변수 간의 관계에서 독립변수와 종속변수의 설정은 논리적 타당성을 토대로 해야 한다. 논리적 근거가 없이 어떤 임의의 두 변수 중 하나를 독립변수, 다른 하나를 종속변수로 설정하여 회귀분석 결과 독립변수의 계수가 통계적으로 유의적이라도 두 변수 간에 독립－종속관계가 있다고 추정할 수는 없는 것이다. 예를 들어, 가구소득과 지출 간의 관계에서 "가구소득은 지출에 영향을 미친다"라는 가설은 논리적 타당성을 갖는다. 그러나 "가장의 키는 지출에 영향을 미친다"라는 가설은 논리적 타당성을 갖지 않으며, 이에 관한 자료를 회귀분석하는 것은 의미가 없다.

단순회귀분석의 기본적인 과업은 다음과 같이 표현되는 단순회귀식에서 $\hat{\beta}_0$과 $\hat{\beta}_1$을 구하는 것이다.

$$\hat{Y} = \hat{\beta}_0 + \hat{\beta}_1 X$$

(2) 자 료

종속변수는 간격척도 혹은 비율척도로 측정된 계량적 자료(quantitative data)이어야 한다. 독립변수는 흔히 간격척도 혹은 비율척도로 측정되지만 경우에 따라 명목척도로 측정된 자료가 사용될 수 있다. 이 경우 독립변수를 **더미변수**(dummy variable)라고 한다.

(3) 가 정

단순회귀분석과 뒤에서 다루는 다중회귀분석의 가정은 다음과 같다.

① 독립변수와 종속변수 간의 선형적 관계

이는 독립변수(들)와 종속변수 간의 선형적 관계에 대한 가정이다. **선형적 관계**(linear relationship)는 독립변수값의 변화에 따른 종속변수값의 변화가 일정함을 의미한다. 즉, $Y=\beta_0+\beta_1 X$의 회귀식은 X의 범위에 걸쳐 기울기가 β_1으로 일정하다는(constant) 것을 나타낸다. 구체적으로, X가 1 증가하면 Y는 β_1 증가, 그리고 X가 2 증가하면 Y는 $2\beta_1$ 증가한다. 제10장에서 다룬 Pearson 상관분석은 두 변수 간의 선형관계에 토대를 두는데, 단순회귀분석과 다중회귀분석도 독립변수와 종속변수 간의 선형관계를 가정할 수 있어야 한다.

② 오차의 정규성

오차(error)란 종속변수의 관측치와 예측치 간의 차이를 가리킨다. X의 어떤 값에 대해 여러 개의 Y가 존재하면 역시 여러 개의 오차가 발생한다. 이 경우 그 오차들은 평균 0의 정규분포를 이룬다고 가정할 수 있어야 한다.

③ 오차의 등분산

등분산(constant variance; homoscedasticity) 가정은 여러 개의 오차가 존재하는 경우 그 오차들의 분산은 X의 모든 값에 걸쳐서 일정하다고 가정할 수 있어야 한다는 것이다.

④ 오차의 독립성

예측의 오차들은 서로 독립적이라는 가정이 필요하다. 즉, $\hat{y}$의 변화에 따라 오차항이 어떤 패턴(pattern)을 가져서는 안 된다. 예를 들어, $\hat{y}$이 커짐에 따라 오차값이 커지면 이는 가정에 위배된다.

2. SPSS 30을 이용한 단순회귀분석

예제 11.1 단순회귀분석의 예

제10장에서 예로 든 〈예제 10.1〉을 이용하여 광고비를 독립변수로, 매출액을 종속변수로 하는 단순회귀분석을 실행해보기로 한다.

연구 문제 광고비 지출은 매출액에 영향을 미치는가?

연구 가설 광고비 지출은 매출액에 영향을 미칠 것이다.

H_0: 광고비 지출은 매출액에 영향을 미치지 않는다($\beta_1 = 0$).
H_1: 광고비 지출은 매출액에 영향을 미친다($\beta_1 \neq 0$).

〈예제 11.1〉의 단순회귀분석을 하는 과정은 다음과 같다.

① '(10)상관관계.sav' 파일을 불러온다.
② [그림 11.1]과 같이 다음의 절차를 따른다.

[분석(A)] → [회귀분석(R)] → [선형(L)...] → 클릭

그림 11.1 단순회귀분석 절차

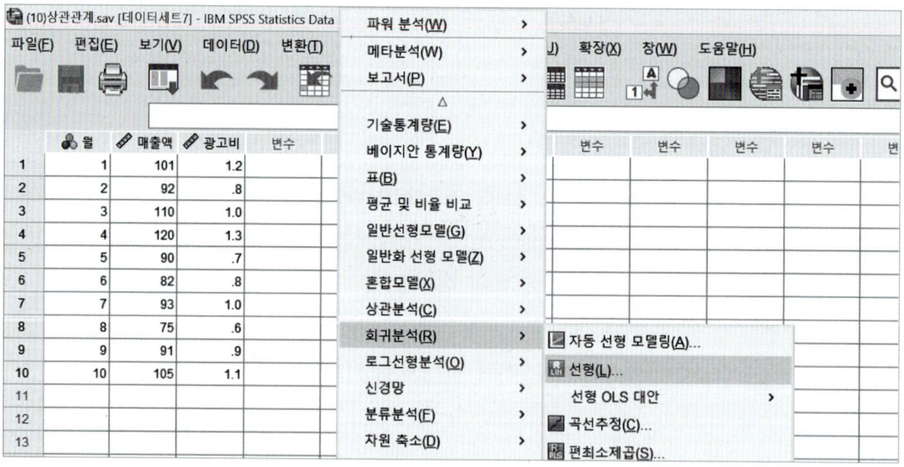

③ 그러면 [그림 11.2]의 선형회귀 대화상자가 나타난다.

그림 11.2 | 선형회귀 대화상자

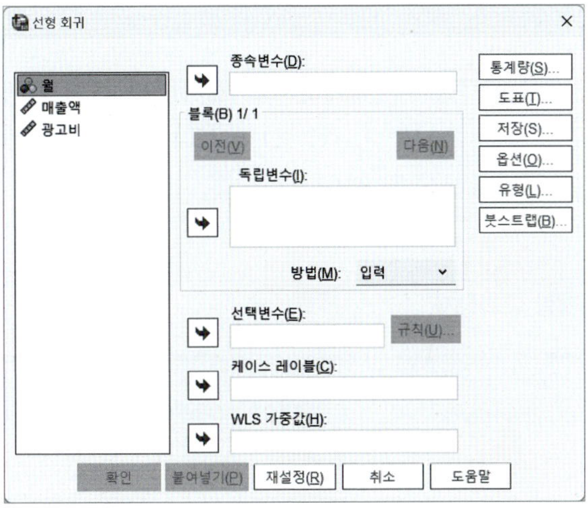

④ 여기서 [그림 11.3]과 같이 매출액을 [종속변수(D)]로, 광고비를 [독립변수(I)]로 보낸다. 또한, [방법(M)]은 기본설정과 같이 '입력'을 유지한다.

그림 11.3 | 분석대상 변수선정

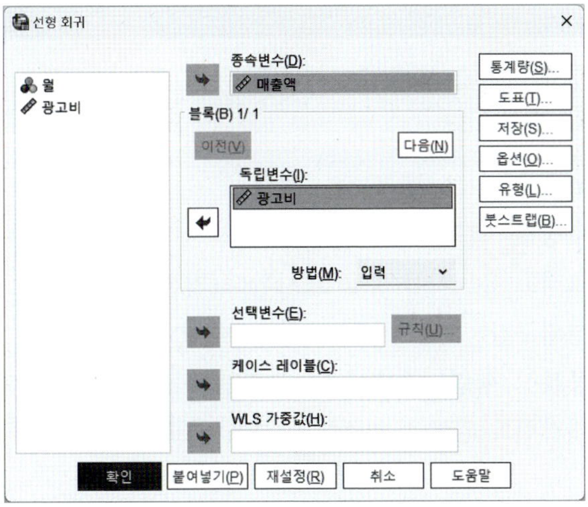

☞ [그림 11.3]에서 [방법(M)]의 의미는 다음과 같다.

- **입력**: 모든 독립변수들이 동시에 투입되는 동시입력방식을 의미한다(**기본설정**).

- 그 밖에 단계선택, 제거, 후진 및 전진 방식이 있는데, 단순회귀분석에서는 입력 방식만이 적용되므로 이 방식들에 대해서는 11.2 다중회귀분석에서 설명한다.

⑤ [그림 11.3]에서 [통계량(S)...]을 클릭하면 통계량 대화상자가 나타나는데 기본설정을 유지한다. 즉, [그림 11.4]와 같이 회귀계수의 [추정값(E)]과 [모델 적합(M)] 선택을 유지한다.

그림 11.4 통계량 대화상자

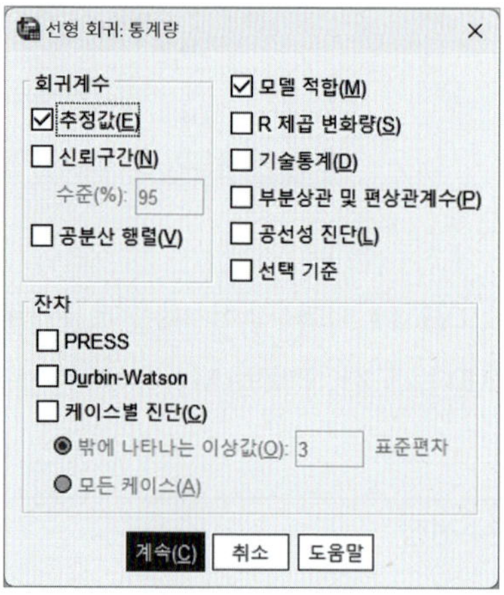

☞ 통계량 대화상자의 선택사항들은 다음과 같은 의미를 갖는다.

[회귀계수]

- **추정값**: 회귀계수 추정치를 표시한다. 즉, 회귀계수, 베타, 표준오차, *t*-value, 그리고 유의확률 등을 표시한다(**기본설정**).
- **신뢰구간**: 회귀계수에 대한 95% 신뢰구간을 표시한다.
- **공분산 행렬**: 공분산 및 상관행렬을 표시한다. 대각선에는 분산이 표시되고 대각선의 위와 아래에는 공분산이 표시된다.

- **모델적합**: 다중 R, R^2, 조정된(adjusted) R^2, 표준오차 등을 표시한다. 또한, 분산분석표에는 자유도, 제곱합, 평균제곱, F값 등이 표시된다(**기본설정**).
- ***R* 제곱 변화량**: 단순회귀분석에서는 의미가 없으며 다중회귀분석의 단계입력 방식에서 설명한다.
- **기술통계**: 각 변수의 평균과 표준편차, 그리고 모든 입력변수들 간의 상관관

계를 나타낸다.

- **부분상관 및 편상관계수**: 각 독립변수와 종속변수 간의 부분상관계수(part correlation)와 편상관계수(partial correlation)를 나타낸다. 이 값들은 단순회귀 분석에서는 의미가 없으며 다중회귀분석에서 설명한다.
- **공선성 진단**: 단순회귀분석에서는 의미가 없으며 다중회귀분석에서 설명한다.

⑥ [그림 11.4]에서 [계속(C)]을 클릭한다.

⑦ [그림 11.3]에서 [도표(T)...]를 클릭하면 도표 대화상자가 나타나는데, [그림 11.5]와 같이 '*ZRESID'을 선택하여 산점도 1/1의 Y로, '*ZPRED'를 선택하여 산점도 1/1의 X로 보낸다. 표준화 잔차도표에서는 [정규확률도표(R)]를 선택한다.

그림 11.5 도표 대화상자

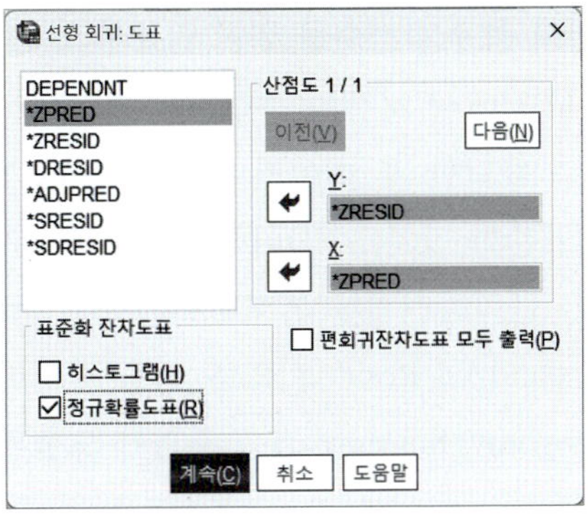

☞ 도표 대화상자의 선택사항들은 다음의 의미를 갖는다.

- **DEPENDNT**: 종속변수를 의미한다.
- ***ZPRED**: 표준화된(평균=0, 분산=1) 예측값을 의미한다.
- ***ZRESID**: 표준화된(평균=0, 분산=1) 잔차를 의미한다.[1]
- ***DRESID**: 삭제된 잔차를 의미한다.
- ***ADJPRED**: 조정된 예측값을 의미한다.
- ***SRESID**: 스튜던트화된 잔차를 의미한다.
- ***SDRESID**: 스튜던트화된 삭제된 잔차를 의미한다.

1 잔차(residual)는 오차(error)의 다른 표현이다.

[표준화 잔차도표]

- **히스토그램:** 표준화된 잔차의 히스토그램이 정규분포곡선과 함께 제시된다.
- **정규확률도표:** 표준화된 잔차의 정규확률 그래프가 제시된다.

- **편회귀잔차도표 모두 출력:** 두 개 이상의 독립변수가 회귀식에 포함될 때 사용할 수 있는 조건으로, 다른 독립변수와는 분리된 한 독립변수 잔차와 종속변수 잔차와의 관계를 산점도로 제시한다.

⑧ [그림 11.5]에서 [계속(C)]을 클릭한다.

⑨ [그림 11.3]에서 [옵션(O)...]을 클릭하면 옵션 대화상자가 나타나는데, [그림 11.6]과 같이 선택법 기준, 방정식에 상수항 포함(I), 결측값 처리방법 등을 기본설정으로 유지한다.

[추가] 오차의 정규성 검증을 위한 일표본 K-S 검증

[그림 11.3]에서 저장을 클릭하여 잔차에서 비표준화를 선택한 후 계속과 이어서 확인을 클릭한 후 데이터파일을 열어보면 RES_1이라는 열이 추가되는데, 이 값이 비표준화 잔차(오차)이다. 여기서 비모수검정 → 레거시 대화상자 → 1-표본 K-S를 클릭하면 일표본 Kolmogorov-Smirnov 검증 창이 나타난다(18장 참조). Unstandardized Residual[RES_1]을 검정변수로 보낸 후 분석을 실행하면 일표본 Kolmogorov-Smirnov 검증 결과가 도출된다.

그림 11.6 옵션 대화상자

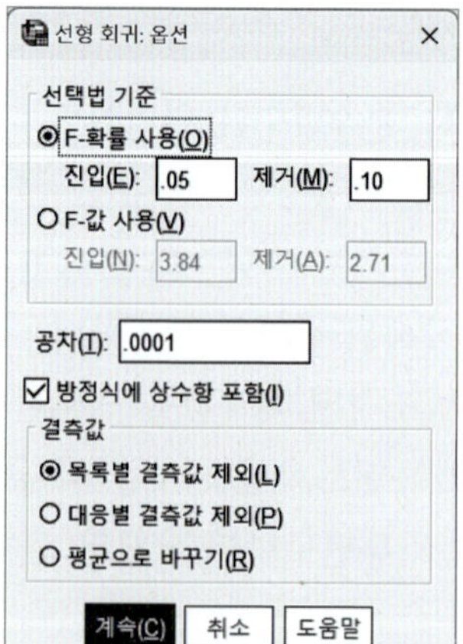

⑩ [그림 11.6]에서 [계속(C)]과 이어서 [확인]을 클릭하면 결과가 나타난다(표 11.1부터).

표 11.1 입력된/제거된 변수[a]

모델	입력된 변수	제거된 변수	방법
1	광고비[b]	.	입력

a. 종속변수: 매출액.
b. 요청된 모든 변수가 입력되었습니다.

〈표 11.1〉에는 종속변수가 매출액, 독립변수는 광고비이고 방법은 동시입력방식(Enter)을 사용했음이 나타나 있다.

표 11.2 모델요약[b]

모델	R	R 제곱	수정된 R 제곱	추정값의 표준오차
1	.875[a]	.766	.737	6.837

a. 예측자: (상수), 광고비.
b. 종속변수: 매출액.

R^2(*R* squared로 읽음)는 **결정계수**(coefficient of determination)라고 불리는데, 종속변수 분산의 몇 %가 독립변수에 의해 설명되는가를 나타내며 0과 1 사이의 값을 갖는다. 결정계수는 또한 회귀식이 자료에 적합한 정도를 나타내는 것으로, 그 값이 클수록 회귀식이 자료를 잘 나타낸다고 할 수 있다. 〈표 11.2〉에 따르면, R^2는 .766으로서 종속변수 분산의 76.6%가 독립변수에 의해 설명됨을 알 수 있다. 이 수치는 광고비와 매출액의 상관계수 제곱과 같은 값이다. 즉, 제10장에서 광고비와 매출액 간의 상관계수 $r=.875$인데 이 값을 제곱하면 .766이 된다. 단순회귀분석의 *R*값은 *R*제곱의 제곱근 값이며, 상관계수값을 나타낸다.

표 11.3 분산분석[a]

모델		제곱합	자유도	평균제곱	F	유의확률
1	회귀	1226.927	1	1226.927	26.246	<.001[b]
	잔차	373.973	8	46.747		
	전체	1600.900	9			

a. 종속변수: 매출액.
b. 예측자: (상수), 광고비.

〈표 11.3〉은 분산분석표이다. 이 표에 나타난 것처럼 제곱합에는 세 가지가 있다. 전체의 제곱합(Total *SS*)은 종속변수를 평균값으로 추정하는 경우의 전체 분산을 나타낸다. 회귀모형의 제곱합(*SSR*)은 종속변수를 회귀식으로 추정하는 경우에 설명되는 분산을 나타낸다. 잔차의 제곱합(*SSE*)은 종속변수를 회귀식으로 추정하는 경우 설명되지 않는 분산을 나타낸다. 이를 그림으로 나타내면 [그림 11.7]과 같다.

그림 11.7 제곱합

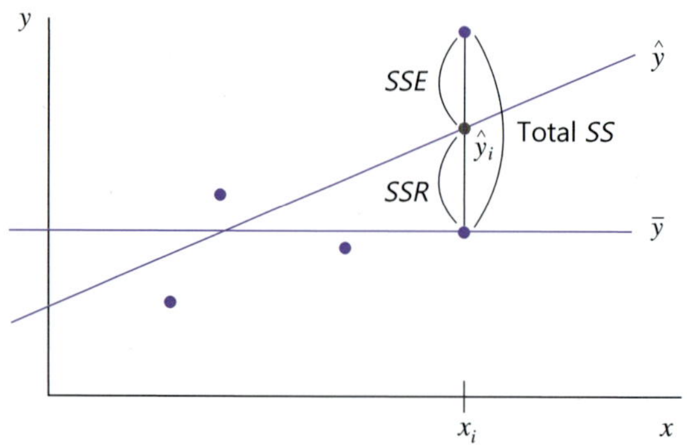

그런데, R^2는 종속변수의 전체분산 중 회귀식(혹은 독립변수)에 의해 설명되는 비율을 나타내므로 다음과 같다.

$$R^2 = \frac{\text{회귀모형의 제곱합}(SSR)}{\text{전체의 제곱합}(\text{Total } SS)} = \frac{1226.927}{1600.900} = .766$$

또한, 〈표 11.3〉에서 각각의 제곱합을 자유도로 나누면 평균제곱이 되며, 다음과 같이 회귀모형의 평균제곱을 잔차의 평균제곱으로 나누면 F값이 된다.

$$F = \frac{1226.927}{46.747} = 26.246$$

추가적으로, 각각의 자유도는 다음과 같다.

회귀모형의 자유도 = 독립변수의 수 = 1
잔차의 자유도 = 표본의 크기 − 독립변수의 수 − 1 = 10 − 1 − 1 = 8
전체의 자유도 = 표본의 크기 − 1 = 10 − 1 = 9

표 11.4 계수[a]

모델		비표준화 계수		표준화 계수	t	유의확률
		B	표준오차	베타		
1	(상수)	46.486	9.885		4.703	.002
	광고비	52.568	10.261	.875	5.123	<.001

a. 종속변수: 매출액.

분석결과 비표준화 계수(B)에 의해 다음과 같은 회귀식이 도출된다.

$$\hat{Y}_{(\text{매출액})} = 46.486 + 52.568X_{(\text{광고비})}$$

〈표 11.4〉에서 광고비에 대한 회귀계수는 正(+)으로 나타났으며 매우 유의적이므로(t=5.123; p<.001) 귀무가설은 기각되고 연구가설은 지지된다. **따라서 광고비 지출은 매출에 영향을 미치며, 특히 회귀계수가 正(+)의 값을 가지므로 광고비의 증가에 따라 매출이 증가하는 경향이 있는 것으로 해석할 수 있다.** 또한, 이때의 t값은 비표준화 계수를 표준오차로 나눈 값이다. 예를 들어, 광고비의 경우 $t = 52.568 \div 10.261 = 5.123$이 된다.

☞ 회귀식을 이용한 종속변수값의 추정

위와 같은 과정을 거쳐 회귀식의 계수가 유의적이면, x값이 주어진 경우 y값을 추정할 수 있다. 그러나 계수가 유의적이지 않으면 x는 y에 영향을 미친다고 할 수 없으므로 x값으로부터 y값을 추정해서는 안 된다. 위의 회귀식의 계수는 유의적으로 나타났으므로 다음 달에 1억 원의 광고비 지출을 하는 경우 예상 매출액은 다음과 같이 계산된다.

$$\begin{aligned}\hat{Y} &= 46.49 + 52.57X \\ &= 46.49 + 52.57 \times 1 \\ &= 99.06\end{aligned}$$

따라서 이 경우 99.06억 원의 매출액이 예상된다.

여기서 유의할 점은 발견한 회귀식에 의하여 y값을 추정할 때 원래 사용한 x의 범위 내에서만 가능하다는 것이다. 왜냐하면 원래 그 범위를 넘어서 다른 값들이 있었다면 회귀식이 다르게 나타날 가능성이 크기 때문이다. 〈예제 11.1〉의 자료의 경우 x값의 범위가 .6~1.3이므로 이러한 범위를 넘은 x값에 대해서는 위의 회귀식을 사용하여 y값을 추정해서는 안 된다.

그림 11.8 | 표준화 잔차의 정규확률도표

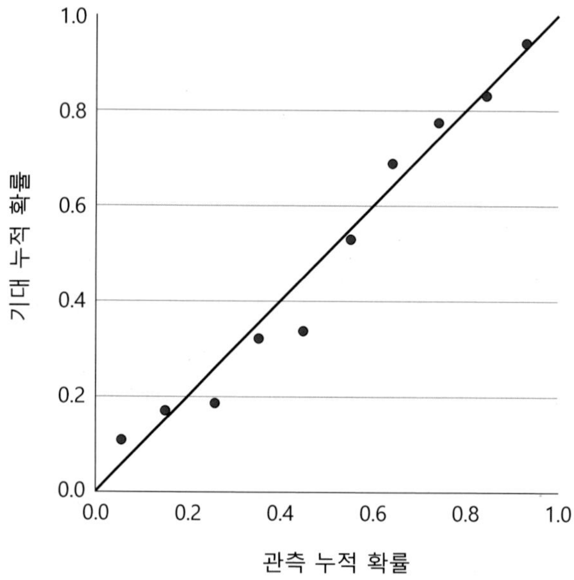

[그림 11.8]은 표준화 잔차의 정규확률도표이다. 이는 분석자료의 누적분포를 정규분포의 누적분포와 비교하는 방법이다. 이 표에서 정규분포는 대각선의 형태로 그려지고 분석자료는 그 대각선 주위에 점들로 나타난다. 점들의 분포가 대각선에 가까울수록 정규성 가정을 보다 충족시킨다. [그림 11.8]의 경우 모든 값들이 대각선 주위에 분포하고 있으므로 오차의 정규성 가정을 대체로 충족시킨다.

표 11.5 오차의 정규성 검증을 위한 일표본 K-S 검증 결과

			Unstandardized Residual
N			10
정규 모수[a,b]	평균		.0000000
	표준편차		6.44612694
최대극단차이	절대값		.168
	양수		.168
	음수		−.104
검정 통계량			.168
근사 유의확률 (양측)[c]			.200[d]
Monte Carlo 유의확률 (양측)[e]	유의확률		.588
	99% 신뢰구간	하한	.575
		상한	.601

a. 검정 분포가 정규입니다.
b. 데이터로부터 계산.
c. Lilliefors 유의확률 수정.
d. 이것은 하한입니다.
e. 난수 시작값이 926214481인 Monte Carlo 표본 10000개를 기준으로 하는 Lilliefors 방법입니다.

〈표 11.5〉는 오차가 정규분포를 따르는지를 보다 엄격하게 조사하기 위한 일표본 K-S 검증 결과를 보여준다. 근사 유의확률(양측)이 .200으로 "오차가 정규분포를 따른다"는 귀무가설을 기각하지 않는다. 따라서 오차의 정규성 가정을 충족시킨다고 할 수 있다.

그림 11.9 잔차의 산점도

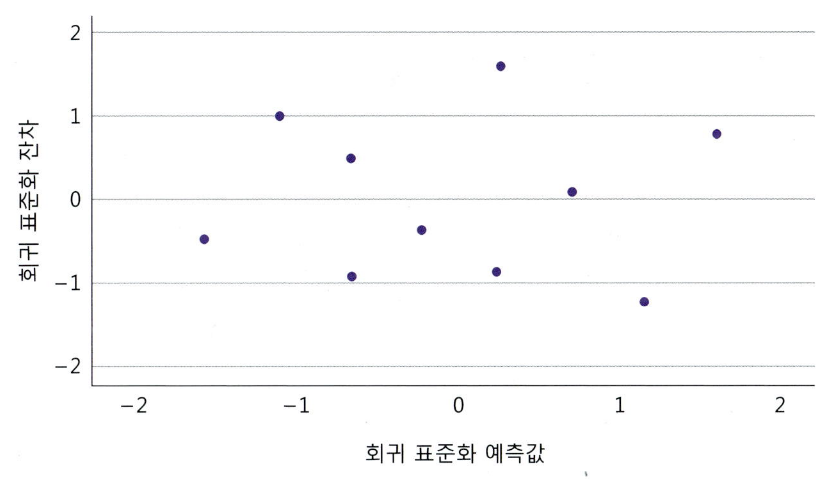

[그림 11.9]는 표준화 예측값과 표준화 잔차 간의 산점도이다. 이 잔차도표에는 잔차가 '0'을 중심으로 대체로 무작위로 분포되어 있으며 특정 패턴이 나타나지 않고 있다. 이처럼 오차가 무작위로 분포되면 오차의 독립성 가정과 등분산 가정을 충족시키는 것으로 본다.

11.2 다중회귀분석 – 동시입력

1. 개 요

(1) 다중회귀분석의 개념과 추정방식

〈예제 11.1〉에서는 독립변수가 하나인 단순회귀분석을 설명하였다. 그런데 현실적으로 종속변수에 영향을 미치는 독립변수를 두 개 이상 고려해야 되는 경우가 빈번하다. **다중회귀분석**(multiple regression analysis)은 하나의 종속변수와 두 개 이상의 독립변수들의 관계를 분석하는 기법으로 단순회귀분석을 확장한 것이다.

다중회귀식을 추정하는 방식에는 여러 가지가 있는데 대표적인 것이 동시입력방식과 단계입력방식이다. 현실적으로 이 두 가지 방식 외에는 거의 사용되지 않으므로 본서에서는 이 두 가지만을 예로써 설명한다. **동시입력방식**(enter)은 연구자가 고려하는 모든 독립변수들을 한꺼번에 포함하여 분석하는 방법이다. 이 방식을 이용하면 다른 독립변수들이 통제된 상태에서 특정 독립변수의 영향력을 알 수 있으며, 또한 연구자가 고려하는 모든 독립변수들이 동시에 종속변수를 설명하는 정도를 알 수 있다. 이에 비해 **단계입력방식**(stepwise)은 다른 변수들이 회귀식에 존재할 때 종속변수에 영향력이 있는 변수들만을 회귀식에 포함시키는 방식인데, 구체적인 내용은 11.3에서 설명한다.

다중회귀분석의 기본적인 과업은 다음과 같이 표현되는 다중회귀식에서 $\hat{\beta}_0$과 $\hat{\beta}_i$을 구하는 것이다.

$$\hat{Y} = \hat{\beta}_0 + \hat{\beta}_1 X_1 + \hat{\beta}_2 X_2 + \ldots\ldots + \hat{\beta}_k X_k$$

(2) 자료와 가정

앞에서 다룬 단순회귀분석의 자료 및 가정과 동일하다.

2. SPSS 30을 이용한 다중회귀분석(동시입력방식)

예제 11.2 **다중회귀분석의 예**

한 방송국에서는 65세 이상 시청자들을 위한 TV 프로그램을 개발하기로 하였다. 이를 위한 기초정보를 획득하기 위해 25명의 시청자들을 대상으로 설문조사를 하여 다음의 네 가지 변수에 관한 자료를 수집한 결과 〈표 11.6〉과 같이 나타났다.

y = 1일 평균 TV 시청시간
x_1 = 배우자와 동거여부(만약 배우자와 동거중이면 $x_1 = 1$, 아니면 $x_1 = 0$)
x_2 = 연령
x_3 = 교육기간(연수)

표 11.6 TV 시청과 관련하여 65세 이상 시청자로부터 수집한 자료

개인	시청시간	동거여부	연령	교육기간	개인	시청시간	동거여부	연령	교육기간
1	0.5	1	73	14	14	3	0	80	9
2	0.5	1	66	16	15	3	0	73	6
3	0.7	0	65	15	16	3	0	75	6
4	0.8	0	65	16	17	3.2	0	76	10
5	0.8	1	68	9	18	3.2	0	78	6
6	0.9	1	69	10	19	3.3	1	79	6
7	1.1	1	82	12	20	3.3	0	79	4
8	1.6	1	83	12	21	3.4	1	78	6
9	1.6	1	81	12	22	3.5	0	76	9
10	2	0	72	10	23	3.6	0	65	12
11	2.5	1	69	8	24	3.7	0	72	12
12	2.8	0	71	16	25	3.7	0	80	6
13	2.8	0	71	12					

☞ 더미변수의 입력

회귀분석의 입력자료는 대개의 경우 간격척도 혹은 비율척도로 측정된 것이

다. 그러나 경우에 따라 명목척도로 측정한 변수를 회귀분석의 독립변수로 하여 분석할 필요가 있다. 이 경우 이러한 변수를 **더미변수**(dummy variable)라고 부르는데 더미변수의 수와 입력하는 방식은 다음과 같다.

더미변수의 수 = 범주의 수 − 1

만약 범주의 수가 두 개인 경우(남/여, yes/no) 더미변수의 수는 한 개이며, 한 범주를 1 다른 범주를 0으로 입력한다. 만약 범주의 수가 세 개인 경우(세단형 승용차, 해치백, 왜건형) 더미변수의 수는 두 개이며 다음과 같이 입력된다.

범주	더미변수 1	더미변수 2
세단형	0	0
해치백	1	0
왜건형	0	1

연구문제

동거여부, 연령, 그리고/혹은 교육기간은 TV시청시간에 영향을 미치는가?

(1) 세 독립변수는 결합적으로 종속변수의 분산을 설명하는 데 유용한가?
(2) 각 독립변수는 다른 두 독립변수가 회귀식에 포함된 경우 종속변수의 분산을 설명하는 데 유용한가?

〈예제 11.2〉를 동시입력방식에 의해 회귀분석하는 과정은 다음과 같다.

① '(11)다중회귀분석.sav' 파일을 불러온다.
② [그림 11.10]과 같이 다음의 절차를 따른다.

[분석(A)] → [회귀분석(R)] → [선형(L)...] → 클릭

그림 11.10 | 다중회귀분석(동시입력방식) 절차

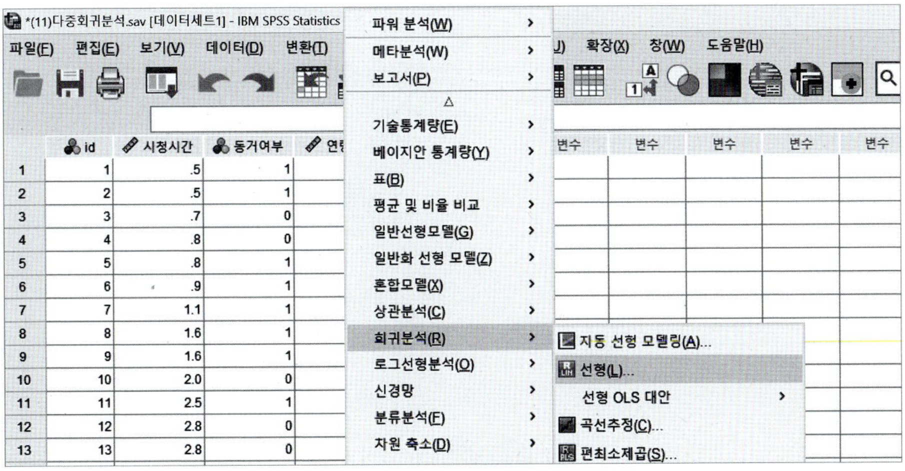

③ 그러면 [그림 11.11]의 선형 회귀 대화상자가 나타난다.

그림 11.11 | 선형 회귀 대화상자

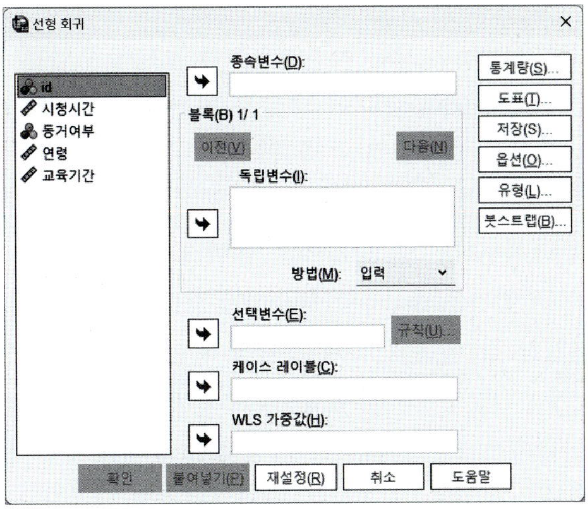

④ 여기서 [그림 11.12]와 같이 시청시간을 [종속변수(D)]로, 동거여부, 연령, 교육기간을 [독립변수(I)]로 보낸다.

그림 11.12 | 분석대상 변수선정

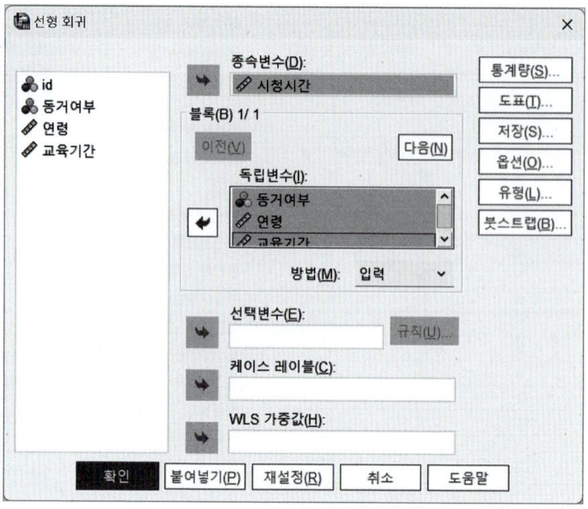

⑤ [그림 11.12]에서 [방법(M)]으로는 기본설정된 '입력'을 유지한다.

☞ [방법(M)]의 의미는 다음과 같다.

- **입력**(forward): 모든 독립변수들이 동시에 투입된다(**기본설정**).
- **단계선택**(stepwise): 이 방식은 여러 개의 독립변수들 중에서 설명력이 어느 정도 높은 변수들로만 회귀모형을 구성하기 위한 것이다. 구체적으로, 첫 단계에서는 종속변수와 상관관계가 가장 높은 변수가 회귀식에 들어간다. 두 번째 단계부터는 전 단계에서 들어가지 않은 변수들 중 종속변수와 가장 높은 **편상관관계**(partial correlation)를 갖는 변수가 들어간다. 각 단계에서는 기존에 진입한 각 변수의 유의성 검증이 이루어지며, 비유의적인 변수는 제거된다. 단계선택방식에서는 진입조건으로 F값 혹은 p-value를 지정하는데, 진입조건을 충족시키는 변수가 더 이상 없는 단계에서 분석이 종료된다.
- **전진**(forward): 이 방식은 단계선택과 마찬가지로 상관관계(혹은 편상관관계)가 높은 독립변수의 순서로 회귀식에 진입한다. 다만, 단계선택과는 달리 기존에 진입한 변수는 제거되지 않는다.
- **후진**(backward): 이 방식의 경우 모든 독립변수들이 한꺼번에 들어가서 각 단계에서 종속변수에 대한 설명력이 낮은 순서로 제거된다. 제거기준은 F값 혹은 p-value로 지정되며, 이 기준에 달하는 변수가 더 이상 없으면 종료된다.

⑥ [그림 11.12]에서 [통계량(S)...]을 클릭하면 통계량 대화상자가 나타난다. 여기서 [그림 11.13]과 같이 회귀계수에서 [추정값(E)]을 선택하고, [모델 적합(M)], [기술통계(D)], [공선성 진단(L)]을 선택한다.

그림 11.3 통계량 대화상자

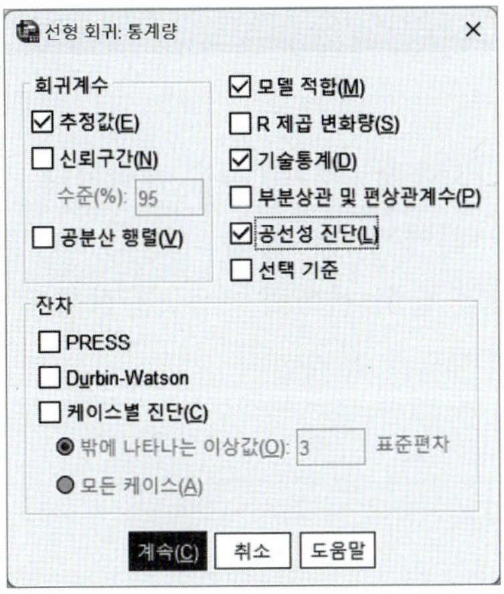

☞ 통계량 대화상자에는 여러 선택사항들이 있는데 다중회귀분석에만 적용되는 [R 제곱 변화량(S)]과 [공선성 진단(L)]의 의미는 다음과 같다.

- **R 제곱 변화량**: 변수를 추가하거나 삭제하는 데 따르는 R^2 변화정도를 의미한다. 이는 다중회귀분석에서 동시입력방식에는 적용되지 않으므로, 단계입력방식에서 자세히 설명한다.
- **공선성 진단**: 개별 변수에 대한 공차(tolerance)와 공선성 문제 진단을 위한 다양한 통계량을 표시한다. 이는 다중회귀분석을 실행할 때 지정하는 기능으로서 한 독립변수가 다른 독립변수(들)와 선형관계를 갖고 있을 때 발생하는 공선성의 문제를 검증하기 위한 것이다.

☞ 통계량 대화상자에 있는 잔차 선택사항의 의미는 다음과 같다.

- **Durbin-Watson**: 시계열자료(time series data)를 회귀분석한 경우 오차항(error term)의 값들이 서로 상관관계가 있는지를 조사하는 데 사용되는 값을 나타낸다. 종속변수를 설명하는 데 중요한 변수(들)가 포함되지 않은 경우에 오차항의 값들 간에 상관관계가 높게 나타날 수 있다. 분석결과 도출되는 Durbin-

Watson 값이 Durbin–Watson 검증영역표의 어디에 해당하는지에 따라 상관관계 유무를 결론짓는다. 자세한 것은 고급통계학 책을 참고하면 된다. 시계열자료를 회귀분석하는 경우가 아니면 반드시 체크할 필요는 없다.

- **케이스별 진단**: 분석의 대상이 된 케이스들의 회귀식에 의한 예측값, 예측값과 실제값의 차이(잔차)값들을 나타낸다. 전체 케이스에 대하여 나타낼 수도 있고 이상값(outlier), 예를 들어, 예측값이 '실제값의 3×표준편차'를 벗어난 케이스에 대하여 나타낼 수 있다.

⑦ [그림 11.13]에서 [계속(C)]을 클릭한다.

⑧ [그림 11.12]에서 [옵션(O)...]을 클릭하면 옵션 대화상자가 나타나는데, [그림 11.14]와 같이 선택법 기준, 방정식에 상수항 포함(I), 결측값 처리방법 등을 기본설정으로 유지한다.

그림 11.14 옵션 대화상자

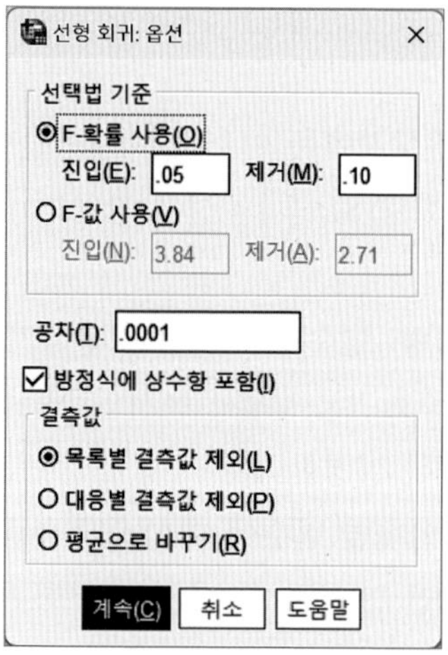

☞ 선택법 기준인 [F–확률 사용(O)]과 [F–값 사용(V)]은 다중회귀분석의 단계입력방식에서만 의미를 가지므로 이후의 단계입력방식에서 설명한다.

⑨ [그림 11.14]에서 [계속(C)]과 이어서 [확인]을 클릭하면 결과가 산출된다(표 11.7부터).

표 11.7 기술통계량

	평균	표준화 편차	N
시청시간	2.340	1.1522	25
동거여부	.40	.500	25
연령	73.84	5.691	25
교육기간	10.16	3.602	25

〈표 11.7〉에는 변수들의 평균과 표준편차가 제시되어 있다.

표 11.8 상관계수

		시청시간	동거여부	연령	교육기간
Pearson 상관	시청시간	1.000	-.521	.358	-.612
	동거여부	-.521	1.000	.141	.079
	연령	.358	.141	1.000	-.501
	교육기간	-.612	.079	-.501	1.000
유의확률 (단측)	시청시간	.	.004	.039	<.001
	동거여부	.004	.	.251	.354
	연령	.039	.251	.	.005
	교육기간	.001	.354	.005	.
N	시청시간	25	25	25	25
	동거여부	25	25	25	25
	연령	25	25	25	25
	교육기간	25	25	25	25

〈표 11.8〉에는 각 변수들 간의 상관계수가 제시되어 있다. 각각의 독립변수는 종속변수와 모두 유의적인 상관관계가 있는 것으로 나타났다($p<.05$). 또한 연령과 교육기간 간에는 유의적인 負(−)의 상관관계가 있는 것으로 나타났다($r=-.501$; $p=.005$). 이 결과는 연령과 교육기간 간에 약간의 공선성이 존재할 가능성이 있음을 알 수 있게 해주는 부분이다. 공선성에 대해서는 뒤에서 설명한다.

표 11.9 입력된/제거된 변수[a]

모델	입력된 변수	제거된 변수	방법
1	교육기간, 동거여부, 연령[b]	.	입력

a. 종속변수: 시청시간.
b. 요청된 모든 변수가 입력되었습니다.

〈표 11.9〉는 종속변수는 시청시간이고 회귀모형개발을 위한 독립변수 투입 방법은 동시입력방식(Enter)으로서 교육기간, 동거여부, 연령 등 세 개의 독립변수가 모두 투입되었음을 나타낸다.

표 11.10 모델 요약

모델	R	R 제곱	수정된 R 제곱	추정값의 표준오차
1	.791[a]	.626	.572	.7536

a. 예측자: (상수), 교육기간, 동거여부, 연령.

〈표 11.10〉에 따르면 교육기간, 동거여부, 연령의 세 개의 독립변수들이 투입된 결과 R^2는 .626으로서 종속변수(시청시간)를 62.6% 설명하고 있음을 알 수 있다. 또한, 자유도를 반영한 $\boldsymbol{R^2_{adj}}$(adjusted R^2로 읽음)는 .572로 나타났다. R^2는 다중회귀분석의 **결정계수**(coefficient of determination)로서 종속변수의 분산 중 독립변수들(혹은 회귀식)에 의해 설명되는 비율을 나타내며 0과 1 사이의 값을 가진다. 보다 구체적으로 R^2를 〈표 11.11〉과 관련지우면 $\dfrac{SSR}{\text{Total } SS}$인데, 이 공식에 〈표 11.12〉의 값들을 적용하면 $\dfrac{19.933}{31.860}$으로 .626이 된다.

그런데 R^2는 회귀식에 독립변수가 추가됨으로써 점차 커진다. 예를 들어, 독립변수가 X_1과 X_2인 경우의 회귀식의 R^2에 비하여 새로이 X_3가 추가된 회귀식의 R^2는 X_3가 무엇이든지 간에 반드시 더 크다. 일반적으로 R^2가 클수록 그 회귀식은 보다 높은 설명력을 가지나, R^2를 약간 증가시키기 위해 독립변수가 추가되는 것은 여러 측면에서 낭비이다. R^2_{adj}는 이러한 점을 고려한 것으로 R^2를 독립변수의 수와 표본의 크기로써 조정한 것이며, R^2보다 작다. 그런데 새로이 추가되는 어떤 변수의 추가적 설명력이 매우 작은 경우 R^2는 조금이라도 증가하나 R^2_{adj}는 오히려 감소한다. 그러므로 이 변수를 독립변수에 포함시키는 것은 부적절하다고 할 수 있다. R^2와 R^2_{adj}는 SPSS output에서 각각 'R제곱'과 '수정된 R제곱'으로 표현된다.[2] 다중회귀분석의 분산분석표는 〈표 11.11〉과 같으며, 분산분석표의

2 adjusted R^2를 SPSS 30 한글버전에서는 '수정된 R제곱'으로 번역하고 있지만 수정은 잘못된 것을 고친다는 의미이므로 '조정된 R제곱'으로 번역하는 것이 적절하다.

값들로부터 R^2와 R^2_{adj}를 구할 수 있다. R^2와 R^2_{adj}의 관계를 보면 독립변수의 수에 비해 표본의 크기가 클수록 R^2_{adj}는 R^2에 가까워진다.

표 11.11 분산분석표

원천	제곱합(SS)	자유도	평균제곱(MS)	F_{obs}
회귀식	SSR	독립변수의 수	$MSR=SSR/$독립변수의 수	$\frac{MSR}{MSE}$
오차	SSE	n–독립변수의 수–1	$MSE=SSE/(n$–독립변수의 수–1)	
전체	Total SS	n–1		

여기서, $R^2=\frac{SSR}{\text{Total } SS}=\frac{SSR}{SSR+SSE}=\frac{19.933}{19.933+11.927}=.626$

$$R^2_{adj}=1-(1-R^2)\frac{n-1}{n-k-1}=1-(1-.626)\frac{25-1}{25-3-1}=.572$$

표 11.12 분산분석결과표[a]

모델		제곱합	자유도	평균제곱	F	유의확률
	회귀	19.933	3	6.644	11.698	<.001[b]
1	잔차	11.927	21	.568		
	전체	31.860	24			

a. 종속변수: 시청시간.
b. 예측자: (상수), 교육기간, 동거여부, 연령.

〈표 11.12〉에 따르면, 회귀식에 의해 설명되는 분산(SSR)은 19.933이며 설명되지 않는 분산(SSE)은 11.927이다. 이 값들을 각각의 자유도로 나눈 값이 평균제곱(MS)이다. 두 평균제곱값들의 비율(MSR/MSE)은 F-value로서 11.698이고, F-value에 대한 p-value(유의확률)는 <.001이다. **따라서 '회귀식의 설명력(R^2)이 0'이라는 귀무가설(H_0: $\beta_1=\beta_2=\cdots\cdots=\beta_k=0$)을 기각하게 되므로 회귀식이 종속변수를 설명하는 데 유용하다고 할 수 있다(연구문제 1 관련 결과 해설).**

표 11.13 계수[a]

모델		비표준화 계수		표준화 계수	t	유의확률	공선성 통계량	
		B	표준오차	베타			공차	VIF
1	(상수)	1.495	2.637		.567	.577		
	동거여부	-1.176	.316	-.510	-3.726	.001	.951	1.052
	연령	.039	.032	.191	1.214	.238	.717	1.395
	교육기간	-.152	.050	-.476	-3.039	.006	.727	1.376

a. 종속변수: 시청시간.

본 분석결과 다중회귀식은 비표준화계수(B)들에 의해 다음과 같이 표현된다.

$$\hat{Y} = 1.495 - 1.176X_{1(\text{동거여부})} + .039X_{2(\text{연령})} - .152X_{3(\text{교육기간})}$$

따라서 새로운 조사대상자의 동거여부, 연령, 교육기간에 대한 자료가 있으면 위의 식을 이용하여 TV시청시간을 예측할 수 있다.

☞ 각 독립변수 계수의 유의성 검증

각 독립변수 계수의 유의성 검증결과는 다음과 같다(연구문제 2 관련 결과해설).

(1) **동거여부의 계수는 다른 두 변수(연령, 교육기간)가 회귀식에 포함되어 있는 경우 유의적이다($t=-3.726$, $p=.001$).** 여기서 계수의 부호가 負(−)로 나타났는데, 이를 해석하기 위해서는 입력자료를 확인해야 한다. 동거여부 값을 입력할 때 동거=1, 비동거=0으로 입력했는데, 위의 회귀식의 X_1에 '1'을 입력하면 '0'을 입력하는 데 비하여 1.176만큼 작아진다. 따라서 배우자와 동거하는 사람의 경우 그렇지 않은 사람에 비하여 TV시청시간이 보다 적다고 해석할 수 있다(다른 변수값이 동일하다면 1.176시간만큼 적다). 참고로 여기서 t는 비표준화계수(B)를 표준오차로 나눈 값이다($-1.176 \div .316 = -3.726$).

(2) **연령의 계수는 다른 두 변수가 회귀식에 포함되어 있는 경우 비유의적이다($t=1.214$, $p=.238$).**

(3) 교육기간의 계수는 다른 두 변수가 회귀식에 포함되어 있는 경우 유의적이다(t=−3.039, p=.006). 또한, 부호가 負(−)로 나타났으므로 교육기간이 길수록 TV시청시간이 적다고 할 수 있다(다른 변수값이 동일하다면 교육기간이 1년 길수록 .152시간만큼 적다).

☞ 독립변수 영향력의 상대적 크기

독립변수 계수의 유의성에 더하여 또 한 가지 점검할 수 있는 것은 각 독립변수 영향력의 상대적 크기에 관한 것이다. 이때 비표준화계수($\hat{\beta}_i$)를 비교하면 안 된다. 왜냐하면 독립변수들의 단위가 다르며, 비표준화계수는 단위를 반영하고 있기 때문이다. 예를 들어, 독립변수를 금액으로 측정하고 원 단위로 입력한 경우 계수가 35로 나타났다고 하자. 이때 만약 입력단위를 1,000원 단위로 한다면 계수가 .035로 나타나게 된다. 이러한 이유로 **표준화계수**(standardized beta coefficient)를 비교해야 한다. 표준화계수는 입력자료를 표준화시켜(평균=0, 표준편차=1) 분석한 것이며, 따라서 〈표 11.13〉에 나타난 표준화계수(베타)의 절대값을 비교하면 세 개의 독립변수가 회귀식에 동시에 포함된 경우 TV 시청시간에 가장 영향력이 큰 변수는 동거여부이며, 그 다음은 교육기간, 연령의 순이다. 참고로 이처럼 자료를 표준화시켜 분석하면 절편(상수)은 언제나 0으로 나타난다.

☞ 공선성 통계량

공선성(collinearity)은 두 개의 독립변수들 간의 관계를 의미하는데, 예를 들어 두 개의 독립변수들 간의 상관계수가 1이면 완전한 공선성(complete collinearity)을 보인다고 하고, 상관계수가 0이면 전혀 공선성이 없음(complete lack of collinearity)을 의미한다. 특히, 세 개 이상 변수들 간의 관계를 **다중공선성**(multicollinearity)이라 한다.[3] 한 독립변수가 종속변수에 대한 설명력이 높더라도 공선성이 높으면 설명력이 낮은 것처럼 나타난다. 공선성을 알아보기 위한 간단한 방법은 독립변수들 간의 상관관계를 조사하는 것이다. 독립변수들 간의 높은 상관관계는 공선성을 판단하는 지표이다. 〈표 11.8〉을 보면 독립변수들 간의 상관계수의 절대값은 모두 .501 이하로 공선성이 크게 문제될 것 같지 않다. 그

3 Joseph F. Hair, Jr., Rolph E. Anderson, Ronald L. Tatham, and William C. Black, *Multivariate Data Analysis*, 5th ed., Prentice−Hall, 1998, p. 143.

러나 공선성을 보다 엄격하게 점검하려면 공차와 VIF를 본다. 이 두 가지 지표들은 한 독립변수가 다른 모든 독립변수들에 의해서 설명되는 정도를 알려준다(상관계수의 제곱값은 한 독립변수가 다른 한 독립변수에 의해 설명되는 정도만을 알려준다).

먼저, **공차**(tolerance)는 공선성을 점검하기 위해 흔히 사용되는 지표이다. 변수 i의 공차(TOL_i)는 $(1-R_i^2)$로 표시되는데, 여기서 R_i^2는 독립변수 i의 분산 중 다른 독립변수들에 의해서 설명되는 정도를 의미한다. 즉, 독립변수 i를 종속변수로 설정하고 다른 독립변수들을 이용하여 회귀분석한 경우의 R^2에 해당한다. 따라서 공차는 한 독립변수의 분산 중 다른 독립변수들에 의해서 설명되지 않는 부분을 의미한다. 공차 값이 작을수록 그 독립변수의 분산 중 다른 독립변수들에 의해 설명되는 부분이 크다는 의미이므로 공선성이 높다. 공차는 0~1의 값을 갖는다. **VIF**(variance inflation factor; 분산팽창요인)는 공차의 역수로 표시되며 ($VIF_i = 1/TOL_i$), VIF값이 클수록 독립변수들 간의 공선성이 높다.

공선성 판단을 위한 절대적인 기준은 없다. 그러므로 공선성 문제에 대해서는 연구자가 주관적으로 판단해야 하는데, 공차 .10 이하(VIF 10 이상)이면 심각하다고 할 수 있다. 〈표 11.13〉에 나타난 결과를 보면 공차값은 .10보다 훨씬 크며 VIF는 10보다 훨씬 작으므로 공선성의 문제는 심각하지 않다고 할 수 있다. 공선성이 낮은 회귀식을 산출하는 것이 중요하면 상관관계가 높은 독립변수들 중에서 일부 변수를 제거하고 회귀모형을 구성하거나, 독립변수 입력방식을 단계적 방식으로 설정하여 설명력이 높은 독립변수만을 회귀모형에 삽입시키는 방법을 이용할 수 있다.

11.3 다중회귀분석 - 단계입력

1. 개 요

(1) 개 념

다중회귀식을 추정하는 **단계입력방식**(stepwise)은 연구자가 고려하는 여러 개의 독립변수들 중에서 종속변수에 대한 설명력이 어느 정도 높은 변수들로만 회귀모형을 구성하기 위한 것이다. 구체적으로, 첫 단계에서는 종속변수와 상관관계가 가장 높은 변수가 회귀식에 들어간다. 두 번째 단계부터는 전 단계에서 들어가지 않은 변수들 중 종속변수와 가장 높은 **편상관관계**(partial correlation)를 갖는 변수가 들어간다. 각 단계에서는 기존에 진입한 각 변수의 유의성 검증이 이루어지며, 비유의적인 변수는 제거된다. 단계선택방식에서는 진입조건으로 F 값 혹은 p − value를 지정하는데, 진입조건을 충족시키는 변수가 더 이상 없는 단계에서 분석이 종료된다.

(2) 자료와 가정

앞에서 다룬 단순회귀분석의 자료 및 가정과 동일하다.

2. SPSS 30을 이용한 다중회귀분석(단계입력방식)

앞에서는 동시입력방식에 의한 다중회귀분석을 실행하였다. 지금부터는 〈예제 11.2〉를 이용하여 단계입력방식에 의한 다중회귀분석을 실행해보기로 한다.

① '(11)다중회귀분석.sav' 파일을 불러온다.
② [그림 11.15]와 같이 다음의 절차를 따른다.

> [분석(A)] → [회귀분석(R)] → [선형(L)...] → 클릭

그림 11.15 다중회귀분석(단계입력방식) 절차

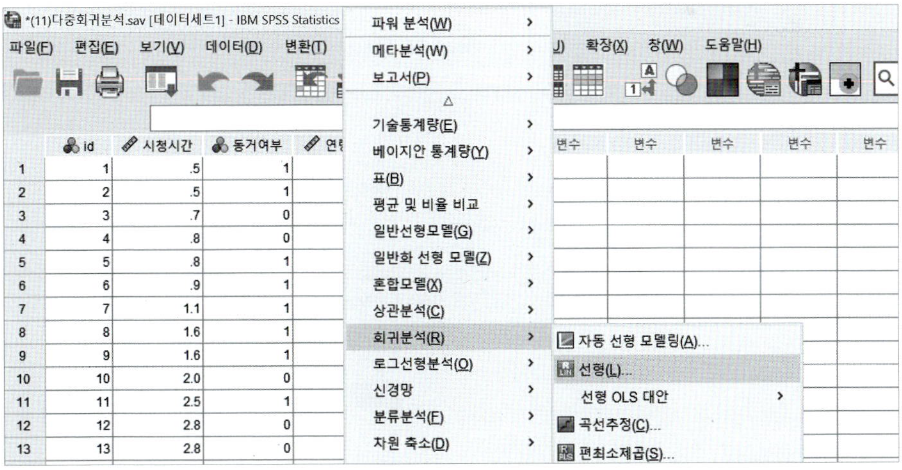

③ 그러면 선형회귀 대화상자가 나타난다. 여기서 [그림 11.16]과 같이 시청시간을 [종속변수(D)]로, 그리고 동거여부, 연령, 교육기간을 [독립변수(I)]로 보낸다. 또한 [방법(M)]에서 콤보 버튼을 조절하여 '단계 선택'을 지정한다.

그림 11.16 분석대상 변수선정 및 독립변수 투입방법선정

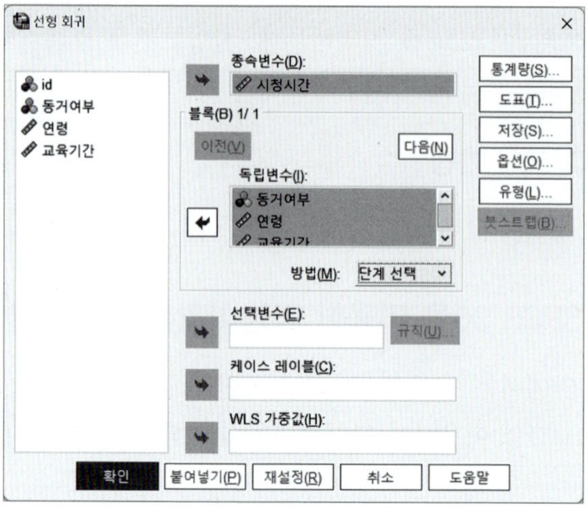

④ [그림 11.16]에서 [통계량(S)...]을 클릭하면 통계량 대화상자가 나타난다. 여기서 [그림 11.17]과 같이 회귀계수의 [추정값(E)]을 선택한다. 또한 [모델 적합(M)], [R 제곱 변화량(S)], [부분상관 및 편상관계수(P)], [공선성 진단(L)]을 선택한다.

그림 11.17 통계량 대화상자

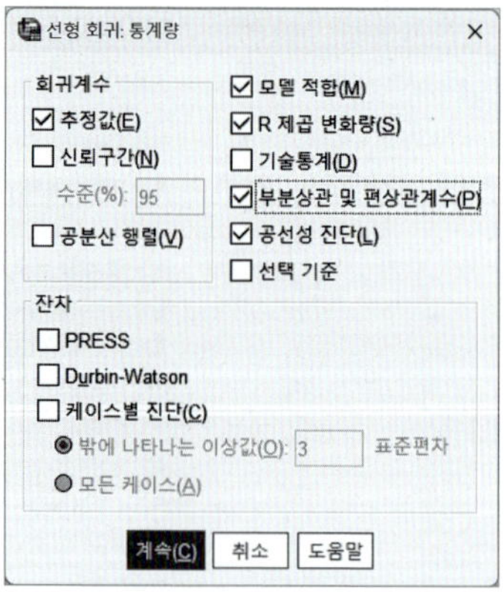

☞ 통계량 대화상자에서 [R 제곱 변화량(S)]의 의미는 다음과 같다.

- ***R* 제곱 변화량**: R^2의 변화량으로서 독립변수가 추가됨으로써 R^2가 얼마만큼 커지는지를 나타낸다. 한 변수와 관련된 R^2 변화량이 크다는 것은 그 변수가

종속변수에 대한 설명력이 높음을 의미한다. R^2 변화량은 다중회귀분석에서 단계입력방식에서만 의미를 갖는다.

⑤ [그림 11.17]에서 [계속(C)]을 클릭한다.

⑥ [그림 11.16]에서 [옵션(O)...]을 클릭하면 옵션 대화상자가 나타나는데, [그림 11.18]과 같이 변수진입 및 제거기준을 설정한다. 본 분석에서는 기본설정과 같이 선택법 기준으로 [F-확률 사용(O)]을 선정하고 [진입(E)]으로 .05를, [제거(M)]로 .10을 유지한다.

그림 11.18 | 옵션 대화상자

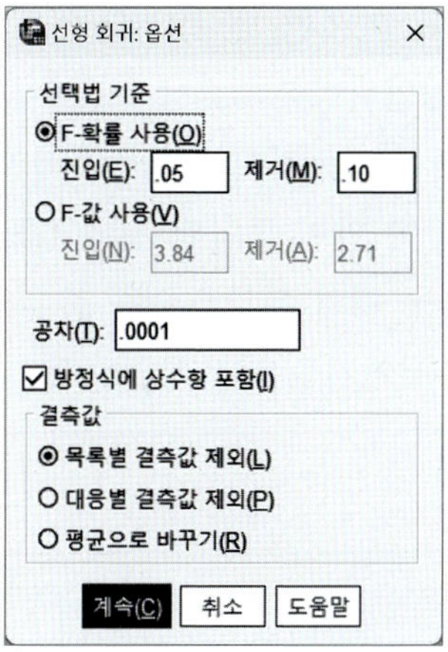

☞ 옵션 대화상자의 선택법 기준은 다음과 같은 의미를 갖는다.

- **F-확률 사용 \ 진입 .05 제거 .10 (기본설정)**: 단계입력의 경우 적용되는 것으로서 회귀식에 포함되지 않은 독립변수들 중 포함되는 경우 *p*-value가 .05보다 작은 변수는 포함되며(즉 편상관계수가 유의적), 기존에 포함된 독립변수라도 새로운 독립변수의 진입에 따라 *p*-value가 .10보다 커지면 회귀식에서 다시 제거됨을 의미한다. 보다 설명력이 높은 변수들로만 구성된 회귀식을 도출하기를 원할수록 두 값을 보다 낮게 설정하면 된다(예: 진입 .01; 제거 .05)
- **F-값 사용**: 이 경우 3.84와 2.71이 활성화되는데, 이는 자유도 1, ∞에서 각각 α=.05와 α=.10의 경우의 F-값이다. 결국, [F-확률 사용(O)]의 경우에서 .05와 .10과 같다.

⑦ [그림 11.18]에서 [계속(C)]과 이어서 [확인]을 클릭하면 결과가 나타난다(표 11.14부터).

표 11.14 입력된/제거된 변수[a]

모델	입력된 변수	제거된 변수	방법
1	교육기간	.	단계선택 (기준: 입력에 대한 F의 확률 <=.050, 제거에 대한 F의 확률 >=.100).
2	동거여부	.	단계선택 (기준: 입력에 대한 F의 확률 <=.050, 제거에 대한 F의 확률 >=.100).

a. 종속변수: 시청시간.

〈표 11.14〉에 따르면, 종속변수는 시청시간이고 모형개발을 위한 독립변수 투입방식은 단계입력방식으로서 1단계에서는 교육기간만이 독립변수로서 투입되었고, 2단계에서는 동거여부가 추가적인 독립변수로 투입되었음을 알 수 있다. 여기서 교육기간이 먼저 투입된 것은 〈표 11.8〉에 나타난 바와 같이 시청시간과의 상관관계가 세 개의 독립변수들 중 교육기간이 가장 높기 때문이다(−.612). 변수의 진입 및 제거기준은 각각 *p*−value .05와 .10임이 나타나 있다.

표 11.15 모델요약

모델	R	R 제곱	수정된 R 제곱	추정값의 표준오차	통계량 변화량				
					R 제곱 변화량	F 변화량	자유도1	자유도2	유의확률 F 변화량
1	.612[a]	.375	.347	.9308	.375	13.777	1	23	.001
2	.774[b]	.599	.563	.7617	.225	12.342	1	22	.002

a. 예측자: (상수), 교육기간.
b. 예측자: (상수), 교육기간, 동거여부.

〈표 11.15〉에 의하면, 1단계에서 교육기간만 투입되어 회귀분석한 결과 R^2가 .375로 나타났다. 이 경우 *R*은 .612인데, 이는 위에서 서술한 바와 같이 교육기간과 시청시간 간의 상관관계가 −.612이기 때문이다(다중회귀분석에 표기되는 *R*은 언제나 양수로 표시됨). 또한 모형 1은 회귀식에 독립변수가 처음으로 투입된 것이기 때문에 *R*제곱이 곧 *R*제곱 변화량이 된다. 다음으로 2단계에서 동거여부가 추가적으로 투입된 결과 R^2는 .599로서 .225만큼 증가하였으며 R^2 증가량은 유의적인 것으로 나타났다(*F*변화량=12.342, p=.002).

표 11.16 분산분석[a]

모델		제곱합	자유도	평균제곱	F	유의확률
1	회귀	11.935	1	11.935	13.777	.001[b]
	잔차	19.925	23	.866		
	전체	31.860	24			
2	회귀	19.096	2	9.548	16.456	<.001[c]
	잔차	12.764	22	.580		
	전체	31.860	24			

a. 종속변수: 시청시간.
b. 예측자: (상수), 교육기간.
c. 예측자: (상수), 교육기간, 동거여부.

〈표 11.16〉은 각 단계별 회귀식의 유의성을 보여준다. 교육기간만을 투입한 회귀모형 1과 동거여부를 추가한 회귀모형 2는 모두 유의적인 것으로 나타났다. 회귀모형 1에 비하여 회귀모형 2가 보다 유의적이다(회귀모형 1: $F=13.777$, $p=.001$; 회귀모형 2: $F=16.456$, $p<.001$).

표 11.17 계수[a]

모델		비표준화 계수		표준화 계수	t	유의확률	상관계수			공선성 통계량	
		B	표준화 오류	베타			0차	편상관	부분상관	공차	VIF
1	(상수)	4.329	.567		7.631	<.001					
	교육기간	−.196	.053	−.612	−3.712	.001	−.612	−.612	−.612	1.000	1.000
2	(상수)	4.646	.473		9.823	<.001					
	교육기간	−.184	.043	−.575	−4.245	<.001	−.612	−.671	−.573	.994	1.006
	동거여부	−1.096	.312	−.476	−3.513	.002	−.521	−.599	−.474	.994	1.006

a. 종속변수: 시청시간.

☞ 회귀식의 발견과 독립변수 계수의 유의성

〈표 11.17〉은 각 단계 모형별 계수값들을 보여준다. **단계입력방식에 의해 독립변수들을 입력한 결과 얻어진 회귀모형은 $\hat{Y}_{(시청시간)}=4.646-.184X_{1(교육기간)}-1.096X_{2(동거여부)}$이며, 각 계수값은 모두 유의적인 것으로 나타났다($p<.01$).** 여기서 모형 1의 경우 0차상관, 편상관, 부분상관 모두 −.612이다. 이는 〈표 11.8〉

에 나타난 바와 같이 교육기간과 시청시간 간의 상관관계가 −.612이기 때문이며, 세 값이 동일한 것은 모형에 다른 변수가 포함되어 있지 않기 때문이다. 다음으로 모형 2의 0차상관은 그대로 −.612인데, 편상관과 부분상관은 값이 변하였다. 이는 모형에 포함된 다른 변수인 동거여부에 기인한다. 세 가지 상관계수를 [그림 11.19]를 이용하여 설명한다.

☞ 상관계수

그림 11.19 | 상관계수 도해

(1) 0차 상관계수(zero–order correlation)

0차 상관계수는 두 변수 간의 상관계수, 즉 Pearson 상관계수 값이다. 본 예의 경우, 교육기간과 종속변수인 TV시청시간의 상관관계는 −.612, 그리고 동거여부와 TV시청시간의 상관관계는 −.521이다.

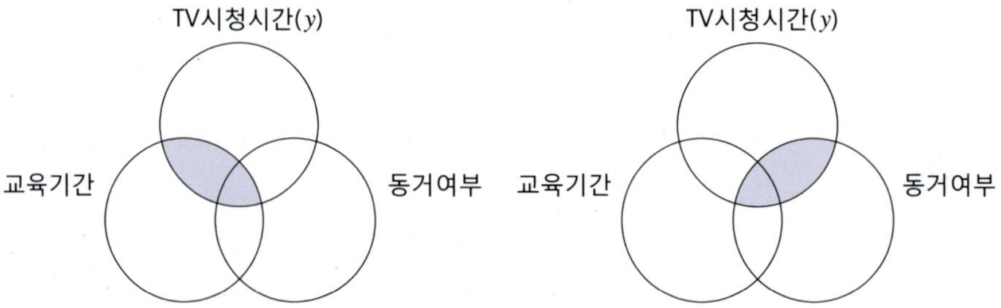

색깔로 표시된 부분은 각각 교육기간과 동거여부가 y를 설명하는 정도로서 〈표 11.17〉에 있는 0차 상관계수를 제곱하면 각각 다음과 같다.

$$(-.612)^2 = .3745$$
$$(-.521)^2 = .2714$$

즉, 교육기간은 y의 분산을 37.45% 설명하며, 동거여부는 y의 분산을 27.14% 설명한다.

(2) 회귀식의 설명력(두 변수에 의해 설명되는 y의 분산)

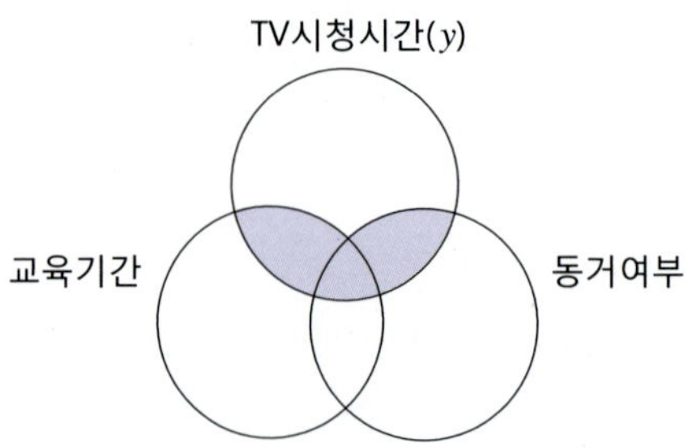

색깔로 표시된 부분은 교육기간과 동거여부가 결합하여 y를 설명하는 정도로서 〈표 11.15〉에 있는 R 제곱값 .599이다.

(3) 교육기간에 의해 설명되지 않는 y의 분산

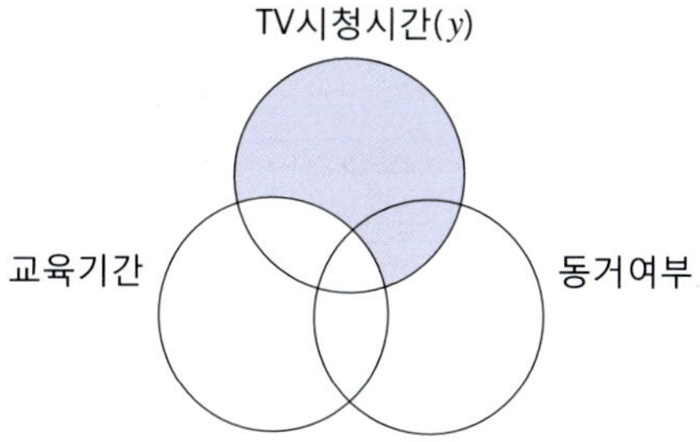

색깔로 표시된 부분은 교육기간에 의해 설명되지 않는 분산으로서 1−.3745=.6255이다.

(4) 편상관계수(partial correlation): 동거여부가 진입함으로써 설명하는 부분

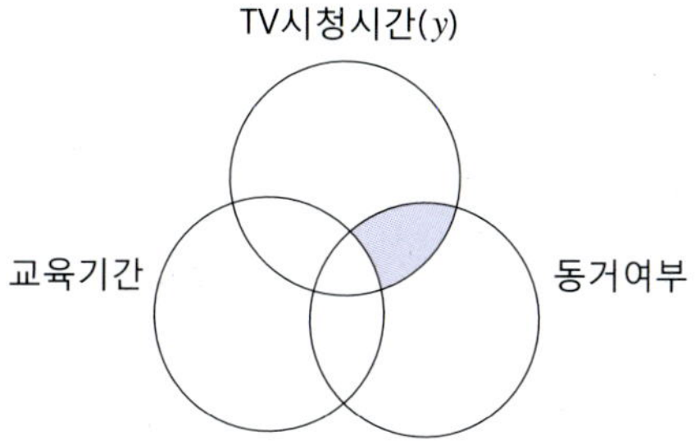

편상관계수는 다른 독립변수의 효과를 제거한 후(혹은 통제된 상태에서) 한 독립변수와 종속변수의 상관관계이다. 여기서는 교육기간이 통제된 상태에서 동거여부와 TV시청시간의 상관계수는 −.599이다. 색깔로 표시된 부분은 교육기간에 의해 설명되지 않는 분산 중 동거여부가 설명하는 부분을 나타낸다. 이 부분이 동거여부의 편상관계수와 관련된다. 동거여부의 편상관계수를 제곱하면 $(-.599)^2$=.3588이 된다. 즉, 교육기간에 의해 설명되지 않는 y의 분산 중 35.88%는 동거여부에 의해 설명된다.

(5) 부분상관계수(part correlation)

부분상관계수는 y의 전체 분산 중 특정 변수의 순수한 설명력을 제곱근한 값이다. (3)의 색깔로 표시된 부분은 y의 전체 분산 중 .6255이며 이 중 동거여부가 설명하는 부분은 (4)의 색깔로 표시된 부분인 35.88%이다. 따라서 .6255×.3588=.2244이며, 이는 y의 전체 분산 중 22.44%가 동거여부에 의해 설명됨을 의미한다. 이 값을 제곱근한 값 $\pm\sqrt{.2244} = \pm.4737$이 동거여부의 부분상관계수가 된다. 〈표 11.17〉의 동거여부의 부분상관계수는 −.474로서 이는 −.4737을 반올림한 값인데 'TV시청시간과 동거여부'의 관계가 負(−)임을 나타낸다.

☞ 다중공선성

〈표 11.17〉에서 두 변수의 공차는 모두 .994로 나타났다. 이는 두 독립변수들 중 한 개를 종속변수로, 그리고 다른 한 개를 독립변수로 하여 회귀분석을 실시하는 경우 R^2는 .006(=1−.994)임을 보여준다. 공차는 1에 가까우므로 공선성은 매우 낮다고 할 수 있다.

표 11.18 제외된 변수[a]

모델		베타 입력	t	유의확률	편상관계수	공선성 통계량		
						공차	VIF	최소공차
1	동거여부	−.476[b]	−3.513	.002	−.599	.994	1.006	.994
	연령	.069[b]	.355	.726	.075	.749	1.335	.749
2	연령	.191[c]	1.214	.238	.256	.717	1.395	.717

a. 종속변수: 시청시간.
b. 모형내의 예측자: (상수), 교육기간.
c. 모형내의 예측자: (상수), 교육기간, 동거여부.

〈표 11.18〉에는 각 단계별 모형에서 제외된 변수들에 대한 통계량이 제시되어 있다. 단계입력방식이 동시입력방식과 다른 점 중의 하나는 바로 이렇게 분석에서 제외된 변수들에 대한 통계량이 제시된다는 것이다. 먼저, 교육기간만을 투입한 회귀모형 1에서 제외된 변수인 동거여부와 연령에 대한 통계량이 제시되어 있다. 여기서 베타 입력, t 및 유의확률은 그 변수가 회귀모형에 추가적으로 투입되는 경우에 해당하는 표준화계수 베타, t 및 유의확률을 의미한다(독자는 이 값들을 표 11.17의 모형 2의 값들과 비교하면 일치함을 알 수 있다).

끝으로, 회귀모형 1에서 동거여부가 추가적으로 투입되는 경우에 그 계수값이 유의적이므로($p=.002$) 이를 추가적으로 투입하여 회귀모형 2를 구성하게 된다. 이 경우, 연령에 대한 통계량은 비유의적이므로($p=.726$) 추가 투입이 되지 않으며, 만약 유의적이었다면 동거여부와 연령 중에서 편상관계수가 큰 변수가 우선적으로 투입된다. 한편, 동거여부가 추가적으로 투입된 회귀모형 2에서 제외된 변수인 연령에 대한 통계량이 비유의적이므로($p=.238$) 더 이상 단계적 투입이 진행되지 않고 교육기간과 동거여부만을 가지고 최종 회귀모형이 구성된다(see 표 11.17).

☞ 동시입력방식과 단계입력방식에 의한 분석결과의 비교

동시입력방식에 의한 회귀분석 결과 세 개의 독립변수로 구성된 회귀식을 발견하였으며, R^2는 .626이었다(표 11.10과 표 11.13 참조). 단계입력방식에 의한 회귀분석 결과, 종속변수에 대한 설명력이 낮은 '연령'이 제외된 두 개의 독립변수로 구성된 회귀식을 발견하였으며 R^2는 .599이었다(표 11.15와 표 11.17 참조). 단계입력방식에 의한 분석의 경우 독립변수가 한 개 적으므로 R^2값이 더 작다.

연 / 습 / 문 / 제

SPSS 30

1. 어느 회사에서 사원들을 평가하는 데 있어서 발표능력이 영향을 미치는지를 알아보기로 하였다. 이를 위하여 입사 3년차 사원들 중에서 무작위로 15명을 선정하여 사례분석 과업을 부과하고 이들의 발표능력을 측정한 후 이를 최근의 직무성적과 비교해보았다. 구체적인 자료는 다음 표와 같다. 이러한 자료로써 발표능력이 직무성적에 영향을 미치는지를 분석하시오.

자료파일: (11)연습문제(발표능력).sav.

사원	직무성적	발표능력	사원	직무성적	발표능력
1	87	9.2	9	88	8.5
2	93	9.4	10	96	9.6
3	91	9.5	11	86	8.4
4	85	8.7	12	89	8.7
5	86	8.8	13	94	9.6
6	97	9.6	14	91	9.2
7	90	9.2	15	95	9.7
8	93	9.5			

[분석결과 및 해석]

모델 요약

모델	R	R 제곱	수정된 R 제곱	추정값의 표준오차
1	.862[a]	.744	.724	2.030

a. 예측자: (상수), 발표능력.

ANOVA[a]

모델		제곱합	자유도	평균제곱	F	유의확률
1	회귀	155.381	1	155.381	37.719	<.001[b]
	잔차	53.553	13	4.119		
	전체	208.933	14			

a. 종속변수: 직무성적.
b. 예측자: (상수), 발표능력.

계수[a]

모델		비표준화 계수		표준화 계수	t	유의확률
		B	표준화 오류	베타		
1	(상수)	21.519	11.282		1.907	.079
	발표능력	7.545	1.229	.862	6.142	<.001

a. 종속변수: 직무성적.

직무성적에 대한 발표능력의 회귀계수는 正(+)으로 나타났으며, 매우 유의적이므로 (t=6.142, p<.001) **발표능력이 좋을수록 직무성적이 높아지는 경향이 있는 것으로 볼 수 있다.**

2. 문제 1번에서 예를 든 회사에서 사원들의 발표능력뿐만 아니라 분석능력과 응용력도 직무성적에 영향을 미치는지를 알아보기 위하여 무작위로 선정된 15명을 대상으로 분석능력과 응용력을 추가적으로 조사하였다. 구체적인 자료는 다음 표와 같다. 이러한 자료로써 사원들의 발표능력, 분석능력 및 응용력이 사원들의 직무성적에 영향을 미치는지를 (1) 동시입력방식과 (2) 단계입력방식으로 분석하시오(진입기준 .05, 제거기준 .10). 자료파일: (11)연습문제(직무성적).sav.

사원	직무성적	발표능력	분석능력	응용력
1	87	9.2	8.4	8.7
2	93	9.4	9.3	9.4
3	91	9.5	9.2	9.6
4	85	8.7	7.9	8.9
5	86	8.8	8.1	8.6
6	97	9.6	9.8	9.3
7	90	9.2	9.0	9.0
8	93	9.5	9.4	9.2
9	88	8.5	8.6	8.9
10	96	9.6	9.7	9.5
11	86	8.4	8.3	8.8
12	89	8.7	8.7	9.0
13	94	9.6	9.2	9.1
14	91	9.2	9.0	9.5
15	95	9.7	9.3	9.1

[분석결과 및 해석]

(1) 동시입력방식에 의한 다중회귀분석

모델 요약

모델	R	R 제곱	수정된 R 제곱	추정값의 표준오차
1	.977[a]	.955	.942	.929

a. 예측자: (상수), 응용력, 발표능력, 분석능력.

ANOVA[a]

모델		제곱합	자유도	평균제곱	F	유의확률
1	회귀	199.431	3	66.477	76.956	<.001[b]
	잔차	9.502	11	.864		
	전체	208.933	14			

a. 종속변수: 직무성적.
b. 예측자: (상수), 응용력, 발표능력, 분석능력.

계수[a]

모델		비표준화 계수		표준화 계수	t	유의확률	공선성 통계량	
		B	표준화 오류	베타			공차	VIF
1	(상수)	34.454	8.755		3.935	.002		
	분석능력	6.099	.952	.904	6.405	<.001	.208	4.818
	발표능력	1.601	1.011	.183	1.583	.142	.310	3.230
	응용력	−1.411	1.293	−.112	−1.091	.299	.395	2.535

a. 종속변수: 직무성적.

분석능력은 다른 두 변수들(발표능력, 응용력)이 회귀식에 포함된 경우 직무성적에 유의적인 正(+)의 영향을 미치고, 발표능력과 응용력은 각각 다른 두 변수들이 회귀식에 포함된 경우 직무성적에 유의적인 영향을 미치지 못하는 것으로 나타났다. 문제 1번의 단순회귀분석에서 발표능력이 좋을수록 직무성적이 높아지는 것으로 나타난 것에 비하여, 분석능력과 응용력이 독립변수로 추가된 다중회귀분석 결과 발표능력이 직무성적에 유의적인 영향을 미치지 않는 것으로 나타났다. 이는 영향력이 강한 분석능력이라는 변수가 추가됨에 따른 결과인 것으로 해석할 수 있다.

(2) 단계입력방식에 의한 다중회귀분석

입력/제거된 변수[a]

모델	입력된 변수	제거된 변수	방법
1	분석능력	.	단계선택 (기준: 입력에 대한 F의 확률 <=.050, 제거에 대한 F의 확률 >=.100).

a. 종속변수: 직무성적.

모델 요약

모델	R	R 제곱	수정된 R 제곱	추정값의 표준오차
1	.969[a]	.939	.934	.990

a. 예측자: (상수), 분석능력.

ANOVA[a]

모델		제곱합	자유도	평균제곱	F	유의확률
1	회귀	196.194	1	196.194	200.210	<.001[b]
	잔차	12.739	13	.980		
	전체	208.933	14			

a. 종속변수: 직무성적.
b. 예측자: (상수), 분석능력.

계수[a]

모델		비표준화 계수		표준화 계수	t	유의확률	공선성 통계량	
		B	표준화 오류	베타			공차	VIF
1	(상수)	32.368	4.133		7.832	<.001		
	분석능력	6.538	.462	.969	14.150	<.001	1.000	1.000

a. 종속변수: 직무성적.

제외된 변수[a]

모델		베타 입력	t	유의확률	편상관계수	공선성 통계량		
						공차	VIF	최소공차
1	발표능력	.185[b]	1.587	.139	.416	.310	3.230	.310
	응용력	−.114[b]	−1.050	.314	−.290	.395	2.534	.395

a. 종속변수: 직무성적.
b. 모형내의 예측자: (상수), 분석능력.

단계입력방식에 의해 회귀분석을 실시한 결과, 분석능력만이 독립변수로서 회귀식에 투입되었다(변수진입기준: .05, 변수제거기준: .10). 분석능력이 회귀식에 투입될 때 발표능력과 응용력은 종속변수에 대한 추가적인 설명력이 낮아 회귀식에 포함되지 못하였다. 구체적으로, 제외된 변수의 표를 보면 발표능력의 유의확률은 .139, 그리고 응용력의 유의확률은 .314로 나타나 있다.

3. K기업의 여성관리자들은 자신들이 남성관리자들에 비해 더 낮은 연봉을 받으므로 성차별이라고 주장하였다. 이에 대해 이 회사의 경영층은 여성관리자들의 평균 연봉이 낮은 것은 성차별이라기보다 교육기간과 경력의 차이에 기인할 수 있다고 생각하였다. 이에 따라 회사의 관리자들 중 60명을 표본으로 추출하여 조사한 결과 다음의 표와 같이 나타났다. 여성관리자들의 주장에 대해 경영층은 이 자료로부터 어떻게 방어할 수 있는가? $\alpha = .05$. 자료파일: (11)연습문제(남녀연봉).sav.[4]

연봉($)	교육기간	경력	성별(남=1, 여=0)	연봉($)	교육기간	경력	성별(남=1, 여=0)	연봉($)	교육기간	경력	성별(남=1, 여=0)
142760	18	19	1	47400	16	6	0	114970	17	19	1
125360	15	21	1	68690	15	16	1	62260	15	12	1
77030	15	14	1	131560	17	20	1	50690	14	11	0
⋮	⋮	⋮	⋮	⋮	⋮	⋮	⋮	⋮	⋮	⋮	⋮
106830	14	15	0	75490	15	12	0	129790	17	20	0

[분석결과 및 해석]

모델 요약

모델	R	R 제곱	수정된 R 제곱	추정값의 표준오차
1	.775[a]	.600	.579	18105.170

a. 예측자: (상수), 성별, 교육기간, 경력.

ANOVA[a]

모델		제곱합	자유도	평균제곱	F	유의확률
1	회귀	27545640595.629	3	9181880198.543	28.011	<.001[b]
	잔차	18356642404.371	56	327797185.792		
	전체	45902283000.000	59			

a. 종속변수: 연봉.
b. 예측자: (상수), 성별, 교육기간, 경력.

---

4 이 자료는 다음의 책에서 발췌하였음: Gerald Keller, *Managerial Statistics*, 9th ed., South-Western, 2012.

계수[a]

모델		비표준화 계수		표준화 계수	t	유의확률	공선성 통계량	
		B	표준화 오류	베타			공차	VIF
1	(상수)	−10236.563	21118.998		−.485	.630		
	교육기간	2649.831	1362.342	.165	1.945	.057	.987	1.013
	경력	4235.923	530.994	.759	7.977	<.001	.788	1.269
	성별	−2804.933	5384.885	−.049	−.521	.604	.797	1.255

a. 종속변수: 연봉.

연봉을 종속변수로, 교육기간, 경력 및 성별을 독립변수로 하여 다중회귀분석(동시입력)을 실시한 결과 산출된 회귀모형의 $R^2=.600$이고 유의적으로 나타났다($F=28.011$, $p<.001$). 다른 독립변수들이 회귀모형에 존재할 때 경력은 正(+)의 방향으로 매우 유의적으로 나타났고($t=7.977$, $p<.001$) 교육기간은 正(+)의 방향으로 한계적으로 유의적인 것으로(marginally significant) 나타났다($t=1.945$, $p=.057$). 성별은 비유의적으로 나타났다($t=-.521$, $p=.604$). 이는 경력과 교육기간이 동일하면(회귀식에서 통제됨) 성별은 연봉에 유의적으로 영향을 미치지 않는다는 것을 의미한다. 따라서 경영층은 연봉의 차이는 경력과 교육기간의 차이에 기인하는 것이지 성차별에 의한 것이 아니라고 주장할 수 있다.

제 12 장

로지스틱 회귀분석 (Logistic Regression)

Statistical Package for the Social Sciences

12.1 로지스틱 회귀분석의 개요

1. 개 념

11장에서 설명한 회귀분석은 종속변수가 양적인(quantitative) 척도(즉, 간격척도나 비율척도)로 측정된 경우의 분석방법이었다. 그런데, 현실적인 연구상황에서는 종속변수가 양적인 척도가 아닌 질적인(qualitative) 척도(즉, 명목척도)로 측정된 경우가 많다. 예를 들어, 신용상태가 좋거나 나쁠 경우, 기업이 성공하거나 실패할 경우, 제품을 구매하거나 구매하지 않을 경우 등이다. 이러한 **이분형 변수**(binary variable)는 일반적인 회귀분석에서와 같이 정규분포를 따르는 것이 아니라 이항분포를 따르게 된다.

종속변수가 이분형 척도로 측정된 경우에는 로지스틱 회귀분석을 사용하여 독립변수(들)와 종속변수 간의 관계를 분석할 수 있다. **로지스틱 회귀분석**(logistic regression)은 어떤 사건(event)이 발생하는지 안하는지(예를 들어, 구매하는지 안하는지)를 직접 예측하는 것이 아니라, 그 사건이 발생할 확률(예를 들어, 구매할 확률)을 예측한다. 따라서 종속변수값은 0과 1 사이의 값을 갖는다. 분석결과 종속변수값, 즉 확률이 .5보다 크면 그 사건이 일어나며 .5보다 작으면 그 사건이 일어나지 않는 것으로 예측하게 된다. 독립변수(들)와 종속변수의 로지스틱 관계는 [그림 12.1]과 같다. 그림에서 볼 수 있듯이 독립변수(들)와 종속변수의 관계를 회귀분석은 선형으로 가정하는 데 비해, 로지스틱 회귀분석은 S자형으로 가정한다. 로지스틱 회귀분석은 일반적으로 종속변수의 범주가 두 개인 경우에 적용되며 로짓분석(logit analysis)이라고도 불린다.

그림 12.1 독립변수와 종속변수 관계에 대한 가정

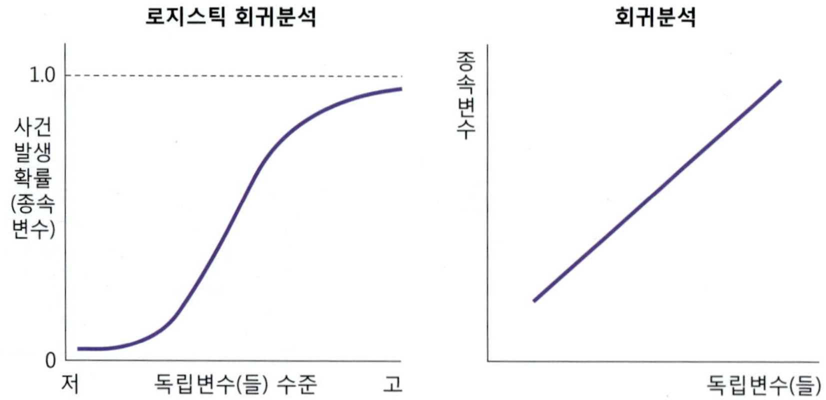

2. 자 료

종속변수는 명목척도로 나타내고, 독립변수는 명목척도, 간격척도, 혹은 비율척도로 측정된다. 독립변수가 명목척도로 측정된 경우 일반적 회귀분석에서처럼 더미변수로 변경하여 입력한다.

3. 가 정

종속변수가 명목척도인 경우, 독립변수와 종속변수의 관계를 분석하는 방법으로 판별분석(제14장 참조)이 있다. **판별분석**은 독립변수들이 다변량 정규분포(multivariate normality)를 이루고, 종속변수에 의해 범주화되는 집단들의 분산-공분산행렬이 동일해야 한다는 가정이 필요하다. 이에 비해 로지스틱 회귀분석은 이러한 가정이 요구되지 않는다. 따라서 보다 많은 경우에 적용하여 사용될 수 있다. 예를 들어, 독립변수가 명목척도로 측정된 경우 다변량 정규분포 가정을 충족시킬 수 없어 판별분석을 적용하는 것은 옳지 않으며, 로지스틱 회귀분석을 적용할 수 있다. 두 가지 분석 모두 사용이 가능하도록 가정이 충족되면 두 방법은 대체로 비슷한 결과를 산출한다.

12.2 SPSS 30을 이용한 로지스틱 회귀분석

예제 12.1 로지스틱 회귀분석의 예

여기서는 70명의 판매원들의 판매실적과 사교성, 평점, 경력, 및 직무성적 자료를 SPSS 30을 이용하여 로지스틱 회귀분석을 실시한다. 본 연구에서 종속변수(판매실적)의 범주는 두 집단이며, 독립변수는 사교성, 평점, 경력, 및 직무성적이다. 변수명과 정의는 〈표 12.1〉과 같으며, 입력자료는 〈표 12.2〉와 같다. 제14장에서는 동일한 자료로써 두 집단 판별분석을 실시한 것을 예시한다. 독자는 분석결과를 비교해볼 수 있다.

표 12.1 변수명과 변수정의

변수	정의
종속변수: 판매실적집단 범주	두 집단 집단 1=실적 하위집단(27명) 집단 2=실적 상위집단(43명)
독립변수: 사교성 평점 경력 직무성적	100점 척도(간격척도) 대학성적(4.0 만점; 간격척도) 경력연수(비율척도) 100점 만점(간격척도)

표 12.2 로지스틱 회귀분석 입력자료

id	집단	사교성	평점	경력	직무성적
1	1	23	2.28	3	57
2	2	48	3.40	7	93
3	2	57	2.28	8	76
4	2	40	3.86	7	88
5	2	45	3.16	6	82
⋮	⋮	⋮	⋮	⋮	⋮
70	1	49	2.19	4	85

연구문제

사교성, 평점, 경력, 그리고/혹은 직무성적에 따라 판매실적집단(상위, 하위)이 달라지는가?

(1) 네 독립변수는 결합적으로 판매실적집단을 구분하는 데 유용한가?

(2) 각 독립변수는 다른 세 독립변수가 로지스틱 회귀식에 포함된 경우 판매실적집단을 구분하는 데 유용한가?

〈예제 12.1〉의 로지스틱 회귀분석을 하는 과정은 다음과 같다.

① '(12)로지스틱.sav' 파일을 연다.

② [그림 12.2]와 같이 다음의 절차를 따른다.

[분석(A)] → [회귀분석(R)] → [이분형 로지스틱(G)...] → 클릭

그림 12.2 로지스틱 회귀분석 절차

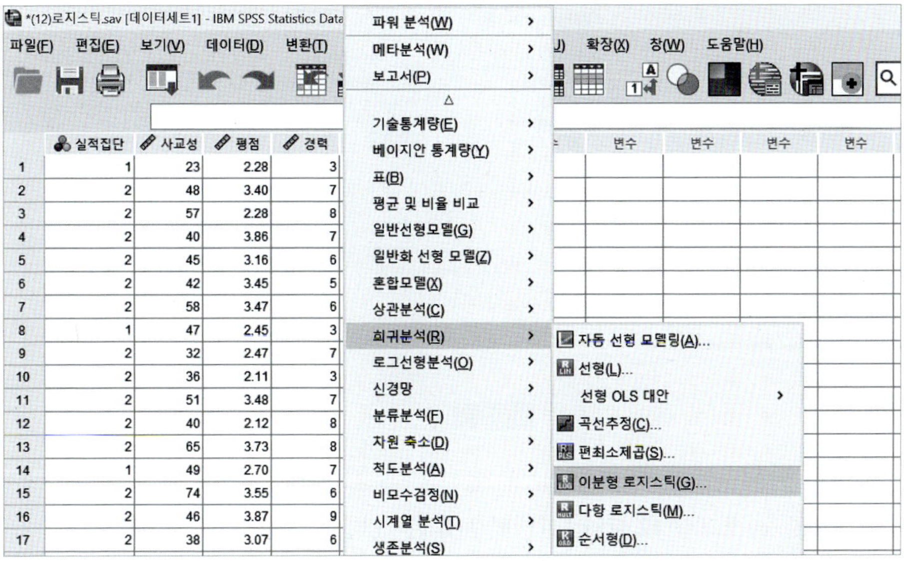

③ 그러면 [그림 12.3]의 이분형 로지스틱 대화상자가 나타난다.

그림 12.3 이분형 로지스틱 대화상자

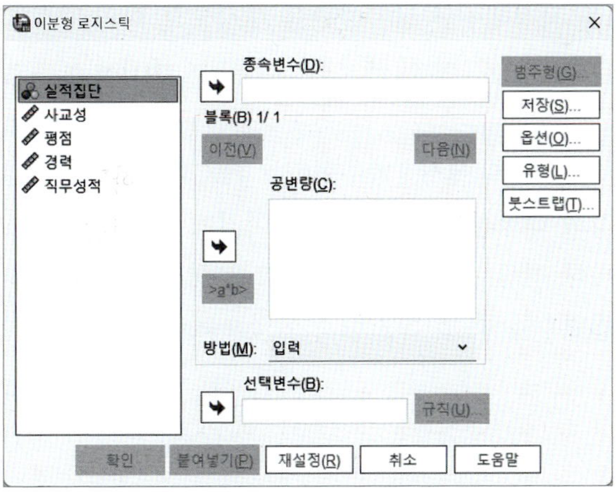

④ 여기서 [그림 12.4]와 같이 실적집단을 [종속변수(D)]로, 그리고 사교성, 평점, 경력, 및 직무성적을 [공변량(C)]으로 보낸다. 이분형 로지스틱 대화상자의 [방법(M)]은 기본설정된 '입력'을 유지한다.

그림 12.4 분석대상 변수선정

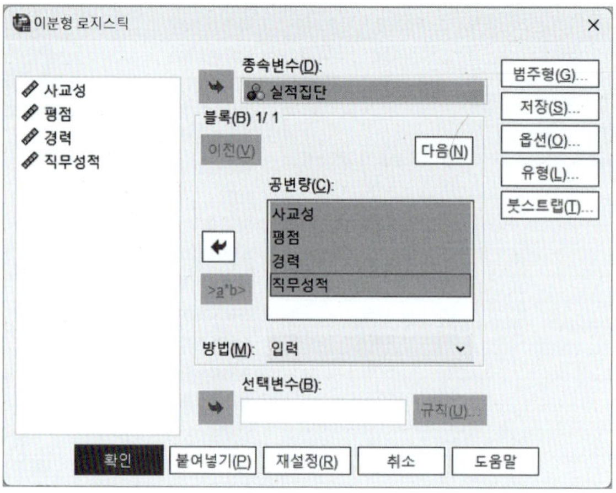

☞ [그림 12.4]의 [선택변수(B)]는 다음과 같은 의미를 갖는다.

[선택변수(B)] 기능은 특정 변수값을 가지는 케이스의 하위집단으로 분석을 제한할 수 있다. 예를 들어, 데이터파일에 성별 변수가 포함되어 있는 경우를 가정해보자. 이 경우, 로지스틱 회귀분석을 남자들만을 대상으로 실행하고자 한다면 변수목록상자에서 '성별'을 선택하여 [선택변수(B)]에 입력하고 케이스선택 규칙을 지정해주면 남자들만을 대상으로 로지스틱 회귀분석이 실행된다. 그러나 [공변량(C)]에 입력한 변수는 [선택변수(B)]에 동시에 입력할 수 없다.

⑤ [그림 12.4]에서 [범주형(G)...]을 클릭하면 [그림 12.5]와 같은 범주형 변수 정의 대화상자가 나타난다. 여기에서는 [공변량(C)]에 입력된 변수들 중에서 하나 이상 변수들을 범주형으로 처리하여 분석할 수 있다. 본 예제에서는 독립변수들 중 범주형 변수가 없으므로 [계속(C)]을 클릭한다.

그림 12.5 | 범주형 변수 정의 대화상자

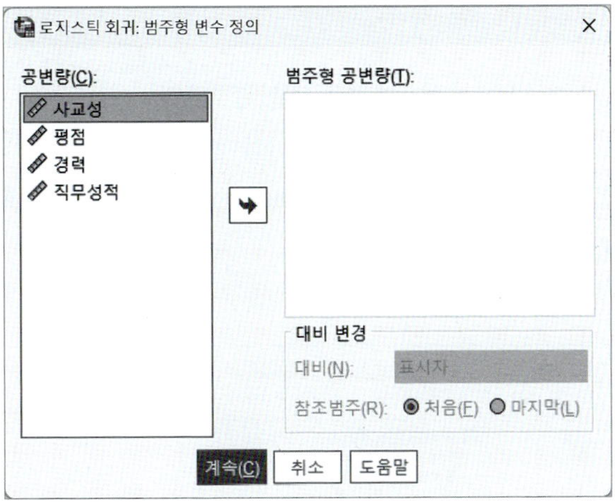

⑥ [그림 12.4]에서 [저장(S)...]을 클릭하면 저장 대화상자가 나타나는데, [그림 12.6]과 같이 예측값에서 [확률(P)]과 [소속집단(G)]을 선정한다.

그림 12.6 | 저장 대화상자

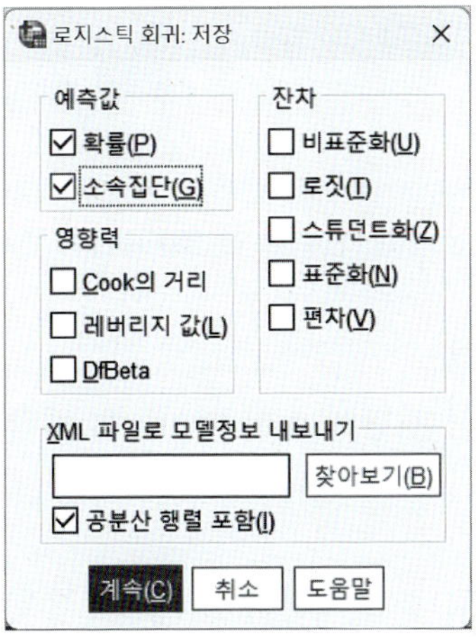

☞ 저장 대화상자에서 선택한 사항들의 의미는 다음과 같다.

- **확률**: 각 케이스마다 사건의 예측발생 확률을 저장한다. 출력결과의 표는 새 변수의 이름과 내용을 나타낸다(결과는 [그림 12.8]의 PRE_1 열에 나타나 있다).

- **소속집단**: 예측확률에 기초하여 각 케이스가 할당될 집단이 표시된다(결과는 [그림 12.8]의 PGR_1 열에 나타나 있다).

⑦ [그림 12.6]에서 [계속(C)]을 클릭한다.

⑧ [그림 12.4]에서 [옵션(O)...]을 클릭하면 옵션 대화상자가 나타나는데, [그림 12.7]과 같이 [Hosmer-Lemeshow 적합도]를 선택한다. 나머지 선택사항들은 기본설정으로 둔다.

그림 12.7 옵션 대화상자

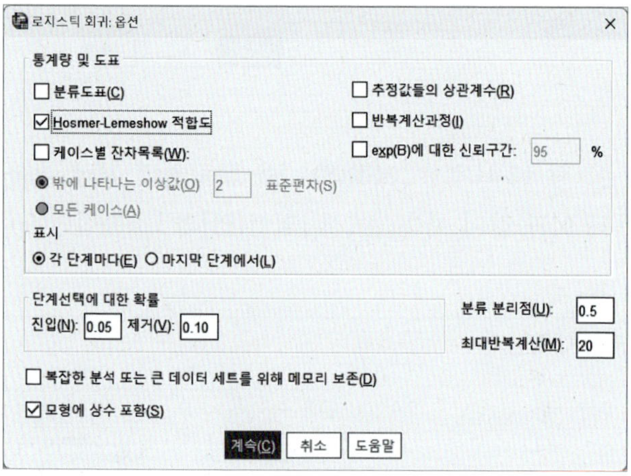

☞ 옵션 대화상자에서 선택한 여러 가지 사항들은 다음의 의미를 갖는다.

[통계량 및 도표]

- **분류도표**: 각 집단에 속한 케이스의 예측집단을 히스토그램으로 나타낸다.

[표시]

- **각 단계마다**: 각 단계마다 도표, 표, 통계량 등을 나타내준다(**기본설정**).

[단계선택에 대한 확률]

- **진입**: **0.05** **제거**: **0.10** : 진입방식으로 단계선택방식을 취할 때 필요한 기능으로서 진입하지 않은 독립변수의 유의수준이 진입값보다 작을 때는 변수가 모형에 진입되며, 이미 진입한 독립변수의 유의수준이 제거값보다 크면 제거된다. 기본설정을 바꾸려면 진입 및 제거에 양수값을 입력한다. 진입값은 제거

값보다 작아야 한다.

- **분류 분리점**: 0.5 : 분류표를 생성하는 데 사용된 예측 확률에 대한 분리점 값을 지정할 수 있게 하며, 기본설정값은 0.5이다.
- **최대반복계산**: 20 : 최대-우도 계수는 반복계산 과정에서 추정된다. 최대반복계산에 이르면 수렴 전에 반복이 종료된다. 다른 최대반복계산을 지정하려면 양의 정수값을 입력한다.

⑨ [그림 12.7]에서 [계속(C)]과 이어서 [확인]을 클릭하면 결과가 나타난다(표 12.3부터).

표 12.3 종속변수 인코딩

원래 값	내부 값
실적 하위집단	0
실적 상위집단	1

〈표 12.3〉은 이분형 종속변수의 코딩값이 자료분석을 위하여 변환된 값으로 제시되어 있다. 즉, 데이터 입력시 1로 코딩된 자료는 분석에서 0으로 처리되고, 2로 코딩된 자료는 1로 처리된다. SPSS는 원래값 중 작은 값을 '0,' 그리고 큰 값을 '1'로 자동 변환시킨다.

표 12.4 시작 블럭 – 분류[a, b]

관측됨			예측		
			실적집단		분류정확 %
			실적 하위집단	실적 상위집단	
0 단계	실적집단	실적 하위집단	0	27	.0
		실적 상위집단	0	43	100.0
	전체 퍼센트				61.4

a. 모형에 상수항이 있습니다.
b. 절단값은 .500입니다.

〈표 12.4〉와 같이 로지스틱 회귀분석의 첫 단계에서는 모든 케이스들을 보다 큰 집단에 분류한다. 따라서 분류의 정확도는 언제나 50% 이상이다. 본 자료를 분석한 결과 실적 하위집단의 27명이 모두 실적 상위집단에, 그리고 실적 상위집

단의 43명이 모두 실적 상위집단에 분류되어 전체 분류 정확도는 61.4%이다.

표 12.5 시작 블럭 – 방정식의 변수/ 방정식에 없는 변수

방정식의 변수

		B	S.E.	Wald	자유도	유의확률	Exp(B)
0 단계	상수항	.465	.246	3.592	1	.058	1.593

방정식에 없는 변수

			점수	자유도	유의확률
0 단계	변수	사교성	6.814	1	.009
		평점	1.535	1	.215
		경력	4.378	1	.036
		직무성적	18.330	1	<.001
	전체 통계량		22.725	4	<.001

〈표 12.5〉에서 0 단계는 로지스틱 회귀분석의 첫 단계 모형을 의미하며, 첫 단계에서는 독립변수를 포함하지 않고 상수항만으로 구성된 식이 도출된다. 또한, 로지스틱 회귀식에 포함되지 않은 네 독립변수들의 유의성을 보여주는데, 직무성적의 유의성이 가장 높음을 알 수 있다.

표 12.6 모델계수 총괄검정 및 모델 요약

모델 계수의 총괄 검정

		카이제곱	자유도	유의확률
1 단계	단계	26.346	4	<.001
	블록	26.346	4	<.001
	모형	26.346	4	<.001

모델 요약

단계	-2 로그 우도	Cox와 Snell의 R-제곱	Nagelkerke R-제곱
1	67.005[a]	.314	.426

a. 모수 추정값이 .001보다 작게 변경되어 계산반복수 5에서 추정을 종료하였습니다.

〈표 12.6〉에서 1 단계는 최종 모형을 의미한다. 이 표는 상수항만으로 구성

된 모형과 독립변수들이 포함된 모형의 적합도 차이의 유의성을 검증한 결과이다. 즉, 독립변수들이 포함되었을 때의 로지스틱 회귀모형의 유용성을 보여준다. 이 표에서 모형은 포함된 모든 독립변수들의 계수가 0(즉, 로지스틱 회귀식이 종속변수를 설명 · 예측하는 데 유용하지 않음)이라는 귀무가설을 검증한 결과이다. 검증 결과 $\chi^2=26.346$, $p<.001$로서 귀무가설(H_0: 모형은 유용하지 않다)은 기각된다. 따라서 모형에 포함된 독립변수들의 영향력이 0이라고 할 수는 없으며, 모형은 유용하다고 할 수 있다. **그러므로 연구문제 (1)과 관련하여 네 독립변수는 결합적으로 판매실적집단을 구분하는 데 유용하다고 할 수 있다.**

또한, 블럭은 모형에 마지막으로 투입된 변수의 계수가 0이라는 귀무가설을 검증한 결과이다. 그런데, 본 분석에서는 입력방식을 이용하였기 때문에, 모든 독립변수가 동시에 입력되어 블럭 부분의 값들은 모형 부분의 값들과 일치한다. 그리고 자유도는 포함된 독립변수들의 수로서 본 예에서는 4이다. 〈표 12.6〉의 아래 표에서 −2 로그 우도(−2 log likelihood; −2LL)는 모형의 적합도를 나타내는데 여기서는 67.005로 나타났다. −2LL이 낮을수록 적합도가 높은데, −2LL이 0인 경우 적합도는 완벽하다. 'Cox 및 Snell의 R 제곱'과 'Nagelkerke R 제곱'은 회귀분석의 R^2에 비유될 수 있는 것이다. 대체로 종속변수 분산의 31.4%~42.6%가 모형에 의해 설명된다고 할 수 있다.

표 12.7 Hosmer와 Lemeshow 검정

단계	카이제곱	자유도	유의확률
1	7.408	8	.493

〈표 12.7〉에서 Hosmer와 Lemeshow 검정의 카이제곱값은 로지스틱 회귀모형의 적합도를 나타내는 다른 값이다. 이 값은 종속변수의 실제치와 모형에 의한 예측치 간의 일치정도(correspondence)를 나타내는데, 그 값이 작을수록 모형의 적합도는 높다. 본 예제의 경우 $\chi^2=7.408$, $p=.493$으로 비유의적으로 나타났다. 따라서 "실제치와 예측치는 일치한다"는 귀무가설을 기각하지 않으며, 모형의 적합도는 수용할 만한 수준이다. 만약 그 값이 유의적이면 모형의 적합도는 낮다.

표 12.8 분류표[a]

관측됨			예측		
			실적집단		분류정확 %
			실적 하위집단	실적 상위집단	
1 단계	실적집단	실적 하위집단	19	8	70.4
		실적 상위집단	6	37	86.0
	전체 퍼센트				80.0

a. 절단값은 .500입니다.

〈표 12.8〉은 실적 하위집단에 소속된 27 cases 중 19 cases가 제대로 분류되었고, 실적 상위집단에 소속된 43 cases 중 37 cases가 제대로 분류되었음을 보여준다. 전체 분류 정확도는 80.0%이다. 제14장의 판별분석에서는 동일한 자료를 이용하여 분석하였는데, hit ratio는 74.3%로 나타났다(표 14.9 참조). 이 결과를 보면 로지스틱 회귀분석 결과는 판별분석 결과보다 예측력이 높게 나타났음을 알 수 있다.

표 12.9 방정식의 변수

		B	S.E.	Wald	자유도	유의확률	Exp(B)
1 단계[a]	사교성	.057	.030	3.703	1	.054	1.059
	평점	−.653	.585	1.246	1	.264	.520
	경력	.266	.194	1.867	1	.172	1.304
	직무성적	.116	.034	11.753	1	<.001	1.124
	상수항	−10.512	2.921	12.948	1	<.001	.000

a. 변수가 1: 사교성, 평점, 경력, 직무성적 단계에 입력되었습니다.

〈표 12.9〉에서 1단계로 표현된 것은 모든 독립변수가 한꺼번에 진입했음을 나타낸다(방법으로 '입력' 기본설정 유지). B의 부호가 (+)이면 해당 변수값이 클수록 내부값이 1인 집단(여기서는 실적 상위집단)에 분류될 가능성이 커지고, (−)이면 변수값이 클수록 내부값이 0인 집단(여기서는 실적 하위집단)에 분류될 가능성이 커진다. 이 경우 해당 변수의 분류집단 예측력을 검증하기 위해서는 그 계수의 유의성을 봐야 된다. 〈표 12.9〉에 따르면, 직무성적의 계수(+)만이 유의적으로 나타났다. **따라서 연구문제 (2)와 관련하여, 직무성적만이 (다른 세 독립변수들이 로지스틱 회귀식에 포함된 경우) 판매실적집단을 구분하는 데 유**

용하며(Wald=11.753, $p < .001$), 직무성적의 값이 클수록 실적 상위집단에 분류될 가능성이 크다고 할 수 있다. 여기서 Wald는 $(B/S.E.)^2$ 값으로 각 독립변수 계수의 유의성검증을 위한 통계량이다.

추가적으로, 표에 나타난 유의확률은 양측검증을 전제로 산출된 값이다. 따라서 가설이 방향적 가설이면 그 계수의 유의확률은 산출된 유의확률의 1/2이다. 예를 들어, 만약 연구자의 가설이 사교성이 높을수록 실적 상위집단에 속하는 것이었다면 사교성의 계수 또한 유의적으로 볼 수 있다($p = .054/2 = .027$). Exp(B)는 e^B를 의미하는데, odds를 나타낸다. 여기서 odds는 '$p/1-p$'로서 '내부값이 0인 집단(실적 하위집단)에 속할 확률 대비 내부값이 1인 집단(실적 상위집단)에 속할 확률의 비율'을 나타낸다. 그러므로 직무성적의 값이 1만큼 커지면 실적 하위집단 대비 실적 상위집단에 속할 확률이 1.124배가 된다. 또한 직무성적의 값이 10만큼 커지면 그 비율이 1.124^{10}배가 된다. 참고로 Exp(B)는 계수의 부호가 (+)이면 1보다 크고 (-)이면 1보다 작다.

☞ 로지스틱 회귀식에 의하여 소속집단 예측

〈표 12.9〉로부터 얻을 수 있는 로지스틱 회귀식에 예측하고자 하는 케이스의 독립변수값을 입력하면 다음의 절차에 의해 그 케이스가 소속될 집단을 예측할 수 있다. 먼저 〈표 12.9〉의 B(β)값은 다음의 식에서 그 의미를 갖는다.

$$\frac{\text{Prob(사건 발생함)}}{\text{Prob(사건 발생 안함)}} = e^{\beta_0 + \beta_1 X_1 + \beta_2 X_2 + \cdots + \beta_k X_k}$$

그런데, 로지스틱 회귀분석과정에서

- Prob(사건 발생함) = *Prob*(내부값 1로 계산된 집단 = 실적 상위집단)
- Prob(사건발생 안함) = *Prob*(내부값 0으로 계산된 집단 = 실적 하위집단)이다.

또한 $\frac{\text{Prob(사건 발생함)}}{\text{Prob(사건 발생 안함)}}$를 odds 혹은 odds ratio라고 한다. odds는 로지스틱 회귀분석에서 종속변수가 되며, 취할 수 있는 값의 범위는 0~∞이다.

본 예의 경우, 실적 상위집단의 내부값은 〈표 12.3〉에 나타난 바와 같이 1로 처리되었다. 따라서 〈표 12.9〉로부터 다음과 같은 식이 도출될 수 있다.

$$\text{odds} = \frac{\text{집단 2에 소속될 확률}}{\text{집단 2에 소속되지 않을 확률(즉, 집단 1에 소속될 확률)}}$$

$$= e^{-10.512 + .057(\text{사교성}) - .653(\text{평점}) + .266(\text{경력}) + .116(\text{직무성적})}$$

실적 상위집단에 소속될 확률 $= P$로 두자. 그러면 위의 식은 다음과 같이 표현된다.

$$\frac{P}{1-P} = e^{-10.512 + .057(\text{사교성}) - .653(\text{평점}) + .266(\text{경력}) + .116(\text{직무성적})}$$

〈case 1의 분류 예〉

〈표 12.2〉에 제시된 case 1은 원래 실적 하위집단에 소속되었다. 이제 로지스틱 회귀식을 이용하는 경우, case 1의 독립변수값들로부터 소속될 집단을 예측해 본다. 먼저 case 1의 네 독립변수들의 값을 로지스틱 회귀식에 입력한다.

$$\frac{P}{1-P} = e^{-10.512 + .057(23) - .653(2.28) + .266(3) + .116(57)} = e^{-3.27984} = .037634$$

따라서, $P = .037634 - .037634P$

$$P = \frac{.037634}{1.037634} = .03626$$

결국, case 1이 실적 상위집단에 소속될 확률은 .03626이고, 이는 기준값 .5보다 작으므로 실적 하위집단에 소속될 것으로 예측된다.

〈case 2의 분류 예〉

case 1과 같은 방식으로 실적 상위집단에 속한 case 2가 소속될 집단을 예측해 본다.

〈표 12.2〉에 있는 case 2의 네 독립변수들의 값을 입력한다.

$$\frac{P}{1-P} = e^{-10.512 + .057(48) - .653(3.40) + .266(7) + .116(93)} = e^{2.6538} = 14.2079$$

$$P = 14.2079 - 14.2079P$$

$$15.2079P = 14.2079$$

$$P = \frac{14.2079}{15.2079} = .9342$$

결국, case 2가 실적 상위집단에 소속될 확률은 .9342이고, 이는 기준값 .5보다 크므로 실적 상위집단에 소속될 것으로 예측된다.

참고로, [그림 12.6]에서 [예측값] 중 '확률'과 '소속집단'을 새로운 변수로서 저장하도록 지정하였다. 이에 따라, 로지스틱 회귀분석 결과 각 케이스들에 대한 집단분류 예측값이 [그림 12.8]과 같이 데이터파일에 새로운 변수로 추가되어 저장된다. 위에서 설명한 case 1과 case 2에 대한 예측결과를 [그림 12.8]에서 확인할 수 있다. 즉, case 1에 대한 계산 결과 실적 상위집단에 분류될 확률이 .03626으로 나타나 .5보다 작으므로 실적 하위집단에 분류될 것으로 예측되었는데, 이는 [그림 12.8]에서 case 1의 오른쪽 끝 두 개의 변수값에서 확인할 수 있다. 구체적으로, PRE_1은 실적 상위집단에 분류될 예측확률을, 그리고 PGR_1은 예측집단을 의미한다. 마찬가지로 case 2에 대한 계산 결과 실적 상위집단에 분류될 확률이 .9342로 나타나 .5보다 크므로 실적 상위집단에 분류될 것으로 예측되었는데, 역시 [그림 12.8]에서 case 2의 오른쪽 끝 두 개의 변수값에서 확인할 수 있다. 계산식에 제시된 값과 [그림 12.8]에 제시된 값이 소수점 아래 셋째 자리에서 달라지는데, 이는 계산과정에서 자릿수에 따른 반올림이 반영되었기 때문이다 (rounding error).

그림 12.8 새로운 변수로 예측값 저장결과

*(12)로지스틱.sav [데이터세트1] - IBM SPSS Statistics Data Editor

파일(F) 편집(E) 보기(V) 데이터(D) 변환(T) 분석(A) 그래프(G) 유틸리티(U) 확장(X) 창(W) 도움말(H)

	실적집단	사교성	평점	경력	직무성적	PRE_1	PGR_1	변수	변수
1	1	23	2.28	3	57	.03722	1		
2	2	48	3.40	7	93	.93684	2		
3	2	57	2.28	8	76	.90244	2		
4	2	40	3.86	7	88	.79567	2		
5	2	45	3.16	6	82	.75718	2		
6	2	42	3.45	5	85	.70233	2		
7	2	58	3.47	6	86	.89496	2		
8	1	47	2.45	3	74	.49578	1		
9	2	32	2.47	7	64	.27112	1		
10	2	36	2.11	3	72	.34267	1		
11	2	51	3.48	7	88	.90332	2		
12	2	40	2.12	8	77	.81451	2		
13	2	65	3.73	8	88	.95814	2		
14	1	49	2.70	7	73	.70663	2		
15	2	74	3.55	6	85	.94709	2		
16	2	46	3.87	9	98	.96732	2		
17	2	38	3.07	6	71	.38052	1		
18	2	57	3.84	10	88	.95831	2		
19	1	37	2.19	7	76	.70646	2		
20	2	47	2.67	4	74	.52675	2		

연 / 습 / 문 / 제

SPSS 30

1. 소득과 운행거리가 차량교체에 어느 정도 영향을 미치는지 조사하기 위해 33가구로부터 자료를 수집하였다. 이 중 14 가구는 지난번에 소유한 차를 4년 이내에 교체하였으며 19 가구는 4년이 지나 교체하였다. 이 자료를 이용하여 소득과 운행거리가 차량교체에 어떤 방향으로 어떻게 영향을 미치는지 분석하시오(교체기간: 4년 초과=0, 4년 이내=1).

자료파일: (12)연습문제(차량교체).sav.

번호	교체기간	연소득 (단위: 백만원)	운행거리 (단위: 1,000km)	번호	교체기간	연소득 (단위: 백만원)	운행거리 (단위: 1,000km)
1	0	16	30	18	0	45	68
2	1	18	62	19	1	60	69
3	0	22	65	20	0	53	41
4	0	27	56	21	0	25	40
5	1	35	85	22	1	68	56
6	1	40	56	23	1	82	36
7	0	10	23	24	1	38	69
8	0	24	28	25	0	67	35
9	1	15	56	26	1	92	65
10	0	23	55	27	1	72	36
11	0	19	35	28	0	21	33
12	1	22	62	29	0	26	39
13	0	61	45	30	1	40	49
14	0	21	55	31	0	33	25
15	1	32	39	32	0	45	26
16	0	17	46	33	1	61	56
17	0	32	42				

[분석결과 및 해석]

종속변수 인코딩

원래 값	내부 값
4년초과	0
4년이내	1

모델 계수의 총괄 검정

		카이제곱	자유도	유의확률
1 단계	단계	15.152	2	<.001
	블록	15.152	2	<.001
	모형	15.152	2	<.001

모델 요약

단계	−2 로그 우도	Cox와 Snell의 R-제곱	Nagelkerke R-제곱
1	29.835[a]	.368	.495

a. 모수 추정값이 .001보다 작게 변경되어 계산반복수 6에서 추정을 종료하였습니다.

Hosmer와 Lemeshow 검정

단계	카이제곱	자유도	유의확률
1	2.302	8	.970

분류표[a]

관측됨			예측		
			교체기간		분류정확 %
			4년초과	4년이내	
1 단계	교체기간	4년초과	16	3	84.2
		4년이내	4	10	71.4
	전체 퍼센트				78.8

a. 절단값은 .500입니다.

로지스틱 회귀모형은 유의적이므로($\chi^2_{(2)}=15.152$, $p<.001$) 모형은 교체기간을 구분하는 데 유용하고 두 집단 분산의 36.8~49.5%를 설명한다. Hosmer 및 Lemeshow 검정결과 유의확률이 .970으로 적합도는 매우 높다. 분류정확도는 78.8%이다.

방정식의 변수

		B	S.E.	Wald	자유도	유의확률	Exp(B)
1 단계[a]	연소득	.053	.024	4.734	1	.030	1.054
	운행거리	.099	.041	5.859	1	.015	1.105
	상수항	−7.262	2.622	7.670	1	.006	.001

a. 변수가 1: 연소득, 운행거리 단계에 입력되었습니다.

독립변수 연소득(Wald=4.734, p=.030)과 운행거리(Wald=5.859, p=.015)의 계수는 모두 유의적으로 나타났다. 종속변수 교체기간에서 4년 초과면 0, 4년 이내면 1로 코딩하였다. **따라서 계수의 부호를 보면 소득이 많을수록, 운행거리가 길수록 4년 이내에 교체하는 경향이 있다. 교체기간에 대한 영향력은 운행거리가 소득보다 조금 더 크다(Exp(B): 1.105>1.054).** 운행거리의 odds의 비율이 1.105이므로 (연소득이 통제된 경우) 운행거리가 1,000km 더 길수록 4년 이내 교체집단에 속할 확률이 4년 초과 교체집단에 속할 확률보다 1.105배인 것으로 해석할 수 있다.

2. 수면장애를 겪는다고 호소하는 사람들이 어떤 사람들인지를 조사하기 위하여 271명을 대상으로 설문지를 이용하여 다음과 같이 측정하였다.

수면장애 여부: 0=no, 1=yes
성별: 0=여자, 1=남자
나이: 세
일일 평균 수면시간: 시간(소수점 첫째 자리)
잠들기 어려움: 0=no, 1=yes
숙면 어려움: 0=no, 1=yes

전체 271명의 자료는 파일에 있으며 지면 절약을 위해 10명의 자료만 아래에 제시한다. 자료분석을 실시하고 다섯 개의 변수들 중 어떤 변수가 어떤 방향으로 수면장애에 영향을 미치는지 답하시오. 만약 독자의 분석에서 산출된 결과가 아래에 제시된 내용과 다르면 범주형 변수의 지정을 제대로 하였는지 확인하시오.[1]

자료파일: (12)연습문제(불면증).sav.

Case	수면장애	성별	나이	평균수면시간	잠들기어려움	숙면어려움
1	0	1	66	7	0	1
2	0	1	62	6.5	0	0
3	1	0	40	7	0	0
4	1	1	26	7	1	0
5	0	1	36	7	1	1
6	0	0	47	6.5	1	1
7	0	1	19	8	1	0
8	0	0	48	8	1	1
9	0	1	35	8	1	1
10	0	1	49	7	1	1

1 2025년 8월 현재 SPSS 30은 프로그램 버그로 인해 로지스틱 회귀분석에서 독립변수 중 범주형 변수를 지정한 것과 그렇지 않은 것이 모두 동일한 결과를 도출한다(SPSS 28도 동일한 버그 존재). 이러한 문제를 해결하기 위해 본 연습문제의 결과로 제시된 내용은 SPSS 26으로 분석한 것이다.

[분석결과 및 해석]

종속변수 인코딩

원래 값	내부 값
no	0
yes	1

모델 계수의 총괄 검정

		카이제곱	자유도	유의확률
1 단계	단계	76.020	5	<.001
	블록	76.020	5	<.001
	모형	76.020	5	<.001

모델 요약

단계	−2 로그 우도	Cox와 Snell의 R−제곱	Nagelkerke R−제곱
1	252.976[a]	.271	.363

a. 모수 추정값이 .001보다 작게 변경되어 계산반복수 5에서 추정을 종료하였습니다.

Hosmer와 Lemeshow 검정

단계	카이제곱	자유도	유의확률
1	10.019	8	.264

분류표[a]

관측됨			예측		
			수면장애		분류정확 %
			no	yes	
1 단계	수면장애	no	110	28	79.7
		yes	32	71	68.9
	전체 퍼센트				75.1

a. 절단값은 .500입니다.

로지스틱회귀모형은 유의적이므로($\chi^2_{(5)}=76.02$, $p<.001$) 모형은 수면장애 여부를 구분하는데 유용하고 수면장애 분산의 27.1~36.3%를 설명한다. Hosmer와 Lemeshow 검정결과 유의확률이 .264로 적합도는 수용할 만하다. 분류정확도는 75.1%이다.

방정식의 변수

		B	S.E.	Wald	자유도	유의확률	Exp(B)
1 단계[a]	성별(1)	.108	.315	.118	1	.731	1.114
	나이	-.006	.014	.193	1	.660	.994
	평균수면시간	-.448	.165	7.366	1	.007	.639
	잠들기어려움(1)	1.984	.325	37.311	1	.000	7.274
	숙면어려움(1)	.716	.339	4.464	1	.035	2.046
	상수항	1.845	1.441	1.639	1	.201	6.329

a. 변수가 1: 성별, 나이, 평균수면시간, 잠들기어려움, 숙면어려움 단계에 입력되었습니다.

먼저 위의 표에서 변수 다음에 (1)이 있는 변수는 범주형 변수로 지정된 것임을 나타낸다. 다섯 개의 독립변수들 중 평균수면시간(Wald = 7.366, p = .007), 잠들기어려움(Wald = 37.311, p = .000), 그리고 숙면어려움(Wald = 4.464, p = .035)의 계수가 유의적으로 나타났다. 종속변수 수면장애 여부에서 장애가 없으면 0, 있으면 1로 코딩하였다. 또한 잠들기어려움과 숙면어려움에서 no는 0, yes는 1로 코딩하였다. 따라서 계수의 부호를 보면 **평균수면시간이 짧을수록, 잠들기 어려울수록, 혹은 숙면이 어려울수록 수면장애를 호소하는 것으로 볼 수 있다. 세 개의 변수들 중 수면장애 호소에 영향력이 가장 큰 변수는 잠들기 어려움이다(Exp(B)=7.274).** odds의 비율이 7.274이므로 (다른 변수들이 통제된 경우) 잠들기 어렵다고 답한 사람의 경우 그렇지 않은 사람보다 수면장애가 있다고 답했을 확률이 7.274배인 것으로 해석할 수 있다.

제 13 장

신뢰성분석과 요인분석

13.1 신뢰성분석의 개요

척도의 신뢰성(reliability)은 한 대상을 유사한 측정도구로 여러 번 측정하거나 한 가지 측정도구로 반복 측정했을 때 일관성 있는 결과(consistent results)를 산출하는 정도에 관련된다. 즉, 일관성 있는 결과가 산출될수록 그 척도(혹은 측정치)의 신뢰성은 높다. 척도의 신뢰성을 평가하는 방법에는 **내적일관성**(internal consistency), **반복측정 신뢰성**(test-retest reliability), **대안항목 신뢰성**(alternative-form reliability) 등이 있는데, 이 중 가장 많이 사용되는 방법은 내적일관성에 의한 방법이다. 내적일관성은 한 construct를 다항목(multi-item)으로 측정했을 때 항목들이 일관성 혹은 동질성을 갖는가에 관한 것이다. 내적일관성은 항목들 간의 상관관계로써 평가되는데, 항목들 간의 상관관계가 높을수록 내적일관성이 높다. 일반적으로 가장 많이 쓰이는 내적일관성에 의한 척도의 신뢰성 평가방법은 **Cronbach's coefficient alpha**(줄여서 **Cronbach's α 계수**)를 이용하는 것이다. 그 공식은 다음과 같다.

$$a=\left(\frac{k}{k-1}\right)\left(1-\frac{\sum_{i=1}^{k}\sigma_i^2}{\sigma_t^2}\right) \quad \text{혹은} \quad \frac{k\,\bar{r}}{1+\bar{r}\,(k-1)}$$

여기서, k = 항목들의 수

σ_i^2 = 항목 i의 분산값

σ_t^2 = 항목의 전체 분산값

$\bar{r}$ = 항목들 간 평균상관계수

Cronbach's α 계수는 0에서 1 사이의 값을 가지며, 높을수록 바람직하나 반드시 몇 점 이상이어야 한다는 기준은 없다. 기존의 이 분야 meta-analysis에서는 평균이 0.77 정도로 나타났다.[1] 그러므로 0.8 이상이면 바람직하고 0.7 이상이면 수용할 만하다고 할 수 있다. 연구자의 판단에 따라 Cronbach's α 계수의 크기를 저해하는 항목들을 제거함으로써 계수값을 크게 할 수 있다. 이러한 항목들은 그 항목과 다른 항목들 간의 상관관계(item-to-total correlation)가 낮은 항목들이다.

1 이학식, 김영, "연구디자인이 Cronbach's α 계수에 미치는 영향, *마케팅연구*, 12(1), 1997, pp. 209-221; Gilbert A. Churchill, Jr. and Paul Peter, "Research Design Effects on the Reliability of Rating Scales: A Meta Analysis," *Journal of Marketing Research*, 10, November 1984, pp. 360-375; Robert A. Peterson, "A Meta-analysis of Cronbach's Coefficient Alpha," *Journal of Consumer Research*, 21, September 1994, pp. 381-391.

13.2 SPSS 30을 이용한 신뢰성분석

예제 13.1 신뢰성분석의 예

다음은 다항목으로 측정한 자료의 Cronbach's α 계수를 계산하고 내적일관성을 저해하는 항목들을 단계적으로 제거함으로써 내적일관성을 향상시키는 예이다. 본 예에서 측정하는 construct는 인지욕구(need for cognition; nfc)인데, 이는 '개인들이 사고를 하려 하고 이를 즐기는 성향'으로 정의된다. 본 예에서는 응답자들의 인지욕구를 일곱 개 항목으로 측정하였으며, '전혀 그렇지 않다(0)~매우 그렇다(6)'의 7점 Likert척도에 답하도록 하였다. 모두 148명의 응답자들로부터 자료를 수집하였으며 입력자료는 〈표 13.1〉과 같다.

1. 나는 문제를 풀고 해답을 구하는 일을 무척 즐겨한다.
2. 나는 (다소 중요하지만 단순한 사고를 요하는 일보다) 중요하고 지적(知的)이며 어려운 일들을 훨씬 좋아한다.
3. 나는 상당한 정신적 노력을 쏟아야만 달성될 수 있는 목표를 설정하는 경향이 있다.
4. 나는 일반적으로 주어진 과제에서, 최소한으로 요구되는 정도보다 훨씬 많은 사고를 하려고 한다.
5. 나는 (단순한 사고를 요하는 일보다) 나의 사고력을 시험해 볼 수 있는 일을 하는 것을 상당히 좋아한다.
6. 나는 오랜 시간 동안 깊이 심사숙고하는 것을 별로 좋아하지 않는 편이다.
7. 나는 깊은 사고력을 필요로 하는 일에 대한 책임을 맡는 것을 좋아하지 않는다.

표 13.1 예제 13.1의 입력자료

ID	nfc1	nfc2	nfc3	nfc4	nfc5	nfc6*	nfc7*
1	6	6	6	6	6	6	6
2	4	2	3	3	2	3	4
3	3	6	4	1	5	2	5
4	4	3	3	3	5	1	2
5	0	1	1	1	1	6	4
.	.	.	.	.	.	.	.
.	.	.	.	.	.	.	.
.	.	.	.	.	.	.	.
.	.	.	.	.	.	.	.
.	.	.	.	.	.	.	.
.	.	.	.	.	.	.	.
148	0	2	0	4	1	2	3

* nfc6과 nfc7은 reverse scale로 측정되어 recode한 값임.

〈예제 13.1〉의 신뢰성분석을 하는 과정은 다음과 같다.

① '(13)Cronbach's Alpha.sav' 파일을 불러온다.
② [그림 13.1]과 같이 다음의 절차를 따른다.

[분석(A)] → [척도분석(A)] → [신뢰도 분석(R)...] → 클릭

그림 13.1 신뢰성분석 절차

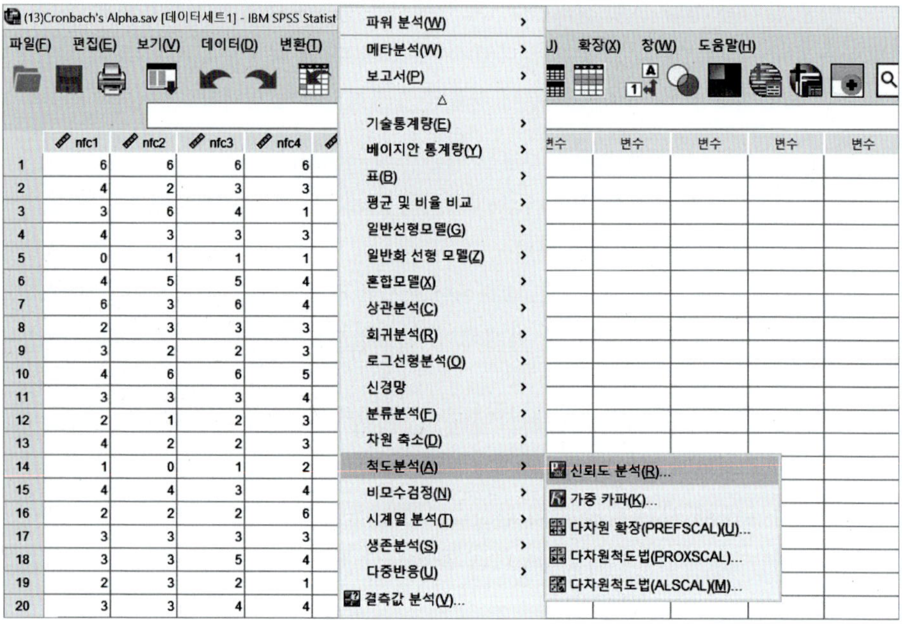

③ 그러면 [그림 13.2]의 신뢰도 분석 대화상자가 나타난다.

그림 13.2 신뢰도 분석 대화상자

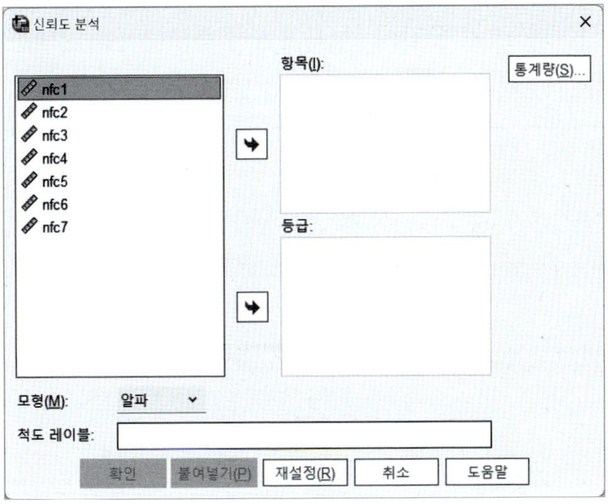

④ 여기서 [그림 13.3]과 같이 분석하고자 하는 변수들(nfc1~nfc7)을 [항목(I)] 상자로 보낸다.

그림 13.3 분석대상 변수선정

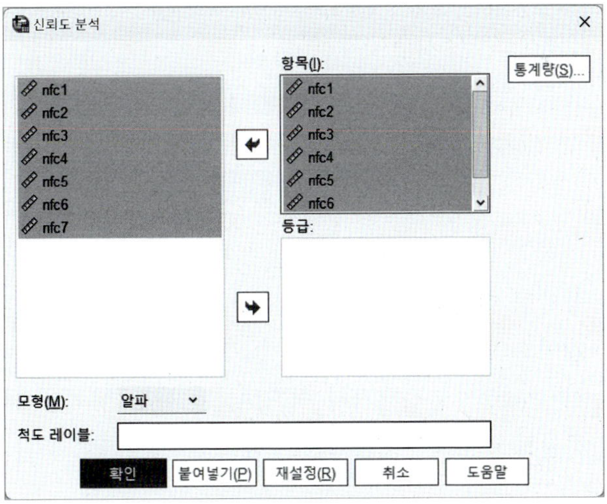

☞ 신뢰성분석을 위해서는 반드시 두 개 이상의 변수를 선정해야 한다.

⑤ [그림 13.3]에서 [모형(M)]은 기본설정된 알파를 유지하고, [척도 레이블]은

공란으로 둔다.

⑥ [그림 13.3]에서 [통계량(S)...]을 클릭하면 통계량 대화상자가 나타나는데, [그림 13.4]와 같이 [항목제거시 척도(A)]를 선택한다.

그림 13.4 통계량 대화상자

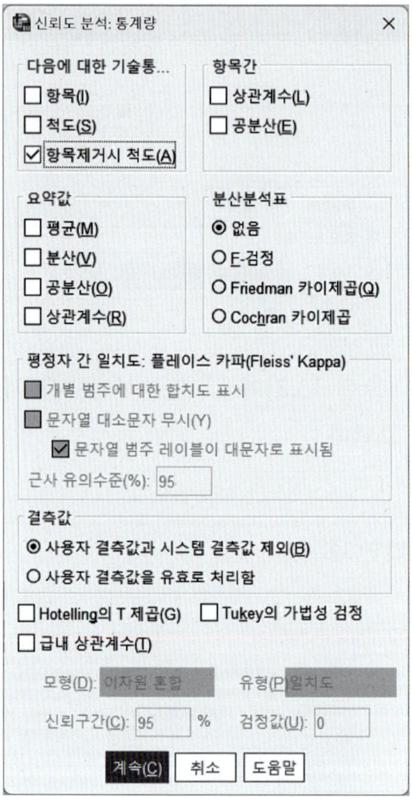

☞ 통계량 대화상자에서 기본설정을 유지한 상태로 분석을 한 경우에는 결과에 케이스의 수, 항목(item)의 수, 그리고 신뢰도 계수만이 나타난다. 본 분석에서 선택한 [항목제거시 척도(A)]는 해당 항목을 제거하였을 경우 나머지 항목들로 구성되는 Cronbach's α 값을 제시하여 준다.

⑦ [그림 13.4]에서 [계속(C)]과 이어서 [확인]을 클릭하면 〈표 13.2〉와 같은 결과가 나타난다.

표 13.2 신뢰도분석 결과(I)

신뢰도 통계량

Cronbach의 알파	항목 수
.712	7

항목 총계 통계량

	항목이 삭제된 경우 척도 평균	항목이 삭제된 경우 척도 분산	수정된 항목-전체 상관계수	항목이 삭제된 경우 Cronbach 알파
nfc1	19.93	29.383	.622	.626
nfc2	20.05	29.678	.549	.644
nfc3	19.72	29.317	.630	.625
nfc4	19.73	31.355	.516	.656
nfc5	19.69	30.365	.591	.637
nfc6	19.73	37.722	.091	.760
nfc7	19.59	38.773	.056	.762

〈표 13.2〉의 첫 번째 표에는 현 상태에서의 Cronbach's α 값이 제시되어 있다. 그리고 두 번째 표에는 각 항목들을 제거하는 경우에 나타날 Cronbach's α 값이 우측 칼럼에 제시되어 있다(항목이 삭제된 경우 Cronbach 알파). 〈표 13.2〉는 현재 분석에 이용된 7개 항목들을 모두 이용했을 경우의 α계수는 .712인데, nfc7과 nfc6을 각각 제거했을 때 나머지 항목들의 전체 α계수가 각각 .762, .760으로 개선될 것임을 나타낸다. 이 중 α계수가 가장 크게 개선되는 항목 nfc7을 우선적으로 제거한 후 나머지 항목들만 이용하여 다시 신뢰성분석 절차를 거친다.

nfc7을 제거하고 분석한 결과는 〈표 13.3〉과 같다.

〈표 13.3〉은 nfc7을 제외한 6개 항목의 전체 α계수는 .762이고, 여기서 다시 nfc6을 제거하는 경우 α계수가 .844로 개선될 것임을 보여준다. 따라서 nfc6을 제거하고 다시 신뢰성분석 절차를 거친다.

추가로 nfc6을 제거하고 분석한 결과는 〈표 13.4〉와 같다.

표 13.3 신뢰도분석 결과(Ⅱ)

신뢰도 통계량

Cronbach의 알파	항목 수
.762	6

항목 총계 통계량

	항목이 삭제된 경우 척도 평균	항목이 삭제된 경우 척도 분산	수정된 항목-전체 상관계수	항목이 삭제된 경우 Cronbach 알파
nfc1	16.45	26.236	.651	.687
nfc2	16.57	26.261	.593	.702
nfc3	16.24	26.090	.665	.683
nfc4	16.25	27.699	.574	.709
nfc5	16.21	27.160	.621	.697
nfc6	16.25	35.808	.022	.844

표 13.4 신뢰도분석 결과(Ⅲ)

신뢰도 통계량

Cronbach의 알파	항목 수
.844	5

항목 총계 통계량

	항목이 삭제된 경우 척도 평균	항목이 삭제된 경우 척도 분산	수정된 항목-전체 상관계수	항목이 삭제된 경우 Cronbach 알파
nfc1	13.11	23.566	.667	.808
nfc2	13.22	23.467	.616	.823
nfc3	12.90	23.248	.696	.800
nfc4	12.91	24.984	.587	.829
nfc5	12.86	23.778	.693	.802

nfc6을 추가적으로 제거하고 남은 5개 항목들의 α계수는 .844이고, 더 이상의 항목제거를 통해 α계수가 개선되지 않음을 알 수 있다.

13.3 요인분석의 개요

1. 개 념

요인분석(factor analysis)의 목적은 두 가지이다.[2] 한 가지는 분석 대상이 되는 변수들의 기저를 이루는 구조(underlying structure)를 정의하기 위한 것이며, 이러한 목적에 이용되는 것이 **공통요인분석**(common factor analysis)이다. 다른 한 가지는 다수의 변수들을 소수의 요인으로 축약하기 위한 것이며, 이를 위하여 **주성분분석**(principal component analysis)을 실시할 수 있다. 두 가지 중 실무적으로 그리고 학술적 연구에서 주성분분석이 많이 사용된다. 따라서 본서에서는 주성분분석에 초점을 맞추어 설명한다. 요인분석에는 독립변수와 종속변수가 없으며, 변수들 간의 상관관계가 요인분석의 토대가 된다. 요인분석은 분석결과로부터 모집단의 특성을 추정하지 않는다. 따라서 추계통계기법이 아닌 기술통계기법이라고 할 수 있으며, 모수와 통계량, 가설검증 등의 개념은 요인분석에 적용되지 않는다.[3]

2. 자 료

요인분석을 하기 위해서는 변수가 간격척도 혹은 비율척도에 의해 측정되어야 한다. 또한 표본의 크기(관측치의 수)는 100개 이상이 바람직하며 최소한 50개는 되어야 한다. 변수의 수를 고려하면 변수의 수보다 관측치의 수가 10배 이상이 바람직하며 최소한 5배는 되어야 한다. 요인분석을 하기 위해서는 먼저 원자료로부터 상관행렬이 만들어지며, 이 상관행렬이 요인분석을 위한 입력자료(input data)가 된다. 그런데 요인분석은 기본적으로 상관관계가 높은 변수들끼리 그룹핑하는 것이므로 변수들 간의 상관관계가 전반적으로 매우 낮다면(대체로 ±.3 이하), 그 자료는 요인분석에 부적합하다고 할 수 있다.

---

2 **요인분석**에는 탐색적 요인분석과 확인적 요인분석이 있다. **탐색적 요인분석**(exploratory factor analysis)은 다수의 변수들에 대한 자료를 소수의 요인에 대한 자료로 변환시키는 과정에서 사전에 어떤 변수들끼리 그룹핑되어야 한다는 전제를 두지 않는다. 이에 비해 **확인적 요인분석**(confirmatory factor analysis)은 몇 개의 constructs를 측정하기 위해 construct별로 다수의 항목들을 개발한 경우, 그 항목들을 이용하여 측정한 자료들을 요인분석하여 동일한 construct를 측정하기 위한 항목들끼리 그룹핑되는지를 확인(confirm)하는 것이다. 확인적 요인분석을 하기 위하여 흔히 구조방정식 모형분석(structural equation modeling)을 이용한다. 이 두 가지 중 요인분석이라고 하면 흔히 탐색적 요인분석을 가리키며, 본 장에서 설명하는 것도 탐색적 요인분석이다.

3 요인분석의 종류에는 R 요인분석과 Q 요인분석이 있다. R 요인분석은 변수들을 그룹핑하는 것으로 본 장에서 설명하는 것이다. 이에 비해 Q 요인분석은 대상들을 그룹핑하는 방법이지만 거의 사용되지 않는다. 대상들을 그룹핑하는 데는 군집분석이 흔히 사용된다.

3. 요인추출방법

요인분석을 할 때는 다수의 변수들로부터 추출할 요인의 수를 결정해야 한다. 기본적으로 요인의 수는 최대한, 변수의 수만큼 추출할 수 있다. 그러나 요인의 수가 변수의 수와 같거나 너무 많으면 요인분석의 의미가 없다. 반대로 요인의 수를 너무 적게 하면 변수들의 분산에 대한 요인들의 설명력이 너무 낮다. 즉, 요인분석 결과가 실제를 제대로 나타내지 못한다. 추출할 요인의 수를 결정하는 방법에는 다음의 몇 가지가 있다.

① Eigenvalues

eigenvalue는 한 요인의 설명력을 나타내는데, 한 요인에 대한 '요인적재값의 제곱의 합'을 가리킨다. 그러므로 eigenvalue가 크다는 것은 그 요인이 변수들의 분산을 잘 설명한다는 것을 의미한다. eigenvalue를 기준으로 할 때는 보통 eigenvalue 1 이상을 갖는 요인의 수만큼 추출한다. 원칙적으로 변수의 수가 20개를 넘는 경우 이 방법이 적절하나, 변수의 수가 그보다 적은 경우에도 이 방법이 많이 이용된다.

② 요인의 수를 사전에 결정한다.

이 방법은 요인분석에서 추출될 요인의 수를 미리 결정하여 지정하는 방법이다. 이 방법은 연구자가 몇 개의 요인이 적절하다는 것을 사전에 알거나 다른 연구자가 수행한 연구를 반복하면서 그 연구에서 추출된 요인의 개수만큼 요인을 추출하고자 할 때 사용된다.

③ 전체 요인들의 설명력 기준

이는 요인들의 설명력의 합이 어느 정도는 되어야 한다는 것을 사전에 정하고, 그 수준의 설명력을 가져오는 요인들을 추출하는 것이다. 절대적인 기준은 없으나 사회과학에서는 60% 내외로 결정하는 경향이 있다.

④ 스크리 도표

컴퓨터 프로그램을 이용하여 **스크리 도표**(scree table)를 그릴 수 있다. 스크리 도표는 각 요인의 eigenvalue를 그림으로 보여주는데 첫 번째 요인부터 마지막 요인으로 갈수록 eigenvalue는 점점 작아진다. 스크리 도표는 [그림 13.5]와 같이 각 요인의 설명력이 처음 몇 개 요인까지는 큰 폭으로 감소하다가 어느 위치부터는 감소폭이 매우 체감하는 경향을 보여줄 수 있다. 이때 감소폭이 체감하기 직전까지의 요인의 수를 기준으로 요인을 추출할 수 있다. 이 스크리 도표는 요인이 3개에서 4개로 증가하면서부터는 eigenvalue의 감소폭이 상당히 체감함을 보여준다. 이때 체감하기 직전까지의 요인의 수는 3이므로 3개의 요인을 추출한다. 이 방법의 한계점은 모든 스크리 도표가 [그림 13.5]와는 달리 각도가 반드시 어느 지점에서 급격히 꺾이지는 않는다는 데 있다.

그림 13.5 스크리 도표

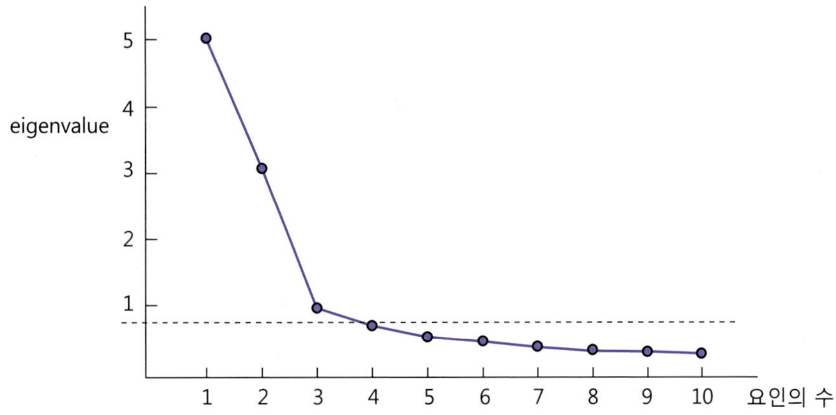

⑤ 종 합

요인의 수를 미리 결정하는 방법 외의 다른 세 가지 방법은 자료분석 결과에 따라 요인의 수를 결정하는 방법이다. 이 세 가지 방법에 의해 요인의 수를 결정할 때, 방법에 따라 얼마든지 다른 결과가 나올 수 있다. 조사자 혹은 분석자는 자신의 판단에 따라 방법을 결정하는데 eigenvalue를 이용하는 경우가 가장 많으며 기준은 보통 eigenvalue 1이 된다. 그리고 요인의 수를 미리 결정하는 방법을 다음으로 많이 이용한다.

4. 요인의 회전

통계패키지에 의해 요인분석을 하면 **비회전 요인행렬**(unrotated component matrix)이 구해진다. 요인의 수를 결정하는 방법이 사전에 지정되면 이에 맞도록 요인의 수가 도출된다. 그런데 이때 도출되는 요인은 원래 변수들의 선형결합(linear combination of original variables)이다. 요인행렬에 있는 **요인적재값**(factor loading)은 각 변수와 해당 요인 간의 상관계수이다. 그런데 요인행렬은 기초자료를 축소시켜 보여주기는 하지만 이로부터 어떤 변수들이 어떤 요인에 높게 관계되는지 명확하게 알기 어렵다. 그렇기 때문에 추출된 요인을 회전하게 되며, 회전에 의하여 **요인구조**(factor structure)를 명확히 알 수 있다. 다시 말하면 요인을 회전함으로써 어떤 변수가 어떤 요인에 높게 관계되는지 알 수 있다.

요인을 회전하는 방법에는 [그림 13.6]에 나타난 바와 같이 직각요인회전과 사각(斜角)요인회전의 두 가지가 있다. 먼저 **직각요인회전**(orthogonal factor rotation)은 직각을 유지하면서(즉, 요인들 간에 독립성을 유지하면서) 요인구조가 가장 뚜렷할 때까지 요인을 회전시키는 방법이다. **사각요인회전**(oblique factor rotation)은 직각을 유지하지 않은 채 요인구조가 가장 뚜렷할 때까지 요인을 회전시키는 것이다. [그림 13.7]과 [그림 13.8]은 각각 직각회전과 사각회전을 그림으로 보여준다.

그림 13.6 요인회전방법

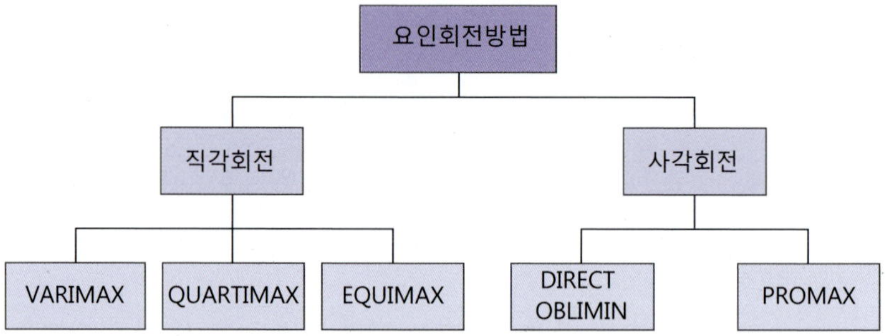

[그림 13.7]의 경우 다섯 개의 변수들이 있는데 요인회전 이전에는 어느 변수가 어느 요인에 높게 관계되는지 뚜렷하지 않다. 그러나 요인을 직각회전함으로써 변수 1, 2는 요인 Ⅱ에 그리고 변수 3, 4, 5는 요인 Ⅰ에 높게 관계됨을 알 수 있다. 〈표 13.5〉는 이를 보충적으로 보여준다.

표 13.5 회전이전 요인적재값과 직각회전된 요인적재값

변 수	회전이전 요인적재값		회전된 요인적재값	
	Ⅰ	Ⅱ	Ⅰ	Ⅱ
1	.50	.80	.03	.94
2	.60	.70	.16	.90
3	.90	−.25	.95	.24
4	.80	−.30	.84	.15
5	.60	−.50	.76	−.13

예를 들어, 변수 1의 경우 회전이전 요인적재값이 요인 I 에 .50, 그리고 요인 II 에 .80이다. 상대적으로 요인 II 에 높게 적재되었으나 그다지 뚜렷하지 않다. 이제 회전이후 요인적재값은 요인 I 에 .03, 그리고 요인 II 에 .94로서 요인 II 에 뚜렷이 적재됨을 알 수 있다. 같은 방식으로 회전이후 변수 2는 요인 II 에 그리고 변수 3, 4, 5는 요인 I 에 높게 적재됨을 명확하게 알 수 있다.

요인을 회전할 때 직각을 유지한다는 것은 곧 요인들 간에 상관관계가 '0'(요인들이 서로 독립적)임을 가정하는 것이다. 사각회전은 직각을 유지하지 않고 요인구조가 가장 뚜렷할 때까지 각각의 요인을 회전하는데, 요인들 간에 '0'의 상관관계를 가정하지 않으므로 보다 실제적(realistic)이다. [그림 13.8]에서 볼 수 있듯이 사각회전은 직각회전에 비하여 변수들이 회전된 요인에 보다 가깝게 군집하는 결과를 가져다준다. 뿐만 아니라 사각회전결과는 요인들이 서로 간에 얼마나 관계가 있는지에 대한 정보를 제공한다. 즉, 각도가 직각보다 작을수록 正(+)의 상관관계, 그리고 직각보다 클수록 負(-)의 상관관계가 있음을 보여준다. 그런데 이론적으로 사각회전방식이 우수한 면이 있으나 사각회전 수행절차가 그다지 잘 개발되어 있지 않고 또한 논쟁의 여지가 있어 직각회전방식이 보다 자주 사용된다. 이하에서는 직각회전방식을 중심으로 설명한다.

그림 13.7 직각요인회전

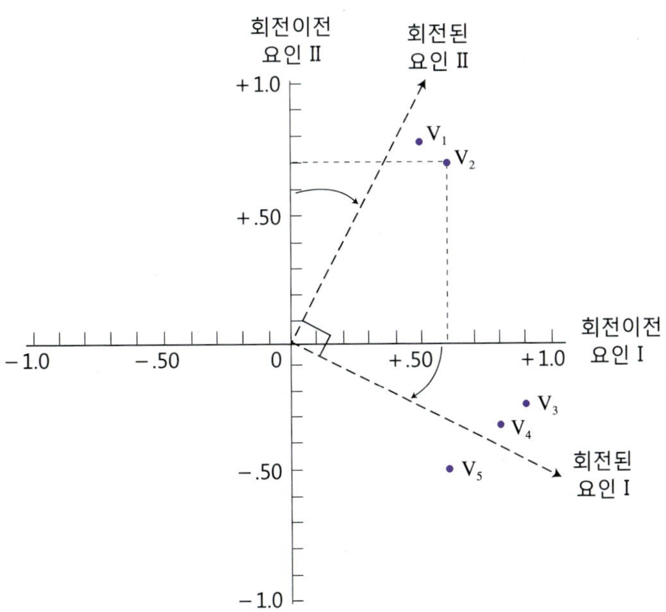

그림 13.8 사각요인회전

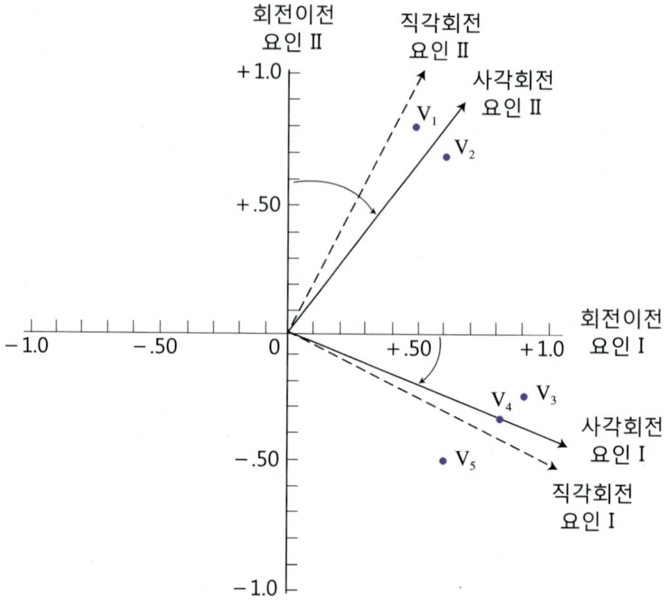

직각회전방식에는 세 가지가 있다: VARIMAX, QUARTIMAX, EQUIMAX. 먼저 **VARIMAX** 방식은 요인행렬의 열(column)의 분산의 합계를 최대화함으로써(maximize the sum of variances) 열을 단순화하는 방식이다. 여기서 열의 분산의 합계를 최대화하는 것은 적재값을 가급적 +1, -1, 혹은 0에 가깝게 하도록 함으로써 가능하다. 앞에서 본 〈표 13.5〉에서 회전 이후 각 요인의 적재값은 회전이전에 비하여 0 혹은 1에 보다 가까워지는 것으로 나타났다. 이에 비해 **QUARTIMAX** 방식은 행(row)을 중심으로 하는데 한 변수가 한 요인에는 가급적 높게 그리고 다른 요인들에는 가급적 낮게 적재되도록 함으로써 행을 단순화하는 방식이다. 끝으로, **EQUIMAX** 방식은 두 가지를 절충한 방식이다. 세 가지 방식 중 요인구조를 단순화(혹은 명확화)하고 해석이 가장 용이한 방식은 VARIMAX 방식이며, 따라서 VARIMAX 방식이 가장 많이 쓰인다.

13.4 SPSS 30을 이용한 요인분석

예제 13.2 요인분석의 예

다음 설문지를 이용하여 80명의 응답자로부터 수집한 자료를 SPSS에 의해 VARIMAX 회전방식의 요인분석(주성분분석)을 해보기로 한다.[4] 요인추출은 eigenvalue 1을 기준으로 한다.

다음은 TV홈쇼핑을 이용하여 구매하는 데 대한 질문입니다. 1번은 구매의도 항목이며, 2~10번은 TV홈쇼핑에 대한 평가 항목입니다. 해당란에 ✔표 해주십시오(전혀 동의하지 않는다(1) ~ 전적으로 동의한다(5)).

1. 나는 앞으로 TV홈쇼핑을 이용하여 구매를 하겠다.
2. 일반적으로 TV홈쇼핑에서 판매하는 제품은 품질이 높다.
3. TV홈쇼핑을 통하여 구매한 제품은 내가 원하는 장소에 배달된다.
4. TV홈쇼핑에서 판매하는 제품은 대체로 값어치가 있다.
5. TV홈쇼핑에서 구매하면 분실염려가 없다.
6. TV홈쇼핑에서 구매하면 배달되는 제품은 광고에서 제시된 제품과 동일하다.
7. TV홈쇼핑에서 구매한 제품은 광고에서 제시된 방법으로 쉽게 환불할 수 있다.
8. TV홈쇼핑을 이용하면 시간을 절약할 수 있다.
9. TV홈쇼핑을 통한 구매는 매우 간편하다.
10. TV홈쇼핑에서 판매하는 제품은 대부분 유명브랜드 제품이다.

표 13.6 예제 13.2의 요인분석 입력자료

id	x1	x2	x3	x4	x5	x6	x7	x8	x9	x10
1	3	1	4	1	4	4	3	4	5	1
2	4	1	5	1	4	5	5	5	5	1
3	3	5	5	1	5	5	2	3	4	1
4	5	1	3	2	4	2	3	1	2	2
5	3	1	3	1	4	4	5	4	2	1
.	.	.	.	.	.	.	.	.	.	.
.	.	.	.	.	.	.	.	.	.	.
.	.	.	.	.	.	.	.	.	.	.
.	.	.	.	.	.	.	.	.	.	.
.	.	.	.	.	.	.	.	.	.	.
80	3	2	5	4	3	3	3	5	5	1

---

4 이 설문과 응답자료는 다음의 책에 있는 것을 일부 발췌하여 수정·편집한 것이다: Gilbert A. Churchill, Jr., *Marketing Research: Methodological Foundations*, 6th edition, Dryden, 1995, pp. 785-793.

연구 문제	(1) 2~10번의 아홉 개 변수들은 몇 개의 의미 있는 요인으로 축약될 수 있는가? (2) 각 변수는 어느 요인과 관련성이 높은가? (3) 각 요인명은 어떻게 부여할 수 있는가?

〈예제 13.2〉의 요인분석을 하는 과정은 다음과 같다.

① '(13)요인분석.sav' 파일을 불러온다.

② [그림 13.9]와 같이 다음의 절차를 따른다.

[분석(A)] → [차원 축소(D)] → [요인분석(F)...] → 클릭

그림 13.9 요인분석 절차

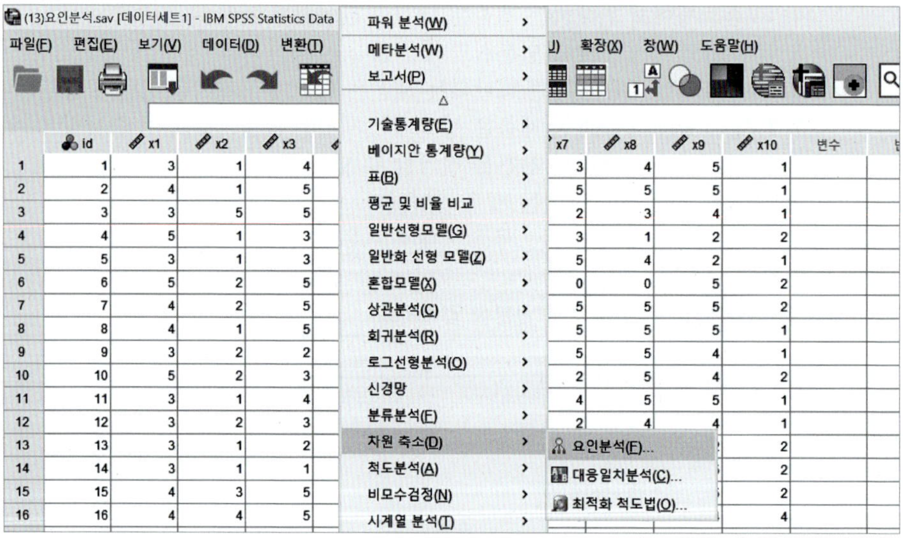

③ 그러면 [그림 13.10]의 요인분석 대화상자가 나타난다.

그림 13.10 요인분석 대화상자

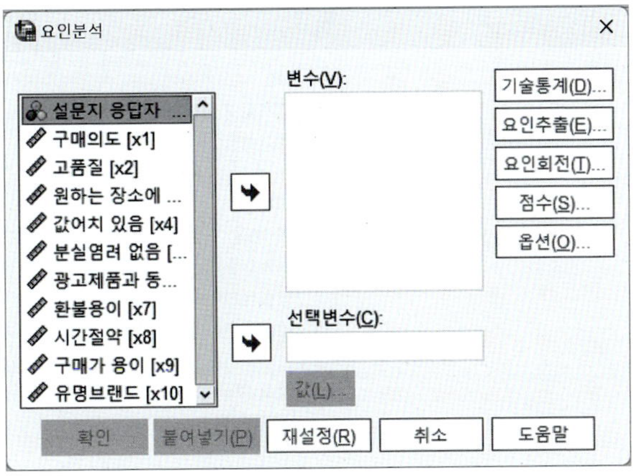

④ 여기서 [그림 13.11]과 같이 분석할 변수들(x2~x10)을 [변수(V)]로 보낸다.

그림 13.11 분석대상 변수선정

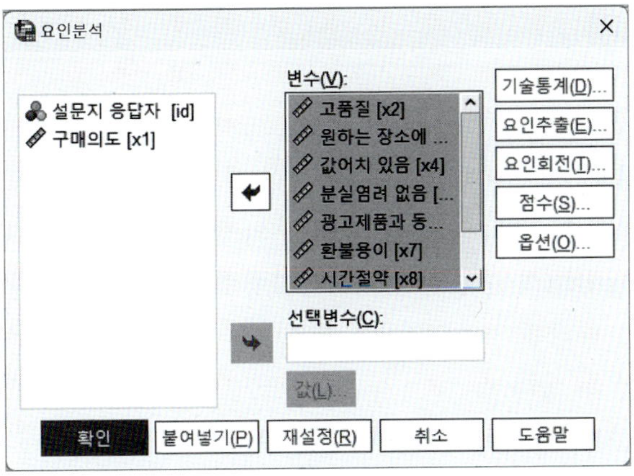

⑤ [그림 13.11]에서 [기술통계(D)...]를 클릭하면 기술통계 대화상자가 나타난다. 여기서 [그림 13.12]와 같이 통계량의 [초기해법(I)]을 선택하고, 상관행렬의 [계수(C)], [유의수준(S)], [KMO와 Bartlett의 구형성 검정], 그리고 [역-이미지(A)]를 선택한다.

그림 13.12 | 기술통계 대화상자

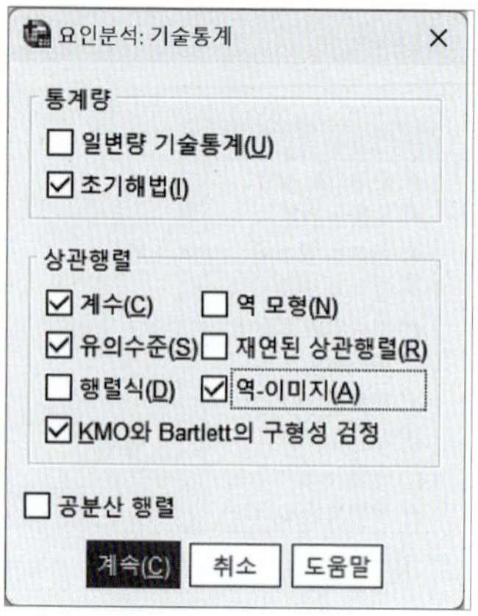

☞ 기술통계 대화상자에서 선택한 내용은 다음과 같은 의미를 갖는다.

[통계량]

- **초기해법:** 초기 공통성, 고유값, 설명된 분산의 퍼센트 등을 나타낸다(**기본설정**).

[상관행렬]

- **계수:** 요인분석 시 지정된 변수에 대한 상관행렬을 나타낸다.
- **유의수준:** 상관행렬에서 계수의 단측 유의수준을 나타낸다.
- **Bartlett의 구형성 검정:** 상관행렬 상의 모든 상관관계 값들의 전반적 유의성을 나타낸다. 이 값이 유의적이면 자료가 요인분석을 실시하는 데 적절하다고 할 수 있다.
- **KMO:** Kaiser-Meyer-Olkin Measure of Sampling Adequacy(MSA) 역시 전체 상관행렬이 요인분석에 적합한지를 나타내는 지표이다. 그 값이 .50보다 크면 자료가 요인분석에 적합하다고 할 수 있다.
- **역-이미지:** 각 변수의 MSA를 나타내는 행렬표를 도출한다. 각 변수의 MSA 값(대각선 상의 값)이 .50보다 크면 그 변수가 요인분석에 적합한 것으로 본다. .50보다 작으면 그 변수를 제거하고 요인분석을 다시 실시한다. 만약 .50보다 작은 것이 두 개 이상이면 가장 작은 값을 갖는 변수를 제거한 다음 분석을 실시한다. 분석결과 기존의 작은 MSA 값을 가졌던 변수의 MSA 값이 .50보다 더 이상 작아지지 않으면 그대로 유지하고, .50보다 작으면 이 변수도 제거하고 다시 분석을 실시한다.

⑥ [그림 13.12]에서 [계속(C)]을 클릭한다.

⑦ [그림 13.11]에서 [요인추출(E)...]을 클릭하면 요인추출 대화상자가 나타난다. 여기서 [그림 13.13]과 같이 방법(M)은 [주성분]을, 분석은 [상관행렬(R)]을, 표시는 [회전하지 않은 요인해법(F)]과 [스크리 도표(S)]를, 추출은 [고유값 기준(E)]을 선택한다. 이때 [다음 값보다 큰 고유값(A)]은 기본설정된 1을 유지한다. 또한 [수렴을 위한 최대 반복(X)]은 기본설정된 25를 유지한다.

그림 13.13 요인추출 대화상자

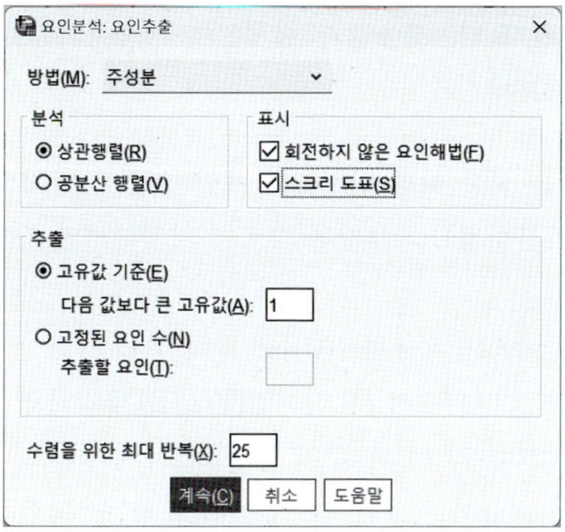

☞ 요인추출 대화상자의 선택사항들은 다음과 같은 의미를 갖는다.

[방법]

- **주성분**: 13.3 요인분석의 개요에서 설명한 것처럼 일반적으로 가장 많이 사용되는 방법(즉, 주성분분석)으로 변수들을 요인들의 선형결합으로 가정하는 방법이다(**기본설정**).

[분석]

- **상관행렬**: 변수들 간의 상관행렬을 나타낸다(**기본설정**).
- **공분산행렬**: 변수들 간의 공분산행렬을 나타낸다.

[표시]

- **회전하지 않은 요인해법**: 요인해법에 대한 회전하지 않은 요인적재값(요인 패턴 행렬), 공통성, 고유값 등을 표시한다(**기본설정**).

- **스크리 도표**: 내림차순의 고유치 그래프로서 각 요인과 관련된 분산 도표로 그대로 유지할 요인의 수를 결정하는 데 사용된다. 일반적으로 도표는 큰 요인들의 가파른 기울기와 나머지 요인들의 점진적 꼬리 부분(스크리) 간의 뚜렷한 구분을 보여준다.

[추출]

- **다음 값보다 큰 고유값 1**: 고유값(eigenvalue)이 1보다 큰 요인만 추출된다. 요인 추출용 분리점으로 다른 고유값을 사용하려면 그 값을 입력한다(**기본설정**).
- **추출할 요인**: 고유값과 관계없이 사용자가 지정한 요인의 수에 따라 요인을 추출한다.

- **수렴을 위한 최대 반복 25**: 요인 추출에 대해 25회의 최대반복계산을 수행한다(**기본설정**). 최대값을 다르게 지정하려면 양의 정수를 입력한다.

⑧ [그림 13.13]의 [계속(C)]을 클릭한다.

⑨ [그림 13.11]에서 [요인회전(T)...]을 클릭하면 요인회전 대화상자가 나타나는데, [그림 13.14]와 같이 방법으로 [베리멕스(V)]를 선택하고 기본설정된 [카이저 정규화 적용]을 유지한다. 표시는 [회전 해법(R)]과 [적재량 도표(L)]를 선택하고, [수렴을 위한 최대 반복(X)]으로는 기본설정된 25를 유지한다.

그림 13.14 요인회전 대화상자

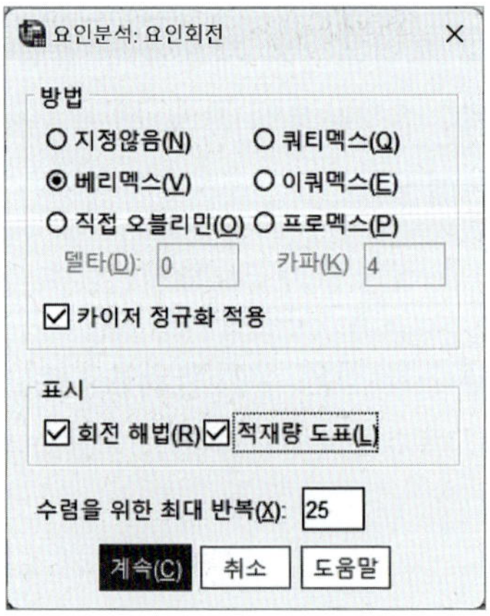

☞ 요인회전 대화상자에서 선택사항들은 다음과 같은 의미를 갖는다.

[방법]

- **지정않음**: 추출된 요인들을 회전시키지 않는 것으로서 기본설정 상태이다.
- **베리멕스**: 요인행렬의 열(column)의 분산의 합계를 최대화함으로써(maximize the sum of variances) 열(요인)을 단순화하는 방식이다. 여기서 열의 분산의 합계를 최대화하는 것은 적재값을 가급적 +1, -1, 혹은 0에 가깝게 하도록 함으로써 가능하다. 일반적으로 가장 많이 사용하는 방법으로 본 예에서도 베리멕스를 지정해준다.
- **쿼티멕스**: 행(row)을 중심으로 하는데, 한 변수가 한 요인에는 가급적 높게, 그리고 다른 요인들에는 가급적 낮게 적재되도록 함으로써 행(변수)을 단순화하는 방식이다.
- **이쿼멕스**: 베리멕스 방법과 쿼티멕스 방법을 절충한 회전방식이다.
- **직접 오블리민**: SPSS에서 제공하는 사각요인 회전방식이다.
- **프로멕스**: SPSS에서 제공하는 사각요인 회전방식이다.
- **카이저 정규화 적용**: 각 변수의 공통성(communality)을 1로 정규화(normalize)하여 회전 과정을 수행하는 방식으로, 베리멕스 회전과 함께 많이 사용된다. 28 버전까지는 베리멕스 회전을 선택하면 자동으로 카이저 정규화가 적용되었으나 30 버전부터는 카이저 정규화 여부를 선택할 수 있게 되었다.

[표시] – 요인회전방법을 선택하면 활성화된다.

- **회전 해법**: 회전된 요인행렬을 나타내준다(**기본설정**).
- **적재량 도표**: 회전된 요인 상에서 각 변수의 위치를 도표로 나타내 준다.

⑩ [그림 13.14]에서 [계속(C)]을 클릭한다.

⑪ [그림 13.11]에서 [점수(S)...]를 클릭하면 요인점수 대화상자가 나타나는데, [그림 13.15]와 같이 [변수로 저장(S)]과 [요인점수 계수행렬 표시(D)]를 선택한다. 이때 변수로 저장 방법으로는 [회귀(R)]를 선택한다.

그림 13.15 | 요인점수 대화상자

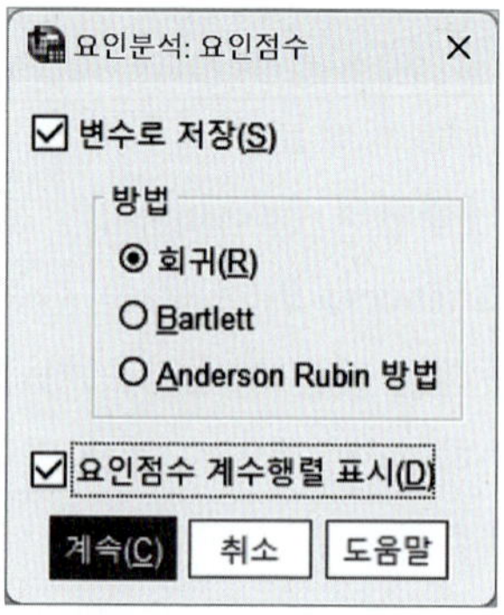

☞ 요인점수 대화상자의 선택사항들은 다음의 의미를 갖는다.

- **변수로 저장**: 요인점수를 변수로 저장한다. 각 요인에 해당하는 변수가 하나씩 생성된다. 독자들은 분석을 실시한 후 데이터파일에서 이를 확인할 수 있다. 방법으로는 일반적으로 '회귀(R: 기본설정)'를 선택한다.
- **요인점수 계수행렬 표시**: 요인점수 계수행렬과 요인점수 공분산행렬이 표시된다.

⑫ [그림 13.15]에서 [계속(C)]을 클릭한다.

⑬ [그림 13.11]에서 [옵션(O)...]을 클릭하면 옵션 대화상자가 나타난다. 여기서 [그림 13.16]과 같이 결측값으로 [목록별 결측값 제외(L)]를, 계수표시형식으로 [크기순 정렬(S)]을 선택한다.

그림 13.16 | 옵션 대화상자

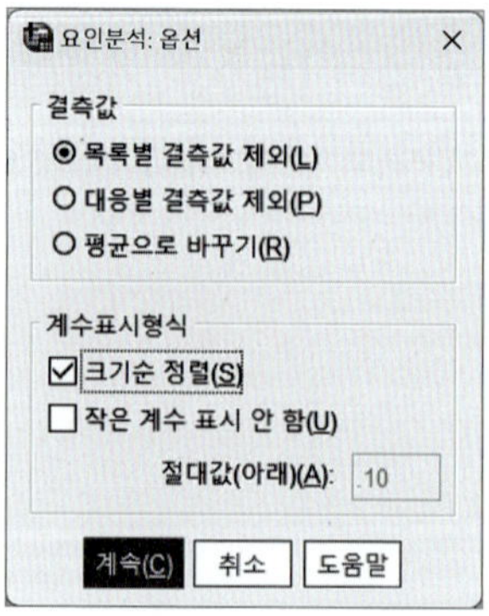

☞ 옵션 대화상자의 선택사항들은 다음과 같은 의미를 갖는다.

[결측값]

- **목록별 결측값 제외**: 결측값이 있는 케이스는 모든 분석에서 제외시킨다(**기본설정**).
- **대응별 결측값 제외**: 해당 검증과 관련된 변수에 대해 결측값이 있는 케이스를 분석에서 제외시킨다.
- **평균으로 바꾸기**: 결측값을 변수 평균으로 대체한다.

[계수표시형식]

- **크기순 정렬**: 요인적재값 행렬과 구조 행렬을 정렬하여 동일한 요인에 대해 높은 적재값을 가지는 변수부터 순차적으로 나타나게 한다.
- **작은 계수 표시 안 함－절대값(아래)**: 절대값이 지정한 값보다 작은 계수는 표시되지 않게 하는 조건으로서 0.10이 기본설정 값이다. 여기서 원하는 독자는 .4 혹은 .5를 입력하여 그 결과를 확인할 수 있다.

⑭ [그림 13.16]에서 [계속(C)]과 이어서 [확인]을 클릭하면 결과가 나타난다(표 13.7부터).

〈표 13.7〉은 요인분석에 이용된 변수들 간의 상관계수와 계수의 유의성을 보여준다. 요인분석은 상관관계가 높은 변수들끼리 그룹핑하는 것이므로 기본적으로 변수들 간의 상관관계가 어느 정도 높아야 한다. 구체적으로 상관관계값들이 .3보다 큰 것이 여러 개 있어야 한다. 〈표 13.7〉에는 .3보다 큰 상관관계값이 다수 보이는데 이는 대체로 본 예제의 자료가 요인분석의 대상이 될 수 있음을 의미한다. 예를 들어, 고품질, 값어치 있음, 유명브랜드의 세 변수들 간의 상관관계는 모두 .5 이상인데 이는 이 변수들이 동일한 요인에 적재될 가능성이 있음을 보여준다.

〈표 13.8〉은 KMO와 Bartlett의 검정 결과를 나타낸다. 이는 〈표 13.7〉의 상관행렬의 보조표로서 상관행렬 상의 모든 상관관계값들의 전반적 유의성을 나타내는 것이다. 여기서 Bartlett의 구형성 검정의 유의확률이 .001보다 작게 나타나 전반적으로 변수들 간의 상관관계는 유의적이며, 따라서 본 예제의 자료는 요인분석을 실시하기 위한 적절한 자료라고 할 수 있다. 그런데 이 검정은 표본의 크기가 클수록 유의적으로 나타난다. 그러므로 실제로 변수들 간의 상관관계가

그리 높지 않더라도 표본의 크기가 매우 크면 유의적으로 나타날 수 있다. 또한 Kaiser-Meyer-Olkin 측도 역시 전체 상관행렬이 요인분석에 적합한지를 나타내는 지표이다. 여기서 그 값은 .630으로 나타나 기준치 .50보다 높게 나타났으므로 자료가 요인분석에 적합하다고 할 수 있다.

표 13.7 상관행렬

상관행렬

		고품질	원하는 장소에 배달	값어치 있음	분실 염려 없음	광고 제품과 동일	환불 용이	시간 절약	구매가 용이	유명 브랜드
상관관계	고품질	1.000	.312	.535	.154	.228	-.094	-.011	.106	.671
	원하는 장소에 배달	.312	1.000	.224	.108	.019	-.084	.240	.612	.312
	값어치 있음	.535	.224	1.000	.020	.084	.027	.184	.146	.761
	분실염려 없음	.154	.108	.020	1.000	.531	.579	.189	.143	.100
	광고제품과 동일	.228	.019	.084	.531	1.000	.573	.148	.196	.187
	환불용이	-.094	-.084	.027	.579	.573	1.000	.214	.095	.034
	시간절약	-.011	.240	.184	.189	.148	.214	1.000	.490	.125
	구매가 용이	.106	.612	.146	.143	.196	.095	.490	1.000	.263
	유명브랜드	.671	.312	.761	.100	.187	.034	.125	.263	1.000
유의확률 (단측)	고품질		.002	<.001	.086	.021	.203	.461	.174	<.001
	원하는 장소에 배달	.002		.023	.169	.435	.228	.016	.000	.002
	값어치 있음	.000	.023		.429	.229	.405	.051	.098	.000
	분실염려 없음	.086	.169	.429		.000	.000	.046	.102	.189
	광고제품과 동일	.021	.435	.229	.000		.000	.096	.041	.048
	환불용이	.203	.228	.405	.000	.000		.028	.202	.382
	시간절약	.461	.016	.051	.046	.096	.028		.000	.135
	구매가 용이	.174	.000	.098	.102	.041	.202	.000		.009
	유명브랜드	.000	.002	.000	.189	.048	.382	.135	.009	

표 13.8 KMO와 Bartlett의 검정

표본 적절성의 Kaiser-Meyer-Olkin 측도		.630
Bartlett의 구형성 검정	근사 카이제곱	279.866
	자유도	36
	유의확률	<.001

표 13.9 역-이미지 행렬

역-이미지 행렬

		고품질	원하는 장소에 배달	값어치 있음	분실 염려 없음	광고 제품과 동일	환불 용이	시간 절약	구매가 용이	유명 브랜드
역-이미지 공분산	고품질	.433	−.108	−.042	−.087	−.133	.144	.038	.085	−.157
	원하는 장소에 배달	−.108	.526	−.016	−.075	.092	.041	.037	−.284	.008
	값어치 있음	−.042	−.016	.387	.053	.038	−.042	−.112	.060	−.215
	분실염려 없음	−.087	−.075	.053	.558	−.121	−.224	−.058	.031	.008
	광고제품과 동일	−.133	.092	.038	−.121	.527	−.215	.027	−.100	−.006
	환불용이	.144	.041	−.042	−.224	−.215	.476	−.055	.016	−.024
	시간절약	.038	.037	−.112	−.058	.027	−.055	.687	−.235	.047
	구매가 용이	.085	−.284	.060	.031	−.100	.016	−.235	.448	−.081
	유명브랜드	−.157	.008	−.215	.008	−.006	−.024	.047	−.081	.298
역-이미지 상관계수	고품질	.647[a]	−.227	−.103	−.178	−.278	.318	.069	.194	−.438
	원하는 장소에 배달	−.227	.604[a]	−.035	−.138	.175	.083	.062	−.586	.019
	값어치 있음	−.103	−.035	.658[a]	.114	.084	−.098	−.218	.143	−.632
	분실염려 없음	−.178	−.138	.114	.695[a]	−.223	−.436	−.094	.062	.020
	광고제품과 동일	−.278	.175	.084	−.223	.660[a]	−.428	.045	−.207	−.015
	환불용이	.318	.083	−.098	−.436	−.428	.593[a]	−.097	.035	−.065
	시간절약	.069	.062	−.218	−.094	.045	−.097	.628[a]	−.424	.104
	구매가 용이	.194	−.586	.143	.062	−.207	.035	−.424	.536[a]	−.222
	유명브랜드	−.438	.019	−.632	.020	−.015	−.065	.104	−.222	.657[a]

a. 표본화 적합성 측도(MSA).

〈표 13.9〉는 역-이미지 행렬로서 대각선상의 값들은 각 변수의 MSA(measure of sampling adequacy)를 나타낸다. 본 자료의 경우 모든 MSA 값들이 기준치인 .50보다 높아 모든 변수가 요인분석을 실시하는 데 적합하다고 할 수 있다. 만약 .50보다 낮은 MSA 값을 가진 변수(들)가 있으면 제거를 적극적으로 고려할 수 있다.

한 변수의 **communality**는 그 변수가 다른 변수들과 공유하는(share) 분산의 양인데, 요인분석 결과에서는 한 변수의 분산이 추출된 요인들에 의해 설명되는 정도를 가리키며 0과 1 사이의 값을 갖는다. 〈표 13.10〉에서 초기 공통성은 요인 추출 이전의 공통성으로 언제나 1이다. 추출 공통성은 각 변수가 추출된 요인들에 의해 얼마나 설명되는지를 나타낸다. 예를 들어, 〈표 13.5〉의 회전 이후 변수 1의 communality는 $(.03)^2+(.94)^2=.8845$가 된다. communality 값은 어느 정도 커야 된다. 그 값이 작으면 이는 추출된 요인들이 그 변수의 분산을 잘 설명하지 못하는 것이기 때문이다. 보통 .50보다 큰 것이 바람직한데, 그보다 작은 경우 취할 수 있는 방법에는 두 가지가 있다. 한 가지는 그 변수를 무시하고 나머지 변수들을 중심으로 해석을 하는 것이며, 또 다른 한 가지는 그 변수를 제거하고 요인분석을 다시 실시하는 것이다. 연구자는 어느 방법이든 취할 수 있으나, 두 번째 방법은 그 변수를 제거하더라도 연구목적에 별로 위배되지 않는 경우에 택해야 한다.

〈표 13.10〉에 의하면, 추출된 요인들에 의해서 고품질이라는 변수는 73.6%가 설명됨을 알 수 있다. 9개 변수의 communality는 모두 .5보다 크므로 분석을

표 13.10 공통성(communality)

	초기	추출
고품질	1.000	.736
원하는 장소에 배달	1.000	.662
값어치 있음	1.000	.718
분실염려 없음	1.000	.678
광고제품과 동일	1.000	.702
환불용이	1.000	.761
시간절약	1.000	.544
구매가 용이	1.000	.814
유명브랜드	1.000	.847

추출 방법: 주성분 분석.

표 13.11 설명된 총분산

성분	초기 고유값			추출 제곱합 적재량			회전 제곱합 적재량		
	전체	% 분산	누적 %	전체	% 분산	누적 %	전체	% 분산	누적 %
1	2.930	32.561	32.561	2.930	32.561	32.561	2.385	26.502	26.502
2	2.038	22.639	55.200	2.038	22.639	55.200	2.162	24.022	50.524
3	1.493	16.585	71.784	1.493	16.585	71.784	1.913	21.260	71.784
4	.826	9.182	80.966						
5	.500	5.556	86.523						
6	.481	5.340	91.863						
7	.298	3.309	95.172						
8	.254	2.826	97.999						
9	.180	2.001	100.000						

추출 방법: 주성분 분석.

진행하는 데 문제가 없다.

〈표 13.11〉은 세 부분으로 구성되어 있다. 좌측부분은 9개 변수로부터 추출될 수 있는 최대 요인의 수인 9개 요인이 추출된 경우의 각 요인의 고유값(eigenvalue)과 설명력을 보여준다. **추출할 요인의 수를 지정하기 위하여 eigenvalue 1을 이용하였는데, 요인 4의 eigenvalue는 .826이므로 세 개의 요인이 추출되었다.** 가운데 부분은 추출된 요인의 회전 이전 eigenvalues와 설명력을 나타낸다. 우측부분은 회전 이후 eigenvalues와 설명력을 나타내며 가장 중요한 부분이다. eigenvalue는 그 요인이 설명하는 분산의 양을 나타내는 것으로 값이 높을수록 중요한 요인이며, 추출되는 요인들은 eigenvalue가 높은 순서로 추출된다. 즉, eigenvalue는 그 요인에 속한 요인적재값의 제곱의 합계이며, 설명력(% 분산)은 그 요인이 전체분산 중 몇 %를 설명하는가를 나타낸다. 예를 들어, 회전이후 요인 1의 eigenvalue와 % 분산은 다음과 같이 계산된다. 괄호 안의 값은 〈표 13.13〉에 나타난 값이다.

$$(.902)^2+(.855)^2+(.840)^2+(-.087)^2+(.169)^2+(.059)^2+(.093)^2+(.293)^2 +(-.035)^2=2.385$$

$$\% \text{ 분산}=2.385/9=26.502\%$$

끝으로, 누적 %는 추출된 요인들이 전체분산의 몇 %를 설명하는가를 나타

그림 13.17 스크리 도표

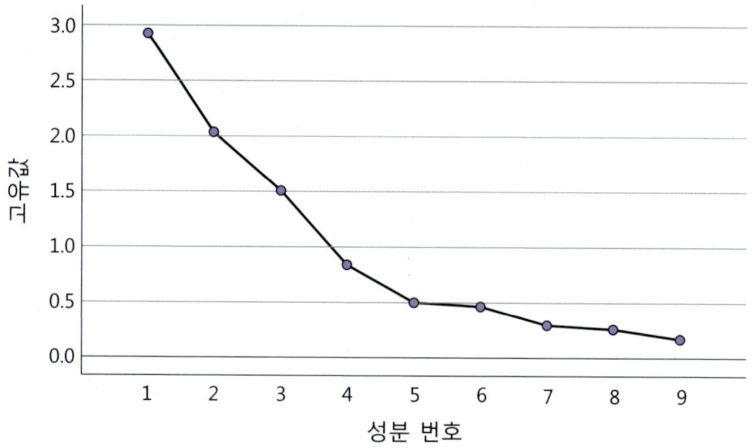

낸다. 〈표 13.11〉은 세 개의 요인들이 전체분산의 71.784%를 설명함을 보여준다. 따라서 이 값은 이 표에서 가장 중요한 값이다.

[그림 13.17]은 스크리 도표를 보여준다. 스크리 도표를 이용하는 경우 요인의 수가 네 개에서 다섯 개로 증가함에 따라 고유값의 감소폭이 체감되므로 네 개의 요인을 추출하도록 지정할 수 있다. 한편, 이 스크리 도표로부터 본 요인분석을 위해 설정한 '고유값 1' 기준을 만족시키는 요인이 세 개임을 알 수 있다.

표 13.12 회전 전 요인행렬[a]

	성분		
	1	2	3
유명브랜드	.773	−.403	−.296
값어치 있음	.672	−.424	−.295
고품질	.657	−.389	−.391
원하는 장소에 배달	.568	−.246	.528
환불용이	.333	.787	−.174
분실염려 없음	.459	.665	−.158
광고제품과 동일	.507	.614	−.262
구매가 용이	.589	.032	.683
시간절약	.451	.210	.544

추출 방법: 주성분 분석.
a. 추출된 3 성분.

표 13.13 회전된 요인행렬[a]

	성분		
	1	2	3
유명브랜드	.902	.074	.168
고품질	.855	.062	.025
값어치 있음	.840	.012	.114
환불용이	−.087	.867	.036
광고제품과 동일	.169	.819	.055
분실염려 없음	.059	.813	.118
구매가 용이	.093	.090	.893
원하는 장소에 배달	.293	−.113	.750
시간절약	−.035	.222	.702

추출 방법: 주성분 분석.
회전 방법: 카이저 정규화가 있는 베리멕스.
a. 4 반복계산에서 요인회전이 수렴되었습니다.

〈표 13.12〉와 〈표 13.13〉은 각각 회전 전 요인행렬과 회전된 요인행렬을 나타낸다.[5] 〈표 13.12〉에서 각 변수의 **공통성**(communality)은 요인 1, 2, 3에 대한 적재량의 제곱합에 의해 구할 수 있다. 예를 들어, 유명브랜드의 공통성은 요인 1~3에 대한 적재량(.773, −.403, −.296)의 제곱합인 .847이다(표 13.10 참조). 〈표 13.13〉은 베리멕스 방식으로 4회 반복회전하여 얻어진 결과로서 〈표 13.12〉에 비하여 요인구조가 매우 뚜렷하게 나타나고 있다. 이때 각 요인에 높게 적재된 변수들을 중심으로 요인의 명칭을 부여해준다. 요인의 명칭을 부여하기 위해서는 각 요인에 높게 적재된 해당변수들과 부호를 면밀히 검토해야 한다. 같은 요인에 높게 적재된 변수들은 모두 그 요인과의 상관관계가 높으므로 당연히 그 변수들 간의 상관관계도 높은 것으로 기대된다. 그러므로 연구자는 해당변수들의 공통적인 특성으로부터 주관적으로 요인의 명칭을 정한다.

그런데 경우에 따라 같은 요인에 적재된 변수들 간에 공통적 특성이 존재하지 않을 수 있다. 이 경우 연구자는 요인의 명칭을 **'불확정 요인**(undefined factor)'으로 할 수 있다. 혹은 일부 변수들의 특성이 다른 변수들과 공통적 성격을 갖지 못한다면 그 변수들을 제거하고 다시 분석할 수 있다. 예를 들어 A, B,

5 SPSS 출력결과는 초기 요인행렬을 '성분행렬,' 그리고 회전된 요인행렬을 '회전된 성분행렬'로 표기한다. 여기서 성분이라는 말로 나타나는 것은 요인추출방법으로 주성분(principal components)을 택했기 때문이다(see 그림 13.13). 이 경우 성분(component)은 넓은 의미에서 요인에 해당하므로 일반적 관례에 따라 본서에서는 요인(factor)이라는 표기를 사용한다.

C, D 네 개의 변수가 같은 요인에 높게 적재되어 있으나 이 중 A, B, C는 개념적으로 유사하나 D는 매우 다르다면 D를 제거한 후 다시 요인분석할 수 있다. 추가적으로, 한 변수가 두 개의 요인에 높게 적재되어 나타날 수 있는데 이를 **교차적재**(cross-loading)라고 한다. 이는 그 변수가 다른 여러 변수들과의 상관관계가 높은 데 기인한다. 이 경우 연구자는 이를 무시할 수도 있고, 그 변수를 제거한 후 다시 분석할 수도 있다. 혹은 요인의 수를 한 개 감소시켜 지정한 후 다시 분석을 해볼 수도 있다.

본 예에서는 요인 1에는 유명브랜드, 고품질, 값어치 있음이, 요인 2에는 환불용이, 광고제품과 동일, 분실염려 없음이, 요인 3에는 구매가 용이, 원하는 장소에 배달, 시간절약이 높게 적재되는 것으로 나타났다. 따라서 요인 1은 품질, 요인 2는 신뢰성, 요인 3은 편의성으로 명명할 수 있다.

표 13.14 요인 변환 행렬

성분	1	2	3
1	.721	.433	.541
2	–.517	.856	.003
3	–.462	–.282	.841

추출 방법: 주성분 분석.
회전 방법: 카이저 정규화가 있는 베리멕스.

〈표 13.14〉는 요인회전시 사용한 변환행렬값을 의미한다. 예를 들어, 〈표 13.12〉의 유명브랜드의 값들과 〈표 13.14〉의 요인 1 값들을 곱하면 다음과 같이 〈표 13.13〉의 유명브랜드의 요인 1의 요인적재값이 된다.

$$(.773)\times(.721)+(-.403)\times(-.517)+(-.296)\times(-.462)=.902$$

[그림 13.18]은 회전 공간의 성분 도표로 회전된 요인 상에 각 변수의 위치를 입체적으로 보여준다. 그러나 회전된 요인의 수가 세 개일 경우 해석이 쉽지 않으며, 네 개 이상일 경우에는 해석이 불가능하다.

그림 13.18 회전된 공백에서 구성요소 도표

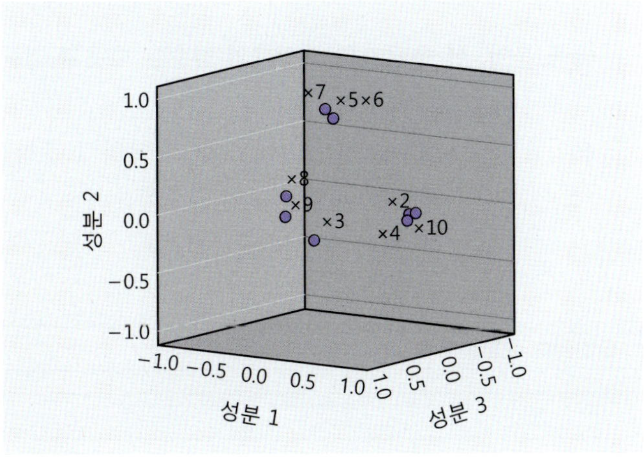

표 13.15 요인점수 계수행렬

	성분		
	1	2	3
고품질	.381	.008	−.100
원하는 장소에 배달	.039	−.119	.402
값어치 있음	.364	−.023	−.043
분실염려 없음	−.007	.377	−.003
광고제품과 동일	.050	.382	−.053
환불용이	−.064	.413	−.035
시간절약	−.111	.052	.390
구매가 용이	−.075	−.029	.493
유명브랜드	.384	.001	−.025

추출 방법: 주성분 분석.
회전 방법: 카이저 정규화가 있는 베리멕스.
요인 점수.

〈표 13.15〉는 요인점수 계수행렬을 나타낸다. 요인점수는 각 응답자별로 다수 변수들에 대한 응답을 소수의 요인으로 축약한 것이다. 여기서는 원래 9개 변수를 3개의 요인으로 축약하였으므로 개인별로 3개의 요인점수를 계산할 수 있다. 요인점수는 다음과 같이 계산된다.

$$\text{개인별 요인점수} = \sum_{i=1}^{k} (\text{변수 } i\text{의 요인계수} \times \text{변수 } i\text{의 원자료의 표준화값})$$

예를 들어, 한 응답자의 요인 1의 점수는 다음과 같이 계산된다.

요인 1 점수=.381×(고품질에 대한 응답의 표준화값)+.039×(원하는 장소 배달에 대한 응답의 표준화값)+ · · · · · · +.384×(유명브랜드에 대한 응답의 표준화값)

표 13.16 요인점수 공분산행렬

성분	1	2	3
1	1.000	.000	.000
2	.000	1.000	.000
3	.000	.000	1.000

추출 방법: 주성분 분석.
회전 방법: 카이저 정규화가 있는 베리멕스.
요인 점수.

〈표 13.16〉은 요인점수 공분산행렬을 나타낸 것으로서 각 요인 간의 공분산이 0임을 알 수 있다. 본 분석은 베리멕스 방식의 직각회전을 한 것으로 회전 후 요인들은 서로 독립적이므로 공분산이 0이 된다.

13.5 요인점수를 이용한 회귀분석

위의 요인분석 절차에 의하여 변수의 수를 축소시켜 의미 있는 세 개의 요인을 찾아냈고, [그림 13.15]에서는 요인분석결과 도출된 요인점수를 변수로 저장하도록 지정하였다. 이에 따라 요인분석의 데이터파일에 각 요인점수들이 추가로 새로운 변수를 생성하게 되어 데이터파일은 [그림 13.19]와 같은 화면으로 변한다.

그림 13.19 | 요인분석 결과 얻어진 요인점수 변수

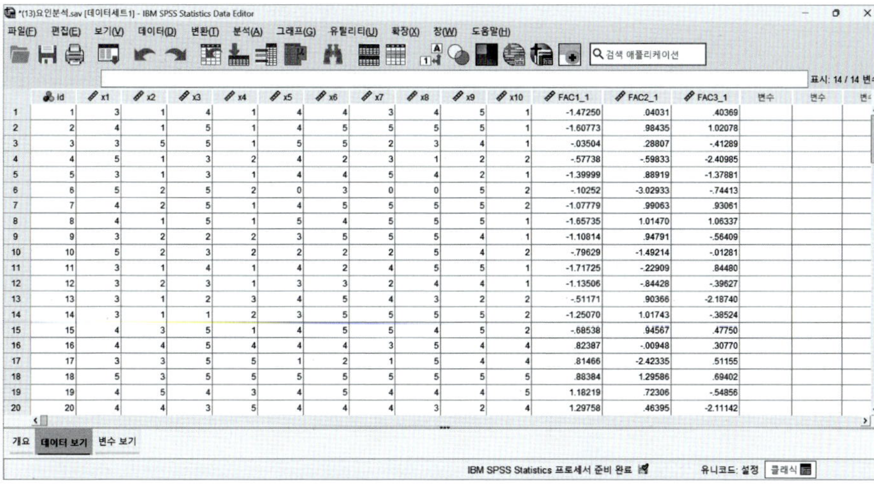

	id	x1	x2	x3	x4	x5	x6	x7	x8	x9	x10	FAC1_1	FAC2_1	FAC3_1
1	1	3	1	4	1	4	4	3	4	5	1	-1.47250	.04031	.40369
2	2	4	1	5	1	4	5	5	5	5	1	-1.60773	.98435	1.02078
3	3	3	5	5	1	5	5	2	3	4	1	-.03504	.28807	-.41289
4	4	5	1	3	2	4	2	3	1	2	2	-.57738	-.59833	-2.40985
5	5	3	1	3	1	4	4	5	4	2	1	-1.39999	.88919	-1.37881
6	6	5	2	5	2	0	3	0	0	5	2	-.10252	-3.02933	-.74413
7	7	4	2	5	1	4	5	5	5	5	2	-1.07779	.99063	.93061
8	8	4	1	5	1	5	4	5	5	5	1	-1.65735	1.01470	1.06337
9	9	3	2	2	2	3	5	5	5	4	1	-1.10814	.94791	-.56409
10	10	5	2	3	2	2	2	2	5	4	2	-.79629	-1.49214	-.01281
11	11	3	1	4	1	4	2	4	5	5	1	-1.71725	-.22909	.84480
12	12	3	2	3	1	3	3	2	4	4	1	-1.13506	-.84428	-.39627
13	13	3	1	2	3	4	5	4	3	2	2	-.51171	.90366	-2.18740
14	14	3	1	1	2	3	5	5	5	5	2	-1.25070	1.01743	-.38524
15	15	4	3	5	1	4	5	5	4	5	2	-.68538	.94567	.47750
16	16	4	4	5	4	4	4	3	5	4	4	.82387	-.00948	.30770
17	17	3	3	5	5	1	2	1	5	4	4	.81466	-2.42335	.51155
18	18	5	3	5	5	5	5	5	5	5	5	.88384	1.29586	.69402
19	19	4	5	4	3	4	5	4	4	4	5	1.18219	.72306	-.54856
20	20	4	4	3	5	4	4	4	3	2	4	1.29758	.46395	-2.11142

요인분석 결과 산출된 요인은 회귀분석 혹은 판별분석을 위한 독립변수로 사용될 수 있다. 본 예에서는 요인분석 결과 찾아낸 세 개의 요인(품질, 신뢰성, 편의성)이 구매의도에 미치는 영향력을 알아보기 위해서 세 개의 요인을 독립변수로 설정하고 구매의도를 종속변수로 설정하여 회귀분석을 실시하였다. 구매의도는 〈예제 13.2〉의 1번 항목으로 측정하였다. 그리고 요인들 간에 공선성이 있는지를 확인하기 위해 '통계량 → 공선성 진단'을 선택하였다. 회귀분석한 결과는 〈표 13.17〉과 같이 나타났다.

이 경우 연구문제는 다음과 같이 설정될 수 있다.

연구 문제 도출된 세 개의 요인, 즉 품질, 신뢰성, 편의성은 구매의도에 영향을 미치는가?

표 13.17 요인점수를 이용한 회귀분석 결과

모형 요약

모델	R	R 제곱	수정된 R 제곱	추정값의 표준오차
1	.629[a]	.396	.372	.655

a. 예측자: (상수), 편의성, 신뢰성, 품질.

ANOVA[a]

모델		제곱합	자유도	평균제곱	F	유의확률
1	회귀	21.360	3	7.120	16.604	<.001[b]
	잔차	32.590	76	.429		
	전체	53.950	79			

a. 종속변수: 구매의도.
b. 예측자: (상수), 편의성, 신뢰성, 품질.

계수[a]

모델		비표준화 계수		표준화 계수	t	유의확률	공선성 통계량	
		B	표준화 오류	베타			공차	VIF
1	(상수)	3.475	.073		47.464	<.001		
	품질	.361	.074	.437	4.904	<.001	1.000	1.000
	신뢰성	.272	.074	.329	3.692	<.001	1.000	1.000
	편의성	.257	.074	.311	3.483	<.001	1.000	1.000

a. 종속변수: 구매의도.

〈표 13.17〉로부터 회귀식 $\hat{Y}=3.475+.361X_1+.272X_2+.257X_3$를 발견할 수 있다($X_1$=품질, X_2=신뢰성, X_3=편의성). **회귀식은 유용하며(R^2=.396, F=16.604, p=.000), 세 개의 독립변수 모두 구매의도에 正(+)의 방향으로 영향을 미친다고 해석할 수 있다. 또한 표준화계수를 보면 세 개의 독립변수들이 회귀식에 동시에 포함된 경우 품질의 영향력이 가장 크며, 다음으로 신뢰성, 그리고 편의성의 순으로 구매의도에 영향을 미치는 것으로 볼 수 있다.** 세 개 요인들의 공선성 통계량(공차=1, VIF=1)은 공선성이 전혀 없음을 보여준다. 이는 본 예제의 경우 직각회전(VARIMAX) 방식으로 요인들을 회전하여 요인들 간의 상관관계를 '0'으로 했기 때문이다. 위의 회귀분석은 아홉 개 변수 대신 세 개의 요인을 독립변수로 하여 회귀분석을 실시한 것인데, 추가적으로 이 경우 아홉 개 변수를 독립변수로 하여 회귀분석을 실시하면 R^2는 .501이며, 다수의 변수가 비유의적으로

나타난다. 〈표 13.17〉에 나타난 R^2는 .396인데 이는 아홉 개의 변수 대신 세 개의 요인을 독립변수로 하여 분석함으로써 정보가 상실되었기 때문이다. 또한 아홉 개 변수를 이용한 회귀분석의 경우 다수의 변수들이 비유의적인 것은 변수들 간의 다중공선성이 높기 때문이다.

참고로, 본 예제의 경우 아홉 개 변수로부터 도출된 세 개 요인의 요인점수를 아홉 개 변수의 대리변수(surrogate variable)로 사용하였다. 그런데 이러한 요인점수 외에도 각 요인의 대리변수로서 각 요인에 가장 높게 적재된 변수를 취하거나 혹은 각 요인에 높게 적재된 변수들의 평균값을 이용하여 회귀분석을 실시할 수도 있다.[6]

6 Joseph F. Hair, Jr., William C. Black, Barry J. Babin, and Rolph E. Anderson, *Multivariate Data Analysis*, 7th ed., Pearson, 2010, pp. 141-144.

연 / 습 / 문 / 제

SPSS 30

1. 한 패스트푸드 점에서 40명의 고객들을 대상으로 일곱 개의 7점 척도 항목을 이용하여 의견조사를 하였다. 조사항목과 수집된 자료는 다음과 같다. 이 자료를 이용하여 VARIMAX 회전방식의 요인분석을 실시하고 그 결과를 해석하시오(eigenvalue=1 기준).

자료파일: (13)연습문제(패스트푸드점).sav.

항목	①	②	③	④	⑤	⑥	⑦
1. 음식맛	매우 나쁘다			보통이다			매우 좋다
2. 음식온도	매우 부적합			보통이다			매우 적합
3. 신선도	전혀 신선하지 않음			보통이다			매우 신선함
4. 매장 청결상태	매우 불결함			보통이다			매우 청결함
5. 매장 편의시설	매우 불편함			보통이다			매우 편리함
6. 종업원 숙련도	매우 미숙함			보통이다			매우 숙련됨
7. 종업원 친절도	매우 불친절			보통이다			매우 친절

id	x1	x2	x3	x4	x5	x6	x7	id	x1	x2	x3	x4	x5	x6	x7
1	5	5	5	5	4	5	5	21	5	6	5	3	5	5	5
2	6	7	7	6	6	5	5	22	5	4	3	5	6	6	6
3	3	5	3	6	6	6	6	23	4	4	5	4	4	4	4
4	4	6	6	5	6	5	5	24	2	4	3	5	5	5	5
5	6	4	5	5	5	5	4	25	4	5	6	4	2	6	6
6	3	4	3	3	4	4	3	26	4	3	3	3	3	6	5
7	6	5	5	5	5	3	5	27	7	6	6	7	7	6	6
8	6	6	6	4	4	6	5	28	1	2	3	1	1	6	7
9	3	3	3	4	2	5	4	29	6	5	5	6	6	6	6
10	6	6	7	7	6	7	6	30	5	4	5	6	5	5	5
11	4	5	5	5	6	6	6	31	6	7	7	4	2	5	5
12	6	7	6	6	4	6	6	32	4	2	2	5	4	3	3
13	5	5	6	4	4	3	4	33	6	6	5	6	6	5	5
14	5	5	5	5	4	4	5	34	4	4	4	3	3	6	6
15	5	5	4	4	4	5	5	35	5	6	6	4	3	5	6
16	6	7	7	5	6	7	7	36	6	7	6	4	4	3	3
17	5	6	7	6	5	7	7	37	6	5	5	4	4	5	4
18	5	5	6	6	6	7	6	38	6	7	6	6	6	7	6
19	5	5	5	6	5	7	5	39	5	2	4	2	2	6	6
20	5	6	6	6	6	7	6	40	4	4	4	4	4	4	4

[분석결과 및 해석]

KMO와 Bartlett의 검정

표본 적절성의 Kaiser-Meyer-Olkin 측도		.685
Bartlett의 구형성 검정	근사 카이제곱	162.311
	자유도	21
	유의확률	<.001

설명된 총분산

성분	초기 고유값			추출 제곱합 적재량			회전 제곱합 적재량		
	전체	% 분산	누적 %	전체	% 분산	누적 %	전체	% 분산	누적 %
1	3.486	49.794	49.794	3.486	49.794	49.794	2.415	34.496	34.496
2	1.591	22.734	72.528	1.591	22.734	72.528	1.846	26.368	60.864
3	1.026	14.653	87.181	1.026	14.653	87.181	1.842	26.317	87.181
4	.364	5.205	92.386						
5	.213	3.044	95.430						
6	.194	2.774	98.204						
7	.126	1.796	100.000						

추출 방법: 주성분 분석.

회전된 성분행렬[a]

	성분		
	1	2	3
신선도	.924	.091	.225
음식온도	.866	.279	.118
음식맛	.807	.317	−.077
편의시설	.199	.927	.104
청결상태	.320	.876	.133
친절도	.113	.036	.943
숙련도	.068	.176	.924

추출 방법: 주성분 분석.
회전 방법: 카이저 정규화가 있는 베리멕스.
a. 4 반복계산에서 요인회전이 수렴되었습니다.

KMO 표본 적합도와 Bartlett 검정결과 자료가 요인분석에 적합하다. 세 개의 요인이 전체분산의 87.181%를 설명한다. **요인분석 결과 요인 1에는 신선도, 음식온도, 음식맛, 요인 2에는 편의시**

설, 청결상태, 그리고 요인 3에는 종업원 친절도와 숙련도가 높게 적재되었다. 각 요인에 적재된 변수들을 볼 때, 요인 1은 음식품질 요인, 요인 2는 매장환경 요인, 그리고 요인 3은 종업원 요인으로 명명할 수 있다.

2. 최근 어떤 식품에 살모넬라균이 많이 번식하는 경향이 있다. 이에 대해 해당 식품관련업자들은 안전에 문제가 없다고 하지만 식품관련 전문가나 기관은 주의가 필요하다고 한다. 해당 식품의 살모넬라균에 대해 11 기관/사람이 정보를 제공하였다. 각 정보원을 얼마나 신뢰하는지 490명을 대상으로 설문지를 이용하여 7점 척도로 다음과 같이 측정하였다: 다음의 기관/사람이 **식품의 살모넬라균에 대해 정보를 제공하는 경우 귀하는 얼마나 신뢰하십니까? 전혀 신뢰하지 않는다(1) ~ 매우 신뢰한다(7).

정보원: 대형마트, TV뉴스, 식품학교수, 수퍼마켓, 라디오, 생산자, 인터넷, 잡지, 식품안전국, 환경기구, 신문.

전체 490명의 자료는 파일에 있으며 지면 절약을 위해 10명의 자료만 아래에 제시한다. VARIMAX 회전방식의 요인분석을 실시하고 결과를 해석하시오(eigenvalue = 1 기준).

자료파일: (13)연습문제(식품세균).sav.

응답자	대형마트	TV 뉴스	식품학 교수	수퍼 마켓	라디오	생산자	인터넷	잡지	식품 안전국	환경기구	신문
1	7	6	7	7	6	6	6	6	7	7	6
2	6	6	4	6	4	6	6	5	4	6	6
3	3	2	5	3	3	3	2	1	5	3	2
4	4	7	7	5	7	5	6	6	7	7	7
5	1	5	1	1	2	6	2	5	1	1	4
6	5	5	5	5	4	5	5	4	5	4	5
7	5	3	5	5	5	5	5	6	5	5	5
8	4	7	2	4	7	4	1	7	7	5	7
9	7	3	5	2	2	7	2	2	2	1	1
10	5	5	5	5	5	6	5	5	7	6	5

[분석결과 및 해석]

KMO와 Bartlett의 검정

표본 적절성의 Kaiser-Meyer-Olkin 측도		.815
Bartlett의 구형성 검정	근사 카이제곱	1754.241
	자유도	55
	유의확률	.000

설명된 총분산

성분	초기 고유값			추출 제곱합 적재량			회전 제곱합 적재량		
	전체	% 분산	누적 %	전체	% 분산	누적 %	전체	% 분산	누적 %
1	4.535	41.228	41.228	4.535	41.228	41.228	3.157	28.697	28.697
2	1.600	14.543	55.770	1.600	14.543	55.770	2.167	19.699	48.396
3	1.189	10.805	66.575	1.189	10.805	66.575	2.000	18.180	66.575
4	.800	7.269	73.845						
5	.633	5.752	79.597						
6	.560	5.087	84.684						
7	.438	3.980	88.664						
8	.415	3.776	92.441						
9	.321	2.920	95.361						
10	.289	2.625	97.985						
11	.222	2.015	100.000						

추출 방법: 주성분 분석.

회전된 성분행렬[a]

	성분		
	1	2	3
잡지	.839	.112	.149
인터넷	.778	.196	.058
신문	.753	.272	.180
라디오	.740	.177	.014
TV뉴스	.699	.202	.194
식품안전국	.170	.865	.140
환경기구	.325	.767	.071
식품학교수	.203	.738	.169
대형마트	-.005	.104	.874
수퍼마켓	.164	.277	.800
생산자	.206	.024	.669

추출 방법: 주성분 분석.
회전 방법: 카이저 정규화가 있는 베리멕스.
a. 5 반복계산에서 요인회전이 수렴되었습니다.

KMO 표본 적합도와 Bartlett 검정결과 자료가 요인분석에 적합하다. 세 개의 요인이 전체분산의 66.575%를 설명한다. **회전된 요인행렬에 의하면 요인 1에 잡지, 인터넷, 신문, 라디오, TV뉴스, 요인 2에 식품안전국, 환경기구, 식품학교수, 그리고 요인 3에 대형마트, 수퍼마켓, 생산자가 높게 적재되었다. 변수명을 고려할 때 요인 1을 대중매체 요인, 요인 2를 전문기관 요인, 요인 3을 공급자 요인으로 생각할 수 있다.**

제 14 장

판별분석

14.1 판별분석의 개요

1. 개 념

회귀분석은 독립변수와 종속변수가 모두 간격척도 혹은 비율척도로 측정된 경우 변수들 간의 관계에 관한 분석이다(예외적으로, 더미변수가 독립변수로 사용되면 이는 명목척도이다). 이에 비해 **판별분석**(discriminant analysis)은 독립변수는 간격척도 혹은 비율척도로 측정되었으나 종속변수는 명목척도(범주척도, 분류척도)로 측정된 경우 독립변수와 종속변수의 관계를 조사하는 분석방법이다. 판별분석은 마케팅에 매우 유용하게 이용될 수 있다. 예를 들어, 은행의 신용카드 발급 담당자는 신용우량자와 신용불량자의 차별적 특성을 안다면, 새로운 고객이 신용카드 발급을 신청했을 때 그 고객의 특성으로부터 발급 여부를 결정할 수 있다. 자동차 제조회사의 마케팅부서에서는 일반 승용차 소유자, SUV 소유자, 그리고 mini-van 소유자의 특성 간에 어떤 차이가 있는지를 알 수 있다면 각각의 유형에 맞는 고객을 표적고객으로 하여 차별적 마케팅을 할 수 있다.

종속변수의 범주가 두 개인 경우의 판별분석을 **두 집단 판별분석**(two-group discriminant analysis)이라 하고 세 개 이상인 경우 **다중판별분석**(multiple discriminant analysis)이라고 한다.[1] 판별분석을 할 때 기본적인 과업은 집단 내 분산에 비하여 집단 간 분산의 차이를 최대화하는 독립변수들의 계수를 찾아내는 것이다. 이때 독립변수들의 선형결합을 **판별함수**(discriminant function; **판별식**이라고도 함)라고 하며 판별함수의 일반식은 다음과 같다.

$$Z = W_1 X_1 + W_2 X_2 + \cdots + W_n X_n$$

Z = 판별점수
W_i = 변수 i에 대한 판별계수(discriminant coefficient)
X_i = 독립변수 i

2. 자 료

종속변수는 범주를 나타내는 명목척도로 나타내는데 정수(integer)로 표현된

1 본 저자들의 과거 버전(18 등) 매뉴얼에서는 세 집단 판별분석을 예시하였다. 그러나 그 사용 빈도가 낮아 지면을 줄이기 위해 SPSS 20 매뉴얼부터는 제외하였다. 세 집단 판별분석의 예제를 보기 원하는 독자는 본 저자들의 이전 버전(18, 16 등)의 매뉴얼을 참고하면 된다.

다. 독립변수는 간격척도 혹은 비율척도로 측정된다.

3. 판별함수의 수와 적정표본 크기

판별분석에서는 '종속변수 집단의 수 −1'과 '독립변수의 수' 중에서 작은 값만큼의 판별함수가 만들어진다. 예를 들어, 집단의 수가 3이고 독립변수의 수가 5이면 두 개의 판별함수가 도출된다. 판별분석을 하기 위해서는 관측치의 개수(표본의 크기)가 독립변수 수의 20배 이상이 되는 것이 요구되며, 또한 종속변수의 각 범주에 최소한 20개의 관측치가 요구된다. 표본의 크기가 이를 충족시키지 못하면 분석결과는 불안정(unstable)하다. 여기서 불안정하다는 것은 판별식을 구성하는 각 독립변수와 전체 판별식의 설명력과 예측력을 그리 신뢰할 수 없다는 의미이다.

4. 판별식 추정방식과 적합도 평가

다중회귀식을 발견하는 방식으로 동시입력방식(enter)과 단계입력방식(stepwise)이 있듯이, 판별함수를 발견하는 과정에도 [그림 14.1]에 도시된 바와 같이 동시입력방식과 단계입력방식이 있다. **동시입력방식**(simultaneous estimation)을 이용하면 모든 독립변수들에 대한 계수가 동시에 계산되는 데 비해, **단계입력방식**(stepwise estimation)을 이용하면 판별력이 높은 순서로 입력되어 추정이 이루어진다.

판별함수가 계산되면 판별함수의 **판별력**(discriminant power)의 통계적 유의성을 점검해야 하는데, 가장 흔히 사용되는 값은 **Wilks' lambda**이며 χ^2 검증을 실시한다. 다음으로 판별함수의 **전반적 적합도**(overall fit)를 점검해야 한다. 이는 다중회귀분석에서 F-검증에 의해 회귀식이 유의적인 것으로 판명되었다 하더라도 R^2가 높을수록 그 회귀식의 설명력이 높은 것으로 받아들이는 것과 유사하다. 회귀분석의 R^2에 해당하는 값은 판별분석에서 hit ratio이다. **hit ratio**는 정확히 분류된 대상의 수를 전체 대상의 수로 나눈 값으로 0과 1 사이의 값을 갖는다. 그런데 판별함수의 판별력은 유의적으로 나타나더라도 두 집단인 경우 hit ratio가 예를 들어 53%밖에 되지 않으면 그 판별함수의 판별력은 결코 좋다고 할 수 없다. 이는 회귀분석에서 회귀식이 유의적이더라도 R^2값이 예를 들어 0.1인 경우에 비유된다.

그림 14.1 판별분석 방법

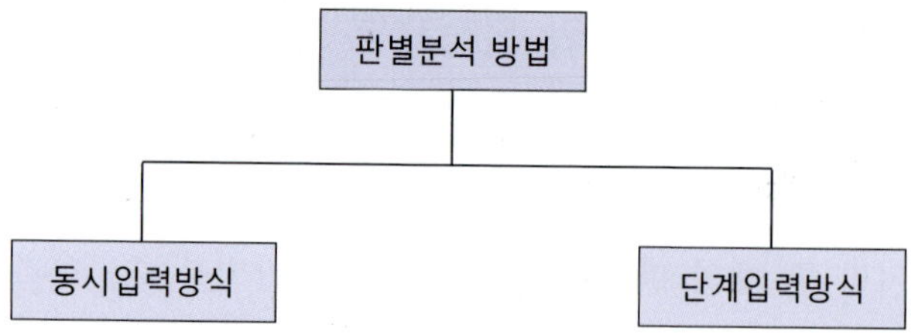

5. 가 정

주어진 자료로부터 판별함수를 도출하기 위한 가정은 (1) 독립변수들이 다변량 정규분포(multivariate normality)를 이루고, (2) 종속변수에 의해 범주화되는 집단들의 **분산-공분산행렬**(variance-covariance matrices)이 동일해야 한다는 것이다. 다중정규성 가정을 충족시키지 못하는 자료(예를 들어, 독립변수를 범주를 나타내는 명목척도로 측정한 자료)를 판별분석하는 경우 판별함수의 추정에 문제를 야기한다. 이 경우 제12장에서 설명한 로지스틱 회귀분석(logistic regression)이 사용될 수 있는데, 이 방법은 다중정규성 가정을 요구하지 않는다. 분산-공분산 행렬이 동일하다는 가정을 충족시키지 못하면 보다 큰 분산-공분산 행렬을 갖는 집단에 많은 관측치가 분류되는 문제점이 발생한다. 판별분석과 로지스틱 회귀분석, 두 가지 분석 모두 사용이 가능하도록 가정이 충족되면 두 방법은 대체로 비슷한 결과를 산출한다.

14.2 SPSS 30을 이용한 두 집단 판별분석

1. 동시입력방식

예제 14.1 **판별분석의 예**

여기서는 제12장 로지스틱 회귀분석의 〈예제 12.1〉에서 사용한 자료로써 SPSS 30을 이용하여 동시입력방식에 의해 두 집단 판별분석을 실시한다. 본 연구에서 종속변수(판매실적)의 범주는 두 집단이며, 독립변수는 사교성, 평점, 경력 및 직무성적이다. 변수명과 정의는 〈표 14.1〉과 같으며, 70명의 판매원들로부터 수집한 입력자료는 〈표 14.2〉와 같다. 독자는 제12장의 로지스틱 회귀분석 결과와 판별분석 결과를 비교해볼 수 있다.

표 14.1 판별분석을 위한 변수와 정의

변수	정의
종속변수: 판매실적집단 범주	두 집단 집단 1 = 실적 하위집단(27명) 집단 2 = 실적 상위집단(43명)
독립변수: 사교성 평점 경력 직무성적	100점 척도(간격척도) 대학성적(4.0 만점; 간격척도) 경력연수(비율척도) 100점 만점(간격척도)

표 14.2 두 집단 판별분석 입력자료

id	집단	사교성	평점	경력	직무성적
1	1	23	2.28	3	57
2	2	48	3.40	7	93
3	2	57	2.28	8	76
4	2	40	3.86	7	88
5	2	45	3.16	6	82
.	.	.	.	.	.
.	.	.	.	.	.
.	.	.	.	.	.
.	.	.	.	.	.
.	.	.	.	.	.
70	1	49	2.19	4	85

연구 문제

사교성, 평점, 경력, 그리고/혹은 직무성적에 따라 판매실적집단(상위, 하위)이 달라지는가?

(1) 네 독립변수는 결합적으로 판매실적집단을 구분하는 데 유용한가?
(2) 독립변수들 중 판별력이 유의적인 변수들은 어느 변수들인가? 판별력 크기의 순서로 답하시오.
(3) 그 변수들의 값이 클수록 어느 집단에 속할 가능성이 큰가?

〈예제 14.1〉을 동시입력방식에 의해 판별분석하는 과정은 다음과 같다.

① '(14)판별분석.sav' 파일을 불러온다.
② [그림 14.2]와 같이 다음의 절차를 따른다.

[분석(A)] → [분류분석(F)] → [판별분석(D)...] → 클릭

그림 14.2 판별분석 절차

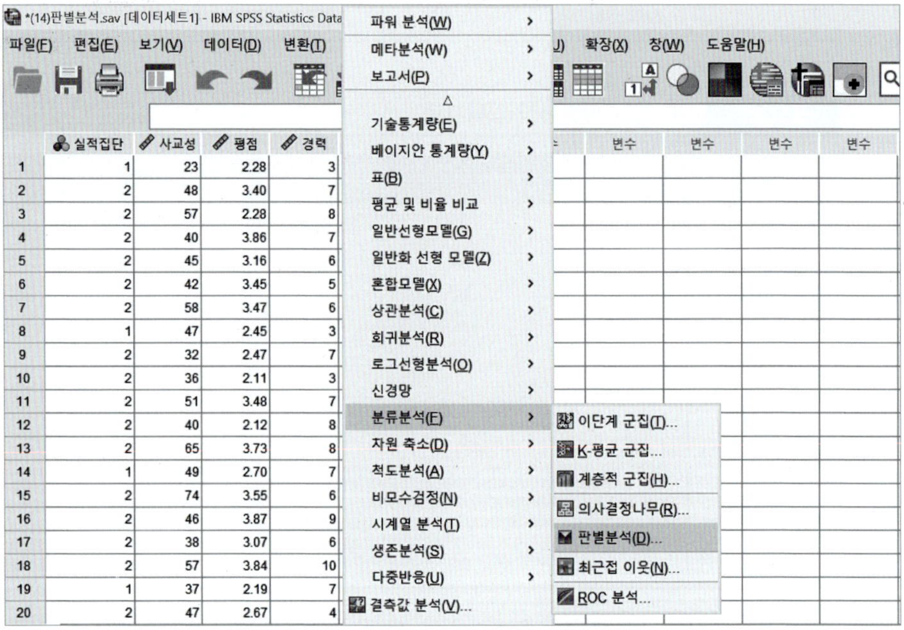

③ 그러면 [그림 14.3]의 판별분석 대화상자가 나타난다.

그림 14.3 판별분석 대화상자

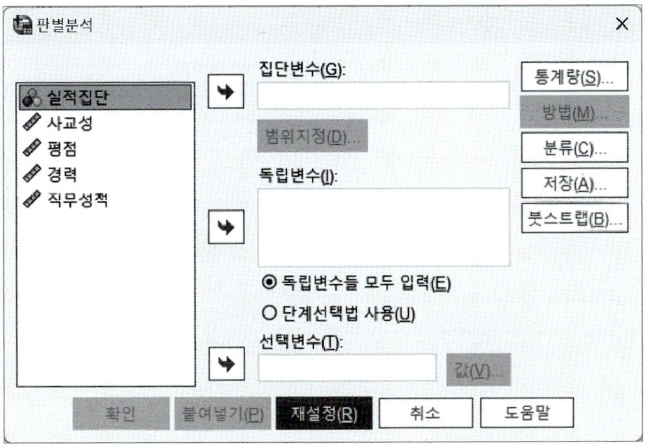

④ 여기서 [그림 14.4]와 같이 실적집단을 [집단변수(G)]로, 그리고 사교성, 평점, 경력, 및 직무성적을 [독립변수(I)]로 보낸다. 또한 본 분석은 동시입력방식으로 실시하므로 기본설정과 같이 [독립변수들 모두 입력(E)] 방법을 유지한다.

그림 14.4 분석대상 변수선정

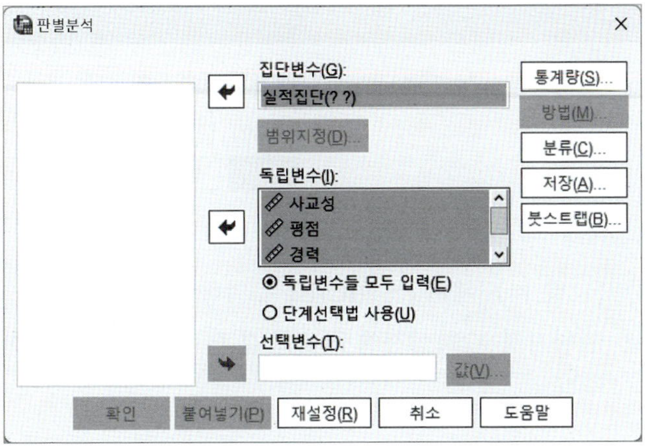

⑤ [그림 14.4]에서 [집단변수(G)] 상자 내의 실적집단을 선택하면 [그림 14.5]와 같이 [범위지정(D)...] 버튼이 활성화된다.

그림 14.5 | 범위지정의 활성화

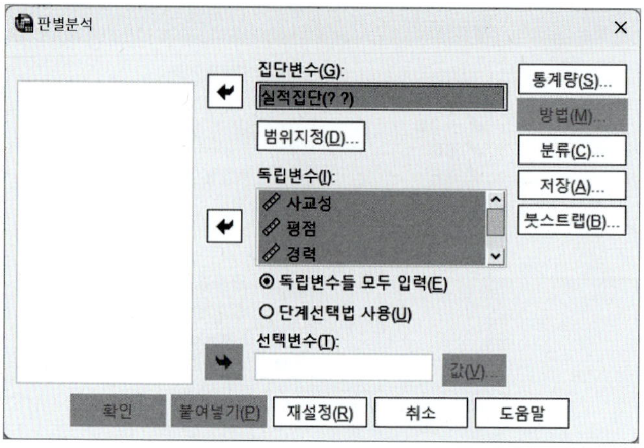

⑥ [그림 14.5]에서 [범위지정(D)...]을 클릭하면 범위지정 대화상자가 나타나는데, [그림 14.6]과 같이 실적집단의 최소값과 최대값을 지정해준다. 본 분석에서는 실적집단 변수값이 1과 2로 입력되어 있으므로 최소값에 1을, 최대값에 2를 입력한다.

그림 14.6 | 범위지정 최소값과 최대값의 입력

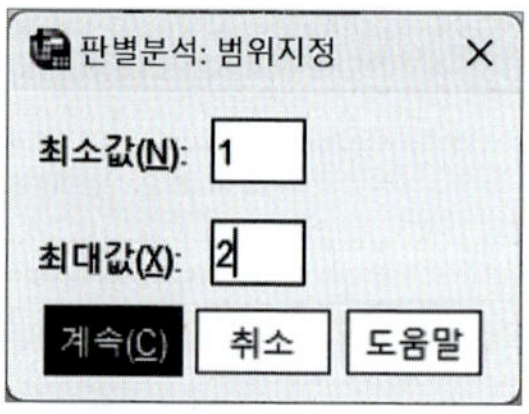

⑦ [그림 14.6]에서 [계속(C)]을 클릭한다.

⑧ 범위지정 대화상자에서 최소값과 최대값을 입력하면 [그림 14.7]과 같이 된다.

그림 14.7 범위가 입력된 판별분석 대화상자

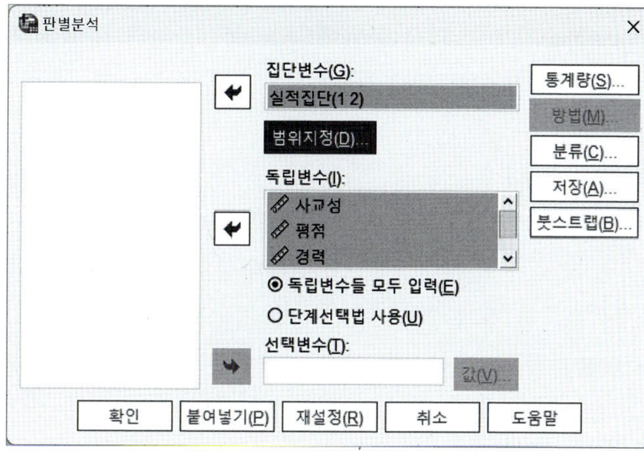

⑨ [그림 14.7]에서 [통계량(S)...]을 클릭하면 통계량 대화상자가 나타나는데, [그림 14.8]과 같이 기술통계의 [평균(M)], [일변량분산분석(A)], [Box의 M]을 선택한다. 함수의 계수에서는 [Fisher의 방법]과 [비표준화(U)]를 선택하고, 행렬에서는 [개별-집단 공분산행렬(E)]과 [전체 공분산(T)]을 선택한다.

그림 14.8 통계량 대화상자

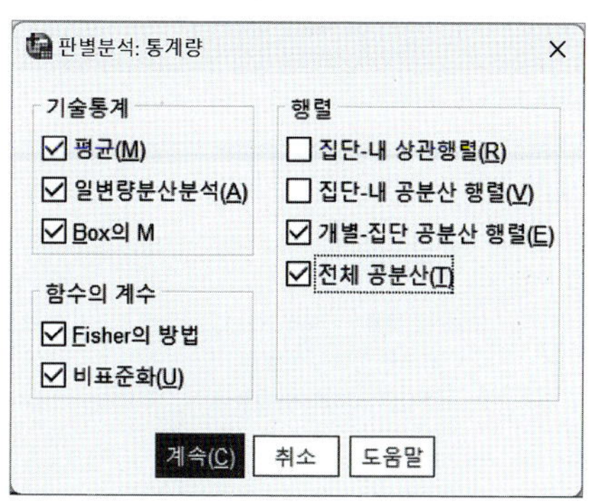

☞ 통계량 대화상자에서 선택한 사항들은 다음의 의미를 갖는다.

[기술통계]

- **평균**: 각 독립변수의 평균과 표준편차를 나타낸다.
- **일변량분산분석**: 각 독립변수에 대해 집단 평균의 동일성을 검증하는 일원분산분석을 수행한다.

- **Box의 M**: 각 집단의 공분산 행렬의 동일성에 대한 검증을 실시한다. 여기서 '공분산 행렬'의 동일성 검증은 실상 '분산-공분산 행렬'의 동일성 검증이다. p-value가 비유의적이면(예: $p > .05$) 공분산 행렬의 동일성 가정에 문제가 없다고 할 수 있다.

[함수의 계수]

- **Fisher의 방법**: 분류함수(혹은 Fisher's 선형판별함수)가 각 집단별로 생성된다. 새로운 분류대상은 그 분류대상의 독립변수값들을 각 분류함수에 삽입하여 계산한 결과 큰 값으로 나타나는 집단에 분류된다.
- **비표준화**: 표준화하지 않은 판별함수 계수를 표시한다.

[행렬]

- **개별-집단 공분산 행렬**: 각 집단의 공분산 행렬을 표시한다.
- **전체 공분산**: 모든 케이스로부터 계산된 공분산 행렬을 표시한다.

⑩ [그림 14.8]에서 [계속(C)]을 클릭한다.

⑪ [그림 14.7]에서 [분류(C)...]를 클릭하면 분류 대화상자가 나타나는데, [그림 14.9]와 같이 사전확률의 [모든 집단이 동일(A)]을 선택하고, 표시의 [요약표(U)]를 선택한다. 또한 공분산 행렬 사용에서 [집단-내(W)]를 선택하고, 도표에서 [개별-집단(S)]을 선택한다.

그림 14.9 | 분류 대화상자

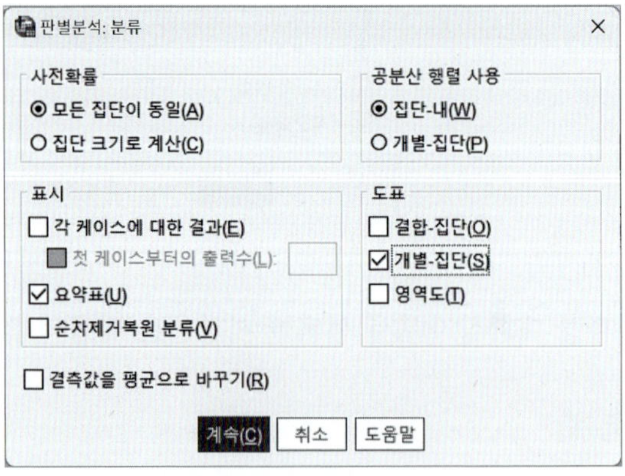

☞ 분류 대화상자의 선택사항들은 다음의 의미를 갖는다.

[사전확률]

- **모든 집단이 동일**: 각 집단에 소속될 사전확률들(prior probabilities)이 같다고 가정한다(**기본설정**).
- **집단 크기로 계산**: 사전확률은 각 집단의 표본 케이스 비율에 따라 달라진다.

[표시]

- **각 케이스에 대한 결과**: 각 케이스의 실제 집단, 예측 집단, 각 집단에 소속될 확률, 판별점수 등이 표시된다.
- **요약표**: 판별분석을 기초로 하여 각 집단에 정확하거나 정확하지 않게 할당된 케이스의 수와 비율을 보여준다. 분석결과는 '〈표 14.9〉 분류결과'이다.
- **순차제거복원 분류**: 각 케이스는 자신을 제외한 다른 모든 케이스들로부터 계산된 분류함수에 의해 분류된다. 분석결과의 분류결과표에서 교차유효값(cross-validation)으로 표현된다.

[공분산 행렬 사용]

- **집단-내**: 집단-내 통합 공분산 행렬이 케이스 분류에 사용된다(**기본설정**).
- **개별-집단**: 개별-집단 공분산 행렬이 분류에 사용된다.

[도표]

- **결합-집단**: 처음 두 판별함수값을 이용하여 모든 케이스들이 분류된 상태를 하나의 산점도에 나타내는 전체-집단 산점도를 작성한다. 함수가 하나만 있으면 산점도 대신 히스토그램이 표시된다.
- **개별-집단**: 처음 두 판별함수값을 이용하여 모든 케이스들을 분류하고, 각 집단별 케이스들을 별도로 나타내는 개별-집단 산점도를 작성한다(세 집단 이상의 경우). 함수가 하나만 있으면(즉, 두 집단 판별분석의 경우) 산점도 대신 히스토그램이 표시된다.
- **영역도**: 함수값에 따라 케이스를 집단으로 분류하는 데 사용하는 경계의 도표를 보여준다. 영역을 구분하는 선상의 숫자는 케이스가 분류된 집단을 알려준다. 각 집단의 평균은 경계 내에서 별표로 표시된다. 판별함수가 하나만 있을 때는(즉, 두 집단 판별분석의 경우) 영역도가 표시되지 않는다.

- **결측값을 평균으로 바꾸기**: 분류 중에 결측값은 평균에 의해 대체된다.

⑫ [그림 14.9]의 [계속(C)]을 선택한다.

⑬ [그림 14.7]의 [저장(A)...]을 클릭하면 [그림 14.10]의 저장 대화상자가 나타난다. 여기서는 지면을 절약하기 위하여 선택사항들은 선택하지 않는다. 그러나 관심있는 독자는 모두 클릭하여 그 결과가 데이터파일에 어떻게 저장되는지 볼 수 있다.

그림 14.10 저장 대화상자

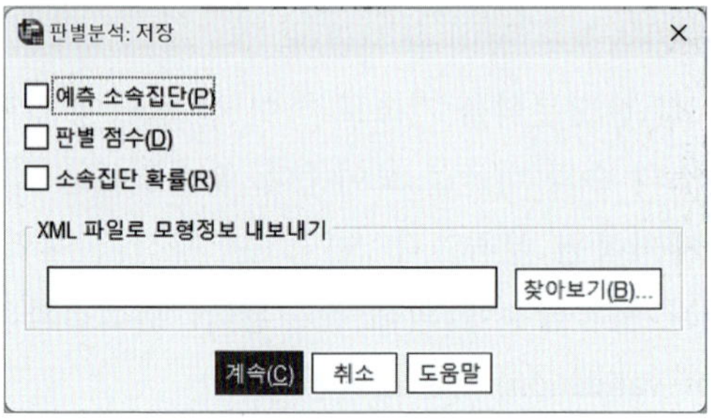

☞ 저장 대화상자의 선택사항은 다음의 의미를 갖는다.

- **예측 소속집단**: 분류함수로써 계산한 결과 각 케이스가 소속될 집단을 나타낸다. 아래의 '소속집단 확률'에서 높은 확률의 집단이 예측 소속집단이 된다. 파일에 Dis_1으로 저장된다.
- **판별 점수**: 각 케이스의 값들을 비표준화 판별식에 입력하여 계산된 값이다. 비표준화 판별계수에 독립변수값을 곱하고, 곱한 값을 합한 후 상수를 더하여 계산한 점수를 저장한다. 파생된 각 판별함수에 대해 하나의 점수가 저장된다. 조합된 전체 케이스에 대한 평균 점수는 0이고 집단 내 통합 분산은 1이 된다. 파일에 Dis1_1으로 저장된다.
- **소속집단 확률**: 각 케이스가 각 집단에 소속될 확률을 의미한다. 파일에 Dis1_2(실적 하위집단)와 Dis2_2(실적 상위집단)로 저장된다.

⑭ [그림 14.10]에서 [계속(C)]과 이어서 [확인]을 클릭하면 결과가 나타난다(표 14.3부터).

〈표 14.3〉은 각 집단의 네 개 독립변수들의 평균값 및 표준편차를 나타내며, 또한 집단 간의 차이검증 결과를 나타낸다. 네 개 변수의 값 모두 실적 상위집단에서 실적 하위집단보다 높게 나타났으며, 차이검증(ANOVA) 결과 두 집단 간

표 14.3 집단통계량과 집단 간 차이검증

집단통계량

실적집단		평균	표준편차	유효 N(목록별)	
				가중되지 않음	가중됨
실적 하위 집단	사교성	44.2963	9.87933	27	27.000
	평점	2.9517	.64832	27	27.000
	경력	5.5556	1.78311	27	27.000
	직무성적	68.2593	9.02387	27	27.000
실적 상위 집단	사교성	51.8372	12.15756	43	43.000
	평점	3.1318	.55756	43	43.000
	경력	6.4419	1.63740	43	43.000
	직무성적	79.8605	9.97039	43	43.000
전체	사교성	48.9286	11.84969	70	70.000
	평점	3.0623	.59616	70	70.000
	경력	6.1000	1.73748	70	70.000
	직무성적	75.3857	11.11507	70	70.000

집단평균의 동질성에 대한 검정

	Wilks의 람다	F	자유도1	자유도2	유의확률
사교성	.903	7.333	1	68	.009
평점	.978	1.525	1	68	.221
경력	.937	4.537	1	68	.037
직무성적	.738	24.123	1	68	<.001

에 사교성, 경력, 직무성적의 차이는 유의적이나 평점의 차이는 비유의적으로 나타났다. 참고로, 각 독립변수의 F와 p-value는 변수별로 일원분산분석을 실시하여 산출되는 F와 p-value이다. 여기서 **Wilks의 람다**는 '집단 내 분산/(집단 내 분산+집단 간 분산)'의 비율로서 집단 간 분산이 집단 내 분산에 비해 클수록 0에 가까워지며 그 반대의 경우 1에 가까워진다. 분산분석의 F값과는 반대방향을 갖는다. 네 개 변수들 중 직무성적이 가장 작은 Wilks의 람다와 가장 큰 F값을 나타낸다. 이는 이 변수의 판별력이 대체로 가장 높을 수 있음을 의미한다. 즉, 두 집단 간의 차이는 직무성적에서 가장 크다.

표 14.4 공분산 행렬과 Box의 M 검증

공분산 행렬[a]

실적집단		사교성	평점	경력	직무성적
실적 하위집단	사교성	97.601	2.221	−1.479	19.036
	평점	2.221	.420	.384	.584
	경력	−1.479	.384	3.179	−3.496
	직무성적	19.036	.584	−3.496	81.430
실적 상위집단	사교성	147.806	1.822	3.978	7.905
	평점	1.822	.311	.312	3.000
	경력	3.978	.312	2.681	6.849
	직무성적	7.905	3.000	6.849	99.409
전체	사교성	140.415	2.272	3.471	33.013
	평점	2.272	.355	.373	2.548
	경력	3.471	.373	3.019	5.323
	직무성적	33.013	2.548	5.323	123.545

a. 전체 공분산 행렬은 69의 자유도를 가집니다.

검정 결과

Box의 M		16.978
F	근사법	1.581
	자유도1	10
	자유도2	14257.016
	유의확률	.105

모집단 공분산 행렬이 동일하다는 영가설을 검정합니다.

〈표 14.4〉는 각각 분류되는 집단들의 공분산 행렬의 동일성 가정을 검증한 결과를 나타낸다. Box의 M 검증결과는 그 가정에 위배되지 않음을 보여준다 (Box의 M = 16.978, p = .105).

표 14.5 고유값과 Wilks의 람다

고유값

함수	고유값	분산의 %	누적 %	정준 상관
1	.481[a]	100.0	100.0	.570

a. 첫 번째 1 정준판별함수가 분석에 사용되었습니다.

Wilks의 람다

함수의 검정	Wilks의 람다	카이제곱	자유도	유의확률
1	.675	25.906	4	<.001

〈표 14.5〉는 〈표 14.7〉로부터 도출될 수 있는 정준판별함수에 대한 정보를 제시한다. 먼저 두 번째 표는 **Wilks의 람다**와 χ^2 검증 결과를 나타낸다. χ^2 검증은 독립변수들에 걸쳐 두 집단 간에 차이가 있는지를 검증하는 것이다. 이때의 귀무가설(H_0)은 다음과 같다: 모든 변수의 평균들은 집단들에 걸쳐 동일하다(즉, 집단 1의 변수 1의 평균=집단 2의 변수 1의 평균; 집단 1의 변수 2의 평균 = 집단 2의 변수 2의 평균; · · · · · ·). 검증결과 유의적으로 나타났다($p<.001$). **그러므로 연구문제 (1)과 관련하여 네 독립변수는 결합적으로 판매실적집단을 구분하는 데 유용하다고 할 수 있다.** 또한 첫 번째 표에서 주목할 부분은 **정준상관계수**(canonical correlation coefficient)인데, 이는 판별점수와 집단의 관계를 나타낸다. 정준상관계수를 제곱하면 $(.570)^2=.3249$인데 이는 종속변수, 즉 판별점수 분산의 32.49%가 네 개의 독립변수들에 의해 설명됨을 의미한다. 정준상관계수의 값이 1에 가까울수록 판별함수의 판별능력은 크다고 할 수 있다.

〈표 14.6〉의 첫 번째 표는 **표준화 정준판별함수 계수**(standardized canonical discriminant function coefficient)를 나타낸다. 이 계수는 표준화 계수로서 각 변수가 판매원들의 소속집단을 설명하는 데 있어서 상대적 중요도를 나타낸다. 여기서는 직무성적이 가장 중요한 변수로 나타났으며, 따라서 **판별력**(discriminant power)이 가장 크다. 이는 회귀분석의 표준화 회귀계수에 비유될 수 있다. 이는 14.1 판별분석의 개요에서 설명한 판별함수식의 W_i값을 표준화한 것이다.

다음으로 **구조행렬**(structure matrix)은 각 변수와 표준화 정준판별함수 간의 상관관계를 나타낸다. 여기서 상관관계값은 **판별적재값**(discriminant loading)이라고 불리며, 요인분석의 요인적재값에 비유될 수 있다. 여기서도 직무성적과 판별함수 간의 상관관계가 가장 높게 나타났다. 전술한 바와 같이 각 독립변수의 판별력을 보기 위하여 표준화 판별계수를 이용할 수도 있으나 이 경우 다중회귀

표 14.6 표준화 정준판별함수 계수와 구조행렬

표준화 정준판별함수 계수

	함수
	1
사교성	.444
평점	−.329
경력	.284
직무성적	.879

구조행렬

	함수
	1
직무성적	.859
사교성	.474
경력	.373
평점	.216

판별변수와 표준화 정준판별함수 간의 집단-내 통합 상관행렬. 변수는 함수내 상관행렬의 절대값 크기순으로 정렬되어 있습니다.

분석의 경우와 유사하게 각 독립변수의 판별력이 다중공선성(multicollinearity) 때문에 낮게 나타날 수 있다. 이러한 이유로 변수와 판별함수 간의 상관관계값을 보여주는 구조행렬상의 판별적재값이 판별력을 판단하는 데 더 유용하다. 판별적재값은 가장 큰 값부터 크기순으로 제시된다. 판별적재값은 보통 ±.40 이상인 경우 유의적으로 받아들인다.[2] **따라서 연구문제 (2)와 관련하여 직무성적, 사교성의 순으로 판별력이 유의적이다. 경력과 평점은 판별력이 별로 없다.**

〈표 14.7〉의 첫 번째 표는 **표준화되지 않은 정준판별함수 계수**(unstandardized canonical discriminant function coefficient)를 나타내는데, 회귀분석의 회귀계수에 비유될 수 있다. 이 계수는 14.1에서 설명한 판별함수식의 W_i값으로, 〈표 14.7〉에 의해 만들어지는 판별함수는 다음과 같다.

$$D = .039(\text{사교성}) - .554(\text{평점}) + .168(\text{경력}) + .091(\text{직무성적}) - 8.128$$

---

2 Joseph F. Hair, Jr., William C. Black, Barry J. Babin, and Rolph E. Anderson, *Multivariate Data Analysis*, 7th ed., Pearson, 2010, p. 309.

표 14.7 정준판별함수 계수와 중심값

정준판별함수 계수

	함수
	1
사교성	.039
평전	−.554
경력	.168
직무성적	.091
(상수)	8.128

비표준화 계수.

함수의 집단 중심값

실적집단	함수
	1
실적 하위집단	−.862
실적 상위집단	.541

표준화하지 않은 정준판별함수가 집단 평균에 대해 계산되었습니다.

이렇게 만들어진 판별함수는 판별점수(Z)를 계산하는 데 사용된다. 예를 들어, 네 개의 독립변수들에 대한 판매원 1의 점수는 23, 2.28, 3, 57(표 14.2 참조)이므로 판별점수는 다음과 같이 계산된다.

$$\begin{aligned}\text{판매원 1의 판별점수} &= .039\times 23 - .554\times 2.28 + .168\times 3 + .091\times 57 - 8.128 \\ &= -2.78\end{aligned}$$

그런데 판매원 1은 원래 실적 하위집단에 분류되었다. 이와 같은 식으로 각 집단에 속한 판매원들의 판별점수를 구하고 이 값들의 평균이 각 집단의 **중심값**(centroid)이 된다. 〈표 14.7〉의 두 번째 표는 각 집단의 중심값을 나타낸다. 여기서 중심값은 각 집단의 판별함수 상 상대적 포지션을 나타내는 값으로, 두 집단 구성원들의 전체평균은 0이 된다. 따라서 [그림 14.11]에서 볼 수 있듯이 실적 하위집단은 실적 상위집단보다 평균값 0으로부터 더 멀리 떨어져 있다. 전체평균이 0임은 다음과 같은 계산에 의해 확인할 수 있다.

$$-.862\times 27 + .541\times 43 = 0 \text{ (여기서 27과 43은 각 집단의 크기임)}$$

그림 14.11 | 각 집단의 중심값

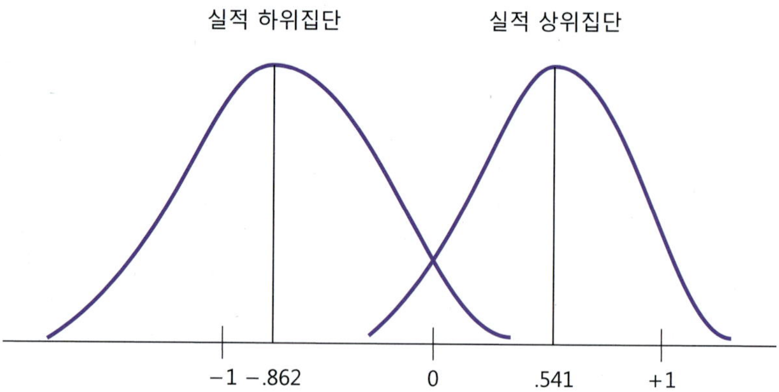

표 14.8 분류함수(Fisher의 선형판별함수)

	실적집단	
	실적 하위집단	실적 상위집단
사교성	.233	.288
평점	2.581	1.803
경력	.848	1.084
직무성적	.623	.751
(상수)	−33.277	−44.462

Fisher의 선형판별함수.

〈표 14.8〉은 **분류함수**(classification function), 혹은 **Fisher의 선형판별함수**(linear discriminant function)라고 부른다. 분류함수는 각 집단별로 생성된다. 새로운 분류대상은 그 분류대상의 독립변수값들을 분류함수에 삽입하여 계산한 결과 큰 값으로 나타나는 집단에 분류된다. 예를 들어, 새로운 판매원의 네 독립변수값들이 다음과 같다고 하자.

사교성: 40, 평점: 3.00, 경력: 7, 직무성적: 80.

각 집단의 분류값은 다음과 같이 계산된다.

집단 1(실적하위집단): $.233 \times 40 + 2.581 \times 3.00 + .848 \times 7 + .623 \times 80 - 33.277$
$= 39.562$

집단 2(실적상위집단): $.288 \times 40 + 1.803 \times 3.00 + 1.084 \times 7 + .751 \times 80 - 44.462$
$= 40.135$

두 집단의 값들 중 집단 2의 값이 더 크므로 이 판매원은 집단 2로 분류된다. 여기서 유의할 점은 분류함수와 〈표 14.7〉의 정준판별함수는 다르다는 점이다. 분류함수는 집단의 수만큼 도출되며, 기존 분석의 대상이 된 판매원이나 새로운 판매원이 어느 집단에 분류될 것인지를 예측하는 데 사용된다. 이에 비해 정준판별함수는 '집단의 수 − 1'과 '독립변수의 수' 중에서 작은 수만큼 도출되며(여기서는 두 집단이므로 한 개 도출) 기존 분석의 대상이 된 판매원들이 소속된 각 집단의 중심값(centroid)을 계산하는 데 사용된다. 앞에서 직무성적, 사교성의 순으로 판별력이 있는 것으로 해석할 수 있음을 설명하였다. **연구문제 (3)과 관련하여, 이 두 변수의 분류함수계수는 집단 2(실적 상위집단)에서 높게 나타났으므로 그 변수들의 값이 클수록 집단 2에 속할 가능성이 크다.** 그러므로 새로운 판매사원을 선발할 때, 가급적 직무성적과 사교성이 높은 지원자를 선발함으로써 보다 높은 판매실적을 기대할 수 있다.

[그림 14.12]는 원래 실적 하위집단에 속했던 케이스들을 판별분석에 의해서 예측분류한 결과를 보여주는 히스토그램(개별−집단 도표)이다. 세로축은 케이스의 수를 나타내고 가로축은 판별점수를 나타낸다. 이 히스토그램에서 오른쪽에

그림 14.12 히스토그램(실적 하위집단)

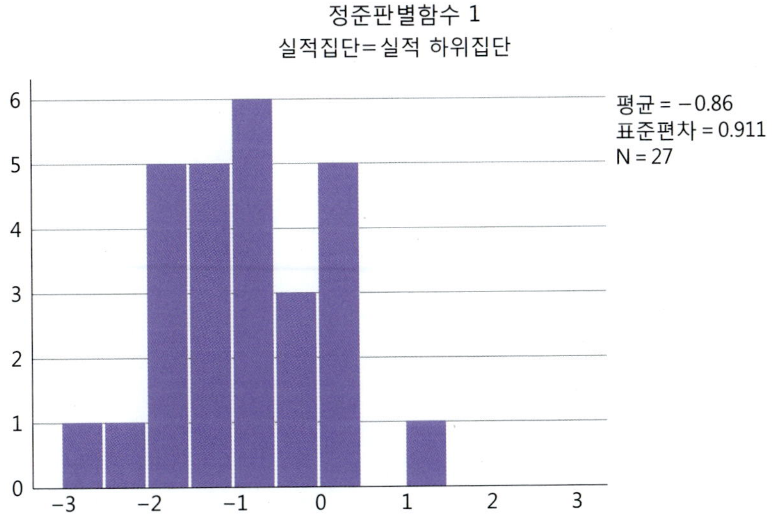

있는 7개의 케이스가 실적 상위집단으로 잘못 예측되는 것으로 나타났는데, 이는 [표 14.9]와 일치하는 결과이다.

그런데 [그림 14.12]를 보면 6개의 케이스가 실적 상위집단으로 잘못 예측된 것으로 보인다. 이를 확인하기를 원하는 독자는 다음의 절차를 따를 수 있다. [그림 14.10]의 예측 소속집단, 판별점수, 그리고 소속집단 확률을 클릭하고 분석한 후 데이터보기를 하면 입력자료의 각 케이스별로 해당값들이 추가되었음을 확인할 수 있다. 각 케이스에 추가된 값들의 의미는 다음과 같다. Dis_1: 예측소속집단, Dis1_1: 판별점수, Dis1_2: 실적 하위집단에 소속될 확률, Dis2_2: 실적 상위집단에 소속될 확률. 각 케이스별로 실적집단과 Dis_1에 나타난 집단을 비교해보면 다음의 7개 케이스는 원래 실적 하위집단에 속했지만 실적 상위집단으로 잘못 예측되어 있음을 알 수 있다: 14, 19, 24, 31, 57, 66, 70.

[그림 14.13]은 원래 실적 상위집단에 속했던 케이스들을 판별분석에 의해서 예측분류한 결과를 보여주는 히스토그램이다. 이 히스토그램에서 왼쪽에 있는 11개의 케이스가 실적 하위집단으로 잘못 예측되는 것으로 나타났는데, 이는 〈표 14.9〉와 일치하는 결과이다.

〈표 14.9〉는 조사대상 판매원들의 실제소속집단과 분류함수에 의한 예측소속집단의 교차표이다. 이 표는 분류함수가 표본판매원들의 분류를 얼마나 잘 예측하는가를 나타낸다. 여기서는 원래 실적 하위집단의 27명 중 20명이, 그리고

그림 14.13 | 히스토그램(실적 상위집단)

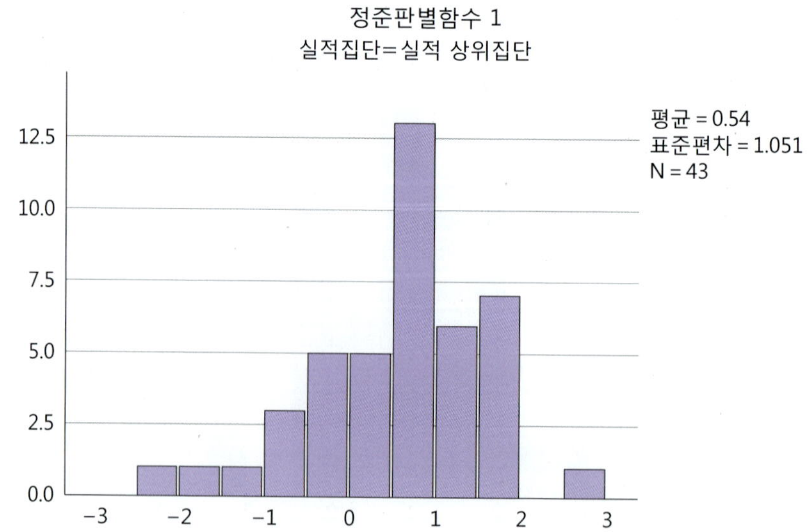

표 14.9 분류결과[a]

		실적집단	예측 소속집단		전체
			실적 하위집단	실적 상위집단	
원래값	빈도	실적 하위집단	20	7	27
		실적 상위집단	11	32	43
	%	실적 하위집단	74.1	25.9	100.0
		실적 상위집단	25.6	74.4	100.0

a. 원래의 집단 케이스 중 74.3%이(가) 올바로 분류되었습니다.

실적 상위집단의 43명 중 32명이 정확하게 분류되었다. 전체적으로 70명 중 52명이 정확하게 분류되어 hit ratio는 74.3%이다. 동일한 자료를 이용하여 로지스틱 회귀분석을 실행한 제12장에서는 분류정확도가 80%로 나타났다(표 12.8 참조). 이 결과에 따르면 판별분석 결과보다는 로지스틱 회귀분석 결과의 예측력이 더 높게 나타났음을 알 수 있다.

2. 단계입력방식

〈예제 14.1〉을 단계입력방식에 의해 판별분석하는 과정은 다음과 같다.

① 앞에서 설명한 동시입력방식의 ①~⑧까지 동일한 절차를 수행한다. 그러면 판별분석 대화상자가 나타나는데 여기서 [그림 14.14]와 같이 [단계선택법 사용(U)]을 선택한다. 이에 따라 [방법(M)...]이 활성화된다.

그림 14.14 단계입력방식의 판별분석 대화상자

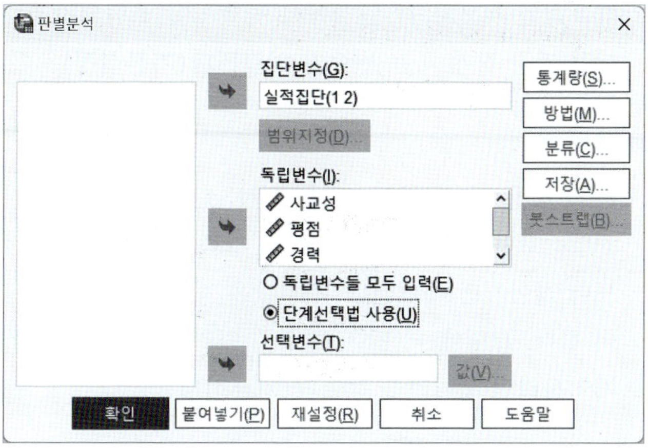

② [그림 14.14]에서 [방법(M)...]을 클릭하면 [그림 14.15]와 같은 단계선택법 대화상자가 나타난다. [방법(M)...]은 [독립변수들 모두 입력(E)]이 아닌 [단계선택법 사용(U)]의 경우에만 활성화되는 기능이다.

그림 14.15 | 단계선택법 대화상자

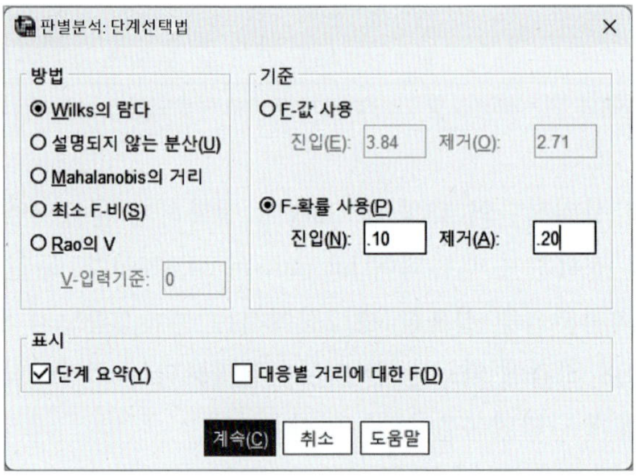

☞ 단계선택법은 집단 간 차이를 가장 크게 하는 변수부터 입력되는 방식이다.

☞ 단계선택법 대화상자의 선택사항들은 다음의 의미를 갖는다.

[방법]

- **Wilks의 람다**: Wilks의 람다는 판별점수의 전체분산 중 집단 간 차이에 의해 설명되지 않는 비율 값이다(집단 내 분산/전체분산). 그러므로 그 값이 작을수록 판별식의 판별력이 높다. Wilks의 람다를 이용하는 방법은 단계선택법의 대표적인 것으로 각 단계에서 판별식에 포함되지 않은 변수들 중 Wilks의 람다를 가장 작게 하는 변수가 입력된다(**기본설정**).

[기준]

- **F-값 사용 진입: 3.84 제거: 2.71**: 판별식에 포함되지 않은 변수들 중 *F*-값이 진입값보다 큰 변수는 판별식에 입력되고, 이미 진입한 변수의 *F*-값이 제거값보다 작아지면 제거된다. 진입값은 제거값보다 커야 하고 두 값 모두 0보다 커야 한다. 모형에 더 많은 변수를 입력하려면 진입값을 낮추고 변수를 더 많이 제거하려면 제거값을 높인다(**기본설정**).

· **F-확률 사용 진입: .05 제거: .10**: 판별식에 포함되지 않은 변수들 중 *F*-값의 *p*-value가 진입값(.05)보다 작은 변수는 입력되고, 제거값(.10)보다 큰 변수는 제거된다. $F_{(.05;\ 1,\ \infty)} = 3.84$이고, $F_{(.1;\ 1,\ \infty)} = 2.71$이므로 결국 '*F*-값 사용'과 그 의미가 같다.

[표시]

- **단계 요약**: Wilks의 람다, 진입/제거 변수, 분석할 변수 및 분석에 사용하지 않을 변수에 대한 표를 생성한다(**기본설정**).

③ 여기서 [그림 14.15]와 같이 방법의 [Wilks의 람다], 기준의 [F-확률 사용(P)], 표시의 [단계 요약(Y)]을 선택한다. 특히, 분석결과 제시를 위해서 [F-확률 사용(P)]에는 [진입(N)]에 .10을 [제거(A)]에 .20을 입력한다.

④ [통계량(S)...], [분류(C)...] 및 [저장(A)...]에 대한 설정은 앞에서 설명한 동시입력방식과 동일하게 진행하고 확인을 클릭하면 결과가 나타난다(표 14.10부터).

표 14.10 단계선택 통계량 - 입력된/제거된 변수[a,b,c,d]

단계	입력된	Wilks의 람다							
		통계량	자유도1	자유도2	자유도3	정확한 F			
						통계량	자유도1	자유도2	유의확률
1	직무성적	.738	1	1	68.000	24.123	1	68.000	.000
2	사교성	.702	2	1	68.000	14.213	2	67.000	.000

각 단계에서 전체 Wilks의 람다를 최소화하는 변수가 입력됩니다.
a. 최대 단계 수는 8입니다.
b. 입력에 대한 F의 최대 유의성은 .10입니다.
c. 제거에 대한 F의 최소 유의성은 .20입니다.
d. F 수준, 공차 또는 VIN 부족으로 계산을 더 수행할 수 없습니다.

〈표 14.10〉에 따르면, 단계 1에서는 직무성적, 그리고 단계 2에서는 사교성이 진입하였다. 단계 1에서 직무성적이 진입함으로써 Wilks의 람다가 .738($p = .000$)이었는데, 단계 2에서 사교성이 진입함으로써 Wilks의 람다는 .702($p = .000$)로 작아졌다. 즉 판별력이 더 높아졌다.

표 14.11 분석에 사용된 변수

단계		공차	제거에 대한 F의 유의확률	Wilks의 람다
1	직무성적	1.000	<.001	
2	직무성적	.988	<.001	.903
	사교성	.988	.068	.738

〈표 14.11〉에 따르면, 단계 1에는 직무성적, 그리고 단계 2에는 직무성적과 사교성이 포함되어 있다. 단계 2에서 직무성적을 제거하고 사교성만이 판별식에 남으면 Wilks의 람다는 .903이 된다. 또한, 사교성을 제거하고 직무성적만이 판별식에 남으면 Wilks의 람다는 .738이 된다(이는 표 14.10에서 단계 1의 경우 직무성적만 진입된 경우에 Wilks의 람다가 .738인 것과 일치한다). 이는 직무성적의 판별력이 더 높음을 의미한다.

표 14.12 분석에 사용되지 않은 변수

단계		공차	최소 공차	제거에 대한 F의 유의확률	Wilks의 람다
0	사교성	1.000	1.000	.009	.903
	평점	1.000	1.000	.221	.978
	경력	1.000	1.000	.037	.937
	직무성적	1.000	1.000	<.001	.738
1	사교성	.988	.988	.068	.702
	평점	.868	.868	.616	.735
	경력	.968	.968	.279	.725
2	평점	.803	.803	.314	.691
	경력	.962	.960	.364	.693

〈표 14.12〉에는 각 단계별로 진입되지 않은 변수가 나타나 있다. 단계 0에서는 진입되지 않은 변수가 사교성, 평점, 경력, 직무성적이고, 단계 1에서는 사교성, 평점, 경력이며, 단계 2에서는 평점, 경력임을 나타낸다. 또한, 각 단계에서 각 변수에 대한 F-유의확률과 각 변수가 입력되는 경우의 Wilks' lambda를 보여준다. 예를 들어, 단계 0에서 사교성, 경력 및 직무성적이 F-유의확률 진입기준($p<.10$)을 충족시키지만, 이 중에서 직무성적의 Wilks' lambda가 .738로서 가장 작으므로 단계 1에서 입력된다. 단계 1에서는 사교성만이 F-유의확률 진입기준

($p<.10$)을 충족시키므로 단계 2에서 입력된다. 또한, 단계 2에서는 F-유의확률 진입기준을 충족시키는 변수가 없으므로 더 이상 진입과정이 진행되지 않는다.

표 14.13 고유값과 Wilks의 람다

고유값

함수	고유값	분산의 %	누적 %	정준 상관
1	.424[a]	100.0	100.0	.546

a. 첫 번째 1 정준판별함수가 분석에 사용되었습니다.

Wilks의 람다

함수의 검정	Wilks의 람다	카이제곱	자유도	유의확률
1	.702	23.695	2	<.001

〈표 14.13〉은 **두 개의 독립변수(직무성적과 사교성)로 구성된 판별함수의 Wilks의 람다는 .702이며, 유의적임을 나타낸다.** 정준상관계수는 .546이다. 동시입력방식의 경우, Wilks의 람다는 .675, 정준상관계수는 .570인 데 비해, 두 개의 독립변수만을 사용하므로 판별력이 조금 낮음을 알 수 있다(표 14.5 참조).

표 14.14 표준화 정준판별함수 계수와 구조행렬

표준화 정준판별함수 계수

	함수
	1
사교성	.407
직무성적	.869

구조행렬

	함수
	1
직무성적	.914
사교성	.504
평점[a]	.435
경력[a]	.194

판별변수와 표준화 정준판별함수 간의 집단-내 통합 상관행렬. 변수는 함수내 상관행렬의 절대값 크기순으로 정렬되어 있습니다.
a. 이 변수는 분석에 사용되지 않습니다.

〈표 14.14〉에는 각 독립변수에 대한 표준화 정준판별함수값과 구조행렬값이 제시되어 있다. **표준화 정준판별함수를 보면 평점과 경력은 산출된 정준판별함수에 포함되지 않았으며, 구조행렬을 보면 판별력이 큰 순서는 직무성적, 사교성의 순이다.**

표 14.15 정준판별함수 계수와 중심값

정준판별함수 계수

	함수
	1
사교성	.036
직무성적	.090
(상수)	−8.568

비표준화 계수.

함수의 집단 중심값

실적집단	함수
	1
실적 하위집단	−.810
실적 상위집단	.509

표준화하지 않은 정준판별함수가 집단 평균에 대해 계산되었습니다.

〈표 14.15〉에는 정준판별함수 계수와 집단 중심값이 나타나 있으며, 동시입력방식의 경우와 각각의 값에서 차이가 있다. 여기서 판별함수는 다음과 같이 표현할 수 있다.

$$D = .036(\text{사교성}) + .090(\text{직무성적}) - 8.568$$

표 14.16 분류함수 계수(Fisher's 선형판별분석함수 계수)

	실적집단	
	실적 하위집단	실적 상위집단
사교성	.278	.325
직무성적	.701	.820
(상수)	−30.782	−41.883

Fisher의 선형판별함수.

〈표 14.16〉은 두 개의 독립변수에 대한 분류함수 계수를 나타낸다.

표 14.17 분류결과[a]

		실적집단	예측 소속집단		전체
			실적 하위집단	실적 상위집단	
원래값	빈도	실적 하위집단	20	7	27
		실적 상위집단	13	30	43
	%	실적 하위집단	74.1	25.9	100.0
		실적 상위집단	30.2	69.8	100.0

a. 원래의 집단 케이스 중 71.4%이(가) 올바로 분류되었습니다.

〈표 14.17〉의 분류결과표는 분류함수가 실적 하위집단의 27명 중 20명, 그리고 실적 상위집단의 43명 중 30명을 정확하게 분류함을 나타낸다. hit ratio는 71.4%이다. 동시입력방식에 비해 두 변수를 사용함으로써 hit ratio가 2.9%(=74.3%−71.4%) 낮음을 알 수 있다.

14.3 판별분석 결과 해석시 중점사항 요약

SPSS 30

통계패키지에 의한 판별분석 결과에 따라 많은 표가 도출된다. 판별분석 결과는 다른 다변량 통계분석보다 해석이 어렵다. 이하에서는 해석을 위한 중점사항을 요약한다.

(1) 공분산행렬과 Box의 M 검증

이는 분류집단들의 공분산행렬의 동일성 가정을 검증하는 것으로 Box의 M 검증의 $p>.05$이면 가정을 충족시킨다.

(2) 정준판별함수

Wilks의 람다 값의 χ^2 검증결과 $p<.05$이면 집단 간에 유의적인 차이가 있다.

(3) 표준화 정준판별함수 계수와 구조행렬

이 두 가지는 독립변수의 판별력을 보여주는데 구조행렬상에 있는 계수(판별적재값)가 많이 사용된다. 계수값이 클수록 판별력이 크며, 보통 ±.40 이상인 경우 유의적으로 받아들인다.

(4) 정준판별함수 계수와 중심값(centroid)

정준판별함수 계수는 회귀분석의 회귀계수에 비유될 수 있다. 각 집단의 중심값을 계산하는 데 사용된다.

(5) 분류함수 계수

이는 새로운 분류대상을 어느 집단으로 분류할 것인가를 결정하는 데 사용된다. 또한, hit ratio 계산을 위하여 원자료 구성원의 독립변수값들로부터 소속될 집단을 예측하는 데 사용된다. 그리고 각 변수의 계수값이 클수록(혹은 작을수록) 어느 집단에 속할 가능성이 큰지 알 수 있다.

(6) Hit Ratio

이 값은 판별함수가 조사대상을 얼마나 잘 분류할 수 있는가를 나타내는데, 회귀분석의 R^2에 비유될 수 있다.

연 / 습 / 문 / 제

SPSS 30

1. 아래의 자료는 30 가구들의 여행관련 자료로서 각 가족이 전년도 여름에 휴가여행을 갔는지의 여부와 이에 영향을 미칠 것으로 생각되는 변수들에 관한 자료이다. 각 숫자의 의미는 아래와 같다. 이 자료를 동시입력방식으로 판별분석을 실시하고 다음 문제에 답하시오.

자료파일: (14)연습문제(여행여부).sav.

(1) 판별함수를 나타내시오.

(2) 분류되는 두 집단들은 공분산행렬의 동일성 가정을 충족시키는가?

(3) (1)에서 제시한 판별함수는 통계적으로 유의적인가? 어느 값을 확인해야 하는가?

(4) 종속변수 분산의 몇 %가 다섯 개의 독립변수들에 의해 설명되는가?

(5) 판별력이 유의적인 변수들은 어느 변수들인가? 판별력 크기의 순서대로 답하시오.

(6) 그 변수들의 값이 클수록 어느 집단에 속할 가능성이 큰가?

(7) 분류함수가 표본 구성원들의 분류를 얼마나 잘 나타내는가?

(8) 어떤 특징을 갖는 가족들을 여행사의 표적시장(target market)으로 볼 수 있는가?

변수와 수치의 의미

여행 여부: 여행함=1, 여행 안함=2; 가구 연소득: 백만 원; 여행에 대한 태도: 1=가장 비호의적, 9=가장 호의적; 가족여행의 중요성: 1=전혀 중요하지 않음, 9=매우 중요함; 가족규모: 명; 가장의 나이: 세.

번호	여행 여부	연소득	여행에 대한 태도	가족여행의 중요성	가족규모	가장의 나이
1	1	50.2	5	8	3	43
2	1	70.3	6	7	4	61
3	1	62.9	7	5	6	52
4	1	48.5	7	5	5	36
5	1	52.7	6	6	4	55
.	.	.	.	.	.	.
.	.	.	.	.	.	.
.	.	.	.	.	.	.
.	.	.	.	.	.	.
.	.	.	.	.	.	.
.	.	.	.	.	.	.
30	2	41.3	3	3	2	42

[분석결과 및 해석]

검정 결과

Box의 M		25.964
F	근사법	1.393
	자유도1	15
	자유도2	3156.632
	유의확률	.141

모집단 공분산 행렬이 동일하다는 영가설을 검정합니다.

〈정준판별함수 요약〉

고유값

함수	고유값	분산의 %	누적 %	정준 상관
1	1.786[a]	100.0	100.0	.801

a. 첫 번째 1 정준판별함수가 분석에 사용되었습니다.

Wilks의 람다

함수의 검정	Wilks의 람다	카이제곱	자유도	유의확률
1	.359	26.130	5	<.001

표준화 정준판별함수 계수

	함수
	1
연소득	.743
여행태도	.096
여행중요	.233
가족규모	.469
가장나이	.209

구조행렬

	함수
	1
연소득	.822
가족규모	.541
여행중요	.346
여행태도	.213
가장나이	.164

판별변수와 표준화 정준판별함수 간의 집단-내 통합 상관행렬. 변수는 함수내 상관행렬의 절대값 크기순으로 정렬되어 있습니다.

정준판별함수 계수

	함수
	1
연소득	.085
여행태도	.050
여행중요	.120
가족규모	.427
가장나이	.025
(상수)	−7.975

비표준화 계수.

분류함수 계수

	여행여부	
	여행함	여행안함
연소득	.678	.459
여행태도	1.509	1.381
여행중요	.938	.628
가족규모	3.322	2.218
가장나이	.832	.768
(상수)	−57.532	−36.936

Fisher의 선형판별함수.

분류 결과[a]

여행여부			예측 소속집단		전체
			여행함	여행안함	
원래값	빈도	여행함	12	3	15
		여행안함	0	15	15
	%	여행함	80.0	20.0	100.0
		여행안함	.0	100.0	100.0

a. 원래의 집단 케이스 중 90.0%이(가) 올바로 분류되었습니다.

(1) $Z=.085X_1+.05X_2+.12X_3+.427X_4+.025X_5-7.975$.

(2) Box's M 검증결과 Box의 M=25.964, p=.141로 나타나 공분산행렬의 동일성 가정을 충족시킨다.

(3) χ^2 검증 결과 $p<.001$로 (1)의 판별함수는 통계적으로 유의적이다.

(4) 종속변수 분산의 64.16%($.801^2=.6416$)가 다섯 개의 독립변수들에 의해 설명된다.

(5) 구조행렬을 보면 연소득, 가족규모의 순으로 판별력이 유의적이다.

(6) 이 두 변수의 분류함수 계수는 '여행함 집단'에서 높게 나타났으므로 그 변수들의 값이 클수록 '여행함 집단'에 속할 가능성이 크다.

(7) 여행함 집단 15명 중 12명, 그리고 여행 안함 집단 15명 중 15명이 정확하게 분류되었다. 전체적으로 30명 중 27명이 정확하게 분류되어 hit ratio는 90%이다.

(8) 연소득이 높을수록, 그리고 가족규모가 클수록 표적시장으로 적절하다.

2. 제12장 로지스틱 회귀분석의 연습문제 1은 소득과 운행거리가 차량교체에 어느 정도 영향을 미치는지를 조사하는 것이었다. 이 문제를 판별분석으로 분석하고 1번 문제의 (1)~(7)의 질문에 따라 답하시오. 또한 로지스틱 회귀분석 결과와 비교하시오. 자료는 (12)연습문제(차량교체)와 동일하지만 독자들의 편의를 위하여 다음의 파일명을 부여하고 지면 절약을 위하여 여기서 자료는 제시하지 않는다.

자료파일: (14)연습문제(차량교체).sav.

[분석결과 및 해석]

검정 결과

Box의 M		3.416
F	근사법	1.056
	자유도1	3
	자유도2	71859.833
	유의확률	.366

모집단 공분산 행렬이 동일하다는 영가설을 검정합니다.

〈정준판별함수 요약〉

고유값

함수	고유값	분산의 %	누적 %	정준 상관
1	.598[a]	100.0	100.0	.612

a. 첫 번째 1 정준판별함수가 분석에 사용되었습니다.

Wilks의 람다

함수의 검정	Wilks의 람다	카이제곱	자유도	유의확률
1	.626	14.068	2	<.001

표준화 정준판별함수 계수

	함수
	1
연소득	.661
운행거리	.823

구조행렬

	함수
	1
운행거리	.753
연소득	.574

판별변수와 표준화 정준판별함수 간의 집단-내 통합 상관행렬. 변수는 함수내 상관행렬의 절대값 크기순으로 정렬되어 있습니다.

정준판별함수 계수

	함수
	1
연소득	.033
운행거리	.061
(상수)	−4.196

비표준화 계수.

분류함수 계수

	교체기간	
	4년초과	4년이내
연소득	.096	.146
운행거리	.242	.334
(상수)	−7.178	−13.717

Fisher의 선형판별함수.

분류 결과[a]

		교체기간	예측 소속집단		전체
			4년초과	4년이내	
원래값	빈도	4년초과	14	5	19
		4년이내	2	12	14
	%	4년초과	73.7	26.3	100.0
		4년이내	14.3	85.7	100.0

a. 원래의 집단 케이스 중 78.8%이(가) 올바로 분류되었습니다.

(1) $Z = .033X_1 + .061X_2 - 4.196$.

(2) Box's M 검증결과 Box의 M은 3.416, p=.366으로 나타나 공분산행렬의 동일성 가정을 충족시킨다.

(3) χ^2 검증결과 $p<.001$로 (1)의 판별함수는 유의적이다.

(4) 종속변수 분산의 37.45%($.612^2=.3745$)가 두 개의 독립변수들에 의해 설명된다.

(5) 구조행렬을 보면 운행거리, 연소득의 순으로 판별력이 유의적이다.

(6) 이 두 변수들의 분류함수 계수는 '4년 이내 교체집단'에서 높게 나타났으므로 그 변수들의 값이 클수록 '4년 이내 교체집단'에 속할 가능성이 크다.

(7) 4년 초과 집단 19명 중 14명, 4년 이내 집단 14명 중 12명이 정확하게 분류되었다. 전체적으로 33명 중 26명이 정확하게 분류되어 hit ratio는 78.8%이다.

– 제12장의 연습문제 1의 로지스틱 회귀분석 결과와 비교:

(1) 로지스틱 회귀분석 결과, 로지스틱 회귀모형은 유의적으로 나타나($\chi^2_{(2)}$=15.152, $p<.001$), 모형은 교체기간을 구분하는 데 유용하고, 두 집단 분산의 36.8~49.5%를 설명한다. 판별분석 결과, 판별모형은 유의적이고($p<.001$), 두 집단 분산의 37.45%를 설명한다.

(2) 로지스틱 회귀분석에서 두 독립변수, 연소득과 운행거리가 유의적으로 나타났으며, 판별분석에서도 두 변수의 판별력이 유의적이다. 두 분석에서 모두 운행거리의 영향력(판별력)이 조금 더 크게 나타났다.

(3) 로지스틱 회귀분석에서 분류정확도는 전체적으로 78.8%이며, 판별분석에서도 hit ratio는 78.8%로 동일하다. 그러나 실제집단에 대한 예측집단의 비율이 집단에 따라 조금 다르다.

(4) 위에서 기술한 것처럼 두 분석 결과가 전체적으로 유사하다.

제 15 장

군집분석

15.1 군집분석의 개요

1. 개 념

군집분석(cluster analysis)은 다수의 대상들(소비자, 브랜드 등)을 그들이 가진 특성을 토대로 유사한 대상들끼리 그룹핑하는 다변량 통계기법이다. 군집분석에 의해 두 개 이상의 그룹이 형성되며 각 그룹을 **군집**(cluster)이라 부른다. 군집분석의 핵심은 군집 내의 구성원들은 가급적 유사하게 그리고 군집들 간에는 가급적 상이하게 대상들을 그룹핑하는 데 있다. 군집분석은 자료의 구조를 평가한다는 점에서 요인분석에 비유될 수 있다. 그러나 요인분석은 변수들을 그룹핑하는 데 비해 군집분석은 대상들을 그룹핑한다는 점에서 근본적으로 다르다.[1] 또한 군집분석은 대상들을 분류한다는 점에서 판별분석에 비유될 수 있다. 그러나 판별분석은 분석 이전에 집단이 이미 나누어져 있으며 기본과업이 집단들 간의 차별적 특성을 설명하는 변수들을 발견하는 데 있는데 비해, 군집분석은 사전에 집단이 나누어져 있지 않으며 기본과업이 여러 변수들에 걸쳐 유사한 대상들끼리 집단화한다는 점에서 다르다.

군집분석은 마케팅에 여러 방식으로 적용될 수 있다. 예를 들어, 제품에 대한 태도, 의견 등에 관한 설문자료를 이용하여 소비자들을 몇 개의 군집으로 나누는 시장세분화를 할 수 있다. 또한 한 제품군 내의 경쟁브랜드들에 대한 소비자 의견조사에 의해 유사브랜드들끼리 그룹핑함으로써 어떤 브랜드들이 보다 직접적 경쟁관계에 있는지 알 수 있다.

2. 자 료

군집분석을 위하여 흔히 사용하는 자료는 간격척도 혹은 비율척도로 측정된 **거리값**(distance measures)이다. 경우에 따라 명목척도 혹은 서열척도로 측정된 값들로도 군집분석이 가능하다. 예를 들어, '예/아니오'로 답하는 질문에 유사한 응답을 한 소비자들끼리 그룹핑할 수 있다. 그러나 대부분의 군집분석은 거리로 나타낸 값들을 대상으로 이루어지므로 이하에서는 '거리'를 계산하는 방법에 대해서 설명한다. 거리의 종류에는 Euclidean 거리, 제곱 Euclidean 거리, 도시블럭 거리, Minkowski 거리 등이 있다. 이 중 흔히 사용하는 것은 Euclidean 거리와 제

---

1 군집분석에 의해 변수들을 군집화할 수도 있으나 매우 드물며, 변수들을 그룹핑하는 데는 제13장에서 설명한 요인분석이 흔히 사용된다.

곱 Euclidean 거리이므로 이하에서는 이에 대해 설명한다.

Euclidean 거리는 두 지점 간의 거리를 계산할 때 직각삼각형의 원리를 이용하는 것이다. 즉, [그림 15.1]에서 볼 수 있듯이 대상 1과 대상 2의 거리는 다음과 같이 계산된다.

$$\text{Euclidean 거리} = \sqrt{(x_2 - x_1)^2 + (y_2 - y_1)^2}$$

그림 15.1 Euclidean 거리

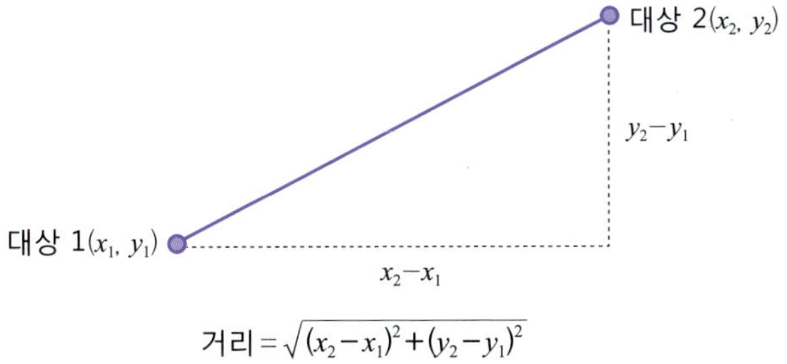

제곱 Euclidean 거리는 Euclidean 거리를 제곱한 것으로 [그림 15.1]의 경우 다음의 값이다.

$$\text{제곱 Euclidean 거리} = (x_2 - x_1)^2 + (y_2 - y_1)^2$$

뒤에서 설명하는 군집방법 중 단일결합법, 완전결합법, 혹은 평균결합법을 사용하면 흔히 Euclidean 거리를 사용하고, Ward법을 사용하면 제곱 Euclidean 거리를 많이 사용한다. 그런데 군집분석을 실시할 때 변수들의 단위가 동일한 경우에는(예를 들어, 모두 7점 척도) 원자료(raw data)를 사용하여 군집분석을 실시하면 된다. 그러나 변수들의 단위가 다르면 원자료를 사용해서는 안 된다. 예를 들어, 다른 변수들과 함께 시간이 변수로 사용된 경우, 분단위로 계산하는 것과 초단위로 계산하는 것은 매우 다른 결과를 가져온다. 이처럼 변수들의 단위가 다른 경우에는 분석할 변수들의 값을 표준화시켜 **표준화된 값**을 사용해야 한다.

3. 군집의 추출방식

군집의 추출방식에는 [그림 15.2]와 같이 계층적 방식과 비계층적인 방식이 있다.

그림 15.2 군집추출방식

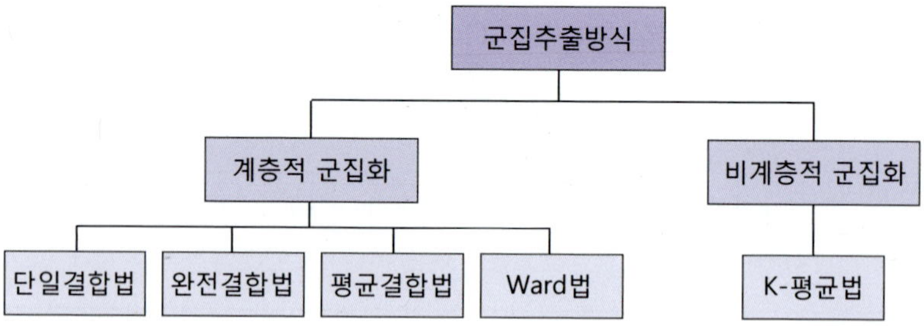

(1) 계층적 군집화

계층적 군집화(hierarchical clustering)는 처음 각 대상이 독립군집으로 출발하는데(예를 들어, 대상이 10개이면 군집이 10개), 거리가 가장 가까운 어느 두 대상(즉, 두 군집)이 군집을 이루기 시작하여 가까운 군집들끼리 계속적인 군집화가 이루어지는 방법이다. 이 과정에서 계속적으로 군집의 수가 감소한다. 계층적 군집화에는 몇 가지가 있는데 이들은 모두 군집들 간의 거리계산방식에서 차이가 있다: 단일결합법, 완전결합법, 평균결합법, Ward법. 이하에서는 각각의 방법을 설명한다.

① 단일결합법, 완전결합법, 평균결합법

이 세 가지는 가까운 군집들이 차례로 군집화된다는 측면에서는 같으나 군집의 거리를 계산할 때 어느 점을 기준으로 하는가에 차이가 있다. **단일결합법**(single linkage)은 최단거리를 기준으로 한다. 예를 들어, [그림 15.3]에서 먼저 B와 C가 결합하여 BC의 군집이 형성된다. BC군집과 다른 군집의 거리가 계산되는데 이때 최단거리 기준으로 BC군집으로부터 A까지의 거리는 2이다. 한편 D와 E의 거리는 1.5이다. 따라서 두 번째로 D와 E가 결합되며 DE의 군집이 이루어진다. 다음으로 BC군집과 A의 거리는 2이나 BC군집과 DE군집의 거리는 2.5이다. 따라서 BCA의 군집이 이루어진다. 다음으로 BCA의 군집과 DE의 군집이 결합된다. 이를 dendrogram으로 나타내면 [그림 15.4]와 같다.

완전결합법(complete linkage)은 형성된 군집과 다른 군집의 거리를 계산할 때 최장거리를 기준으로 한다. [그림 15.3]에서 예를 들어, BC군집과 A의 거리는 3이며, BC군집과 DE군집의 거리는 5이다. **평균결합법**(average linkage)은 형성된 군집과 다른 군집의 거리를 계산할 때 한 군집의 모든 구성원들로부터 다른 군집의 모든 구성원들까지 거리의 평균을 기준으로 한다. 예를 들어, BC군집과 A의 거리는 $2.5\left(=\frac{2+3}{2}\right)$이며, BC군집과 DE군집의 거리는 $3.75\left(=\frac{3.5+5+2.5+4}{4}\right)$이다. 이 방법은 단일결합법과 완전결합법과는 달리 극단값을 사용하지 않고 각 군집에 포함된 모든 구성원들의 값을 사용한다는 점에서 보다 합리적이다. 결론적으로, 어떤 방법을 사용하는가에 따라 대상이 군집화되는 절차가 달라진다.

그림 15.3 단일결합법, 완전결합법, 평균결합법 설명의 예

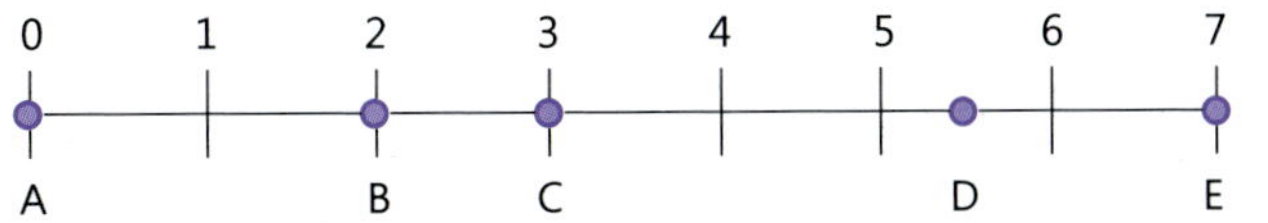

대상들 간의 거리를 행렬로 나타내면 다음과 같다.

	A	B	C	D
B	2.0			
C	3.0	1.0		
D	5.5	3.5	2.5	
E	7.0	5.0	4.0	1.5

그림 15.4 덴드로그램

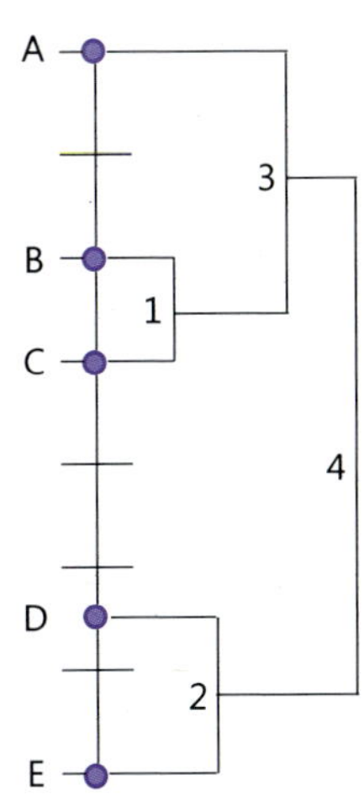

② Ward법

Ward법도 최단거리를 기준으로 군집화가 진행되는 것은 위의 세 방법과 동일하다. 그러나 위의 세 방법에 비한 Ward법의 주된 차이점은 군집 간의 거리를

계산하는 방식이다. 이 방법의 경우 두 군집 간의 거리는 "두 군집에 속한 각 구성원(대상)이 평균으로부터 떨어진 정도, 즉 '편차'의 제곱을 그 군집을 구성하는 대상들에 걸쳐 합한 것"으로 변수가 한 개인 경우 다음과 같이 나타낼 수 있다.

$$\text{군집 간의 거리} = \sum_{i=1}^{n}(X_i - \overline{X})^2$$

X_i = 각 군집의 i번째 대상의 속성치
$\overline{X}$ = 그 군집을 구성하는 대상들의 평균치
n = 각 군집을 구성하는 대상들의 수

예를 들어, 네 개의 측정치가 다음과 같을 때 군집화가 진행되는 방법을 설명한다.

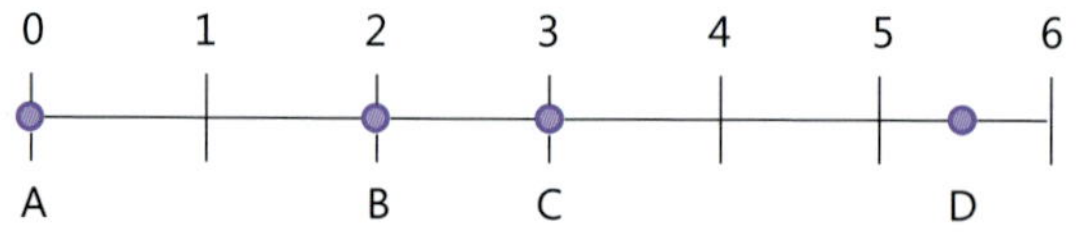

(i) 네 개에서 두 개씩 추출할 수 있는 조합의 수는 여섯 개($={}_4C_2$)이다. 여섯 개 조합 각각에 대하여 편차의 제곱값의 합계를 계산하면 다음과 같다.

$AB = (0-1)^2 + (2-1)^2 = 2$
$AC = (0-1.5)^2 + (3-1.5)^2 = 4.5$
$AD = (0-2.75)^2 + (5.5-2.75)^2 = 15.125$
$BC = (2-2.5)^2 + (3-2.5)^2 = .5$
$BD = (2-3.75)^2 + (5.5-3.75)^2 = 6.125$
$CD = (3-4.25)^2 + (5.5-4.25)^2 = 3.125$

여섯 개 거리값을 행렬로 나타내면 다음과 같다.

	A	B	C
B	2		
C	4.5	.5	
D	15.125	6.125	3.125

(ii) 이제 편차의 제곱값의 합계 여섯 개 중 가장 짧은 거리를 갖는 B와 C가 결합하여 BC의 군집이 형성된다. BC는 하나의 군집이 되었으므로 다음과 같

이 새로운 군집들에 대해 편차의 제곱값의 합계가 계산되며 이를 행렬로 나타내면 다음과 같다.

$$ABC = (0-1.67)^2 + (2-1.67)^2 + (3-1.67)^2 = 4.667$$
$$BCD = (2-3.5)^2 + (3-3.5)^2 + (5.5-3.5)^2 = 6.5$$
$$AD = (0-2.75)^2 + (5.5-2.75)^2 = 15.125$$

	A	BC
BC	4.667	
D	15.125	6.5

따라서 BC군집에 가장 가까운 거리를 갖는 A가 결합되어 ABC군집이 형성된다.

(iii) 끝으로 ABC군집에 D가 결합되어 ABCD의 군집이 형성된다.

(2) 비계층적 군집화

비계층적 군집화(nonhierarchical clustering)는 군집의 수가 한 개씩 감소하는 것이 아니라 사전에 정해진 군집의 숫자에 따라 대상들이 군집들에 할당되는 것이다. 예를 들어, 계층적 군집화의 경우 여섯 개 군집해(six-cluster solution)는 일곱 개 군집해에서 어느 두 군집들이 결합하는 것인 데 비해, 비계층적 군집화에서 여섯 개 군집해는 가능한 모든 여섯 개 군집해들 중에서 최상의 것이다.

비계층적 군집화에는 몇 가지 방법이 있는데 가장 널리 이용되는 것이 **K-평균법**(K-means)이다. 여기서 K는 군집의 수를 의미한다. 이 방법은 대체로 다음과 같은 식으로 군집화가 진행된다. 먼저, 한 **군집씨앗**(cluster seed)이 선택되고 그 군집씨앗을 중심으로 군집화된다. 다음으로 또 다른 군집씨앗이 정해지고 같은 방식으로 군집화가 진행된다. 그런데 어떤 대상이 사전에 한 군집에 속해졌더라도 새로운 군집씨앗에 보다 가까우면 이 대상은 새로운 군집에 할당된다. 같은 방식으로 사전에 정해진 K개의 군집씨앗을 중심으로 K개의 군집이 도출될 때까지 계속 진행된다. 군집화가 진행됨에 따라 각 군집의 **중심점**(centroid)이 달라진다. SPSS에 의해 계층적 군집화를 하면 computer output의 dendrogram은 대상들이 군집화된 순서를 보여준다. 그러나 비계층적 군집화를 하면 각 대상이 어느 군집에 속하는지 최종결과만 나타나며 그 과정은 나타나지 않는다.

(3) 계층적 군집화 대 비계층적 군집화

군집분석을 하는 연구자는 계층적 군집화와 비계층적 군집화 중 어느 방법을 사용해야 하는가? 이에 대한 절대적인 답은 없으나 대체로 다음과 같은 것을 고려할 수 있다. 과거, 계층적 군집화 그 중에서도 특히 Ward법과 평균결합법이 널리 이용되었다. 그런데 계층적 군집화 방법에는 몇 가지 한계점이 있다. 첫째, 한 대상이 일단 어느 군집에 소속되면 다른 군집으로 이동될 수 없다 둘째, 예외값(outlier)이 제거되지 않고 반드시 어느 군집에 속하게 된다는 문제점이 있다. 예외값의 영향력은 완전결합법의 경우 더욱 크게 나타난다. 따라서 이러한 문제를 해결하기 위해서는 예외값을 갖는 대상을 제거해야 한다.

이에 비해 비계층적 군집화는 최근 보다 널리 이용되고 있다. 이 방법은 계층적 군집화가 갖는 문제점은 없으나 군집의 수를 사전에 지정해주어야 한다. 연구자가 사전에 몇 개로 정하는 것이 바람직하다는 신념을 갖지 않는 경우 군집의 수를 달리하여 여러 번 실행 후 한 가지 결과를 선택할 수 있다. 또 다른 방법으로, 현실적으로 많이 사용되는 방법은 계층적 방법에 의해 군집화를 한 다음, 그 결과로부터 가장 적절한 수의 군집 수를 결정하여, 다시 비계층적 방법에 의해 분석하면서 이때 그 수를 지정하는 것이다. 아울러 계층적 군집화에서 나타나는 예외값들을 이때 제거하는 것이 바람직하다. 몇 개의 군집이 적절한가는 군집분석 결과를 해석하는 데 있어서 보다 의미있는 해석이 가능한 수준에 달려 있다. 즉, 뒤에서 서술하는 각 군집의 명칭과 관리적 시사점을 가장 명확히 할 수 있는 수준에서 군집의 수를 결정하는 것이 바람직하다.

15.2 SPSS 30을 이용한 계층적 군집분석

예제 15.1 계층적 군집분석의 예

여기서는 판별분석을 위해 사용한 자료 중 일부를 이용하여 계층적 군집분석 결과를 예시하고, 〈예제 15.2〉에서는 비계층적 군집분석 결과를 예시한다. 계층적 군집분석을 위해 흔히 사용되는 Ward법을 사용하고, 따라서 제곱 Euclidean 거리를 사용한다. 사용한 자료는 구체적으로 〈표 15.1〉과 같다.[2]

2 판별분석 자료에서는 사교성과 직무성적 값의 단위에 소수점이 없다. 그러나 사실상 동일한 값이라

표 15.1 군집분석 자료

ID	사교성	직무성적
1	23.0	57.0
2	48.0	93.0
3	57.0	76.0
4	40.0	88.0
5	45.0	82.0
6	42.0	85.0
7	58.0	86.0
8	47.0	74.0
9	32.0	64.0
10	36.0	72.0

연구문제

10명의 판매원들을 사교성과 직무성적을 토대로 계층적 방법에 의해 몇 개의 군집으로 의미 있게 분류할 수 있는가? 그리고, 각각의 군집에 속하는 판매원(케이스)들은 누구인가?

〈예제 15.1〉의 계층적 군집분석을 하는 과정은 다음과 같다.

① '(15)군집분석.sav' 파일을 불러온다.
② [그림 15.5]와 같이 다음의 절차를 따른다.

[분석(A)] → [분류분석(F)] → [계층적 군집(H)...] → 클릭

도(예를 들어, 23과 23.0) 소수점이 있으면 비계층적 분석결과의 일부 값들은 보다 정밀하게 나타난다. 여기에서는 소수점 한 자리까지 나타낸 값을 사용한다.

그림 15.5 계층적 군집분석 절차

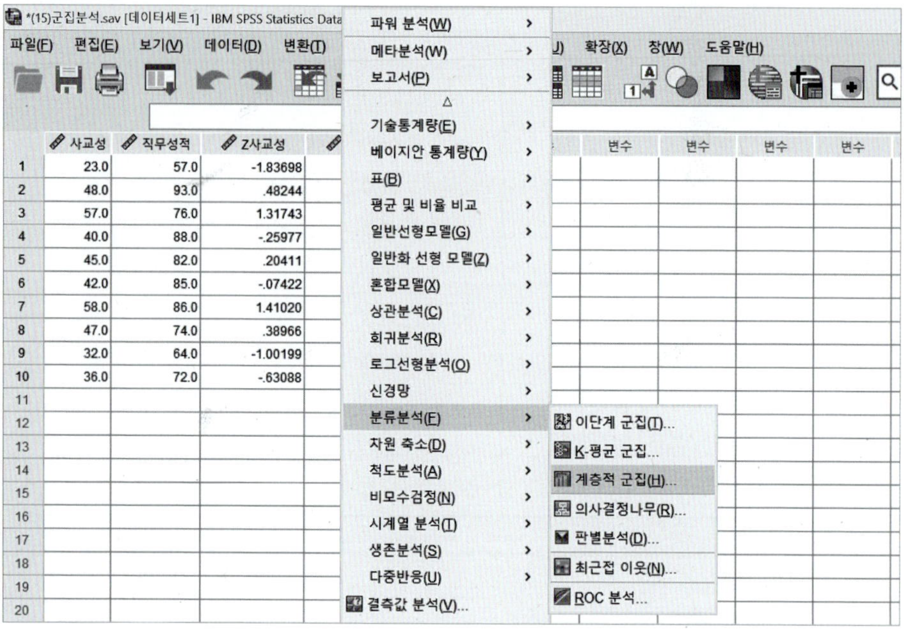

③ 그러면 [그림 15.6]의 계층적 군집분석 대화상자가 나타난다.

그림 15.6 계층적 군집분석 대화상자

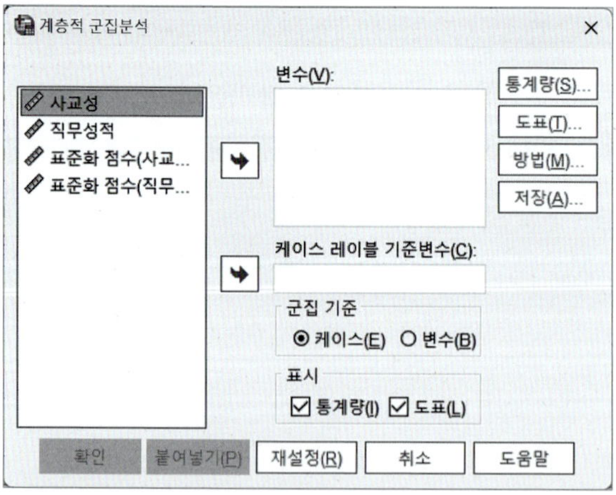

④ 여기서 [그림 15.7]과 같이 분석할 변수들(사교성, 직무성적)을 [변수(V)] 상자로 보낸다. 군집 기준에서는 기본설정된 [케이스(E)]를 유지하고, 표시에서도 기본설정된 [통계량(I)]과 [도표(L)]를 유지한다.

그림 15.7 분석대상 변수선정

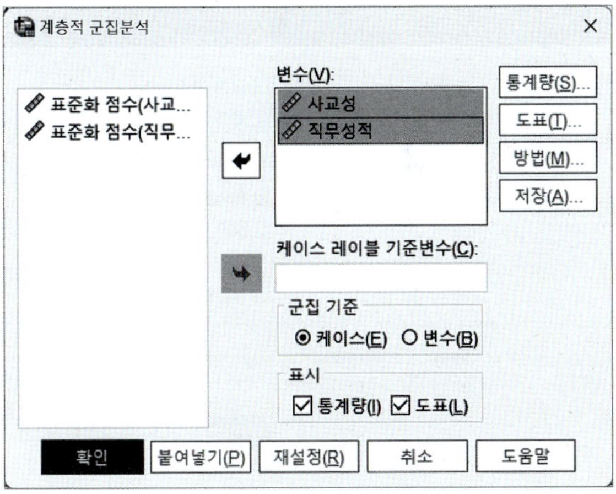

☞ [그림 15.7]에서 선택사항은 다음의 의미를 갖는다.

[군집 기준]

- **케이스**: 케이스들 간의 거리계산을 통하여 케이스별 군집분석을 실시한다(**기본설정**).
- **변수**: 변수들 간의 거리계산을 통하여 변수들에 대한 군집분석을 실시한다.

[표시]

- **통계량**: 기본적인 통계량이 제시된다(**기본설정**).
- **도표**: 고드름도표와 덴드로그램이 결과에 제시된다(**기본설정**).

⑤ [그림 15.7]에서 [통계량(S)...]을 클릭하면 통계량 대화상자가 나타난다. 여기서 [그림 15.8]과 같이 [군집화 일정표(A)]와 [근접행렬(P)]을 선택한다. 소속군집에서는 기본설정된 [지정않음(N)]을 유지한다.

그림 15.8 | 통계량 대화상자

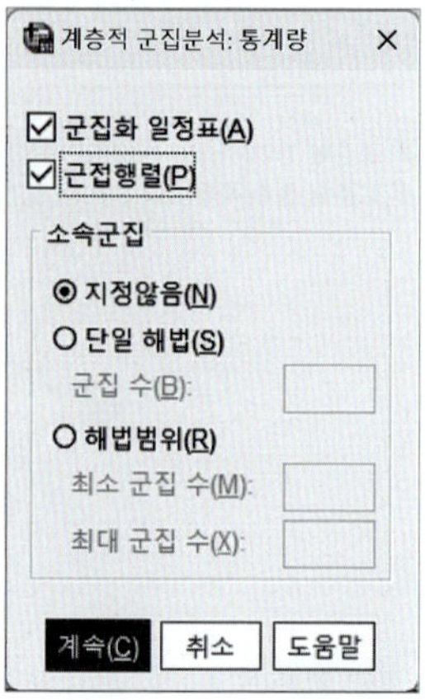

☞ 통계량 대화상자의 선택사항은 다음과 같다.

- **군집화 일정표**: 계층적 군집화의 각 단계에서 어떤 군집들이 조합되었는지를 나타낸다(**기본설정**).
- **근접행렬**: 케이스 간 거리행렬을 보여준다.

[소속군집]

- **지정않음**: 분류될 군집의 수를 사전적으로 지정하지 않는다(**기본설정**).
- **단일 해법-군집 수** ☐: 단일해로부터 사전에 지정한 군집의 수에 의해 분류된 소속군집까지를 표시한다. 1보다 큰 정수를 입력한다.
- **해법범위-최소 군집 수** ☐ **최대 군집 수** ☐: 군집 해법의 범위에 대한 소속군집을 표시한다. 최소 및 최대 군집 해법에 해당하는 값을 입력한다. 두 값 모두 1보다 큰 정수여야 하고 첫 번째 값은 두 번째 값보다 작아야 한다.

⑥ [그림 15.8]에서 [계속(C)]을 클릭한다.

⑦ [그림 15.7]에서 [도표(T)...]를 클릭하면 도표 대화상자가 나타난다. 여기서 [그림 15.9]와 같이 [덴드로그램(D)]을 선택하고, 고드름은 기본설정된 [전체 군집(A)]을 유지한다. 또한 방향은 [수직(V)]을 선택한다.

그림 15.9 도표 대화상자

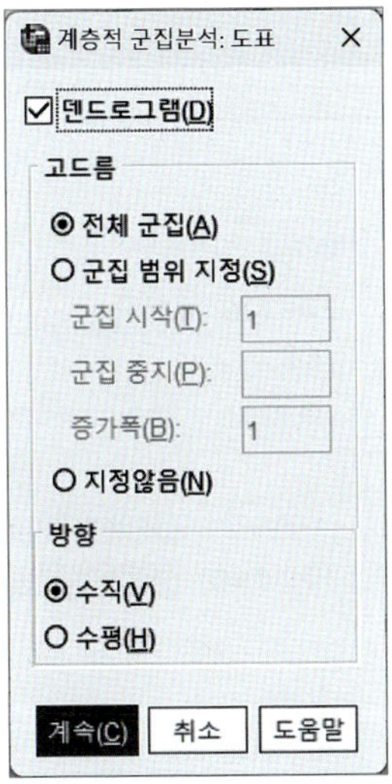

☞ 도표 대화상자의 선택사항들은 다음의 의미를 갖는다.

- **덴드로그램**: 계층적 군집 해법의 단계를 시각적으로 표현한 것으로서 각 단계에서 조합되는 군집과 거리값을 나타낸다. 덴드로그램은 실제 거리를 0과 25 사이의 수로 조정하고 단계 간 거리 비율은 그대로 유지한다.

[고드름]

- **전체 군집**: 모든 군집 해법에 대한 고드름도표를 제공한다.
- **군집 범위 지정–군집 시작:** □ **군집 중지:** □ **증가폭:** □: 고드름도표를 군집 해법의 범위로 제한한다. 범위를 지정하려면 최저 및 최고 군집 해법에 해당하는 시작값과 종료값에 대한 양의 정수를 입력한다. 증가폭에 대해서는 기준에 대한 양의 정수를 입력한다. 시작값과 기준값은 모두 끝값보다 작거나 같아야 한다. 예를 들어, [군집 시작: 1, 군집 중지: 5, 증가폭: 2]를 설정하면 고드름도표에는 1, 3, 5 군집에 대한 해가 나타난다.
- **지정않음**: 고드름도표 결과를 출력하지 않는다.

[방향]

- **수직:** 고드름도표가 수직형태로 나타난다(**기본설정**).
- **수평:** 고드름도표가 수평형태로 나타난다. 케이스가 너무 많아서 페이지 상단의 가로방향에 표시할 수 없을 때는 수평형식을 선택할 수 있다.

⑧ [그림 15.9]에서 [계속(C)]을 클릭한다.

⑨ [그림 15.7]에서 [방법(M)...]을 클릭하면 방법 대화상자가 나타난다.

그림 15.10 | 방법 대화상자

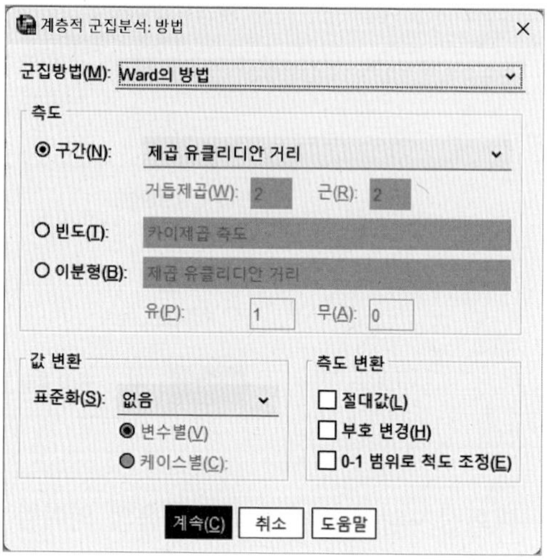

☞ 방법 대화상자의 선택사항들은 다음의 의미를 갖는다.

[군집방법]: 각 단계에서 조합된 케이스나 군집을 판별하는 데 사용하는 방법을 지정한다.

- **집단-간 연결**: 평균결합법(average linkage)으로서 집단 간 평균을 이용하여 군집을 결합한다(**기본설정**).
- **최근접 이웃**: 최단거리를 기준으로 군집을 결합하는 방법으로 단일결합법(single linkage)에 해당한다.
- **가장 먼 이웃**: 최장거리를 기준으로 군집을 결합하는 방법으로 완전결합법(complete linkage)에 해당한다.
- **Ward의 방법**: 계층적 군집분석 방법 중에서 Ward법에 의한 결합방식을 지정한다.

[측도]: 원 데이터 수집에 이용된 scale의 유형을 지정해준다.

- **구간**: 간격척도에 의하여 수집된 데이터에 대한 유사성과 비유사성, 즉 거리를 계산하는 방식이다. 이 경우 제곱 유클리디안 거리가 기본설정이다. Ward의 방법에 의해 군집을 하면 흔히 제곱 유클리디안 거리를 지정하고, 단일결

합법, 완전결합법, 혹은 평균결합법을 사용하면 유클리디안 거리를 지정한다.

- **빈도**: 빈도 데이터에 대한 분석으로 이 경우 카이제곱 측정이 기본설정이다.
- **이분형**: 이분형 데이터에 대한 분석으로 이 경우 제곱 유클리디안 거리가 기본설정이다.
  - 이분형을 지정하는 경우 [유: 1 무: 0]이 활성화되는데, 이는 1과 0으로써 데이터를 이분한다는 것을 의미한다. 경우에 따라 선택적으로 다른 정수값을 지정할 수 있다.

[값 변환]

- **표준화**: 데이터 값을 표준화하여 분석하도록 한다.
  - **없음**: 표준화 조건을 지정하지 않는다(**기본설정**).
    만약, 표준화 조건을 지정하게 되면 [변수별(V)], 혹은 [케이스별(C)] 중의 하나를 선택하도록 활성화된다.
  - **변수별**: 각 변수의 값들을 표준화한다.
  - **케이스별**: 각 케이스 내의 값들을 표준화한다.

[측도 변환]

- **절대값**: 거리의 절대값을 구한다.
- **부호 변경**: 유사성을 상이성으로 혹은 역으로 변환한다. 즉, 이 조건을 설정함으로써 거리 순서를 역으로 바꿀 수 있다.
- **0-1 범위로 척도 조정**: 거리 값 범위를 0에서 1 사이 범위로 다시 조정한다.

⑩ 여기서 [그림 15.10]과 같이 [군집방법(M)]으로 Ward의 방법을 선택한다. 측도의 [구간(N)]은 기본설정된 제곱 유클리디안 거리를 유지하고, 값 변환의 [표준화(S)]는 본 예제의 경우 두 변수를 모두 동일한 100점 척도로 측정했으므로 기본 설정된 '없음'을 유지한다. 만약 척도가 다르면 표준화에서 'Z 점수'와 '변수별'을 선택한다. 측도 변환에서는 아무 것도 선택하지 않는다.

⑪ [그림 15.10]의 [계속(C)]을 클릭한다.

⑫ [그림 15.7]에서 [저장(A)...]을 클릭하면 [그림 15.11]과 같이 저장 대화상자가 나타나는데, 소속군집에서 기본설정된 [지정않음(N)]을 유지한다.

그림 15.11 저장 대화상자

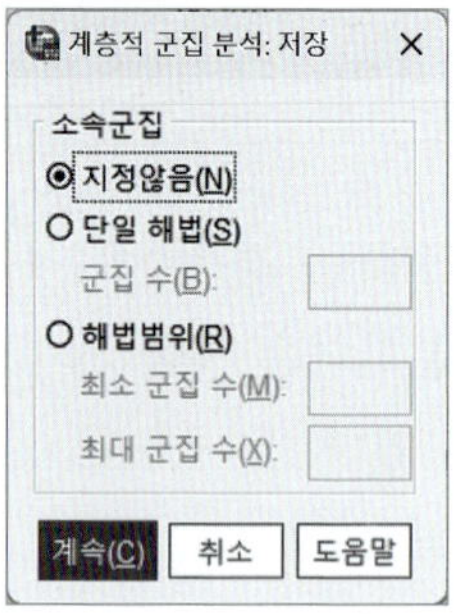

☞ 저장 대화상자의 선택사항들은 다음의 의미를 갖는다.

[소속군집]

- **지정않음**: 소속군집(cluster memberships)을 저장하지 않는다.
- **단일 해법-군집 수 ☐**: 지정한 군집 수가 있는 단일 군집 해법에 대해 소속군집을 저장한다. 1보다 큰 정수를 입력한다. [그림 15.8]에서 단일 해법을 선택했다면 그와 동일한 수를 입력한다.
- **해법범위-최소 군집 수 ☐ 최대 군집 수 ☐**: 군집 해법의 범위에 대해 소속군집을 저장한다. 최저 및 최고 군집 해법에 해당하는 값을 입력하는데, 두 값 모두 1보다 큰 정수여야 하며 처음 값은 두 번째 값보다 작아야 한다. [그림 15.8]에서 해법범위를 선택했다면 그와 동일한 수를 입력한다.

☞ [그림 15.7] 상태에서 케이스를 선택한 경우에만 케이스에 대한 군집분석 결과 얻어진 각 케이스별 소속군집을 새로운 변수로 저장할 수 있다. 이 경우에는 제13장 요인분석에서 분석결과 얻어진 요인들이 새로운 변수로서 저장되듯이, 각 케이스별로 소속군집이 지정되어 데이터파일 맨 마지막 변수 다음 자리에 새로운 변수로 저장된다. 만약, [그림 15.7] 상태에서 변수를 선택한 경우에는 이 기능을 이용할 수 없다.

⑬ [그림 15.11]에서 [계속(C)]과 이어서 [확인]을 클릭하면 결과가 나타난다(표 15.2부터).

표 15.2 근접행렬

케이스	제곱 유클리디안 거리									
	1	2	3	4	5	6	7	8	9	10
1	.000	1921.000	1517.000	1250.000	1109.000	1145.000	2066.000	865.000	130.000	394.000
2	1921.000	.000	370.000	89.000	130.000	100.000	149.000	362.000	1097.000	585.000
3	1517.000	370.000	.000	433.000	180.000	306.000	101.000	104.000	769.000	457.000
4	1250.000	89.000	433.000	.000	61.000	13.000	328.000	245.000	640.000	272.000
5	1109.000	130.000	180.000	61.000	.000	18.000	185.000	68.000	493.000	181.000
6	1145.000	100.000	306.000	13.000	18.000	.000	257.000	146.000	541.000	205.000
7	2066.000	149.000	101.000	328.000	185.000	257.000	.000	265.000	1160.000	680.000
8	865.000	362.000	104.000	245.000	68.000	146.000	265.000	.000	325.000	125.000
9	130.000	1097.000	769.000	640.000	493.000	541.000	1160.000	325.000	.000	80.000
10	394.000	585.000	457.000	272.000	181.000	205.000	680.000	125.000	80.000	.000

이것은 비유사성 행렬입니다.

〈표 15.2〉는 관측대상(케이스)들 간의 제곱 유클리디안 거리 행렬을 보여준다. 이 매트릭스상의 값들은 **비유사성**(dissimilarity) 자료이기 때문에 작은 값을 가질수록 유사성이 높다.

표 15.3 군집화 일정표

단계	결합 군집		계수	처음 나타나는 군집의 단계		다음 단계
	군집 1	군집 2		군집 1	군집 2	
1	4	6	6.500	0	0	2
2	4	5	30.667	1	0	5
3	9	10	70.667	0	0	7
4	3	7	121.167	0	0	6
5	2	4	193.250	0	2	8
6	3	8	299.417	4	0	8
7	1	9	460.750	0	3	9
8	2	3	759.905	5	6	9
9	1	2	2191.700	7	8	0

〈표 15.3〉은 10개의 케이스들이 군집화되는 과정을 보여준다. 여기의 계수값은 그 단계에서 군집화하는 경우 그 군집 내 cases의 **이질성**(heterogeneity) 정도

를 나타내는 값이다. 그러므로 단계가 진행될수록 계수값은 커진다. 군집화 일정표에 따르면, 첫 단계에서는 case 4와 case 6이 군집화되었다. 이는 〈표 15.2〉에서 볼 수 있듯이 이 두 cases 간의 거리가 13으로 가장 가깝기 때문이다. 두 번째 단계에서는 case 4와 case 5가 군집화되어 4, 5, 6의 군집이 형성되었다. 이런 식으로 9단계까지 진행되는데 이는 cases의 수가 10이기 때문이다(10 − 1 = 9).

이 표는 군집의 수를 결정하는 데 이용될 수 있다. 이를 위하여 **정지규칙**(stopping rule)이 이용될 수 있다. 군집화 일정표를 보면 단계가 진행됨에 따라 계수값(즉, 이질성)이 커지는데, 정지규칙은 계수값이 커지는 비율이 급격히 증가하는 바로 전 단계에서 군집화를 정지(stop)하는 방법이다. 계수값이 급격히 커진다는 것은 바로 그 단계의 군집화에 의해 cases의 이질성이 급격히 커진다는 것을 의미한다. 이는 군집분석이 유사한 대상들끼리 그룹핑하는 데 그 목적을 둔다는 것에 배치된다. 이러한 이유로 그 전 단계에서 군집화를 정지한다. 〈표 15.3〉을 보면 예를 들어, 계수값이 단계 6에서 54.9%(=(299.417 − 193.25)/193.25), 단계 7에서 53.8%, 단계 8에서 64.9%, 단계 9에서 188.4% 증가하는 것을 알 수 있다. 정지규칙을 따르면 이 경우 계수값이 단계 9에서 급격히 증가하므로 단계 8에서 중지하고 두 개의 군집으로 결정할 수 있다. 그런데 계수

표 15.4 케이스

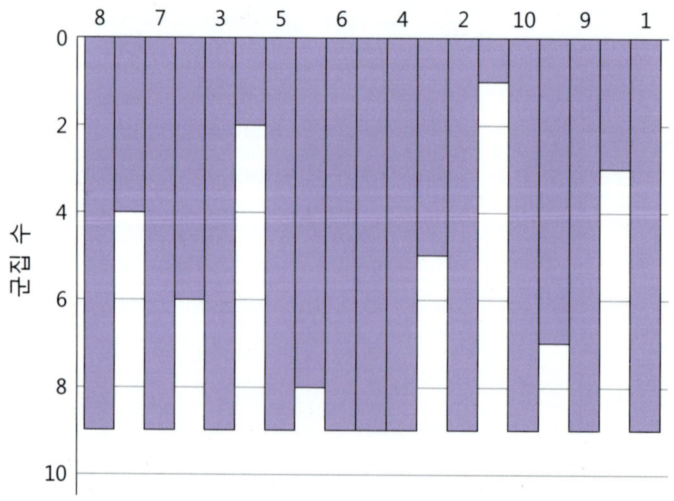

값이 마지막 단계에서 급격히 증가하는 것은 거의 언제나 나타나는 현상이다.[3] **따라서 이 경우 그 전 단계에서 정지하여 세 개의 군집으로 결정할 수 있다.**

〈표 15.4〉는 최종군집의 수에 따라 어떤 케이스들이 군집화되었는지를 나타낸다. 예를 들어, 군집의 수를 세 개로 한 경우 케이스 8,7,3; 5,6,4,2; 10,9,1이 각각 군집화됨을 알 수 있다.

그림 15.12 덴드로그램

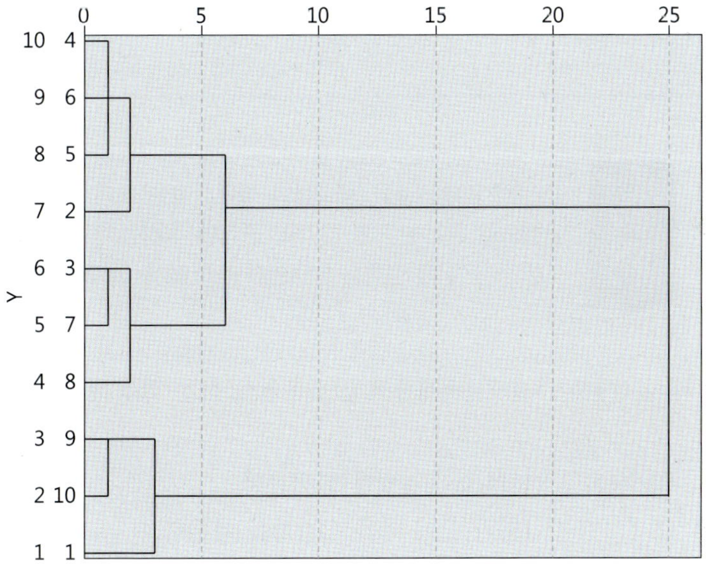

[그림 15.12]의 덴드로그램은 케이스들이 군집화되는 과정을 그림으로 보여주는 것이다. **앞에서 본 예의 경우 군집의 수를 세 개로 할 것을 결정하였다. 이를 적용하면 4, 6, 5, 2가 하나의 군집으로, 3, 7, 8이 또 하나의 군집으로, 그리고 9, 10, 1이 마지막 또 하나의 군집으로 분류된다.**

3 Joseph F. Hair, Jr., William C. Black, Barry J. Babin, and Rolph E. Anderson, *Multivariate Data Analysis*, 7th ed., Pearson, 2010, pp. 549-551.

15.3 SPSS 30을 이용한 비계층적 군집분석

예제 15.1 비계층적 군집분석의 예

여기서는 〈표 15.1〉의 데이터를 이용하여 비계층적 군집분석을 실시한다. 앞에서 언급했듯이 비계층적 군집분석은 분류될 군집의 수를 사전에 설정해주는 것이다. 본 예에서는 군집의 수를 미리 세 개로 지정한 경우를 가정한다. 그리고 비계층적 군집분석에서 가장 널리 사용되는 K-평균법에 의한 분석을 한다.

연구문제 10명의 판매원들을 사교성과 직무성적을 토대로 K-평균 방법으로 세 개의 군집으로 분류한다면 각각의 군집에 속하는 판매원(케이스)들은 누구인가? 또한 각 군집에 명칭을 부여한다면 어떻게 naming 할 수 있는가?

〈예제 15.2〉의 비계층적 군집분석을 하는 과정은 다음과 같다.

① '(15)군집분석.sav' 파일을 불러온다.
② [그림 15.13]과 같이 다음의 절차를 따른다.

[분석(A)] → [분류분석(F)] → [K-평균 군집...] → 클릭

그림 15.13 | 비계층적 군집분석(K-평균 군집) 절차

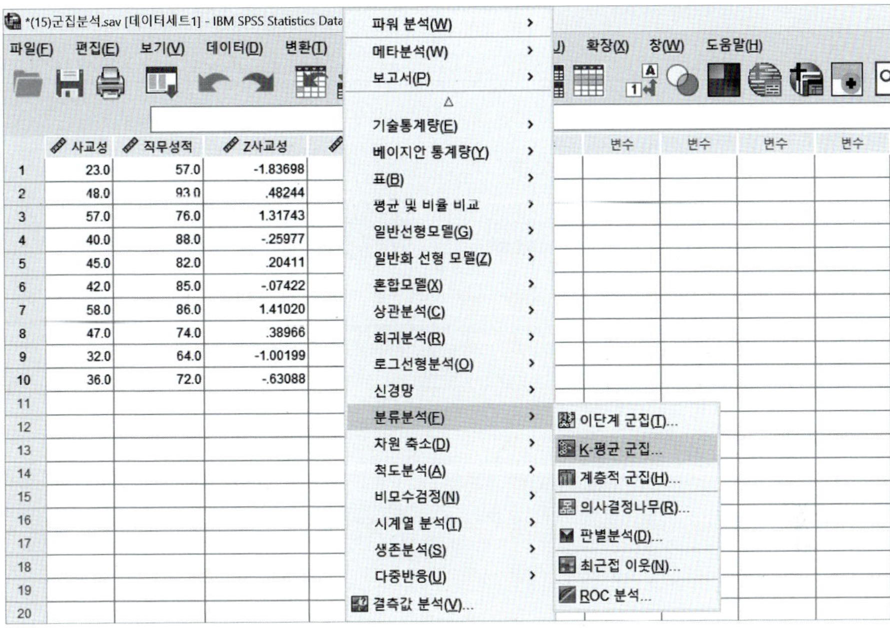

③ 그러면 [그림 15.14]의 K-평균 군집분석 대화상자가 나타난다.

그림 15.14 | K-평균 군집분석 대화상자

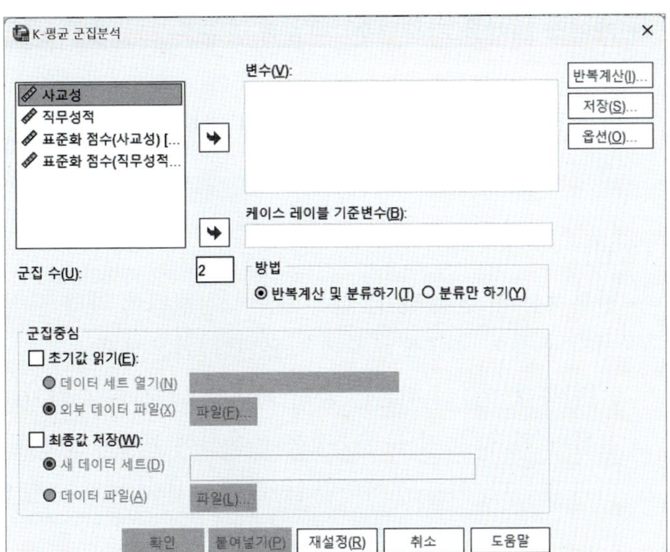

④ 여기서 [그림 15.15]와 같이 분석할 변수들(사교성, 직무성적)을 [변수(V)] 상자로 보낸다.

그림 15.15 | 분석대상 변수선정

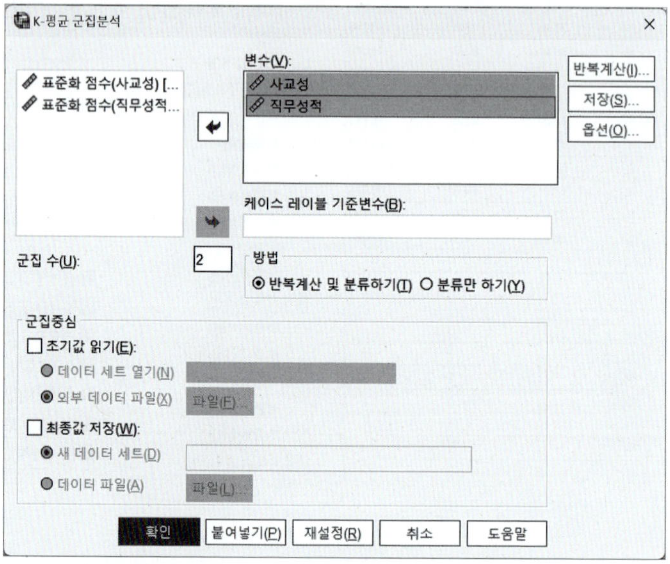

☞ K-평균 군집분석 대화상자에서 선택사항들의 의미는 다음과 같다.

- **케이스 레이블 기준변수**: 계층적 군집분석의 경우와 같다.

- **군집 수**: 형성된 군집의 수를 미리 지정한다. 기본설정 값(2)을 바꾸려면 양의 정수값을 입력한다.

[방법]

- **반복계산 및 분류하기**: 반복계산이 진행됨에 따라 군집중심점이 변화된다. 갱신된 중심은 케이스 분류에 사용된다(**기본설정**).
  - [반복계산(I)...] 버튼을 눌러 최대반복계산과 수렴기준을 수정할 수 있다.
- **분류만 하기**: 초기 군집중심을 사용하여 케이스를 분류하고, 군집중심은 갱신되지 않는다. 이를 선택하면 [반복계산(I)...] 버튼이 활성화되지 않는다.

[군집중심]

- **초기값 읽기**: 이전 분석에서 도출된 최종 군집중심값이 저장된 경우(최종값 저장; see below) 이를 현재 분석에서 불러들여 초기 군집중심값으로 사용한다.
- **최종값 저장**: 분석결과 도출되는 최종 군집중심값을 지정하는 이름의 데이터 파일 형태로 저장한다. 이는 후속분석에서 불러들여(초기값 읽기; see above) 초기 군집중심값으로 사용할 수 있다.

⑤ [그림 15.15]에서 [군집 수(U)]에는 3을 입력하고, 방법으로는 [반복계산 및 분류하기(T)]를 선택한다.

⑥ 그리고 [저장(S)...]을 클릭하면 [그림 15.16]과 같은 새 변수 저장 대화상자가 나타난다. 본 예에서는 아무 것도 선택하지 않는다.

그림 15.16 새 변수 저장 대화상자

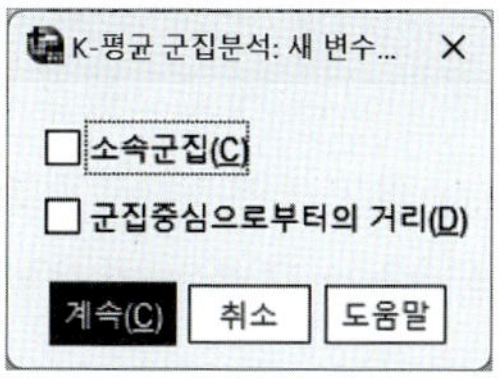

☞ 새 변수 저장 대화상자의 선택사항들은 다음의 의미를 갖는다.

- **소속군집**: 각 케이스가 할당된 최종적인 군집을 저장한다. 값의 범위는 1에서부터 전체군집의 수까지 지정할 수 있다.
- **군집중심으로부터의 거리**: 거리와 케이스 분류에 사용된 군집중심 간의 유클리디안 거리를 저장한다.

⑦ [그림 15.16]에서 [계속(C)]을 클릭한다.

⑧ [그림 15.15]에서 [옵션(O)...]을 클릭하면 옵션 대화상자가 나타난다. 여기서 [그림 15.17]과 같이 통계량의 [군집중심초기값(I)]과 [각 케이스의 군집정보(C)]를 선택하고, 결측값은 기본설정된 [목록별 결측값 제외(L)]를 선택한다.

그림 15.17 | 옵션 대화상자

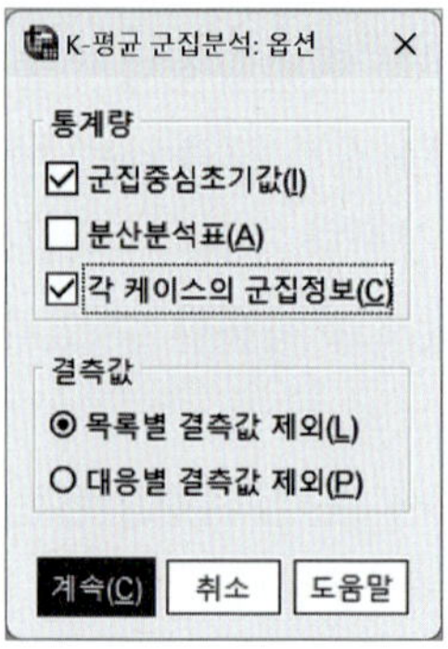

☞ 옵션 대화상자의 선택사항들은 다음의 의미를 갖는다.

[통계량]

- **군집중심초기값**: 각 군집에 대한 변수 중심값(평균)의 첫 번째 추정값으로서 간격이 최대한 떨어져 있는 케이스들을 군집 수와 동일하게 선택한다(**기본설정**).
- **분산분석표**: 각 군집변수에 대한 일변량 F 검증이 포함된 분산분석표를 표시한다. 케이스가 모두 단일 군집에 지정될 때는 분산분석표가 표시되지 않는다.
- **각 케이스의 군집정보**: 각 케이스가 최종적으로 할당된 군집과 각 케이스와 군집중심 간 유클리디안 거리를 나타낸다. 최종 군집중심 간 유클리디안 거리도 함께 표시된다.

⑨ [그림 15.17]에서 [계속(C)]과 이어서 [확인]을 클릭하면 결과가 나타난다(표 15.5부터).

표 15.5 | 군집중심초기값

	군집		
	1	2	3
사교성	23.0	40.0	57.0
직무성적	57.0	88.0	76.0

〈표 15.5〉에는 변수에 대한 세 개 군집의 초기중심값, 즉 군집씨앗이 나타나 있다. 이에 따르면 열 개의 케이스들 중에서 케이스 1(사교성 23.0, 직무성적 57.0), 케이스 4(40.0, 88.0), 그리고 케이스 3(57.0, 76.0)이 선택되었다. 이 초기

중심값을 기준으로 각 케이스와 각 군집의 중심점과의 거리를 계산하여 거리가 가장 가까운 군집에 케이스를 할당한다.

표 15.6 반복 계산과정[a]

반복	군집중심의 변화량		
	1	2	3
1	5.701	4.565	4.014
2	.000	.000	.000

a. 군집 중심값의 변화가 없거나 작아 수렴이 일어났습니다. 모든 중심에 대한 최대 절대 좌표 변경은 .000입니다. 현재 반복계산은 2입니다. 초기 중심 간의 최소 거리는 20.809입니다.

〈표 15.6〉은 반복계산에 따른 군집중심의 변화량을 보여준다.

표 15.7 소속군집

케이스 번호	군집	거리
1	1	5.701
2	2	10.707
3	3	4.014
4	2	4.565
5	2	3.441
6	2	1.020
7	3	8.353
8	3	8.413
9	1	5.701
10	2	13.507

〈표 15.7〉은 각 케이스가 속하는 군집을 보여주고, 각 케이스와 해당군집의 중심점 간의 거리를 나타낸다. **즉, 군집 1에 케이스 1, 9, 군집 2에 케이스 2, 4, 5, 6, 10, 그리고 군집 3에 케이스 3, 7, 8이 소속됨을 보여준다.** 이 결과는 계층적 군집분석 결과와 다르게 나타났다. 즉, 계층적 군집분석 결과 8, 7, 3; 5, 6, 4, 2; 10, 9, 1로 군집화되었는데, 여기서는 8, 7, 3; 5, 6, 4, 2, 10; 9, 1로 군집화되었다.

표 15.8 최종 군집중심과 최종 군집중심 간 거리

최종 군집중심

	군집		
	1	2	3
사교성	27.5	42.2	54.0
직무성적	60.5	84.0	78.7

최종 군집중심 간 거리

군집	1	2	3
1		27.719	32.129
2	27.719		12.949
3	32.129	12.949	

〈표 15.8〉에는 각 변수에 대한 세 개 군집의 최종 중심값이 나타나 있다. 초기 중심값을 이용하여 군집분석을 하는 과정에서 각 군집에 새로운 케이스가 추가되기 때문에 평균이 달라지고, 따라서 군집중심도 변하게 된다. 예를 들어, 군집 1에 속한 케이스 1, 9의 사교성 중심값은 27.5(=(23.0+32.0)/2)이다.

표 15.9 각 군집의 케이스 수

각 군집의 케이스 수

군집	1	2.000
	2	5.000
	3	3.000
유효		10.000
결측		.000

〈표 15.9〉는 K-평균 군집분석 결과 미리 설정한 세 개의 군집에 분류된 케이스들의 수를 보여준다. 〈표 15.7〉과 함께 고려하면, 1번과 9번 케이스가 첫 번째 군집을 형성하고, 2번, 4번, 5번, 6번, 그리고 10번 케이스가 두 번째 군집을 형성하고, 3번, 7번, 그리고 8번 케이스가 세 번째 군집을 형성하고 있음을 알 수 있다.

※ 각 군집의 특징을 토대로 한 군집의 명칭 부여 :

〈표 15.8〉에 나타난 최종 군집중심을 토대로 각 군집의 명칭을 다음과 같이 부여할 수 있다. 군집 1-무능군집, 군집 2-직무성적우수군집, 군집 3-사교성 우수군집.

[참고] 본 예제의 자료를 표준화시켜 분석

본 장의 초반부(2. 자료)에는 군집분석을 실시할 때 변수들의 단위가 동일하면 원자료를 사용하여 분석하면 되지만, 변수들의 단위가 다르면 변수들의 값을 표준화시켜(standardize) 표준화된 값을 사용해야 한다고 기술하였다. 본 예제의 경우 사교성과 직무성적은 모두 100점 척도로 측정하여 단위가 동일한 것이므로 원자료를 사용하여 분석하였다. 이하에서는 본 예제의 자료를 표준화시켜 분석한 결과를 제시한다.[4]

먼저, 원자료를 표준화시키는 방법은 다음과 같다.

[분석] → [기술통계량] → [기술통계] → 분석할 변수들을 선택한 상자로 이동 → [표준화 값을 변수로 저장]을 클릭 → [분석 실행].

본 예제의 데이터 파일 '(15)군집분석.sav'에는 사교성과 직무성적의 표준화 값이 저장되어 있다(Z사교성과 Z직무성적). 이 변수값들을 사용하여 계층적 군집분석과 비계층적 군집분석을 실시하면 각각의 경우 군집화되는 케이스들이 원자료를 사용하여 분석한 결과와 동일하게 나타난다. 이는 변수들의 단위가 같으면 원자료를 사용하거나 표준화 자료를 사용하거나 군집화 결과는 동일함을 보여준다.

4 계층적 군집분석의 분석 절차 ⑩에서는 "만약 척도가 다르면, 표준화에서 'Z 점수'와 '변수별'을 선택한다"고 설명하였다. 이처럼 계층적 군집분석의 경우 옵션을 이용하여 표준화시킬 수 있으나 비계층적 군집분석의 경우 그러한 옵션이 없다.

연 / 습 / 문 / 제

SPSS 30

1. 다음은 쇼핑에 대한 20명 소비자들의 태도와 의견에 대한 자료이다. 각 변수는 7점 리커트 척도로 측정하였으며 아래와 같다(1=동의하지 않는다, 7=동의한다). (1) 이 자료로써 계층적 군집분석을 실시하여 세 개의 군집을 발견하고 그 결과를 해석하시오(Ward의 방법, 제곱 유클리디안 거리 사용). (2) 군집의 수를 세 개로 하여 K-평균법에 의해 비계층적 군집분석을 실시하고 그 결과를 해석하시오.

자료파일: (15)연습문제(쇼핑).sav.

변수와 의미

V1: 쇼핑은 재미있다.
V2: 쇼핑을 하면 가정 경제생활에 부정적인 결과를 초래한다.
V3: 나는 자주 쇼핑과 외식을 함께 한다.
V4: 나는 쇼핑을 할 때 가급적 좋은 제품을 저렴하게 구입하려고 노력한다.
V5: 나는 쇼핑을 좋아하지 않는다.
V6: 가격을 세밀히 비교하여 쇼핑함으로써 상당히 절약할 수 있다.

번호	V1	V2	V3	V4	V5	V6
1	6	4	7	3	2	3
2	2	3	1	4	5	4
3	7	2	6	4	1	3
4	4	6	4	5	3	6
5	1	3	2	2	6	4
6	6	4	6	3	3	4
7	5	3	6	3	3	4
8	7	3	7	4	1	4
9	2	4	3	3	6	3
10	3	5	3	6	4	6
11	1	3	2	3	5	3
12	5	4	5	4	2	4
13	2	2	1	5	4	4
14	4	6	4	6	4	7
15	6	5	4	2	1	4
16	3	5	4	6	4	7
17	4	4	7	2	2	5
18	3	7	2	6	4	3
19	4	6	3	7	2	7
20	2	3	2	4	7	2

[분석결과 및 해석]

계층적 군집분석

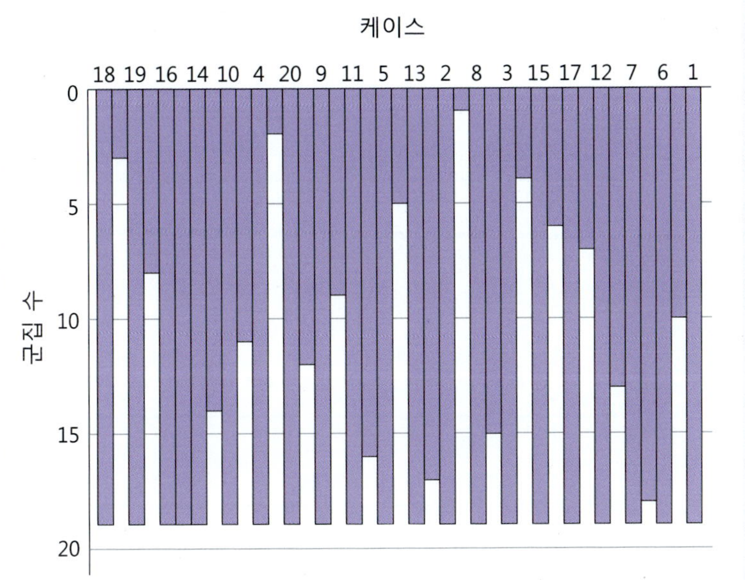

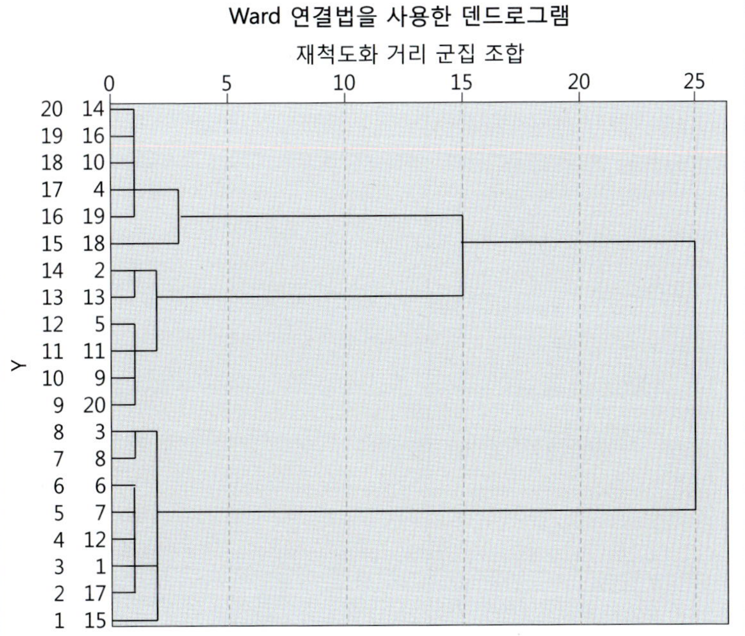

첫 단계에서 case 14와 16, 다음 단계에서 case 6과 7이 군집화되었으며 이런 식으로 거리가 가까운 cases가 점차 군집화되었다. 결과적으로 세 개의 군집에 속한 cases는 다음과 같다: 14, 16, 10, 4, 19, 18; 2, 13, 5, 11, 9, 20; 3, 8, 6, 7, 12, 1, 17, 15.

K-평균 군집분석

군집중심초기값

	군집		
	1	2	3
v1	4	2	7
v2	6	3	2
v3	3	2	6
v4	7	4	4
v5	2	7	1
v6	7	2	3

소속군집

케이스 번호	군집	거리
1	3	1.414
2	2	1.323
3	3	2.550
4	1	1.404
5	2	1.848
6	3	1.225
7	3	1.500
8	3	2.121
9	2	1.756
10	1	1.143
11	2	1.041
12	3	1.581
13	2	2.598
14	1	1.404
15	3	2.828
16	1	1.624
17	3	2.598
18	1	3.555
19	1	2.154
20	2	2.102

최종 군집중심

	군집		
	1	2	3
v1	4	2	6
v2	6	3	4
v3	3	2	6
v4	6	4	3
v5	4	6	2
v6	6	3	4

초기의 군집씨앗으로 다음 세 개의 cases가 선택되었다: case 19(4, 6, 3, 7, 2, 7), case 20(2, 3, 2, 4, 7, 2), case 3(7, 2, 6, 4, 1, 3). 소속군집표는 군집 1에 cases 4, 10, 14, 16, 18, 19, 군집 2에 cases 2, 5, 9, 11, 13, 20, 군집 3에 cases 1, 3, 6, 7, 8, 12, 15, 17이 소속됨을 보여준다. 이 결과는 계층적 군집분석결과와 동일하다. 최종군집중심은 cases가 추가됨에 따라 초기군집중심과 달라졌음을 보여준다. 세 군집의 최종중심값을 보면 군집 2는 쇼핑에 대한 태도가 부정적이다. 따라서 이 집단은 백화점 등의 주요 표적고객이 아니라고 할 수 있다.

2. 한 기업은 표본으로 추출한 500가구를 대상으로 시장세분화를 하려고 한다. 이를 위하여 다음의 여덟 개 변수를 이용하였다: 가족규모, 연소득, 가장나이, 식비, 의복비, 잡비, 교통비, 오락여행비(금액과 관련된 것은 모두 연간 금액이며 단위는 백만 원임). 전체 500명의 자료는 파일에 있으며 지면 절약을 위해 10명의 자료만 아래에 제시한다. 자료파일: (15)연습문제(시장세분화).sav.

(1) 이 자료로써 계층적 군집분석을 실시하여 네 개의 군집을 발견하시오. Ward의 방법과 제곱 유클리디안 거리를 이용하시오. 만약 분석결과가 아래와 다르면 변수들의 단위를 생각해보시오(그림 15.10의 값 변환 참고).

(2) 군집의 수를 네 개로 하여 K-평균법에 의해 비계층적 군집분석을 실시하고 그 결과를 해석하시오.

가구	가족규모	연소득	가장나이	식비	의복비	잡비	교통비	오락여행비
1	1	109.7	67	16.8	0	18.9	2	9.6
2	2	230	81	38.2	17.5	13.4	10.7	31.6
3	3	965.3	36	76.7	0	24.3	358.1	57.3
4	1	179.4	68	13.7	8.5	17.9	0	9.7
5	1	83.6	76	14.9	0	11.4	0	0
6	4	1423.1	47	52.8	83.5	21.9	11.1	109.6
7	4	1916.1	34	104.4	77.3	28.5	83.3	512.5
8	2	149.4	24	6.7	0	74.5	3.8	1.8
9	2	334.5	51	44.2	0	74	20	2.8
10	2	379.1	62	15.8	4	16.6	4.8	53.2

[분석결과 및 해석]

계층적 군집분석

군집화 일정표

단계	결합 군집		계수	처음 나타나는 군집의 단계		다음 단계
	군집 1	군집 2		군집 1	군집 2	
1	262	435	.012	0	0	157
2	47	430	.023	0	0	23
3	211	444	.040	0	0	6
4	5	151	.057	0	0	13
5	217	236	.078	0	0	9
⋮	⋮	⋮	⋮	⋮	⋮	⋮
⋮	⋮	⋮	⋮	⋮	⋮	⋮
492	37	252	1835.399	483	477	497
493	6	7	1972.563	490	487	495
494	1	8	2136.234	482	491	499
495	3	6	2302.039	489	493	496
496	3	11	2548.039	495	486	497
497	3	37	2806.583	496	492	498
498	3	366	3167.975	497	0	499
499	1	3	3992.000	494	498	0

군집화 일정표에서는 표본의 크기가 500명이므로 499단계까지 산출된다. 그런데 내용이 너무 많아 여기서는 처음 부분과 마지막 부분만 제시한다. 군집화 일정표의 마지막 세 번째 단계인 단계 497에서 계수가 크게 증가하므로 정지규칙에 따라 단계 496에서 중지하고 네 개의 군집으로 결정할 수 있다. 케이스와 덴드로그램은 지면 관계로 생략한다.

K-평균 군집분석

최종 군집중심

	군집			
	1	2	3	4
가족규모	2	2	3	3
연소득	318.1	241.1	1006.8	2012.3
가장나이	54	75	45	46
식비	38.9	22.2	59.0	69.9
의복비	15.5	28.0	38.4	51.3
잡비	35.8	100.3	55.2	56.5
교통비	34.5	10.4	103.0	145.1
오락여행비	41.8	3013.1	93.0	134.7

각 군집의 케이스 수

군집	1	349.000
	2	1.000
	3	124.000
	4	26.000
유효		500.000
결측		.000

500개의 가구가 네 개의 군집으로 다음과 같이 분포되었다: 군집 1-349가구, 군집 2-1가구, 군집 3-124가구, 군집 4-26가구. 이 중 군집 2는 규모가 너무 작아 무시할 수 있으며, 나머지 세 군집의 특징에 따라 군집마다 다른 마케팅변수의 투입을 고려할 수 있다. 예를 들어, 군집 1은 소득이 낮은 세분시장이며 이 시장의 지출 패턴을 고려하여 그에 맞는 마케팅을 할 수 있다. 또한 군집 4는 소득이 매우 높은 세분시장인데 그에 맞는 마케팅을 하거나 혹은 규모가 작으므로(전체 가구의 5.2%) 표적시장으로 고려하지 않을 수 있다.

제 16 장

다차원척도법

Statistical Package for the Social Sciences

16.1 다차원척도법의 개요

1. 개 념

다차원척도법(multidimensional scaling; 이하 **MDS**)은 대상(예를 들어, 브랜드, 기업 등)에 대한 응답자들의 평가에 내재되어 있는 주요 차원들을 규명하기 위한 분석기법들 중의 하나이다. MDS의 목적은 대상들 간의 유사성이나 선호도에 대한 소비자들의 지각을 다차원 공간상에서 거리로써 표현하는 데 있다. 즉, MDS에 의하면 **지각도**(perceptual map; positioning map)와 같은 다차원 공간상에서 유사성이 큰 대상들은 가깝게, 유사성이 작은 대상들은 상대적으로 멀게 위치시킨 결과를 얻게 된다. 또한, 선호도와 관련된 MDS는 소비자 선택의 인지적 과정을 분석하기 위하여 지각도 상에 응답자들의 선호도를 포함시켜서 응답자들이 이상적으로 생각하고 있는 이상점(ideal point)을 도출해내는 방법이다.

MDS는 다음과 같은 것을 파악하는 데 이용할 수 있다.

첫째, 응답자들이 대상을 평가할 때 어떤 차원들을 사용하는가?

둘째, 각각의 평가대상은 응답자들의 지각(perception) 속에서 어떤 위치에 자리하고 있는가?

2. 지각도의 예

다음은 (1) 유사성을 나타내는 지각도와 (2) 유사성과 이상점을 나타내는 지각도의 예이다.

(1) 유사성을 나타내는 지각도

지각도는 여러 대상들(브랜드, 기업 등)에 대한 소비자의 지각(perception)을 나타내는 그림이다. [그림 16.1]은 미국 승용차 시장에서 판매되는 승용차 회사 혹은 division의 이미지에 대한 지각도이다. 각 대상의 위치에서 X축과 Y축에 직각으로 선을 내리는 경우, 각 축과 만나는 지점이 그 특성(차원, 속성)의 정도를 나타낸다. 예를 들어, 이 지각도에 의하면 Porsche는 젊음/스포티 이미지가 가장 강하며 고급 이미지 또한 상당히 강하다. Plymouth는 어느 정도 전통/보수 이미지를 가졌으며 매우 실용적인 이미지를 가지고 있다.

지각도 상에서 대상들 간의 거리는 유사성 정도를 나타낸다. 즉, 대상들 간의 거리가 가까울수록 소비자에 의해 보다 유사하게 지각됨을 의미한다. 예를 들어, Oldsmobile에 가장 가까운 것은 Chrysler와 Buick이다. 거리가 가까우면 이는

그림 16.1 미국 승용차 시장내 각 승용차 회사(혹은 Division)의 지각도

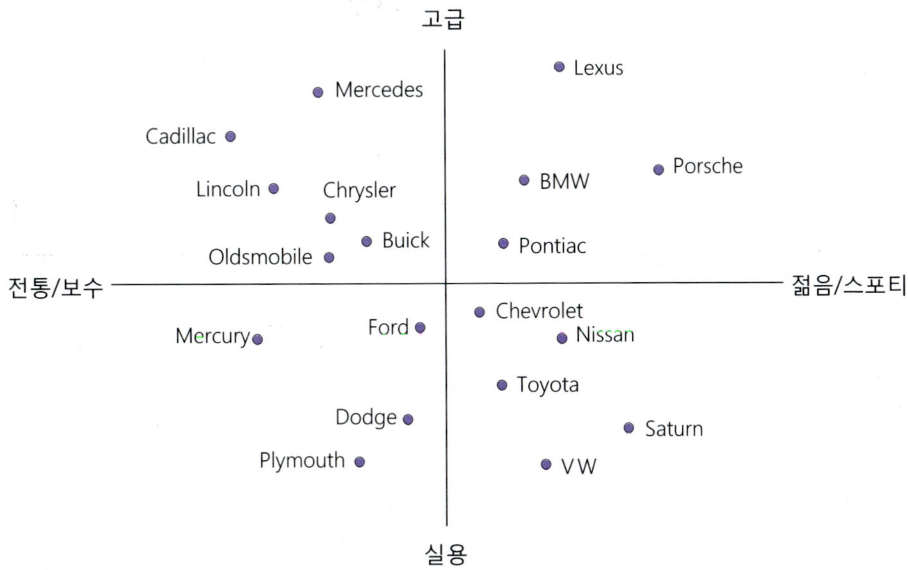

자료원: J. Paul Peter and Jerry C. Olson, *Consumer Behavior*, 5th ed., McGraw-Hill, 1999, p. 371.

서로 간에 보다 직접적인 경쟁관계로 나타난다. 반대로 Mercedes와 VW, 그리고 Lexus와 Plymouth는 매우 다르게 지각되는 것으로 해석할 수 있다. Oldsmobile과 Buick은 둘 다 GM의 division인데 매우 가깝게 위치하고 있어 자기시장잠식(cannibalization)의 문제가 발생할 가능성이 높다. 지각도 상에서 각 대상의 위치는 곧 포지셔닝 상태를 나타내는데 GM은 Oldsmobile과 Buick 중 어느 하나 혹은 양자의 위치를 변경함으로써(재포지셔닝) 자기시장잠식 문제의 발생을 방지할 수 있다.

지각도 상에서 빈 공간은 현재 경쟁제품 혹은 브랜드들이 포지션하고 있지 않으므로 시장기회가 존재할 수 있음을 의미한다. 그러나 빈 공간이 있더라도 그러한 특성을 갖는 제품 혹은 브랜드를 원하는 고객들의 수가 어느 정도 되어야 하므로 이에 대한 추가적 분석이 필요하다.

(2) 유사성과 이상점을 나타내는 지각도

[그림 16.2]는 음료시장의 세 브랜드의 상대적 위치와 여덟 명 소비자들의 이상점을 나타내는 지각도이다. 먼저 세 브랜드의 위치를 보면 코카콜라는 청량감이 가장 강한 반면 갈증해소에는 별로 좋지 않은 것으로 지각되고 있다. 반대로 게토레이는 청량감은 약하나 갈증해소에는 매우 좋은 것으로 지각된다. 칠성

그림 16.2 | 유사성과 이상점을 나타내는 지각도

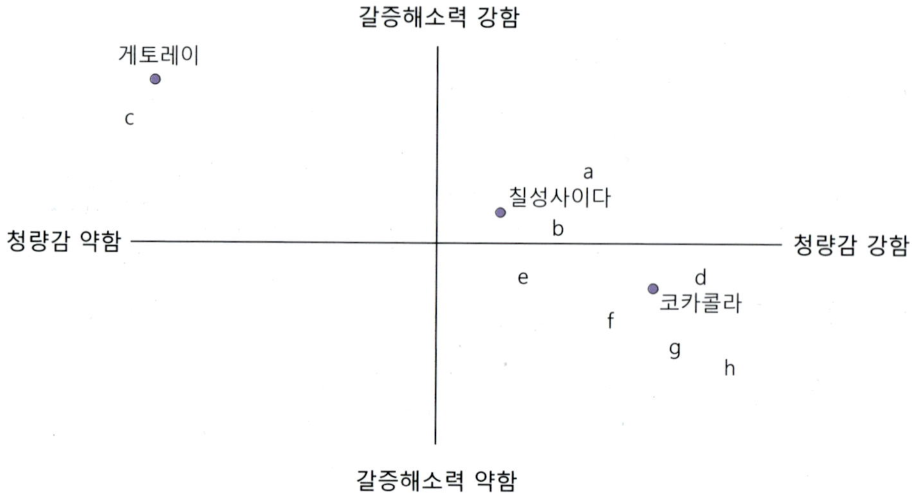

사이다는 그 중간 성격을 가지나 코카콜라와 보다 유사하게 지각된다. a~h까지는 여덟 명 소비자의 이상점을 나타낸다. 소비자는 자신의 이상점과 어떤 브랜드의 거리가 가까울수록 그 브랜드를 선호하게 된다. 예를 들어, 소비자 d는 코카콜라, 칠성사이다, 그리고 게토레이의 순서로 선호한다. 이와는 달리 소비자 c는 게토레이, 칠성사이다, 코카콜라의 순서로 선호한다. 이 지각도가 실제 시장상황을 잘 반영한다면 코카콜라 부근에 네 명의 소비자들의 이상점이 위치하므로 코카콜라의 점유율이 가장 높으며, 반대로 게토레이의 점유율이 가장 낮을 것으로 추측된다.

3. 다차원척도법에 이용되는 자료

다차원척도법을 이용하여 지각도를 작성하는 경우 다음과 같은 자료를 이용할 수 있다.

첫째, 전반적 유사성 평가자료: 응답자(들)가 조사 대상들을 전반적으로 어느 정도 유사하게 지각하는지에 대한 자료를 수집하여 지각도를 작성한다. 한 명의 응답자로부터 자료를 수집할 수도 있고 두 명 이상의 응답자들로부터 자료를 수집할 수도 있다. 전자의 경우를 **전통적 다차원척도법**(classical MDS)이라 하고, 후자의 경우를 **반복 다차원척도법**(replicated MDS)이라 한다. 두 경우 모두 서열척도, 간격척도, 그리고 비율척도의 이용이 가능하다.

둘째, 속성별 평가자료: 응답자(들)에게 각각의 대상을 속성별로 평가하도록 한 자료를 분석하여 지각도를 작성한다. 이 방법을 **가중 다차원척도법**(weighted MDS)이라 한다. 이 경우 간격척도 및 비율척도를 이용한다.

16.2 SPSS 30을 이용한 MDS에 의한 지각도 작성

이하에서는 다수의 응답자들로부터 간격척도에 의해 수집한 전반적 유사성 평가자료를 반복 다차원척도법으로 분석하는 경우를 설명한다.

예제 16.1 반복 다차원척도법의 예

여덟 개 브랜드의 자동차들(K3, 그랜저, 쏘나타, 아반떼, 모닝, G80, K8, 레이 등)을 소비자들이 얼마나 유사하다고 지각하는지 알아보기 위하여 다음과 같은 설문지를 이용하여 자료를 수집하였다. 여기서 값이 클수록 비유사성이 크므로 엄밀히 말하면 유사성자료라기보다 비유사성자료(dissimilarity data)라고 할 수 있다.

다음에 제시되는 K3, 그랜저, 쏘나타, 아반떼, 모닝, G80, K8, 레이 등 여덟 개 브랜드들에 대하여 각 쌍을 이루는 차들이 얼마나 유사하다고 느끼시는지를 응답해 주십시오.

1.	레이–그랜저	1 매우 유사하다	2	3	4 보통이다	5	6	7 전혀 다르다
2.	레이–쏘나타	1 매우 유사하다	2	3	4 보통이다	5	6	7 전혀 다르다
3.	레이–아반떼	1 매우 유사하다	2	3	4 보통이다	5	6	7 전혀 다르다
4.	레이–모닝	1 매우 유사하다	2	3	4 보통이다	5	6	7 전혀 다르다
5.	레이–G80	1 매우 유사하다	2	3	4 보통이다	5	6	7 전혀 다르다
6.	레이–K8	1 매우 유사하다	2	3	4 보통이다	5	6	7 전혀 다르다

7.	레이-K3	1 매우 유사하다	2	3	4 보통이다	5	6	7 전혀 다르다
8.	그랜저-쏘나타	1 매우 유사하다	2	3	4 보통이다	5	6	7 전혀 다르다
· · · · · ·	· · · · · ·	· · · · · ·	· · · · · ·	· · · · · ·	· · · · · ·	· · · · · ·	· · · · · ·	· · · · · ·
28.	K8-K3	1 매우 유사하다	2	3	4 보통이다	5	6	7 전혀 다르다

연구 문제

(1) 소비자들은 여덟 개 브랜드의 승용차들을 얼마나 유사하게 혹은 다르게 지각하는가?
(2) 그 유사성·비유사성 지각의 토대(차원)는 무엇인가?
(3) 각각의 브랜드는 각 차원에서 어떻게 지각되는가?

본 설문조사는 열 명의 응답자들을 대상으로 실시되었다. 사용한 자료는 구체적으로 〈표 16.1〉과 같다.

표 16.1 설문조사 자료

ID	1	2	3	4	5	6	7	8	9	10	11	12	13	14	15	16	17	18	19	20	21	22	23	24	25	26	27	28
1	7	6	2	1	7	6	2	2	6	7	1	3	6	5	7	2	1	5	2	7	6	1	7	6	3	5	7	6
2	6	5	2	1	7	5	2	2	6	7	1	2	6	5	7	2	1	5	2	7	6	1	7	5	2	5	7	5
3	7	5	3	1	7	6	3	2	5	6	2	1	4	4	5	2	1	4	3	6	4	1	7	6	3	2	6	4
4	6	4	2	1	7	6	3	2	5	6	2	1	4	3	4	2	1	4	3	7	5	1	7	5	2	2	5	4
5	7	6	2	1	7	6	2	2	6	7	1	3	6	5	7	2	1	5	2	7	6	1	7	6	3	5	7	6
6	6	5	2	1	7	5	2	2	6	7	1	2	6	5	7	2	1	5	2	7	6	1	7	5	2	5	7	5
7	7	5	3	1	7	6	3	2	5	6	2	1	4	4	5	2	1	4	3	6	4	1	7	6	3	2	6	4
8	6	4	2	1	7	6	3	2	5	6	2	1	4	3	4	2	1	4	3	7	5	1	7	5	2	2	5	4
9	7	5	3	1	7	6	3	2	5	6	2	1	4	4	5	2	1	4	3	6	4	1	7	6	3	2	6	4
10	7	5	3	1	7	6	3	2	5	6	2	1	4	4	5	2	1	4	3	6	4	1	7	6	3	2	6	4

〈표 16.1〉의 비유사성 자료를 이용하여 MDS 분석을 위한 데이터파일을 구성하려면 가로축과 세로축이 각각 여덟 개 승용차 브랜드들로 구성된 matrix를 가정하고, matrix 내에서 각 설문항목의 응답치에 해당하는 cell을 찾아서 입력해야 한다. 따라서 [그림 16.3]에서와 같이 여덟 개 승용차 브랜드들 간의 유사성 지각 정도에 대한 응답치가 한 응답자당 여덟 줄의 case열에 입력된다. 즉, 1번~8번 case까지가 첫 번째 응답자의 응답치이고, 9번~16번 case까지가 두 번째 응답자의 응답치이다.

그림 16.3 반복 다차원척도법을 위한 자료코딩

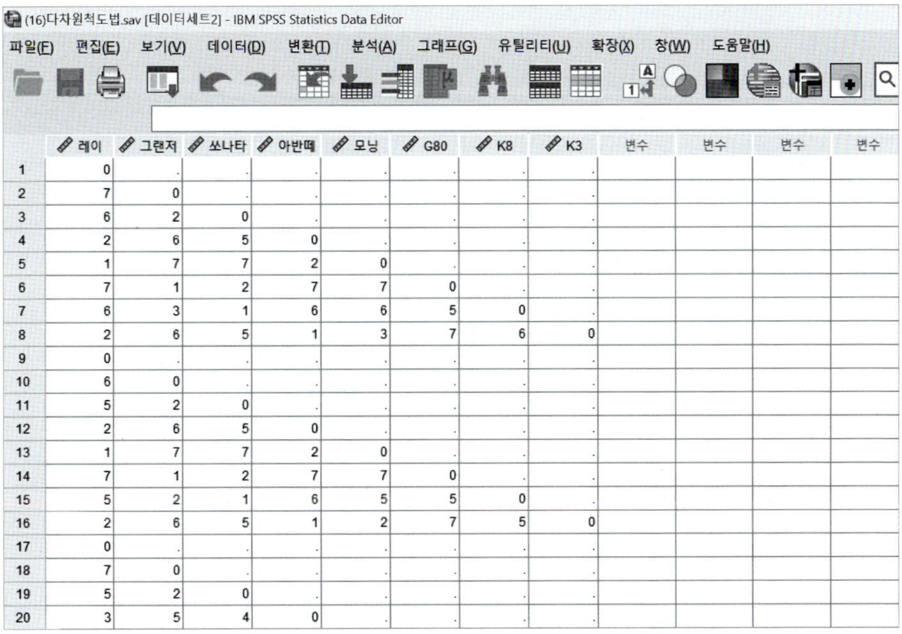

	레이	그랜저	쏘나타	아반떼	모닝	G80	K8	K3	변수	변수	변수	변수
1	0	.	.	.	.	.	.	.				
2	7	0	.	.	.	.	.	.				
3	6	2	0	.	.	.	.	.				
4	2	6	5	0	.	.	.	.				
5	1	7	7	2	0	.	.	.				
6	7	1	2	7	7	0	.	.				
7	6	3	1	6	6	5	0	.				
8	2	6	5	1	3	7	6	0				
9	0	.	.	.	.	.	.	.				
10	6	0	.	.	.	.	.	.				
11	5	2	0	.	.	.	.	.				
12	2	6	5	0	.	.	.	.				
13	1	7	7	2	0	.	.	.				
14	7	1	2	7	7	0	.	.				
15	5	2	1	6	5	5	0	.				
16	2	6	5	1	2	7	5	0				
17	0	.	.	.	.	.	.	.				
18	7	0	.	.	.	.	.	.				
19	5	2	0	.	.	.	.	.				
20	3	5	4	0	.	.	.	.				

〈예제 16.1〉의 MDS 분석을 하는 과정은 다음과 같다.

① '(16)다차원척도법.sav'를 불러온다.
② [그림 16.4]와 같이 다음의 절차를 따른다.

[분석(A)] → [척도분석(A)] → [다차원척도법(ALSCAL)(M)...] → 클릭

그림 16.4 다차원척도법 분석 절차

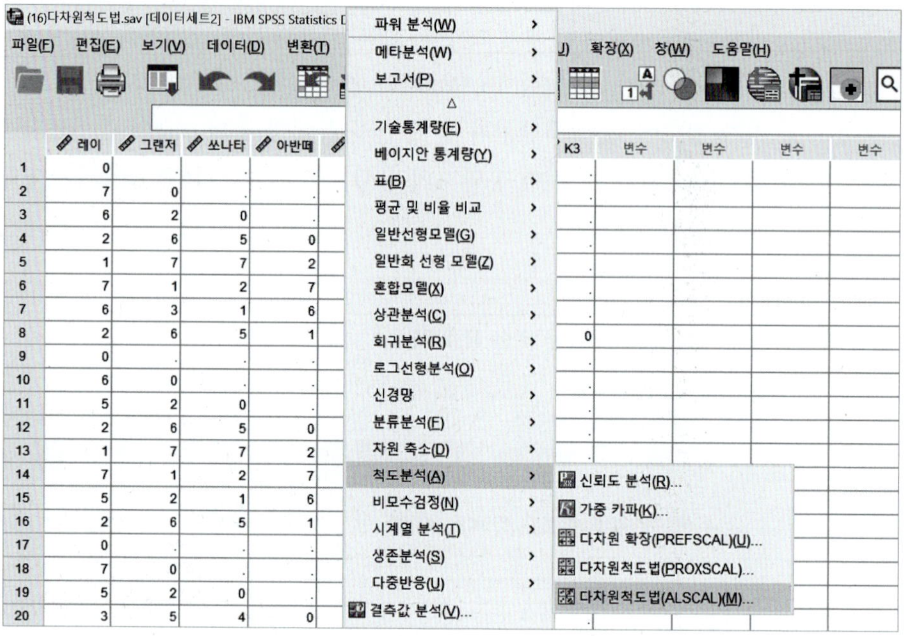

③ 그러면 [그림 16.5]의 다차원척도법 대화상자가 나타난다.

그림 16.5 다차원척도법 대화상자

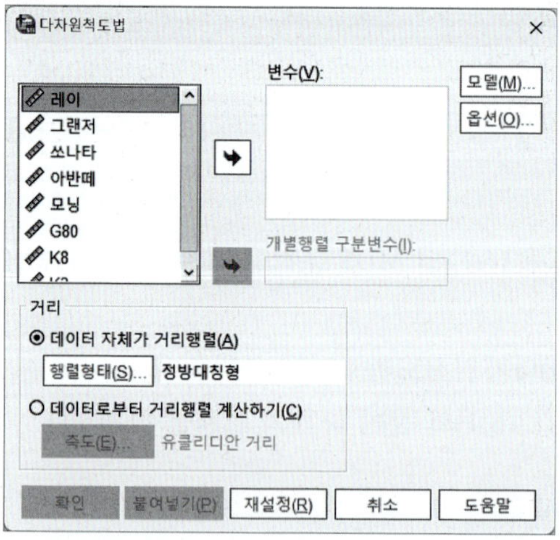

④ 여기서 [그림 16.6]과 같이 분석하고자 하는 대상들(레이, 그랜저, 쏘나타, 아반떼, 모닝, G80, K8, K3)을 [변수(V)] 상자로 보낸다. 이때 최소한 네 개의

대상이 있어야 분석될 수 있다.

그림 16.6 분석대상 변수의 선정

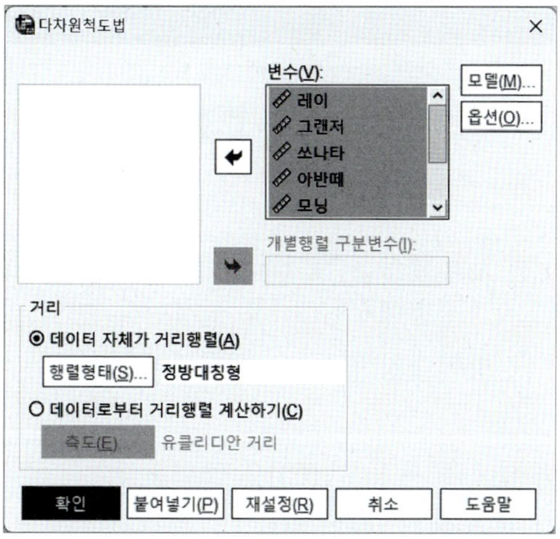

⑤ [그림 16.6]에서 거리는 기본설정된 [데이터 자체가 거리행렬(A)]을 선택한다.

☞ 거리의 선택사항은 다음과 같은 의미를 갖는다.

- **데이터 자체가 거리행렬**: 데이터를 구성하는 행렬의 각 cell들은 데이터의 행과 열을 구성하는 요소들 각 쌍 간의 유사성 정도를 나타내므로 데이터 자체가 거리행렬이다. 여기서 거리행렬은 간격척도로 측정한 자료의 행렬을 의미한다(**기본설정**).
- **데이터로부터 거리행렬 계산하기**: 이는 비유사성 자료가 아닌 다른 자료를 사용하여 분석하는 경우에 해당한다. 만약, 입력된 데이터가 비유사성 거리척도가 아니라면 이 옵션을 지정하여 데이터로부터 분석을 위한 거리행렬을 만들어야 한다. 앞에서 설명한 가중 다차원척도법의 경우 원자료는 유사성 자료가 아니므로 이 옵션을 선택한다.

⑥ [그림 16.6]에서 [행렬형태(S)...]를 클릭하면 [그림 16.7]과 같은 행렬형태 대화상자가 나타나는데 [정방대칭형(S)]을 선택한다.

그림 16.7 | 행렬형태 대화상자

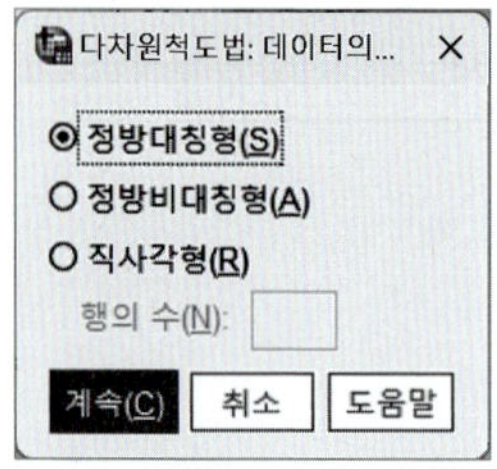

☞ 본 데이터는 행과 열이 같은 항목으로 구성되어 있고, 대응 변수들 간의 값이 같으므로 [정방대칭형(S)]을 설정한다. 만약, 대응 변수들 간의 값이 같지 않다면 [정방비대칭형(A)]을 설정한다.

⑦ [그림 16.7]에서 [계속(C)]을 클릭한다.

⑧ [그림 16.6]에서 [모델(M)...]을 클릭하면 모형 대화상자가 나타나는데, [그림 16.8]과 같이 측정 수준의 [구간(I)]을, 척도화 모형의 [유클리디안 거리(E)]를, 조건부의 [행렬(M)]을 선택한다. 차원의 [최소값(N)]과 [최대값(X)]에는 각각 '2'를 입력한다.

그림 16.8 | 모형 대화상자

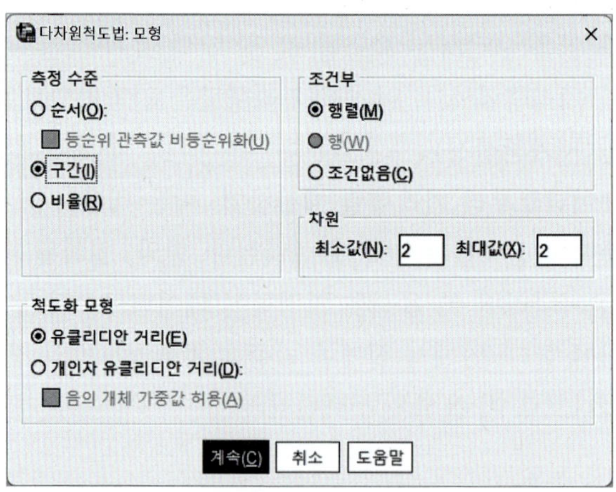

☞ 모형 대화상자의 선택사항들은 다음과 같은 의미를 갖는다.

[측정 수준]

- **순서**: 자료가 서열척도인 경우에 해당한다. 변수가 서열척도로 측정된 경우, '등순위 관측값 비등순위화'를 클릭하면 변수가 연속변수로 처리되므로 등순위(tie) 문제가 해결될 수 있다.
- **구간**: 자료가 간격척도인 경우에 해당한다. 본 예의 데이터는 각 쌍을 이루는 자동차들 간의 지각된 유사성 정도를 간격척도로 측정하였으므로 측정수준에서 구간을 설정한다.
- **비율**: 자료가 비율척도인 경우에 해당한다.

[척도화 모형]

- **유클리디안 거리**: 입력 데이터행렬이 한 개이면 전통적 MDS를, 두 개 이상이면 반복 MDS를 자동적으로 실행한다(**기본설정**).
- **개인차 유클리디안 거리**: 가중 다차원척도법에 의한 분석시 지정하는 옵션이다. 데이터가 속성별 평가자료로 얻어진 경우의 MDS를 할 때 이용된다.

[조건부]

- **행렬**: 숫자들을 거리 행렬 내에서 비교하게 된다(**기본설정**).
- **행**: 이 옵션은 비대칭 행렬과 직사각형 행렬에서만 사용할 수 있으며, 행렬에서 행 내의 숫자 중에서만 의미 있는 비교를 수행할 수 있는 경우 이 옵션을 선택한다.
- **조건없음**: 입력 행렬에서 모든 값들 간 비교를 하는 경우 이 옵션을 선택한다.

[차원]

- **최소값/최대값**: 1에서 최대값 6 사이의 값들을 입력한다. 예를 들어, 최소값 1과 최대값 3을 지정하면 1차원 해, 2차원 해, 그리고 3차원 해가 출력된다. 이론적으로, n개의 관측대상에 대하여 (n-1)개의 차원에서 완벽한 적합이 이루어진다. 3차원 이상의 지각도인 경우 시각적으로 해석이 사실상 불가능하여 보통 2차원의 해를 구한다. 단일 해를 구하기 위해서는 최소값과 최대값에 같은 값을 입력한다. 2차원의 해를 구하기 위해서는 최소값 2, 최대값 2(**기본설정**)로 지정한다.
- 차원이 많을수록 추정의 정교성이 높아진다(fit ↑).

⑨ [그림 16.8]에서 [계속(C)]을 클릭한다.

⑩ [그림 16.6]에서 [옵션(O)...]을 클릭하면 옵션 대화상자가 나타나는데, [그

림 16.9]와 같이 표시에서 [집단 도표(G)], [데이터 행렬(D)], [모형 및 옵션 요약(M)]을 선택한다. 기준에서는 [S-스트레스 수렴]에 .00001을 입력하고, [최소 S-스트레스 값(N)]에는 .0001을 입력하며, [최대반복계산(X)]에는 30을 입력한다. 또한 [다음 값 이하의 거리는 결측값으로 처리(T): □ 결측으로]에는 0을 입력한다.

그림 16.9 옵션 대화상자

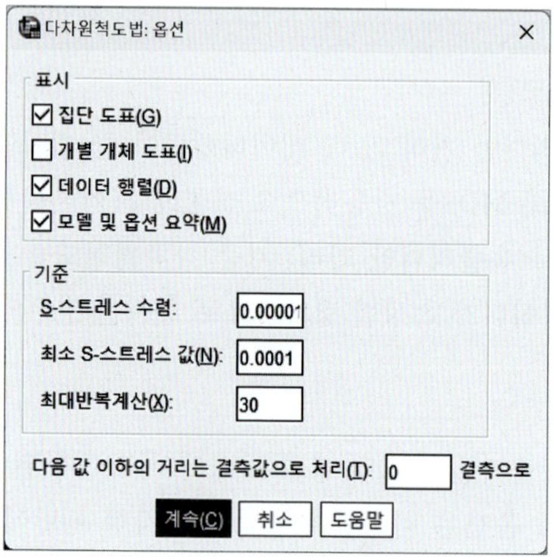

☞ 옵션 대화상자의 선택사항들은 다음의 의미를 갖는다.

[표시]

- **집단 도표**: 유도된 자극위치, 산점도 등을 유클리디안 거리모형으로 나타낸다(그림 16.10, 그림 16.11 참조).
- **개별 개체 도표**: 범주형 데이터, 혹은 서열데이터에 대한 각 개체의 데이터 변환의 개별 도표를 표시한다(다른 데이터 유형에 대해서는 집단 도표만 표시됨). 개별 개체 도표는 행 조건형 행렬에 대해서는 사용할 수 없다.
- **데이터행렬**: 입력 데이터행렬과 최적화 데이터행렬을 나타낸다(표 16.4 참조). 최적화 데이터행렬은 MDS 분석에 의해 구해진 대상들 간의 최적화된 유클리디안 거리행렬인데, 본 예의 결과에서는 원천 데이터행렬만을 제시하고 최적화 데이터행렬은 생략하였다.
- **모형 및 옵션 요약**: 데이터, 모형, 분석결과, algorithm에 대한 옵션을 나타낸다(표 16.3 참조).

[기준] – 최적의 적합도를 얻어낼 때까지 반복계산을 하는 정도를 지정하는데, 다

음의 세 가지 요건 중 한 가지에 도달하면 중지하고 결과를 산출한다.

- **S-스트레스 수렴: .001(기본설정)**
  계산을 반복함에 따라 스트레스값이 개선되는데(작아진다), 반복에 따른 S-스트레스 개선값이 .001보다 작을 때 반복과정을 중지하라는 의미이다. 따라서 결과의 적합도를 증가시키기 위해서는 보다 작은 값을 입력한다. 본 예에서는 입력할 수 있는 최소한의 값인 .00001을 입력한다.
- **최소 S-스트레스값: .005(기본설정)**
  최종 S-스트레스값이 .005보다 작을 때 반복과정을 중지하라는 의미이다. 이 경우에도 역시 더 많은 반복을 통해서 결과의 적합도를 증가시키기 위해서는 보다 작은 값을 입력한다. 본 예에서는 .0001을 입력한다.
- **최대반복계산:** 적합도가 높을 결과를 가져올 수 있도록 최대 30회 반복(iteration)을 실시한다.

- **다음 값 이하의 거리는 결측값으로 처리: □ 결측으로 - 0값 미만의 거리(기본설정)**
  유사성 응답치가 0 미만인 경우에는 무응답치로 처리하라는 의미이다. 일반적으로 다른 분석방법을 이용할 때는 데이터 파일에 결측값으로서 '9' 혹은 '99'를 지정하는데, MDS를 이용할 때는 9나 99를 실제 유사성 정도로 인식하게 되므로 옵션에 0값 미만의 거리를 결측값으로 처리하도록 설정하고 데이터 파일상의 결측값에는 예를 들어 '-1'과 같이 입력한다.

[참고] 적합도와 스트레스

MDS 분석에서는 대상들의 상대적인 거리의 적합도를 높이기 위해서 최적의 결과를 얻어낼 때까지 반복계산을 계속하게 되는데, 스트레스값(stress value)을 통해 적합도를 알아볼 수 있다. **스트레스값**이란 MDS 모형에 의해서 설명되지 않는 분산의 불일치 정도로서 대상들 간의 실제거리와 추정된 거리 사이의 오차를 의미하는데, 다음의 공식으로 계산된다.

$$\text{streess} = \sqrt{\frac{\Sigma(d_{ij} - \hat{d}_{ij})^2}{\Sigma d_{ij}^{\ 2}}}$$

여기서, d_{ij} = 실제거리 혹은 응답자들이 응답한 거리
$\hat{d}_{ij}$ = MDS에 의해 추정된 거리

stress는 0과 1 사이의 값을 가지며 추정거리와 실제거리가 완전히 일치하면 0이 된다. 그러므로 stress값이 작을수록 추정거리의 적합도는 높다.

Kruskal은 적합도에 대하여 다음의 기준을 제시하였다.

표 16.2 Kruskal의 스트레스값 기준

스트레스값	적합도 평가
.2 이상	매우 나쁘다
.2	나쁘다
.1	보통이다
.05	좋다
.025	매우 좋다
0	완벽하다

⑪ [그림 16.9]에서 [계속(C)]과 이어서 [확인]을 클릭하면 결과가 얻어진다(표 16.3부터).

표 16.3 MDS 모형 및 옵션 요약 결과문

Alscal Procedure Options

Data Options–	Number of Rows (Observations/Matrix)	8
	Number of Columns (Variables)	8
	Number of Matrices	10
	Measurement Level	Interval
	Data Matrix Shape	Symmetric
	Type	Dissimilarity
	Approach to Ties	Leave Tied
	Conditionality	Matrix
	Data Cutoff at	.000000
Model Options–	Model	Euclid
	Maximum Dimensionality	2
	Minimum Dimensionality	2
	Negative Weights	Not Permitted
Output Options–	Job Option Header	Printed
	Data Matrices	Printed
	Configurations and Transformations	Plotted
	Output Dataset	Not Created
	Initial Stimulus Coordinates	Computed
Algorithmic Options–	Maximum Iterations	30
	Convergence Criterion	.00001
	Minimum S–stress	.00010
	Missing Data Estimated by	Ulbounds

〈표 16.3〉의 결과는 [모형 및 옵션 요약] 지정에 따른 것이다.

첫째, Data Options에서 대상에 대한 유사성이 간격척도로 측정되었으며, 각각 8행 8열로 구성된 데이터 매트릭스 열 개(열 명의 응답치)가 분석에 이용되었음이 나타나 있다.

둘째, Model Options에서 유클리디안 거리를 이용하였으며, 최소 및 최대차원의 수는 2인 것으로 나타나 있다.

셋째, Output Options에서 결과에 제시될 항목들이 나타나 있다.

넷째, Algorithmic Options에서 최대 반복수 30회에, 수렴 기준은 .00001이며, 최소 S-스트레스값은 .0001임이 나타나 있다.

표 16.4 raw data matrix

Raw (unscaled) Data for Subject 1

	1	2	3	4	5	6	7	8
1	.000							
2	7.000	.000						
3	6.000	2.000	.000					
4	2.000	6.000	5.000	.000				
5	1.000	7.000	7.000	2.000	.000			
6	7.000	1.000	2.000	7.000	7.000	.000		
7	6.000	3.000	1.000	6.000	6.000	5.000	.000	
8	2.000	6.000	5.000	1.000	3.000	7.000	6.000	.000

………………………… 중간생략 ……………………………………

Raw (unscaled) Data for Subject 10

	1	2	3	4	5	6	7	8
1	.000							
2	7.000	.000						
3	5.000	2.000	.000					
4	3.000	5.000	4.000	.000				
5	1.000	6.000	5.000	3.000	.000			
6	7.000	2.000	2.000	6.000	7.000	.000		
7	6.000	1.000	1.000	4.000	6.000	2.000	.000	
8	3.000	4.000	4.000	1.000	3.000	6.000	4.000	.000

〈표 16.4〉는 입력된 raw data 행렬로서, 두 브랜드 간의 비유사성(값이 클수록 비유사함)을 나타낸다. 예를 들어, 응답자 1은 '레이-그랜저에 7,' '레이-쏘나타에 6'의 값을 준 것임을 알 수 있다.

표 16.5 2차원 해에 대한 반복계산 과정 및 결과

Iteration history for the 2 dimensional solution (in squared distances)

Young's S-stress formula 1 is used.

Iteration	S-stress	Improvement
1	.18870	
2	.18620	.00250
3	.18579	.00041
4	.18570	.00009
5	.18570	.00000

Iterations stopped because
S-stress improvement is less than .000010

Stress and squared correlation (RSQ) in distances

RSQ values are the proportion of variance of the scaled data (disparities)
in the partition (row, matrix, or entire data) which
is accounted for by their corresponding distances.
Stress values are Kruskal's stress formula 1.

Matrix	Stress	RSQ	Matrix	Stress	RSQ	Matrix	Stress	RSQ	Matrix	Stress	RSQ
1	.178	.866	2	.180	.854	3	.127	.948	4	.175	.897
5	.178	.866	6	.180	.854	7	.127	.948	8	.175	.897
9	.127	.948	10	.127	.948						

Averaged (rms) over matrices
Stress = .15919 RSQ = .90303

〈표 16.5〉의 결과는 지정된 2차원 상에서의 해에 대한 반복계산 과정 및 결과를 나타낸다. S-stress값은 .18870에서 시작하여 5회째 반복계산 결과 S-stress값이 .18570으로 낮아졌다. 비록, 5회까지 반복계산한 결과 최종 Stress값이 .15919(왼쪽 하단에 위치)로 나타나서 Kruskal의 스트레스값 기준치에 비교해 볼 때 좋은 적합도를 보인다고는 할 수 없으나, 5회째에서 S-stress값 개선값이 .00000으로 나타나 입력값 .00001보다 작아 더 이상의 반복계산을 하지 않는다.

표 16.6 2차원 상에서 각 대상들의 좌표

Configuration derived in 2 dimensions

Stimulus Number	Stimulus Name	Stimulus Coordinates Dimension 1	2
1	레이	1.5451	−.5041
2	그랜저	−1.4255	.2266
3	쏘나타	−.9442	−.1789
4	아반떼	1.0782	.7063
5	모닝	1.5554	−.4385
6	G80	−1.6077	−.9010
7	K8	−1.1054	.3880
8	K3	.9040	.7016

〈표 16.6〉의 결과는 각 분석대상들이 지정된 2차원 상에서 어느 곳에 위치하는지를 나타내는 좌표들이다.

그림 16.10 분석결과에 따른 지각도

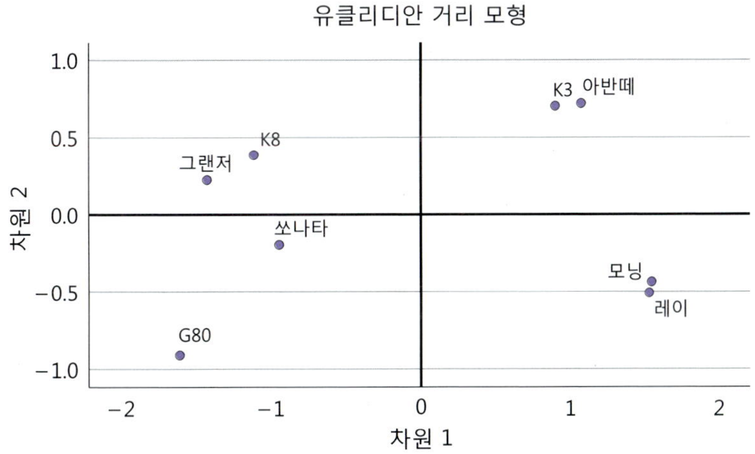

[그림 16.10]은 각 대상들을 2차원의 지각도(perceptual map)에 나타낸 것이다. 이 지각도에서 브랜드들 간의 거리는 추정된 유클리디안 거리를 나타내며, 이 그림상의 좌표들은 각각의 유사성 응답치들을 0을 기준으로 표준화시킨 값이다.

분석결과를 연구문제와 관련지어 해석하면 다음과 같다:

(1) 소비자들은 레이와 모닝을 가장 유사하게 지각하며, 그 외에도 K3와 아반떼, 그리고 K8과 그랜저를 유사한 것으로 지각한다. 이처럼 가깝게 지각되는 브랜드들 간에 치열한 경쟁이 있을 것으로 추정된다. 반면에 아반떼와 G80을 가장 다르게 지각하고, K3, 모닝, 레이도 각각 G80과 매우 다르게 지각한다. 이처럼 매우 다르게 지각되는 브랜드들 간에는 경쟁이 일어나지 않을 것으로 추정된다. 쏘나타는 G80보다는 K8이나 그랜저와 더 유사한 승용차로 지각한다.

(2) 우측에 위치할수록 대체로 가격이 낮으며 좌측에 위치할수록 가격이 높다. 따라서 차원 1(가로축)은 경제성으로 추정할 수 있다. 응답자들은 K3와 아반떼 같은 준중형차를 위에 포지션시키고 모닝, 레이와 같은 해치백, G80과 같은 고급차를 아래에 위치시키므로, 차원 2(세로축)는 가격과 편익(benefits)을 반영하는 가치(value)로 추정할 수 있다. 즉, 이들은 준중형차의 가치를 높게 평가하는 반면, 해치백과 고급차의 가치를 모두 낮게 평가하고 있는데, 이를 볼 때 응답자들은 대체로 30대 초중반의 직장인들인 것으로 추정된다.

(3) 모닝과 레이는 경제성은 높지만 가치는 비교적 낮게 지각되고 있다. K3와 아반떼는 경제성이 어느 정도 높으면서 가치 또한 높게 지각된다. K8, 그랜저, 그리고 쏘나타는 경제성은 비교적 낮으면서 가치는 중간 정도로 지각된다. G80은 경제성과 가치 모두 가장 낮게 지각된다.

그림 16.11 | 유클리디안 거리모형에 의한 선형적합의 산점도

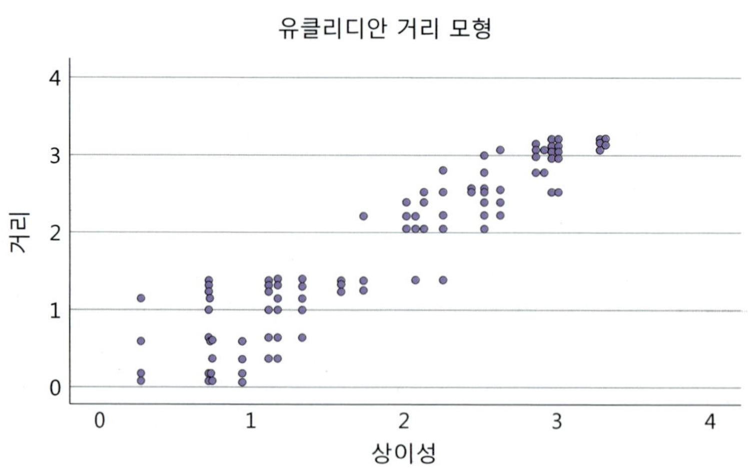

[그림 16.11]은 추정거리와 실제거리의 적합도를 나타내는 산점도이다. [그림 16.11]에서, 각 점에서 x축과 y축에 두 직선을 그을 때 닿는 거리(원점으로부터의 거리)는 두 브랜드의 유클리디안 거리를 나타낸다. 즉, 각 점들의 가로축(상이성) 좌표에 해당하는 거리는 응답자들의 응답치를 토대로 하여 계산된 (실제) 유클리디안 거리이고, 세로축(거리) 좌표에 해당하는 거리는 입력된 데이터를 통해 추정된 거리이다.

예를 들어, 좌측 맨 아래에 있는 점은 어떤 두 브랜드에 대하여 어떤 응답자가 응답한 거리를 토대로 계산된 실제 유클리디안 거리가 .25 정도이나 추정 유클리디안 거리는 .05 정도가 됨을 보여준다. 그러므로 모든 쌍의 추정거리와 실제거리가 일치하여 스트레스값이 '0'인 경우, 모든 점들은 대각선상에 위치할 것이다. [그림 16.11]의 경우 점들의 위치가 전체적으로 대각선 주위에 분포되어 있으므로 모형이 어느 정도 적합한 것으로 볼 수 있다. 끝으로, 가로축과 세로축의 최대값은 4.0인데 이는 개별응답자의 응답을 토대로 계산된 (두 브랜드 간의) 실제 및 추정 유클리디안 거리의 최대값이 4.0을 넘지 않기 때문이다.

연 / 습 / 문 / 제

SPSS 30

1. 다음의 자료는 미국의 주요 도시들 간 거리(miles)를 나타낸다. 이 자료를 이용하여 MDS분석을 실시하시오. S-스트레스 수렴기준은 .001, 최소 S-스트레스값은 .005로 하시오. 분석결과에 따른 지도를 실제 지도와 비교해보시오. 실제 지도와 유사한 모양이 되기 위해서는 동서남북의 방향이 어떻게 되어야 하는가? 만약 분석 결과가 아래에 제시된 내용과 다르면 모형의 척도 지정을 제대로 하였는지 확인하시오.

자료파일: (16)연습문제(미국도시).sav.

	Chicago	Dallas	LA	New York	San Francisco	Seattle
Chicago	0					
Dallas	921	0				
LA	2048	1399	0			
New York	809	1559	2794	0		
San Francisco	2173	1752	387	2930	0	
Seattle	2052	2131	1134	2841	810	0

[분석결과 및 해석]

2차원 해에 대한 반복계산 과정 및 결과

```
Iteration history for the 2 dimensional solution (in squared distances)

            Young's S-stress formula 1 is used.

            Iteration     S-stress      Improvement
                1          .02455
                2          .02157          .00298
                3          .02147          .00010

                  Iterations stopped because
          S-stress improvement is less than   .001000

         Stress and squared correlation (RSQ) in distances

RSQ values are the proportion of variance of the scaled data (disparities)
          in the partition (row, matrix, or entire data) which
            is accounted for by their corresponding distances.
              Stress values are Kruskal's stress formula 1.

                         For matrix
              Stress  =  .01888      RSQ  =  .99844
```

분석결과에 따른 지각도

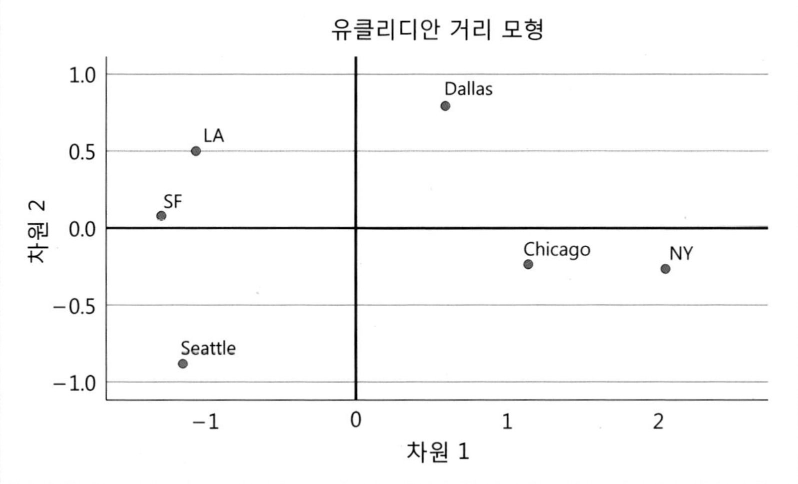

선형적합의 산점도

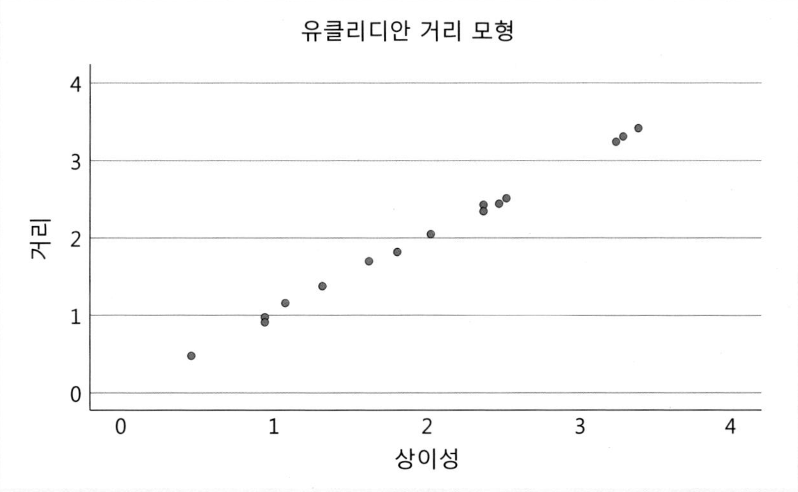

S-stress값은 .02455에서 3회 반복 계산한 결과 .02147로 낮아졌는데, 이때 개선값이 .00010으로 기준치 .001보다 작아 중지하였다. Kruskal의 스트레스값은 .01888로 적합도가 매우 좋다. 이처럼 자료가 설문조사에 의해 수집한 자료가 아니고 실제값인 경우 대개의 경우 적합도가 높게 나타난다. 지각도의 아래쪽을 북쪽으로, 그리고 좌측을 서쪽으로 보면 지각도상의 각 도시의 상대적 위치가 실제의 위치와 유사한 것을 알 수 있다. 선형적합의 산점도 점들이 거의 대각선상에 위치하여 적합도가 높음을 보여준다. **지각도에 나타난 도시들을 보면 LA, SF, Seattle은 좌측에, 그리고 NY는 우측에 위치하므로 좌측은 서쪽, 그리고 우측은 동쪽으로 볼 수 있으며 실제와 대체로 동일하다. 그러나 Dallas가 가장 위에, 그리고 Seattle이 가장 아래에 위치한 것은 실제와 반대이다. 그러므로 위는 남쪽, 그리고 아래는 북쪽으로 볼 수 있다.**

2. 다음의 자료는 10개 승용차 브랜드를 두 개씩 비교한 경우 그 유사성에 관한 자료이다. 값들은 순위를 나타내며 가장 유사한 두 브랜드=1로 하고 유사성이 낮을수록 순위가 낮도록 주어진 것이다(순위 1~45). 이 자료를 이용하여 MDS분석을 실시하고 해석하시오. S-스트레스 수렴기준은 .001, 최소 S-스트레스값은 .005로 하시오. 만약 분석 결과가 아래에 제시된 내용과 다르면 모형의 척도 지정을 제대로 하였는지 확인하시오. 자료파일: (16)연습문제(승용차).sav.

	BMW	Ford	Infiniti	Jeep	Lexus	Chrysler	Mercedes	Saab	Porsche	Volvo
BMW	0									
Ford	34	0								
Infiniti	8	24	0							
Jeep	31	2	25	0						
Lexus	7	26	1	27	0					
Chrysler	43	14	35	15	37	0				
Mercedes	3	28	5	29	4	42	0			
Saab	10	18	20	17	13	36	19	0		
Porsche	6	39	41	38	40	45	32	21	0	
Volvo	33	11	22	12	23	9	30	16	44	0

[분석결과 및 해석]

Iteration history for the 2 dimensional solution (in squared distances)

Young's S-stress formula 1 is used.

Iteration	S-stress	Improvement
1	.11829	
2	.09764	.02065
3	.08801	.00963
4	.08025	.00776
5	.07346	.00679
6	.06762	.00585
7	.06274	.00487
8	.05898	.00376
9	.05630	.00268
10	.05461	.00169
11	.05352	.00109
12	.05271	.00080

Iterations stopped because
S-stress improvement is less than .001000

Stress and squared correlation (RSQ) in distances

RSQ values are the proportion of variance of the scaled data (disparities)
in the partition (row, matrix, or entire data) which
is accounted for by their corresponding distances.
Stress values are Kruskal's stress formula 1.

For Matrix
Stress = .04703 RSQ = .98733

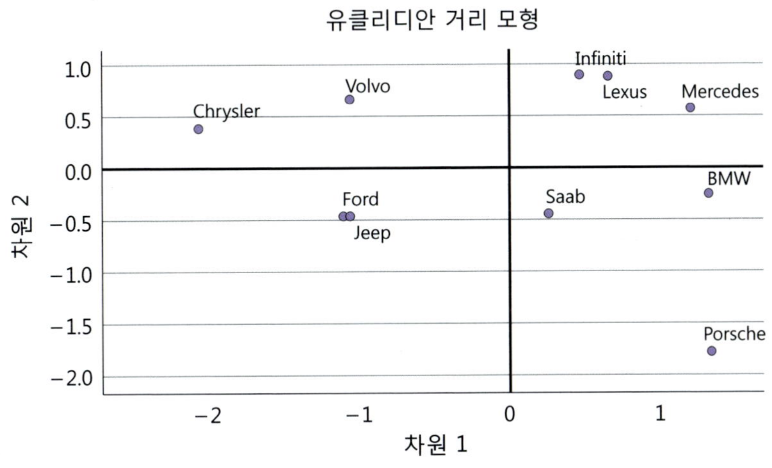

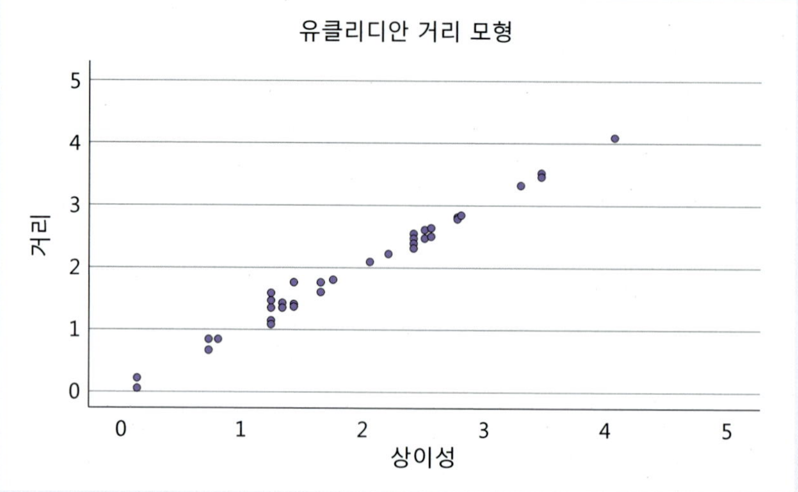

S-stress값은 .11829에서 12회 반복 계산한 결과 .05271로 낮아졌는데, 이때 개선 값이 .00080으로 기준치 .001보다 작아 중지하였다. Kruskal의 스트레스값은 .04703으로 적합도는 좋은 편이다. 선형적합의 산점도에서 점들이 거의 대각선상에 있어 적합도가 높음을 보여준다. 지각도를 보면 가로축의 좌측은 실용경제성, 우측은 고품격으로 추정할 수 있고 세로축의 위는 전통/보수, 그리고 아래는 젊음/스포티로 추정할 수 있다. Porsche는 모든 브랜드들 중에서 가장 고품격, 젊음/스포티로 지각된다. Mercedes와 BMW도 고품격이지만 보다 전통/보수로 지각되고 있다. 이 두 브랜드 간의 거리가 비교적 가까운 것은 일반인들의 생각과 일치한다. Chrysler가 가장 실용경제적으로 지각되고 있다. Ford와 Jeep은 두 가지 차원에서 중간 정도로 지각되고 치열하게 경쟁할 것으로 추정된다.

제 17 장

컨조인트 분석

Statistical Package for the Social Sciences

17.1 컨조인트 분석의 개요

1. 컨조인트 분석의 개념과 예

컨조인트 분석(conjoint analysis)은 제품 대안들에[1] 대한 소비자의 선호 정도로부터 소비자가 각 **속성**(attribute)에 부여하는 **상대적 중요도**(relative importance)와 각 속성수준의 **효용**(utility)을 추정하는 분석방법이다. 컨조인트 분석에서는 응답자들에게 여러 속성수준들의 결합으로 구성되는 제품 대안들을 제시하고 응답자들은 각 대안에 대한 그들의 선호 정도를 답한다.

예를 들어, 어느 여행사는 괌 신혼여행 상품을 개발하면서 주요 속성들과 속성수준들을 다음과 같이 고려한다: 좌석(일등석, 일반석), 가격(150만원, 200만원). 이 경우 가능한 속성 조합들은 〈표 17.1〉과 같다. 이 자료를 응답자들에게 제시하고 각 상품의 선호 정도에 대한 응답을 컨조인트 분석하면 각 속성의 상대적 중요도와 각 속성수준의 효용을 추정할 수 있다. 응답자들에 따라 각 상품에 대한 선호 정도는 다르게 나타나는데, 이는 응답자들마다 각 속성의 상대적 중요도와 각 속성수준의 효용은 다르기 때문이다. 예를 들어, 상품 2와 상품 3을 비교한다고 가정하자. 만약 소비자 A가 상품 2를 더 선호한다면 그는 상대적으로 좌석 등급을 중요시하고 일반석보다 일등석에 훨씬 높은 효용을 부여하기 때문이다. 반대로 소비자 B는 상품 3을 더 선호한다면 그는 상대적으로 가격을 중요시하고 200만원보다 150만원에 훨씬 높은 효용을 부여하기 때문이다.

표 17.1 괌 신혼여행 상품 대안

	좌석 등급	가격
상품 1	일등석	150만원
상품 2	일등석	200만원
상품 3	일반석	150만원
상품 4	일반석	200만원

1 컨조인트 분석의 대상은 제품, 서비스, 점포 등 여러 가지가 될 수 있으나 여기서는 편의상 제품으로 표현한다.

2. 컨조인트 분석을 위한 자료

컨조인트 분석을 위한 각 대안의 선호 정도는 간격척도 혹은 서열척도로 측정한 자료이다. 간격척도로 측정한 자료를 컨조인트 분석한 것을 **메트릭 컨조인트 분석**이라 하고, 서열척도로 측정한 자료를 컨조인트 분석한 것을 **비메트릭 컨조인트 분석**이라고 한다. 일반적으로 선호 정도는 서열척도로 측정하는 경우가 많다.

3. 프로파일의 구성과 제시방법

(1) 프로파일의 구성

응답자들에게 제시되는 대안의 **프로파일**(profile)은 속성들과 각 속성의 수준에 관한 정보를 담고 있는데 〈표 17.1〉은 그 예를 보여준다. 프로파일을 구성하기 위하여 조사자는 조사 대상 제품과 관련하여 응답자들에게 제시할 속성과 속성수준을 결정해야 한다. 속성은 소비자들의 제품 선택에 큰 영향을 미칠 수 있는 주요 속성들(salient attributes)로 구성되어야 한다. 속성의 수와 속성수준의 수가 많으면 응답자들이 평가해야 할 대안의 수가 많아지므로 바람직하지 않다. 예를 들어, 속성이 A, B, C, D이고 각 속성의 수준이 5, 5, 4, 4이면 대안의 수는 400개가 된다.

속성수준의 범위가 넓으면 각 속성수준에 대한 소비자의 평가가 크게 달라지므로 그 속성이 보다 중요한 속성으로 나타날 수 있다. 예를 들어, 중형 승용차의 가격대를 1,800만원, 2,000만원, 2,200만원으로 하는 것보다 1,600만원, 2,000만원, 2,400만원으로 제시하면 가격이 선택에 있어서 보다 중요한 속성으로 나타날 가능성이 높다. 속성수준은 또한 현실적이어야 한다. 예를 들어, 중형차 가격수준을 1,000만원으로 하거나 스타일을 보수적이면서도 스포티한 스타일로 하는 것은 적절하지 않다. 속성수준의 효용은 비선형적일 수 있다. 예를 들어, 중산층 소비자는 중형차를 가장 선호하고 그 다음으로 소형차, 대형차의 순으로 선호할 수 있다.

(2) 프로파일의 제시방법

프로파일을 제시하는 방법으로는 pairwise 접근법과 완전 프로파일 접근법이 있다. 프로파일의 구성을 다음의 예로써 설명한다.

기획 상품: 괌 신혼여행 패키지

속성 및 수준: 좌석(일등석, 일반석), 가격(150만원, 250만원), 부가세(포함, 불포함).

pairwise 접근법(pairwise approach)은 2요인 평가방법(two-factor evaluations)이라고도 하는데, [그림 17.1]과 같이 응답자들에게 두 개 속성의 수준들로 구성된 매트릭스를 제시하고 각각의 결합에 대한 선호 정도에 관한 자료를 수집한다. 본 예의 경우, 속성의 수가 세 개이므로 세 개의 매트릭스가 평가 대상이 되지만 속성의 수가 많아지면 훨씬 많은 매트릭스가 필요해진다. 예를 들어, 속성의 수가 네 개이면 여섯($={}_4C_2$) 개, 그리고 속성의 수가 다섯 개이면 열($={}_5C_2$) 개의 매트릭스가 필요하다. **완전 프로파일 접근법**(full-profile approach)은 다요인 평가방법(multiple-factor evaluations)이라고도 하는데, [그림 17.2]와 같이 응답자들은 모든 속성들의 수준에 관한 정보를 담고 있는 프로파일을 평가한다. 흔히 각 프로파일은 별도의 카드에 나타낸다. 이 경우 카드(프로파일)의 수는 각 속성 수준들의 모든 조합의 수가 된다. 본 예의 경우 고려하는 속성들의 수준이 두 개, 두 개, 두 개이므로 여덟($=2\times2\times2$) 개의 카드가 필요하다.

두 가지 접근법 중 pairwise 접근법은 보다 많은 횟수의 평가가 요구되고 두 개의 속성만을 동시에 평가한다는 것은 비현실적이기 때문에 완전 프로파일 접근법이 많이 사용된다. 완전 프로파일 접근법을 사용하는 경우 **부분요인설계**(fractional factorial design)를 이용하여 평가할 프로파일의 수를 줄일 수 있다. 부분요인설계에 대해서는 예제에서 설명한다.

그림 17.1 pairwise 접근법의 예

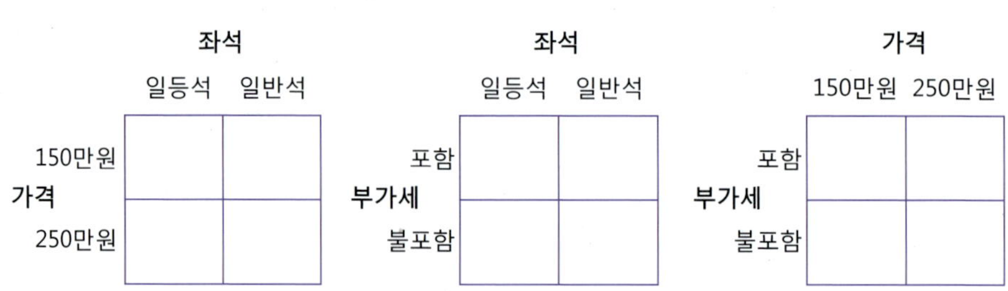

그림 17.2 완전 프로파일 접근법의 예

좌석	일등석
가격	150만원
부가세	포함

17.2 SPSS 30을 이용한 컨조인트 분석

예제 17.1 컨조인트 분석

이하에서는 **완전 프로파일 접근법**으로 프로파일을 제시하고 응답자들이 각 프로파일에 대한 **선호도 순위**를 응답한 자료를 컨조인트 분석한 예를 제시한다. 분석의 진행 단계는 다음과 같다.

(1) 컨조인트 설계: 부분요인설계에 따라 고려할 대안들을 찾아낸다.
(2) 프로파일 카드 인쇄: 컨조인트 설계 과정에서 추출된 각 대안의 속성수준(요인수준)을 속성명(요인명)에 따라 인쇄한다. 여기까지는 예비단계이다.
(3) 자료수집: 응답자들에게 각 프로파일을 기술한 프로파일 카드를 보여주고 선호도를 서열척도(가장 선호=1, 두 번째 선호=2, ...)로 나타내도록 한다.
(4) 자료분석: 응답자로부터 수집한 자료를 입력하여 컨조인트 분석을 위한 프로그램을 작성하고 실행한다.

한 소형가전제품을 생산하는 기업의 제품관리자는 수출형 소형 카펫청소기의 제품설계를 고려하고 있다. 그는 이 제품을 설계할 때 청소기 디자인, 브랜드, 가격, 제품성능 보증여부, 그리고 환불보증여부를 주요 속성으로 고려하고 있다. 이 제품관리자가 고려하고 있는 속성들과 각 속성의 수준은 〈표 17.2〉와 같다.[2]

2 이 예는 미국의 SPSS Inc.가 발행한 *SPSS Conjoint 8.0 매뉴얼*에서 인용하여 자료를 변경한 것임.

표 17.2 소형 카펫청소기 설계시 고려하는 속성과 속성수준

속 성	속성설명	속성수준
디자인	청소기 디자인	A*, B*, C*
브랜드	브랜드명	K2R, Glory, Bissell
가격	청소기 가격	\$11.99, \$13.99, \$15.99
성능보증	제품성능보증여부	no, yes
환불보증	환불보증여부	no, yes

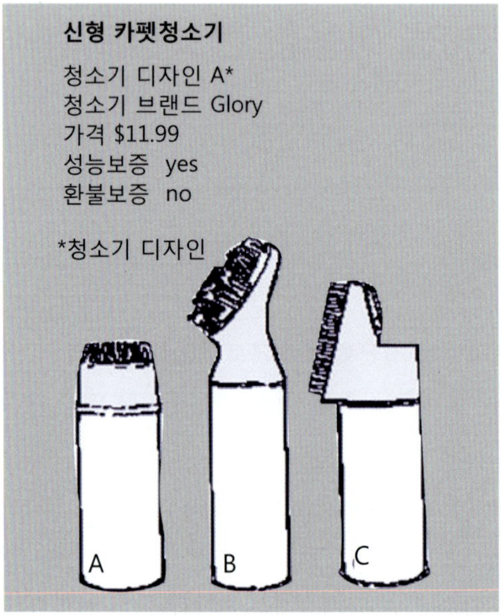

이 경우의 연구문제는 다음과 같이 설정될 수 있다.

연구문제

1. 위의 속성들을 조합할 때 고려할 수 있는 전체 제품대안의 수는 몇 개인가?
2. 응답자들이 각 속성에 대해 중요시하는 순서는 어떻게 되는가?
3. 응답자들이 각 속성별 가장 선호하는 속성수준은 무엇인가?
4. 각 속성이 어떤 수준일 때 최적의 결합인가?

연구문제 1과 관련하여, 다섯 개의 속성을 조합할 때 고려할 수 있는 제품대안의 수는 108(=3×3×3×2×2)개이다. 그러나 응답자가 108개의 대안을 모두 비교하는 것은 현실적으로 불가능하다. 따라서 **부분요인설계**(fractional factorial design)에 의해 대안의 수를 줄이는 것이 바람직하다.

부분요인설계에 의하여 산출되는 대안(프로파일)의 수의 일반적 표현은 I^{k-p}

이다. 여기서 I=각 속성수준의 수, k=속성의 수, p=부분요인설계를 위해 차감하는 수(1, 2, 3...)이다. 예를 들어, 속성의 수가 다섯 개이고 각 속성수준이 2이면 고려할 수 있는 대안의 수는 32($=2^5$)개이다. 여기서 부분요인설계를 위해 p를 5보다 작은 수를 사용할 수 있는데 만약 2를 사용한다면 부분요인설계에 의해 고려 대안의 수는 여덟($=2^{5-2}$) 개로 줄어든다. 본 예에서는 속성수준이 3인 경우가 세 개(디자인, 브랜드, 가격), 2인 경우가 두 개(성능보증, 환불보증)이다. 따라서 고려할 수 있는 전체 대안의 수는 다음과 같다: $3^3 \times 2^2 = 108$. 이 경우 부분요인설계를 통해 만들어지는 대안의 수를 결정하기 위해 예를 들어 다음과 같이 계산할 수 있다: $3^{3-1} \times 2^{2-1} = 18$.

1. 컨조인트 설계

'컨조인트 설계'는 부분요인설계에 따라 고려할 대안을 찾아내는 과정이다. 〈예제 17.1〉의 컨조인트 설계를 하는 과정은 다음과 같다.

① [그림 17.3]과 같이 다음의 절차를 따른다.

[데이터(D)] → [직교계획(H)] → [생성(G)...] → 클릭

그림 17.3 컨조인트 설계 절차

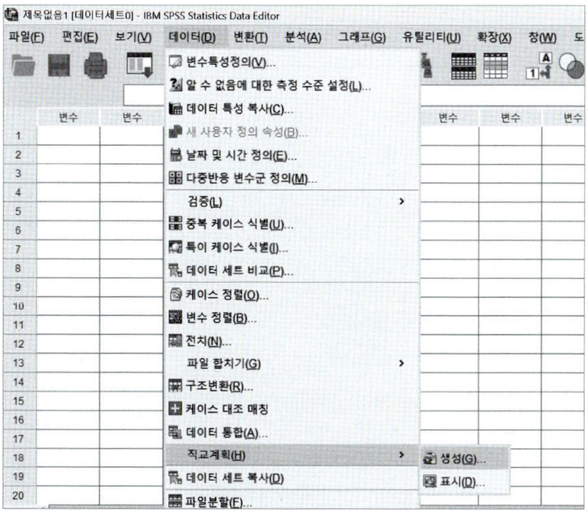

② 그러면 [그림 17.4]의 **직교계획** 생성 대화상자가 나타난다. 직교계획을 통해 만들어지는 파일은 자동적으로 'C:\내 PC\문서' 폴더에 'ORTHO.sav'로

저장된다. 이를 자신이 원하는 위치로 저장하고 싶으면 [그림 17.4]에서 '새 데이터 파일 만들기'를 클릭하면 [파일(F)...]이 활성화되는데 이를 클릭하여 원하는 위치를 지정한 후 파일명을 결정하면 된다. 본 예에서는 바탕화면에 ORTHO.sav 파일을 저장하기로 하는데 이는 뒤에서 다시 설명한다. [그림 17.4]의 직교계획 생성 대화상자에서 [요인이름(N)]에 디자인을, 그리고 [요인레이블(L)]에 청소기 디자인을 입력한다.

그림 17.4 직교계획 생성 대화상자

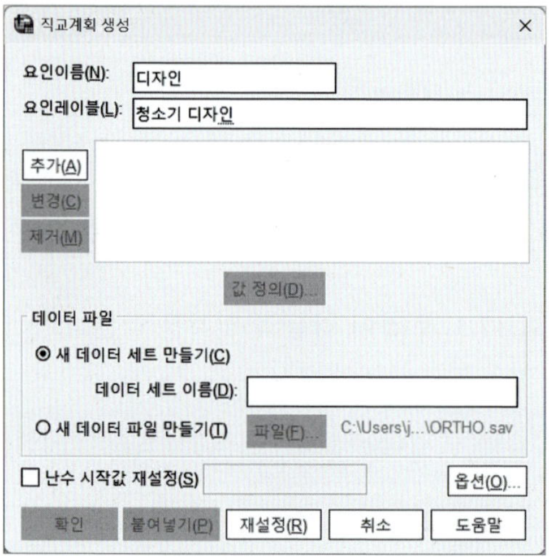

③ 여기서 [추가(A)]를 클릭하면 [그림 17.5]와 같이 요인이 입력된다.

그림 17.5 요인의 입력

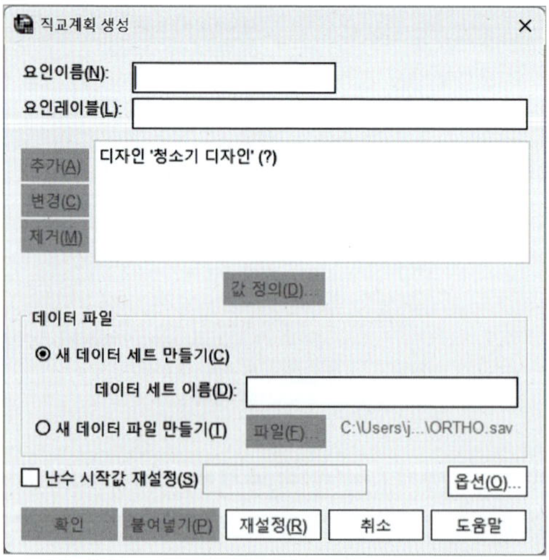

④ [그림 17.5]에서 디자인 '청소기 디자인'(?)을 클릭하면 [그림 17.6]과 같이 [값 정의(D)...] 버튼이 활성화된다.

그림 17.6 [값 정의(D)...] 활성화

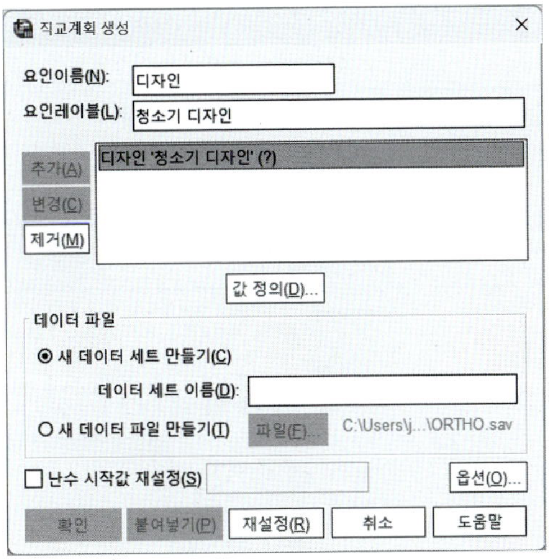

⑤ [그림 17.6]의 [값 정의(D)...] 버튼을 클릭하면 값 정의 대화상자가 나타나는데, [그림 17.7]과 같이 [값(V)]과 레이블을 입력한다. 모든 변수값을 자동으로 1, 2, 3...으로 넣기를 원하면 '자동-채움'을 클릭하고 빈칸에 원하는 숫자(본 예의 경우, 3)를 넣고 [채움(F)]을 클릭하면 된다.

그림 17.7 값 정의 대화상자

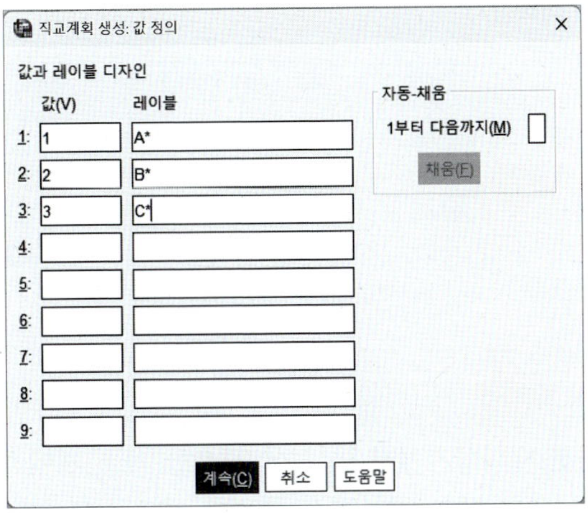

⑥ [그림 17.7]에서 [계속(C)]을 클릭한다.

⑦ 같은 방식으로 브랜드, 가격, 성능보증, 그리고 환불보증을 입력한 후, [그림 17.8]과 같이 [새 데이터 파일 만들기(T)]를 클릭하고, 파일을 클릭하여 생성될 파일을 저장할 경로를 바탕화면으로 지정하고, '(17)컨조인트설계.sav'로 저장한다.

그림 17.8 직교계획 생성 대화상자에 모든 요인의 입력

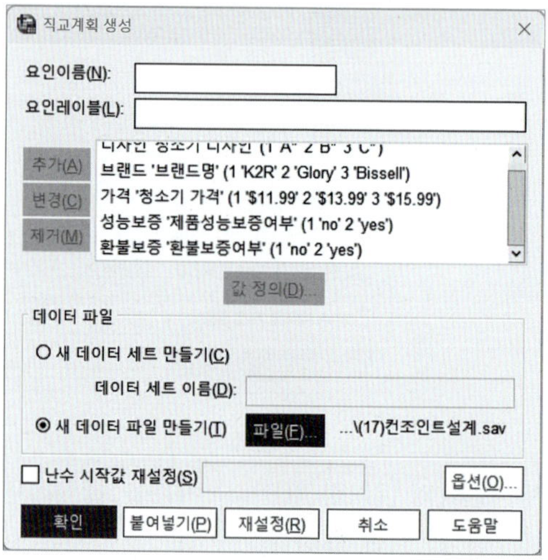

⑧ [그림 17.8]에서 [옵션(O)...]을 클릭하면 [그림 17.9]와 같은 옵션 대화상자가 나타난다.

그림 17.9 옵션 대화상자

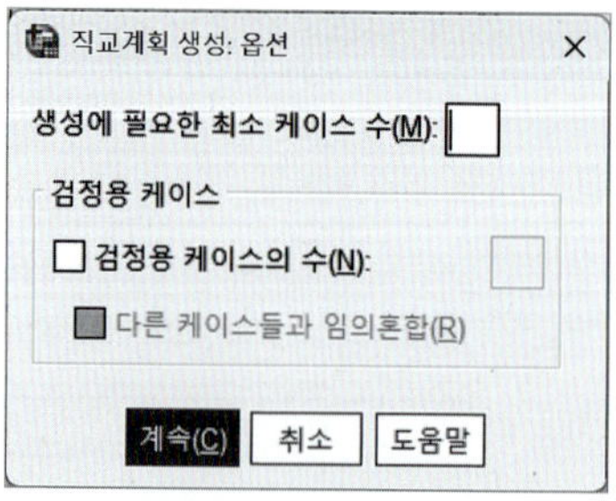

⑨ 옵션 대화상자에서 [생성에 필요한 최소 케이스 수(M)]에 가능한 조합의 수(본 예의 경우 108) 혹은 그보다 작은 수를 입력한다. 이때 앞에서 설명한 부

분요인설계를 하는 경우 대안의 수를 결정하는 방식에 따라 대안의 수(앞 계산 예의 경우 18)를 입력하면 된다. 그러나 그런 과정을 거치지 않고 빈칸으로 두면 프로그램이 직교계획(orthogonal plan)에 필요한 최소한의 케이스를 생성하여 진행한다. 본 예에서는 빈칸으로 두는데 이 경우 프로그램이 16개를 생성한다. 앞에서 최소 케이스의 수를 입력할 수 있다고 했는데, 그 수가 빈칸으로 두는 경우 산출되는 케이스의 수보다 작으면(예를 들어 15) 후자의 수(16)를 생성한다.

⑩ [그림 17.9]의 [계속(C)]과 이어서 [확인]을 클릭한다.

⑪ SPSS output 창에 '*직교계획 생성'이라는 제목 하에 "계획이 16개의 카드와 함께 성공적으로 생성되었습니다"라는 message가 나타난다. 그리고 지정된 경로인 바탕화면에 '(17)컨조인트설계.sav'라는 이름의 파일이 저장된다.

⑫ '(17)컨조인트설계.sav' 파일은 [그림 17.10]의 형태로 나타난다.

그림 17.10 컨조인트설계.sav 파일

	디자인	브랜드	가격	성능보증	환불보증	STATUS_	CARD_	변수	변수	변수
1	3.00	3.00	2.00	1.00	1.00	0	1			
2	3.00	2.00	1.00	2.00	2.00	0	2			
3	2.00	1.00	1.00	2.00	1.00	0	3			
4	1.00	1.00	1.00	2.00	1.00	0	4			
5	1.00	2.00	2.00	2.00	1.00	0	5			
6	1.00	1.00	2.00	2.00	2.00	0	6			
7	1.00	3.00	1.00	1.00	2.00	0	7			
8	1.00	2.00	3.00	1.00	1.00	0	8			
9	3.00	1.00	3.00	2.00	2.00	0	9			
10	3.00	1.00	1.00	1.00	1.00	0	10			
11	1.00	3.00	1.00	2.00	2.00	0	11			
12	2.00	2.00	1.00	1.00	2.00	0	12			
13	2.00	3.00	3.00	2.00	1.00	0	13			
14	1.00	1.00	1.00	1.00	1.00	0	14			
15	1.00	1.00	3.00	1.00	2.00	0	15			
16	2.00	1.00	2.00	1.00	2.00	0	16			
17										

[그림 17.10]은 부분요인설계에 따라 고려할 16개 대안의 각 요인수준을 변수값으로 보여준다. 예를 들어, 대안 1의 각 요인에 대한 변수값은 3, 3, 2, 1, 1로 나타나 있다. 대안 1의 각 변수값은 [그림 17.8]을 참고하면 디자인은 C*, 브랜드명은 Bissell, 가격은 $13.99, 성능보증은 no, 환불보증은 no임을 의미한다. 그런데 [그림 17.10]과 같이 파일이 생성된 다음 컨조인트 프로그램을 닫지 않

고 다시 파일을 생성하면 이때 생성된 파일은 처음의 파일과 매우 다르게 나타난다. 혹은 분석 중 오류가 발생하여 다시 파일을 생성해도 [그림 17.10]과 다른 파일이 생성된다. 이에 더하여 연속적으로 파일을 생성하면 생성되는 파일들은 모두 다를 수 있다. 이는 반복적으로 파일을 생성하는 경우 다른 파일들이 생성되도록 사전에 프로그램되어 있기 때문이다.

2. 자료수집

지금까지는 컨조인트 분석을 위한 예비단계이며, 다음 단계는 응답자들로부터 자료를 수집하는 단계이다. '자료수집'은 응답자들에게 각 프로파일을 기술한 프로파일 카드를 보여주고 선호도를 서열척도(가장 선호=1, 두 번째 선호=2, …)로 나타낸 값을 입력하는 과정이다.

본 예에서는 열 명의 응답자로부터 자료를 수집한다. 'pref1'은 가장 선호하는 프로파일을, 'pref16'은 가장 비선호하는 프로파일을 입력한다. 예를 들어, 응답자 1은 4번을 가장 선호하고 7번을 가장 비선호한다. 열 명 응답자의 수집자료는 〈표 17.3〉과 같으며, [그림 17.11]과 같이 입력하여 이 파일을 '(17)컨조인트데이터.sav'로 저장한다. 이 파일은 본서의 부록으로 제공되는 데이터(도서출판 집현재 게시판 → 자료실)에 '(17)컨조인트데이터'의 파일명으로 저장되어 있다.

표 17.3 응답자의 응답자료[3]

id	pref 1	pref 2	pref 3	pref 4	pref 5	pref 6	pref 7	pref 8	pref 9	pref 10	pref 11	pref 12	pref 13	pref 14	pref 15	pref 16
1	4	6	10	5	16	2	12	1	8	14	15	3	13	9	11	7
2	6	16	9	11	3	12	2	7	15	8	10	5	13	14	1	4
3	11	9	5	7	4	1	6	12	10	15	14	16	3	8	2	13
4	4	1	5	11	9	7	6	12	10	14	15	8	2	16	13	3
5	4	9	11	1	6	14	12	16	2	13	3	5	7	10	15	8
6	6	11	12	3	9	16	1	2	13	14	4	7	5	15	10	8
7	4	16	6	9	11	12	1	5	2	8	3	10	14	13	15	7
8	6	16	4	13	15	7	14	9	1	12	11	5	2	8	10	3
9	1	2	13	14	4	6	11	12	3	9	16	10	5	7	15	8
10	8	13	2	3	16	10	15	14	12	6	5	7	1	4	11	9

3 이 자료는 미국의 SPSS Inc.가 발행한 *SPSS Conjoint 8.0 매뉴얼*, p. 26에 있는 자료를 프로파일 16개에 맞추어 편집한 것임.

그림 17.11 | 응답자료의 입력

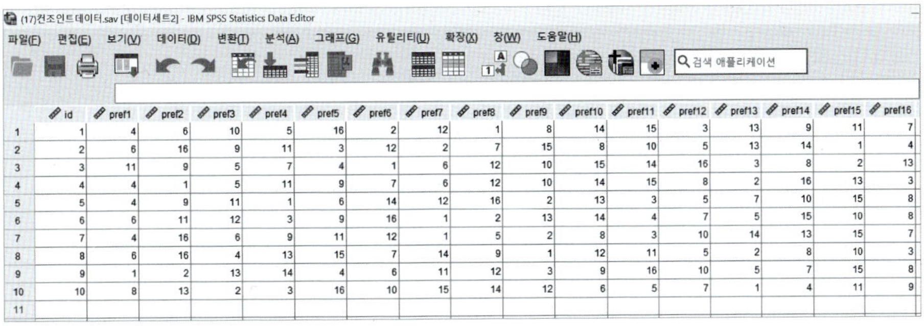

	id	pref1	pref2	pref3	pref4	pref5	pref6	pref7	pref8	pref9	pref10	pref11	pref12	pref13	pref14	pref15	pref16
1	1	4	6	10	5	16	2	12	1	8	14	15	3	13	9	11	7
2	2	6	16	9	11	3	12	2	7	15	8	10	5	13	14	1	4
3	3	11	9	5	7	4	1	6	12	10	15	14	16	3	8	2	13
4	4	4	1	5	11	9	7	6	12	10	14	15	8	2	16	13	3
5	5	4	9	11	1	6	14	12	16	2	13	3	5	7	10	15	8
6	6	6	11	12	3	9	16	1	2	13	14	4	7	5	15	10	8
7	7	4	16	6	9	11	12	1	5	2	8	3	10	14	13	15	7
8	8	6	16	4	13	15	7	14	9	1	12	11	5	2	8	10	3
9	9	1	2	13	14	4	6	11	12	3	9	16	10	5	7	15	8
10	10	8	13	2	3	16	10	15	14	12	6	5	7	1	4	11	9
11																	

그러므로 직접 입력하는 대신 제공된 데이터(도서출판 집현재 게시판 → 자료실)에서 불러서 '3. 분석프로그램 작성과 실행'에서 설명하는 절차에 따라 컨조인트 분석을 할 수 있다.

3. 분석프로그램 작성과 실행

마지막 단계는 입력한 자료를 이용하여 컨조인트 분석을 실시하기 위하여 분석프로그램을 작성하고 실행하는 단계이다. 본서에서 지금까지 설명한 통계분석의 경우 모두 마우스를 이용하여 실행할 수 있었다. 그러나 컨조인트 분석의 경우 이 부분에서는 연구자가 분석프로그램을 직접 작성해야 된다.

① [그림 17.11]의 상태에서 [그림 17.12]와 같이 다음의 절차를 따른다.

[파일(F)] → [새로 만들기(N)] → [명령문(S)] → 클릭

그림 17.12 | 컨조인트 프로그래밍 절차

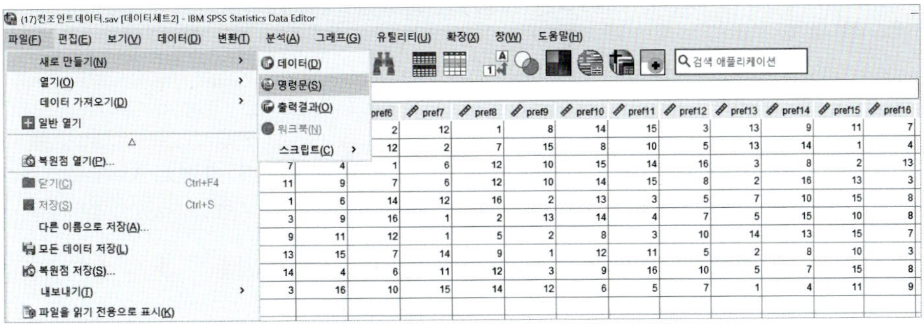

② 그러면 [그림 17.13]의 Syntax Editor가 나타난다.

그림 17.13 | Syntax Editor

③ Syntax Editor에 [그림 17.14]와 같이 입력하고 '(17)컨조인트프로그램.sps'라는 이름으로 파일을 저장한다. 모든 명령문을 작성한 후 이를 실행하기 위해서는 반드시 명령문의 끝에 마침표(.)를 표시해야 한다. 이 파일은 제공된 데이터(도서출판 집현재 게시판 → 자료실)에 저장되어 있으므로 학습의 편의를 위해 불러올 수 있다.

그림 17.14 | 컨조인트 프로그래밍

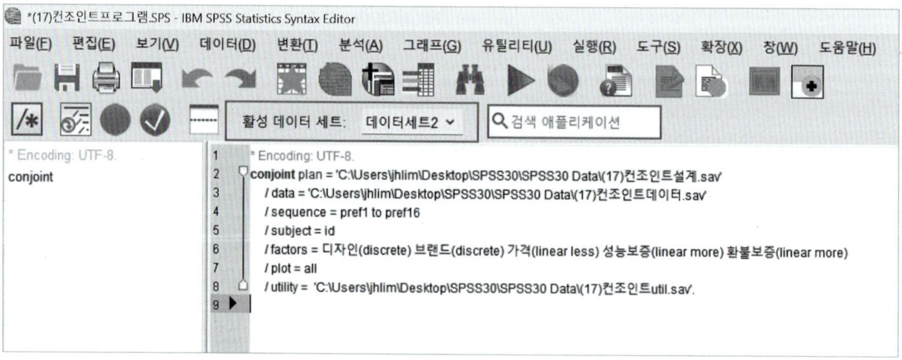

☞ 컨조인트 프로그래밍에서 사용한 명령어들의 의미는 다음과 같다.

- **conjoint plan=file name**: 컨조인트 설계 파일.
- **data=file name**: 컨조인트 응답자료 파일.

- **sequence=variable A to variable B**: 변수 A부터 B까지를 선호하는 순서대로 나열.
- **subject=variable**: 응답자 변수.
- **factors=factors list( )**: 속성명(속성성격).
- **plot=all**: 모든 도표를 나타냄.
- **utility=file name**: 컨조인트 분석으로 만들어지는 추정효용치를 저장할 파일.

☞ 속성성격의 옵션은 다음과 같다.

- **discrete**: 속성의 성격이 명목이며, 속성수준값의 크기와 효용수준은 무관함.
- **linear less**: 속성의 성격이 선형관계이며, 속성수준값이 작을수록 효용수준이 높아짐.
- **linear more**: 속성의 성격이 선형관계이며, 속성수준값이 클수록 효용수준이 높아짐.
- **ideal**: 속성수준값이 이상점을 가지며, 방향과 관계없이 이상점으로부터 멀어질수록 효용수준이 낮아짐.

본 예의 경우, 디자인과 브랜드는 discrete의 성격을 갖는다. 가격은 낮을수록 그리고 성능보증과 환불보증은 yes인 경우 보다 바람직한 것으로 판단되어, 가격은 linear less, 그리고 성능보증과 환불보증은 linear more로 명령을 주었다.

[참고] 컨조인트 프로그래밍 에러의 주요 원인

컨조인트 프로그램을 작성하여 실행할 경우 에러가 자주 발생한다. 에러의 원인은 주로 다음의 두 가지이다. 첫째, 파일의 위치를 정확히 지정하지 않았기 때문이다. 컨조인트 프로그래밍에서는 파일의 위치를 수차례 지정해야 하는데 그 위치를 한 번이라도 잘못 지정하면 프로그램이 실행되지 않는다. 이 문제를 해결하기 위한 바람직한 방법은 파일의 위치를 직접 입력하지 않고 Windows 탐색기를 이용하여 지정하는 것이다. Windows 탐색기의 주소창에는 해당 파일의 위치가 입력되어 있는데, 이를 복사하여 Syntax 명령문에 입력하는 것이 바람직하다. 둘째, 프로그래밍의 마지막 부분에는 프로그래밍이 끝났음을 의미하는 마침표(.)를 반드시 입력해야 한다. 에러가 발생할 경우 이 부분을 가장 먼저 확인해야 한다.

④ [그림 17.14]의 메뉴바에서 [그림 17.15]와 같이 [실행(R)]→[모두(A)]를 클릭한다.

그림 17.15 | 컨조인트 프로그램 실행

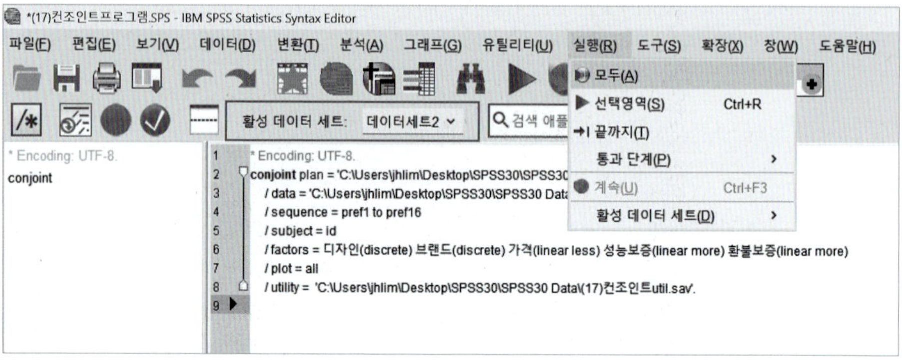

⑤ [그림 17.15]의 절차를 따르면 SPSS output 창에 분석내용이 출력된다. **이하의 결과는 〈그림 17.10〉의 컨조인트설계.sav 파일을 기초로 한 것이다. 만약 독자가 스스로 다른 파일을 생성하여 분석을 실행했다면 결과물은 다를 것이다.**

모형 설명

	수준 수	순위 또는 점수에 관련
디자인	3	이산형
브랜드	3	이산형
가격	3	선형 (미만)
성능보증	2	선형 (초과)
환불보증	2	선형 (초과)

모든 요인이 직교입니다.

개체 1: 1

유틸리티(U)

		유틸리티 추정	표준오차
디자인	A*	.000	1.661
	B*	-.750	1.948
	C*	.750	1.948
브랜드	K2R	1.667	1.661
	Glory	2.417	1.948
	Bissell	-4.083	1.948
가격	$11.99	-1.000	1.503
	$13.99	-2.000	3.006
	$15.99	-3.000	4.509
성능보증	no	.250	2.492
	yes	.500	4.984
환불보증	no	-2.000	2.492
	yes	-4.000	4.984
(상수)		12.458	6.063

중요도 값[a]

디자인	12.245
브랜드	53.061
가격	16.327
성능보증	2.041
환불보증[b]	16.327

a. 1개 반전.
b. 역방향.

계수

	B 계수	
	추정값	표준오차
가격	-1.000	1.503
성능보증	.250	2.492
환불보증	-2.000	2.492

상관계수[a]

	변수값	TPL 유의확률
Pearson의 R	.645	.004
Kendall의 타우	.494	.004

a. 관측 기본 설정과 추정 기본 설정 간 상관관계.

출력결과는 응답자별로(본 예에서는 열 명) 산출되고 또한 그 산출값들을 평균하여 '전체 통계량'으로 산출된다. 이 경우 전체 통계량이 더 중요하다.

☞ **응답자 1의 응답 분석결과 해석**

① 개체 1은 열 명의 응답자들 중 첫 번째 응답자임을 나타낸다.

② 유틸리티는 각 속성수준이 갖는 효용값을 의미하며 그 값이 클수록 보다 선호되는 속성수준임을 의미한다. 예를 들어, 응답자 1은 디자인에서 C*를 가장 선호한다.

③ 속성의 성격이 '이산형'이면 효용(유틸리티)의 합계는 '0'으로 나타난다. 속성의 성격이 '선형(미만)'이면 효용의 합계가 '-', 그리고 '선형(초과)'이면 '+'로 나타날 것으로 기대된다. 위의 예에서 디자인과 브랜드명은 '이산형'이므로 효용의 합계가 각각 '0'으로, 가격은 '선형(미만)'이므로 '-'로, 그리고 성능보증과 환불보증은 '선형(초과)'이므로 '+'로 나타날 것으로 기대된다.

④ 속성의 중요도 값은 '(해당 속성의 효용범위/모든 속성의 효용범위의 합계)×100%'로 계산된다. 각 속성의 효용범위는 '가장 큰 효용값−가장 작은 효용값'이다.

각 속성의 효용범위는 다음과 같다.

디자인 = .750 − (−.750) = 1.500
브랜드 = 2.417 − (−4.083) = 6.500
가격 = −1.000 − (−3.000) = 2.000
성능보증 = .500 − .250 = .250
환불보증 = −2.000 − (−4.000) = 2.000
효용범위의 합계 = 1.500 + 6.500 + 2.000 + .250 + 2.000 = 12.250

예를 들어, 디자인의 중요도는 (1.500/12.250)×100% = 12.245이다. 효용의 범위가 클수록 중요도 값은 크게 나타난다.

⑤ 중요도 값은 응답자가 각 속성을 얼마나 중요하게 생각하는지를 나타낸다. 응답자 1이 속성들에 대해 중요시하는 순서는 브랜드, 가격과 환불보증, 디자인, 성능보증의 순이다.

⑥ 환불보증은 yes의 경우가 효용이 높을 것으로 판단되어 프로그램에서 '선형(초과)'로 설정하였다. 그러나 이 응답자의 경우 기대와는 반대로 환불보증이 no인 경우가 효용이 높게 나타났다.

⑦ 계수는 유틸리티를 종속변수로 하는 회귀식의 독립변수와 그 회귀계수를 의미한다. 이산형 변수는 회귀식에 포함되지 않는다.

⑧ Pearson의 R과 Kendall의 타우는 각각 제품 프로파일에 대한 응답순위와 추정효용값(순위) 간의 모수적, 비모수적 상관관계를 의미한다. Pearson의 R = .645, Kendall의 타우 = .494이며 유의적이다($p < .01$).

⑨ 중요도 값 표 각주 a의 '1개 반전'은 한 속성에서 연구자의 기대와 반대로(reversed) 나타났음을 의미한다. 그 속성은 환불보증으로 각주에 b로 표기되어 있다.

개체 2 : 2

유틸리티(U)

		유틸리티 추정	표준오차
디자인	A*	-1.000	1.146
	B*	1.750	1.343
	C*	-.750	1.343
브랜드	K2R	1.167	1.146
	Glory	.042	1.343
	Bissell	-1.208	1.343
가격	$11.99	.182	1.036
	$13.99	.364	2.073
	$15.99	.545	3.109
성능보증	no	1.750	1.719
	yes	3.500	3.437
환불보증	no	7.000	1.719
	yes	14.000	3.437
(상수)		-4.985	4.181

중요도 값[a]

디자인	19.314
브랜드	16.680
가격[b]	2.554
성능보증	12.291
환불보증	49.162

a. 1개 반전.
b. 역방향.

계수

	B 계수	
	추정값	표준오차
가격	.182	1.036
성능보증	1.750	1.719
환불보증	7.000	1.719

상관계수[a]

	변수값	TPL 유의확률
Pearson의 R	.850	<.001
Kendall의 타우	.633	<.001

a. 관측 기본 설정과 추정 기본 설정 간 상관관계.

☞ 응답자 2의 응답 분석결과 해석

여기서는 응답자 1의 분석결과와 다른 부분만 기술한다.

① 응답자 2는 환불보증을 가장 중요하게, 다음으로 디자인을 중요하게 생각한다.
② 가격은 낮을수록 효용이 높을 것으로 판단되어 프로그램에서 '선형(미만)'으로 설정하였다. 그러나 이 응답자의 경우 기대와는 반대로 가격이 높을수록 효용이 높게 나타났으며, 이 변수가 역방향된 것으로 중요도 값의 각주에 표기되어 있다.

〈응답자 3~10의 분석결과 및 해석은 생략함〉

전체 통계량

유틸리티(U)

		유틸리티 추정	표준오차
디자인	A*	-.150	.793
	B*	-.013	.930
	C*	.163	.930
브랜드	K2R	.517	.793
	Glory	-.521	.930
	Bissell	.004	.930
가격	$11.99	-.445	.717
	$13.99	-.891	1.434
	$15.99	-1.336	2.152
성능보증	no	1.675	1.189
	yes	3.350	2.379
환불보증	no	1.450	1.189
	yes	2.900	2.379
(상수)		4.500	2.894

중요도 값

디자인	25.540
브랜드	27.168
가격	14.026
성능보증	15.114
환불보증	18.152

평균 중요도 점수.

계수

	B 계수
	추정값
가격	-.445
성능보증	1.675
환불보증	1.450

상관계수[a]

	변수값	TPL 유의확률
Pearson의 R	.597	.007
Kendall의 타우	.420	.012

a. 관측 기본 설정과 추정 기본 설정 간 상관관계.

☞ **전체 응답자의 응답 평균에 대한 해석**

① 전체 통계량은 전체 응답자들의 전반적인 경향을 나타낸다.

② 각 속성의 중요도 값은 각 속성별 전체 응답자들의 중요도 값의 평균이다. 예를 들어, 디자인의 중요도 값 25.540=(12.245+19.314+...)/10이다.

③ 전체 응답자들이 속성들에 대해 중요시하는 순서는 평균값으로 볼 때 브랜드(27.168), 디자인(25.540), 환불보증(18.152), 성능보증(15.114), 가격(14.026)의 순이다.

④ 각 속성의 수준을 보면, 브랜드는 K2R, 디자인은 C*, 환불보증은 yes, 성능보증은 yes, 가격은 $11.99의 효용이 가장 높게 나타났다.

⑤ 계수는 유틸리티를 종속변수로 하는 회귀식의 회귀계수를 의미한다. 그러므로 각 속성수준의 유틸리티 추정값은 계수와 그 속성수준값을 곱함으로써 산출된다. 예를 들어, 가격 $11.99의 유틸리티는 (−.445)×1($11.99의 속성수준값)=−.445이고 가격 $13.99의 유틸리티는 (−.445)×2=−.890이다.

⑥ 제품 프로파일에 대한 응답순위와 추정효용값(순위)간의 상관계수는 Pearson의 R=.597, Kendall의 타우=.420이며 유의적이다($p<.05$).

본 예제에서는 네 개의 연구문제를 제시하였다. 연구문제 2~4와 관련하여 다음과 같이 해석할 수 있다:

연구문제 2: 응답자들이 중요시하는 속성의 순서는 브랜드, 디자인, 환불보증여부, 성능보증여부, 가격의 순이다.

연구문제 3: 각 속성별로 가장 선호하는 속성수준은 브랜드는 K2R, 디자인은 C*, 환불보증은 yes, 성능보증은 yes, 가격은 $11.99이다.

연구문제 4: 최적의 결합은 디자인 C*, 브랜드 K2R, 가격 $11.99, 성능보증 yes, 환불보증 yes이다.

반전 수

요인	환불보증		3
	가격		3
	성능보증		1
	브랜드		0
	디자인		0
개체	1	개체 1	1
	2	개체 2	1
	3	개체 3	0
	4	개체 4	0
	5	개체 5	0
	6	개체 6	0
	7	개체 7	0
	8	개체 8	1
	9	개체 9	1
	10	개체 10	3

반전 요약

반전 수	개체 수
1	4
3	1

이 표에는 지정된 반전 수를 갖는 개체 수가 표시됩니다.

☞ 반대 방향으로 나타난 케이스에 대한 정보

① 위의 값들은 속성의 성격을 선형(linear)으로 설정한 경우, 연구자가 설정한 방향과 반대의 방향으로 나타난 경우에 대한 정보이다.

② 반전 요약: 네 명의 응답자는 한 개의 linear 속성에 대해, 다른 한 명은 세 개의 linear 속성에 대해 반대 방향의 생각을 가진 것을 나타낸다.

③ 반전 수 – 요인: 환불보증에 대해 세 명의 응답자, 가격에 대해 세 명의 응답자, 그리고 성능보증에 대해 한 명의 응답자가 반대 방향의 생각을 가진 것을 나타낸다.

④ 반전 수 – 개체: 응답자별로 반대 방향으로 응답한 수를 나타낸다.

그림 17.16 각 속성별 속성수준의 유틸리티(브랜드의 예)

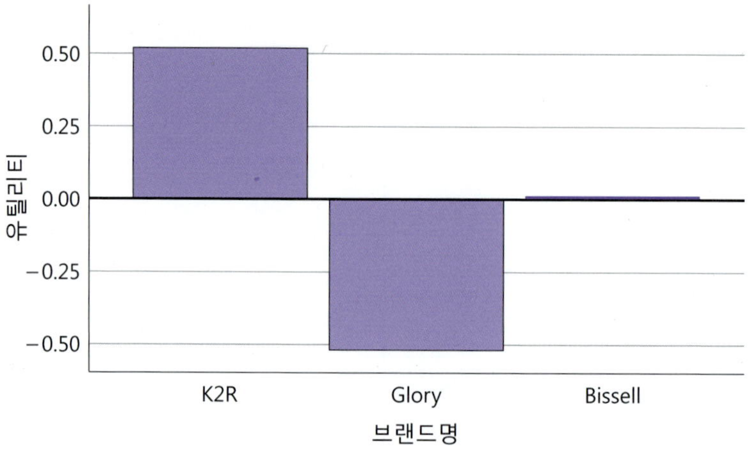

[그림 17.16]은 각 속성수준의 유틸리티(효용)에 관한 그림인데, 각 속성별로 별도의 그림이 그려진다. 여기서는 가장 중요한 속성인 브랜드에 대한 유틸리티만 예시한다. 이 그림을 보면 전체 통계량에 나타난 것처럼 유틸리티의 크기가 K2R, Bissell, Glory의 순서인 것을 알 수 있다.

그림 17.17 각 속성의 중요도

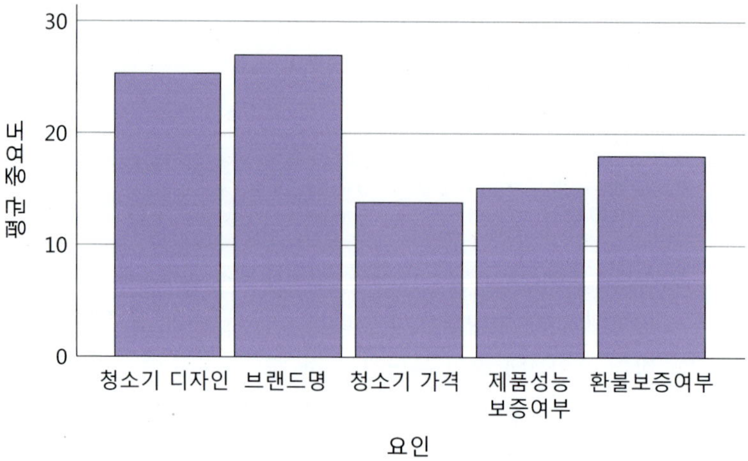

[그림 17.17]은 각 속성의 중요도에 관한 그림이다. 이 그림을 보면 전체 통계량에 나타난 것처럼 속성의 중요도가 브랜드, 디자인, 환불보증여부, 성능보증여부, 가격의 순서인 것을 알 수 있다.

연 / 습 / 문 / 제

SPSS 30

1. 홍익여행사의 여행상품 기획자는 honeymoon package 상품을 설계하고 있다. 그는 이 package 상품을 설계할 때 여행지, 가격, 부가세 포함여부를 고려하고 있다. 그가 고려하고 있는 속성과 속성수준은 아래 표와 같다. 자료파일: (17)연습문제(여행상품)-컨조인트데이터.sav.

속성명	속성설명	속성수준
여행지	신혼여행 장소	동남아, 호주, 괌
가격	honeymoon package 1인당 가격	150만원, 180만원, 200만원
부가세	package에 부가세 포함여부	포함, 불포함

(1) 조합가능한 여행 package의 수는 몇 개인가?

(2) '생성에 필요한 최소 케이스의 수'를 빈칸으로 두고 프로파일 카드를 작성하시오. 몇 개의 카드가 생성되는가?

(3) 작성된 9개의 프로파일에 대해 7명의 응답자들에게 선호 순위를 조사한 결과는 아래의 표와 같다. 이 자료를 이용하여 컨조인트 분석을 실시하시오. 단, 속성성격은 다음과 같다: 여행지-discrete; 가격-linear less; 부가세 포함여부-linear less.

(4) 응답자들이 중요시하는 속성의 순서는 어떻게 되는가?

(5) 응답자들이 각 속성별 가장 선호하는 속성수준은 무엇이며, 최적의 속성수준 결합은 무엇인가?

id	pref1	pref2	pref3	pref4	pref5	pref6	pref7	pref8	pref9
1	8	3	7	5	1	6	9	2	4
2	6	9	1	3	7	5	8	2	4
3	1	6	3	9	4	2	5	8	7
4	1	8	3	9	4	2	5	6	7
5	8	9	3	7	2	6	5	4	1
6	5	2	7	9	4	8	6	3	1
7	8	6	7	4	2	3	5	9	1

[분석결과 및 해석]

(1) 3×3×2=18개

(2) 프로파일 카드는 9개가 생성된다.

(3) 컨조인트분석 결과

전체 통계량

유틸리티(U)

		유틸리티 추정	표준오차
여행지	동남아	-.524	.150
	호주	.190	.150
	괌	.333	.150
가격	150만원	-.833	.130
	180만원	-1.667	.260
	200만원	-2.500	.390
부가세	포함	.143	.225
	불포함	.286	.450
(상수)		6.476	.411

중요도 값

여행지	55.263
가격	31.197
부가세	13.539

평균 중요도 점수.

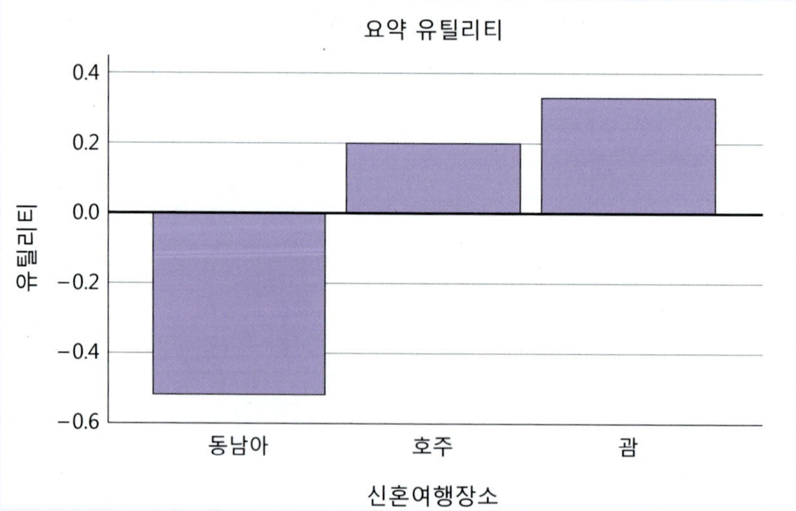

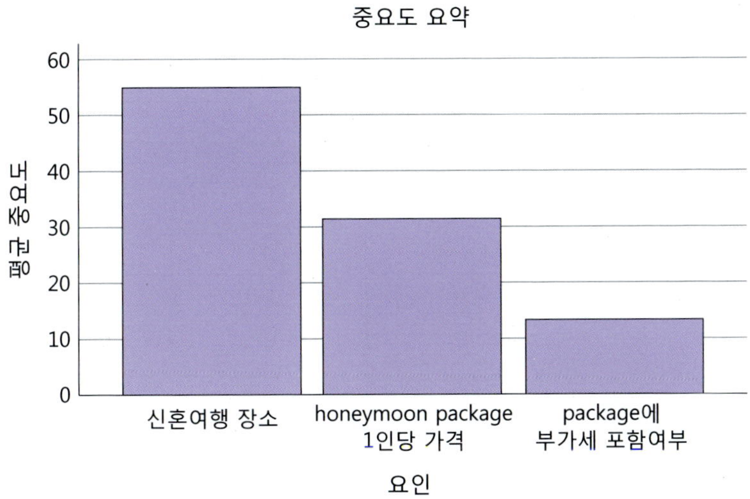

(4) 응답자들이 중요시하는 속성의 순서는 여행지, 가격, 부가세 포함여부의 순이다.

(5) 각 속성별로 가장 선호하는 속성수준은 여행지는 괌, 가격은 150만원, 그리고 부가세 포함여부는 '불포함'이다. 이러한 속성수준들의 결합이 최적의 결합이다.

참고로, 만약 생성된 프로파일 카드의 순서가 다르면 분석결과는 다르게 나타날 것이다.

2. 산업용청결제를 생산하는 한 기업은 신제품을 기획하고 있다. 제품개발자는 신제품의 구성 속성으로 성분(인산염무, 인산염유), 형태(액체, 가루), 브랜드명(대한, 민국)을 고려하고 있다. 여덟(2×2×2) 개의 프로파일 카드를 작성하고 잠재 구매자 두 명에게 각 프로파일의 선호순위를 평가하도록 한 결과는 다음과 같다. 컨조인트 분석을 실시하고 결과를 요약하시오(생성에 필요한 최소 케이스의 수는 빈칸으로 둠). 자료파일: (17)연습문제(청결제)-컨조인트데이터.sav.

id	pref1	pref2	pref3	pref4	pref5	pref6	pref7	pref8
1	1	2	5	6	3	4	7	8
2	1	2	3	4	6	8	5	7

[분석결과 및 해석]

전체 통계량

유틸리티(U)

		유틸리티 추정	표준오차
성분	인산염무	1.500	.556
	인산염유	-1.500	.556
형태	액체	.875	.556
	가루	-.875	.556
브랜드	대한	.250	.556
	민국	-.250	.556
(상수)		4.500	.556

중요도 값

성분	55.769
형태	34.135
브랜드	10.096

평균 중요도 점수.

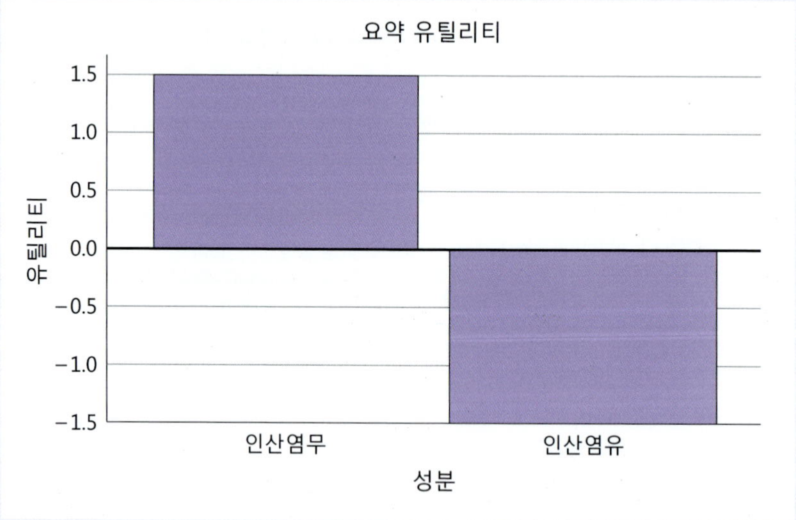

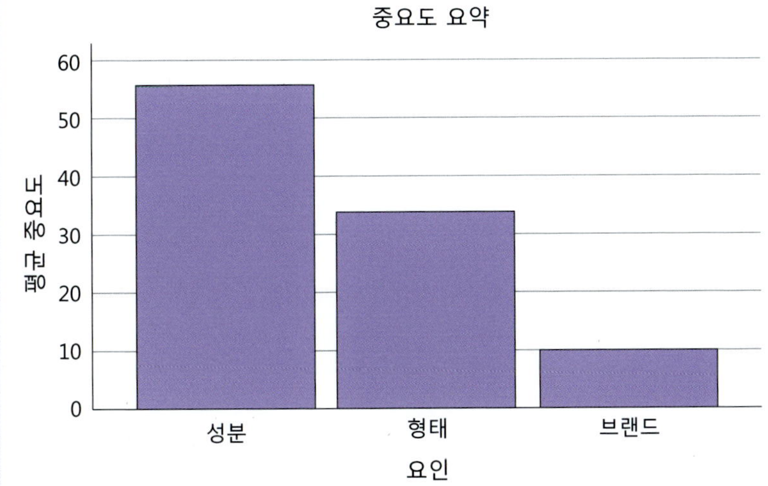

응답자들이 중요시하는 속성의 순서는 성분, 형태, 브랜드의 순이다. 각 속성별로 가장 선호하는 속성수준은 성분은 인산염무, 형태는 액체, 그리고 브랜드는 대한이다. 이러한 속성수준들의 결합이 최적의 결합이다. 그러나 만약 생성된 프로파일 카드의 순서가 다르면 분석결과는 다르게 나타날 것이다.

제 18 장

비모수통계

18.1 비모수통계의 개요

추계통계학은 모수통계학(parametric statistics)과 비모수통계학(nonparametric statistics)으로 나누어진다. **모수통계기법**은 통계량으로부터 모수를 추정하는 것에 관한 통계기법이다. 모수통계기법을 적용할 때는 흔히 가정이 필요하며, 주로 간격척도와 비율척도로 측정한 자료를 분석하는 데 이용된다. **비모수통계기법**은 모수와 통계량의 관계를 다루지 않는다. 보통 가정이 요구되지 않으며, 명목척도와 서열척도로 측정된 자료를 분석하는 데 이용된다. 입력자료가 간격 혹은 비율척도로 측정된 자료인 경우 분석자가 명목 혹은 서열척도로 변환하여 입력해도 되지만, 원자료를 그대로 입력하면 SPSS가 비모수통계분석에 맞게 명목 혹은 서열척도로 변환한다. 요컨대, 자료가 명목척도 혹은 서열척도로 측정된 경우, 그리고 간격척도 혹은 비율척도로 측정되었더라도 모수통계기법을 적용하는 데 필요한 가정이 분석자료에 매우 부적합한 경우에 비모수통계기법을 사용한다.

본 장에서 다루는 비모수통계기법과 관련척도 및 대응되는 모수통계기법은 〈표 18.1〉과 같다. 그 밖에 본서에서 다루는 비모수통계기법으로 χ^2 독립성검증(제6장), χ^2 적합도검증(제6장), Spearman 서열상관분석(제10장)이 있다.

표 18.1 비모수통계기법 vs. 모수통계기법

비모수통계기법	척 도	대응되는 모수통계기법
Run 검증	명목척도	
Kolmogorov-Smirnov 검증(단일표본)	간격 및 비율척도	
Kolmogorov-Smirnov 검증(독립 두표본)	간격 및 비율척도	
Mann-Whitney U 검증(독립 두표본)	서열척도	두 모집단 평균비교(t)
Kruskal-Wallis H 검증(독립 K표본)	서열척도	ANOVA
Wilcoxon 부호-서열 검증(대응 두표본)	명목 및 서열척도	paired t-test
Friedman 검증(대응 K표본)	서열척도	무작위 블럭디자인 ANOVA
Kendall W 검증(대응 K표본)	서열척도	

18.2 Run 검증

1. Run 검증의 개요

Run 검증은 어떤 변수의 두 관측치(성공 · 실패; 진실 · 허위; 남 · 녀 등)의 발생순서가 무작위인지 아닌지를 검증한다. 여기서 run은 연속적으로 된 동일한 관측치의 집합을 말한다. 예를 들어, S(성공)와 F(실패)가 다음과 같이 배열되었다고 하자.

S S S F F S F F F S

이 경우 run의 수는 다섯 개(SSS/FF/S/FFF/S)가 된다. Run 검증은 관측치 배열의 무작위성을 검증하므로 무작위검증이라고도 한다.

2. SPSS 30을 이용한 Run 검증

예제 18.1 **Run 검증의 예**

어느 연수원에서 2주간의 교육 프로그램을 진행한 후 교육성과를 측정하기 위하여 20개의 true-false 문항으로 이루어진 시험을 실시하였다. 시험의 정답은 다음과 같은 순서로 구성되었다.

T F F T F T F T T F T F F T F T F T T F

이 순서는 T와 F가 무작위로 배열되어 있다고 할 수 있는가? $\alpha = .05$.

연구가설 T와 F는 무작위로 배열되어 있지 않다.

H_0: T와 F는 무작위로 배열되어 있다.
H_1: T와 F는 무작위로 배열되어 있지 않다.

〈예제 18.1〉의 Run 검증을 하는 과정은 다음과 같다.

① '(18)Run.sav' 파일을 불러온다.
② [그림 18.1]과 같이 다음의 절차를 따른다.

[분석(A)] → [비모수검정(N)] → [레거시 대화상자(L)] → [런(R)...] → 클릭

그림 18.1 Run 검증 절차

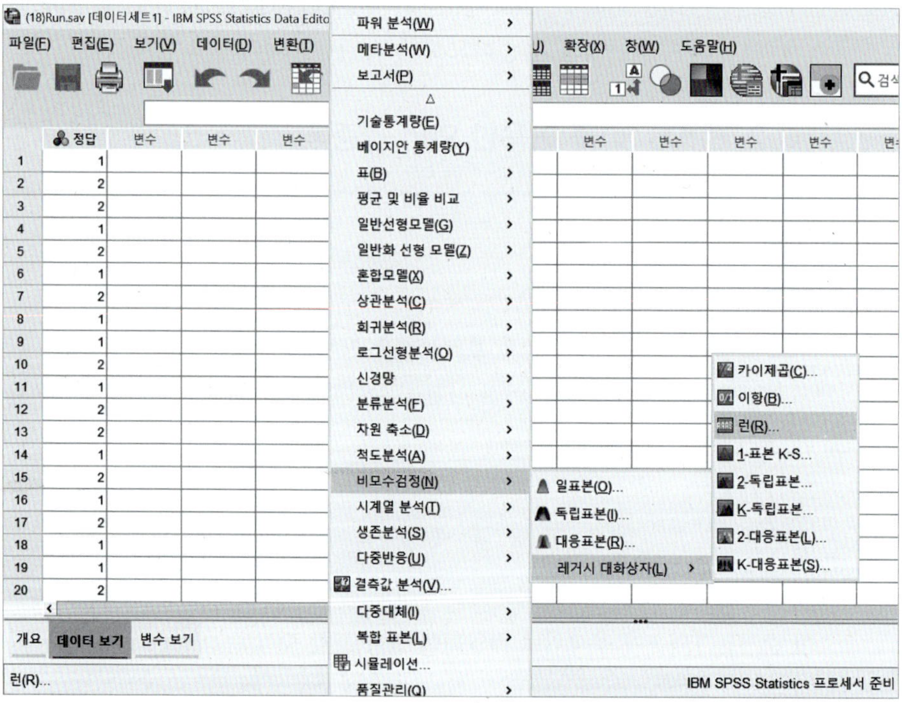

③ 그러면 [그림 18.2]의 런 검정 대화상자가 나타난다.

그림 18.2 | 런 검정 대화상자

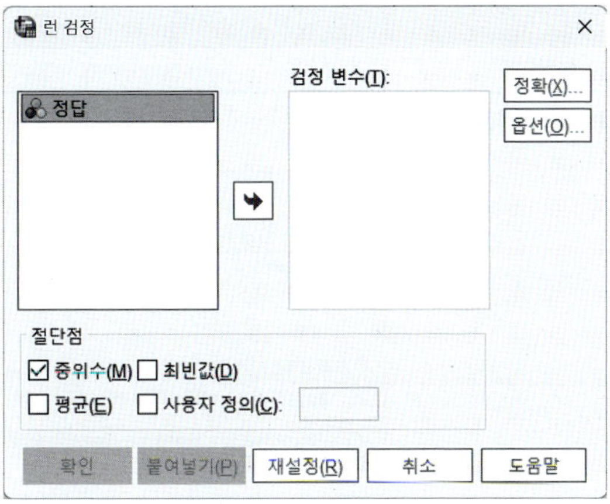

④ 여기서 [그림 18.3]과 같이 분석할 변수(정답)를 [검정 변수(T)]로 보낸다. 절단점은 기본설정된 [중위수(M)]를 유지한다.

그림 18.3 | 분석대상 변수선정

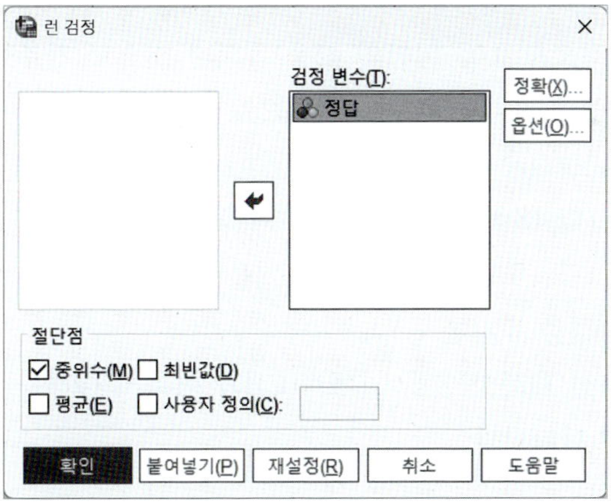

☞ 절단점 선택사항들의 의미는 다음과 같다.

- **중위수**: 입력값들 중 중위수가 절단점으로 이용된다(**기본설정**).
- **최빈값**: 입력값들 중 최빈값이 절단점으로 이용된다.
- **평균**: 입력값들의 평균값이 절단점으로 이용된다.
- **사용자 정의**: 분석자가 임의의 절단점을 지정할 수 있다.

⑤ [그림 18.3]의 [정확(X)...]을 클릭하면 정확검정 대화상자가 나타나는데, [그림 18.4]와 같이 기본설정된 [점근적 검정(A)]을 유지한다.

그림 18.4 정확검정 대화상자

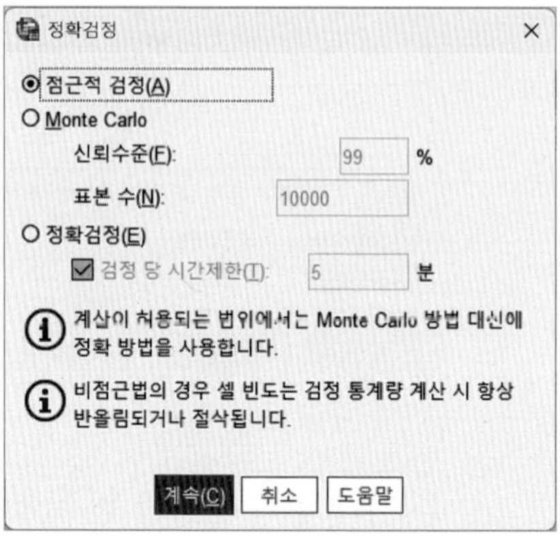

☞ 정확검정의 의미는 다음과 같다.

- **점근적 검정**: 유의수준은 검증통계량의 점근적 분포를 토대로 계산되는데, 일반적으로 0.05 미만의 값을 유의한 것으로 간주한다. 점근 유의확률은 데이터 파일이 크다는 가정을 기준으로 한다(**기본설정**).

⑥ [그림 18.4]에서 [계속(C)]을 클릭한다.

⑦ [그림 18.3]에서 [옵션(O)...]을 클릭하면 옵션 대화상자가 나타나는데, 기본설정을 유지한다.

⑧ 옵션 대화상자에서 [계속(C)]과 이어서 [확인]을 클릭하면 〈표 18.2〉의 결과가 나타난다.

표 18.2 런 검증 결과

	정답
검정값[a]	2
케이스 < 검정값	10
케이스 >= 검정값	10
총 케이스	20
런 수	16
Z	2.068
근사 유의확률 (양측)	.039

a. 중위수.

〈표 18.2〉는 T와 F의 배열이 무작위로 배열되어 있다는 귀무가설에 대한 검증결과이다. 입력된 값들(1 or 2)의 중위수(2)가 검정값(절단점)으로 사용되었으며, 검정값보다 작은 케이스의 수가 10이고 검정값 이상인 케이스의 수는 10이다. 런의 수는 16이고, Z값 2.068에 대한 p-value는 .039로서 귀무가설을 기각한다. 그러므로 **교육효과를 측정하기 위한 T-F 시험지의 정답은 무작위로 배열되어 있다고 할 수 없다.**

18.3 Kolmogorov-Smirnov 검증(단일표본)

SPSS 30

1. Kolmogorov-Smirnov 검증(단일표본)의 개요

단일표본 Kolmogorov-Smirnov 검증은 관측치들의 분포가 특정한 이론적 분포(예를 들어, 정규분포, 포아송분포)를 따르는지를 조사하는 방법이다. 누적관측분포와 누적이론적 분포와의 가장 큰 차이(절대값에서)로부터 검증 통계량이 계산된다. 검증 통계량이 작을수록 "H_0: 주어진 자료의 분포는 ○○○ 분포를 따른다"를 기각하지 못한다. 많은 모수통계기법은 주어진 자료가 정규분포를 따른다는 것을 가정한다. Kolmogorov-Smirnov 검증은 이러한 가정을 검증하는 데 유용하게 이용될 수 있다.

2. SPSS 30을 이용한 Kolmogorov-Smirnov 검증(단일표본)

예제 18.2 **Kolmogorov-Smirnov 검증(단일표본)의 예**

어느 고등학교 한 학급 학생 50명의 수학시험 점수가 〈표 18.3〉과 같았다. 학생들의 수학시험 점수가 정규분포를 따른다고 할 수 있는가? $\alpha = .05$.

표 18.3 수학시험 점수

번호	점수	번호	점수	번호	점수	번호	점수	번호	점수
1	78	11	88	21	65	31	85	41	88
2	80	12	92	22	70	32	86	42	79
3	98	13	90	23	90	33	79	43	75
4	67	14	88	24	75	34	48	44	84
5	85	15	72	25	61	35	53	45	68
6	87	16	63	26	88	36	80	46	51
7	79	17	94	27	80	37	87	47	75
8	81	18	80	28	96	38	100	48	70
9	54	19	86	29	57	39	40	49	82
10	62	20	75	30	60	40	32	50	80

연구 가설 이 학급 학생들의 수학성적은 정규분포를 따르지 않을 것이다.

H_0: 이 학급 학생들의 수학성적은 정규분포를 따른다.
H_1: 이 학급 학생들의 수학성적은 정규분포를 따르지 않는다.

〈예제 18.2〉의 K-S검증(단일표본)을 하는 과정은 다음과 같다.

① '(18)K-S(단일표본).sav' 파일을 불러온다.
② [그림 18.5]와 같이 다음의 절차를 따른다.

[분석(A)] → [비모수검정(N)] → [레거시 대화상자(L)] → [1-표본 K-S...] → 클릭

그림 18.5 K-S검증 절차

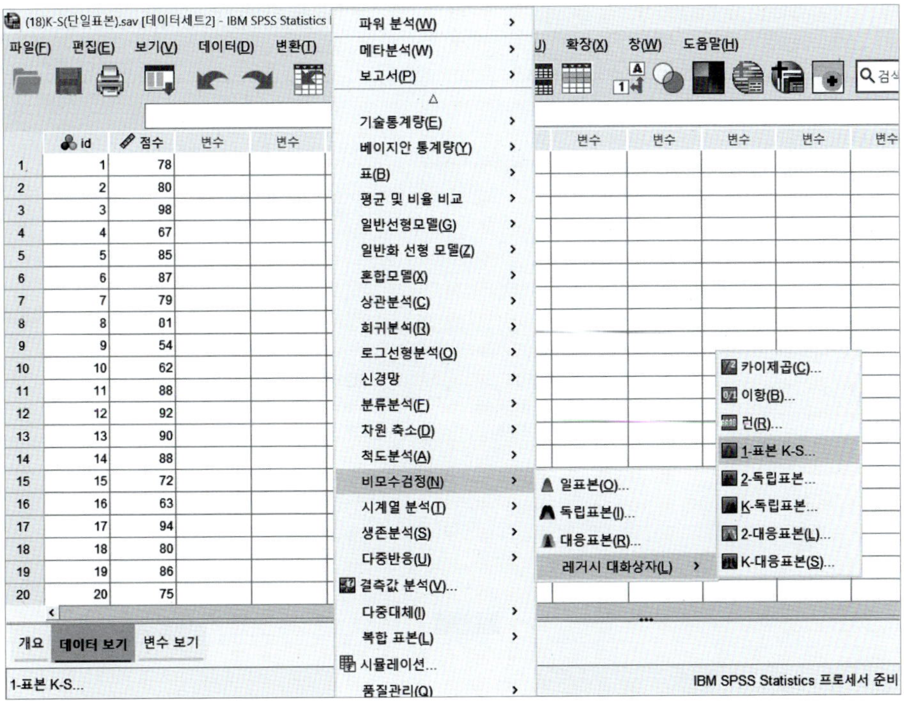

③ 그러면 [그림 18.6]의 일표본 Kolmogorov-Smirnov 검정 대화상자가 나타난다.

그림 18.6 일표본 Kolmogorov-Smirnov 검정 대화상자

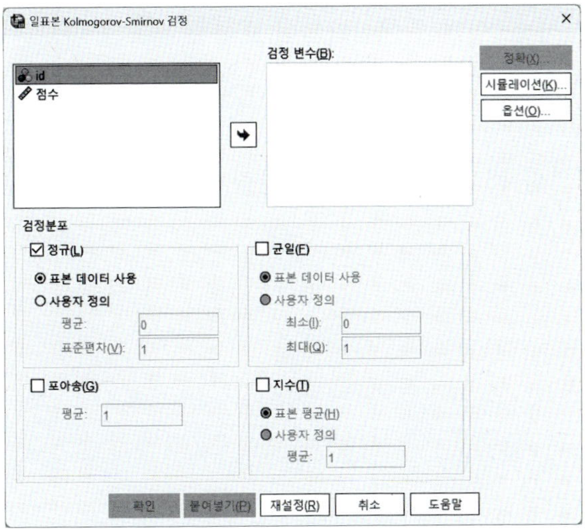

④ 여기서 [그림 18.7]과 같이 분석할 변수(점수)를 [검정 변수(B)]로 보낸다. 검정분포는 기본설정된 [정규(L)]를 유지한다.

그림 18.7 분석대상 변수선정

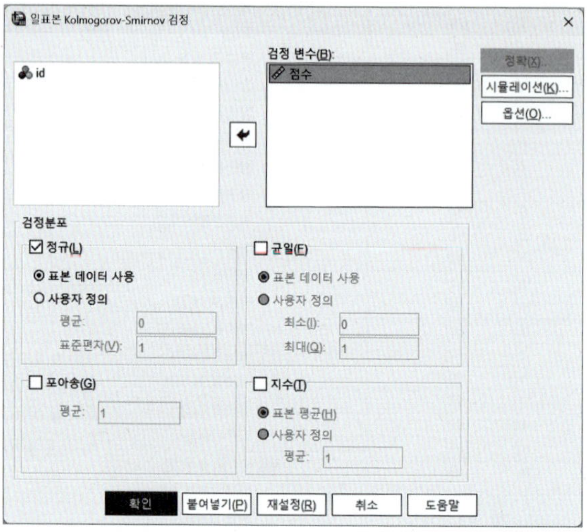

☞ 검정분포 선택사항의 의미는 다음과 같다.

- **정규**: 입력된 데이터들이 정규분포를 따르는지를 검증한다(**기본설정**).
- **균일**: 입력된 데이터들이 균일한지를 검증한다. 즉, 입력된 데이터들이 관측된 최소값과 최대값으로 범위를 정의하는 단일분포를 따르는지를 검증한다.
- **포아송**: 입력된 데이터들이 포아송 분포를 따르는지를 검증한다.
- **지수**: 입력된 데이터들이 지수분포를 따르는지를 검증한다.

⑤ [그림 18.7]에서 [확인]을 클릭하면 〈표 18.4〉의 결과가 나타난다.

표 18.4 K-S검증(단일표본) 결과

			점수
N			50
정규 모수[a,b]	평균		75.66
	표준편차		15.025
최대극단차이	절대값		.148
	양수		.070
	음수		−.148
검정 통계량			.148
근사 유의확률 (양측)[c]			.008
Monte Carlo 유의확률 (양측)[d]	유의확률		.008
	99% 신뢰구간	하한	.006
		상한	.011

a. 검정 분포가 정규입니다.
b. 데이터로부터 계산.
c. Lilliefors 유의확률 수정.
d. 난수 시작값이 2000000인 Monte Carlo 표본 10000개를 기준으로 하는 Lilliefors 방법입니다.

〈표 18.4〉는 학생들의 수학성적은 정규분포를 따른다는 귀무가설을 검증한 결과이다. 검증결과, 검정 통계량 .148에 대한 p-value는 .008로서 귀무가설을 기각한다. **즉, 이 학급 학생들의 수학성적은 정규분포를 따르지 않는다.**

18.4 Kolmogorov-Smirnov 검증(독립 두표본)

1. Kolmogorov-Smirnov 검증(독립 두표본)의 개요

두 표본 Kolmogorov-Smirnov 검증은 두 개의 독립표본이 동일한 분포를 갖는지를 조사하는 기법이다. 이 검증은 두 표본 관측치들의 누적분포 간에 가장 큰 차이(절대값)를 토대로 한다. 그 차이가 클수록 두 분포는 다른 것으로 판명된다.

2. SPSS 30을 이용한 Kolmogorov-Smirnov 검증(독립 두표본)

예제 18.3 **Kolmogorov-Smirnov 검증(독립 두표본)의 예**

한 회사가 전국에 수백 개의 매장을 갖고 있는데, 중소도시에 입지한 매장들이 대도시에 입지한 매장들에 비하여 생산성이 떨어진다는 이유로 중소도시에 있는 매장들을 철수할 것을 고려하고 있다. 의사결정에 앞서 대도시와 중소도시에서 각각 50개의 매장들을 추출하여 생산성을 측정하였다. 생산성 평가기준을 다섯 등급으로 하여 각 등급에 속한 매장들의 관측빈도는 〈표 18.5〉와 같다. 중소도시와 대도시의 매장들의 생산성이 다르다고 할 수 있는가? $\alpha = .05$.

표 18.5 중소도시와 대도시 매장의 생산성 측정결과

생산성 평가기준	중소도시 관측빈도	대도시 관측빈도
0～20(poor)	2	3
21～30(fair)	11	17
31～50(good)	15	18
51～70(very good)	19	8
71 이상(excellent)	3	4
합 계	50	50

연구가설 중소도시와 대도시에 입지한 매장들의 생산성은 다르다.

H_0: 중소도시와 대도시에 입지한 매장들의 생산성은 같다.
H_1: 중소도시와 대도시에 입지한 매장들의 생산성은 다르다.

〈예제 18.3〉의 K-S검증(독립 두표본)을 하는 과정은 다음과 같다.

① '(18)K-S(독립 두표본).sav' 파일을 불러온다.
② [그림 18.8]과 같이 다음의 절차를 따른다.

[분석(A)] → [비모수검정(N)] → [레거시 대화상자(L)] → [2-독립표본...] → 클릭

그림 18.8 K-S검증 절차

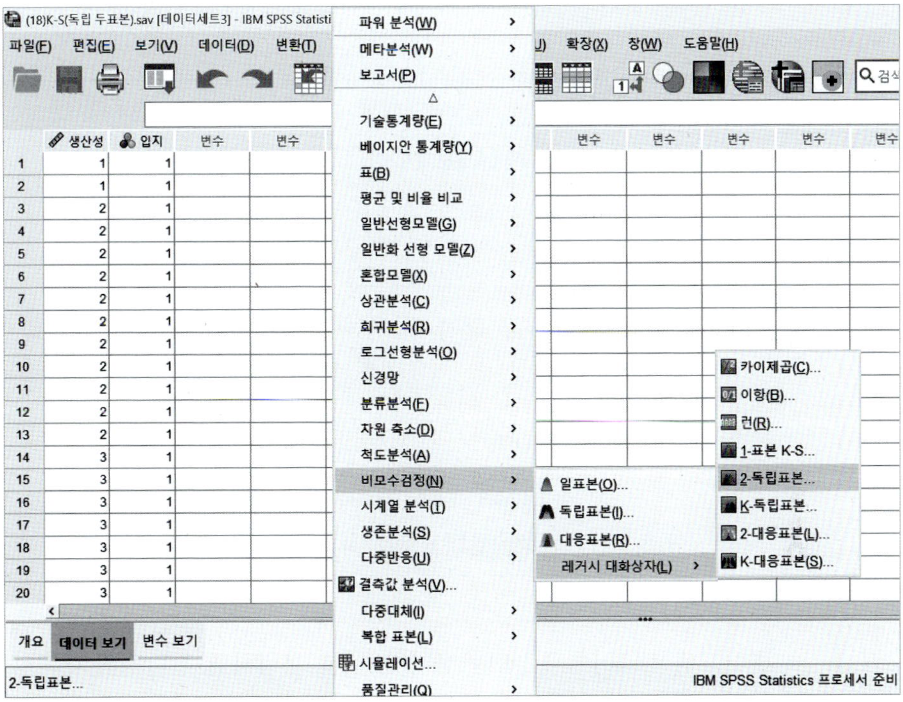

③ 그러면 [그림 18.9]의 2-독립 표본 비모수검정 대화상자가 나타난다.

그림 18.9 2-독립 표본 비모수검정 대화상자

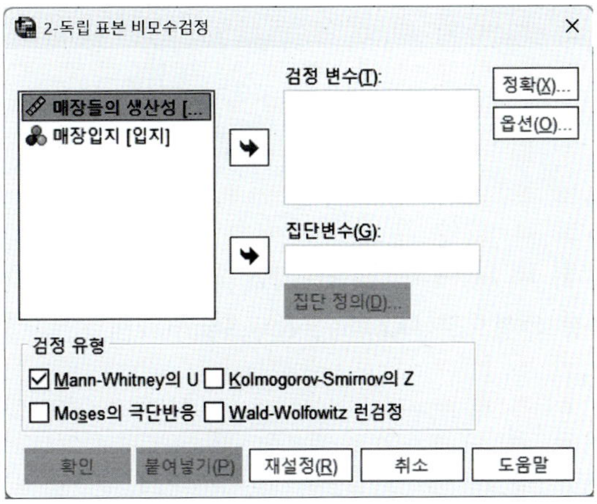

④ 여기서 매장들의 생산성을 [검정 변수(T)]로, 그리고 매장입지를 [집단변수(G)]로 보낸다.

그림 18.10 | 분석대상 변수선정

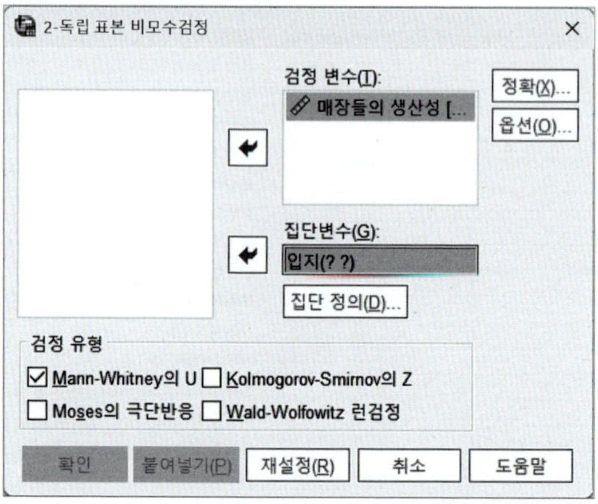

⑤ [그림 18.10]에서 [집단 정의(D)...]를 클릭하면 집단정의 대화상자가 활성화된다. 본 예에서는 중소도시(집단 1)를 1로, 대도시(집단 2)를 2로 코딩하였으므로 [그림 18.11]과 같이 각각 그 값을 입력한다.

그림 18.11 | 집단정의 대화상자

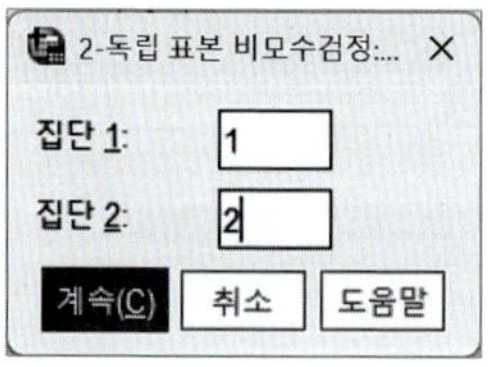

⑥ [그림 18.11]에서 [계속(C)]을 클릭한다.

⑦ 검정 유형으로 [Kolmogorov-Smirnov의 Z]를 선택하면 [그림 18.12]와 같이 된다.

그림 18.12 검정 유형의 선정

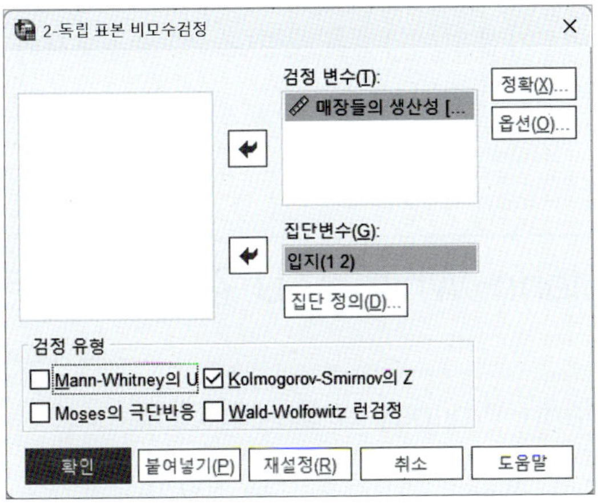

⑧ [그림 18.12]에서 [확인]을 클릭하면 결과가 나타난다(표 18.6부터).

표 18.6 빈도분석

	매장입지	N
매장들의 생산성	중소도시	50
	대도시	50
	전체	100

〈표 18.6〉은 분석에 이용된 중소도시와 대도시 매장들의 수를 보여준다.

표 18.7 K-S검증(독립 두표본) 결과

검정 통계량[a]

		매장들의 생산성
최대극단차이	절대값	.200
	양수	.020
	음수	−.200
Kolmogorov−Smirnov의 Z		1.000
근사 유의확률 (양측)		.270

a. 집단변수: 매장입지.

〈표 18.7〉은 "중소도시와 대도시에 입지한 매장들의 생산성은 같다"라는 귀무가설을 검증한 결과이다. 검증결과, K-S의 Z값 1.000에 대한 p-value는 .270으로서 귀무가설을 기각하지 못한다. **즉, 중소도시와 대도시에 입지한 매장들의 생산성은 다르다고 할 수 없다.**

18.5 Mann-Whitney U 검증(독립 두표본)

1. Mann-Whitney U 검증의 개요

Mann-Whitney U 검증은 두 집단의 분포가 동일한지를 조사하는 기법이다. 두 집단의 관측치가 통합되고 크기순으로 순위가 부여된다. 두 관측치의 값이 동일하면 가운데 순위가 부여된다. 각 집단의 순위합계로부터 집단별로 U값이 계산되고 이에 의하여 검증이 이루어진다. 모수통계학의 두 독립모집단 평균차이 검증(본서의 5.2, t-test)에 비유된다.

2. SPSS 30을 이용한 Mann-Whitney U 검증

예제 18.4 Mann-Whitney U 검증의 예

여러 개의 분원을 갖고 있는 어느 회계학원에서 CPA 시험에 대비한 두 가지 교육프로그램 A와 B를 계획하고 있다. 두 프로그램의 효과성을 비교하기 위하여 여덟 곳의 분원에서 각각 50명의 수강생들을 추출하여 네 곳은 프로그램 A로, 나머지 네 곳은 프로그램 B로 교육을 실시하였다. 교육을 수료한 수강생들이 CPA 시험에 합격한 수는 각 프로그램별로 〈표 18.8〉과 같이 나타났다. 이 자료에 의해서 판단할 때, 프로그램 A와 B의 효과가 다르다고 할 수 있는가? $\alpha = .05$.

표 18.8 교육프로그램별 CPA 합격자 수(원자료)

프로그램 A	프로그램 B
28	33
31	29
27	35
25	30

☞ 데이터 입력시 원자료(raw data)를 그대로 입력해도 되고, 데이터의 순위를 매겨서 그 순위를 입력해도 동일한 결과를 얻게 된다. 순위를 입력하고자 하면 가장 작은 값부터 1, 2, 3, · · · 으로 변환시켜 입력한다. 〈표 18.8〉의 데이터를 이와 같은 방식으로 변환시키면 〈표 18.9〉와 같다(가장 큰 숫자부터 순위를 부여해도 동일한 결과가 도출됨).

표 18.9 교육프로그램별 CPA 합격자 수(순위로 변환시킨 자료)

프로그램 A	프로그램 B
3	7
6	4
2	8
1	5

연구 가설 교육프로그램 A와 B의 효과는 다르다.

H_0: 교육프로그램 A와 B의 효과는 같다.
H_1: 교육프로그램 A와 B의 효과는 다르다.

〈예제 18.4〉의 Mann-Whitney U 검증을 하는 과정은 다음과 같다.

① '(18)Mann-Whitney(독립 두표본).sav' 파일을 불러온다.
② [그림 18.13]과 같이 다음의 절차를 따른다.

[분석(A)] → [비모수검정(N)] → [레거시 대화상자(L)] → [2-독립표본...] → 클릭

그림 18.13 Mann-Whitney U 검증 절차

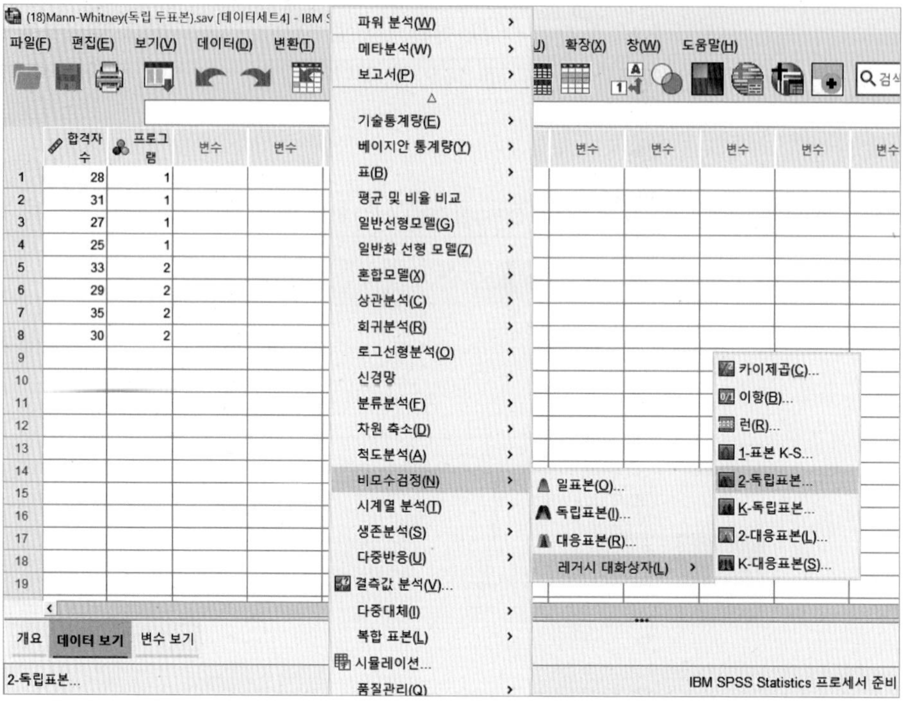

③ 그러면 [그림 18.14]의 2-독립 표본 비모수검정 대화상자가 나타난다.

그림 18.14 2-독립 표본 비모수검정 대화상자

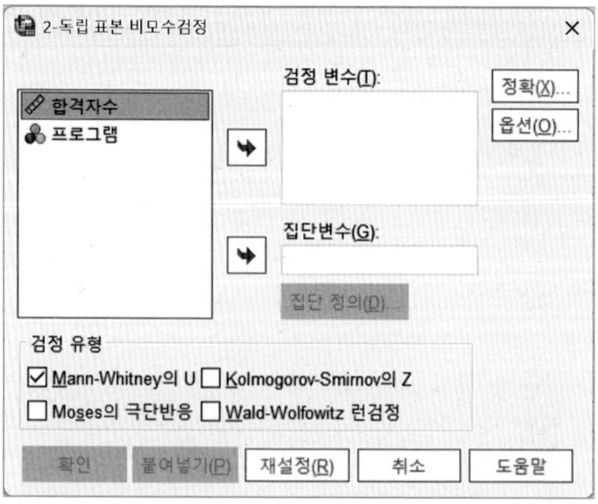

④ 여기서 [그림 18.15]와 같이 합격자수를 [검정 변수(T)]로, 그리고 프로그램을 [집단변수(G)]로 보낸다.

그림 18.15 분석대상 변수선정

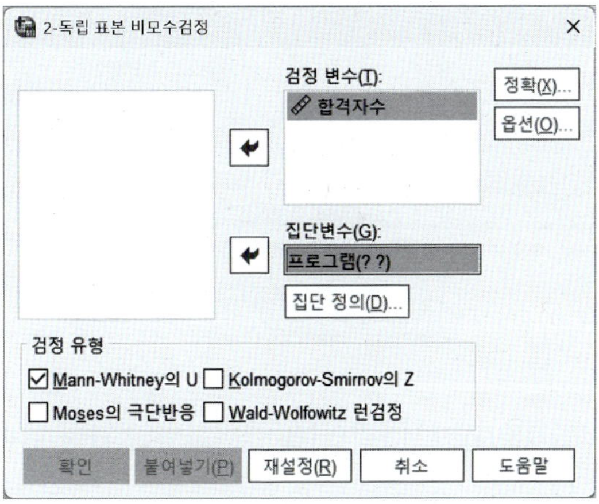

⑤ [그림 18.15]에서 [집단 정의(D)...]를 클릭하면 집단정의 대화상자가 활성화된다. 프로그램 A(집단 1)를 1로, 프로그램 B(집단 2)를 2로 코딩하였으므로 [그림 18.16]과 같이 각각 그 값을 입력한다.

그림 18.16 집단정의 대화상자

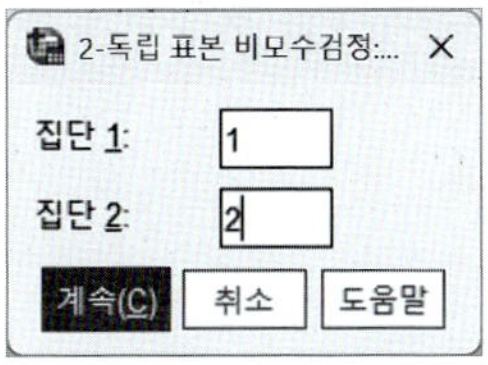

⑥ [그림 18.16]에서 [계속(C)]을 클릭한다.

⑦ 검정 유형으로 [Mann-Whitney의 U]를 선택하면 [그림 18.17]과 같이 된다.

그림 18.17 검정유형의 선정

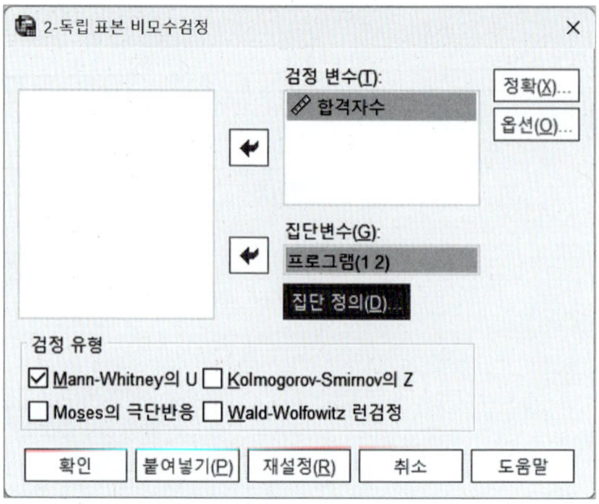

⑧ [그림 18.17]에서 [확인]을 클릭하면 결과가 나타난다(표 18.10부터).

표 18.10 순위

	프로그램	N	평균 순위	순위합
합격자수	프로그램 A	4	3.00	12.00
	프로그램 B	4	6.00	24.00
	전체	8		

〈표 18.10〉은 프로그램 A와 B로 교육받은 케이스들의 수와 각 집단(프로그램 A와 B)별 케이스들의 평균 순위와 순위의 합을 보여준다.

표 18.11 Mann-Whitney U 검증(독립 두표본 검증) 결과

검정 통계량[a]

	합격자수
Mann-Whitney의 U	2.000
Wilcoxon의 W	12.000
Z	−1.732
근사 유의확률 (양측)	.083
정확 유의확률 [2*(단측 유의확률)]	.114[b]

a. 집단변수: 프로그램.
b. 등순위에 대해 수정된 사항이 없습니다.

〈표 18.11〉은 교육프로그램 A와 B의 효과는 같다는 귀무가설을 검증한 결과이다. 검증결과, Mann-Whitney의 U값 2.000에 대한 *p*-value는 .114로서 귀무가설을 기각하지 못한다. **즉, 교육프로그램 A와 B의 효과는 다르다고 할 수 없다.** 만약, 분석에 이용된 케이스들의 수가 30 이상이면 '근사 유의확률(양측)'의 값을 이용하여 유의성을 검증하지만, 케이스들의 수가 30보다 작으면 '정확 유의확률[2*(단측 유의확률)]'의 값을 이용하여 유의성을 검증한다.

18.6 Kruskal-Wallis H 검증(독립 K표본)

SPSS 30

1. Kruskal-Wallis H 검증의 개요

Mann-Whitney U 검증은 두 집단 분포(혹은 평균)를 비교하는 방법인데, Kruskal-Wallis H 검증은 세 집단 이상의 집단분포를 비교하는 방법이다. 그러므로 모수통계학의 ANOVA에 비유될 수 있으며, Kruskal-Wallis ANOVA라고도 한다.

2. SPSS 30을 이용한 Kruskal-Wallis H 검증

예제 18.5 **Kruskal-Wallis H 검증의 예**

어느 회사에서 재고관리, 생산계획수립, 회계, 영수증발급 등을 포함하는 on-line 데이터 프로세싱을 위해 새로운 컴퓨터 시스템을 도입할 것을 고려하고 있다. 경영자는 비용과 성능을 고려하여 세 가지 시스템으로 대안의 종류를 축소시켰다. 이 세 가지 시스템 중에서 최종적인 선택을 하는 데 있어서 월평균 고장횟수를 중요한 요인으로 고려하기로 하였다. 이 회사의 경영자는 세 가지 시스템 공급업체로부터 각각의 시스템을 이미 사용하고 있는 기업들의 정보를 입수하였다. 세 가지 시스템을 사용하는 기업들을 무작위로 각각 아홉 기업씩을 추출하여 월평균 고장횟수를 조사한 결과 〈표 18.12〉와 같았다. 이 자료에 의하면 세 가지 컴퓨터 시스템의 월평균 고장횟수는 모두 동일하지는 않다고 할 수 있는가? $\alpha = .05$.

표 18.12 각 시스템별 월평균 고장횟수

시스템 A	시스템 B	시스템 C
4.0	6.9	0.5
3.7	11.3	1.4
5.1	21.7	1.0
2.0	9.2	1.7
4.6	6.5	3.6
9.3	4.9	5.2
2.7	12.2	1.3
2.5	11.7	6.8
4.8	10.5	14.1

☞ 데이터 입력시 원자료(raw data)를 그대로 입력해도 되고, 데이터의 순위를 매겨서 그 순위를 입력해도 동일한 결과를 얻게 된다. 순위를 입력하고자 하면 가장 작은 값부터 1, 2, 3, · · · 으로 변환시켜 입력한다(표 18.9 참조).

연구 가설 세 가지 컴퓨터 시스템의 월평균 고장횟수는 모두 동일하지는 않을 것이다.

H_0: 세 가지 컴퓨터 시스템의 월평균 고장횟수는 모두 동일하다.

H_1: 세 가지 컴퓨터 시스템의 월평균 고장횟수는 모두 동일하지는 않다. 즉, 적어도 어느 두 가지 시스템 간에는 차이가 있다.

〈예제 18.5〉의 Kruskal-Wallis H 검증을 하는 과정은 다음과 같다.

① '(18)Kruskal-Wallis(독립 K표본).sav' 파일을 불러온다.

② [그림 18.18]과 같이 다음의 절차를 따른다.

[분석(A)] → [비모수검정(N)] → [레거시 대화상자(L)] → [K-독립표본...] → 클릭

그림 18.18 | Kruskal-Wallis H 검증 절차

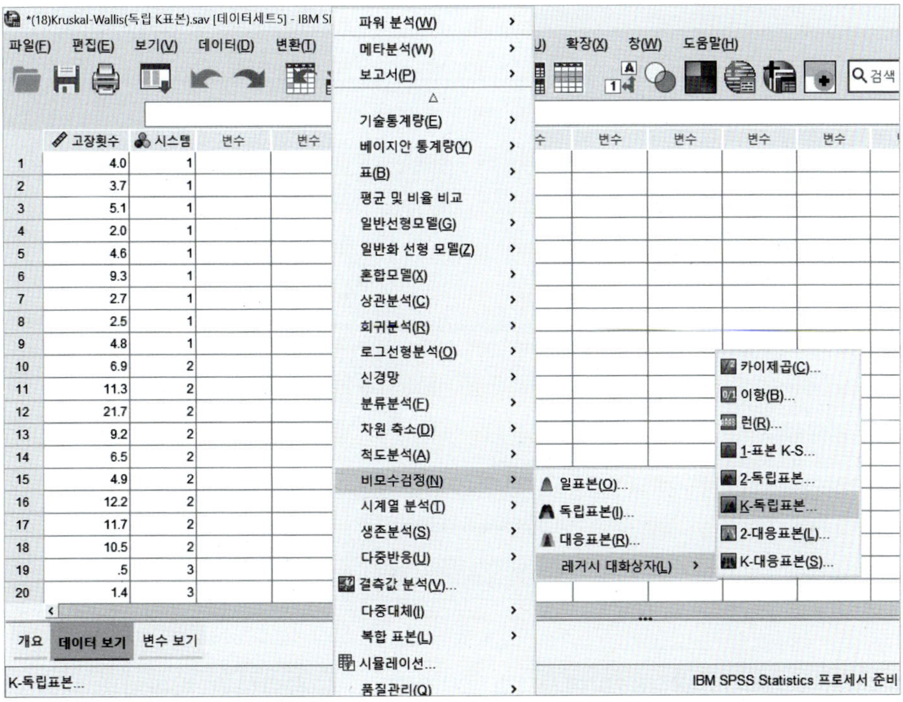

	고장횟수	시스템
1	4.0	1
2	3.7	1
3	5.1	1
4	2.0	1
5	4.6	1
6	9.3	1
7	2.7	1
8	2.5	1
9	4.8	1
10	6.9	2
11	11.3	2
12	21.7	2
13	9.2	2
14	6.5	2
15	4.9	2
16	12.2	2
17	11.7	2
18	10.5	2
19	.5	3
20	1.4	3

③ 그러면 [그림 18.19]의 K-독립 표본 비모수검정 대화상자가 나타난다.

그림 18.19 | K-독립 표본 비모수검정 대화상자

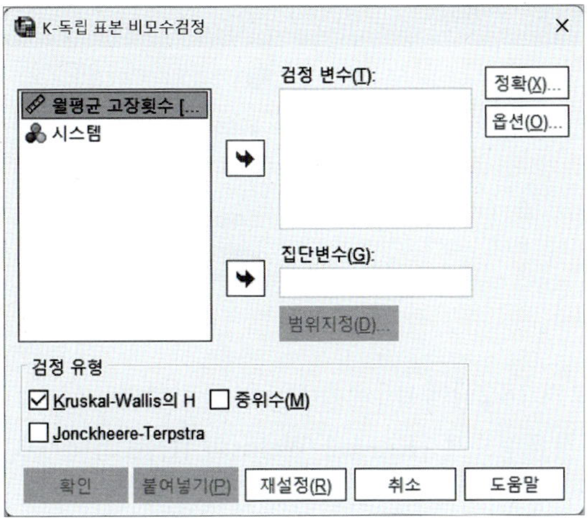

④ 여기서 [그림 18.20]과 같이 월평균 고장횟수를 [검정 변수(T)]로, 그리고 시스템을 [집단변수(G)]로 보낸다.

그림 18.20 | 분석대상 변수선정

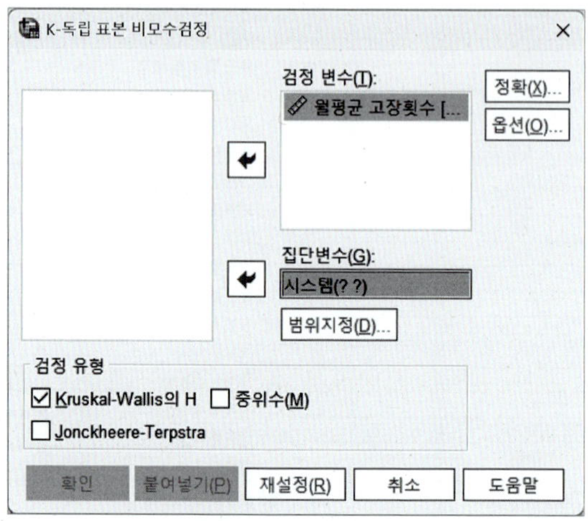

⑤ [그림 18.20]에서 [범위지정(D)...]을 클릭하면 범위지정 대화상자가 활성화된다. 본 예에서는 시스템 A를 1로, 시스템 B를 2로, 그리고 시스템 C를 3으로 코딩하였으므로 [그림 18.21]과 같이 [최소값(N)]에 1을, [최대값(X)]에 3을 입력한다.

그림 18.21 | 범위지정 대화상자

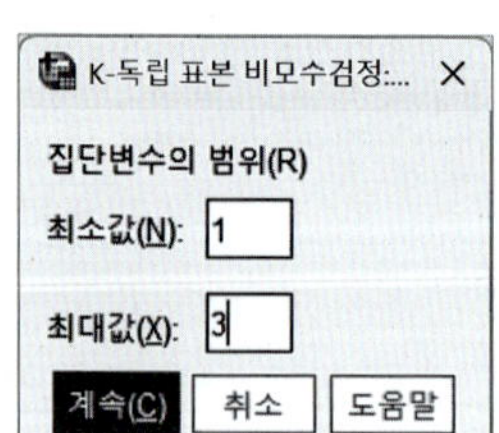

⑥ [그림 18.21]에서 [계속(C)]을 클릭한다.

⑦ 검정유형으로 [Kruskal-Wallis의 H]를 선택하면 [그림 18.22]와 같이 된다.

그림 18.22 검정유형의 선정

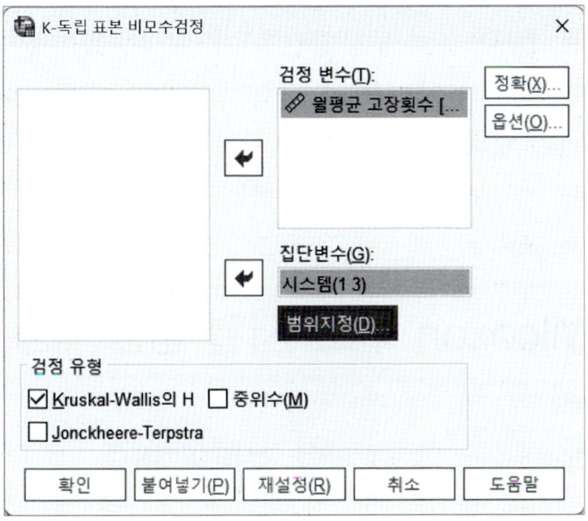

⑧ [그림 18.22]에서 [확인]을 클릭하면 결과가 나타난다(표 18.13부터).

표 18.13 순위

	시스템	N	평균 순위
월평균 고장횟수	시스템 A	9	11.44
	시스템 B	9	21.22
	시스템 C	9	9.33
	전체	27	

〈표 18.13〉은 컴퓨터 시스템 A, B 및 C를 사용하는 기업들의 표본 수와 각 시스템별 케이스들의 평균 순위를 보여준다.

표 18.14 Kruskal-Wallis H 검증(독립 K표본 검증) 결과

검정 통계량[a,b]

	월평균 고장횟수
Kruskal-Wallis의 H	11.496
자유도	2
근사 유의확률	.003

a. Kruskal Wallis 검정.
b. 집단변수: 시스템.

〈표 18.14〉는 세 가지 컴퓨터 시스템의 월평균 고장횟수는 모두 동일할 것이라는 귀무가설을 검증한 결과이다. 검증결과, χ^2는 11.496이고, 이에 대한 *p*-value는 .003으로서 귀무가설을 기각한다. **즉, 세 가지 컴퓨터 시스템의 월평균 고장횟수는 모두 동일하다고 할 수 없다.** 따라서 이 회사의 경영자는 평균 순위값이 가장 낮은 시스템 C를 우선적으로 고려할 수 있다.

18.7 Wilcoxon 부호-서열 검증(대응 두표본)

1. Wilcoxon 부호-서열 검증의 개요

Wilcoxon 부호-서열 검증(Wilcoxon signed-rank test)은 모수통계학의 paired *t* 검증(5.3)의 비모수 검증에 해당한다. 이는 각 쌍의 차이의 부호와 크기에 대한 정보를 토대로 분포를 비교한다.

2. SPSS 30을 이용한 Wilcoxon 부호-서열 검증(대응 두표본)

예제 18.6 **Wilcoxon 부호-서열 검증의 예**

W냉동식품 회사에서 자사제품(A)과 경쟁사제품(B)에 대한 소비자 태도를 알아보기 위하여, 6개 수퍼마켓에서 구매담당자들을 대상으로 10점 척도를 이용하여 설문조사를 실시하였다. 각 수퍼마켓에서 조사한 제품 A와 제품 B에 대한 소비자 태도는 〈표 18.15〉와 같았다. 이 자료에 근거하여 제품 A와 제품 B에 대한 소비자 태도는 다르다고 할 수 있는가? $\alpha = .05$.

표 18.15 제품 A와 제품 B에 대한 소비자태도

수퍼마켓	제품 A에 대한 태도	제품 B에 대한 태도
1	6.5	4.0
2	4.0	8.0
3	5.5	6.5
4	5.5	10.0
5	7.0	8.0
6	4.0	9.5

연구 가설 제품 A와 제품 B에 대한 소비자 태도는 다르다.

H_0: 제품 A와 제품 B에 대한 소비자 태도는 같다.
H_1: 제품 A와 제품 B에 대한 소비자 태도는 다르다.

〈예제 18.6〉의 Wilcoxon 부호-서열 검증을 하는 과정은 다음과 같다.

① '(18)Wilcoxon(대응 두표본).sav' 파일을 불러온다.
② [그림 18.23]과 같이 다음의 절차를 따른다.

[분석(A)] → [비모수검정(N)] → [레거시 대화상자(L)] → [2-대응표본(L)...] → 클릭

그림 18.23 Wilcoxon 부호-서열 검증 절차

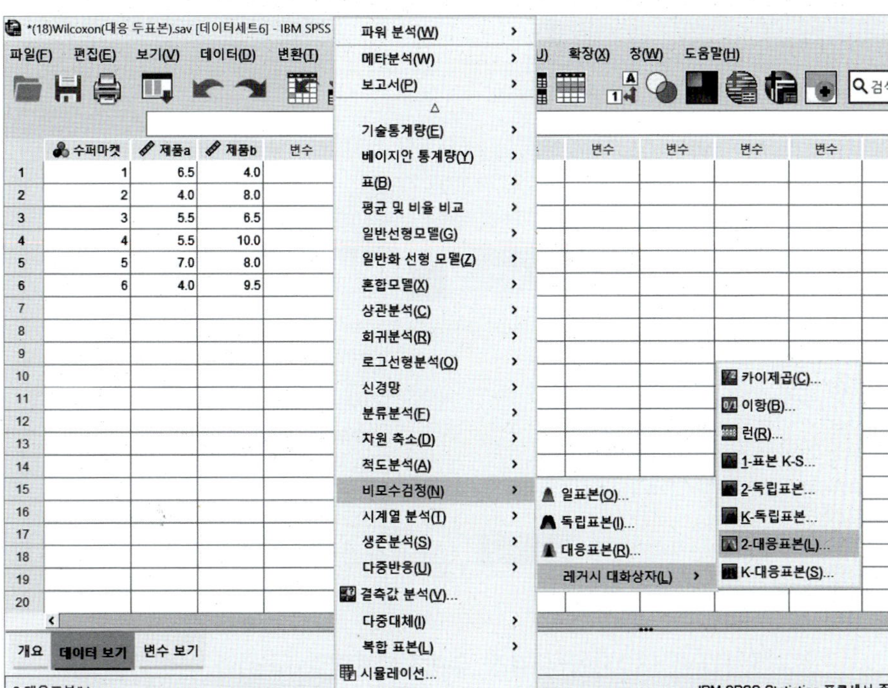

③ 그러면 [그림 18.24]의 2-대응표본 비모수검정 대화상자가 나타난다.

그림 18.24 2-대응표본 비모수검정 대화상자

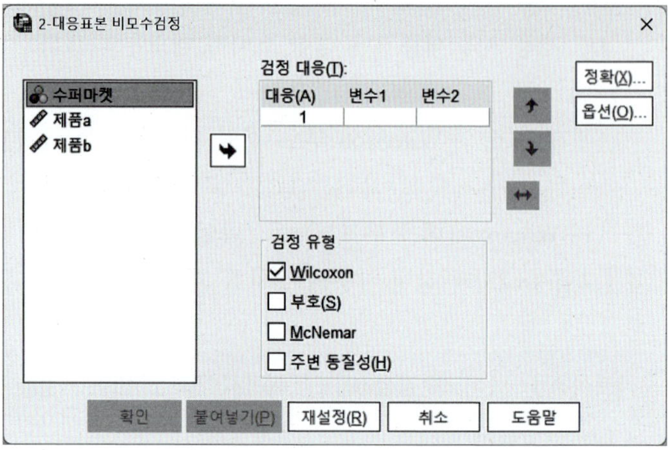

④ 여기서 [그림 18.25]와 같이 제품a, 제품b를 [검정 대응(T)] 상자로 옮긴다.

그림 18.25 분석대상 변수선정

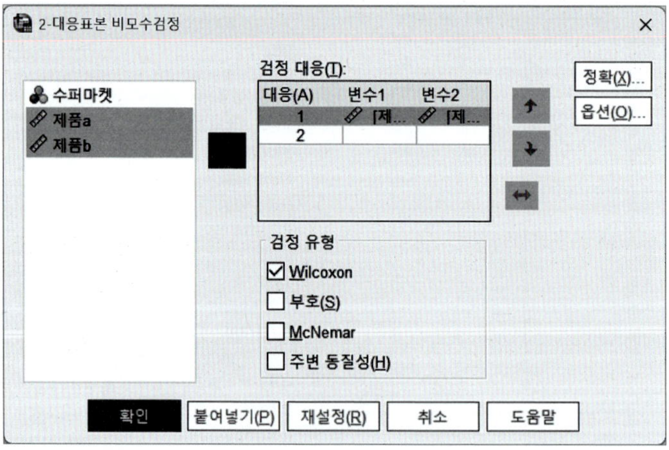

⑤ [그림 18.25]에서 검정 유형으로 [Wilcoxon]을 선택하고 확인을 클릭하면 결과가 나타난다(표 18.16부터).

표 18.16 순위

		N	평균 순위	순위합
제품b – 제품a	음의 순위	1[a]	3.00	3.00
	양의 순위	5[b]	3.60	18.00
	등순위	0[c]		
	전체	6		

a. 제품b < 제품a.
b. 제품b > 제품a.
c. 제품b = 제품a.

〈표 18.16〉에 따르면, 제품 B보다 제품 A를 더 좋아하는 것으로 조사된 수퍼마켓이 한 곳이고, 제품 A보다 제품 B를 더 좋아하는 것으로 조사된 수퍼마켓은 다섯 곳임을 알 수 있다. 또한, 평균 순위와 순위합은 각 경우에 속한 수퍼마켓들의 제품 A와 제품 B 간의 차이의 절대값의 순위를 의미한다(표 18.17 참조).

표 18.17 수퍼마켓별 소비자태도와 순위

수퍼마켓	제품 A에 대한 태도	제품 B에 대한 태도	차이(B–A)	순위
1	6.5	4.0	–2.5	3
2	4.0	8.0	4.0	4
3	5.5	6.5	1.0	1.5
4	5.5	10.0	4.5	5
5	7.0	8.0	1.0	1.5
6	4.0	9.5	5.5	6

* 이 표에서 순위는 제품 A와 제품 B 간의 차이의 절대값이 갖는 순위이다. 1.0은 두 개이므로 순위를 각각 1.5로 부여하였다. 차이값이 음의 부호를 갖는 순위의 합은 3이고, 양의 부호를 갖는 순위의 합은 18임을 알 수 있다. 이는 〈표 18.16〉에 나타나 있다.

표 18.18 Wilcoxon 부호-서열 검증 결과

검정 통계량[a]

	제품b – 제품a
Z	–1.577[b]
근사 유의확률 (양측)	.115

a. Wilcoxon 부호순위 검정.
b. 음의 순위를 기준으로.

〈표 18.18〉은 제품 A와 제품 B에 대한 소비자 태도는 같다는 귀무가설을 검증한 결과이다. 검증결과, Z값은 -1.577이고 이에 대한 p-value는 .115로서 귀무가설을 기각하지 못한다. **즉, 제품 A와 제품 B에 대한 소비자 태도는 다르다고 할 수 없다.**

18.8 Friedman 검증(대응 K표본)

SPSS 30

1. Friedman 검증의 개요

Friedman 검증은 모수통계학의 무작위 블럭디자인 ANOVA(7.2)의 비모수 검증에 해당한다. 서열척도로 측정되거나 간격 혹은 비율척도로 측정된 자료가 이용되는데, 간격 혹은 비율척도로 측정된 자료는 SPSS가 서열척도로 변환시켜 분석한다.

2. SPSS 30을 이용한 Friedman 검증(대응 K표본)

예제 18.7 **Friedman 검증의 예**

어느 회사에서 새로운 공장 부지를 탐색하는 과정에서 네 지역을 대안으로 고려하고 있다. 사장은 다섯 명의 관리자들로 하여금 각자 네 지역에 대한 전반적인 평가를 순위로써 나타내도록 하였다(제일 좋은 대안 = 1). 평가결과는 〈표 18.19〉와 같다. 이 자료에 의거하여 네 지역에 대한 평가에 차이가 있다고 할 수 있는가? $\alpha = .05$.

표 18.19 네 지역에 대한 관리자들의 평가결과

관리자	지역 A	지역 B	지역 C	지역 D
1	1	2	4	3
2	2	1	3	4
3	1	3	4	2
4	1	3	2	4
5	2	3	4	1

* 표 안의 숫자는 각 관리자가 네 지역에 대해 평가한 점수에 따른 네 개 지역의 순위임.

연구 가설 네 지역에 대한 평가에는 차이가 있을 것이다.

H_0: 네 지역에 대한 평가에는 차이가 없다.
H_1: 네 지역에 대한 평가에는 차이가 있다. 즉, 모두 동일하지는 않다.

〈예제 18.7〉의 Friedman 검증을 하는 과정은 다음과 같다.

① '(18)Friedman(대응 K표본).sav' 파일을 불러온다.
② [그림 18.26]과 같이 다음의 절차를 따른다.

[분석(A)] → [비모수검정(N)] → [레거시 대화상자(L)] → [K-대응표본(S)...] → 클릭

그림 18.26 Friedman 검증 절차

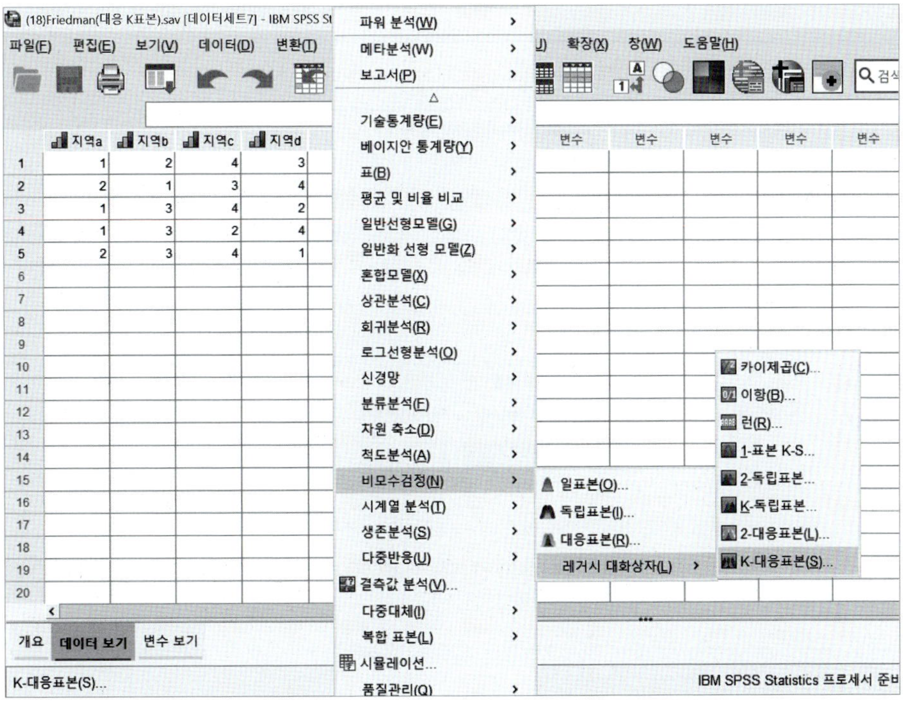

③ 그러면 [그림 18.27]의 K-대응 표본 비모수검정 대화상자가 나타난다.

그림 18.27 K-대응 표본 비모수검정 대화상자

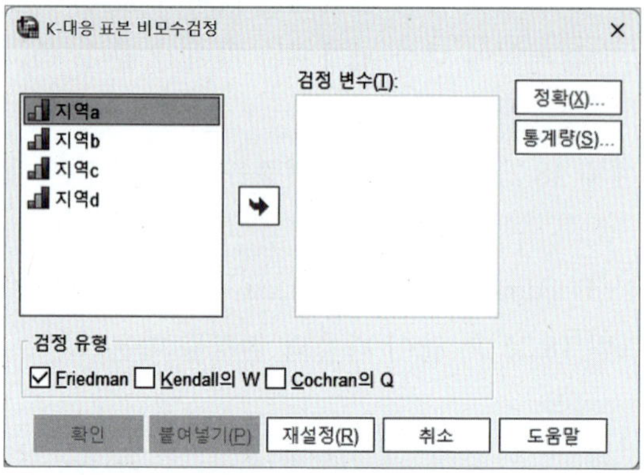

④ 여기서 [그림 18.28]과 같이 분석할 변수들(지역a, 지역b, 지역c, 지역d)을 [검정 변수(T)] 로 보낸다.

그림 18.28 분석대상 변수선정

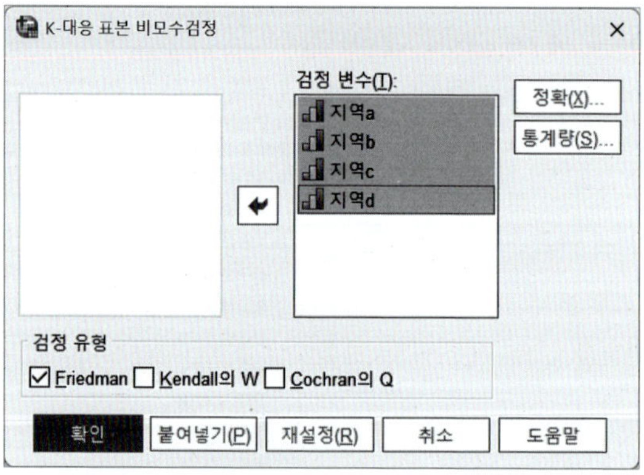

⑤ [그림 18.28]에서 [확인]을 클릭하면 결과가 나타난다(표 18.20부터).

표 18.20 순위

	평균 순위
지역a	1.40
지역b	2.40
지역c	3.40
지역d	2.80

〈표 18.20〉에는 네 지역에 대해 각 관리자들이 평가한 평균 순위가 나타나 있다.

표 18.21 Friedman 검증 결과

검정 통계량[a]

N	5
카이제곱	6.360
자유도	3
근사 유의확률	.095

a. Friedman 검정.

〈표 18.21〉은 네 지역에 대한 평가에는 차이가 없다는 귀무가설을 검증한 결과이다. 검증결과, χ^2는 6.360이고 p-value는 .095로서 유의수준 .05에서 귀무가설을 기각하지 못한다. **즉, 네 지역에 대한 평가에는 차이가 있다고 할 수 없다.**

18.9 Kendall W 검증(대응 K표본)

SPSS 30

1. Kendall W 검증의 개요

Kendall W 검증은 여러 평가자들이 여러 대상들을 평가할 경우 평가자들 간의 일치성(agreement) 정도를 조사하는 방법이다. 서열척도로 측정되거나 간격 혹은 비율척도로 측정된 자료가 이용되는데, 간격 혹은 비율척도로 측정된 자료는 SPSS가 서열척도로 변환시켜 분석한다.

2. SPSS 30을 이용한 Kendall W 검증(대응 K표본)

예제 18.8 **Kendall W 검증의 예**

Kendall W 검증의 예로서는 Friedman 검증에서 제시한 〈예제 18.7〉의 예를 이용하기로 한다. 〈표 18.19〉의 데이터에 의거하여 각 지역에 대한 다섯 명의 관리자들의 평가는 일치한다고 볼 수 있는가? $\alpha = .05$.

연구 가설 다섯 명의 관리자들의 평가순위는 일치할 것이다(비슷할 것이다).

H_0: 다섯 명의 관리자들의 평가순위는 일치하지 않는다(즉, 다양하다).
H_1: 다섯 명의 관리자들의 평가순위는 일치한다(즉, 비슷하다).

〈예제 18.8〉의 Kendall W 검증을 하는 과정은 다음과 같다.

① '(18)Kendall(대응 K표본).sav' 파일을 불러온다(참고로, 이 데이터파일은 '(18)Friedman(대응 K표본).sav'와 같은 데이터파일임).
② [그림 18.29]와 같이 다음의 절차를 따른다.

[분석(A)] → [비모수검정(N)] → [레거시 대화상자(L)] → [K-대응표본(S)...] → 클릭

그림 18.29 | Kendall W 검증 절차

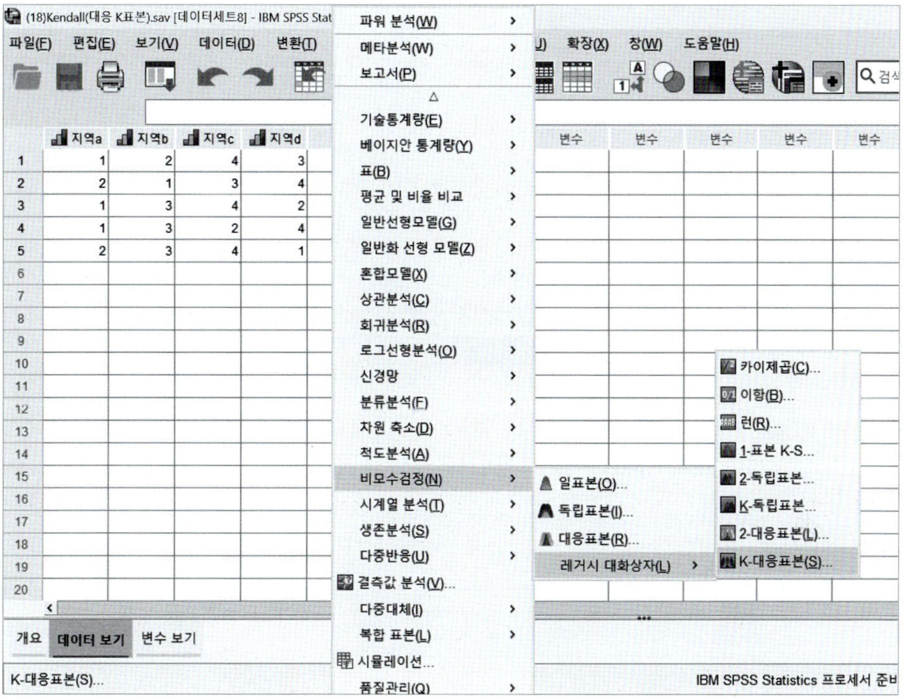

③ 그러면 [그림 18.30]의 K-대응 표본 비모수검정 대화상자가 나타난다.

그림 18.30 | K-대응 표본 비모수검정 대화상자

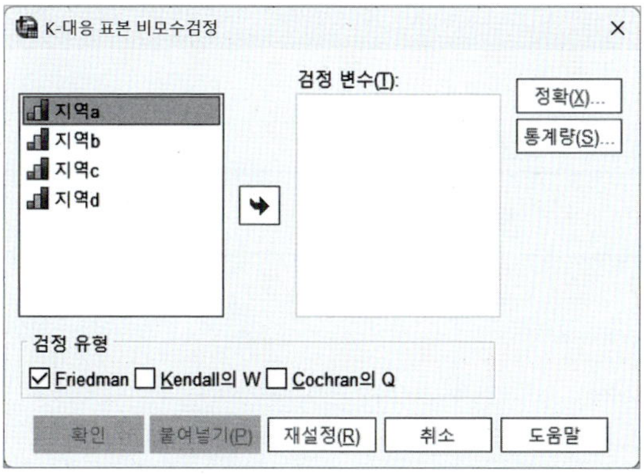

④ 이후의 분석절차는 앞에서 설명한 Friedman 검증절차와 동일하다. 단, 분석대상변수 선정 후 검정 유형에서 [Kendall의 W]를 선택한다(그림 18.31 참조).

그림 18.31 분석대상 변수선정 및 검증유형 선택

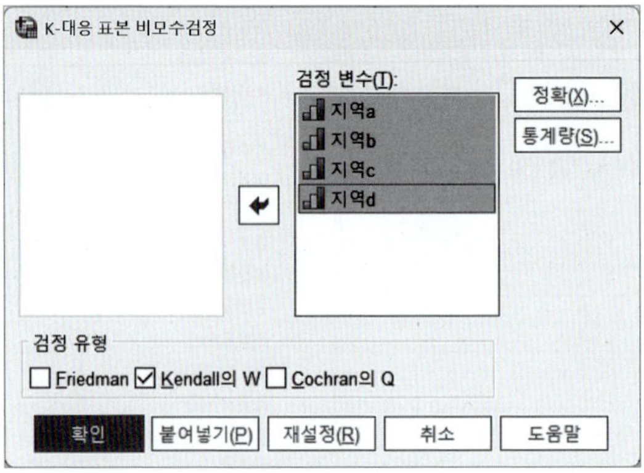

⑤ [그림 18.31]에서 [확인]을 클릭하면 결과가 나타난다(표 18.22부터).

표 18.22 순위

	평균 순위
지역a	1.40
지역b	2.40
지역c	3.40
지역d	2.80

〈표 18.22〉에는 네 개 지역에 대해 각 관리자들이 평가한 평균순위가 나타나 있다.

표 18.23 Kendall W 검증 결과

검정 통계량

N	5
Kendall의 W[a]	.424
카이제곱	6.360
자유도	3
근사 유의확률	.095

a. Kendall의 일치도 계수.

〈표 18.23〉은 "다섯 명의 관리자들의 평가순위는 일치하지 않는다(즉, 다양하다)"라는 귀무가설을 검증한 결과이다. 검증결과, Kendall의 W는 .424이고 *p*-value는 .095로서 유의수준 .05에서 귀무가설을 기각하지 못한다. **따라서 다섯 명의 관리자들의 평가순위는 일치한다고 할 수 없다.** 여기서 W는 일치성계수(coefficient of concordance)를 나타낸다. 참고로, 〈표 18.23〉에 나타난 결과의 χ^2값과 *p*-value는 동일한 자료로써 Friedman 검증을 한 결과인 〈표 18.21〉의 χ^2값과 *p*-value와 동일하다.

부록

통 계 표

1. 표준정규분포표
2. t – 분포표
3. χ^2 – 분포표
4. F – 분포표
5. Spearman 서열상관계수표

표 1 표준정규분포표

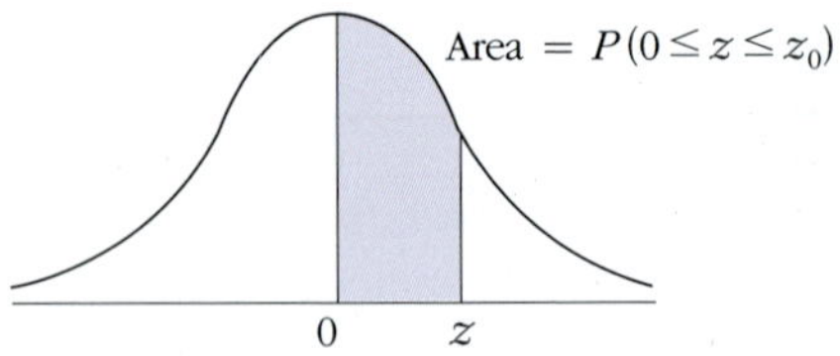

z_0	.00	.01	.02	.03	.04	.05	.06	.07	.08	.09
0.0	.0000	.0040	.0080	.1200	.0160	.0199	.0239	.0279	.0319	.0359
0.1	.0398	.0438	.0478	.0517	.0557	.0596	.0636	.0675	.0714	.0753
0.2	.0793	.0832	.0871	.0910	.0948	.0987	.1026	.1064	.1103	.1141
0.3	.1179	.1217	.1255	.1293	.1331	.1368	.1406	.1443	.1480	.1517
0.4	.1554	.1591	.1628	.1664	.1700	.1736	.1772	.1808	.1844	.1879
0.5	.1915	.1950	.1985	.2019	.2054	.2088	.2123	.2157	.2190	.2224
0.6	.2257	.2291	.2324	.2357	.2389	.2422	.2454	.2486	.2517	.2549
0.7	.2580	.2611	.2642	.2673	.2704	.2734	.2764	.2794	.2823	.2852
0.8	.2881	.2910	.2939	.2967	.2995	.3023	.3051	.3078	.3106	.3133
0.9	.3159	.3186	.3212	.3238	.3264	.3289	.3315	.3340	.3365	.3389
1.0	.3413	.3438	.3461	.3485	.3508	.3531	.3554	.3577	.3599	.3621
1.1	.3643	.3665	.3686	.3708	.3729	.3749	.3770	.3790	.3810	.3830
1.2	.3849	.3869	.3888	.3907	.3925	.3944	.3962	.3980	.3997	.4015
1.3	.4032	.4049	.4066	.4082	.4099	.4115	.4131	.4147	.4162	.4177
1.4	.4192	.4207	.4222	.4236	.4251	.4265	.4279	.4292	.4306	.4319
1.5	.4332	.4345	.4357	.4370	.4382	.4394	.4406	.4418	.4429	.4441
1.6	.4452	.4463	.4474	.4484	.4495	.4505	.4515	.4525	.4535	.4545
1.7	.4554	.4564	.4573	.4582	.4591	.4599	.4608	.4616	.4625	.4633
1.8	.4641	.4649	.4656	.4664	.4671	.4678	.4686	.4693	.4699	.4706
1.9	.4713	.4719	.4726	.4732	.4738	.4744	.4750	.4756	.4761	.4767
2.0	.4772	.4778	.4783	.4788	.4793	.4798	.4803	.4808	.4812	.4817
2.1	.4821	.4826	.4830	.4834	.4838	.4842	.4846	.4850	.4854	.4857
2.2	.4861	.4864	.4868	.4871	.4875	.4878	.4881	.4884	.4887	.4890
2.3	.4893	.4896	.4898	.4901	.4904	.4906	.4909	.4911	.4913	.4916
2.4	.4918	.4920	.4922	.4925	.4927	.4929	.4931	.4932	.4934	.4936
2.5	.4938	.4940	.4941	.4943	.4945	.4946	.4948	.4949	.4951	.4952
2.6	.4953	.4955	.4956	.4957	.4959	.4960	.4961	.4962	.4963	.4964
2.7	.4965	.4966	.4967	.4968	.4969	.4970	.4971	.4972	.4973	.4974
2.8	.4974	.4975	.4976	.4977	.4977	.4978	.4979	.4979	.4980	.4981
2.9	.4981	.4982	.4982	.4983	.4984	.4984	.4985	.4985	.4986	.4986
3.0	.4987	.4987	.4987	.4988	.4988	.4989	.4989	.4989	.4990	.4990

표 2 t-분포표

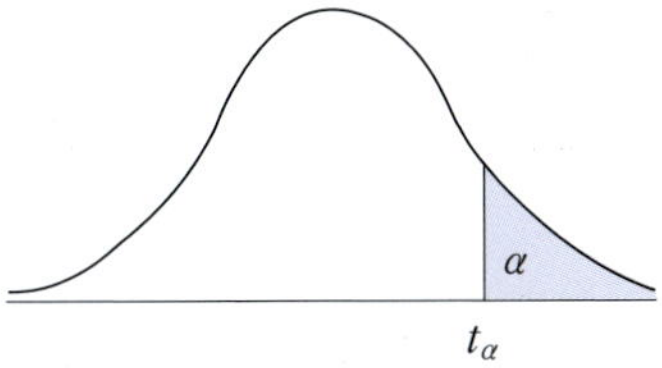

d.f.	$t_{.100}$	$t_{.050}$	$t_{.025}$	$t_{.010}$	$t_{.005}$	d.f.
1	3.078	6.314	12.706	31.821	63.657	1
2	1.886	2.920	4.303	6.965	9.925	2
3	1.638	2.353	3.182	4.541	5.841	3
4	1.533	2.132	2.776	3.747	4.604	4
5	1.476	2.015	2.571	3.365	4.032	5
6	1.440	1.943	2.447	3.143	3.707	6
7	1.415	1.895	2.365	2.998	3.499	7
8	1.397	1.860	2.306	2.896	3.355	8
9	1.383	1.833	2.262	2.821	3.250	9
10	1.372	1.812	2.228	2.764	3.169	10
11	1.363	1.796	2.201	2.718	3.106	11
12	1.356	1.782	2.179	2.681	3.055	12
13	1.350	1.771	2.160	2.650	3.012	13
14	1.345	1.761	2.145	2.624	2.977	14
15	1.341	1.753	2.131	2.602	2.947	15
16	1.337	1.746	2.120	2.583	2.921	16
17	1.333	1.740	2.110	2.567	2.898	17
18	1.330	1.734	2.101	2.552	2.878	18
19	1.328	1.729	2.093	2.539	2.861	19
20	1.325	1.725	2.086	2.528	2.845	20
21	1.323	1.721	2.080	2.518	2.831	21
22	1.321	1.717	2.074	2.508	2.819	22
23	1.319	1.714	2.069	2.500	2.807	23
24	1.318	1.711	2.064	2.492	2.797	24
25	1.316	1.708	2.060	2.485	2.787	25
26	1.315	1.706	2.056	2.479	2.779	26
27	1.314	1.703	2.052	2.473	2.771	27
28	1.313	1.701	2.048	2.467	2.763	28
29	1.311	1.699	2.045	2.462	2.756	29
30	1.310	1.697	2.042	2.457	2.750	30
40	1.303	1.684	2.021	2.423	2.704	40
60	1.296	1.671	2.000	2.390	2.660	60
inf.	1.282	1.645	1.960	2.326	2.576	inf.

표 3 χ^2–분포표

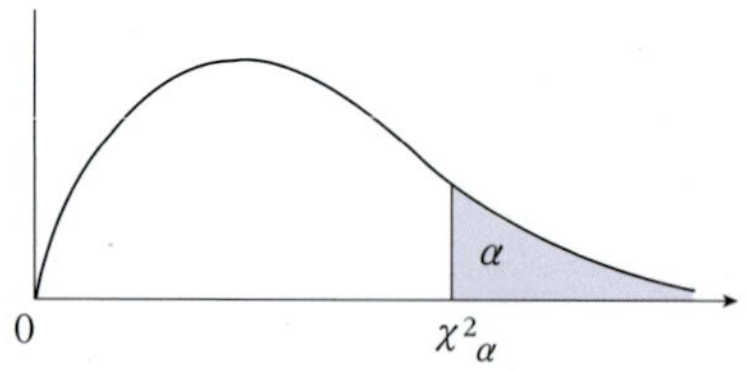

d.f.	$\chi^2_{0.995}$	$\chi^2_{0.990}$	$\chi^2_{0.975}$	$\chi^2_{0.950}$	$\chi^2_{0.900}$
1	0.0000393	0.0001571	0.0009821	0.0039321	0.0157908
2	0.0100251	0.0201007	0.0506356	0.102587	0.210720
3	0.0717212	0.114832	0.215795	0.351846	0.584375
4	0.206990	0.297110	0.484419	0.710721	1.063623
5	0.411740	0.554300	0.831211	1.145476	1.61031
6	0.675727	0.872085	1.237347	1.63539	2.20413
7	0.989265	1.239043	1.68987	2.16735	2.83311
8	1.344419	1.646482	2.17973	2.73264	3.48954
9	1.734926	2.087912	2.70039	3.32511	4.16816
10	2.15585	2.55821	3.24697	3.94030	4.86518
11	2.60321	3.05347	3.81575	4.57481	5.57779
12	3.07382	3.57056	4.40379	5.22603	6.30380
13	3.56503	4.10691	5.00874	5.89186	7.04150
14	4.07468	4.66043	5.62872	6.57063	7.78953
15	4.60094	5.22935	6.26214	7.26094	8.54675
16	5.14224	5.81221	6.90766	7.96164	9.31223
17	5.69724	6.40776	7.56418	8.67176	10.0852
18	6.26481	7.01491	8.23075	9.39046	10.8649
19	6.84398	7.63273	8.90655	10.1170	11.6509
20	7.43386	8.26040	9.59083	10.8508	12.4426
21	8.03366	8.89720	10.28293	11.5913	13.2396
22	8.64272	9.54249	10.9823	12.3380	14.0415
23	9.26042	10.19567	11.6885	13.0905	14.8479
24	9.88623	10.8564	12.4011	13.8484	15.6587
25	10.5179	11.5240	13.1197	14.6114	16.4734
26	11.1603	12.1981	13.8439	15.3791	17.2919
27	11.8076	12.8786	14.5733	16.1513	18.1138
28	12.4613	13.5648	15.3079	16.9279	18.9392
29	13.1211	14.2565	16.0471	17.7083	19.7677
30	13.7867	14.9535	16.7908	18.4926	20.5992
40	20.7065	22.1643	24.4331	26.5093	29.0505
50	27.9907	29.7067	32.3574	34.7642	37.6886
60	35.5346	37.4848	40.4817	43.1879	46.4589
70	43.2752	45.4418	48.7576	51.7393	55.3290
80	51.1720	53.5400	57.1532	60.3915	64.2778
90	59.1963	61.7541	65.6466	69.1260	73.2912
100	67.3276	70.0648	74.2219	77.9295	82.3581

d.f.	$\chi^2_{0.100}$	$\chi^2_{0.050}$	$\chi^2_{0.025}$	$\chi^2_{0.010}$	$\chi^2_{0.005}$
1	2.70554	3.84146	5.02389	6.63490	7.87944
2	4.60517	5.99147	7.37776	9.21034	10.5966
3	6.25139	7.81473	9.34840	11.3449	12.8381
4	7.77944	9.48773	11.1433	13.2767	14.8602
5	9.23635	11.0705	12.8325	15.0863	16.7496
6	10.6446	12.5916	14.4494	16.8119	18.5476
7	12.0170	14.0671	16.0128	18.4753	20.2777
8	13.3616	15.5073	17.5346	20.0902	21.9550
9	14.6837	16.9190	19.0228	21.6660	23.5893
10	15.9871	18.3070	20.4831	23.2093	25.1882
11	17.2750	19.6751	21.9200	24.7250	26.7569
12	18.5494	21.0261	23.3367	26.2170	28.2995
13	19.8119	22.3621	24.7356	27.6883	29.8194
14	21.0642	23.6848	26.1190	29.1413	31.3193
15	22.3072	24.9958	27.4884	30.5779	32.8013
16	23.5418	26.2962	28.8454	31.9999	34.2672
17	24.7690	27.5871	30.1910	33.4087	35.7185
18	25.9894	28.8693	31.5264	34.8053	37.1564
19	27.2036	30.1435	32.8523	36.1908	38.5822
20	28.4120	31.4104	34.1696	37.5662	39.9968
21	29.6151	32.6705	35.4789	38.9321	41.4010
22	30.8133	33.9244	36.7807	40.2894	42.7956
23	32.0069	35.1725	38.0757	41.6384	44.1813
24	33.1963	36.4151	39.3641	42.9798	45.5585
25	34.3816	37.6525	40.6465	44.3141	46.9278
26	35.5631	38.8852	41.9232	45.6417	48.2899
27	36.7412	40.1133	43.1944	46.9630	49.6449
28	37.9159	41.3372	44.4607	48.2782	50.9933
29	39.0875	42.5569	45.7222	49.5879	52.3356
30	40.2560	43.7729	46.9792	50.8922	53.6720
40	51.8050	55.7585	59.3417	63.6907	66.7659
50	63.1671	67.5048	71.4202	76.1539	79.4900
60	74.3970	79.0819	83.2976	88.3794	91.9517
70	85.5271	90.5312	95.0231	100.425	104.215
80	96.5782	101.879	106.629	112.329	116.321
90	107.565	113.145	118.136	124.116	128.299
100	118.498	124.342	129.561	135.807	140.169

표 4 F-분포표

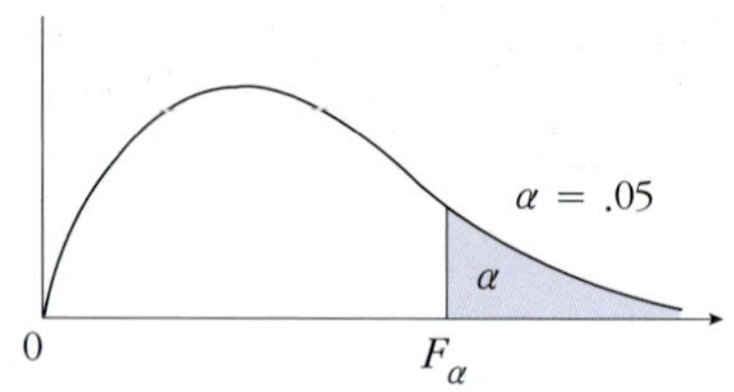

	ν_2(d.f.)								
ν_2(d.f.)	1	2	3	4	5	6	7	8	9
1	161.4	199.5	215.7	224.6	230.2	234.0	236.8	238.9	240.5
2	18.51	19.00	19.16	19.25	19.30	19.33	19.35	19.37	19.38
3	10.13	9.55	9.28	9.12	9.01	8.94	8.89	8.85	8.81
4	7.71	6.94	6.59	6.39	6.26	6.16	6.09	6.04	6.00
5	6.61	5.79	5.41	5.19	5.05	4.95	4.88	4.82	4.77
6	5.99	5.14	4.76	4.53	4.39	4.28	4.21	4.15	4.10
7	5.59	4.74	4.35	4.12	3.97	3.87	3.79	3.73	3.68
8	5.32	4.46	4.07	3.84	3.69	3.58	3.50	3.44	3.39
9	5.12	4.26	3.86	3.63	3.48	3.37	3.29	3.23	3.18
10	4.96	4.10	3.71	3.48	3.33	3.22	3.14	3.07	3.02
11	4.84	3.98	3.59	3.36	3.20	3.09	3.01	2.95	2.90
12	4.75	3.89	3.49	3.26	3.11	3.00	2.91	2.85	2.80
13	4.67	3.81	3.41	3.18	3.03	2.92	2.83	2.77	2.71
14	4.60	3.74	3.34	3.11	2.96	2.85	2.76	2.70	2.65
15	4.54	3.68	3.29	3.06	2.90	2.79	2.71	2.64	2.59
16	4.49	3.63	3.24	3.01	2.85	2.74	2.66	2.59	2.54
17	4.45	3.59	3.20	2.96	2.81	2.70	2.61	2.55	2.49
18	4.41	3.55	3.16	2.93	2.77	2.66	2.58	2.51	2.46
19	4.38	3.52	3.13	2.90	2.74	2.63	2.54	2.48	2.42
20	4.35	3.49	3.10	2.87	2.71	2.60	2.51	2.45	2.39
21	4.32	3.47	3.07	2.84	2.68	2.57	2.49	2.42	2.37
22	4.30	3.44	3.05	2.82	2.66	2.55	2.46	2.40	2.34
23	4.28	3.42	3.03	2.80	2.64	2.53	2.44	2.37	2.32
24	4.26	3.40	3.01	2.78	2.62	2.51	2.42	2.36	2.30
25	4.24	3.39	2.99	2.76	2.60	2.49	2.40	2.34	2.28
26	4.23	3.37	2.98	2.74	2.59	2.47	2.39	2.32	2.27
27	4.21	3.35	2.96	2.73	2.57	2.46	2.37	2.31	2.25
28	4.20	3.34	2.95	2.71	2.56	2.45	2.36	2.29	2.24
29	4.18	3.33	2.93	2.70	2.55	2.43	2.35	2.28	2.22
30	4.17	3.32	2.92	2.69	2.53	2.42	2.33	2.27	2.21
40	4.08	3.23	2.84	2.61	2.45	2.34	2.25	2.18	2.12
60	4.00	3.15	2.76	2.53	2.37	2.25	2.17	2.10	2.04
120	3.92	3.07	2.68	2.45	2.29	2.17	2.09	2.02	1.96
∞	3.84	3.00	2.60	2.37	2.21	2.10	2.01	1.94	1.88

ν_2(d.f.)										
10	12	15	20	24	30	40	60	120	∞	ν_2(d.f.)
241.9	243.9	245.9	248.0	249.1	250.1	251.1	252.2	253.3	254.3	1
19.40	19.41	19.43	19.45	19.45	19.46	19.47	19.48	19.49	19.50	2
8.79	8.74	8.70	8.66	8.64	8.62	8.59	8.57	8.55	8.53	3
5.96	5.91	5.86	5.80	5.77	5.75	5.72	5.69	5.66	5.63	4
4.74	4.68	4.62	4.56	4.53	4.50	4.46	4.43	4.40	4.36	5
4.06	4.00	3.94	3.87	3.84	3.81	3.77	3.74	3.70	3.67	6
3.64	3.57	3.51	3.44	3.41	3.38	3.34	3.30	3.27	3.23	7
3.35	3.28	3.22	3.15	3.12	3.08	3.04	3.01	2.97	2.93	8
3.14	3.07	3.01	2.94	2.90	2.86	2.83	2.79	2.75	2.71	9
2.98	2.91	2.85	2.77	2.74	2.70	2.66	2.62	2.58	2.54	10
2.85	2.79	2.72	2.65	2.61	2.57	2.53	2.49	2.45	2.40	11
2.75	2.69	2.62	2.54	2.51	2.47	2.43	2.38	2.34	2.30	12
2.67	2.60	2.53	2.46	2.42	2.38	2.34	2.30	2.25	2.21	13
2.60	2.53	2.46	2.39	2.35	2.31	2.27	2.22	2.18	2.13	14
2.54	2.48	2.40	2.33	2.29	2.25	2.20	2.16	2.11	2.07	15
2.49	2.42	2.35	2.28	2.24	2.19	2.15	2.11	2.06	2.01	16
2.45	2.38	2.31	2.23	2.19	2.15	2.10	2.06	2.01	1.96	17
2.41	2.34	2.27	2.19	2.15	2.11	2.06	2.02	1.97	1.92	18
2.38	2.31	2.23	2.16	2.11	2.07	2.03	1.98	1.93	1.88	19
2.35	2.28	2.20	2.12	2.08	2.04	1.99	1.95	1.90	1.84	20
2.32	2.25	2.18	2.10	2.05	2.01	1.96	1.92	1.87	1.81	21
2.30	2.23	2.15	2.07	2.03	1.98	1.94	1.89	1.84	1.78	22
2.27	2.20	2.13	2.05	2.01	1.96	1.91	1.86	1.81	1.76	23
2.25	2.18	2.11	2.03	1.98	1.94	1.89	1.84	1.79	1.73	24
2.24	2.16	2.09	2.01	1.96	1.92	1.87	1.82	1.77	1.71	25
2.22	2.15	2.07	1.99	1.95	1.90	1.85	1.80	1.75	1.69	26
2.20	2.13	2.06	1.97	1.93	1.88	1.84	1.79	1.73	1.67	27
2.19	2.12	2.04	1.96	1.91	1.87	1.82	1.77	1.71	1.65	28
2.18	2.10	2.03	1.94	1.90	1.85	1.81	1.75	1.70	1.64	29
2.16	2.09	2.01	1.93	1.89	1.84	1.79	1.74	1.68	1.62	30
2.08	2.00	1.92	1.84	1.79	1.74	1.69	1.64	1.58	1.51	40
1.99	1.92	1.84	1.75	1.70	1.65	1.59	1.53	1.47	1.39	60
1.91	1.83	1.75	1.66	1.61	1.55	1.50	1.43	1.35	1.25	120
1.83	1.75	1.67	1.57	1.52	1.46	1.39	1.32	1.22	1.00	∞

표 4 F−분포표(계속)

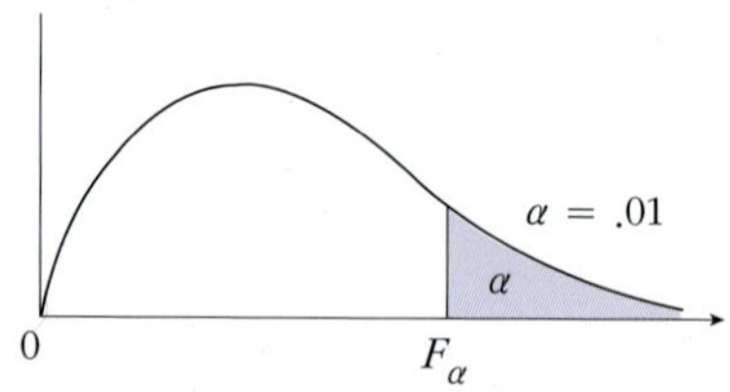

	ν_2(d.f.)								
ν_2(d.f.)	1	2	3	4	5	6	7	8	9
1	4052	4999.5	5403	5625	5764	5859	5928	5982	6022
2	98.50	99.00	99.17	99.25	99.30	99.33	99.36	99.37	99.39
3	34.12	30.82	29.46	28.71	28.24	27.91	27.67	27.49	27.35
4	21.20	18.00	16.69	15.98	15.52	15.21	14.98	14.80	14.66
5	16.26	13.27	12.06	11.39	10.97	10.67	10.46	10.29	10.16
6	13.75	10.92	9.78	9.15	8.75	8.47	8.26	8.10	7.98
7	12.25	9.55	8.45	7.85	7.46	7.19	6.99	6.84	6.72
8	11.26	8.65	7.59	7.01	6.63	6.37	6.18	6.03	5.91
9	10.56	8.02	6.99	6.42	6.06	5.80	5.61	5.47	5.35
10	10.04	7.56	6.55	5.99	5.64	5.39	5.20	5.06	4.94
11	9.65	7.21	6.22	5.67	5.32	5.07	4.89	4.74	4.63
12	9.33	6.93	5.95	5.41	5.06	4.82	4.64	4.50	4.39
13	9.07	6.70	5.74	5.21	4.86	4.62	4.44	4.30	4.19
14	8.86	6.51	5.56	5.04	4.69	4.46	4.28	4.14	4.03
15	8.68	6.36	5.42	4.89	4.56	4.32	4.14	4.00	3.89
16	8.53	6.23	5.29	4.77	4.44	4.20	4.03	3.89	3.78
17	8.40	6.11	5.18	4.67	4.34	4.10	3.93	3.79	3.68
18	8.29	6.01	5.09	4.58	4.25	4.01	3.84	3.71	3.60
19	8.18	5.93	5.01	4.50	4.17	3.94	3.77	3.63	3.52
20	8.10	5.85	4.94	4.43	4.10	3.87	3.70	3.56	3.46
21	8.02	5.78	4.87	4.37	4.04	3.81	3.64	3.51	3.40
22	7.95	5.72	4.82	4.31	3.99	3.76	3.59	3.45	3.35
23	7.88	5.66	4.76	4.26	3.94	3.71	3.54	3.41	3.30
24	7.82	5.61	4.72	4.22	3.90	3.67	3.50	3.36	3.26
25	7.77	5.57	4.68	4.18	3.85	3.63	3.46	3.32	3.22
26	7.72	5.53	4.64	4.14	3.82	3.59	3.42	3.29	3.18
27	7.68	5.49	4.60	4.11	3.78	3.56	3.39	3.26	3.15
28	7.64	5.45	4.57	4.07	3.75	3.53	3.36	3.23	3.12
29	7.60	5.42	4.54	4.04	3.73	3.50	3.33	3.20	3.09
30	7.56	5.39	4.51	4.02	3.70	3.47	3.30	3.17	3.07
40	7.31	5.18	4.31	3.83	3.51	3.29	3.12	2.99	2.89
60	7.08	4.98	4.13	3.65	3.34	3.12	2.95	2.82	2.72
120	6.85	4.79	3.95	3.48	3.17	2.96	2.79	2.66	2.56
∞	6.63	4.61	3.78	3.32	3.02	2.80	2.64	2.51	2.41

ν_2(d.f.)										
10	12	15	20	24	30	40	60	120	∞	ν_2(d.f.)
6056	6106	6157	6209	6235	6261	6287	6313	6339	6366	1
99.40	99.42	99.43	99.45	99.46	99.47	99.47	99.48	99.49	99.50	2
27.23	27.05	26.87	26.69	26.60	26.50	26.41	26.32	26.22	26.13	3
14.55	14.37	14.20	14.02	13.93	13.84	13.75	13.65	13.56	13.46	4
10.05	9.89	9.72	9.55	9.47	9.38	9.29	9.20	9.11	9.02	5
7.87	7.72	7.56	7.40	7.31	7.23	7.14	7.06	6.97	6.88	6
6.62	6.47	6.31	6.16	6.07	5.99	5.91	5.82	5.74	5.65	7
5.81	5.67	5.52	5.36	5.28	5.20	5.12	5.03	4.95	4.86	8
5.26	5.11	4.96	4.81	4.73	4.65	4.57	4.48	4.40	4.31	9
4.85	4.71	4.56	4.41	4.33	4.25	4.17	4.08	4.00	3.91	10
4.54	4.40	4.25	4.10	4.02	3.94	3.86	3.78	3.69	3.60	11
4.30	4.16	4.01	3.86	3.78	3.70	3.62	3.54	3.45	3.36	12
4.10	3.96	3.82	3.66	3.59	3.51	3.43	3.34	3.25	3.17	13
3.94	3.80	3.66	3.51	3.43	3.35	3.27	3.18	3.09	3.00	14
3.80	3.67	3.52	3.37	3.29	3.21	3.13	3.05	2.96	2.87	15
3.69	3.55	3.41	3.26	3.18	3.10	3.02	2.93	2.84	2.75	16
3.59	3.46	3.31	3.16	3.08	3.00	2.92	2.83	2.75	2.65	17
3.51	3.37	3.23	3.08	3.00	2.92	2.84	2.75	2.66	2.57	18
3.43	3.30	3.15	3.00	2.92	2.84	2.76	2.67	2.58	2.49	19
3.37	3.23	3.09	2.94	2.86	2.78	2.69	2.61	2.52	2.42	20
3.31	3.17	3.03	2.88	2.80	2.72	2.64	2.55	2.46	2.36	21
3.26	3.12	2.98	2.83	2.75	2.67	2.58	2.50	2.40	2.31	22
3.21	3.07	2.93	2.78	2.70	2.62	2.54	2.45	2.35	2.26	23
3.17	3.03	2.89	2.74	2.66	2.58	2.49	2.40	2.31	2.21	24
3.13	2.99	2.85	2.70	2.62	2.54	2.45	2.36	2.27	2.17	25
3.09	2.96	2.81	2.66	2.58	2.50	2.42	2.33	2.23	2.13	26
3.06	2.93	2.78	2.63	2.55	2.47	2.38	2.29	2.20	2.10	27
3.03	2.90	2.75	2.60	2.52	2.44	2.35	2.26	2.17	2.06	28
3.00	2.87	2.73	2.57	2.49	2.41	2.33	2.23	2.14	2.03	29
2.98	2.84	2.70	2.55	2.47	2.39	2.30	2.21	2.11	2.01	30
2.80	2.66	2.52	2.37	2.29	2.20	2.11	2.02	1.92	1.80	40
2.63	2.50	2.35	2.20	2.12	2.03	1.94	1.84	1.73	1.60	60
2.47	2.34	2.19	2.03	1.95	1.86	1.76	1.66	1.53	1.38	120
2.32	2.18	2.04	1.88	1.79	1.70	1.59	1.47	1.32	1.00	∞

표 5 Spearman 서열상관계수표

(단측검증)

n	α = .05	α = .025	α = .01	α = .005
5	0.900	—	—	—
6	0.829	0.886	0.943	—
7	0.714	0.786	0.893	—
8	0.643	0.738	0.833	0.881
9	0.600	0.683	0.783	0.833
10	0.564	0.648	0.745	0.794
11	0.523	0.623	0.736	0.818
12	0.497	0.591	0.703	0.780
13	0.475	0.566	0.673	0.745
14	0.457	0.545	0.646	0.716
15	0.441	0.525	0.623	0.689
16	0.425	0.507	0.601	0.666
17	0.412	0.490	0.582	0.645
18	0.399	0.476	0.564	0.625
19	0.388	0.462	0.549	0.608
20	0.377	0.450	0.534	0.591
21	0.368	0.438	0.521	0.576
22	0.359	0.428	0.508	0.562
23	0.351	0.418	0.496	0.549
24	0.343	0.409	0.485	0.537
25	0.336	0.400	0.475	0.526
26	0.329	0.392	0.465	0.515
27	0.323	0.385	0.456	0.505
28	0.317	0.377	0.448	0.496
29	0.311	0.370	0.440	0.487
30	0.305	0.364	0.432	0.478

국문 색인

영문 색인

| 저자 소개 |

李 學 湜

(전) 홍익대학교 경영대학 마케팅 교수
Michigan State University, Ph.D.(마케팅)
한국마케팅학회 마케팅연구 편집위원장 역임

[논 문]

수직적 브랜드확장 평가에 대한 확장방향과 권력거리신념의 상호작용효과, *마케팅연구*, 32(1), 2017. 2.
가격－품질 관계에 대한 심리적 거리와 제품지식의 조절적 영향, *마케팅연구*, 29(1), 2014. 2.
광고노출시 태도 및 태도자신감 형성과정에서 사고자신감의 역할, *경영학연구*, 40(6), 2011. 12.
사회연결망이 구전과 고객 추천가치에 미치는 영향, *소비자학연구*, 22(4), 2011. 12.
공평성 지각이 소비자 감정과 만족에 미치는 영향: 성별의 조절적 역할, *마케팅연구*, 24(2), 2009. 6.
소비자의 사회심리적 성, 그리고 소비자－브랜드 성 일치성과 브랜드 태도의 관계, *소비자학연구*, 20(1), 2009. 3.

[저 서]

소비자행동, 8판, 집현재, 2024.
마케팅, 6판, 집현재, 2023.
마케팅조사, 5판, 집현재, 2021.
SPSS New UI 매뉴얼, 집현재, 2019.
SPSS 25를 이용한 Basic SPSS 매뉴얼, 집현재, 2019.
구조방정식 모형분석과 AMOS 24, 집현재, 2017.
사회과학 논문작성을 위한 연구방법론 － SPSS 활용 방법, 집현재, 2014.
사회과학연구를 위한 회귀분석, 집현재, 2012.

[학술상]

한국마케팅학회, 마케팅연구 최우수논문상 수상, 2010.
한국경영학회, 경영학연구 최우수논문상 수상, 2005.
한국조사연구학회, 최우수논문상(한국갤럽상) 수상, 2003.
한국소비자학회, 소비자학연구 최우수논문상 수상, 1999.

林 志 勳

CLM&S 이사
NICE R&C 컨설팅실 수석실장
백석문화대학교 경상학부 교수
홍익대학교 경영학과 학부, 석·박사 통합과정 졸업, 경영학 박사

[논 문]

"Determinant and Consequence of Online News Authorship Verification: Blind News Consumption Creates Press Credibility," *International Journal of Communication*, 13, 2019.
영업사원에 대한 통제유형, 반응, 그리고 직무만족 간의 구조적 관계: 역할명확성과 자기효감의 매개효과, *마케팅과학연구*, 17(4), 2007. 12.
브랜드 명품성 측정도구의 개발, *광고연구*, 73, 2006.
고객만족도측정: NCSI와 KCSI의 평가와 새로운 지수개발 방안, *마케팅연구*, 20(3), 2005.
기대-불일치 패러다임에서 예상의 영향력에 관한 연구: 브랜드 경험유무와 측정시점 시간간격의 조정적 역할, *광고연구*, 68, 2005.
신문기사에서 유발된 감정이 광고효과에 미치는 영향: 부정적 감정성향과 감정주지의 조절효과, *마케팅연구*, 20(2), 2005. 6.
브랜드 카리스마, 형성요인, 그리고 효과: 상징적/기능적 관여도의 조정적 작용, *마케팅연구*, 19(3), 2004. 9.

[저 서]

마케팅, 6판, 집현재, 2019.
SPSS New UI 매뉴얼, 집현재, 2019.
SPSS 25를 이용한 Basic SPSS 매뉴얼, 집현재, 2019.
구조방정식 모형분석과 AMOS 24, 집현재, 2017.
사회과학 논문작성을 위한 연구방법론－SPSS 활용 방법, 집현재, 2014.

[학술상]

SPSS 우수파트너상 수상, 2008.
한국마케팅학회 최우수박사논문상 수상, 2004.
한국조사연구학회 최우수논문상(한국갤럽상) 수상, 2003.

SPSS 30 매뉴얼

2026년 1월 5일 초판 인쇄
2026년 1월 9일 초판 발행

저 자 이학식 · 임지훈

발행인 위 호 준

발행처 도서출판 **집현재**

06190 서울특별시 강남구 삼성로64길 40,
101-1005
전화 (02)332-4922 Fax (02)6442-6906
홈페이지: www.jhjbook.co.kr
e-mail: jyp4922@naver.com

출판등록 2010년 10월 22일

등록번호 제105-91-57581호

정가 39,000원 ISBN 979-11-92436-36-4